Lernen

Die Lerneinheiten sind in drei Teile geteilt:

1. Basisaufgaben, die das neu Gelernte üben.
2. Mit **Alles klar?** prüfst du, ob du alles verstanden hast.
3. Danach stehen dir zwei Wege zur Auswahl. Wähle den **einfacheren** oder den **schwierigeren** **Lernweg**.

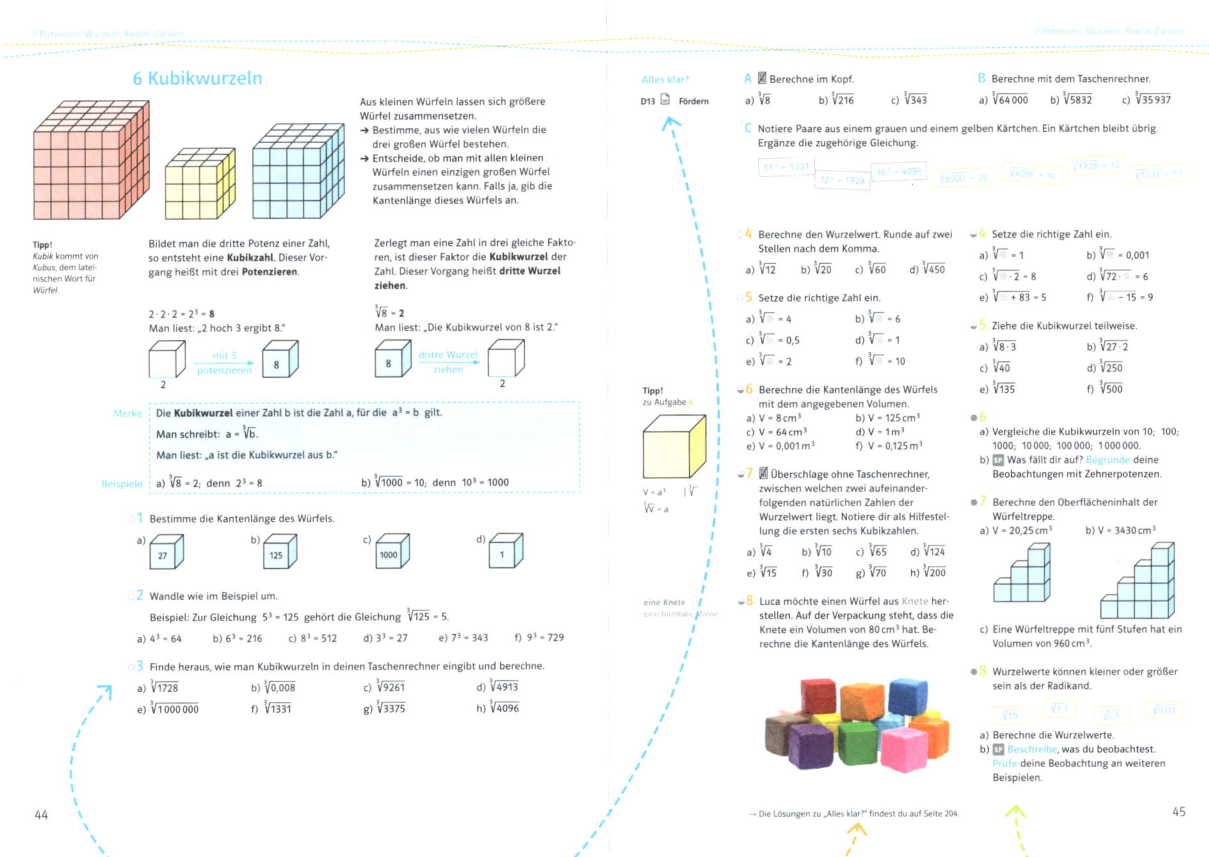

2 Potenzen. Wurzeln. Reelle Zahlen

6 Kubikwurzeln

Aus kleinen Würfeln lassen sich größere Würfel zusammensetzen.
→ Bestimme, aus wie vielen Würfeln die drei großen Würfel bestehen.
→ Entscheide, ob man mit allen kleinen Würfeln einen einzigen großen Würfel zusammensetzen kann. Falls ja, gib die Kantenlänge dieses Würfels an.

Tipp! *Kubik kommt von Kubus, dem lateinischen Wort für Würfel.*

Bildet man die dritte Potenz einer Zahl, so entsteht eine **Kubikzahl**. Dieser Vorgang heißt mit drei **Potenzieren**.

$2 \cdot 2 \cdot 2 = 2^3 = 8$
Man liest: „2 hoch 3 ergibt 8."

Zerlegt man eine Zahl in drei gleiche Faktoren, ist dieser Faktor die **Kubikwurzel** der Zahl. Dieser Vorgang heißt **dritte Wurzel ziehen**.

$\sqrt[3]{8} = 2$
Man liest: „Die Kubikwurzel von 8 ist 2."

Merke: Die **Kubikwurzel** einer Zahl b ist die Zahl a, für die $a^3 = b$ gilt.
Man schreibt: $a = \sqrt[3]{b}$.
Man liest: „a ist die Kubikwurzel aus b."

Beispiele: a) $\sqrt[3]{8} = 2$; denn $2^3 = 8$ b) $\sqrt[3]{1000} = 10$; denn $10^3 = 1000$

1 Bestimme die Kantenlänge des Würfels.
a) 27 b) 125 c) 1000 d) 1

2 Wandle wie im Beispiel um.
Beispiel: Zur Gleichung $5^3 = 125$ gehört die Gleichung $\sqrt[3]{125} = 5$.
a) $4^3 = 64$ b) $6^3 = 216$ c) $8^3 = 512$ d) $3^3 = 27$ e) $7^3 = 343$ f) $9^3 = 729$

3 Finde heraus, wie man Kubikwurzeln in deinen Taschenrechner eingibt und berechne.
a) $\sqrt[3]{1728}$ b) $\sqrt[3]{0{,}008}$ c) $\sqrt[3]{9261}$ d) $\sqrt[3]{4913}$
e) $\sqrt[3]{1000000}$ f) $\sqrt[3]{1331}$ g) $\sqrt[3]{3375}$ h) $\sqrt[3]{4096}$

44

Alles klar? D13 Fördern

A Berechne im Kopf.
a) $\sqrt[3]{8}$ b) $\sqrt[3]{216}$ c) $\sqrt[3]{343}$

B Berechne mit dem Taschenrechner.
a) $\sqrt[3]{64000}$ b) $\sqrt[3]{5832}$ c) $\sqrt[3]{35937}$

C Notiere Paare aus einem grauen und einem gelben Kärtchen. Ein Kärtchen bleibt übrig. Ergänze die zugehörige Gleichung.

4 Berechne den Wurzelwert. Runde auf zwei Stellen nach dem Komma.
a) $\sqrt[3]{12}$ b) $\sqrt[3]{20}$ c) $\sqrt[3]{60}$ d) $\sqrt[3]{450}$

5 Setze die richtige Zahl ein.

6 Berechne die Kantenlänge des Würfels mit dem angegebenen Volumen.
a) $V = 8\,cm^3$ b) $V = 125\,cm^3$
c) $V = 64\,cm^3$ d) $V = 1\,m^3$
e) $V = 0{,}001\,m^3$ f) $V = 0{,}125\,m^3$

7 Überschlage ohne Taschenrechner, zwischen welchen zwei aufeinanderfolgenden natürlichen Zahlen der Wurzelwert liegt. Notiere dir als Hilfestellung die ersten sechs Kubikzahlen.
a) $\sqrt[3]{4}$ b) $\sqrt[3]{10}$ c) $\sqrt[3]{65}$ d) $\sqrt[3]{124}$
e) $\sqrt[3]{15}$ f) $\sqrt[3]{30}$ g) $\sqrt[3]{70}$ h) $\sqrt[3]{200}$

8 Luca möchte einen Würfel aus Knete herstellen. Auf der Verpackung steht, dass die Knete ein Volumen von $80\,cm^3$ hat. Berechne die Kantenlänge des Würfels.

4 Setze die richtige Zahl ein.

5 Ziehe die Kubikwurzel teilweise.
a) $\sqrt[3]{8 \cdot 3}$ b) $\sqrt[3]{27 \cdot 2}$
c) $\sqrt[3]{40}$ d) $\sqrt[3]{250}$
e) $\sqrt[3]{135}$ f) $\sqrt[3]{500}$

6 a) Vergleiche die Kubikwurzeln von 10; 100; 1000; 10 000; 100 000; 1 000 000.
b) SP Was fällt dir auf? Begründe deine Beobachtungen mit Zehnerpotenzen.

7 Berechne den Oberflächeninhalt der Würfeltreppe.
a) $V = 20{,}25\,cm^3$ b) $V = 3430\,cm^3$
c) Eine Würfeltreppe mit fünf Stufen hat ein Volumen von $960\,cm^3$.

8 Wurzelwerte können kleiner oder größer sein als der Radikand.
a) Berechne die Wurzelwerte.
b) SP Beschreibe, was du beobachtest. Prüfe deine Beobachtung an weiteren Beispielen.

→ Die Lösungen zu „Alles klar?" findest du auf Seite 204.

45

Basisaufgaben, die das neu Gelernte einüben

Alles klar? Hier prüfst du, ob du alles verstanden hast.

Lernweg einfachere Aufgaben

Lernweg schwierigere Aufgaben

Symbole

- Gruppenaufgabe
- Computeraufgabe
- Taschenrechner nicht benutzen
- ○ einfache Aufgabe
- ◒ mittlere Aufgabe
- ● schwierige Aufgabe
- MK kennzeichnet Aufgaben oder Inhalte zum Thema Medienkompetenz.
- SP kennzeichnet Aufgaben, die den Fokus verstärkt auf (fachintegrierte) Sprachbildung richten.
- D1 Hinweis auf Medien

Die Medie[n]
online und

1. QR-Code scannen oder Link in einen Browser eingeben
2. Mit den persönlichen Klett-Zugangsdaten anmelden
3. Digitale Medien online nutzen oder in die **Klett Lernen App** herunterladen

Link
qr.klett.de/LC-YgF-XyQ

W0343007

3 Satz des Pythagoras

4 Lineare Funktionen

5 Kreis und Zylinder

6 Ähnlichkeit

7 Quadratische Funktionen

Arbeitsanhang

Standpunkt | Zufall und Wahrscheinlichkeit

Wo stehe ich?

Ich kann …	gut	etwas	nicht gut	Lerntipp!
A mit Brüchen und Dezimalzahlen rechnen,	☐	☐	☐	→ Seite 176
B Brüche und Dezimalzahlen als Prozente schreiben,	☐	☐	☐	→ Seite 177
C absolute Häufigkeiten angeben,	☐	☐	☐	→ Seite 195
D relative Häufigkeiten und absolute Häufigkeiten ineinander umwandeln,	☐	☐	☐	→ Seite 196
E mögliche Ergebnisse bei Zufallsgeräten angeben.	☐	☐	☐	→ Seite 195

Überprüfe dich selbst:

D1 Teste dich

A Gib das Ergebnis als Bruch und als Dezimalzahl an.

a) $\frac{1}{4} \cdot \frac{3}{5}$ b) $\frac{1}{6} \cdot \frac{3}{4}$

c) $\frac{3}{8} + \frac{1}{8}$ d) $\frac{2}{6} + \frac{1}{3}$

e) $\frac{1}{10} \cdot 0{,}4$ f) $\frac{3}{10} \cdot 0{,}22$

B Schreibe in Prozent.

a) $\frac{17}{100}$ b) $\frac{1}{4}$ c) $\frac{3}{5}$

d) 0,35 e) 0,375 f) 0,045

C Bei Wahlen zur Klassenvertretung schreibt man die Ergebnisse in einer Tabelle auf.

a) Die Klassensprecherwahl wurde getrennt nach Kurs A und Kurs B ausgewertet.

	Marie	Joshua
Kurs A	𝍸 II	𝍸 I
Kurs B	𝍸 I	𝍸 III

Erstelle eine Häufigkeitstabelle
(1) für die Wahl des Kurses A.
(2) für die Wahl des Kurses B.
(3) für die ganze Klasse.

b) In einer anderen Klasse gab es folgende Wahlergebnisse.

	Samir	Jen
Kurs A	9	5
Kurs B	11	3

Wie sah die Strichliste bei dieser Wahl aus?

D Zwei Würfel werden 50-mal geworfen und die Augenzahlen addiert.

Augensumme	Anzahl
7	11
2	3
10	7
9	8

a) Bestimme die relativen Häufigkeiten für die vier Augensummen.

b) In $\frac{8}{100}$ der Würfe wurde die Augensumme 3 geworfen. Gib die absolute Häufigkeit an.

E Gib zu jedem Zufallsgerät die möglichen Ergebnisse an.

a)

b)

c)

d)

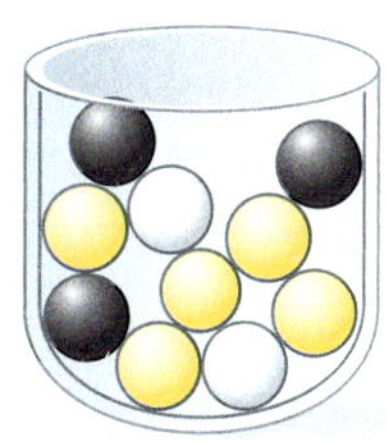

→ Die Lösungen findest du auf Seite 201.

1 Zufall und Wahrscheinlichkeit

1 Beim Musikhören mit dem Handy oder dem MP3-Player schalten viele den Shuffle-Modus ein. Im Shuffle-Modus spielt das Gerät die Musik in einer zufälligen Reihenfolge ab. Wie viele mögliche Reihenfolgen kann es bei vier Songs, wie viele bei fünf Songs geben?

2 Maren hat in ihrer Playlist 125 Lieder. 25 davon sind von ihrer Lieblingsband. Maren schaltet den Player an. Mit welcher Wahrscheinlichkeit beginnt er mit einem Lied ihrer Lieblingsband?

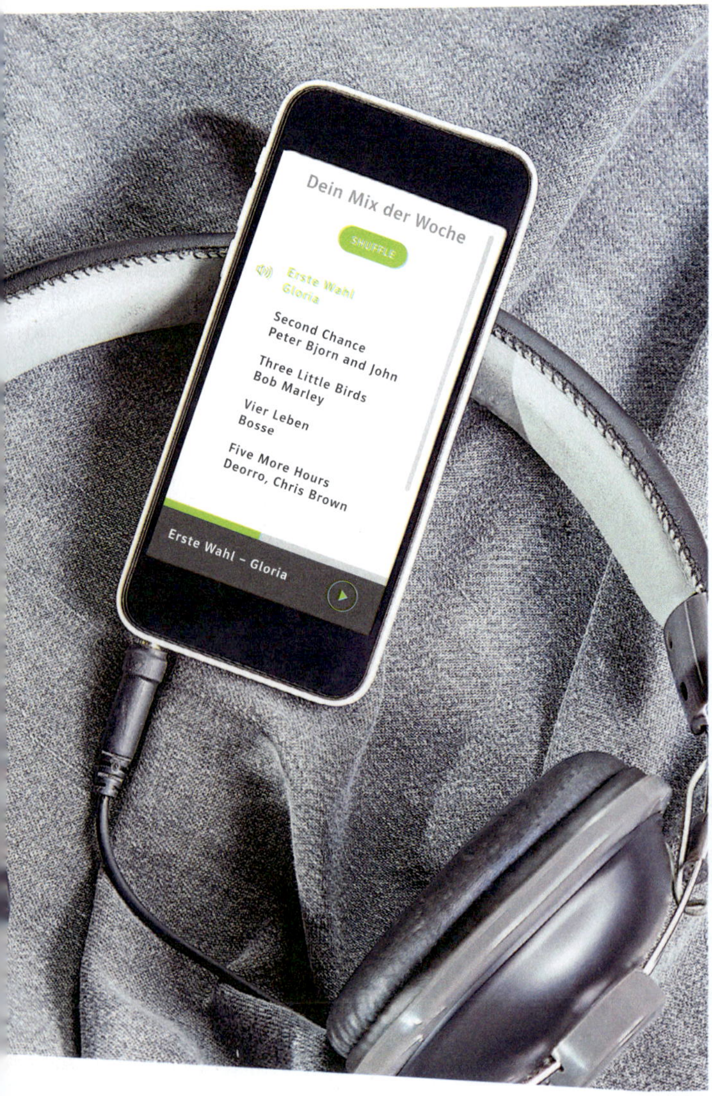

3 Arda hat englisch- und türkischsprachige Lieder in seiner Playlist. Insgesamt sind es 600 Lieder. Da er nicht weiß, wie viele davon türkischsprachig sind, zählt er beim Hören mit. Von den ersten 20 Songs sind 7 türkischsprachig, von den nächsten 20 sind es 9. Pia meint, bei den nächsten 20 Liedern sind bestimmt 8 türkischsprachig. Was meint ihr?

Ich lerne,

- Wahrscheinlichkeiten von einstufigen und mehrstufigen Ereignissen zu berechnen,
- Kombinationsmöglichkeiten zu ermitteln,
- zwischen „Ziehen mit Zurücklegen“ und „Ziehen ohne Zurücklegen“ zu unterscheiden.

1 Zufallsexperimente

Am Volleyballturnier nehmen 12 Schülerinnen teil. Jede erhält ein Trikot zugelost. Die Trikots tragen die Nummern 1 bis 12.
→ Lisa möchte ihre Glückszahl 7. Wie wahrscheinlich ist dies?
→ Bestimme die Wahrscheinlichkeit, dass Nuray keine zweistellige Zahl bekommt.

Tipp:
Tetraederwürfel

Wirft man einen Tetraederwürfel, so können vier **mögliche Ergebnisse** eintreten (1; 2; 3; 4). Will man die Wahrscheinlichkeit für ein bestimmtes **Ereignis** (z. B. „eine gerade Zahl würfeln") berechnen, so bestimmt man zunächst die Wahrscheinlichkeiten der einzelnen **günstigen Ergebnisse.** Die Wahrscheinlichkeit des Ereignisses ist die **Summe der Wahrscheinlichkeiten der günstigen Ergebnisse (Summenregel).**

P(eine gerade Zahl)
$= P(2) + P(4)$
$= \frac{1}{4} + \frac{1}{4} = \frac{1}{2} = 0{,}5 = 50\,\%$

Das Ereignis „eine gerade Zahl" setzt sich aus den günstigen Ergebnissen 2 und 4 zusammen.

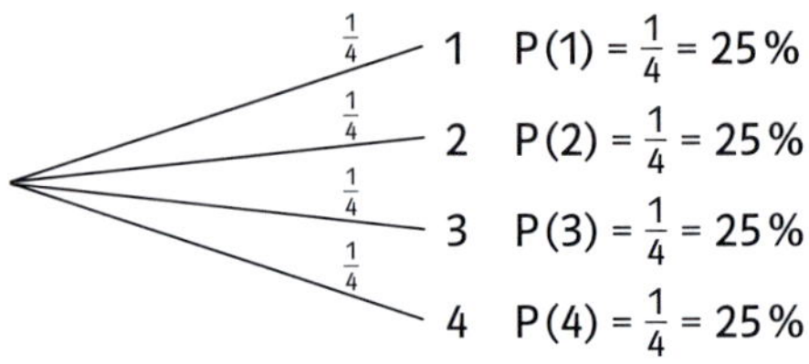

Tipp!
Gegenereignis
Das Gegenereignis zu einem Ereignis umfasst alle ungünstigen Ergebnisse. Beispiel: Das Gegenereignis beim Tetraederwürfel zu „ich würfele eine 1" ist „ich würfele keine 1, also würfele ich eine 2; 3 oder 4".

Von einem **sicheren Ereignis** spricht man, wenn es immer, also hundertprozentig eintritt, zum Beispiel, dass mit dem Tetraederwürfel „eine Zahl" gewürfelt wird: $P(\text{Zahl}) = \frac{4}{4} = 100\,\%$.
Es gibt auch **unmögliche Ereignisse:** Will man zum Beispiel mit diesem Würfel eine Neun würfeln, so gilt $P(9) = \frac{0}{4} = 0\,\%$.

Merke

Bei einem **Zufallsexperiment** heißen alle Ergebnisse, die zu einem Ereignis führen, **günstige Ergebnisse**.
Man kann die Wahrscheinlichkeit eines Ergebnisses oder Ereignisses berechnen.
Sind alle Ergebnisse gleich wahrscheinlich, so nennt man das Zufallsexperiment auch **Laplace-Experiment.** In diesem Fall gilt:

$$P(\text{Ergebnis}) = \frac{1}{\text{Anzahl der möglichen Ergebnisse}}$$

$$P(\text{Ereignis}) = \frac{\text{Anzahl der günstigen Ergebnisse}}{\text{Anzahl der möglichen Ergebnisse}}$$

Alle **ungünstigen Ergebnisse** zu einem Ereignis A bilden das **Gegenereignis** $\overline{A}$.
Es gilt: $P(\overline{A}) = 1 - P(A)$ und $P(A) = 1 - P(\overline{A})$

Beispiel

Das Glücksrad wird einmal gedreht:

Farbe	Weiß	Blau	Rot	Gesamt
Anzahl	1	3	4	8
P(E)	$\frac{1}{8}$	$\frac{3}{8}$	$\frac{4}{8}$	$\frac{8}{8}$

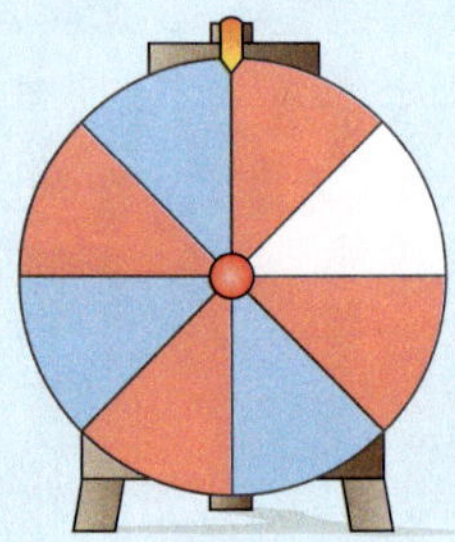

$P(\text{Blau}) = \frac{3}{8} = 0{,}375 = 37{,}5\,\%$

$P(\text{Blau oder Weiß}) = \frac{3}{8} + \frac{1}{8} = \frac{4}{8} = 0{,}5 = 50\,\%$

$P(\text{nicht Weiß}) = 1 - P(\text{Weiß}) = 1 - \frac{1}{8} = \frac{7}{8} = 0{,}875 = 87{,}5\,\%$

○ **1** Ein Glücksrad hat zehn gleich große Felder. Zwei Felder sind grün, drei Felder sind blau und der Rest ist orange gefärbt. Das Glücksrad wird einmal gedreht.

a) Stelle die Wahrscheinlichkeiten für die einzelnen Farben in einer Tabelle dar.
b) Bestimme die Wahrscheinlichkeit P(Blau).
c) Bestimme die Wahrscheinlichkeit P(nicht Blau).
d) Bestimme die Wahrscheinlichkeit P(Grün oder Orange).

○ **2** Gummibärchen werden aus einer Packung entnommen.

a) Erstelle eine Tabelle für die Anzahl und Wahrscheinlichkeit der einzelnen Farben.
b) Berechne die Wahrscheinlichkeit, aus der Packung
(1) ein weißes Gummibärchen zu nehmen,
(2) kein grünes Gummibärchen zu nehmen,
(3) ein rotes oder ein oranges Gummibärchen zu nehmen.

Alles klar?

D2 **Fördern**

A In einem Behälter sind 20 Kugeln: 4 weiße, 10 rote und 6 blaue. Berechne die Wahrscheinlichkeit

a) eine rote Kugel zu ziehen.
b) eine weiße oder eine rote Kugel zu ziehen.
c) keine blaue Kugel zu ziehen.

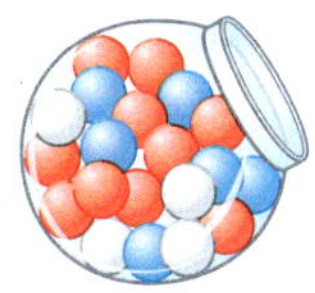

Tipp!
zu Aufgabe 3c)
Die Quersumme einer Zahl ist die Summe ihrer Ziffern. Beispiel: Die Quersumme von 24 ist 2 + 4 = 6, die Quersumme von 166 ist 1 + 6 + 6 = 13.

○ **3** Ein Glücksrad ist in zwölf gleich große Felder mit den Zahlen 1 bis 12 eingeteilt. Es wird einmal gedreht.
Bestimme die Wahrscheinlichkeit für

a) P(die Zahl ist größer als 8).
b) P(die Zahl ist höchstens 6).
c) P(die Zahl ist kleiner als 9, aber größer als 5).

◒ **4** Aus einer Box wird ein Turm gezogen.

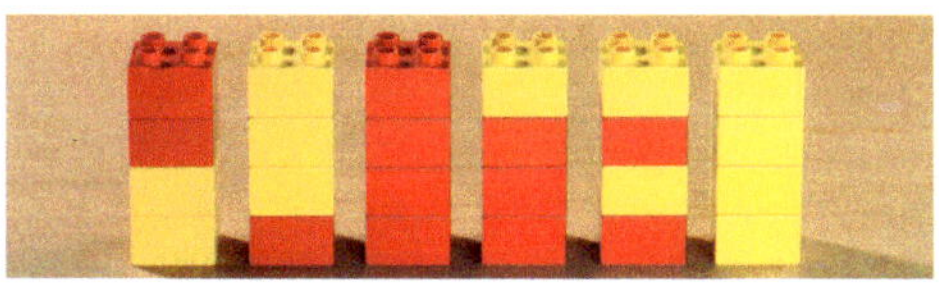

Wie groß ist die Wahrscheinlichkeit, dass der Turm

a) rote und gelbe Klötze enthält?
b) nur rote oder nur gelbe Klötze enthält?
c) mindestens zwei rote Klötze enthält?

◒ **5** Beim Roulette-Spiel kann die Kugel in die Fächer 0 bis 36 fallen.
Berechne die Wahrscheinlichkeit.

a) P(0)
b) P(eine durch 3 teilbare Zahl)
c) P(kein Vielfaches von 10)

◒ **3** 50 Lose sind mit den Nummern 10 bis 59 beschriftet. Es wird ein Los gezogen.
Berechne die Wahrscheinlichkeit für

a) P(60).
b) P(gleiche Ziffern).
c) P(Quersumme kleiner als 14).

◒ **4** SP Es gewinnt, wer beim Drehen eines Glücksrads das richtige Ergebnis vorhersagt.

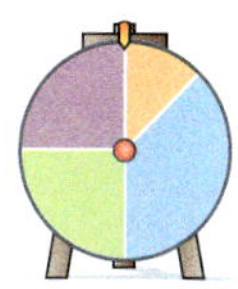

Für welches Glücksrad würdet ihr euch entscheiden? Begründet.

● **5** In einer Schale liegen 15 Kugeln. Sie sind rot, blau und grün. Es gilt P(Rot) = 40 % und P(Blau) = $\frac{1}{3}$. Es wird eine Kugel gezogen.

a) SP Gib P(Grün) an. Wie gehst du vor?
b) Wie viele rote Kugeln muss man in die Schale dazulegen, damit P(Blau oder Grün) = 0,5 gilt?

→ Die Lösungen zu „Alles klar?“ findest du auf Seite 201.

2 Richtig zählen

Anuk möchte eine Waffel mit zwei Kugeln Eis kaufen. Am liebsten mag Anuk die Eissorten Erdbeere, Schokolade, Vanille und Banane.

→ Wie viele Wahlmöglichkeiten hat Anuk?

→ Arbeitet zu zweit. Erklärt euch gegenseitig, wie ihr vorgeht.

Bei Auswahlmöglichkeiten können **verschiedene Kombinationen** entstehen. Wenn man aus zwei unterschiedlichen Vorspeisen und zwei unterschiedlichen Hauptgerichten auswählen kann, gibt es vier verschiedene Möglichkeiten, ein Menü aus einer Vorspeise und einem Hauptgericht zusammenzustellen:

Vorspeise 1 – Hauptspeise 1
Vorspeise 1 – Hauptspeise 2
Vorspeise 2 – Hauptspeise 1
Vorspeise 2 – Hauptspeise 2

Merke Die **Anzahl von Kombinationsmöglichkeiten** ermittelt man durch **systematisches Aufschreiben oder Zeichnen**, zum Beispiel mithilfe einer Tabelle oder eines Baumdiagramms.

Beispiel Wie viele Möglichkeiten gibt es, 3 Shirts und 2 Hosen zu kombinieren?
Sowohl bei der Tabelle als auch beim Baumdiagramm ist es wichtig, dass man geordnet vorgeht. Man muss vorher festlegen, was mit was kombiniert wird.

- Lösen mit einer Tabelle

6 Möglichkeiten

- Lösen mit einem Baumdiagramm

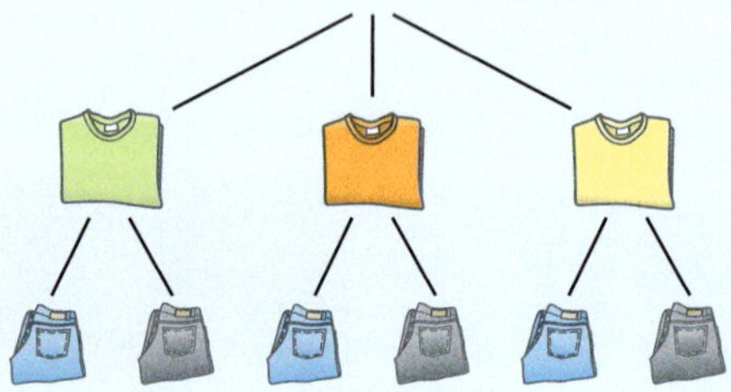

6 Möglichkeiten

○ **1** Mara möchte ein Freundschaftsband mit 3 farbigen Perlen herstellen. Wie viele Möglichkeiten hat sie, die Farben anzuordnen?

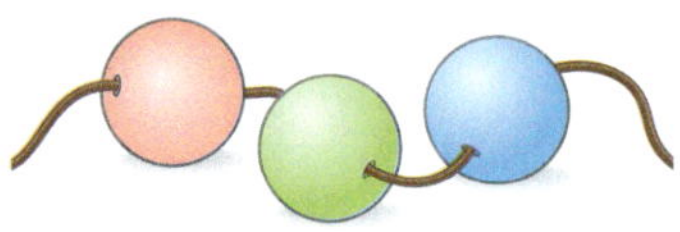

○ **2** Eine Pasta-Bar bietet 5 verschiedene Nudelsorten an, die man beliebig mit 3 verschiedenen Saucen kombinieren kann. Wie viele verschiedene Kombinationen gibt es insgesamt? Bestimme die Anzahl mithilfe einer Tabelle.

○ **3** Jason hat 3 Paar verschiedene Sportschuhe und 4 Paar verschiedene Sportsocken. Wie viele Kombinationsmöglichkeiten hat er? Löse mit einem Baumdiagramm.

Alles klar?

D3 Fördern

A Auf wie viele verschiedene Arten kann man einen grünen (g), einen blauen (b), einen roten (r) und einen schwarzen (s) Baustein zu einem Turm zusammenbauen?

B Mit einem Farbwürfel (blau, grün, orange, rot, lila, schwarz) und mit einem Tetraeder-Würfel wird gleichzeitig gewürfelt. Wie viele mögliche Ergebnisse gibt es? Bestimme die Anzahl mit einer Tabelle und mit einem Baumdiagramm.

Tipp!
zu Aufgabe B
Ein Tetraeder besteht aus 4 gleichseitigen Dreiecken.

○ **4** Line hat 4 verschiedene Ziffernkarten.

3 1 5 9

a) Wie viele verschiedene vierstellige Zahlen kann sie damit bilden, wenn die 1 an der Tausenderstelle steht?
b) Wie viele verschiedene vierstellige Zahlen kann sie insgesamt bilden?

○ **5** Rayan besitzt 3 Jeans, 4 Shirts und 2 Paar Schuhe.

Rayan sagt: „Ich kann mir einen Monat lang jeden Tag eine andere Kombination zusammenstellen." **Überprüfe** die Behauptung mit einem Baumdiagramm.

◐ **6** Eine Eisdiele bietet 4 Eissorten an. Theo möchte ein Eis mit zwei Kugeln verschiedener Sorten. Es ist Theo nicht egal, welche Sorte unten und welche Sorte oben ist. Wie viele verschiedene Möglichkeiten gibt es? Bestimme die Anzahl.

◐ **4** Yann hat 4 verschiedene Ziffernkarten.

3 1 5 9

a) Wie viele verschiedene dreistellige Zahlen kann er damit bilden?
b) Yann behauptet: „Wenn ich eine der 4 Ziffern doppelt benutze, dann gibt es nur noch halb so viele Möglichkeiten." **Überprüfe.**

◐ **5** 3 Hosen und 4 Paar Schuhe sollen miteinander kombiniert werden.
a) Zeichne zwei verschiedene Baumdiagramme, um die Anzahl zu bestimmen.
b) SP Welches der beiden Baumdiagramme würdest du nutzen? **Begründe**.
c) SP **Beschreibe**, wie du die Anzahl der Kombinationsmöglichkeiten rechnerisch bestimmen kannst.

→ Die Lösungen zu „Alles klar?" findest du auf Seite 201.

7 Bei einem Fußballturnier gibt es ein Elfmeterschießen. Gib die Anzahl der Möglichkeiten an, in welcher Reihenfolge drei Jugendliche antreten können.

8 Leonhard hat bei seinem Zahlenschloss die Kombination vergessen. Er weiß nur noch, dass sie aus den Ziffern 2; 3; 4 und 9 besteht. Wie viele Kombinationen muss er höchstens ausprobieren, um sein Schloss zu öffnen? Notiere systematisch.

9 Übertrage die Tabelle ins Heft.

Hosen	Shirts	Anzahl der Kombinationen
2	3	▒
2	4	▒
2	5	▒
3	3	▒
3	4	▒
3	5	▒

a) Bestimme die Anzahl der Kombinationen.
b) Gib die Anzahl der Kombinationen für 3 Hosen und 10 Shirts an.
c) SP **Beschreibe**, wie man die Anzahl aller Kombinationen ohne Tabelle oder Baumdiagramm berechnen kann.

10 Drei Bekannte treffen sich. Sie begrüßen sich alle mit Handschlag.

a) Wie oft werden Hände geschüttelt?
b) Eine vierte (fünfte, sechste) Person kommt dazu. Bestimme, wie oft nun die Hände geschüttelt wurden.

6 Eine Eisdiele bietet 4 Sorten Eis an, entweder in der Waffel oder im Becher.
a) Wie viele verschiedene Möglichkeiten gibt es für ein Eis mit zwei Kugeln? Löse mit einem Baumdiagramm.
b) Bestimme die Anzahl der Möglichkeiten für zwei Kugeln Eis mit oder ohne Sahne.

7 Herr Siebert hat 30 Hosen, 30 Oberteile und 30 Paar Schuhe. Stell dir vor, er trägt jeden Tag eine andere Kombination. Wie lange dauert es, bis er jede Kombination getragen hat?

8 Leander hat die Ziffernfolge seiner vierstelligen PIN-Nummer vergessen. Er weiß noch, dass zweimal eine 1, eine 5 und eine 3 dabei waren. Wie viele verschiedene Möglichkeiten gibt es?

9 Vier Jugendliche sollen sich an einen Gruppentisch setzen. Auf wie viele verschiedene Arten können die Stühle A bis D an die Plätze 1 bis 4 gestellt werden?

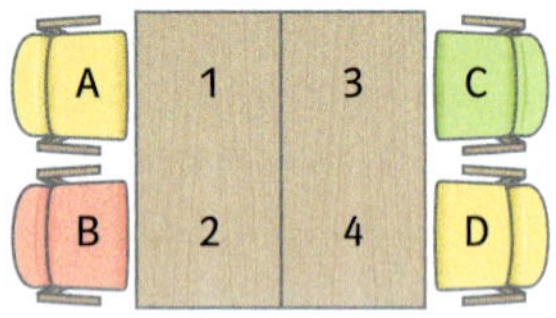

10 Bei einem 100-m-Rennen starten 4 Kinder.

a) Wie viele verschiedene Möglichkeiten gibt es, die ersten 3 Plätze zu belegen?
b) Wie viele Möglichkeiten gibt es, wenn 5 Kinder teilnehmen?

11 Laura hat auf ihrem Handy 101 Emojis.
a) Wie viele Kombinationen aus zwei verschiedenen Emojis gibt es, wenn die Reihenfolge der Emojis eine Rolle spielt?
b) Wie viele sind es, wenn die Reihenfolge keine Rolle spielt?

3 Zweistufige Zufallsexperimente mit Zurücklegen

Ein Paar bekommt nacheinander zwei Kinder. Die Chancen für die Geburt eines Mädchens und die Geburt eines Jungen sind etwa gleich groß.

→ Nenne alle Kombinationsmöglichkeiten.

→ Gib die Wahrscheinlichkeit an, dass mindestens eines der Kinder ein Junge ist.

Aus einem Behälter mit 10 Kugeln wird eine Kugel gezogen. Die Farbe wird notiert und die Kugel wieder zurückgelegt. Dann wird eine zweite Kugel gezogen. Für jede einzelne Farbe ist die Wahrscheinlichkeit beim ersten und zweiten Durchgang gleich. Das ist ein **zweistufiges Zufallsexperiment mit Zurücklegen**. Mit einem **Baumdiagramm** oder einer Tabelle kann das Zufallsexperiment mit beiden Stufen übersichtlich dargestellt werden.

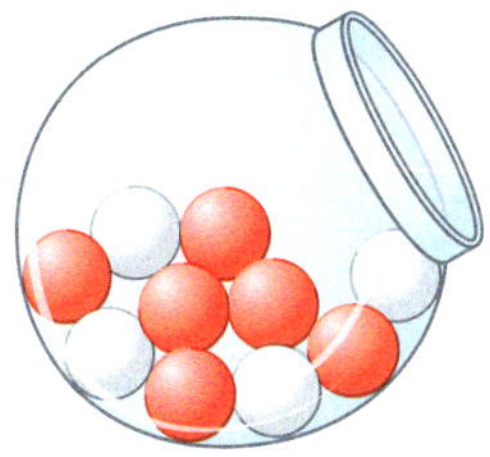

Tipp!
Die Wahrscheinlichkeiten aller Ergebnisse müssen zusammen 100 % ergeben.

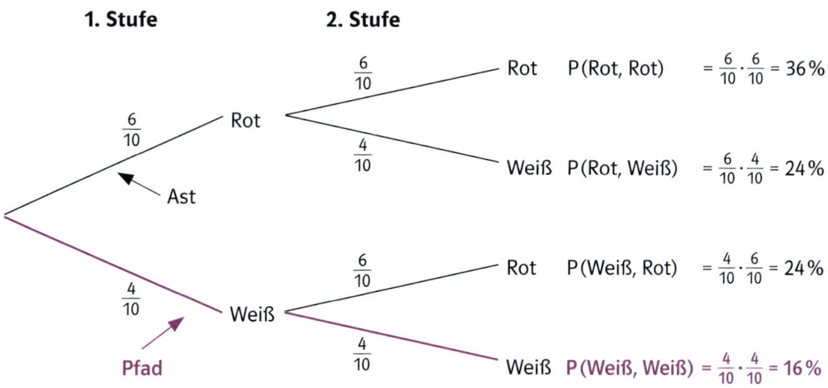

Eine Strichfolge vom Anfangs- bis zum Endpunkt nennt man **Pfad**.

Produktregel (immer entlang eines Pfades): **P(Ergebnis) = P(1. Stufe) · P(2. Stufe)**

Summenregel: **P(Ereignis) = Summe aller günstigen Ergebnisse**

P(zweimal gleiche Farbe) = P(Rot, Rot) + P(Weiß, Weiß)

Merke

Bei einem zweistufigen Zufallsexperiment gelten die **Produkt- und die Summenregel**.

Produktregel: Man berechnet die Wahrscheinlichkeit eines **Ergebnisses**, indem man die Wahrscheinlichkeiten entlang des zugehörigen Pfades miteinander multipliziert.

Summenregel: Man berechnet die Wahrscheinlichkeit eines **Ereignisses**, indem man die Wahrscheinlichkeiten aller günstigen Ergebnisse addiert.

Produkt- und Summenregel nennt man **Pfadregeln**.

Beispiele

a) Ein zweistufiges Zufallsexperiment wird als Baumdiagramm dargestellt.
In einem Behälter liegen 3 blaue und 5 weiße Kugeln. Man zieht eine Kugel, notiert ihre Farbe und legt sie wieder zurück. Dann wird eine weitere Kugel gezogen.
Die Wahrscheinlichkeit, zwei gleichfarbige Kugeln zu ziehen, wird berechnet.

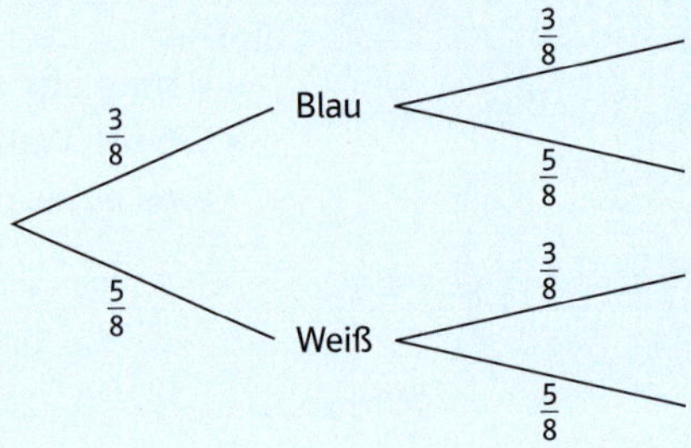

P(Blau, Blau) = $\frac{3}{8} \cdot \frac{3}{8} = \frac{9}{64} \approx 14{,}1\,\%$

P(Blau, Weiß) = $\frac{3}{8} \cdot \frac{5}{8} = \frac{15}{64} \approx 23{,}4\,\%$

P(Weiß, Blau) = $\frac{5}{8} \cdot \frac{3}{8} = \frac{15}{64} \approx 23{,}4\,\%$

P(Weiß, Weiß) = $\frac{5}{8} \cdot \frac{5}{8} = \frac{25}{64} \approx 39{,}1\,\%$

100 %

Summenregel: P(gleiche Farbe) = P(Blau, Blau) + P(Weiß, Weiß) ≈ 14,1 % + 39,1 % = 53,2 %

b) Ein zweistufiges Zufallsexperiment wird als Tabelle dargestellt.
Zwei Münzen werden gleichzeitig geworfen. Es handelt sich um ein zweistufiges Zufallsexperiment mit Zurücklegen. P(Wappen und Zahl) wird berechnet.

	W	Z
W	P(W, W) = $\frac{1}{2} \cdot \frac{1}{2} = \frac{1}{4}$ = 25 %	P(W, Z) = $\frac{1}{2} \cdot \frac{1}{2} = \frac{1}{4}$ = 25 %
Z	P(Z, W) = $\frac{1}{2} \cdot \frac{1}{2} = \frac{1}{4}$ = 25 %	P(Z, Z) = $\frac{1}{2} \cdot \frac{1}{2} = \frac{1}{4}$ = 25 %

Summenregel: P(Wappen und Zahl) = P(Z, W) + P(W, Z) = 25 % + 25 % = 50 %

○ **1** Das Glücksrad hat die Farben Blau, Gelb und Rot.
a) Bestimme die Wahrscheinlichkeiten für jede der drei Farben, bei einmaligem Drehen.
b) Das Glücksrad wird zweimal gedreht. Zeichne ein Baumdiagramm und bestimme die Wahrscheinlichkeiten aller Ergebnisse.
c) Bestimme die Wahrscheinlichkeiten für die Ereignisse „zweimal gleiche Farbe“ und „mindestens einmal Blau“.

Tipp!
zu Aufgabe 2
Pasch: Wenn zwei Würfel die gleiche Augenzahl zeigen, nennt man das einen „Pasch“.
Augenprodukt: Multipliziert man die Augenzahlen zweier Würfel, so nennt man das Ergebnis „Augenprodukt“.

○ **2** Zwei Spielwürfel werden gleichzeitig geworfen. Stelle alle Ergebnisse in einer Tabelle dar.
Wie groß ist die Wahrscheinlichkeit,
a) eine 1 und eine 6 zu würfeln?
b) keinen Pasch zu würfeln?
c) die Augensumme 7 zu erhalten?
d) die Augensumme 13 zu erhalten?
e) ein Augenprodukt kleiner 37 zu erhalten?
f) zwei Primzahlen zu erhalten?

Alles klar?

D4 Fördern

A Aus einem Behälter wird ohne hinzuschauen eine Kugel gezogen, die Farbe notiert und die Kugel wieder zurückgelegt. Dann wird noch einmal eine Kugel gezogen.
Bestimme die Wahrscheinlichkeit folgender Ereignisse:
a) „zwei gelbe Kugeln“.
b) „zwei verschiedenfarbige Kugeln“.
c) „genau eine rote Kugel“.
d) „eine rote und eine blaue Kugel“.

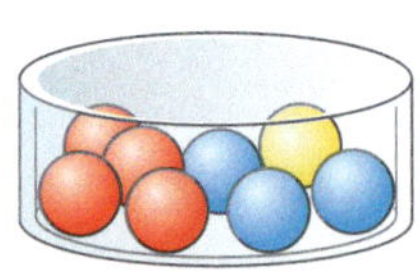

→ Die Lösungen zu „Alles klar?“ findest du auf Seite 201.

Tipp!
zu Aufgabe 3
Ein Tetraeder hat vier Flächen. Die oben stehende Zahl gilt.

Tipp!
zu Aufgabe 3
Ein Dodekaeder hat 12 Flächen. Mit ihm kann man die Zahlen 1 bis 12 würfeln.

3 Ein Tetraeder wird zweimal geworfen.

a) Trage die Augensummen ein.

	1	2	3	4
1	2	3	4	▪
2	3	4	▪	▪
3	▪	▪	▪	▪
4	▪	▪	▪	▪

b) Wie groß ist die Wahrscheinlichkeit für die Summe 6?

c) SP Welche Summe hat die größte Wahrscheinlichkeit? **Begründe**.

4 Das Glücksrad wird zweimal gedreht. Bestimme die Wahrscheinlichkeit für

a) „zweimal hintereinander Gelb".

b) „zuerst Weiß, dann Lila".

c) „einmal Orange und einmal Gelb."

5 Zwei Kugeln werden ohne hinzuschauen mit Zurücklegen gezogen.

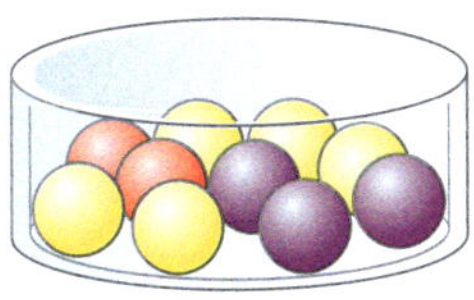

a) Zeichne ein Baumdiagramm.

b) Gib ein Ereignis mit der Wahrscheinlichkeit $P(E) = \frac{1}{4}$ an.

c) Zwei gelbe Kugeln werden entfernt. Bestimme die Wahrscheinlichkeit für „keine rote Kugel".

Tipp!
zu Aufgabe 6
Wenn zwei Würfel die gleiche Augenzahl zeigen, nennt man das einen „Pasch".

6 Die Abbildung zeigt das Netz eines besonderen Würfels. Er wird zweimal geworfen.

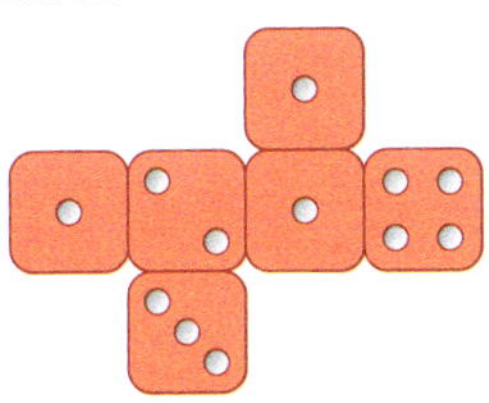

a) SP **Beschreibe**, was besonders an dem Würfel ist.

b) Bestimme die Wahrscheinlichkeit.
(1) P(zweimal gleiche Zahl)
(2) P(zwei unterschiedliche Zahlen)
(3) P(erste Zahl kleiner als zweite Zahl)

3 Ein Dodekaeder wird zweimal geworfen. Bestimme

a) P(erster Wurf eine 1).

b) P(zweiter Wurf eine 12).

c) P(Augensumme 12).

4 Es wird zweimal mit Zurücklegen gezogen.

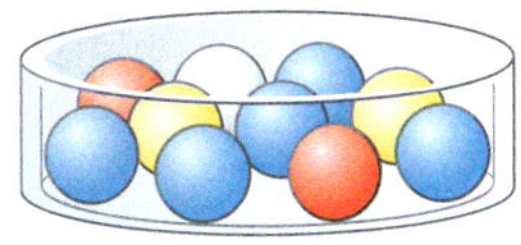

a) Welches Ergebnis hat die geringste Wahrscheinlichkeit?

b) Gib die Wahrscheinlichkeit P(zweimal die gleiche Farbe) in Prozent an.

c) Drei blaue Kugeln werden vorher weggenommen. Gib die Wahrscheinlichkeit für „höchstens eine rote Kugel" an.

5 In einem Gefäß liegen 2 blaue, 3 weiße und 4 rote Kugeln. Es wird zweimal mit Zurücklegen gezogen. Tom hat für ein Ereignis ein vereinfachtes Baumdiagramm gezeichnet.

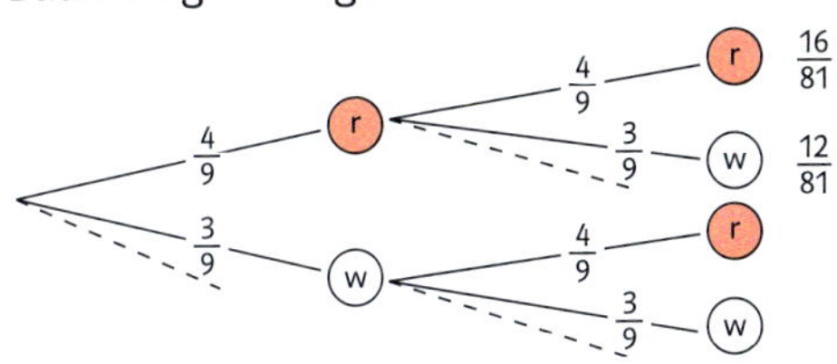

a) SP **Erkläre**, warum das Baumdiagramm vereinfacht genannt wird.

b) SP Besprecht zu zweit, um welches Ereignis es sich handeln könnte.

c) Bestimme die Wahrscheinlichkeit für das Ereignis.

6 Die Würfelnetze zweier Würfel sind abgebildet. Sie werden beide geworfen.

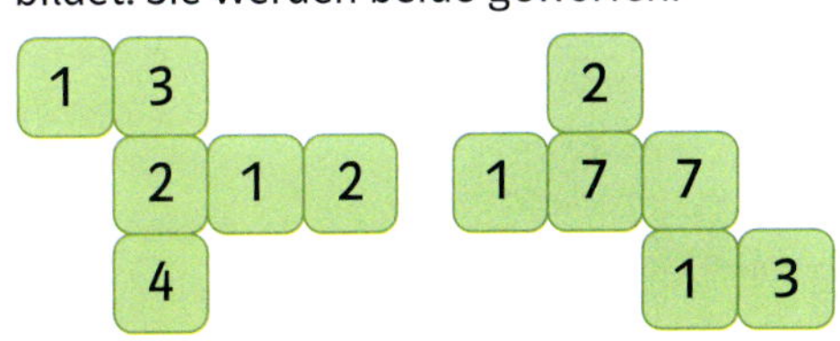

Bestimme die Wahrscheinlichkeit.

a) P(Pasch)

b) P(Augensumme mindestens 10)

c) P(Primzahlenpaar)

4 Zweistufige Zufallsexperimente ohne Zurücklegen

Alina und Pedro bereiten Omas portugiesischen Paprikasalat zu. Alina nimmt ohne hinzusehen nacheinander zwei Paprika.

→ Pedro meint, dass die Wahrscheinlichkeit für zwei grüne Paprika $\frac{4}{49}$ beträgt. Alina behauptet, dass es $\frac{2}{42}$ sind. Wer hat recht? Begründe mit einem Baumdiagramm.

→ Alina möchte zwei unterschiedliche Paprika für ihren Salat. Welche Ergebnisse sind dafür günstig? Gib die Wahrscheinlichkeit für dieses Ereignis an.

Zieht man zwei Kugeln nacheinander aus einem Behälter, ohne die erste zurückzulegen, ändert sich die Gesamtzahl der Kugeln für den zweiten Zug.

Merke Bei einem zweistufigen Zufallsexperiment **ohne Zurücklegen** ändert sich die Wahrscheinlichkeit eines Ergebnisses auf der zweiten Stufe.

Beispiel In einem Behälter liegen 3 rote und 2 blaue Kugeln. Man zieht nacheinander zwei Kugeln, ohne die erste Kugel zurückzulegen.
Es wird die Wahrscheinlichkeit berechnet, zwei gleichfarbige Kugeln zu ziehen.

Baumdiagramm:

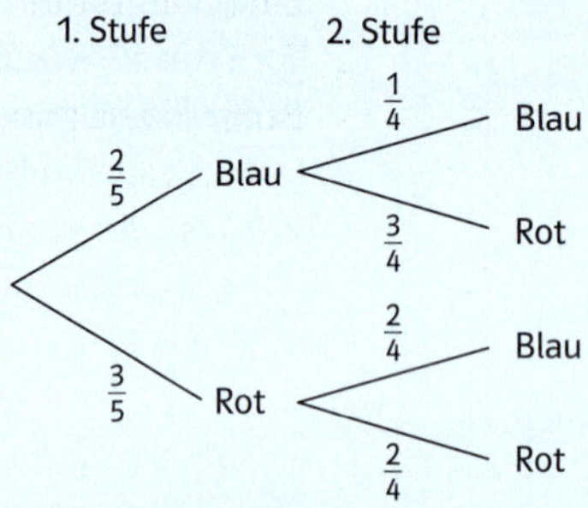

P(Blau, Blau) $= \frac{2}{5} \cdot \frac{1}{4} = \frac{2}{20} = 10\,\%$

P(Blau, Rot) $= \frac{2}{5} \cdot \frac{3}{4} = \frac{6}{20} = 30\,\%$

P(Rot, Blau) $= \frac{3}{5} \cdot \frac{2}{4} = \frac{6}{20} = 30\,\%$

P(Rot, Rot) $= \frac{3}{5} \cdot \frac{2}{4} = \frac{6}{20} = 30\,\%$

P(gleiche Farbe) = P(Blau, Blau) + P(Rot, Rot) $= \frac{2}{20} + \frac{6}{20} = 10\,\% + 30\,\% = 40\,\%$

○ **1** In der Schale liegen 9 Kugeln. Ohne hinzusehen werden nacheinander zwei Kugeln gezogen und nicht zurückgelegt.

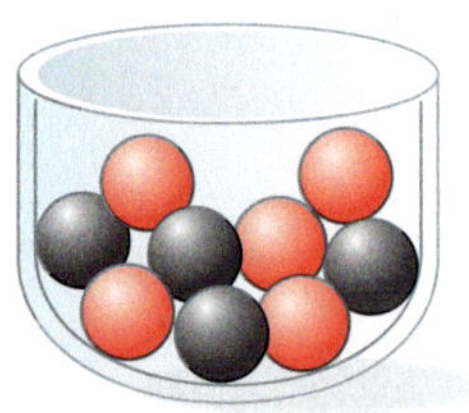

a) Zeichne ein beschriftetes Baumdiagramm mit allen Wahrscheinlichkeiten.
b) Bestimme die Wahrscheinlichkeit für:
(1) „zwei gleichfarbige Kugeln",
(2) „mindestens eine rote Kugel",
(3) „höchstens eine schwarze Kugel".

○ **2** SP Gib an, ob es sich bei dem Beispiel um ein Zufallsexperiment mit oder ohne Zurücklegen handelt. **Begründe**.
a) Aus einem Korb mit einzelnen Socken werden nacheinander zwei Socken entnommen.
b) Zwei Würfel werden nacheinander geworfen.
c) Zwei Karten aus einem Kartenspiel werden gezogen und beide sofort angeschaut.
d) Ein Glücksrad wird zweimal gedreht.

Alles klar?

D5 Fördern

ein Schreibmäppchen
eine kleine Tasche für Stifte

A In einem Schreibmäppchen befinden sich 2 rote Stifte, 4 grüne Stifte, 3 gelbe Stifte und 6 schwarze Stifte. Es werden nacheinander zwei Stifte ohne Zurücklegen gezogen.
Bestimme die Wahrscheinlichkeit für:
a) „zwei verschiedenfarbige Stifte ziehen".
b) „genau einen gelben Stift ziehen".
c) „einen schwarzen Stift als Erstes ziehen".

3 Aus der Schale werden nacheinander zwei Kugeln gezogen.
Berechne
a) P(Pasch).
b) P(Augensumme 4).
c) P(1. Zahl kleiner als 2. Zahl).

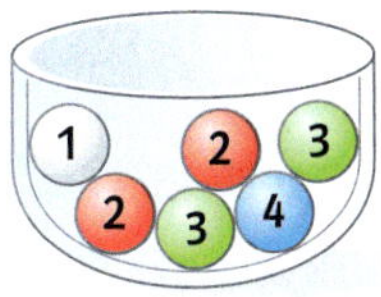

4 Das Baumdiagramm gehört zu einem zweistufigen Zufallsexperiment mit Zurücklegen.

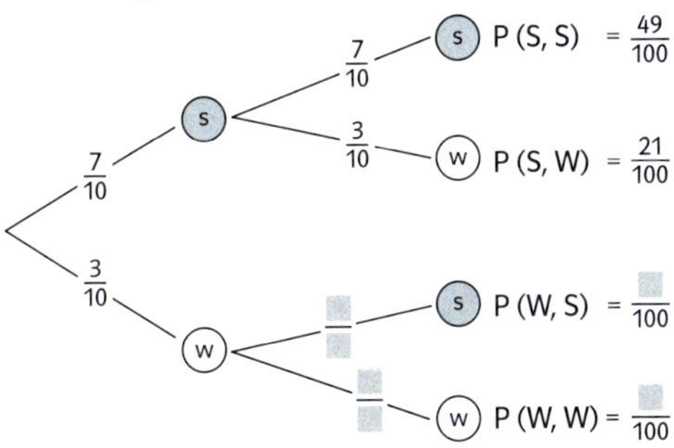

a) SP Überlegt euch zu zweit ein passendes Experiment und ergänzt das Baumdiagramm.
b) Zeichne ein Baumdiagramm für das gleiche Experiment, allerdings ohne Zurücklegen. Gib für jedes Ergebnis die Wahrscheinlichkeit an.

5 Aus der Schale werden ohne Zurücklegen zwei Kugeln entnommen.

a) Bestimme die Wahrscheinlichkeit für
(1) „genau eine blaue Kugel ziehen",
(2) „keine blaue Kugel ziehen",
(3) „mit dem zweiten Zug eine blaue Kugel ziehen",
(4) „zwei gelbe Kugeln ziehen".
b) Eine rote Kugel wird entnommen. Berechne, mit welcher Wahrscheinlichkeit man nun eine gelbe Kugel zieht.

3 Aus einer Schüssel werden ohne Zurücklegen zwei Kugeln entnommen.

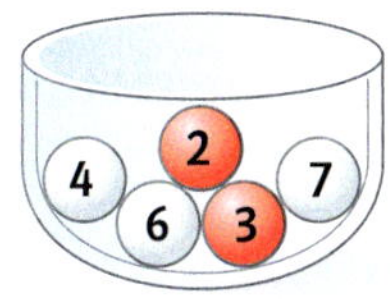

a) Bestimme die Wahrscheinlichkeit für
(1) „genau eine rote Kugel ziehen",
(2) „keine rote Kugel ziehen",
(3) „mit dem zweiten Zug eine rote Kugel ziehen".
b) Eine Kugel mit gerader Nummer wird entnommen. Mit welcher Wahrscheinlichkeit ist sie rot?

4 In einem Loseimer befinden sich 50 Lose, davon 45 Nieten.
a) SP **Erkläre**, warum es sich um ein Zufallsexperiment ohne Zurücklegen handelt.
b) Ruben zieht mit einem Griff 2 Lose. Wie groß ist die Wahrscheinlichkeit, höchstens eine Niete zu ziehen? Schätze zuerst.

5 Bei einem Spiel befinden sich in einer Box 20 Karten, die mit unterschiedlichen Geldbeträgen beschriftet sind. Auf 10 Karten stehen 50 ct, auf 7 Karten stehen 1 € und auf 3 Karten stehen 2 €. Kim zieht ohne hinzusehen zwei Karten und addiert die Beträge.
Wie groß ist die Wahrscheinlichkeit, dass Kim
a) den Höchstbetrag erhält?
b) den niedrigsten Betrag erhält?
c) einen Betrag zwischen 1 € und 2 € erhält?

6 In einer Schale liegen blaue und rote Kugeln. Die Anzahl der blauen Kugeln ist um 1 größer als die Anzahl der roten Kugeln. Es werden gleichzeitig zwei Kugeln gezogen.
Bestimme die Anzahl der blauen und roten Kugeln, wenn $P(B, B) = 30\,\%$ ist.

→ Die Lösungen zu „Alles klar?" findest du auf Seite 202.

6 Wählt zwei Jugendliche aus eurer Klasse zufällig aus. Wie groß ist die Wahrscheinlichkeit, dass es sich

a) um zwei Jugendliche handelt, die eine Brille tragen?

b) um zwei Jugendliche handelt, die mit dem Bus in die Schule kommen?

7 Entscheidet, ob es sich bei dem Zufallsexperiment um Ziehen mit oder um Ziehen ohne Zurücklegen handelt.

(1) Eine Karte wird aus einem Kartenspiel gezogen und zur Seite gelegt. Dann wird eine zweite Karte gezogen.

(2) Ein Glücksrad wird zweimal gedreht.

(3) Die Wahrscheinlichkeit, bei einem bestimmten Glücksspiel zu gewinnen, beträgt stets 25 %.

8 SP Zur Heftkontrolle hat sich die Lehrerin ein Spiel ausgedacht. Sie hat 20 Karten. Auf 8 Karten ist ein H und auf 12 Karten ist ein K. Sie lässt zwei Karten ziehen und jeweils wieder zurücklegen. Wer HK zieht, muss das Heft zur Kontrolle abgeben.

a) **Beurteile**, mit welcher Wahrscheinlichkeit es dich erwischt.

b) Ändert sich etwas, wenn es 12 H- und 8 K-Karten gibt? **Begründe**.

9 SP Denkt euch für das Baumdiagramm einen passenden Zufallsversuch aus.

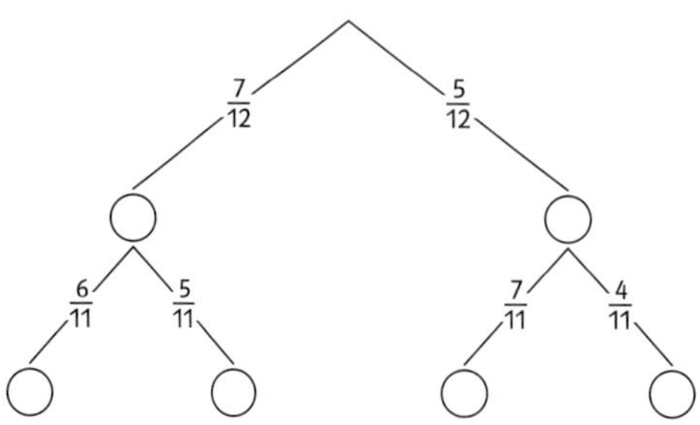

7 SP Entscheidet, ob es sich bei dem Zufallsexperiment um Ziehen mit oder um Ziehen ohne Zurücklegen handelt. **Begründet**.

(1) Zwei Karten werden aus einem Stapel gezogen und jeweils wieder dazugelegt.

(2) Aus einer Lostrommel werden vier Lose gezogen und jeweils gleich geöffnet.

(3) Es werden zwei Tennisspiele gespielt. Die Wahrscheinlichkeit, dass Person A das erste gewinnt, beträgt 40 %. Die Wahrscheinlichkeit, dass sie das zweite Spiel gewinnt, hängt vom Ergebnis des ersten ab.

8 Aus einem Behälter mit einer roten, 4 gelben und 3 schwarzen Kugeln wird zweimal ohne Zurücklegen gezogen. Im Baumdiagramm sind **Fehler**. Finde sie und schreibe das Baumdiagramm richtig ins Heft.

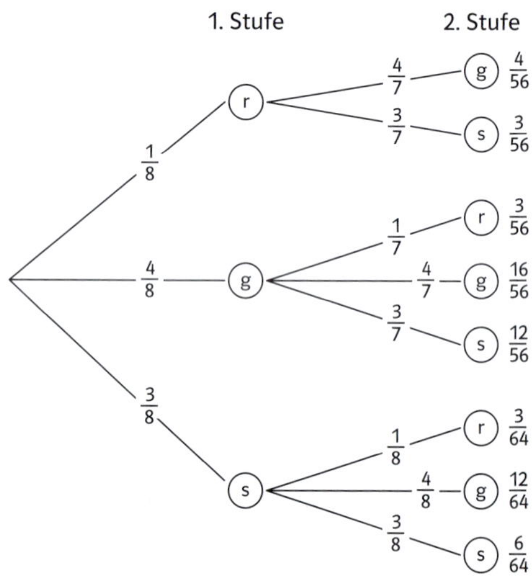

9 Bei der Fertigung von Tellern sind im Durchschnitt 5 % an der Oberfläche beschädigt und 11 % enthalten Fehler in der Lackierung.

a) Gib die Wahrscheinlichkeit an, einen fehlerlosen Teller zu erhalten.

b) Gib die Wahrscheinlichkeit an, einen Teller zu erhalten, der entweder an der Oberfläche oder an der Lackierung einen Fehler enthält.

Erwartungswert

EXTRA

Für Glücksspiele ist es interessant, den durchschnittlichen Gewinn oder Verlust zu berechnen. Mit diesem **Erwartungswert** kann man berechnen, ob sich ein Spiel lohnt oder nicht. Ist der Erwartungswert Null, spricht man von einem **fairen Spiel**. Ist der Erwartungswert positiv, wird im Durchschnitt Gewinn erzielt.

Den Erwartungswert erhält man, indem man den erwarteten Gewinn (oder Verlust) mit der zugehörigen Wahrscheinlichkeit, multipliziert. Ist die Wahrscheinlichkeit, bei einem Spiel einen 50-€-Gewinn zu erzielen, 40 %, so beträgt der Erwartungswert E = 50 € · 0,4 = 20 €. Das bedeutet, dass der durchschnittliche Gewinn bei 20 € liegt.
Man kann Erwartungswerte für einzelne Gewinne angeben oder aber für ein ganzes Spiel.

Bei einer Tombola in einer Buchhandlung gibt es 250 Lose. Ein Los kostet 2 € Einsatz. Zu gewinnen gibt es 5 Büchergutscheine, 30 Notizbücher und 40 Lesezeichen.

Tipp!
W · P(W)
= Gewinnerwartung bei diesem Gewinn (Wert des Gewinns mal die Wahrscheinlichkeit, ihn zu ziehen)

	Büchergutschein	Notizbuch	Lesezeichen	Niete
Wert W	20 €	7 €	2 €	0 €
Anzahl	5	30	40	175
P(W)	$\frac{5}{250}$	$\frac{30}{250}$	$\frac{40}{250}$	$\frac{175}{250}$
W · P(W)	$20\,€ \cdot \frac{5}{250} = 0{,}40\,€$	$7\,€ \cdot \frac{30}{250} = 0{,}84\,€$	$2\,€ \cdot \frac{40}{250} = 0{,}32\,€$	$0\,€ \cdot \frac{175}{250} = 0\,€$
Erwartungswert E	0,40 € + 0,84 € + 0,32 € + 0 € − 2 € = −0,44 €			

Für den Erwartungswert werden die Gewinnerwartungen addiert und die Kosten abgezogen. Hier muss durchschnittlich mit einem Verlust von 0,44 € pro Los gerechnet werden.

Tipp!
zu Aufgabe 1
Berechne zunächst die Wahrscheinlichkeit für die einzelnen Gewinne.

○ **1** Bei einem Schulfest verkauft eine Klasse Lose und wirbt mit: „Jedes Los gewinnt!"

a) Bestimme, wie viel ein Los kosten muss, damit das Spiel fair ist.

b) SP Welchen Preis würdest du für ein Los verlangen? Begründe.

	Anzahl	Wert pro Stück
USB-Stick	5	7,20 €
Buch	10	8,90 €
Textmarker	15	3,90 €
Kleingewinne	70	0,85 €

○ **2** Ein Glückskreisel hat die Farben Blau, Grün und Orange. Der Kreisel wird einmal gedreht. Der Einsatz beträgt 1 €.

a) Bestimme die Wahrscheinlichkeiten der einzelnen Farben.

b) Bestimme den Erwartungswert.

c) SP Würdest du so einen Gewinnplan anbieten? Begründe.

◒ **3** Die SV möchte für einen sozialen Zweck Geld einnehmen. Ein Behälter enthält 5 schwarze, 3 rote und 2 weiße Kugeln. Je Spiel darf man zwei Kugeln ohne Zurücklegen ziehen. Drei Gewinnpläne stehen zur Auswahl.

Keine Kugel ist schwarz. B

Beide Kugeln haben die gleiche Farbe. A

Genau eine Kugel ist weiß. C

a) Bestimme die Wahrscheinlichkeit für die drei Gewinnpläne.

b) Überlegt euch je Gewinnplan, was es zu gewinnen gibt und welchen Wert dieser Gewinn hat. Die SV soll pro Spiel durchschnittlich 2 € einnehmen. Bestimmt nun, wie viel Euro ein Spiel kosten soll.

EXTRA

Simulationen

Viele Situationen in der realen Welt sind zufällig. Oft ist eine Situation zu komplex, um Wahrscheinlichkeiten voraussagen zu können. Oder die Situation ist zu aufwendig, um sie mehrmals durchzuführen.
Dann hilft es, wenn man die reale Situation durch ein passendes Zufallsexperiment modelliert und nachspielt. Man spricht dann von einer **Simulation**.

Bei der **Simulation von Wahrscheinlichkeiten** helfen folgende Schritte:
- Finde ein Zufallsexperiment, mit dem sich die Situation nachbilden lässt.
- Führe das Zufallsexperiment wiederholt durch und notiere die Ergebnisse.
- Berechne die relativen Häufigkeiten.
- Interpretiere die Ergebnisse.

○ **1** SP Angenommen, an jedem Tag im Jahr haben genau gleich viele Menschen Geburtstag. Überlegt euch ein Zufallsexperiment, mit dem man die Wahrscheinlichkeiten der folgenden Situationen durch eine Simulation ermitteln kann. Begründet eure Wahl.
a) Von 3 Personen haben mindestens 2 Personen am selben Wochentag Geburtstag.
b) 6 Personen haben in verschiedenen Monaten Geburtstag.

◒ **2** Du nimmst an einer Spielshow teil und hast die Wahl zwischen drei Türen. Hinter einer Tür steht ein Auto, hinter den anderen Türen Ziegen. Du wählst eine Tür aus. Der Spielleiter öffnet nun eine der beiden anderen Türen, hinter der eine Ziege steht. Du kannst jetzt noch einmal wechseln oder bei deiner Tür bleiben.

a) SP Ist es besser, noch einmal zu wechseln oder bei der ersten Wahl zu bleiben? Besprecht euch zu zweit.
b) Simuliert das Ziegenproblem zu zweit mit drei Karten.

wichteln
Personen beschenken sich gegenseitig, ohne zu wissen, von wem welches Geschenk ist

◒ **3** SP 5 Personen wichteln im Dezember: Jede Person bringt ein Geschenk mit, auf dem eine Nummer steht. Die Nummern werden auf Zettel geschrieben. Jede Person zieht einen Zettel und bekommt das entsprechende Geschenk.
a) Schätzt, wie groß die Wahrscheinlichkeit ist, dass mindestens eine Person ihr eigenes Geschenk zieht.
Diskutiert zu zweit.
b) Überlegt euch ein geeignetes Zufallsexperiment und führt eine Simulation durch. Ermittelt die Wahrscheinlichkeit dafür, dass eine Person ihr eigenes Geschenk zieht.

Tabellenkalkulation. Zufallsexperimente

MEDIEN

MK Ein Tabellenkalkulationsprogramm kann auch zufällige Zahlen erzeugen.
Da keine echten Zufallsgeräte verwendet werden, spricht man von einer **Computersimulation**.
Mit der Formel =ZUFALLSBEREICH(untere_Zahl;obere_Zahl) kann man eine ganzzahlige Zufallszahl erzeugen. Die Zahl liegt im Bereich zwischen der unteren und der oberen Zahl.

○ **1** MK Dreistellige Glückszahlen erzeugen

a) Erstelle das abgebildete Tabellenblatt.
b) Recherchiert, wie ihr per Tastendruck immer wieder neue Glückszahlen erzeugen könnt.
c) Schreibt jeweils zehn dreistellige Glückszahlen auf. Gebt die Anzahl eurer Versuche an, bis ihr die erste von allen euren Glückszahlen erhaltet.

	A	B	C
1	Glückszahl		
2			
3	=ZUFALLSBEREICH(100;999)		
4			
5			
6			
7			
8			

◒ **2** MK Würfeln mit 3 Würfeln

a) Erstelle das abgebildete Tabellenblatt und simuliere das 100-fache Würfeln mit drei normalen Spielwürfeln und bilde in der rechten Spalte die Augensumme.

	A	B	C	D	E
1	Augensumme beim Würfeln mit 3 Würfeln				
2					
3	Wurf	Würfel 1	Würfel 2	Würfel 3	Augensumme
4	1	=ZUFALLSBEREICH(1;6)	=ZUFALLSBEREICH(1;6)	=ZUFALLSBEREICH(1;6)	=SUMME(B4:D4)
5	2	=ZUFALLSBEREICH(1;6)	=ZUFALLSBEREICH(1;6)	=ZUFALLSBEREICH(1;6)	=SUMME(B5:D5)
6	3	=ZUFALLSBEREICH(1;6)	=ZUFALLSBEREICH(1;6)	=ZUFALLSBEREICH(1;6)	=SUMME(B6:D6)
7	...	...	...	...	...

b) Welche Augensummen können auftreten?
Mit der Formel =ZÄHLENWENN(Bereich;Suchkriterien) kannst du den Computer zählen lassen, wie oft eine bestimmte Augensumme auftritt. Bestimme auf diese Weise die Anzahlen der verschiedenen Augensummen bei den 100 Versuchen aus Teilaufgabe a).

E	F	G	H
Augensumme	Auswertung		
=Summe(B4:D4)	Augensumme 3	=ZÄHLENWENN(E4:E103;3)	
=Summe(B5:D5)	Augensumme 4	=ZÄHLENWENN(E4:E103;4)	
=Summe(B6:D6)	Augensumme 5	=ZÄHLENWENN(E4:E103;5)	
=Summe(B7:D7)	Augensumme 6	=ZÄHLENWENN(E4:E103;6)	
...	...	...	

c) Erstelle ein Säulendiagramm zu den Anzahlen der Augensummen.
d) Simuliere jetzt den Versuch mit 200; 300; 500 und 1000 Würfen und erstelle jeweils ein Säulendiagramm.
e) SP Welche Summe kommt am häufigsten vor? Erkläre.
f) Verändert das Tabellenblatt so, dass mit 4 Würfeln gewürfelt wird. Führt 500 Würfe durch. Erstellt ein Säulendiagramm.

Augensumme bei drei Würfeln

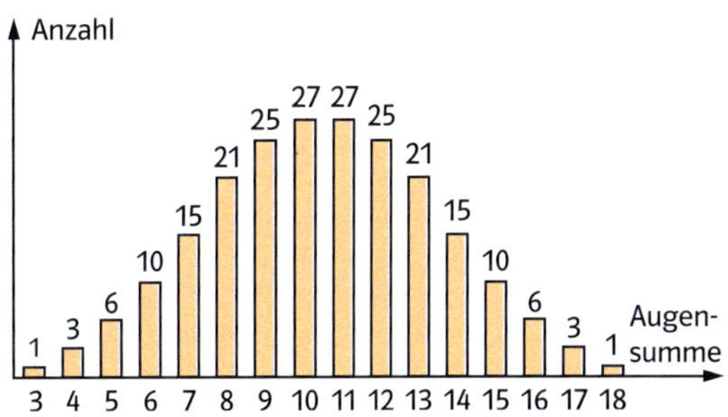

Zusammenfassung

Zufallsexperimente

Als **Ergebnis** bezeichnet man alle möglichen Ausgänge eines Zufallsexperiments. Ist die Wahrscheinlichkeit aller Ergebnisse gleich, spricht man von einem **Laplace-Experiment**.
Die Wahrscheinlichkeit eines Ergebnisses bei einem Laplace-Experiment ist:

$$P(\text{Ergebnis}) = \frac{1}{\text{Anzahl der möglichen Ergebnisse}}$$

Mehrere Ergebnisse können zu einem **Ereignis** zusammengefasst werden.

Die Wahrscheinlichkeit eines Ereignisses ist: $P(\text{Ereignis}) = \frac{\text{Anzahl der günstigen Ergebnisse}}{\text{Anzahl der möglichen Ergebnisse}}$

Das **Gegenereignis** $\overline{A}$ zu einem Ereignis A besteht aus den Ergebnissen, die nicht zu A gehören. Es gilt:
$P(\overline{A}) = 1 - P(A)$ und $P(A) = 1 - P(\overline{A})$

Richtig zählen

Die **Anzahl von Kombinationsmöglichkeiten** ermittelt man durch **systematisches Aufschreiben oder Zeichnen**, zum Beispiel mithilfe einer Tabelle oder eines Baumdiagramms.
3 Paar Schuhe werden mit 2 Paar Socken kombiniert.

Darstellen in einer Tabelle

Darstellen in einem Baumdiagramm

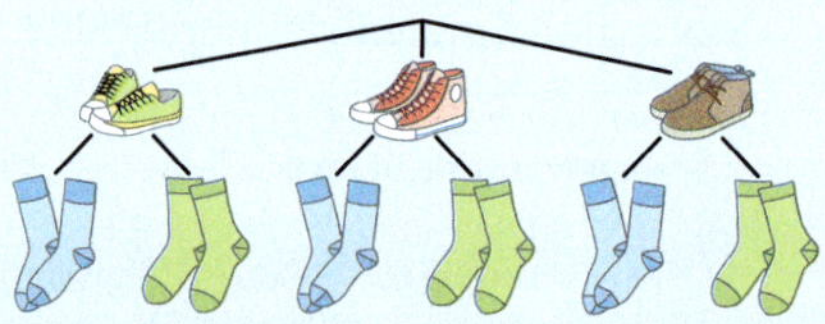

Es gibt 6 Möglichkeiten, 3 Paar Schuhe mit 2 Paar Socken zu kombinieren.

Zweistufige Zufallsexperimente

Bei einem zweistufigen Zufallsexperiment gelten die **Pfadregeln (Produktregel und Summenregel)**.
Produktregel: Man berechnet die Wahrscheinlichkeit eines **Ergebnisses**, indem man die Wahrscheinlichkeiten entlang des zugehörigen Pfades miteinander multipliziert.
$P(\text{Ergebnis}) = P(1.\ \text{Stufe}) \cdot P(2.\ \text{Stufe})$
Summenregel: Man berechnet die Wahrscheinlichkeit eines **Ereignisses**, indem man die Wahrscheinlichkeiten aller günstigen Ergebnisse addiert. $P(\text{Ereignis}) = P(\text{Ergebnis}_1) + P(\text{Ergebnis}_2)$

Beim Ziehen **mit Zurücklegen** sind die Wahrscheinlichkeiten eines Ergebnisses auf der ersten und der zweiten Stufe gleich.

Mit dem abgebildeten Farbwürfel wird zweimal gewürfelt.

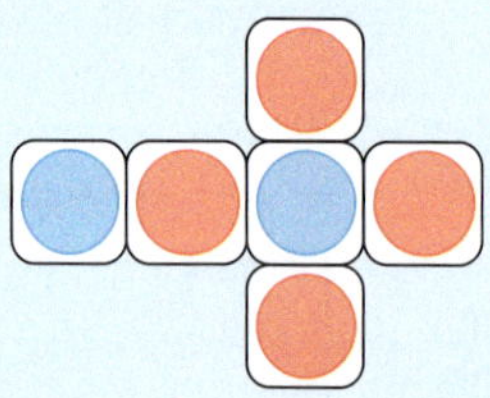

	Rot	Blau
Rot	$P(R, R) = \frac{4}{6} \cdot \frac{4}{6} = \frac{16}{36}$	$P(R, B) = \frac{4}{6} \cdot \frac{2}{6} = \frac{8}{36}$
Blau	$P(B, R) = \frac{2}{6} \cdot \frac{4}{6} = \frac{8}{36}$	$P(B, B) = \frac{2}{6} \cdot \frac{2}{6} = \frac{4}{36}$

Beim Ziehen **ohne Zurücklegen** ändern sich die Wahrscheinlichkeiten eines Ergebnisses auf der zweiten Stufe.

Aus der Schale werden 2 Kugeln ohne Zurücklegen gezogen.

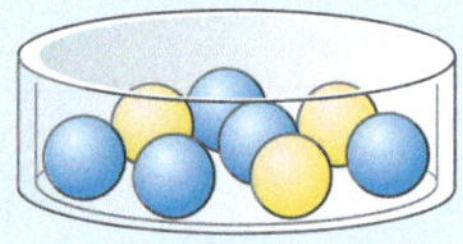

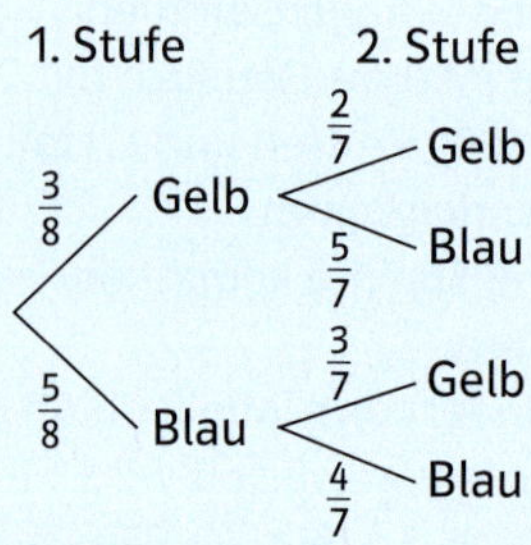

$P(G, G) = \frac{3}{8} \cdot \frac{2}{7} = \frac{6}{56}$
$P(G, B) = \frac{3}{8} \cdot \frac{5}{7} = \frac{15}{56}$
$P(B, G) = \frac{5}{8} \cdot \frac{3}{7} = \frac{15}{56}$
$P(B, B) = \frac{5}{8} \cdot \frac{4}{7} = \frac{20}{56}$

Basistraining

○**1** (1) Einmal Ziehen (2) Einmal Drehen

(3) Einmal Würfeln (4) Einmal Werfen

a) Nenne alle möglichen Ergebnisse der Zufallsexperimente und bestimme ihre Wahrscheinlichkeiten.
b) Welche sind Laplace-Experimente?

Tipp!
Wenn zwei Würfel die gleiche Augenzahl zeigen, nennt man das einen „**Pasch**“.

Tipp!
zu Aufgabe 2
Bube, Dame und König sind Bildkarten.

○**2** Ein Kartenspiel besteht aus 32 Karten mit den Farben Pik, Kreuz, Herz und Karo.

Es wird eine Karte aus dem Kartenspiel gezogen. Bestimme
a) P(eine Bildkarte ziehen).
b) P(kein Ass ziehen).
c) P(eine Zahl kleiner 9 ziehen).

○**3** Der FC Hausstadt spielt drei Spiele gegen unterschiedliche Mannschaften.

a) Gib alle drei Möglichkeiten für einen Spielausgang im Fußball an.
b) SP Bestimme, wie viele Möglichkeiten es für den Ausgang aller drei Spiele gibt. Wie notierst du die Möglichkeiten? Begründe.

○**4** In der Eisdiele gibt es vier verschiedene gemischte Becher. Diese kann man entweder mit Sahne oder Schokostreusel oder Erdbeersoße bestellen.
Gib an, wie viele Kombinationsmöglichkeiten es für die Becher gibt.

○**5** Die Netze zweier Würfel sind abgebildet. Sven würfelt mit beiden Würfeln.

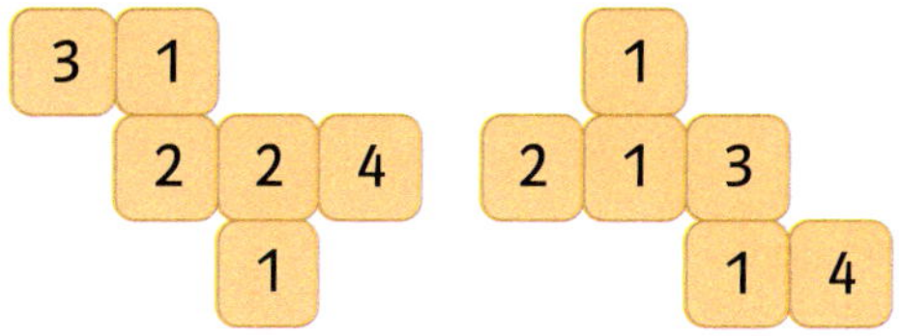

Berechne
a) P(1 und 1).
b) P(1 und 4).
c) P(ein Pasch).
d) P(keine 3).
e) P(Augensumme 5).
f) Nenne ein unmögliches Ereignis.

◒**6** In einem Korb befinden sich 21 Äpfel. 7 sind von der Sorte Elstar. Elena nimmt zweimal mit Zurücklegen einen Apfel heraus.
Wie groß ist die Wahrscheinlichkeit für

a) „2-mal kein Elstar-Apfel“?
b) „2-mal ein Elstar-Apfel“?
c) „mindestens ein Elstar-Apfel“?

○**7** In einer Schublade liegen Socken: 3 rote, 4 grüne, 2 weiße und eine bunte.
Es werden ohne Zurücklegen zwei Socken herausgenommen.
a) Zeichne ein Baumdiagramm.
b) Berechne die Wahrscheinlichkeit für
(1) P(Grün und Rot),
(2) P(Grün, Grün),
(3) P(zwei unterschiedliche Socken),
(4) P(Bunt, Bunt).

Anwenden. Nachdenken

8 Wie groß ist beim Spiel „Mensch, ärgere dich nicht“ die Wahrscheinlichkeit, dass eine gelbe Spielfigur beim nächsten Wurf

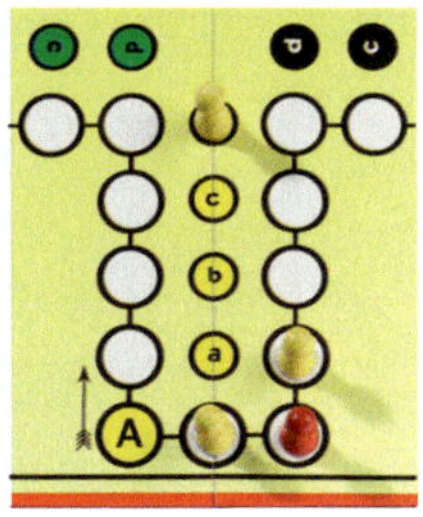

a) die rote Figur schlagen kann?
b) ins Haus gelangen kann?
c) weder eine Spielfigur schlagen, noch ins Haus gelangen kann?

9 In Deutschland treten die Blutgruppen 0, A, B und AB mit den relativen Häufigkeiten 41 %; 43 %; 11 % und 5 % auf. In allen Blutgruppen besitzen 85 % der Bevölkerung das Blutkörpermerkmal Rh+ (Rhesusfaktor positiv).
Gib die Wahrscheinlichkeit an, dass eine Person
a) die Blutgruppe AB und Rhesusfaktor (Rh+) hat.
b) die Blutgruppe 0 und keinen Rhesusfaktor (Rh–) hat.

10
a) Wie viele Zahlen unter 100 gibt es mit der Ziffer 5 am Ende?
b) Wie viele Zahlen unter 1000 gibt es mit der Ziffer 5 am Ende?
c) Wie viele Zahlen unter 100 gibt es, die mindestens einmal die Ziffer 5 enthalten?

11 In einem Behälter mit Losen sind 8 Nieten, 2 kleine Gewinne und ein Hauptgewinn. Es wird dreimal gezogen, ohne dass zurückgelegt wird.
a) Gib an, welche Kombinationen gezogen werden können, wenn die Reihenfolge eine Rolle spielt.
b) Gib an, welche Kombinationen gezogen werden können, wenn die Reihenfolge keine Rolle spielt.
c) Wie ändert sich die Anzahl der Kombinationen in den Teilaufgaben a) und b), wenn das Los jeweils zurückgelegt wird?

12 Zwei Münzen werden gleichzeitig geworfen. Gib an, welches Ereignis am wahrscheinlichsten ist.

13 Eines der Glücksräder wird zweimal gedreht. Für welches Rad würdest du dich entscheiden, wenn folgendes Ereignis eintreten soll?
a) „zweimal dieselbe Farbe“
b) „zwei verschiedene Farben“

14 Ina zieht aus zwei verschiedenen Behältern je eine Kugel.
In einem Behälter liegen 2 rote und 3 weiße, im anderen 3 rote und 4 weiße Kugeln.
Bestimme die Wahrscheinlichkeit.
a) P(die aus dem ersten Behälter gezogene Kugel ist rot)
b) P(die aus dem zweiten Behälter gezogene Kugel ist rot)
c) P(beide Kugeln sind rot)

15 Das Glücksrad wird zweimal gedreht. Bestimme
a) P(zweimal Gelb).
b) P(Produkt ist durch 10 teilbar).
c) P(Summe ist eine Primzahl).

16 Gib einen Zufallsversuch an, der durch das Baumdiagramm dargestellt ist. Ergänze die fehlenden Wahrscheinlichkeiten.

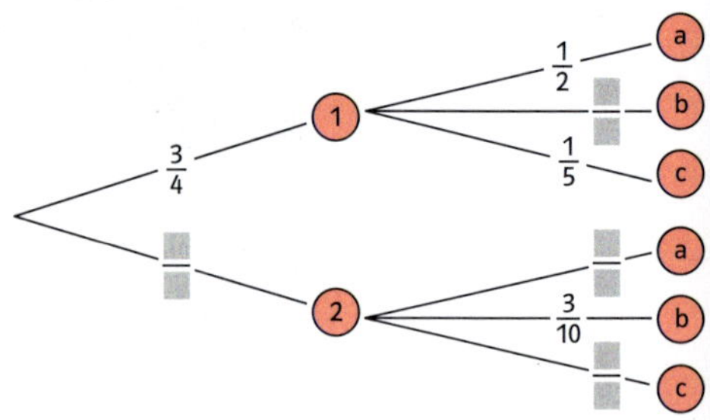

17 In einem Topf sind 4 weiße, 3 rote, 2 gelbe und 1 grüne Kugel. Es werden drei Kugeln nacheinander gezogen und wieder zurückgelegt. Gib die Wahrscheinlichkeit dafür an, dass die Farben der
a) italienischen Flagge gezogen werden.
b) österreichischen Flagge gezogen werden.
c) weißen Flagge gezogen werden.
d) litauischen Flagge gezogen werden.

18 Bei einem Glücksrad sind 60 % der Fläche weiß, 10 % blau und 30 % rot gefärbt. Das Glücksrad wird dreimal gedreht.
a) Bestimme die Wahrscheinlichkeit.
(1) P(mindestens einmal Rot)
(2) P(höchstens zweimal Blau)
(3) P(drei unterschiedliche Farben)
b) Bestimme das Ereignis mit der kleinsten Wahrscheinlichkeit.

19 In einer Schale liegen 1 rote und 3 weiße Kugeln. Es wird immer eine Kugel gezogen, anschließend zurückgelegt und zusätzlich eine weitere Kugel von derselben Farbe in die Schale gelegt.
a) Zeichne für die ersten drei Ziehungen ein Baumdiagramm.
b) Gib P(Rot, Rot) an.
c) Wie groß ist die Wahrscheinlichkeit für „rote Kugel beim dritten Ziehen", wenn beim zweiten Ziehen schon eine rote Kugel gezogen wurde?

20 In einem Topf befinden sich x rote und 6 blaue Kugeln. Bei zweimaligem Ziehen gilt P(Blau, Blau) = $\frac{30}{100}$.
a) Bestimme die Anzahl x der roten Kugeln.
b) Es wird noch eine weiße Kugel hinzugefügt. Berechne
(1) P(mindestens eine blaue),
(2) P(höchstens zwei rote),
(3) P(drei verschiedene Farben).

21 Die Atemwegserkrankung COPD (chronic obstructive pulmonary disease) gilt als Volkskrankheit. Bei Personen, die rauchen, liegt die Wahrscheinlichkeit zu erkranken bei ca. 50 %. Bei nicht rauchenden Personen liegt sie bei ca. 10 %. In Deutschland rauchen 23 % der Erwachsenen (ab 18 Jahren; Bundesgesundheitsministerium 2023).
a) Stelle den Sachverhalt in einem Baumdiagramm dar.
b) Wie viel Prozent der erwachsenen Bevölkerung erkranken als Nichtraucher?
c) SP Welche Gründe könnte es geben, dass auch ein Nichtraucher an COPD erkrankt?

22 SP Gib an, ob es sich bei der Situation um das Modell Ziehen mit Zurücklegen oder Ziehen ohne Zurücklegen handelt. Begründe.
a) Beim Billard gewinnt Benicio das erste Spiel mit einer Wahrscheinlichkeit von 30 % und das zweite mit 20 %.

b) Aus einem Behälter mit 3 grauen und 2 roten Kugeln werden zwei Kugeln gezogen. Ist die erste Kugel rot, werden zwei neue rote dazugetan.
c) Lara hat vier Streichhölzer, von denen eines gekürzt wurde. Zieht Mehmet beim ersten Zug das kurze Streichholz, gewinnt Lara, das Spiel ist vorbei. Zieht Mehmet beim zweiten Zug das kurze Streichholz, gewinnt er. Wird das kurze Streichholz nicht gezogen, gewinnt keiner.
d) Bei der Produktion von Schrauben ist der Kopf mit einer Wahrscheinlichkeit von 0,2 % defekt und das Gewinde mit einer Wahrscheinlichkeit von 1,3 %.

Rückspiegel

D6 **Teste dich**

○ **1** Mit einem 20er-Würfel wird gewürfelt. Bestimme die Wahrscheinlichkeit für

a) „Zahl ist ungerade“.
b) „Zahl ist zweistellig“.
c) „Zahl ist Vielfaches von 3“.
d) „Zahl ist Primzahl“.

○ **2** Wie viele dreistellige Zahlen kannst du aus den Ziffern 6; 5 und 4 bilden? Jede Ziffer darf nur einmal verwendet werden.

○ **3** Das Glücksrad wird zweimal gedreht. Bestimme

a) P(zweimal gleiche Farbe).
b) P(kein Blau).
c) P(höchstens einmal Grün).

○ **4** In einem Gefäß liegen 4 blaue, 4 rote und 2 gelbe Kugeln.
Es werden nacheinander zwei Kugeln ohne Zurücklegen entnommen.
Bestimme die Wahrscheinlichkeit für

a) „eine blaue und eine rote Kugel“.
b) „zwei verschiedenfarbige Kugeln“.
c) „mit dem ersten Zug eine gelbe Kugel“.
d) „mindestens eine rote Kugel“.

◒ **5** Die Abbildung zeigt das Netz eines besonderen Tetraeders.

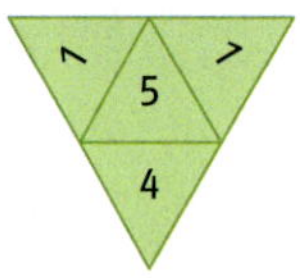

Es wird zweimal geworfen. Bestimme

a) P(4 und 1).
b) P(nicht Pasch).
c) P(Augensumme < 2).
d) P(Augenprodukt > 16).

◒ **6** In einer Packung befinden sich 6 Nusstafeln, 6 Vollmilchtafeln, 2 Zartbittertafeln und 4 Tafeln weiße Schokolade. Es werden zwei Tafeln entnommen.

a) Berechne die Wahrscheinlichkeit für
   (1) „zwei verschiedene Tafeln“,
   (2) „genau eine Nusstafel“,
   (3) „mindestens eine weiße Tafel“,
   (4) „höchstens eine weiße Tafel“.
b) Gib das Ergebnis mit der höchsten Wahrscheinlichkeit an.

◒ **5** Der Kreisel wird zweimal gedreht.

a) Erstelle ein Baumdiagramm.
b) Bestimme die Wahrscheinlichkeiten
   (1) P(2, 1),
   (2) „zwei gleiche Zahlen“,
   (3) „zwei unterschiedliche Zahlen“.

◒ **6** Zehn Ass-Karten mit den Farben ♣♣♣, ♠♠, ♥♥♥♥ und ♦ liegen verdeckt auf einem Tisch. Zwei Karten werden nacheinander ohne Zurücklegen aufgedeckt.

a) Bestimme
   (1) P(genau einmal ♥),
   (2) P(zwei gleiche Karten).
b) Gib ein Ereignis an mit P(E) = 0,5.

→ Die Lösungen findest du auf Seite 202.

Standpunkt | Potenzen. Wurzeln. Reelle Zahlen

Wo stehe ich?

	Ich kann …	gut	etwas	nicht gut	Lerntipp!
A	mit negativen Zahlen multiplizieren,				→ Seite 177
B	Brüche multiplizieren,				→ Seite 176
C	Dezimalzahlen multiplizieren,				→ Seite 176
D	natürliche Zahlen bis 20 im Kopf quadrieren,				→ Seite 176
E	den Flächeninhalt von Quadraten bestimmen,				→ Seite 192
F	das Volumen von Würfeln bestimmen,				→ Seite 194
G	zu einer Zahl die nächstkleinere und nächstgrößere Quadratzahl angeben,				→ Seite 176
H	Zahlen ihren Zahlbereichen zuordnen,				→ Seite 175
I	Zahlen runden.				→ Seite 175

Überprüfe dich selbst:

D7 Teste dich

A Berechne im Kopf.
a) $5 \cdot (-7)$ b) $(-5) \cdot 7$ c) $(-5) \cdot (-7)$
d) $8 \cdot (-0{,}5)$ e) $(-8) \cdot 0{,}5$ f) $(-8) \cdot (-0{,}5)$

B Berechne die Produkte.
a) $\frac{2}{3} \cdot 9$ b) $\frac{2}{3} \cdot \frac{1}{3}$ c) $\frac{2}{3} \cdot \frac{1}{9}$

C Berechne die Produkte.
a) $0{,}2 \cdot 30$ b) $0{,}2 \cdot 0{,}3$ c) $0{,}2 \cdot 0{,}03$

D Berechne im Kopf.
a) $3 \cdot 3$ b) $9 \cdot 9$ c) $7 \cdot 7$
d) 10^2 e) 13^2 f) 16^2
g) 20^2 h) 18^2 i) 15^2

E Ein Quadrat hat die angegebene Seitenlänge.
Ordne den richtigen Flächeninhalt zu.
(Maße in cm^2)

25 121 64 225 169 196

a) 11 cm b) 15 cm c) 13 cm
d) 8 cm e) 14 cm f) 5 cm

F Ein Würfel hat die angegebene Kantenlänge.
Ordne das richtige Volumen zu.
(Maße in cm^3)

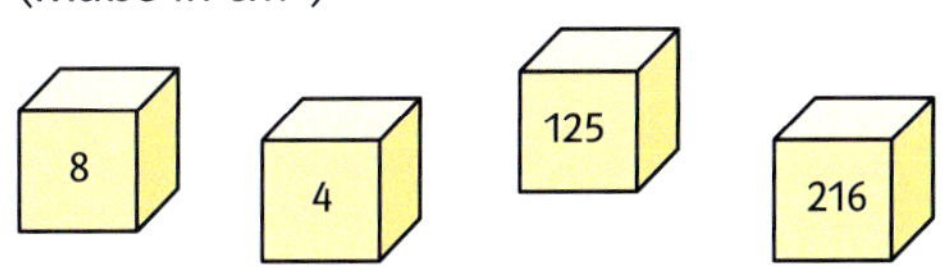

a) 2 cm b) 5 cm c) 6 cm

G Gib die benachbarten Quadratzahlen an.

Beispiel: $4 < 7{,}1 < 9$

a) 14 b) 70 c) 2,3
d) 99 e) 17,125 f) 398

H Ordne zu. Eine Zahl kann auch zu mehreren Bereichen passen.

Natürliche Zahlen ℕ
Ganze Zahlen ℤ
Rationale Zahlen ℚ

-2 -5 $0{,}2$ 12 $\frac{1}{2}$ $+3$ 6 $\frac{3}{5}$ $-1{,}2$ $1\frac{1}{2}$ $4{,}2$

I Runde die Zahlen auf die angegebene Stelle.
a) auf Zehner: 37; 60,5; 99
b) auf Zehntel: 0,16; 3,05; 8,348
c) auf Hundertstel: 0,1111; 0,4444; 0,7777

→ Die Lösungen findest du auf Seite 203.

2 Potenzen. Wurzeln. Reelle Zahlen

1 Ein Patchwork-Quilt ist eine Steppdecke, die aus verschiedenen kleinen Stoffteilen zusammengenäht wurde.
Wenn man ein Quadrat in kleinere Teilquadrate zerlegen kann, spricht man von „Mrs. Perkins's Quilt“.

Schneidet die unten abgebildeten Quadrate aus.
Legt mit diesen Quadraten ein großes Quadrat mit der Seitenlänge 9 cm.

2 Schneidet ein weiteres Quadrat mit der Seitenlänge 3 cm aus.
Könnt ihr jetzt aus euren Quadraten auch ein Quadrat der Seitenlänge 7 cm legen?
Ihr braucht nicht alle eure Quadrate dazu.

Ich lerne,

- was Potenzen sind,
- was eine Quadratwurzel ist und wie sie bestimmt werden kann,
- wie wir uns Zahlen nähern,
- was reelle Zahlen sind,
- wie man mit Quadratwurzeln rechnet,
- was Kubikwurzeln sind.

1 Potenzen

Lisa singt in einer Band und möchte ihren neuen Song in einem sozialen Netzwerk verbreiten.

→ Wie viele Personen erreicht Lisa, wenn sie den Song mit fünf Personen teilt und jede Person den Song wieder mit fünf anderen Personen teilt?

→ Gib an, wie oft der Song auf diese Weise geteilt werden müsste, um 15 000 Personen zu erreichen.

→ Könnte Lisa auf diese Weise eine Milliarde Menschen erreichen? Diskutiert.

Ein Produkt aus gleichen Faktoren lässt sich verkürzt in der Potenzschreibweise mit **Basis** und **Exponent** angeben.

$4 \cdot 4 \cdot 4 = 4^3 = 64$ ← Potenzwert (Basis: 4, Exponent: 3)

Man liest: „vier hoch drei"

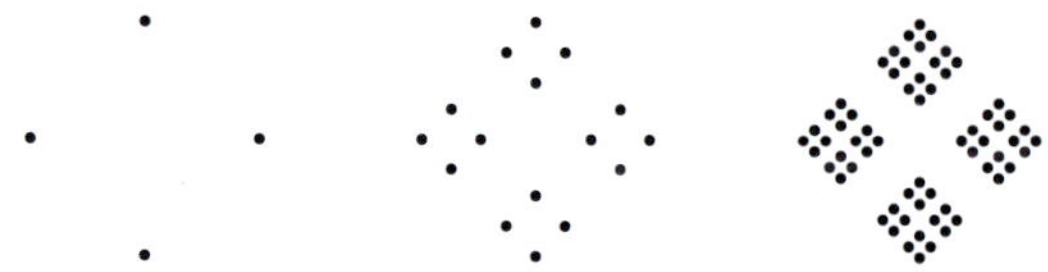

Merke

Die **Potenz** a^n ist ein Produkt aus n gleichen Faktoren a.

$a^n = \underbrace{a \cdot a \cdot a \cdot a \cdot \ldots \cdot a}_{n\ \text{Faktoren}}$

Basis: a
Exponent: n
Potenz: a^n Man liest: „a hoch n"

Beispiele

a) $7^4 = 7 \cdot 7 \cdot 7 \cdot 7 = 2401$

b) $0{,}5^3 = 0{,}5 \cdot 0{,}5 \cdot 0{,}5 = 0{,}125$

c) $\left(\frac{2}{3}\right)^3 = \frac{2}{3} \cdot \frac{2}{3} \cdot \frac{2}{3} = \frac{2 \cdot 2 \cdot 2}{3 \cdot 3 \cdot 3} = \frac{8}{27}$

d) $(-2)^5 = (-2) \cdot (-2) \cdot (-2) \cdot (-2) \cdot (-2) = -32$

e) $(-3)^2 = (-3) \cdot (-3) = 9$

f) $-3^2 = -(3 \cdot 3) = -9$

○ **1** Schreibe das Produkt als Potenz und berechne den Potenzwert mit dem Taschenrechner.

a) $2 \cdot 2 \cdot 2$ b) $3 \cdot 3 \cdot 3 \cdot 3 \cdot 3 \cdot 3$ c) $11 \cdot 11 \cdot 11$ d) $0{,}1 \cdot 0{,}1 \cdot 0{,}1 \cdot 0{,}1$

○ **2** Berechne im Kopf.

a) 3^2 b) 100^2 c) 6^2 d) 15^2
e) 2^3 f) 1^5 g) 3^3 h) 5^3

○ **3** Schreibe als Produkt und berechne den Potenzwert.

a) $(-3)^2$ b) $(-3)^3$ c) $(-3)^4$ d) $(-3)^5$
e) $(-1)^3$ f) $(-1)^4$ g) $(-5)^3$ h) 5^3

Alles klar?

D8 Fördern

A Übertrage die Tabelle in dein Heft und fülle sie aus.

	a)	b)	c)	d)	e)
Potenz	4^3	■	■	$0{,}9^3$	$(-2)^4$
Produkt	■	$8 \cdot 8 \cdot 8 \cdot 8$	$(-6) \cdot (-6) \cdot (-6)$	■	■
Potenzwert	■	■	■	■	■

→ Die Lösungen zu „Alles klar?" findest du auf Seite 203.

4 Welcher Term gehört zu welcher Potenz?

3^4 | 4^3

$3+3+3+3$ | $4 \cdot 3$ | $4+3$ | $3 \cdot 3 \cdot 3 \cdot 3$ | $3 \cdot 4$ | $4 \cdot 4 \cdot 4$

5 Finde heraus, wie man Potenzen in deinen Taschenrechner eingibt und berechne.

a) 2^3 b) 5^7
c) $0{,}5^7$ d) $2{,}5^7$
e) $2{,}01^5$ f) $(-3)^5$
g) $(-2{,}5)^6$ h) -7^4

Tipp!
Lerne die Zweierpotenzen auswendig.
$2^1 = 2$
$2^2 = 4$
$2^3 = 8$
$2^4 = 16$
$2^5 = 32$
$2^6 = 64$
$2^7 = 128$
$2^8 = 256$
$2^9 = 512$
$2^{10} = 1024$

6 Berechne im Kopf.

a) 6^3 b) 10^3
c) $(-5)^3$ d) $(-2)^4$
e) $0{,}5^2$ f) 11^2
g) 200^2 h) $(-0{,}5)^3$

7 Bestimme den Exponenten.

a) $9 = 3^{\square}$ b) $8 = 2^{\square}$
c) $32 = 2^{\square}$ d) $125 = 5^{\square}$
e) $1000 = 10^{\square}$ f) $0{,}25 = 0{,}5^{\square}$

8 SP **Begründe** die Aussage anhand der Beispiele.

a) Potenzen mit der Basis 1 haben immer dasselbe Ergebnis.

1^4 | 1^6 | 1^9

b) Potenzen mit der Basis (-1) können zwei unterschiedliche Ergebnisse haben.

$(-1)^4$ | $(-1)^6$ | $(-1)^9$

9 Angenommen, du bekommst einmal drei Kinder. Jedes deiner Kinder bekommt später selbst drei Kinder, die jeweils auch drei Kinder bekommen.
Wie viele Urenkel wirst du dann haben?

eine Generation
Menschen einer ähnlichen Altersgruppe, meist unterscheidet man Kinder, Eltern, Großeltern, …

4 Finde heraus, wie man Potenzen in deinen Taschenrechner eingibt und berechne.

a) 5^4 b) $0{,}3^7$ c) $(-3)^3$
d) $(-0{,}25)^3$ e) $0{,}3^3$ f) -3^6

5

$(-3)^2 = (-3) \cdot (-3) = \square$
$(-3)^3 = (-3) \cdot (-3) \cdot (-3) = \square$
⋮

$-3^2 = -(3 \cdot 3) = \square$
$-3^3 = -(3 \cdot 3 \cdot 3) = \square$
⋮

a) Setze die Reihen bis zum Exponenten 5 fort.
b) SP Vergleiche. **Beschreibe**, wie das Vorzeichen des Potenzwerts mit dem Exponenten zusammenhängt.

6 Schreibe als Potenz. Gib mindestens zwei Möglichkeiten an.

a) 64 b) 81 c) 625
d) 512 e) 1 f) -1
g) 0,0001 h) $\frac{1}{16}$ i) $\frac{16}{625}$

7 SP **Beschreibe** die Besonderheiten der Werte von

a) Potenzen mit der Basis 1.

1^4 | 1^7 | 1^{20}

b) Potenzen mit der Basis 10.

10^2 | 10^4 | 10^6

8 Auf einem Stammbaum kann man darstellen, wer zu seinen Vorfahren gehört.

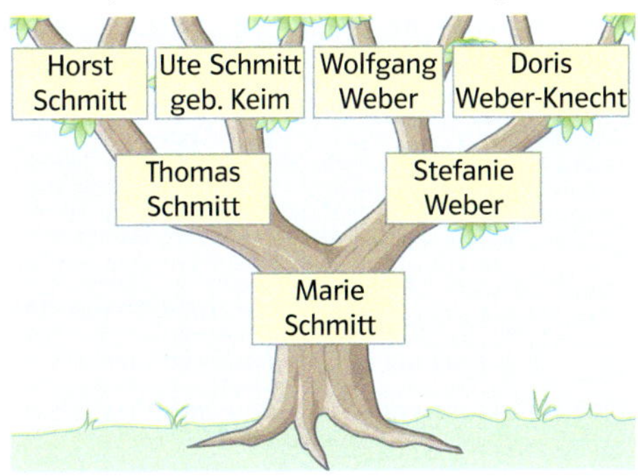

a) Wie viele Urgroßmütter hast du?
b) Angenommen, der Abstand von zwei Generationen beträgt 25 Jahre. Bestimme die Anzahl deiner Vorfahren, die theoretisch in Goethes Geburtsjahr 1749 lebten.

2 Quadratwurzeln

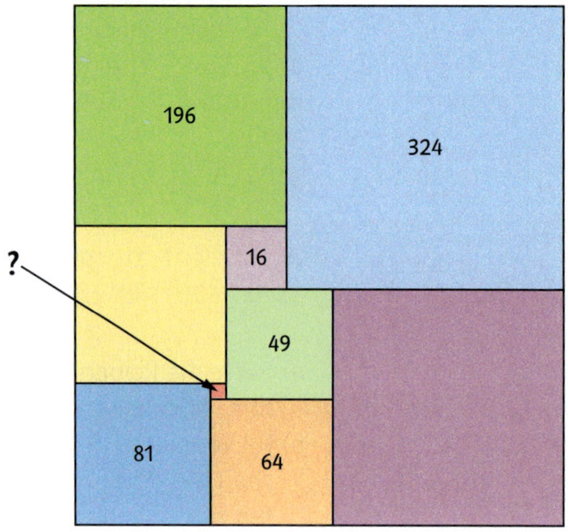

Die Figur setzt sich aus neun Quadraten zusammen. Bei sechs Quadraten ist der Flächeninhalt angegeben (Maße in cm^2).
→ Welche Seitenlängen haben die einzelnen Quadrate?
→ Stellt euch gegenseitig eure Überlegungen vor.
→ Überlegt zu zweit: Ist die gesamte Figur ebenfalls quadratisch? Begründet eure Meinung.

Tipp!
Faktor · Faktor = Produkt

Multipliziert man eine Zahl mit sich selbst, ist das Ergebnis das **Quadrat der Zahl**. Dieser Vorgang heißt **Quadrieren**.

$14 \cdot 14 = 14^2 = \mathbf{196}$
Man liest: „14 zum Quadrat ergibt 196."

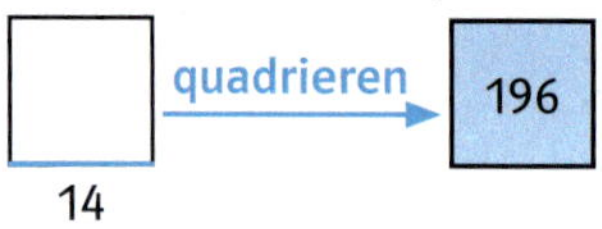

Zerlegt man eine Zahl in zwei gleiche Faktoren, ist dieser Faktor die **Quadratwurzel** der Zahl. Dieser Vorgang heißt **Wurzelziehen** oder **Radizieren**.

$\sqrt{196} = \sqrt{14 \cdot 14} = \mathbf{14}$
Man liest: „Die Quadratwurzel von 196 ist 14."

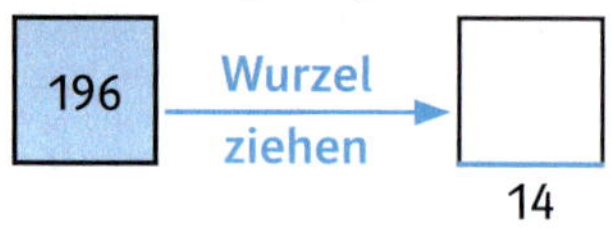

Merke

Das **Wurzelziehen (Radizieren)** ist die Umkehrung des **Quadrierens**.
Die **Quadratwurzel** einer positiven Zahl b ist die positive Zahl a, für die $a^2 = b$ gilt.

Man schreibt: $a = \sqrt{b}$
Man liest: „a ist die Quadratwurzel aus b."

Wurzelzeichen → $\sqrt{b}$ ← Radikand

Beispiele

a) $\sqrt{64} = 8$; denn $8 \cdot 8 = 8^2 = 64$

b) $\sqrt{0{,}36} = 0{,}6$; denn $0{,}6 \cdot 0{,}6 = 0{,}6^2 = 0{,}36$

c) $\sqrt{\frac{4}{9}} = \frac{2}{3}$; denn $\frac{2}{3} \cdot \frac{2}{3} = \left(\frac{2}{3}\right)^2 = \frac{4}{9}$

○ **1** Bestimme die Seitenlänge des Quadrats.

a) 9 b) 64 c) 81 d) 1

○ **2** Bestimme die Quadratwurzel im Kopf.

a) $\sqrt{16}$ b) $\sqrt{49}$ c) $\sqrt{100}$ d) $\sqrt{144}$
e) $\sqrt{36}$ f) $\sqrt{121}$ g) $\sqrt{0{,}25}$ h) $\sqrt{0{,}81}$

○ **3** Finde heraus, wie man Quadratwurzeln in deinen Taschenrechner eingibt und berechne.
a) $\sqrt{529}$ b) $\sqrt{1521}$ c) $\sqrt{383\,161}$ d) $\sqrt{3{,}4225}$
e) $\sqrt{0{,}006\,889}$ f) $\sqrt{0{,}0004}$ g) $\sqrt{1\,002\,001}$ h) $\sqrt{10\,203{,}0201}$

Alles klar?

D9 Fördern

A Bilde Paare und schreibe wie im Beispiel. Zwei Kärtchen bleiben übrig.

Beispiel: $\sqrt{25}$ = 5, denn $5 \cdot 5 = 25$.

$\sqrt{256}$ $\sqrt{169}$ $\sqrt{144}$ $\sqrt{225}$ 15 13 14 17 12
$\sqrt{196}$ $\sqrt{121}$ $\sqrt{264}$ $\sqrt{289}$ 18 16 11

Tipp!
Lerne die wichtigen Quadratzahlen auswendig.
$11^2 = 121$
$12^2 = 144$
$13^2 = 169$
$14^2 = 196$
$15^2 = 225$
$16^2 = 256$
$17^2 = 289$
$18^2 = 324$
$19^2 = 361$
$20^2 = 400$
$25^2 = 625$

○ **4** Bestimme die Quadratwurzel im Kopf.
a) $\sqrt{9}$ b) $\sqrt{64}$ c) $\sqrt{81}$
d) $\sqrt{400}$ e) $\sqrt{196}$ f) $\sqrt{289}$

◐ **5** SP **Beschreibe** den **Fehler** in der Aussage.
a) Die Wurzel aus 7 ist 49.
b) 10 quadriert ergibt 40.
c) Die Wurzel aus 25 ist 12,5.

◐ **6** Die Figur besteht aus zusammenhängenden Quadraten.
Berechne die Seitenlänge eines Quadrats.
a) $A = 75\,cm^2$ b) $A = 600\,cm^2$

◐ **7** Der Körper ist aus Würfeln zusammengesetzt.
Berechne die Kantenlänge eines Würfels.
a) $O = 24\,cm^2$ b) $O = 126\,cm^2$

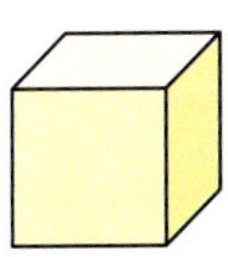

c) $O = 8\,cm^2$

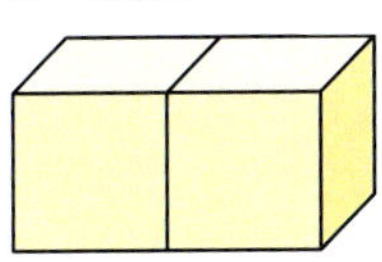

◐ **4** Ersetze die Lücken durch Ziffern.
a) $\sqrt{1849} = 4□$ b) $\sqrt{12□□} = 35$
c) $\sqrt{\frac{1}{□}} = \frac{□}{3}$ d) $\sqrt{\frac{4}{□}} = \frac{□}{5}$
e) $\sqrt{0{,}04} = 0{,}□$ f) $\sqrt{0{,}□□} = 0{,}4$

◐ **5** Emre behauptet:
„Wurzelziehen macht eine Zahl immer kleiner."
Überprüft Emres Behauptung mit Beispielen.
Vergleicht eure Ergebnisse in der Klasse.

◐ **6** Das Rechteck besteht aus Quadraten.
Gegeben ist der Flächeninhalt. Berechne den Umfang.
a) $A = 147\,cm^2$ b) $A = 2646\,cm^2$

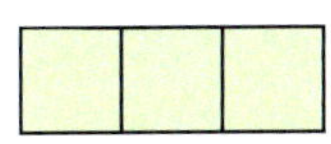

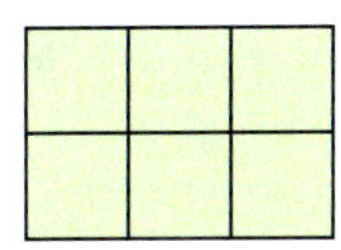

● **7** Der Quader besteht aus aneinandergereihten Würfeln. Bestimme die Kantenlänge eines einzelnen Würfels.
a) $O = 24\,cm^2$ b) $O = 90\,cm^2$

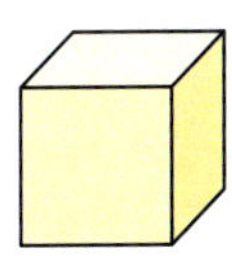

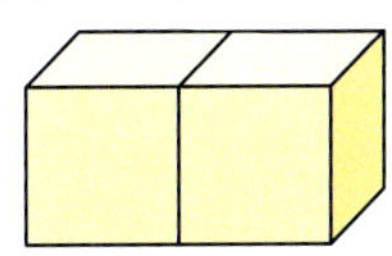

c) $O = 1608\,cm^2$

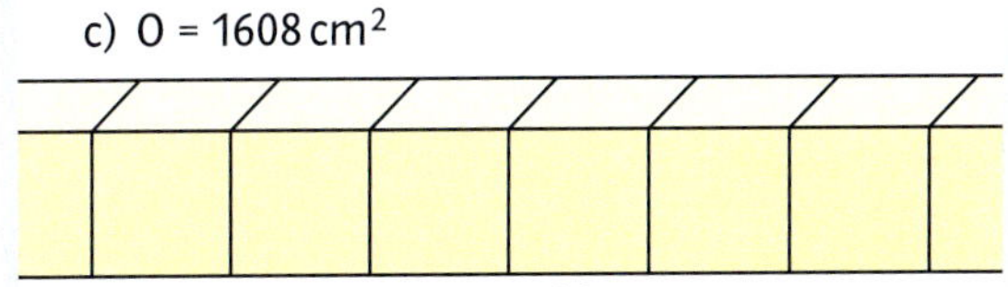

100 Würfel

→ Die Lösungen zu „Alles klar?" findest du auf Seite 203.

3 Bestimmen von Quadratwurzeln

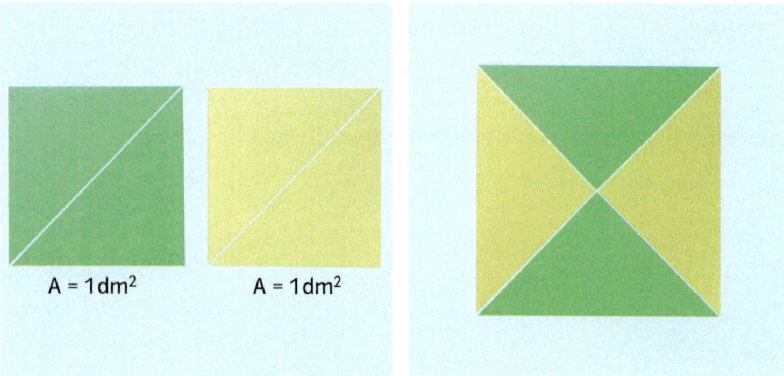

Die beiden kleinen Quadrate wurden diagonal zerschnitten und zu einem größeren Quadrat zusammengelegt.
➔ Welchen Flächeninhalt hat das neue Quadrat?
➔ Zeichnet das neue Quadrat in eurem Heft nach und bestimmt die Seitenlänge in Dezimeter.
➔ Vergleicht eure Werte in der Klasse.

Manche Quadratwurzeln lassen sich nur näherungsweise angeben.
Um die Quadratwurzel zu bestimmen, wird sie in immer kleinere Bereiche eingegrenzt.
Diese Bereiche nennt man **Intervalle**.
Möchte man die Quadratwurzel von 2 bestimmen, so sucht man die Zahl, die mit sich selbst multipliziert 2 ergibt.
Man schätzt zunächst, dass diese Zahl zwischen 1 und 2 liegen muss. Durch weiteres Probieren erreicht man eine größere Genauigkeit:

Tipp!
$1 < \sqrt{2} < 2$
bedeutet:
$\sqrt{2}$ liegt zwischen 1 und 2

$1^2 = 1$ $2^2 = 4$	$1^2 < 2 < 2^2$	$1 < \sqrt{2} < 2$
$1{,}4^2 = 1{,}96$ $1{,}5^2 = 2{,}25$	$1{,}4^2 < 2 < 1{,}5^2$	$1{,}4 < \sqrt{2} < 1{,}5$
$1{,}41^2 = 1{,}9881$ $1{,}42^2 = 2{,}0164$	$1{,}41^2 < 2 < 1{,}42^2$	$1{,}41 < \sqrt{2} < 1{,}42$

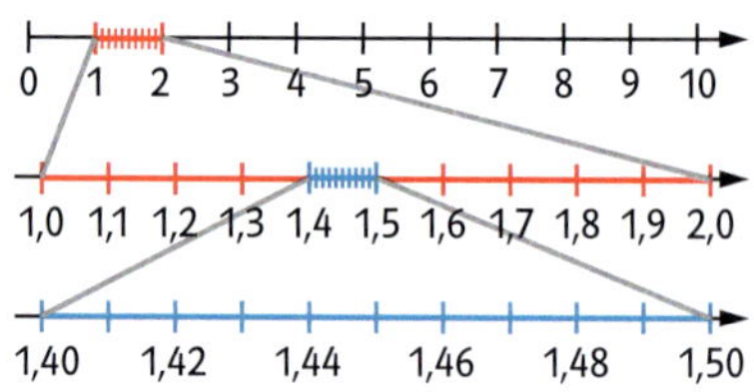

Auf diese Weise kommt bei jedem kleineren Intervall eine Nachkommastelle hinzu.
Taschenrechner machen das auf Knopfdruck.
Für $\sqrt{2}$ liefert ein Rechner zum Beispiel:

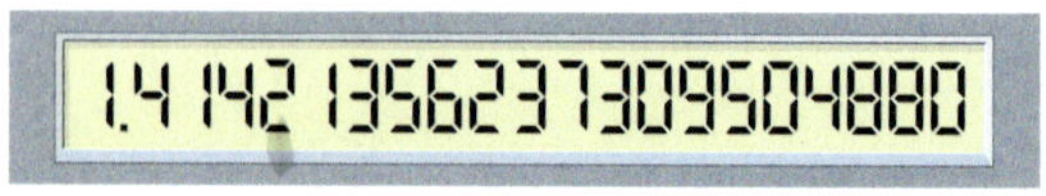

Merke

Bestimmte Quadratwurzeln können durch **Näherungen** immer genauer bestimmt werden. Es ergeben sich unendlich viele Nachkommastellen.
Solche **Quadratwurzeln** werden **näherungsweise bestimmt**, indem man sie in immer kleinere Intervalle eingrenzt.

Beispiel

Die Quadratwurzel von $\sqrt{40}$ wird in Intervalle eingegrenzt und näherungsweise bestimmt.
40 liegt zwischen den Quadratzahlen 36 und 49.

$6 \cdot 6 = 36$ $7 \cdot 7 = 49$	zu klein zu groß	$6 < \sqrt{40} < 7$

Durch Probieren mit dem Taschenrechner findet man weitere Intervalle.

$6{,}3 \cdot 6{,}3 = 39{,}69$ $6{,}4 \cdot 6{,}4 = 40{,}96$	zu klein zu groß	$6{,}3 < \sqrt{40} < 6{,}4$
$6{,}32 \cdot 6{,}32 = 39{,}9424$ $6{,}33 \cdot 6{,}33 = 40{,}0689$	zu klein zu groß	$6{,}32 < \sqrt{40} < 6{,}33$

Die Quadratwurzel von 40 beträgt näherungsweise 6,3. Man schreibt: $\sqrt{40} \approx 6{,}3$

○ **1** Zwischen welchen natürlichen Zahlen liegt die Quadratwurzel? Schreibe wie im Beispiel.

Beispiel: $6 < \sqrt{45} < 7$; da $6^2 < 45 < 7^2$

a) $\sqrt{20}$ b) $\sqrt{30}$ c) $\sqrt{130}$ d) $\sqrt{145}$ e) $\sqrt{395}$ f) $\sqrt{401}$

○ **2** Entscheide, welche Werte als Näherung der Wurzel zu groß und welche zu klein sind. Du kannst den Taschenrechner verwenden, aber nicht die Wurzeltaste.

a) $\sqrt{30}$ 5,45 5,46 5,47 5,48
b) $\sqrt{60}$ 7,74 7,75 7,76 7,77

Alles klar?

D10 Fördern

A Übertrage den Zahlenstrahl in dein Heft und trage die Quadratwurzeln näherungsweise ein. Verwende nicht die Wurzeltaste des Taschenrechners.

$\sqrt{0,9}$ $\sqrt{84}$ $\sqrt{35}$ $\sqrt{103}$ $\sqrt{14}$

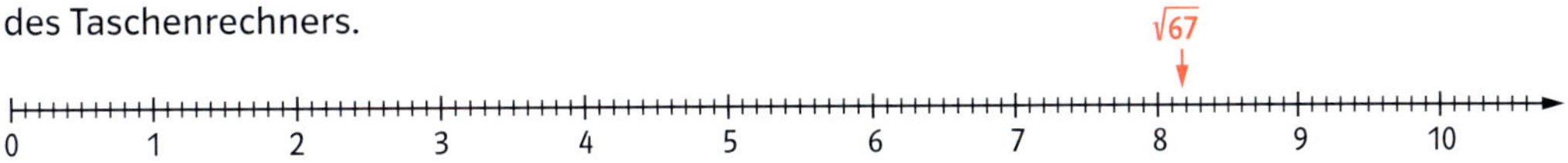

○ **3** Notiere, zwischen welchen natürlichen Zahlen die Quadratwurzel liegt. Rechne ohne Taschenrechner.

a) $\sqrt{5}$ b) $\sqrt{12}$ c) $\sqrt{22}$
d) $\sqrt{80}$ e) $\sqrt{120}$ f) $\sqrt{330}$

○ **4** Entscheide, welche Werte als Näherung der Wurzel zu groß und welche zu klein sind. Verwende nicht die Wurzeltaste des Taschenrechners.

a) $\sqrt{2,5}$ 1,57 1,58 1,59
b) $\sqrt{0,9}$ 0,92 0,94 0,96

◒ **5** SP **Begründe** ohne Taschenrechner.

a) $\sqrt{10} \approx 3{,}2$ b) $\sqrt{8} \approx 2{,}8$
c) $\sqrt{1,5} \approx 1{,}2$ d) $\sqrt{0,5} \approx 0{,}7$

ein Grundriss
ein gezeichneter Plan einer Wohnung oder eines Hauses von oben

◒ **6** Ein Haus hat einen quadratischen Grundriss mit einem Flächeninhalt von 120 m². Bestimme die ungefähre Länge und Breite des Grundrisses.

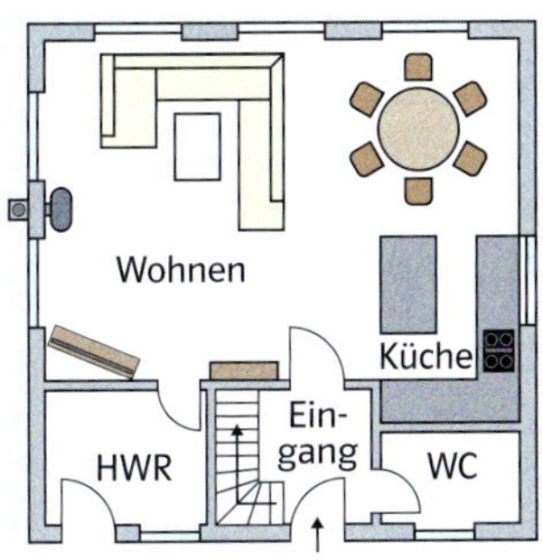

◒ **3** Bestimme die Quadratwurzeln auf zwei Dezimalstellen genau. Verwende nicht die Wurzeltaste des Taschenrechners.

$\sqrt{3000}$ $\sqrt{0,3}$ $\sqrt{30}$

◒ **4** **Prüfe** die Aussagen.

(1) $\sqrt{80}$ ist doppelt so groß wie $\sqrt{40}$.
(2) Die Quadratwurzel einer Quadratzahl ist immer eine gerade Zahl.
(3) Wenn ich die Quadratwurzel einer Zahl quadriere, erhalte ich wieder die Zahl.

◒ **5** Ersetze die Platzhalter. Gib alle möglichen Ziffern an.

a) $8 < \sqrt{\square 7} < 9$ b) $12 < \sqrt{1\square 3} < 13$
c) $3 < \sqrt{1\square,2} < 4$ d) $0 < \sqrt{0,\square} < 1$

● **6** Der Pariser Platz in Berlin ist quadratisch und etwa 1,5 ha groß.
Wie lang und wie breit ist der Platz? Runde auf Meter.

→ Die Lösungen zu „Alles klar?" findest du auf Seite 204.

MEDIEN

Tabellenkalkulation. Intervallschachtelung

MK Für eine Intervallschachtelung müssen viele gleichartige Rechnungen durchgeführt werden. Mit einem Tabellenkalkulationsprogramm kann man solche Rechnungen schnell und übersichtlich durchführen.

Tipp!
Wie man Wertetabellen anfertigt und Inhalte überträgt, findest du auf Seite 197.

Beispiel:
Intervallschachtelung für $\sqrt{10}$:
- $\sqrt{10}$ liegt zwischen 3 und 4.
- Erzeuge in Spalte A alle Zahlen von 3,0 bis 3,9.
- Berechne in Zelle B1 das Quadrat der Zelle A1 mit der Formel =A1^2. Übertrage die Formel auf die Zellen B2 bis B10.
- Markiere in Spalte A den größten Wert, dessen Quadrat in Spalte B kleiner als 10 ist. Damit machst du die nächste Näherung.
- Erzeuge in Spalte D und E die nächste Näherung für die Zahlen 3,10 bis 3,19.

	A	B	C	D	E
1	3	9		3,1	9,61
2	3,1	9,61		3,11	9,67
3	3,2	10,24		3,12	9,73
4	3,3	10,89		3,13	9,80
5	3,4	11,56		3,14	9,86
6	3,5	12,25		3,15	9,92
7	3,6	12,96		3,16	9,99
8	3,7	13,69		3,17	10,05
9	3,8	14,44		3,18	10,11
10	3,9	15,21		3,19	10,18

○**1** MK
a) Erstelle mit deinem Programm die ersten beiden Näherungen zur Wurzel aus 10 wie im Beispiel oben.
b) Erweitere deine Tabelle um zwei weitere Näherungsschritte.
c) Der erste Näherungsschritt ergibt, dass die Wurzel aus 10 zwischen 3,1 und 3,2 liegt: $3{,}1 < \sqrt{10} < 3{,}2$.
Notiere so auch die Grenzen für die nächsten Näherungsschritte.

1: $3{,}1 < \sqrt{10} < 3{,}2$
2: ■ $< \sqrt{10} <$ ■

◒**2** MK Die Auswahl und die Markierung der Werte, mit denen die Intervallschachtelung weitergeführt wird, kannst du auch von deinem Programm übernehmen lassen.
a) Markiere die Zellen, in denen die Quadrate ausgerechnet werden. Über die Funktion „Bedingte Formatierung" kannst du eine Regel angeben, nach der die Zellen formatiert werden sollen. Wähle „Kleiner als" aus und gebe als Wert den gewünschten Radikanden an.

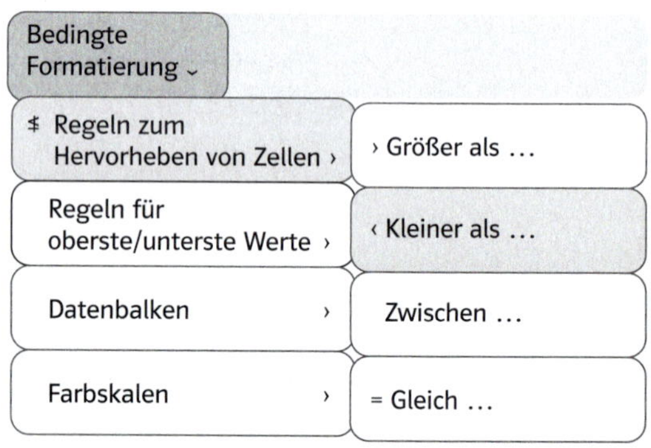

Tipp!
Formatierung bedeutet, Zellen eine bestimmte Farbfüllung oder eine bestimmte Schriftfarbe zu geben.

b) Erstelle in einem neuen Tabellenblatt in Spalte A eine Reihe mit den Zahlen 1 bis 50. Markiere mit „bedingter Formatierung" in der Zahlenreihe alle Zahlen, die
- kleiner als 12 sind.
- größer als 48 sind.
- zwischen 27 und 37 liegen.

◒**3** MK Erstelle mit deinem Programm eine Intervallschachtelung mit drei Schachtelungsschritten. Gib die Grenzen an, die du für die Wurzel erhältst.

a) $\sqrt{20}$ b) $\sqrt{40}$ c) $\sqrt{60}$ d) $\sqrt{80}$

Quadratwurzeln ziehen wie Heron

EXTRA

Heron war Mathematiker und Ingenieur. Er lebte vor etwa 2000 Jahren in der Stadt Alexandria in Ägypten.
Nach Heron ist ein Verfahren benannt, mit dem man Quadratwurzeln schnell sehr genau berechnen kann. Der Grundgedanke ist die schrittweise Annäherung an ein Quadrat durch flächengleiche Rechtecke.

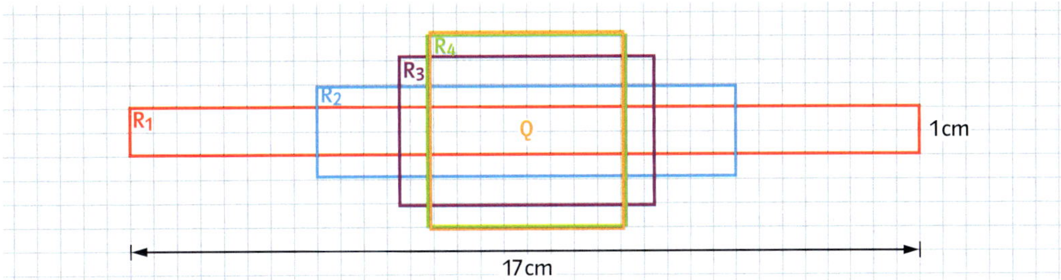

Die Grafik zeigt die Annäherung an $\sqrt{17}$.
Den Anfang macht das Rechteck R_1 mit den Seitenlängen $a_1 = 17\,cm$ und $b_1 = 1\,cm$. Da a_1 zu groß und b_1 zu klein ist, wählt man als Länge des nächsten Rechtecks R_2 den Mittelwert
$a_2 = (a_1 + b_1) : 2 = (17 + 1) : 2 = 9\,cm$
und als Breite den Quotienten
$b_2 = 17 : a_2 = 17 : 9 \approx 1{,}889\,cm$.
Damit hat auch R_2 den Flächeninhalt $17\,cm^2$.
Diese Rechnung wird fortgesetzt, bis die Länge und die Breite des Rechtecks mit der gewünschten Genauigkeit übereinstimmen.
Nach sechs Schritten erhält man den Näherungswert 4,123 cm, der schon nahe am Wert des Taschenrechners liegt.

Rechteck	a in cm, gerundet	b in cm, gerundet	a^2 in cm^2 gerundet
1	17	1	289
2	9	1,889	81
3	5,445	3,122	29,648
4	4,284	3,968	18,353
5	4,126	4,120	17,024
6	4,123	4,123	16,999

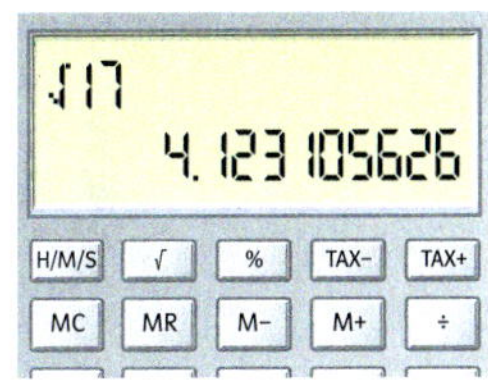

1 SP Berechne mit dem Heron-Verfahren in vier Schritten Näherungswerte für $\sqrt{5}$; $\sqrt{50}$ und $\sqrt{500}$. Vergleiche mit den Taschenrechnerwerten. Was fällt dir auf?

2 MK Das Heron-Verfahren eignet sich für eine Tabellenkalkulation.

a) In welche Zellen des Tabellenblatts gehören die folgenden Befehle?

=B3^2 =$B$1/B3 =(B3+C3)/2

b) Erstelle das Tabellenblatt. In der Zelle B3 kannst du mit dem Befehl =$B$1 den Radikanden aus der Zelle B1 übernehmen. So kannst du das Verfahren für beliebig gewählte Radikanden ausführen.

B3 fx =$B$1

	A	B	C	D
1	Radikand	17		
2	Rechteck	Länge	Breite	Länge^2
3	1	17	1	289
4	2	9	1,88888889	81
5	3	5,44444444	3,12244898	29,6419753
6	4	4,28344671	3,96876654	18,3479157
7	5	4,12610663	4,12010681	17,0247559
8	6	4,12310672	4,12310453	17,0000090
9	7	4,12310563	4,12310563	17,0000000
10				
11				

c) Berechne $\sqrt{2}$; $\sqrt{20}$; $\sqrt{200}$; $\sqrt{2000}$ auf 8 Dezimalstellen genau. Nach wie vielen Schritten ändert sich der angezeigte Wert nicht mehr?

4 Reelle Zahlen

Miguel möchte möglichst viele Stellen von $\sqrt{2}$ ermitteln. „Das hört nicht auf. Ist das so wie bei periodischen Dezimalzahlen?"

→ Informiere dich über periodische Dezimalzahlen. Nenne Beispiele.
→ Schreibe die Zahlen 0,5; 0,55 und 0,555 als Bruch. Erklärt euch gegenseitig, wie ihr vorgegangen seid.
→ Recherchiert im Internet die Kommastellen von $\sqrt{2}$. Wie viele findet ihr?

Rationale Zahlen kann man als Bruch der Form $\frac{a}{b}$ schreiben. Sie sind auch als abbrechende oder periodische Dezimalzahlen darstellbar.

Abbrechende Dezimalzahl: $\frac{31}{25} = 1{,}24$ Periodische Dezimalzahl: $\frac{10}{6} = 1{,}666\ldots$

Quadratwurzeln aus Zahlen, die keine Quadratzahlen sind, kann man nicht exakt als Dezimalzahlen bestimmen. Solche Quadratwurzeln ergeben Dezimalzahlen mit unendlich vielen Nachkommastellen, die aber nicht periodisch sind.

$\sqrt{2} = 1{,}4142135623730950488016\ldots$
$\sqrt{3} = 1{,}7320508075688772935274\ldots$

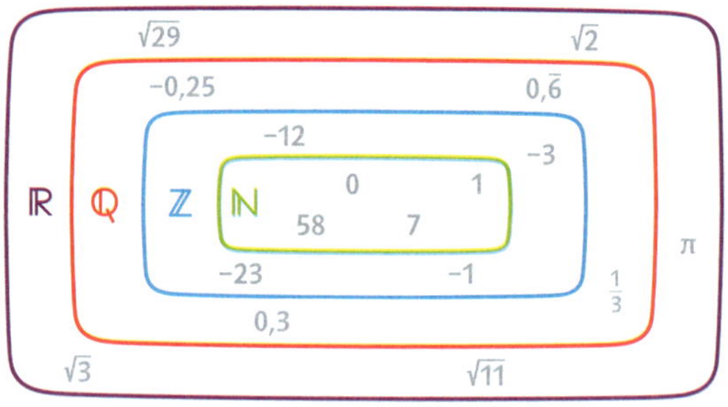

Tipp!
rational kommt von *ratio* und bedeutet Verhältnis;
irrational bedeutet *nicht rational;*
reell heißt so viel wie *wirklich*

Solche Dezimalzahlen sind nicht als Bruch darstellbar. Man nennt sie irrationale Zahlen.
Zusammen mit den rationalen Zahlen bilden sie die Menge der reellen Zahlen.

Merke

Zahlen, die man nicht als Bruch darstellen kann, nennt man **irrationale Zahlen**. Als Dezimalzahlen haben sie unendlich viele Nachkommastellen, ohne jemals periodisch zu werden.
Zusammen mit den rationalen Zahlen bilden die irrationalen Zahlen die Menge ℝ der **reellen Zahlen**.

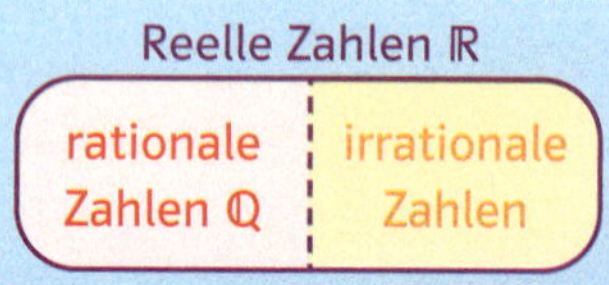

Beispiele

a) $\sqrt{5} = 2{,}236067977\ldots$ ist eine reelle Zahl, die irrational ist.
b) $\sqrt{0{,}09} = 0{,}3 = \frac{3}{10}$ ist eine reelle Zahl, die rational ist.
c) $\sqrt{441} = 21$ ist eine reelle Zahl, die eine natürliche Zahl ist. Sie ist auch eine rationale Zahl.
d) $\frac{1}{3} = 0{,}333\ldots$ ist eine reelle Zahl, die rational ist. Sie ist keine natürliche Zahl.
e) -8 ist eine reelle Zahl, die eine ganze Zahl ist. Sie ist auch eine rationale Zahl, aber keine natürliche Zahl.

○**1** SP **Beschreibe** wie im Beispiel.

Beispiel: $-4{,}5$ ist eine reelle Zahl. Sie ist eine rationale Zahl, aber keine natürliche und keine ganze Zahl.

a) 0,74 b) -12 c) $-\frac{1}{5}$ d) $\sqrt{7}$

○ **2** Gib an, ob die Zahl rational oder irrational ist.

a) $\sqrt{4}$ b) $\sqrt{10}$ c) $\sqrt{9}$ d) $\sqrt{3{,}6}$ e) $\sqrt{\frac{1}{2}}$ f) $\sqrt{\frac{4}{9}}$ g) 1,666... h) 0

Alles klar?

D11 Fördern

A Übertrage ins Heft. Kreuze an, zu welchem Zahlbereich die Zahl gehört.

	a) -2	b) $\sqrt{2}$	c) $\sqrt{16}$	d) $-0{,}5$	e) $\frac{5}{11}$	f) 0,33333...	g) $\sqrt{\frac{1}{2}}$	h) $-\sqrt{2}$	i) $-\sqrt{16}$	j) 0,001
$\mathbb{N}$										
$\mathbb{Z}$										
$\mathbb{Q}$										
$\mathbb{R}$										

○ **3** Gib an, welche Quadratwurzeln sich nur näherungsweise als Dezimalzahl schreiben lassen. Berechne dann mit dem Taschenrechner und notiere auf maximal 5 Dezimalstellen genau.

$\sqrt{9}$ $\sqrt{6}$ $\sqrt{169}$ $\sqrt{0{,}81}$ $\sqrt{10{,}24}$ $\sqrt{0{,}4}$

○ **4** Zeichne einen Zahlenstrahl. Trage die ungefähre Lage der Quadratwurzeln ein.

$\sqrt{2}$ $\sqrt{3}$ $\sqrt{5}$

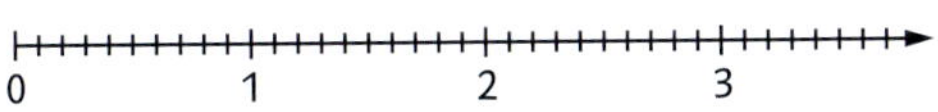

◐ **5** Vergleiche die Zahlen. Setze <; > oder = ein.

a) $\sqrt{40}$ ▒ 6 b) $\sqrt{10}$ ▒ 3
c) 10 ▒ $\sqrt{90}$ d) $\sqrt{144}$ ▒ 12
e) 1,5 ▒ $\sqrt{2}$ f) 1,7 ▒ $\sqrt{3}$

◐ **6** Die Abbildung zeigt, wie die ganzen Zahlen unterteilt sind.

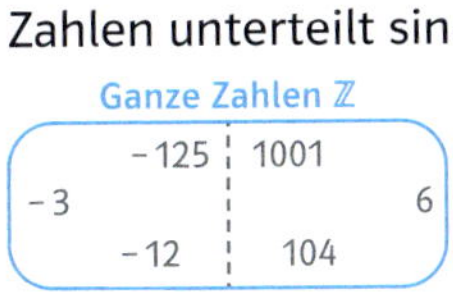

a) Skizziere die Abbildung in dein Heft und ergänze weitere Zahlen.
b) Im rechten Bereich stehen die natürlichen Zahlen ℕ. Wie würdest du den linken Zahlbereich nennen?
c) Ordne die Zahlen im Diagramm ein.

-1001 $-6{,}0$ $\frac{6}{2}$

◐ **3** SP Entscheide, welche der Quadratwurzeln irrational sind. **Begründe** deine Entscheidung.

$\sqrt{40}$ $\sqrt{4}$ $\sqrt{0{,}4}$ $\sqrt{0{,}04}$ $\sqrt{\frac{1}{2}}$ $\sqrt{\frac{1}{9}}$

◐ **4** Die Konstruktion zeigt, wie die Stelle für $\sqrt{2}$ auf der Zahlengeraden exakt konstruiert werden kann.

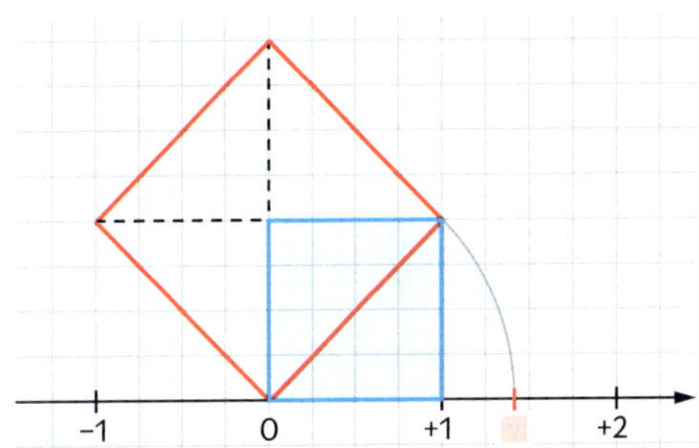

a) SP **Erkläre** die Konstruktion.
b) Stelle die Zahl $\sqrt{8}$ auf einer Zahlengeraden dar.

● **5** Die Abbildung zeigt, wie die rationalen Zahlen unterteilt werden können.

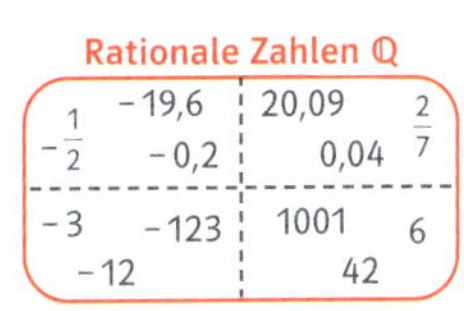

a) Übertrage das Diagramm in dein Heft. Ergänze weitere Zahlen.
b) Gib die Eigenschaften der Zahlen in den vier Bereichen an.
c) Ordne die Zahlen im Diagramm ein.

$\sqrt{16}$ $\sqrt{2{,}25}$ $\sqrt{2}$ $-\sqrt{3}$

→ Die Lösungen zu „Alles klar?" findest du auf Seite 204.

5 Rechnen mit Quadratwurzeln

$\sqrt{\ }\cdot\sqrt{\ }$	$\sqrt{2}$	$\sqrt{8}$	$\sqrt{32}$
$\sqrt{2}$	■	■	■
$\sqrt{8}$	■	■	■
$\sqrt{32}$	■	■	■

$\sqrt{\ }:\sqrt{\ }$	$\sqrt{32}$	$\sqrt{8}$	$\sqrt{2}$
$\sqrt{32}$	■	■	■
$\sqrt{8}$	■	■	■
$\sqrt{2}$	■	■	■

Anna berechnet die Produkte in der grauen Tabelle mit dem Taschenrechner. Linus berechnet die Quotienten.

→ Was tragen Anna und Linus ein? Benutze den Taschenrechner.
→ Erkennt ihr eine Regel, mit der ihr die Ergebnisse im Kopf ausrechnen könnt?
→ Sucht weitere solche Beispiele.

Um $\sqrt{3}\cdot\sqrt{5}$ zu berechnen, muss man nur eine Quadratwurzel ziehen.
Die Rechnung rechts zeigt:

$(\sqrt{3}\cdot\sqrt{5})^2 = (\sqrt{3\cdot 5})^2$

$$\begin{aligned}(\sqrt{3}\cdot\sqrt{5})^2 &= (\sqrt{3}\cdot\sqrt{5})\cdot(\sqrt{3}\cdot\sqrt{5})\\ &= \sqrt{3}\cdot\sqrt{3}\cdot\sqrt{5}\cdot\sqrt{5}\\ &= (\sqrt{3})^2\cdot(\sqrt{5})^2\\ &= 3\cdot 5\\ &= (\sqrt{3\cdot 5})^2\end{aligned}$$

Haben zwei positive Zahlen gleiche Quadrate, sind sie gleich. Also gilt:
$\sqrt{3}\cdot\sqrt{5} = \sqrt{3\cdot 5}$
Eine entsprechende Regel gilt für Quotienten von Quadratwurzeln.

Merke

Quadratwurzeln multiplizieren
Man multipliziert die Radikanden und zieht die Quadratwurzel aus dem Produkt.

$\sqrt{a}\cdot\sqrt{b} = \sqrt{a\cdot b}$ mit $a \geq 0$ und $b \geq 0$

Quadratwurzeln dividieren
Man dividiert die Radikanden und zieht die Quadratwurzel aus dem Quotienten.

$\frac{\sqrt{a}}{\sqrt{b}} = \sqrt{\frac{a}{b}}$ mit $a \geq 0$ und $b > 0$

Teilweises Wurzelziehen
Enthält der Radikand eine Quadratzahl als Faktor, kann man teilweise die Wurzel ziehen.

$\sqrt{a^2\cdot b} = a\cdot\sqrt{b}$ mit $a > 0$

Tipp!
Wurzelzeichen → $\sqrt{b}$ ← Radikand

Beispiele

a) $\sqrt{50}\cdot\sqrt{8} = \sqrt{50\cdot 8} = \sqrt{400} = 20$

b) $\frac{\sqrt{5}}{\sqrt{20}} = \sqrt{\frac{5}{20}} = \sqrt{\frac{1}{4}} = \frac{1}{2}$

c) $\sqrt{45} = \sqrt{9\cdot 5} = \sqrt{9}\cdot\sqrt{5} = 3\cdot\sqrt{5}$

d) $\sqrt{3\cdot a^2} = \sqrt{3}\cdot\sqrt{a^2} = \sqrt{3}\cdot a = a\cdot\sqrt{3}$

○**1** Berechne ohne Taschenrechner.
a) $\sqrt{2}\cdot\sqrt{50}$ b) $\sqrt{2}\cdot\sqrt{32}$ c) $\sqrt{3}\cdot\sqrt{27}$ d) $\sqrt{5}\cdot\sqrt{20}$ e) $\sqrt{3}\cdot\sqrt{12}$ f) $\sqrt{3}\cdot\sqrt{75}$
g) $\frac{\sqrt{8}}{\sqrt{2}}$ h) $\frac{\sqrt{125}}{\sqrt{5}}$ i) $\frac{\sqrt{27}}{\sqrt{3}}$ j) $\frac{\sqrt{32}}{\sqrt{2}}$ k) $\frac{\sqrt{1000}}{\sqrt{10}}$ l) $\frac{\sqrt{150}}{\sqrt{6}}$

○**2** Zerlege die Quadratwurzel in ein Produkt. Berechne dann den Wert im Kopf.
a) $\sqrt{4\cdot 9}$ b) $\sqrt{9\cdot 16}$ c) $\sqrt{25\cdot 36}$ d) $\sqrt{25\cdot 16}$ e) $\sqrt{64\cdot 81}$ f) $\sqrt{4\cdot 49}$

○**3** Ziehe die Wurzel teilweise.
a) $\sqrt{18}$ b) $\sqrt{50}$ c) $\sqrt{24}$ d) $\sqrt{75}$
e) $\sqrt{8}$ f) $\sqrt{12}$ g) $\sqrt{27}$ h) $\sqrt{125}$

Alles klar?

D12 Fördern

A Vereinfache. Berechne ohne Taschenrechner.

a) $\sqrt{8}\cdot\sqrt{2}$ b) $\sqrt{125}\cdot\sqrt{5}$ c) $\sqrt{4\cdot 64}$ d) $\sqrt{9\cdot 49}$ e) $\sqrt{81\cdot 100}$

f) $\frac{\sqrt{72}}{\sqrt{8}}$ g) $\frac{\sqrt{98}}{\sqrt{2}}$ h) $\frac{\sqrt{250}}{\sqrt{10}}$ i) $\frac{\sqrt{360}}{\sqrt{10}}$ j) $\frac{\sqrt{0{,}56}}{\sqrt{0{,}14}}$

B Ziehe die Wurzel teilweise.

a) $\sqrt{44}$ b) $\sqrt{52}$ c) $\sqrt{32}$ d) $\sqrt{128}$ e) $\sqrt{150}$

4 Vereinfache wie im Beispiel.

Beispiel: $5\cdot\sqrt{18} = 5\cdot\sqrt{9\cdot 2}$
$= 5\cdot 3\cdot\sqrt{2}$
$= 15\cdot\sqrt{2}$

a) $2\cdot\sqrt{18}$ b) $3\cdot\sqrt{12}$ c) $10\cdot\sqrt{8}$
d) $4\cdot\sqrt{50}$ e) $3\cdot\sqrt{72}$ f) $20\cdot\sqrt{75}$

5 Berechne. Wandle zuerst den Radikanden in ein geeignetes Produkt um.

a) $\sqrt{4}$
$\sqrt{400}$
$\sqrt{40\,000}$
$\sqrt{4\,000\,000}$

b) $\sqrt{144}$
$\sqrt{14\,400}$
$\sqrt{1\,440\,000}$
$\sqrt{144\,000\,000}$

6 Setze die richtige Zahl ein.

a) $\sqrt{9}\cdot\sqrt{■} = 36$ b) $\sqrt{16}\cdot\sqrt{■} = 24$
c) $\sqrt{■\cdot 49} = 56$ d) $\sqrt{25\cdot ■} = 40$
e) $\frac{\sqrt{81}}{\sqrt{■}} = \frac{9}{2}$ f) $\frac{\sqrt{■}}{6} = 5$

7 Nebeneinanderliegende Steine werden multipliziert. Fülle die Zahlenmauer aus.

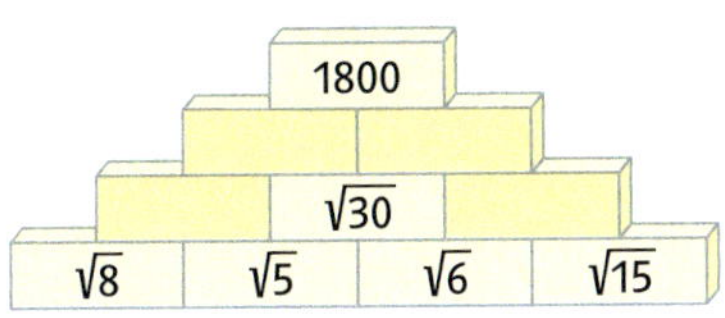

8 Welche Terme auf den Kärtchen haben den gleichen Wert? Finde sie ohne Taschenrechner.

$3\cdot\sqrt{48}$ $\sqrt{72}$ $2\cdot\sqrt{8}$ $4\cdot\sqrt{2}$ $6\cdot\sqrt{12}$ $3\cdot\sqrt{8}$ $2\cdot\sqrt{108}$ $\sqrt{432}$

4 Beim teilweisen Wurzelziehen findet man die größtmögliche Quadratzahl oft nur schrittweise.

Beispiel:
$\sqrt{1575} = \sqrt{25\cdot 63} = 5\cdot\sqrt{63}$
$= 5\cdot\sqrt{9\cdot 7} = 5\cdot 3\cdot\sqrt{7}$
$= 15\cdot\sqrt{7}$

a) $\sqrt{800}$ b) $\sqrt{4500}$
c) $\sqrt{2450}$ d) $\sqrt{4050}$
e) $\sqrt{704}$ f) $\sqrt{980}$

5 Ersetze gleiche Platzhalter durch gleiche Ziffern.

a) $\sqrt{■}\cdot\sqrt{80} = 20$ b) $\sqrt{1■5}\cdot\sqrt{■} = 35$
c) $\sqrt{1■}\cdot\sqrt{●8} = 24$ d) $\sqrt{■}\cdot\sqrt{●■2} = ■6$

6 Berechnet und vergleicht die Zahlenwerte mit dem Taschenrechner.
(1) $\sqrt{5+5}$ und $\sqrt{5}+\sqrt{5}$
(2) $\sqrt{7+4}$ und $\sqrt{7}+\sqrt{4}$
(3) $\sqrt{452+48}$ und $\sqrt{452}+\sqrt{48}$
Untersucht weitere Beispiele. Was fällt euch auf?

7 Vereinfache. Die Variablen stehen für positive Zahlen.

a) $\sqrt{9a^2}$ b) $\sqrt{36a^2}$
c) $\sqrt{49a^2}$ d) $\sqrt{8x}\cdot\sqrt{2x}$
e) $\sqrt{3x^2}\cdot\sqrt{27}$ f) $\sqrt{x}\cdot\sqrt{x}$
g) $\frac{\sqrt{12x}}{\sqrt{3x}}$ h) $\frac{\sqrt{x}}{\sqrt{x}}$

8 Berechnet und vergleicht die Werte.
(1) $2\cdot\sqrt{5}$ und $5\cdot\sqrt{2}$
(2) $6\cdot\sqrt{8}$ und $8\cdot\sqrt{6}$
(3) $3\cdot\sqrt{8}$ und $8\cdot\sqrt{3}$
(4) $5\cdot\sqrt{6}$ und $6\cdot\sqrt{5}$
Was vermutet ihr? Beweist eure Vermutung.

→ Die Lösungen zu „Alles klar?“ findest du auf Seite 204.

6 Kubikwurzeln

Aus kleinen Würfeln lassen sich größere Würfel zusammensetzen.

→ Bestimme, aus wie vielen Würfeln die drei großen Würfel bestehen.

→ Entscheide, ob man mit allen kleinen Würfeln einen einzigen großen Würfel zusammensetzen kann. Falls ja, gib die Kantenlänge dieses Würfels an.

Tipp!
Kubik kommt von *Kubus*, dem lateinischen Wort für *Würfel*.

Bildet man die dritte Potenz einer Zahl, so entsteht eine **Kubikzahl**. Dieser Vorgang heißt mit drei **Potenzieren**.

$2 \cdot 2 \cdot 2 = 2^3 = \mathbf{8}$
Man liest: „2 hoch 3 ergibt 8."

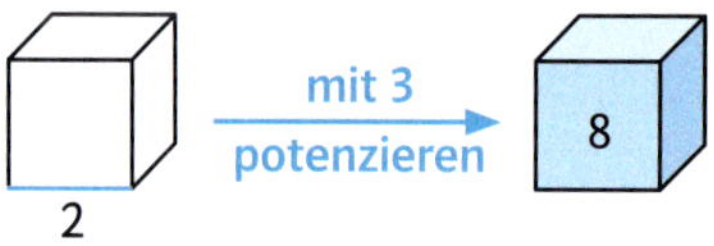

Zerlegt man eine Zahl in drei gleiche Faktoren, ist dieser Faktor die **Kubikwurzel** der Zahl. Dieser Vorgang heißt **dritte Wurzel ziehen**.

$\sqrt[3]{8} = \mathbf{2}$
Man liest: „Die Kubikwurzel von 8 ist 2."

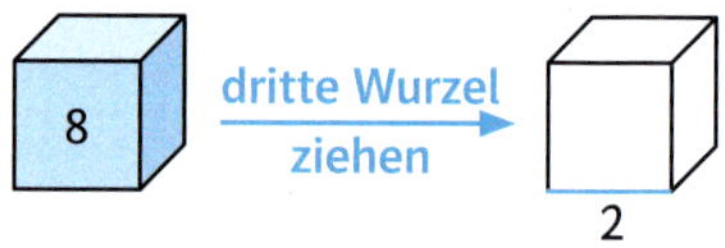

Merke

Die **Kubikwurzel** einer Zahl b ist die Zahl a, für die $a^3 = b$ gilt.

Man schreibt: $a = \sqrt[3]{b}$.

Man liest: „a ist die Kubikwurzel aus b."

Beispiele

a) $\sqrt[3]{8} = 2$; denn $2^3 = 8$ b) $\sqrt[3]{1000} = 10$; denn $10^3 = 1000$

○ **1** Bestimme die Kantenlänge des Würfels.

a) 

b) 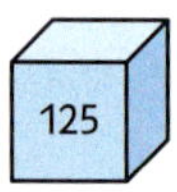

c) 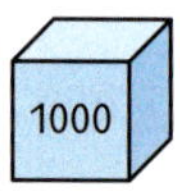

d) 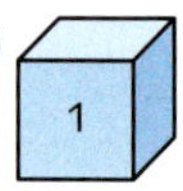

○ **2** Wandle wie im Beispiel um.

Beispiel: Zur Gleichung $5^3 = 125$ gehört die Gleichung $\sqrt[3]{125} = 5$.

a) $4^3 = 64$ b) $6^3 = 216$ c) $8^3 = 512$ d) $3^3 = 27$ e) $7^3 = 343$ f) $9^3 = 729$

○ **3** Finde heraus, wie man Kubikwurzeln in deinen Taschenrechner eingibt und berechne.

a) $\sqrt[3]{1728}$ b) $\sqrt[3]{0{,}008}$ c) $\sqrt[3]{9261}$ d) $\sqrt[3]{4913}$

e) $\sqrt[3]{1\,000\,000}$ f) $\sqrt[3]{1331}$ g) $\sqrt[3]{3375}$ h) $\sqrt[3]{4096}$

Alles klar?

D13 Fördern

A Berechne im Kopf.

a) $\sqrt[3]{8}$ b) $\sqrt[3]{216}$ c) $\sqrt[3]{343}$

B Berechne mit dem Taschenrechner.

a) $\sqrt[3]{64\,000}$ b) $\sqrt[3]{5832}$ c) $\sqrt[3]{35\,937}$

C Notiere Paare aus einem grauen und einem gelben Kärtchen. Ein Kärtchen bleibt übrig. Ergänze die zugehörige Gleichung.

$11^3 = 1331$ $12^3 = 1728$ $16^3 = 4096$ $\sqrt[3]{8000} = 20$ $\sqrt[3]{4096} = 16$ $\sqrt[3]{1728} = 12$ $\sqrt[3]{1331} = 11$

○ **4** Berechne den Wurzelwert. Runde auf zwei Stellen nach dem Komma.

a) $\sqrt[3]{12}$ b) $\sqrt[3]{20}$ c) $\sqrt[3]{60}$ d) $\sqrt[3]{450}$

○ **5** Setze die richtige Zahl ein.

a) $\sqrt[3]{\square} = 4$ b) $\sqrt[3]{\square} = 6$
c) $\sqrt[3]{\square} = 0{,}5$ d) $\sqrt[3]{\square} = 1$
e) $\sqrt[3]{\square} = 2$ f) $\sqrt[3]{\square} = 10$

Tipp!
zu Aufgabe 6

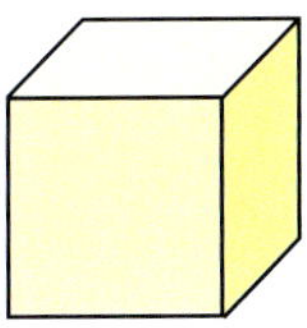

$V = a^3 \quad | \sqrt[3]{\ }$
$\sqrt[3]{V} = a$

◒ **6** Berechne die Kantenlänge des Würfels mit dem angegebenen Volumen.

a) $V = 8\,cm^3$ b) $V = 125\,cm^3$
c) $V = 64\,cm^3$ d) $V = 1\,m^3$
e) $V = 0{,}001\,m^3$ f) $V = 0{,}125\,m^3$

◒ **7** Überschlage ohne Taschenrechner, zwischen welchen zwei aufeinanderfolgenden natürlichen Zahlen der Wurzelwert liegt. Notiere dir als Hilfestellung die ersten sechs Kubikzahlen.

a) $\sqrt[3]{4}$ b) $\sqrt[3]{10}$ c) $\sqrt[3]{65}$ d) $\sqrt[3]{124}$
e) $\sqrt[3]{15}$ f) $\sqrt[3]{30}$ g) $\sqrt[3]{70}$ h) $\sqrt[3]{200}$

eine Knete
eine formbare Masse

◒ **8** Luca möchte einen Würfel aus Knete herstellen. Auf der Verpackung steht, dass die Knete ein Volumen von $80\,cm^3$ hat. Berechne die Kantenlänge des Würfels.

◒ **4** Setze die richtige Zahl ein.

a) $\sqrt[3]{\square} = 1$ b) $\sqrt[3]{\square} = 0{,}001$
c) $\sqrt[3]{\square \cdot 2} = 8$ d) $\sqrt[3]{72 \cdot \square} = 6$
e) $\sqrt[3]{\square + 83} = 5$ f) $\sqrt[3]{\square - 15} = 9$

◒ **5** Ziehe die Kubikwurzel teilweise.

a) $\sqrt[3]{8 \cdot 3}$ b) $\sqrt[3]{27 \cdot 2}$
c) $\sqrt[3]{40}$ d) $\sqrt[3]{250}$
e) $\sqrt[3]{135}$ f) $\sqrt[3]{500}$

● **6**
a) Vergleiche die Kubikwurzeln von 10; 100; 1000; 10 000; 100 000; 1 000 000.
b) SP Was fällt dir auf? Begründe deine Beobachtungen mit Zehnerpotenzen.

● **7** Berechne den Oberflächeninhalt der Würfeltreppe.

a) $V = 20{,}25\,cm^3$ b) $V = 3430\,cm^3$

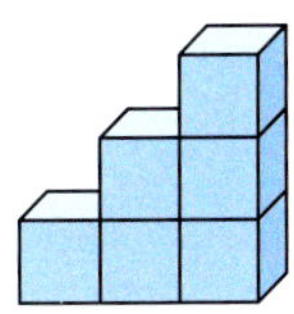

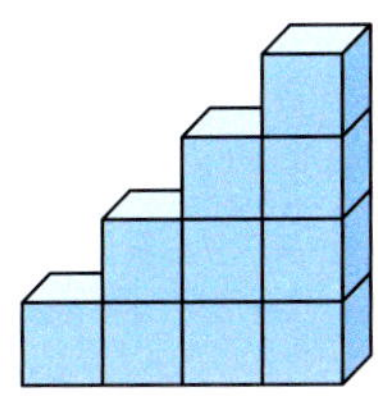

c) Eine Würfeltreppe mit fünf Stufen hat ein Volumen von $960\,cm^3$.

● **8** Wurzelwerte können kleiner oder größer sein als der Radikand.

$\sqrt[3]{15}$ $\sqrt[3]{1{,}1}$ $\sqrt[3]{0{,}6}$ $\sqrt[3]{0{,}01}$

a) Berechne die Wurzelwerte.
b) SP Beschreibe, was du beobachtest. Prüfe deine Beobachtung an weiteren Beispielen.

→ Die Lösungen zu „Alles klar?" findest du auf Seite 204.

Zusammenfassung

Potenzen

Die **Potenz** a^n ist ein Produkt aus n gleichen Faktoren a.

$a^n = \underbrace{a \cdot a \cdot a \cdot a \cdot \ldots \cdot a}_{n \text{ Faktoren}}$

Basis: a
Exponent: n
Man liest: „a hoch n"

$7^4 = 7 \cdot 7 \cdot 7 \cdot 7 = 2401$

Potenzen mit der Basis 10 heißen **Zehnerpotenzen**.

$10^3 = 10 \cdot 10 \cdot 10 = 1000$

Reelle Zahlen

Zahlen, die man nicht als Bruch darstellen kann, nennt man **irrationale Zahlen**. Als Dezimalzahl haben sie unendlich viele Nachkommastellen, ohne jemals periodisch zu werden.
Zusammen mit den rationalen Zahlen bilden die irrationalen Zahlen die Menge ℝ der **reellen Zahlen**.

Quadratwurzeln

Das **Wurzelziehen** ist die Umkehrung des Quadrierens.

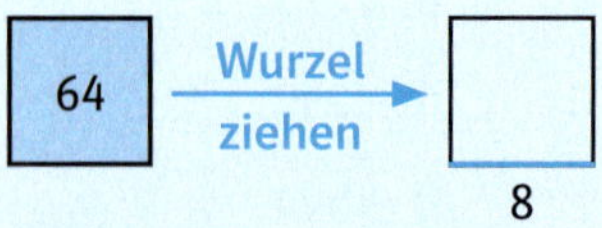

Die **Quadratwurzel** einer positiven Zahl b ist die positive Zahl a, für die $a^2 = b$ gilt.
Man schreibt sie in der Form
$a = \sqrt{b}$; denn $a \cdot a = b$.

Wurzelzeichen
$\sqrt{b}$
Radikand

$\sqrt{64} = 8$; da $8 \cdot 8 = 64$

Quadratwurzeln multiplizieren und dividieren

Quadratwurzeln multiplizieren
Man multipliziert die Radikanden und zieht die Quadratwurzel aus dem Produkt.
$\sqrt{a} \cdot \sqrt{b} = \sqrt{a \cdot b}$ mit $a \geq 0$ und $b \geq 0$

$\sqrt{3} \cdot \sqrt{5} = \sqrt{3 \cdot 5} = \sqrt{15}$

Quadratwurzeln dividieren
Man dividiert die Radikanden und zieht die Quadratwurzel aus dem Quotienten.
$\frac{\sqrt{a}}{\sqrt{b}} = \sqrt{\frac{a}{b}}$ mit $a \geq 0$ und $b > 0$

$\frac{\sqrt{15}}{\sqrt{3}} = \sqrt{\frac{15}{3}} = \sqrt{5}$

Teilweises Wurzelziehen
Enthält der Radikand eine Quadratzahl als Faktor, kann man die Wurzel teilweise ziehen.
$\sqrt{a^2 \cdot b} = a \cdot \sqrt{b}$ mit $a > 0$

$\sqrt{36 \cdot 5} = \sqrt{6^2 \cdot 5} = 6 \cdot \sqrt{5}$

Bestimmen von Quadratwurzeln

Bestimmte Quadratwurzeln können durch **Näherungen** immer genauer bestimmt werden. Es ergeben sich unendlich viele Nachkommastellen.

$7 < \sqrt{60} < 8$
$7{,}7 < \sqrt{60} < 7{,}8$
$7{,}74 < \sqrt{60} < 7{,}75$

Die Quadratwurzel aus 60 beträgt näherungsweise 7,7.
Man schreibt: $\sqrt{60} \approx 7{,}7$

Kubikwurzeln

Das Ziehen der dritten Wurzel ist die Umkehrung der dritten Potenz.

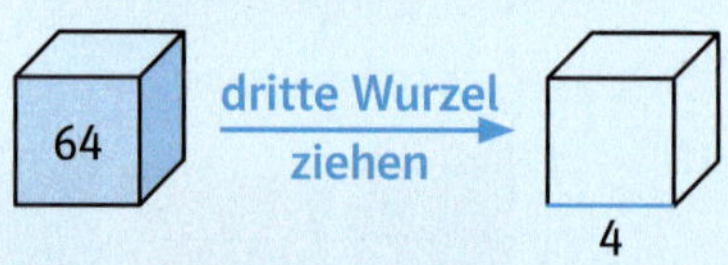

Die **Kubikwurzel** einer Zahl b ist die Zahl a, für die $a^3 = b$ gilt.
Man schreibt: $a = \sqrt[3]{b}$

$\sqrt[3]{64} = 4$; da $4^3 = 64$

Basistraining

1 Übertrage die Tabelle in dein Heft und fülle die Lücken.

	Produkt	Potenz	Potenzwert
a)	$3 \cdot 3 \cdot 3 \cdot 3$	3^4	81
b)	■	11^2	■
c)	$2 \cdot 2 \cdot 2 \cdot 2 \cdot 2$	■	■
d)	■	■	400
e)	■	6^3	■
f)	■	$4^{■}$	64

2 Ordne die Potenzen nach der Größe. Beginne mit dem kleinsten Potenzwert.

4^4 10^2 3^5 2^3 2^1 2^6 1^7 3^2 5^3 3^3

3 Bestimme den kleinsten Exponenten, sodass für den Potenzwert gilt:

a) $2^{■} > 1000$ b) $1{,}5^{■} > 500$
c) $1{,}1^{■} > 100$ d) $2{,}3^{■} > 65$
e) $0{,}5^{■} < 0{,}001$ f) $0{,}1^{■} < 0{,}01$

4 Gib die Seitenlänge des Quadrats an. Alle Angaben sind in cm^2.

a) 49 b) 100 c) 121
d) 2,25 e) 4,00 f) 0,16

5 Bestimme die Quadratwurzeln.

a) $\sqrt{4}$ b) $\sqrt{25}$ c) $\sqrt{81}$
d) $\sqrt{144}$ e) $\sqrt{400}$ f) $\sqrt{2500}$
g) $\sqrt{8100}$ h) $\sqrt{14\,400}$ i) $\sqrt{0{,}04}$
j) $\sqrt{0{,}25}$ k) $\sqrt{0{,}81}$ l) $\sqrt{1{,}44}$

6 Aus 450 quadratischen Mosaiksteinen wird ein möglichst großes quadratisches Muster gelegt. Berechne die Größe des Musters. Gib an, wie viele Steine für eine Seite des Musters benötigt werden. Wie viele bleiben übrig?

7 Gib an, zwischen welchen beiden ganzen Zahlen der Wert der Quadratwurzel liegt. Notiere wie im Beispiel. Verwende nicht die Wurzeltaste des Taschenrechners.

Beispiel: „$\sqrt{10}$ liegt zwischen 3 und 4."

a) $\sqrt{20}$ b) $\sqrt{30}$ c) $\sqrt{40}$
d) $\sqrt{110}$ e) $\sqrt{120}$ f) $\sqrt{130}$

8 Setze die Zahlen für die Platzhalter ein.

7,8 6,7 7,7 7,1 6,8 7 8,1 8

a) ■ $< \sqrt{60} <$ ■ b) ■ $< \sqrt{50} <$ ■
c) ■ $< \sqrt{65} <$ ■ d) ■ $< \sqrt{45} <$ ■

9 Übertrage ins Heft. Kreuze an, zu welchem Zahlbereich die Zahl gehört.

	a) $\sqrt{3}$	b) 0,6666…	c) $\sqrt{49}$	d) −5	e) 4
$\mathbb{N}$	■	■	■	■	■
$\mathbb{Z}$	■	■	■	■	■
$\mathbb{Q}$	■	■	■	■	■
$\mathbb{R}$	■	■	■	■	■

10 Berechne ohne Taschenrechner.

a) $\sqrt{2} \cdot \sqrt{8}$ b) $\sqrt{27} \cdot \sqrt{3}$
c) $\sqrt{2} \cdot \sqrt{200}$ d) $\sqrt{18} \cdot \sqrt{2}$
e) $\sqrt{50} \cdot \sqrt{2}$ f) $\sqrt{48} \cdot \sqrt{3}$

11 Berechne ohne Taschenrechner.

a) $\frac{\sqrt{64}}{\sqrt{4}}$ b) $\frac{\sqrt{50}}{\sqrt{2}}$ c) $\frac{\sqrt{250}}{\sqrt{10}}$
d) $\frac{\sqrt{120}}{\sqrt{30}}$ e) $\frac{\sqrt{300}}{\sqrt{3}}$ f) $\frac{\sqrt{363}}{\sqrt{3}}$

12 Ziehe die Wurzel teilweise.

a) $\sqrt{80}$ b) $\sqrt{175}$ c) $\sqrt{63}$
d) $\sqrt{99}$ e) $\sqrt{88}$ f) $\sqrt{363}$

13 Berechne.

a) $\sqrt[3]{27}$ b) $\sqrt[3]{125}$ c) $\sqrt[3]{1331}$

14 Wie lang ist die Würfelkante a?

a) $V = 27\,cm^3$

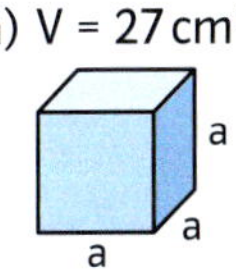

b) $V = 91{,}125\,cm^3$

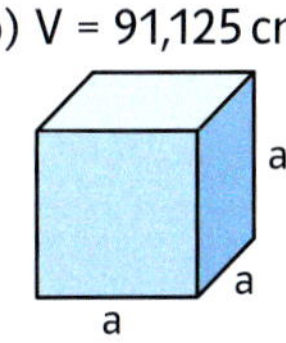

Anwenden. Nachdenken

Tipp!
Zu Aufgabe 19
Zehnerpotenzen sind Potenzen mit der Basis 10.

15

a) Werden Zahlen quadriert oder mit 10 potenziert, lässt sich eine interessante Beobachtung machen.

$2^{10} = 1024$; $2^2 = 4$ $3^2 = ▪$; $3^{10} = ▪$

Überprüfe, ob die Beobachtung auch für andere Zahlen gilt.

b) SP Wird eine Zahl mit 5 potenziert, lässt sich eine besondere Beobachtung machen. **Beschreibe**.

$2^5 = ▪$; $3^5 = ▪$; $4^5 = ▪$

16 Gesucht sind die Zahlen in der Mitte zwischen zwei Zahlen.

2^2 und 2^4
2^4 und 2^6
2^6 und 2^8

a) Berechne die Zahlen in der Mitte.

$2^2 = 4$	10	$2^4 = 16$
$2^4 = 16$	...	...
...	...	...

b) SP **Vergleiche** die Ergebnisse der Reihe. **Beschreibe** den Zusammenhang.

c) Gib die Zahl in der Mitte zwischen 2^{14} und 2^{16} an.

Tipp!
Zu Aufgabe 17
Zweierpotenzen sind Potenzen mit der Basis 2.

17 Manche Zweierpotenzen sind Quadratzahlen, andere nicht.

a) Berechne mehrere Zweierpotenzen und notiere die Ergebnisse.

b) Markiere die Zweierpotenzen, deren Werte Quadratzahlen sind.

c) SP **Beschreibe** die Eigenschaft des Exponenten, damit eine Zweierpotenz eine Quadratzahl ist.

18 Der Abstand zwischen zwei Quadratzahlen ist immer eine ungerade Zahl. Kennt man einen Abstand, so ist der nächste Abstand die nächstgrößere ungerade Zahl.

4 → 9 → 16
(5, 7)

Bestimme den Abstand zwischen den aufeinanderfolgenden Quadratzahlen und gib die nächstgrößere Quadratzahl an.

a) 196 und 225
b) 400 und 441
c) 841 und 900
d) 3600 und 3721

19

a) SP Zehnerpotenzen wie 10^3 lassen sich leicht berechnen. **Erkläre**.

b) Ein Googol ist eine Zahl, die aus einer 1 und 100 Nullen besteht. Gib ein Googol in einer Zehnerpotenz an.

20 Bestimme die Quadratwurzel auf zwei Dezimalstellen genau.

a) $\sqrt{7}$
b) $\sqrt{70}$
c) $\sqrt{700}$

21 Negative Zahlen können potenziert werden.

$(-2)^3$ $(-2)^4$

a) Gib an, wie das Vorzeichen des Potenzwerts vom Exponenten abhängt.

b) SP Eine Quadratwurzel kann nicht aus einer negativen Zahl gezogen werden. **Erkläre**, weshalb das so ist.

c) Gib $\sqrt{-16}$ in den Taschenrechner ein. Welches Ergebnis zeigt er an?

22 Durch geschicktes Abzählen von Kästchen lassen sich Quadrate mit bestimmten Flächeninhalten darstellen.

Beispiel für die Länge $\sqrt{29}$:

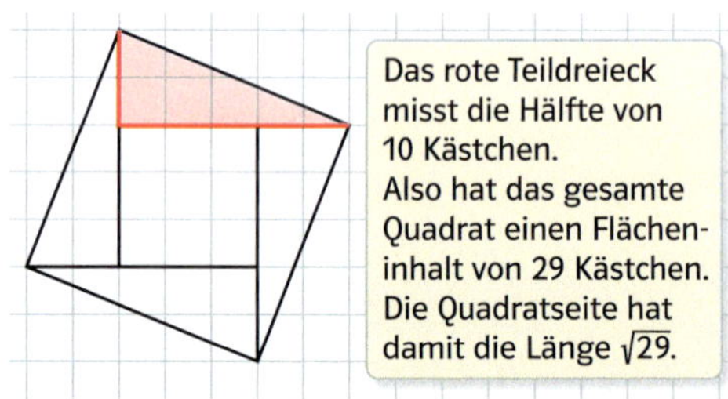

Welche Quadratwurzel wird durch die Seitenlänge des Quadrats dargestellt?

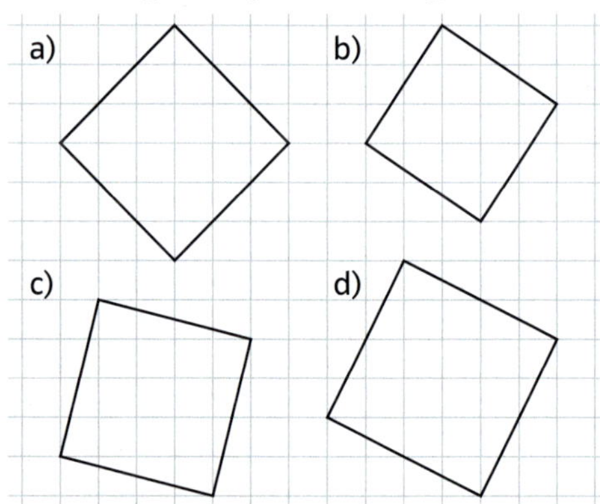

23 Der Körper besteht aus Würfeln. Berechne das Volumen für den vorgegebenen Oberflächeninhalt.

a) $O = 137{,}5\,m^2$

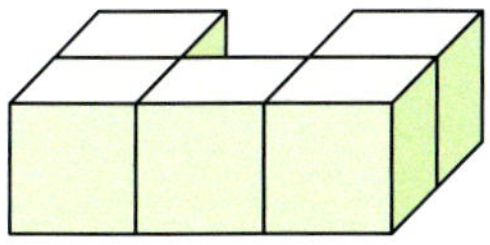

b) $O = 94{,}5\,cm^2$

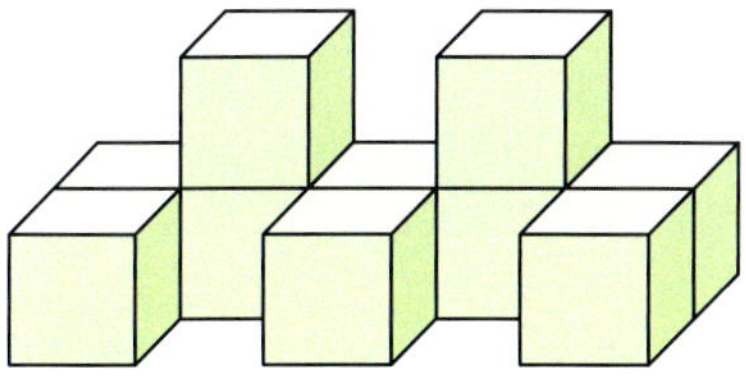

24 Die Flächen der Bundesländer sind unterschiedlich groß. Stelle die Flächen mit Quadraten dar. Wähle einen passenden Maßstab.

Flächen der Bundesländer:	
Bayern	$70\,500\,km^2$
NRW	$34\,100\,km^2$
Saarland	$2500\,km^2$

25 Multipliziere oder dividiere so, dass ganzzahlige Ergebnisse entstehen. Du kannst auch mehr als zwei Wurzeln verwenden.

$\sqrt{27}$ $\sqrt{2}$ $\sqrt{6}$ $\sqrt{3}$ $\sqrt{96}$ $\sqrt{12}$ $\sqrt{48}$ $\sqrt{18}$ $\sqrt{72}$

26 Fülle die Lücken.

a) $\sqrt{\square} \cdot \sqrt{289} = 34$ b) $\sqrt{92} \cdot \sqrt{\square 3} = 46$

c) $\sqrt{396} \cdot \sqrt{\square\square} = 66$ d) $\sqrt{\square\square} \cdot \sqrt{49\square} = 165$

e) $\sqrt{\square 80} : \sqrt{5} = 14$ f) $\sqrt{50\square} : \sqrt{3} = 13$

27 Man kann auch Wurzeln aus Wurzeln ziehen. Bestimme die Wurzeln wie im Beispiel.

Beispiel: $\sqrt{\sqrt{16}} = \sqrt{4} = 2.$

a) $\sqrt{\sqrt{81}}$ b) $\sqrt{\sqrt{10\,000}}$ c) $\sqrt{\sqrt{256}}$

d) $\sqrt{\sqrt{1}}$ e) $\sqrt{\sqrt{625}}$ f) $\sqrt{\sqrt{\sqrt{256}}}$

28 Starte im grünen Feld mit der Zahl 1 und rechne im Uhrzeigersinn. Schreibe die Zahl als Produkt von Quadratwurzeln.

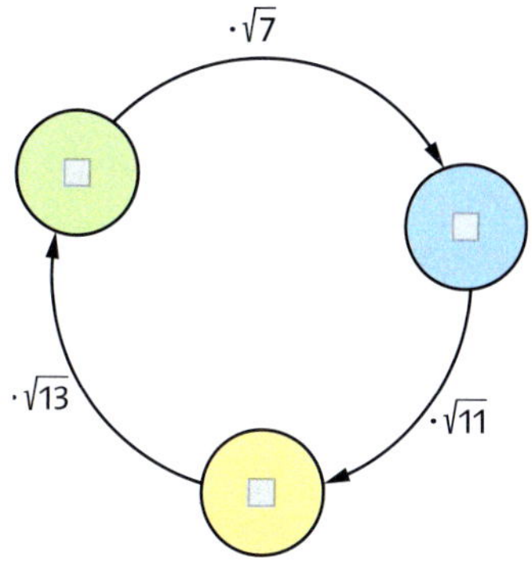

a) Wie viele Schritte sind nötig, damit in einem Feld des Wurzel-Karussells erstmals eine natürliche Zahl steht?

b) Wie viele Schritte musst du gehen, um erstmals eine Zahl zu bekommen, die größer ist als 1 Million?

29 Im magischen Quadrat haben die Zeilen, die Spalten und die Diagonalen alle denselben Produktwert. Fülle die freien Felder ohne Taschenrechner aus.

$12 \cdot \sqrt{2}$	$\square$	$\square$
$\square$	$3 \cdot \sqrt{8}$	$\square$
$\sqrt{8}$	$\square$	$\sqrt{18}$

30 Das Volumen des weltweiten Goldvorkommens wird auf etwa $2700\,m^3$ geschätzt. Stell dir vor, man könnte das ganze Gold sammeln und einen Würfel daraus formen.

a) Bestimme die Kantenlänge des Würfels.

b) Würde der Würfel auf euren Schulhof passen?

c) Skizziere den Würfel im Vergleich zu einem Menschen.

Rückspiegel

D14 Teste dich

1 Ordne jeder Potenz zwei Kärtchen zu. Vier Kärtchen bleiben übrig.

3^5 | 5^3 | $3 \cdot 5$ | 243 | $3 \cdot 3 \cdot 3 \cdot 3 \cdot 3$ | $5 \cdot 3$ | $5 \cdot 5 \cdot 5$ | $5 + 3$ | $3 + 3 + 3 + 3 + 3$ | 125

2 Gib die Zahl an, die in die Lücke gehört.
a) $9 = 3^{\square}$ b) $\square^3 = 1000$ c) $\square^3 = 27$ d) $\square^7 = 1$

3 Bestimme den Wert der Wurzel.
a) $\sqrt{144}$ b) $\sqrt{324}$ c) $\sqrt{625}$ d) $\sqrt[3]{64}$

4 Zwischen welchen natürlichen Zahlen liegt die Quadratwurzel? Notiere.
a) $\sqrt{8}$ b) $\sqrt{12}$ c) $\sqrt{70}$ d) $\sqrt{0{,}02}$

5 Berechne die Wurzel mit dem Taschenrechner. Runde.
a) $\sqrt{17}$ b) $\sqrt{80}$ c) $\sqrt{124}$
d) $\sqrt{177}$ e) $\sqrt{1{,}5}$ f) $\sqrt{0{,}9}$
g) $\sqrt{0{,}37}$ h) $\sqrt{1{,}005}$ i) $\sqrt{121{,}006}$

6 Berechne ohne Taschenrechner.
a) $\sqrt{5} \cdot \sqrt{20}$ b) $\sqrt{5} \cdot \sqrt{45}$
c) $\sqrt{125} \cdot \sqrt{20}$ d) $\sqrt{32} \cdot \sqrt{8}$
e) $\frac{\sqrt{200}}{\sqrt{50}}$ f) $\frac{\sqrt{50}}{\sqrt{200}}$
g) $\frac{\sqrt{99}}{\sqrt{11}}$ h) $\frac{\sqrt{125}}{\sqrt{5}}$

7 Ziehe die Wurzel teilweise.
a) $\sqrt{4 \cdot 2}$ b) $\sqrt{25 \cdot 5}$
c) $\sqrt{100 \cdot 3}$ d) $\sqrt{24}$
e) $\sqrt{50}$ f) $\sqrt{600}$

8 Entscheide, ob die Zahl irrational ist.
a) $\frac{1}{4}$ b) $\frac{1}{6}$ c) $\sqrt{81}$
d) $\sqrt{7}$ e) $\sqrt{0{,}9}$ f) $\sqrt{0{,}01}$

9 Das Volumen des Körpers beträgt 108 cm^3. Welches Kärtchen gibt die Kantenlänge a an?

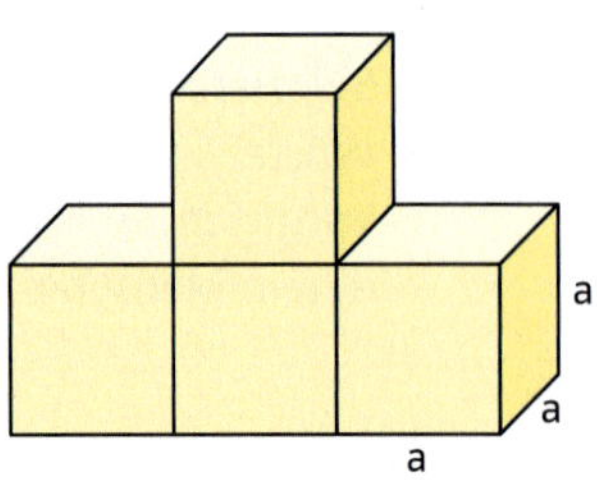

2 cm | 3 cm | 4 cm

5 Ordne den Wurzeln passende gerundete Ergebnisse zu.

8,06 | 2,529 | 2,5 | 18,028 | 0,8

a) $\sqrt{65}$ b) $\sqrt{6{,}4}$ c) $\sqrt{325}$

6 Vereinfache. Berechne dann den Wert der Wurzel ohne Taschenrechner.
a) $\sqrt{111} \cdot \sqrt{999}$ b) $\sqrt{13} \cdot \sqrt{52}$
c) $\frac{\sqrt{126}}{\sqrt{14}}$ d) $\frac{\sqrt{14}}{\sqrt{126}}$
e) $\frac{\sqrt{1000}}{\sqrt{40}}$ f) $\frac{\sqrt{999}}{\sqrt{111}}$

7 Ziehe die Wurzel teilweise.
a) $\sqrt{72}$ b) $\sqrt{1800}$ c) $\sqrt{0{,}9}$ d) $\sqrt{14700}$

8 Gib eine Zahl an, die
a) negativ und keine ganze Zahl ist.
b) ein Bruch ist, aber unendlich viele Dezimalstellen hat.
c) negativ, aber nicht rational ist.

9 Der Oberflächeninhalt des Körpers beträgt 187,5 cm^2. Berechne die Kantenlänge a und das Volumen V.

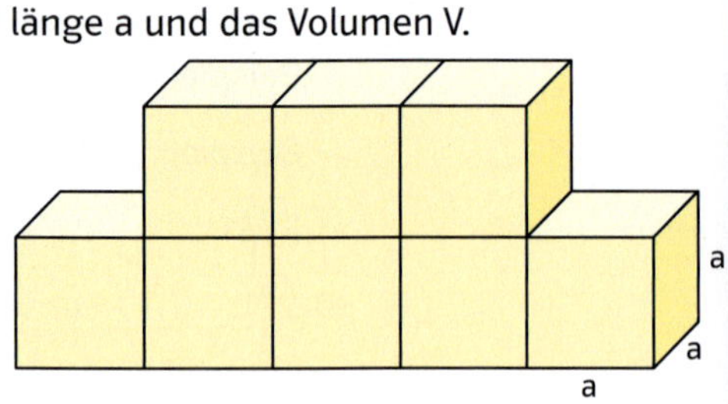

→ Die Lösungen findest du auf Seite 204.

Standpunkt | Satz des Pythagoras

Wo stehe ich?

	Ich kann …	gut	etwas	nicht gut	Lerntipp!
A	Zahlen runden,				→ Seite 175
B	Zahlen im Kopf quadrieren,				→ Seite 176
C	Quadratwurzeln berechnen,				→ Seite 34
D	Terme umformen,				→ Seite 183
E	unterschiedliche Dreiecksformen erkennen,				→ Seite 190
F	Umfang und Flächeninhalt von Dreiecken und Vierecken berechnen,				→ Seite 192
G	teilweise Wurzeln ziehen,				→ Seite 42
H	Körper erkennen.				→ Seite 193

Überprüfe dich selbst:

D15 Teste dich

A Runde auf
a) Zehntel: 28,75; 15,289; 6,9245
b) Hundertstel: 26,758; 34,5049
c) Einer: 185,7; 19,58; 6,483

B Berechne im Kopf.
a) 9^2; 12^2; 20^2 b) $0{,}8^2$; $1{,}1^2$; $1{,}5^2$

C Berechne.
a) $\sqrt{81}$ b) $\sqrt{196}$ c) $\sqrt{11^2}$
d) $\sqrt{0{,}09}$ e) $\sqrt{2{,}89}$ f) $\sqrt{e^2}$

D Forme die Terme so um, dass x alleine steht.
a) $8x - 3 = 29$ b) $2x = 34a$
c) $x - 25 = b$ d) $5x - 20 = 3x + 30$

E Ordne jedem Dreieck zwei Begriffe zu.

gleichseitig | allgemein | gleichschenklig | rechtwinklig | spitzwinklig | stumpfwinklig

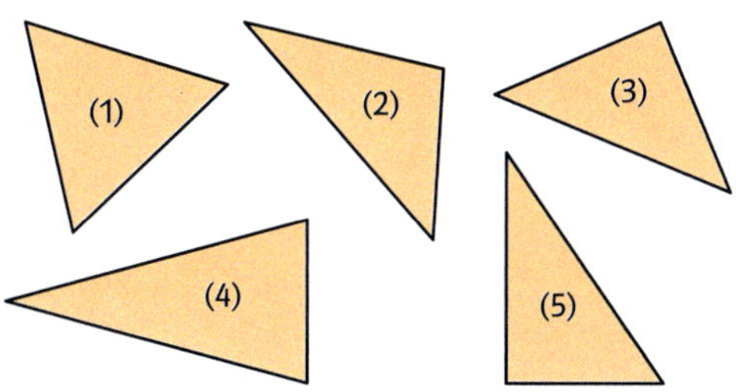

F Benenne die Figur. Berechne den Umfang und den Flächeninhalt.

a)
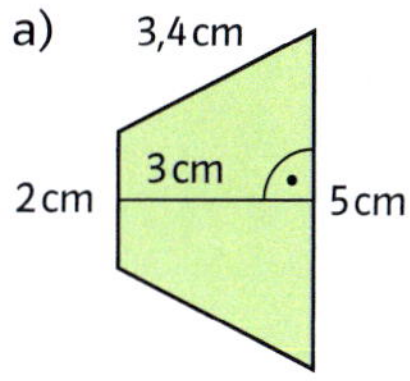

b)
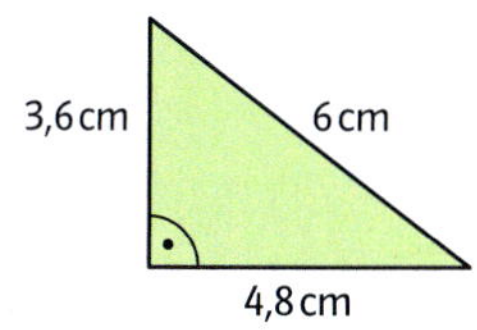

G Ziehe die Wurzel teilweise.
a) $\sqrt{18}$ b) $\sqrt{147}$ c) $\sqrt{45}$
d) $\sqrt{16e}$ e) $\sqrt{18f}$ f) $\sqrt{169e^3}$

H SP Benenne den Körper. Beschreibe, woran du den Körper erkennst.

a)
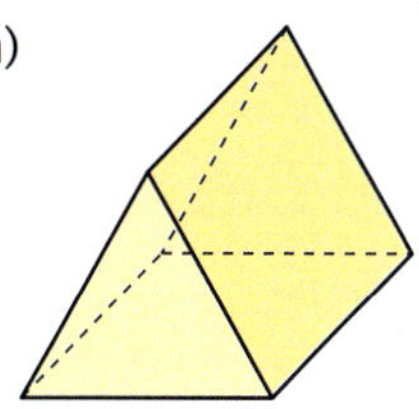

b)
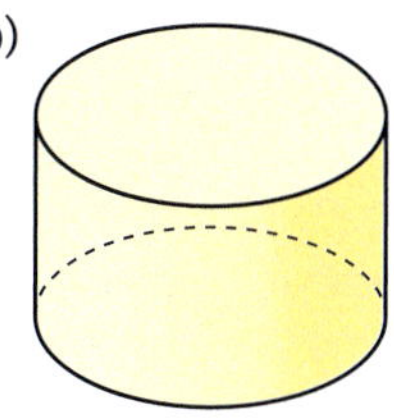

c)
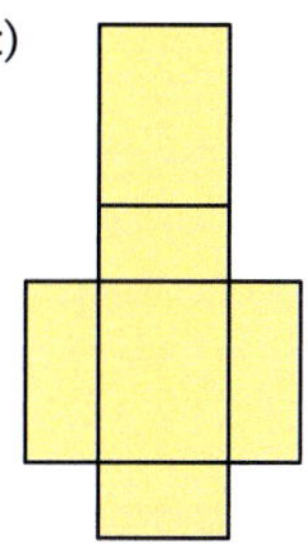

d)
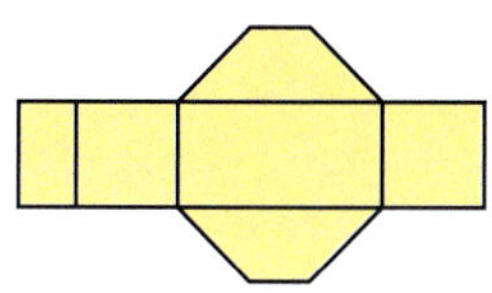

→ Die Lösungen findest du auf Seite 205.

3 Satz des Pythagoras

1 Lest den Text über die Seilspanner im alten Ägypten. Stellt anschließend eine Zwölfknotenschnur her. Legt damit das abgebildete Dreieck und messt den Winkel zwischen den beiden kürzeren Seiten des Dreiecks. Warum haben die Ägypter 12 Knoten verwendet? Vermutet.

2 Mithilfe der Zwölfknotenschnur lassen sich auch andere Formen von Dreiecken legen. Wie viele Formen findet ihr?

spitzwinklig
gleichseitig
gleichschenklig
stumpfwinklig

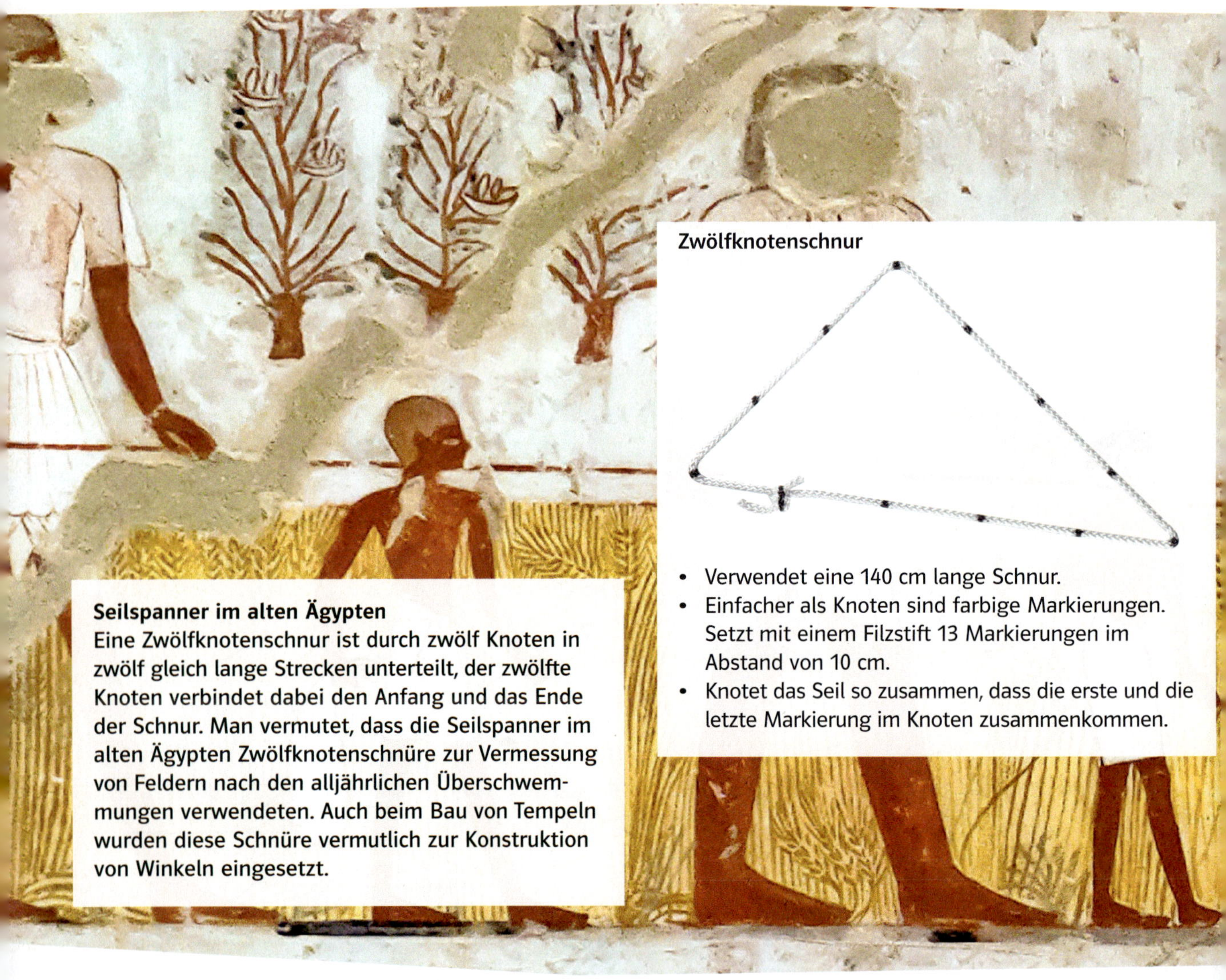

Seilspanner im alten Ägypten
Eine Zwölfknotenschnur ist durch zwölf Knoten in zwölf gleich lange Strecken unterteilt, der zwölfte Knoten verbindet dabei den Anfang und das Ende der Schnur. Man vermutet, dass die Seilspanner im alten Ägypten Zwölfknotenschnüre zur Vermessung von Feldern nach den alljährlichen Überschwemmungen verwendeten. Auch beim Bau von Tempeln wurden diese Schnüre vermutlich zur Konstruktion von Winkeln eingesetzt.

Zwölfknotenschnur

- Verwendet eine 140 cm lange Schnur.
- Einfacher als Knoten sind farbige Markierungen. Setzt mit einem Filzstift 13 Markierungen im Abstand von 10 cm.
- Knotet das Seil so zusammen, dass die erste und die letzte Markierung im Knoten zusammenkommen.

3 **Pythagoras von Samos gilt als Entdecker des Satzes des Pythagoras. Informiert euch über sein Leben und seine Lehre. Präsentiert eure Ergebnisse in der Klasse.**

Ich lerne,

- was der Satz des Pythagoras aussagt,
- wie man mit dem Satz des Pythagoras die Seitenlängen in rechtwinkligen Dreiecken berechnet,
- wie man den Satz des Pythagoras zur Berechnung von Streckenlängen in geometrischen Figuren verwendet,
- wie man den Satz des Pythagoras in Alltagssituationen anwendet,
- wie man den Satz des Pythagoras beweisen kann.

1 Satz des Pythagoras

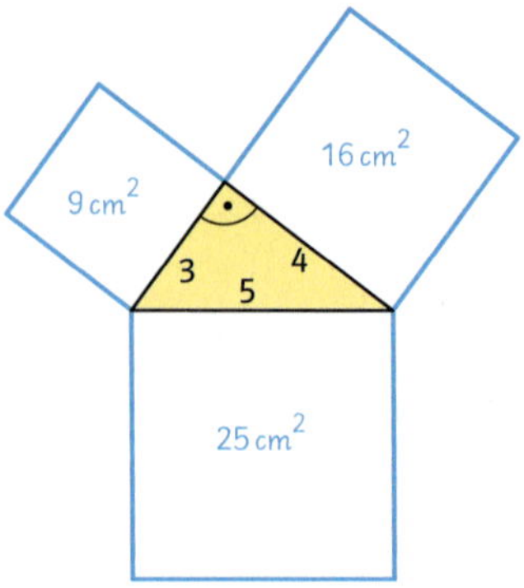

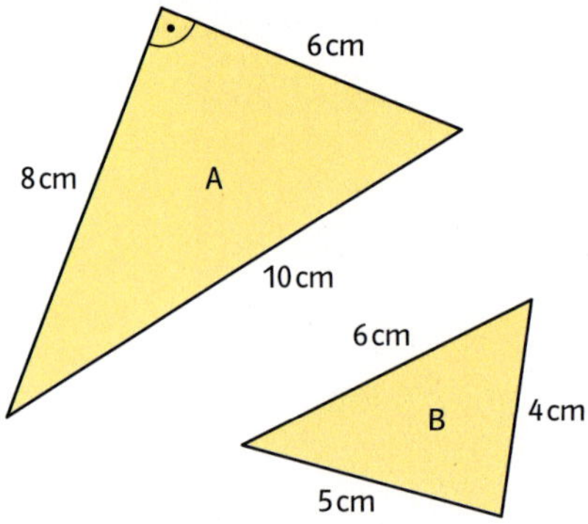

Renée zeichnet Quadrate über den Seiten eines Dreiecks und ermittelt den Flächeninhalt der Quadrate. Sie stellt fest, dass die beiden kleineren Quadrate zusammen so groß sind wie das größte Quadrat. Renée behauptet: „Das gilt für alle Dreiecke."

➔ Zeichne die Dreiecke A und B in dein Heft. Ergänze die Quadrate über den Seiten.

➔ Berechne den Flächeninhalt der Quadrate. Stimmt Renées Aussage auch für diese Dreiecke?

Wenn man die kongruenten, rechtwinkligen Dreiecke des linken Quadrats anders anordnet, erhält man das rechte Quadrat. Beide Quadrate haben den Flächeninhalt $(a + b)^2$.

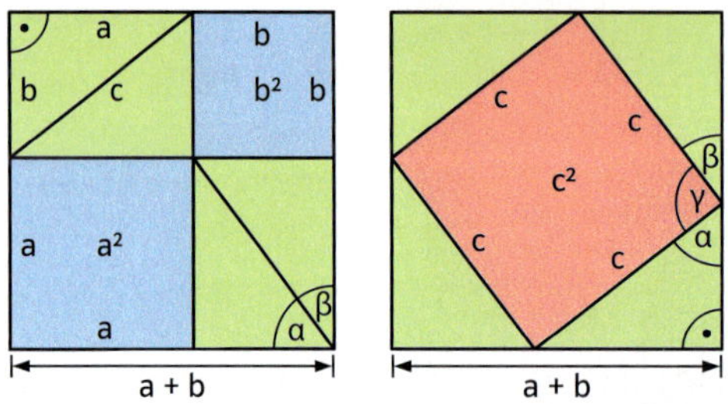

Da $\alpha + \beta = 90°$ und $\alpha + \beta + \gamma = 180°$ ist, gilt $\gamma = 90°$.
Das rote Viereck ist also ein Quadrat.
Für den Flächeninhalt gilt:
$a^2 + b^2 + 4 \cdot A_{Dreieck} = c^2 + 4 \cdot A_{Dreieck}$
Daraus folgt: $a^2 + b^2 = c^2$

Merke

Die längste Seite in einem rechtwinkligen Dreieck heißt **Hypotenuse** und liegt gegenüber vom rechten Winkel. Die beiden Seiten am rechten Winkel heißen **Katheten**.

Satz des Pythagoras
In jedem rechtwinkligen Dreieck haben die beiden **Kathetenquadrate** zusammen den gleichen Flächeninhalt wie das **Hypotenusenquadrat**.
Heißen die **Katheten a** und **b** sowie die **Hypotenuse c**, dann gilt:
$a^2 + b^2 = c^2$

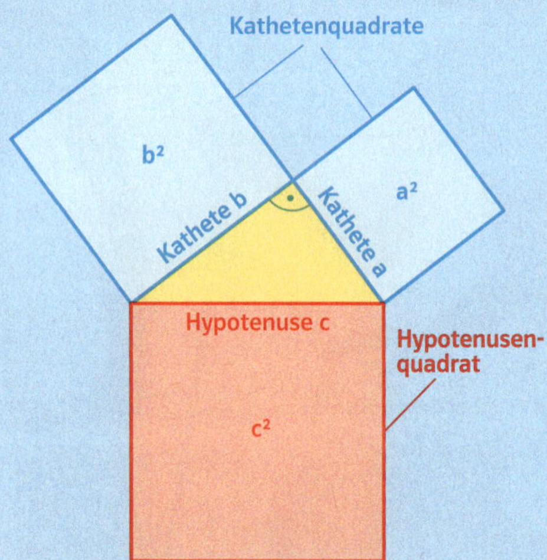

Beispiele

a) Aufstellen des Satzes des Pythagoras

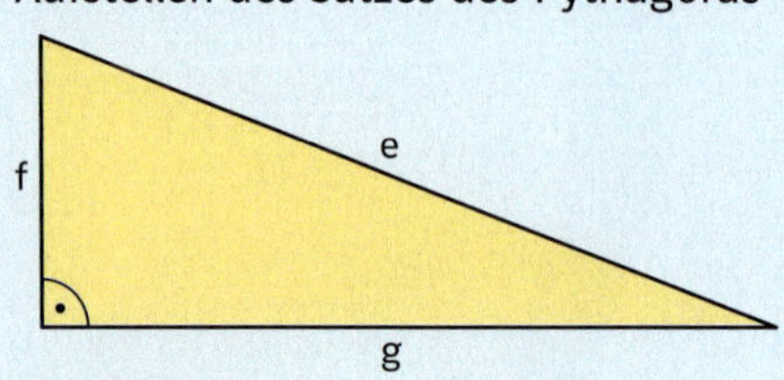

Hypotenuse: e
Katheten: f, g
Pythagorasgleichung: $f^2 + g^2 = e^2$

b) Der Flächeninhalt des Hypotenusenquadrats wird berechnet.

$a^2 + b^2 = c^2$
$144 + 81 = c^2$
$225 = c^2$

Der Flächeninhalt des Hypotenusenquadrats beträgt $225\,cm^2$.

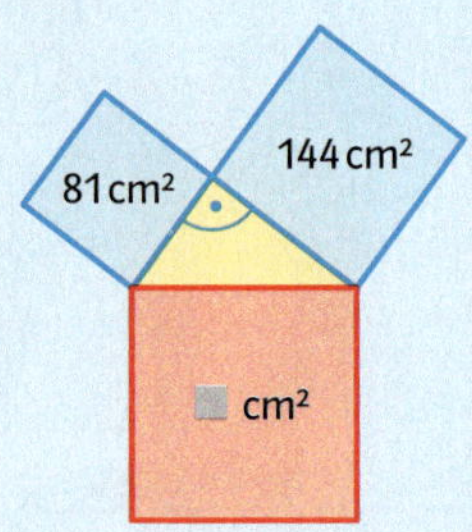

c) Umgekehrt gilt:
Das Dreieck ist rechtwinklig, wenn die Pythagorasgleichung stimmt.

Ein Dreieck hat die Seitenlängen
$a = 36\,cm;\ b = 77\,cm;\ c = 85\,cm.$

$a^2 + b^2 = c^2$

$36^2 + 77^2 = 85^2$

$7225 = 7225$ ✓

Das Dreieck ist rechtwinklig.

○ **1** Welche Seite des Dreiecks ist die Hypotenuse? Gib die Pythagorasgleichung an.

a)
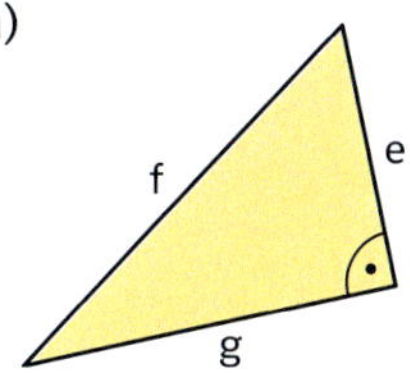

b)
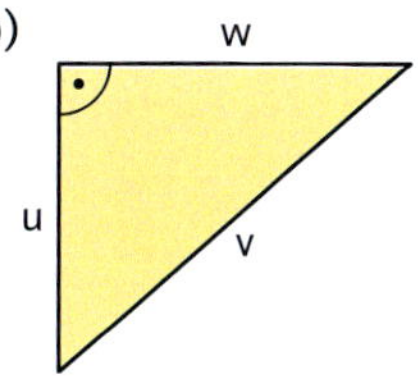

c)
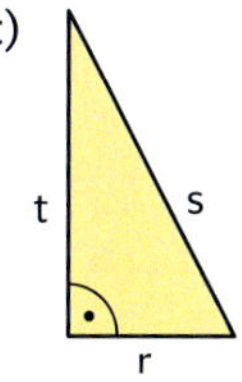

d)
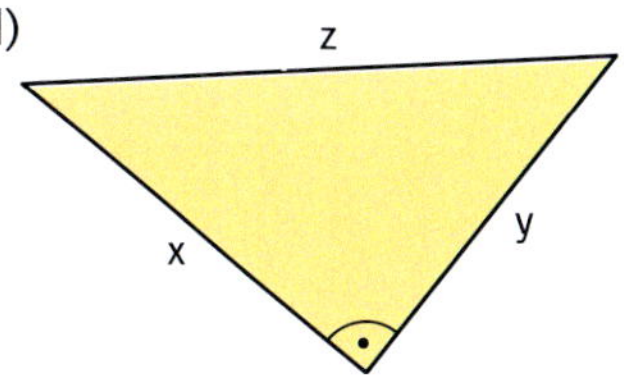

○ **2** Skizziere ein beschriftetes Dreieck. Folgendes soll gelten:

a) $x^2 = y^2 + z^2$ b) $e^2 = f^2 + d^2$ c) $p^2 + q^2 = r^2$ d) $a^2 + c^2 = b^2$

○ **3** Berechne im Kopf den fehlenden Flächeninhalt. Überlege zuerst, ob es sich um das Hypotenusenquadrat oder ein Kathetenquadrat handelt. (Maße in cm^2)

a)
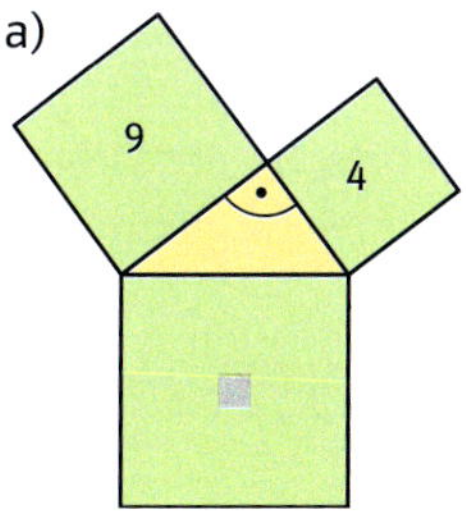

b)
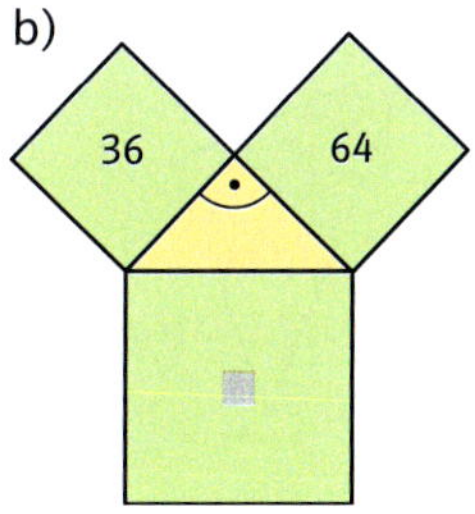

c)
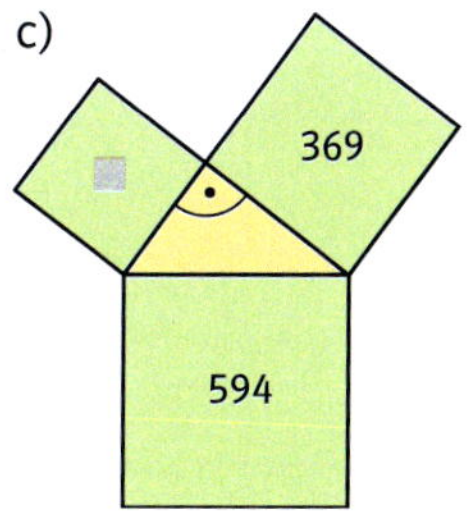

d)
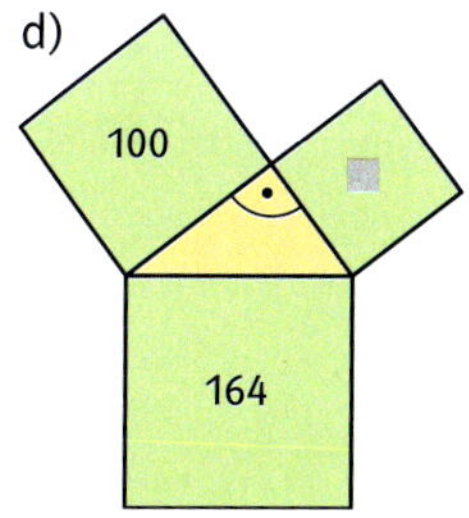

○ **4** Berechne den Flächeninhalt des Quadrats.

a)
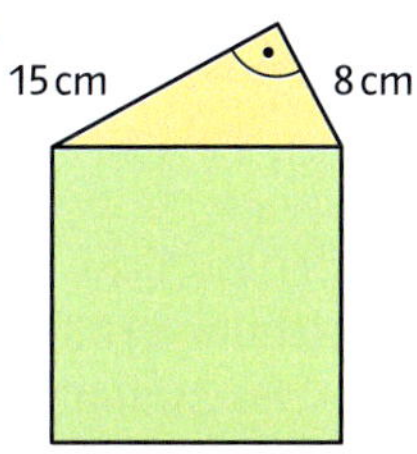

b)
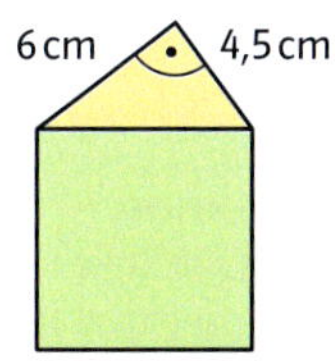

c)
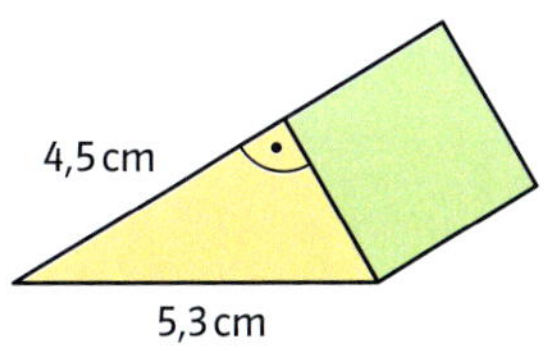

d)
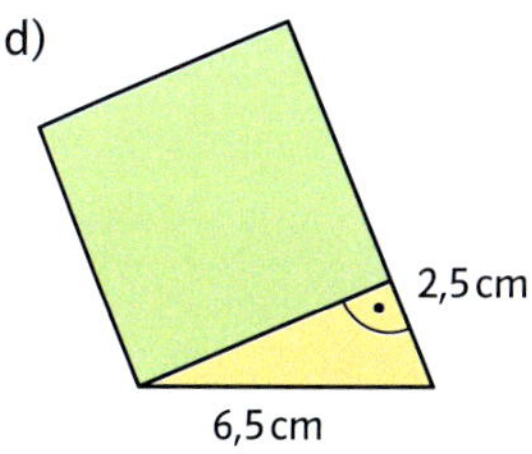

Alles klar?

D16 Fördern

A Welche Gleichung gilt für welches Dreieck? Ordne zu.

$d^2 + e^2 = f^2$ $e^2 + f^2 = d^2$ $d^2 + f^2 = e^2$

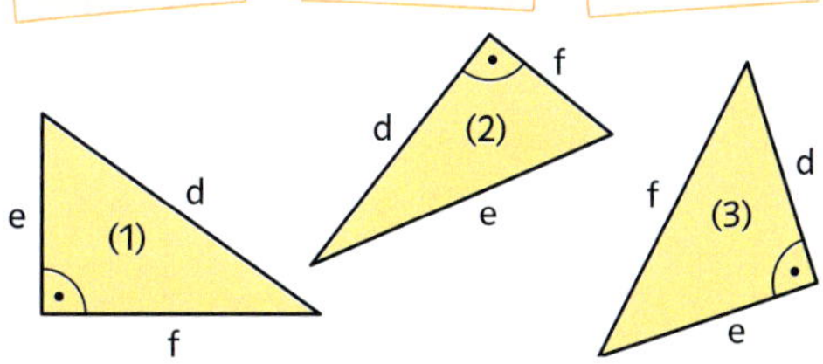

B Berechne den fehlenden Flächeninhalt.

a)
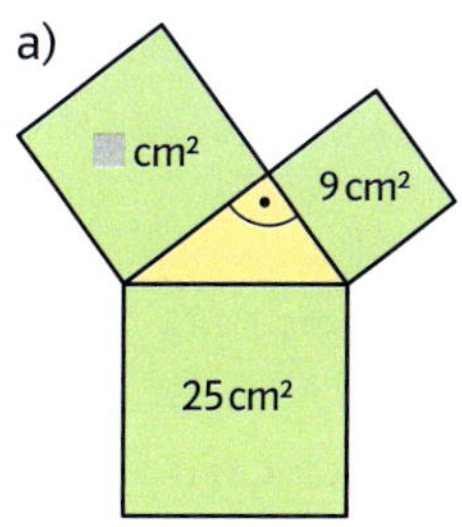

b)
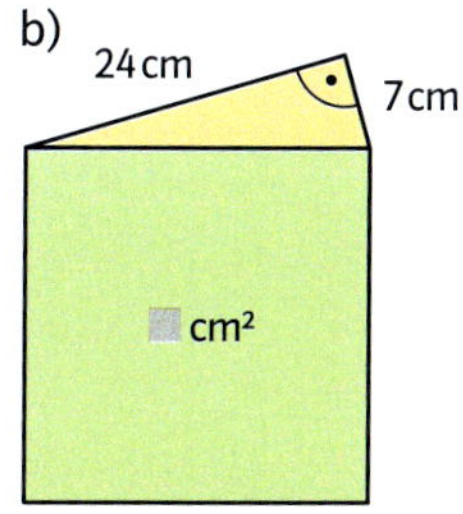

→ Die Lösungen zu „Alles klar?" findest du auf Seite 206.

Tipp!
zu Aufgabe 6
Beschriftung der Eckpunkte und Seiten im Dreieck

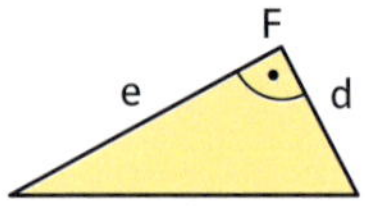

5 Berechne den Flächeninhalt des Quadrats.

a)

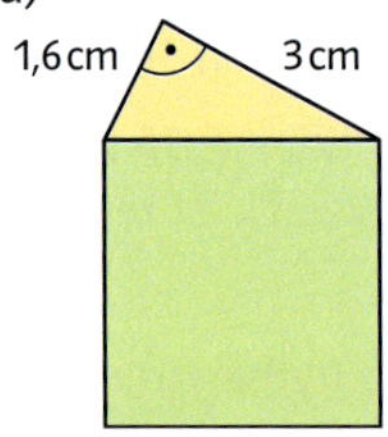

b)

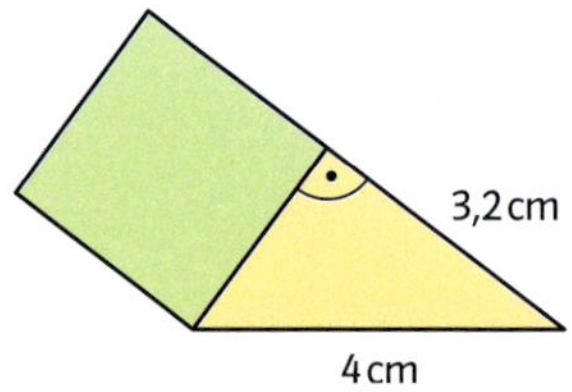

6 Zeichne im Koordinatensystem das rechtwinklige Dreieck DEF. Markiere den rechten Winkel und färbe die Hypotenuse. Formuliere die Pythagorasgleichung.

a) D(2|5); E(2|0); F(5|0)
b) D(0|5); E(−5|2,5); F(1,5|2)
c) D(−5|−2); E(4|−3); F(−1|2)

7 Prüfe rechnerisch, ob das Dreieck rechtwinklig ist. Überlege zunächst, wo der rechte Winkel liegen muss.

a)

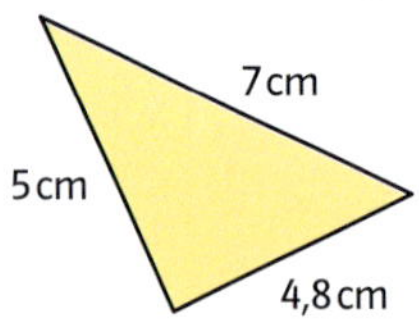

b)

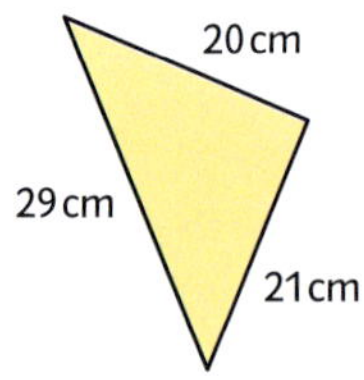

c)

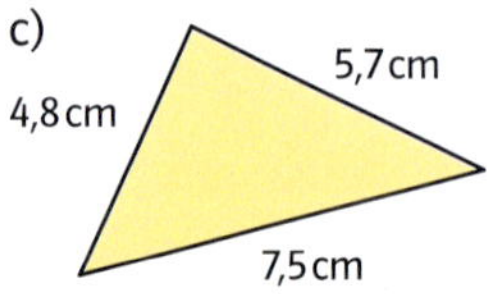

d)

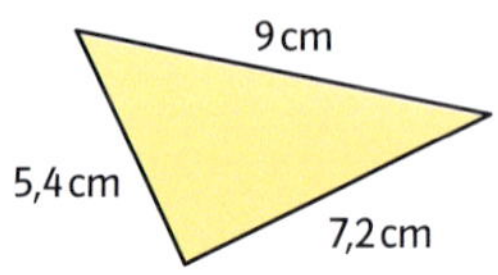

8

a) SP Steckt mithilfe eines Seils und eines Maßbands ein rechtwinkliges Dreieck wie auf dem Foto ab. Beschreibt, wie ihr vorgeht.

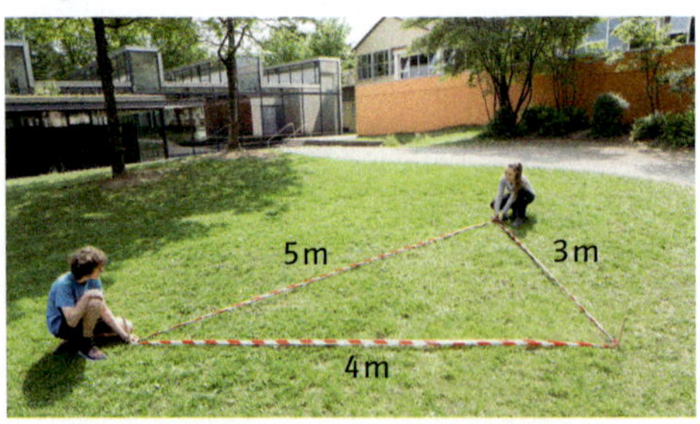

b) Versucht, ein anderes rechtwinkliges Dreieck nach Augenmaß abzustecken. Messt nach, wie genau euch das gelungen ist.

5 Stelle die Pythagorasgleichung für alle rechtwinkligen Dreiecke der Figur auf.

a)

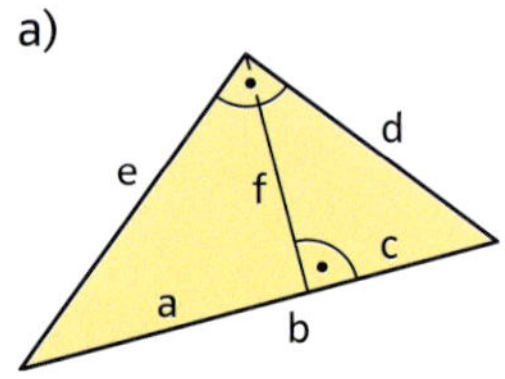

b)

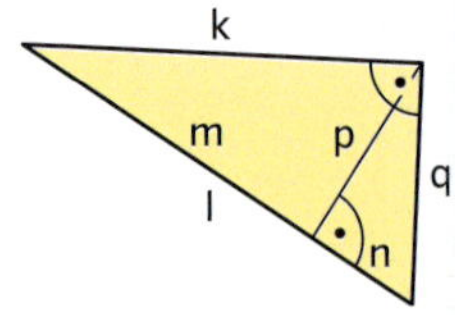

6 Berechne die Flächeninhalte der Quadrate A, B und C. (Maße in cm)

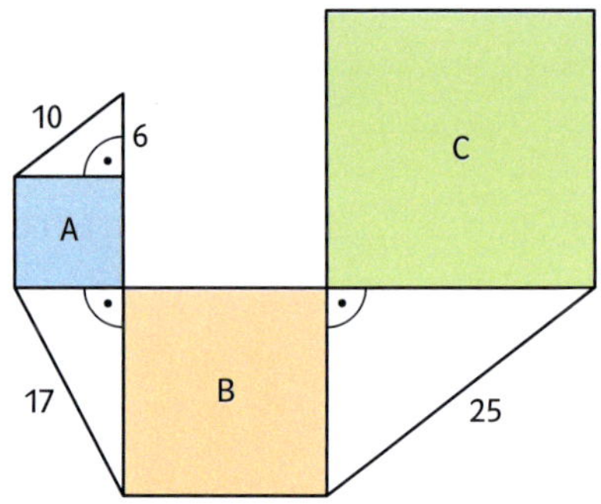

7 Prüfe, ob das Dreieck mit den angegebenen Seitenlängen rechtwinklig ist.

	a)	b)	c)
1. Seite	34 cm	3,3 cm	7 mm
2. Seite	30 cm	6,5 cm	2,4 cm
3. Seite	16 cm	5,8 cm	2,5 cm

8 SP Sina soll den Satz des Pythagoras nennen. Sie antwortet: „$a^2 + b^2 = c^2$." Prüfe, ob das ausreicht.

9 Drei natürliche Zahlen, die die Pythagorasgleichung erfüllen, nennt man pythagoreische Zahlentripel. Das einfachste dieser Tripel ist (3; 4; 5), denn $3^2 + 4^2 = 5^2$.

a) Prüfe, ob pythagoreische Zahlentripel vorliegen. (8; 15; 17); (5; 15; 18); (7; 24; 25)

b) Ergänze zu pythagoreischen Zahlentripeln.
(9; 12; ▒); (12; ▒; 37); (9; 40; ▒)

41 35 15 28

10 Charlie erzählt vom neuen Fernseher: „Das Bild ist 1,5 m breit, 85 cm hoch und hat eine Bildschirmdiagonale von 1,9 m." Können die Angaben stimmen? Prüfe.

Die Umkehrung des Satzes des Pythagoras

EXTRA

Aussagen aus dem Alltag lassen sich umkehren. Kehrt man eine Aussage um, entsteht manchmal wieder eine wahre Aussage.

Aussage 1:
Wenn die Temperatur von Wasser unter 0 °C liegt, dann gefriert das Wasser.
Umkehrung:
Wenn das Wasser gefriert, dann liegt die Temperatur des Wassers unter 0 °C.
Man erhält wieder eine wahre Aussage.

Aussage 2:
Wenn es geregnet hat, dann ist der Garten nass.
Umkehrung:
Wenn der Garten nass ist, dann hat es geregnet.
Die Umkehrung ist falsch, denn der Garten kann auch gegossen worden sein.

Auch mathematische Aussagen wie der Satz des Pythagoras lassen sich umkehren.
Satz des Pythagoras:
Wenn ein Dreieck rechtwinklig ist, dann haben die Quadrate über den beiden kürzeren Seiten zusammen denselben Flächeninhalt wie das Quadrat über der längsten Seite.
Umkehrung (Kehrsatz):
Wenn die Quadrate über den beiden kürzeren Seiten eines Dreiecks zusammen denselben Flächeninhalt haben wie das Quadrat über der längsten Seite, dann ist das Dreieck rechtwinklig.

So kann man die Umkehrung des Satzes des Pythagoras begründen:

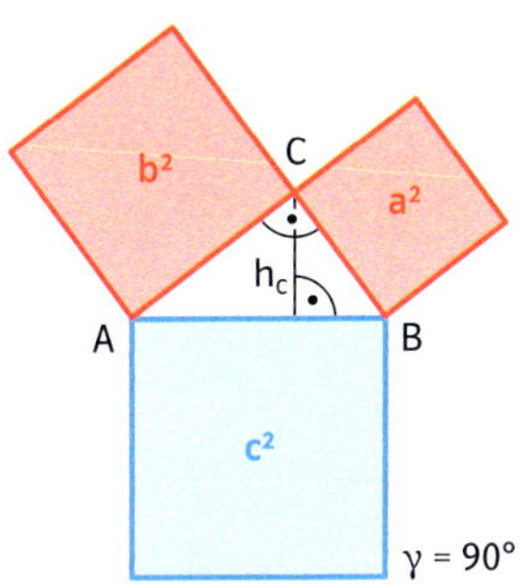

Ist $\gamma = 90°$, gilt die Pythagorasgleichung:
$a^2 + b^2 = c^2$

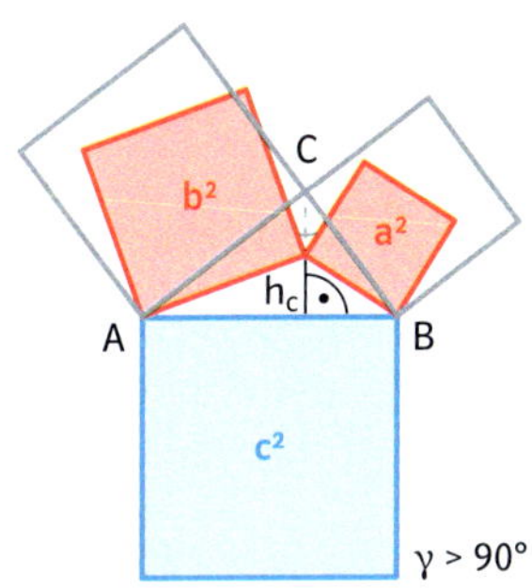

Verschiebt man Punkt C entlang der Höhe h_c nach unten, entsteht ein stumpfwinkliges Dreieck ($\gamma > 90°$). Da die Seiten a und b kürzer werden, gilt:
$a^2 + b^2 < c^2$

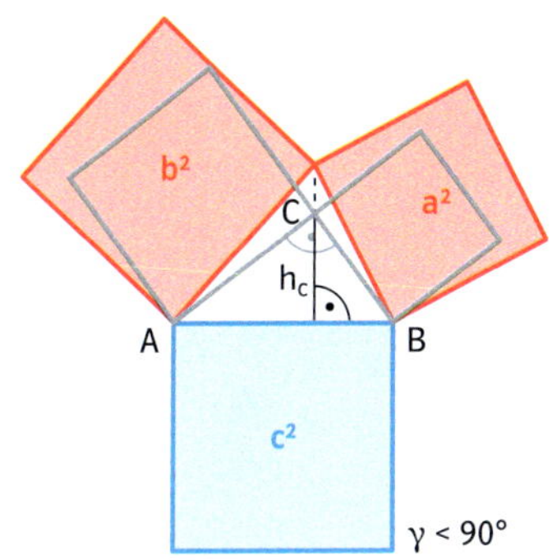

Verschiebt man Punkt C in der Verlängerung der Höhe h_c nach oben, entsteht ein spitzwinkliges Dreieck ($\gamma < 90°$). Da die Seiten a und b länger werden, gilt:
$a^2 + b^2 > c^2$

○ **1**
a) SP Überprüfe, ob die Umkehrung der Aussage wahr ist. **Begründe** deine Meinung.

Wenn der Wecker klingelt, stehe ich auf.

Alle Hunde sind Säugetiere.

Wenn das Auto anhält, zeigt die Ampel rot.

b) Stellt selbst Aussagen auf und überprüft, ob die Umkehrung stimmt.

○ **2** Prüfe, ob das Dreieck rechtwinklig ist.
a) a = 3 cm; b = 5 cm; c = 6 cm
b) a = 1,5 m; b = 2 m; c = 2,5 m
c) a = 12 m; b = 15 m; c = 19 m

◒ **3** Ist das Dreieck spitzwinklig, rechtwinklig oder stumpfwinklig? (Maße in cm)

a)
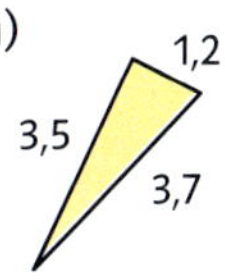

b)
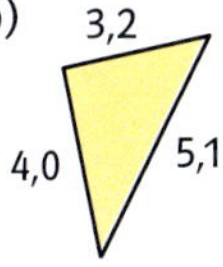

c)
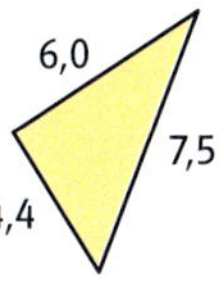

2 Länge von Hypotenuse und Kathete berechnen

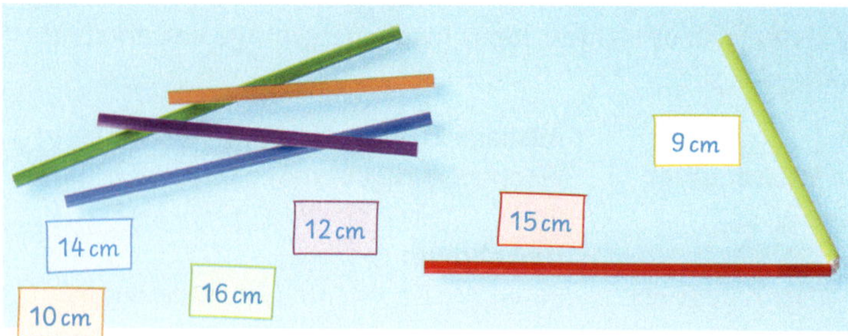

Katja hat begonnen, mit Strohhalmen ein rechtwinkliges Dreieck zu bauen.
Die Hypotenuse und eine Kathete sind schon zusammengesteckt.

→ Welchen der vier Strohhalme nimmt sie als zweite Kathete? Probiere aus.

→ Welche Strohhalme kannst du sofort ausschließen? Begründe.

→ Beschreibe, wie du vorgegangen bist.

In rechtwinkligen Dreiecken kann man mithilfe einer maßstäblichen Zeichnung die Länge der Hypotenuse oder einer Kathete bestimmen. Möchte man exakte Ergebnisse haben, verwendet man den Satz des Pythagoras.

Merke Sind in einem rechtwinkligen Dreieck zwei Seitenlängen gegeben, kann man die fehlende Seitenlänge mit der **Pythagorasgleichung** berechnen.

Beispiele

a) **Länge der Hypotenuse berechnen**

Katheten: a = 6 cm; b = 3,2 cm

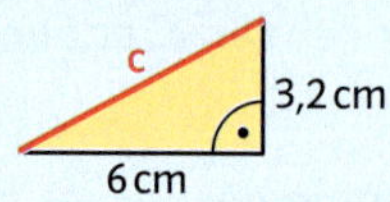

$a^2 + b^2 = c^2$

$6^2 + 3{,}2^2 = c^2 \mid \sqrt{}$

$\sqrt{6^2 + 3{,}2^2} = c$

$\sqrt{46{,}24} = c$

$6{,}8 = c$

Die Seite c ist 6,8 cm lang.

b) **Länge einer Kathete berechnen**

Hypotenuse: c = 7,3 cm
Kathete: b = 5,5 cm

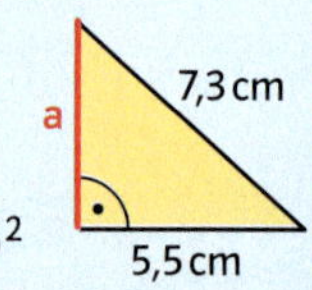

$a^2 + b^2 = c^2$

$a^2 + 5{,}5^2 = 7{,}3^2 \quad \mid -5{,}5^2$

$a^2 = 7{,}3^2 - 5{,}5^2 \mid \sqrt{}$

$a = \sqrt{7{,}3^2 - 5{,}5^2}$

$a = 4{,}8$

Die Seite b ist 4,8 cm lang.

○ **1** Berechne die Länge der Hypotenuse.

a)
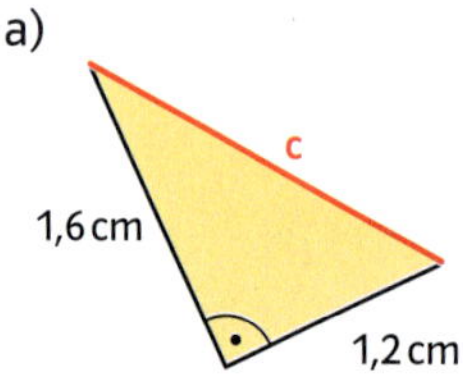

b)
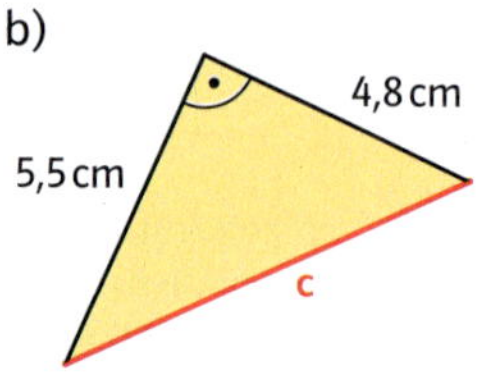

c)
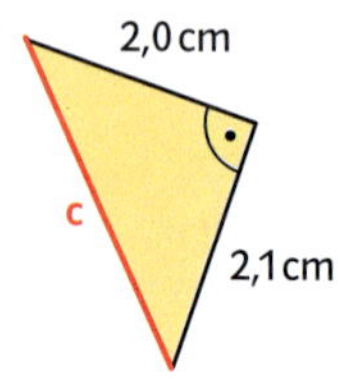

d)
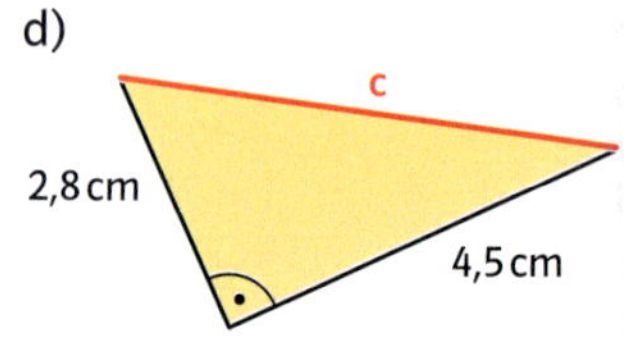

○ **2** Berechne die Länge der fehlenden Kathete.

a)
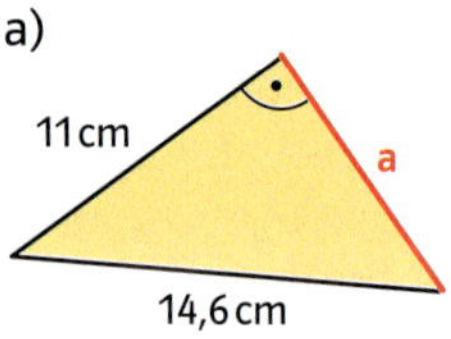

b)
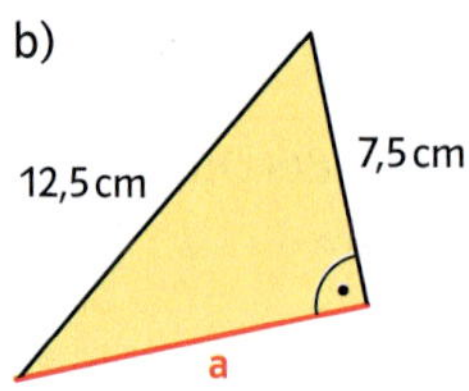

c)
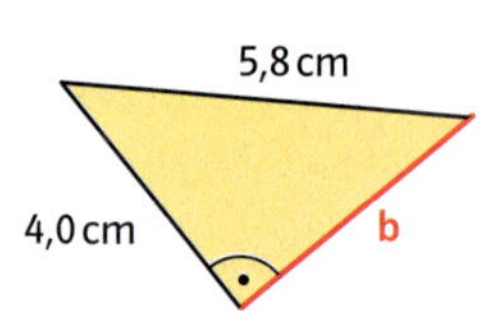

d)
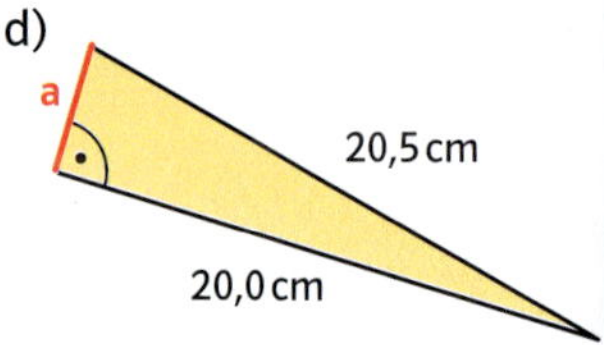

○ **3** Skizziere das Dreieck und färbe die Hypotenuse. Berechne die fehlende Seitenlänge.

	a)	b)	c)	d)
Seite d	17,0 cm	■	6,5 cm	12,2 cm
Seite e	15,0 cm	3,9 cm	■	2,2 cm
Seite f	■	5,2 cm	3,3 cm	■

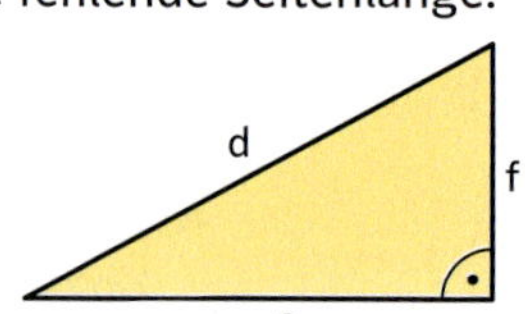

Alles klar?

D17 Fördern

A Berechne die fehlende Seitenlänge. (Maße in cm)

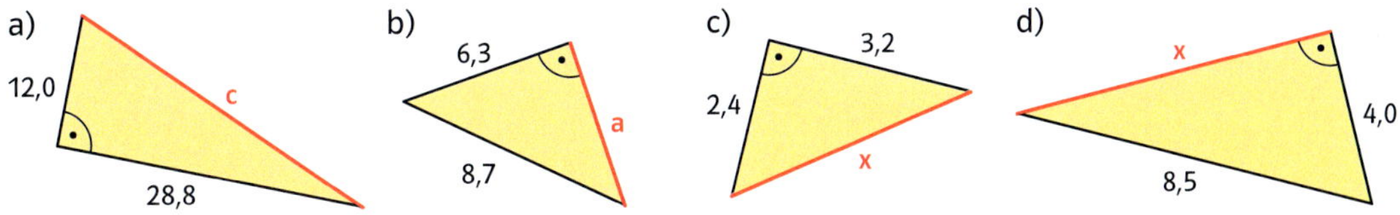

○ **4** Berechne die Länge der Strecke x. Runde auf eine Nachkommastelle. (Maße in cm)

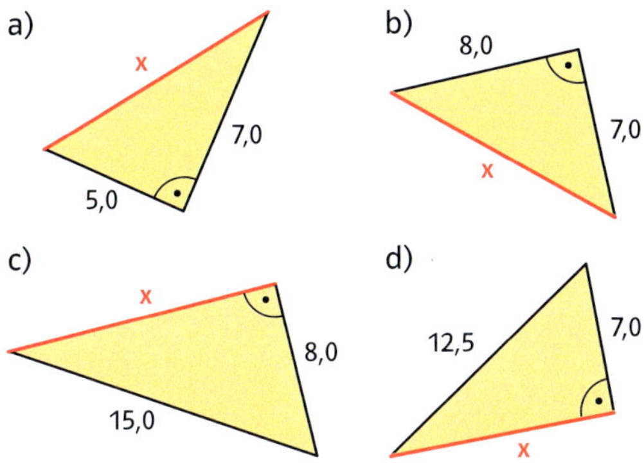

◐ **5** SP Hier wurde ein **Fehler** gemacht. **Beschreibe** den Fehler. Rechne richtig.

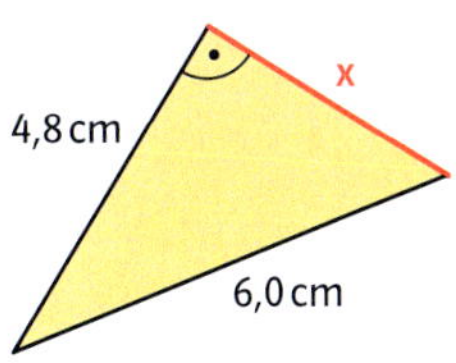

$x^2 + 4{,}8^2 = 6^2$
$x^2 = 6^2 - 4{,}8^2$
$x = \sqrt{6^2 - 4{,}8^2}$
$x = 6 - 4{,}8$
$x = 1{,}2\,\text{cm}$

◐ **6** Lara berechnet die Entfernung zweier Punkte im Koordinatensystem.

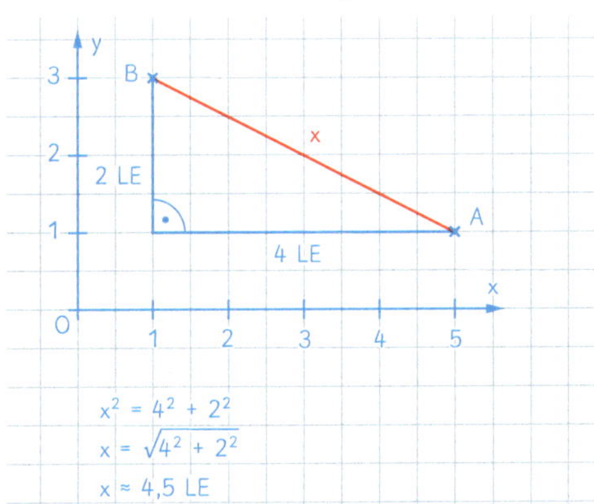

a) SP **Beschreibe**, wie Lara vorgeht.
b) Berechne die Entfernung der Punkte
- A(3|4) und B(4|1).
- C(1|3) und D(5|1).
- E(−2|0) und F(2|−3).

◐ **4** Berechne die Länge der Strecken x und y. Runde auf eine Dezimale.

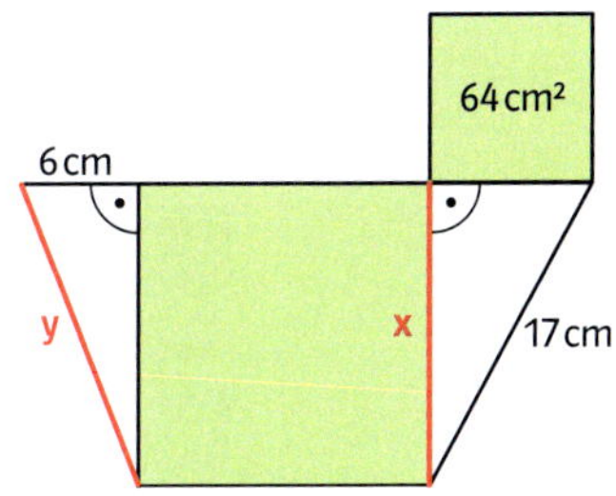

◐ **5** SP Hier wurde ein **Fehler** gemacht. **Beschreibe** den Fehler. Rechne richtig.

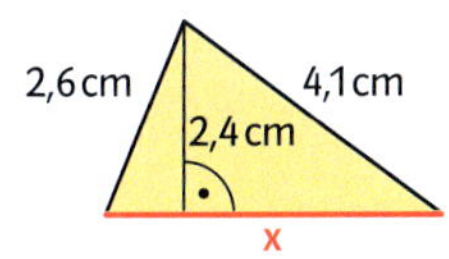

$x^2 = 4{,}1^2 + 2{,}6^2$
$x = \sqrt{4{,}1^2 + 2{,}6^2}$
$x \approx 4{,}9\,\text{cm}$

eine Gangway
hier: Treppe zum Schiff

◐ **6** Um auf ein Schiff zu gelangen, muss Lars eine 10,0 m lange Gangway hochsteigen. Das untere Ende der Gangway ist 8,7 m vom Schiff entfernt. Gib den Höhenunterschied an, den Lars überwinden muss.

Tipp!
zu Aufgabe 6
LE steht für Längeneinheit.

◐ **7** Bei einem Sturm ist ein Baum in 6,0 m Höhe abgeknickt. Seine Spitze berührt den Boden in 16,0 m Entfernung vom Stamm. Fertige eine Skizze an und berechne, wie hoch der Baum vor dem Sturm war.

→ Die Lösungen zu „Alles klar?“ findest du auf Seite 206.

7 Eine 5,0 m lange Leiter wird an eine Hauswand angelehnt. Der Sicherheitsabstand am Boden beträgt für diese Leiter 1,30 m. Wie hoch reicht die Leiter?

8 Das Foto zeigt einen Waldspielplatz.

a) Die 1,66 m lange Leiter des kleineren Podestes hat am Boden einen Abstand von 70 cm. Wie hoch ist dieses Podest?

b) Zu dem 1,8 m hohen Podest des Turms führt eine Kletterrampe. Das untere Ende der Rampe ist 2,0 m vom Turm entfernt. Gib die Länge der Rampe an.

9 Bei trockenem Wetter kürzt Jasper seinen Schulweg durch den Park ab. Wie viel Meter seines Schulwegs spart er dadurch?

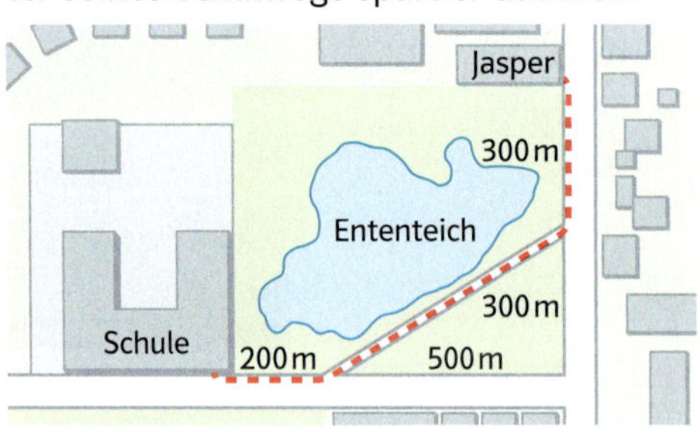

10 Aydan durchquert einen Fluss von 50 m Breite. Durch die starke Strömung kommt Aydan nicht genau gegenüber, sondern 30 m weiter flussabwärts an Land. Berechne, wie weit die Einstiegsstelle von der Ausstiegsstelle entfernt ist.

8 Um die Entfernung zweier Punkte im Koordinatensystem zu berechnen, gibt es eine Formel.

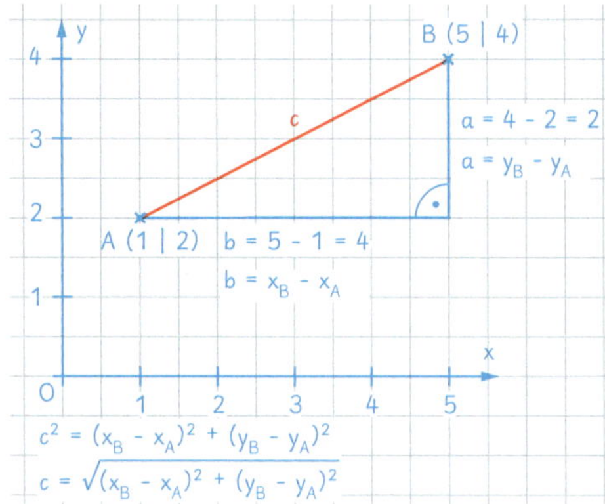

a) Berechne die Entfernung der Punkte A(3|2) und B(7|5) mithilfe der Formel. **Prüfe** dein Ergebnis anhand einer Zeichnung.

b) Ein Viereck hat die Eckpunkte A(−4|2); B(−3|−1,5); C(0|−4) und D(3|−1,5). Berechne den Umfang.

9 Der Hovenring in Eindhoven ist der erste schwebende Kreisverkehr für Fahrräder. Die 24 Stahlseile, die den Kreisverkehr tragen, sind an der Innenseite der Fahrbahn angebracht. Berechne die Gesamtlänge der Stahlseile.

Technische Daten:

Befestigungshöhe der Stahlseile	50 m
Höhe des Kreisverkehrs	6 m
Außendurchmesser Kreisverkehr	72 m
Fahrbahnbreite	5 m

10 Eine **Standseilbahn** überwindet einen Höhenunterschied von 442 m. Auf einer Karte im Maßstab 1 : 50 000 ist die Strecke 1,9 cm lang. Berechne die wirkliche Länge der Fahrstrecke.

eine Standseilbahn
eine Bahn auf Schienen, die an einem Seil einen Berg hochgezogen wird

3 Der Satz des Pythagoras in Figuren und Körpern

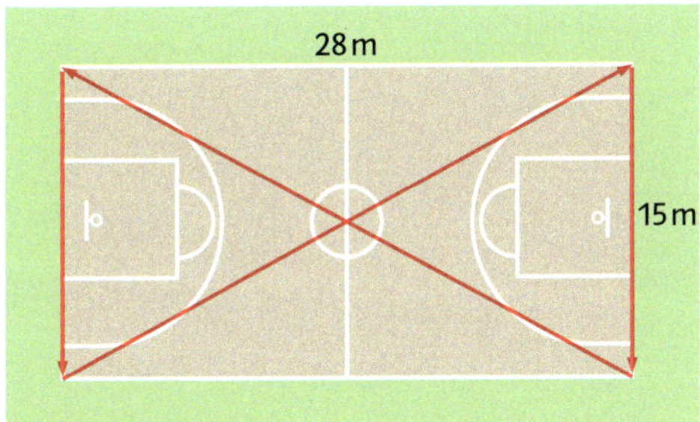

Safia besucht regelmäßig das Basketballtraining. Zum Aufwärmen läuft das Team meistens drei Runden um das Spielfeld. Heute möchte die Trainerin, dass sie dreimal den abgebildeten Kurs laufen.

→ Wie viele rechtwinklige Dreiecke findest du?

→ Wie viel länger ist dieser Kurs als drei Runden um das Spielfeld?

Merke

Zur Berechnung von Streckenlängen in Figuren und Körpern **sucht man geeignete rechtwinklige Dreiecke** und nutzt die Pythagorasgleichung.

Beispiele

a) Die Länge der Strecke x im rechtwinkligen Trapez wird berechnet. (Maße in cm)

Figur:

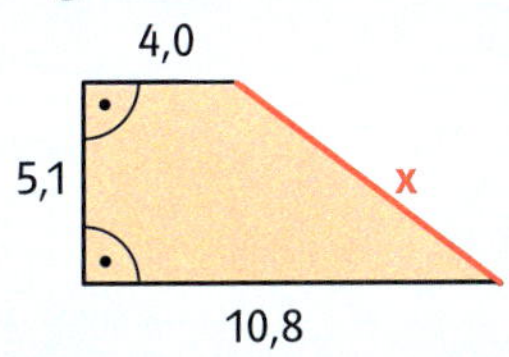

Zerlegung:

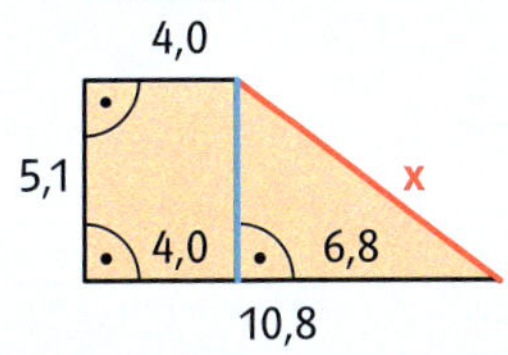

Skizze:

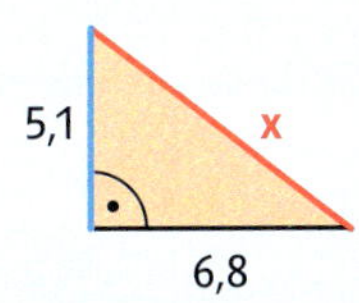

Rechnung:

$x^2 = 5{,}1^2 + 6{,}8^2 \quad |\sqrt{\ }$

$x = \sqrt{5{,}1^2 + 6{,}8^2}$

$x = 8{,}5\,\text{cm}$

b) Die Höhe des gleichschenkligen Dreiecks wird berechnet. (Maße in cm)

Figur:

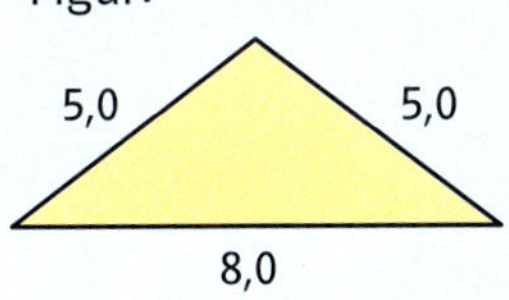

Zerlegung:

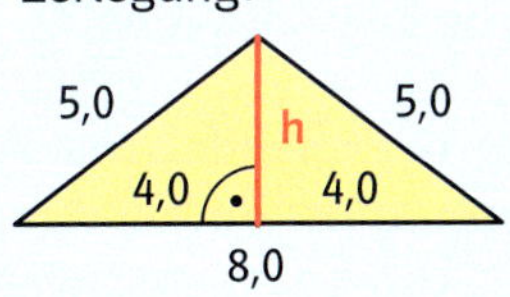

Skizze:

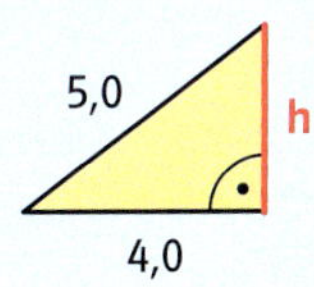

Rechnung:

$h^2 + 4{,}0^2 = 5{,}0^2 \quad | -4{,}0^2$

$h^2 = 5{,}0^2 - 4{,}0^2 \quad |\sqrt{\ }$

$h = \sqrt{5{,}0^2 - 4{,}0^2}$

$h = 3{,}0\,\text{cm}$

c) Die Länge der Raumdiagonalen e im Quader wird berechnet.

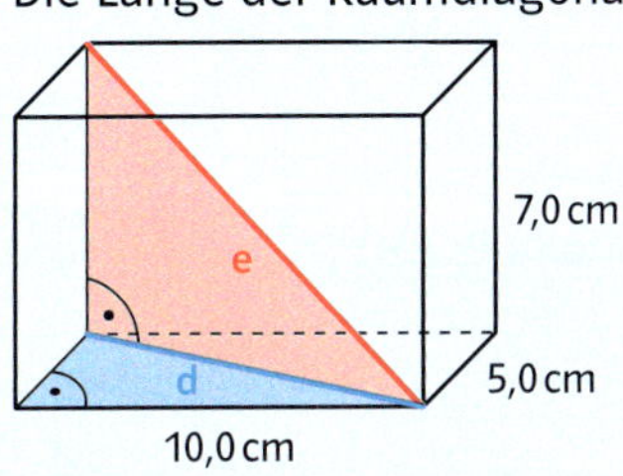

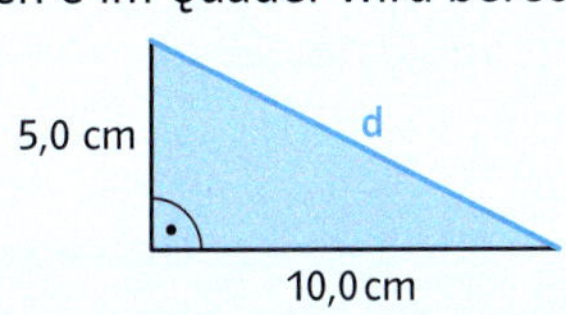

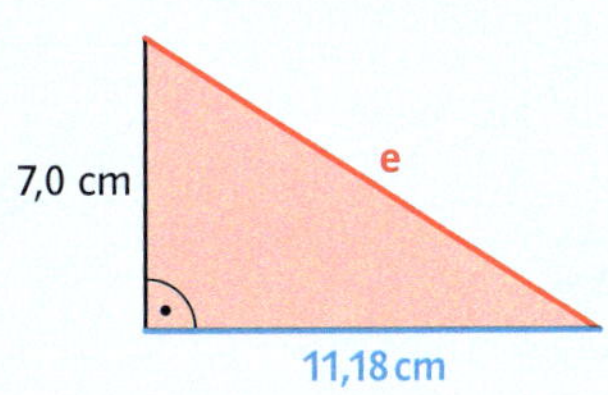

Flächendiagonale

$d^2 = 5{,}0^2 + 10{,}0^2 \quad |\sqrt{\ }$

$d = \sqrt{5{,}0^2 + 10{,}0^2}$

$d \approx 11{,}18$

Raumdiagonale

$e^2 \approx 7{,}0^2 + 11{,}18^2 \quad |\sqrt{\ }$

$e = \sqrt{7{,}0^2 + 11{,}18^2}$

$e \approx 13{,}2$

Die Raumdiagonale ist etwa 13,2 cm lang.

Tipp!
Runden:
Ergebnisse werden mit so vielen Dezimalen angegeben wie die Ausgangswerte; Zwischenergebnisse mit einer zusätzlichen Dezimalen.

○ **1** Berechne die Länge der Strecke x. (Maße in cm)

a)

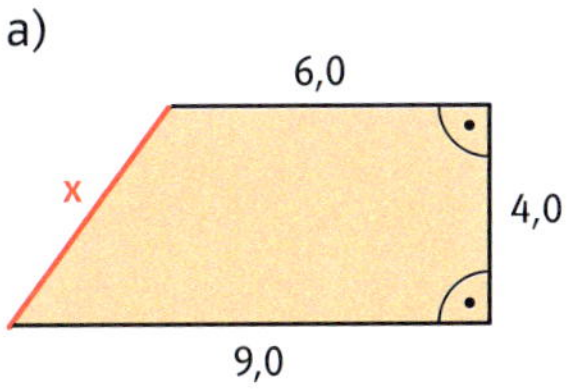

b)

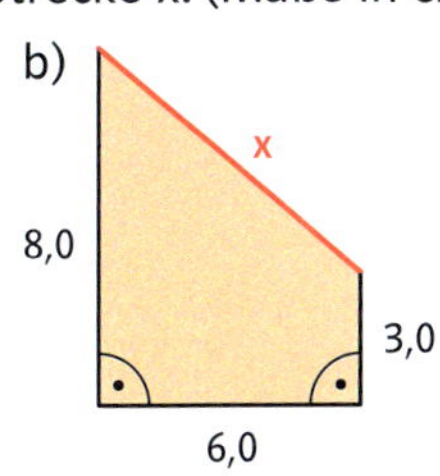

c)

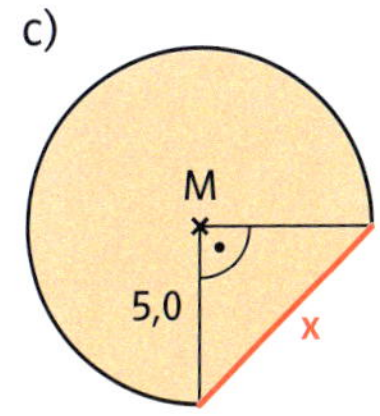

d)

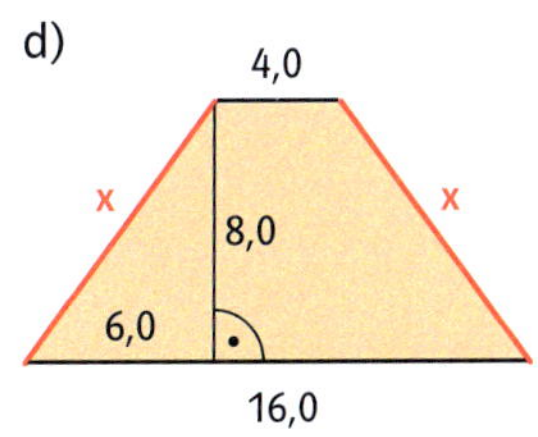

○ **2** Berechne die Höhe h des gleichschenkligen Dreiecks. (Maße in cm)

a)
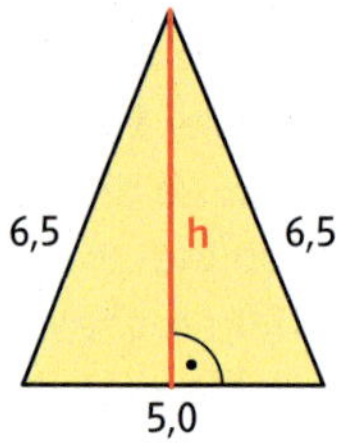

b)
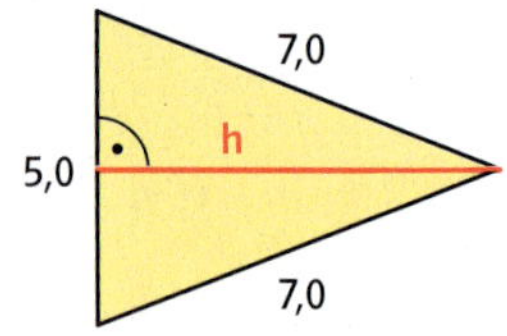

○ **3** Berechne die Länge der Strecke x in zwei Schritten. (Maße in cm)

a)
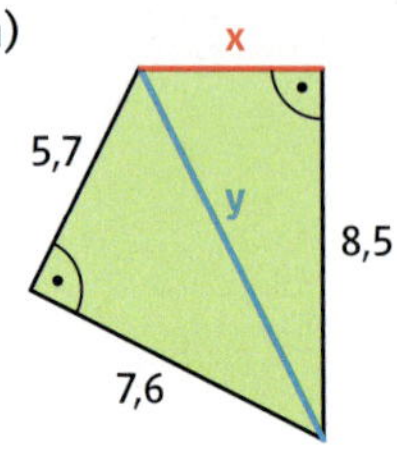

b)
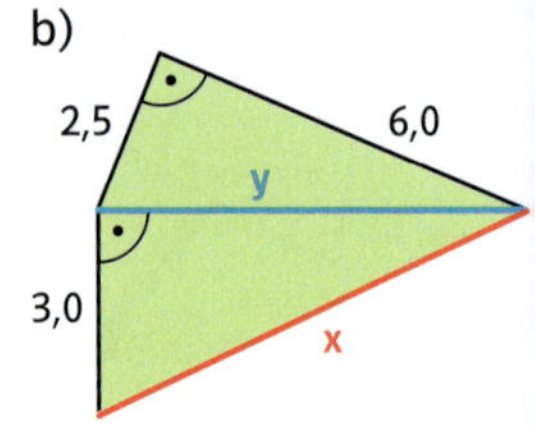

○ **4** Skizziere die gefärbte Fläche in der Ebene. Markiere rechte Winkel.

a)
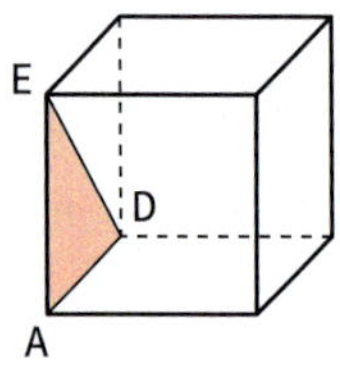

b)
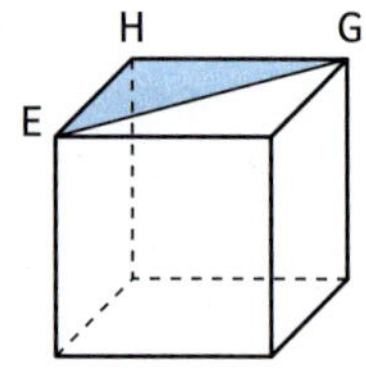

c)
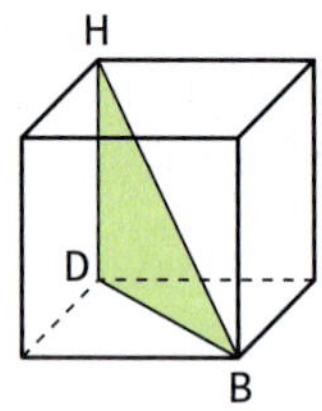

d)
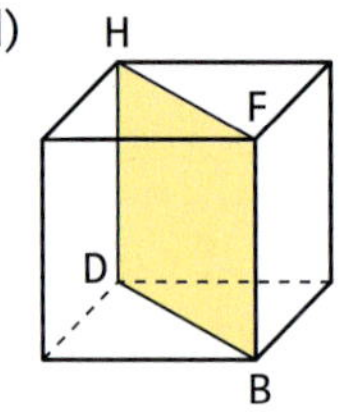

○ **5** Skizziere ein geeignetes Dreieck und berechne die Länge der Diagonalen d. (Maße in cm)

a)
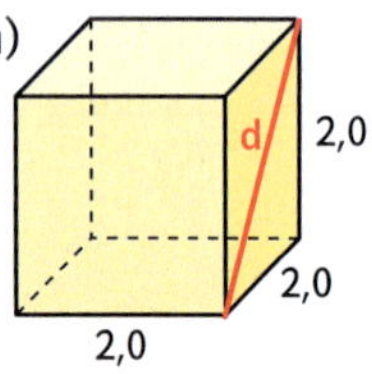

b)
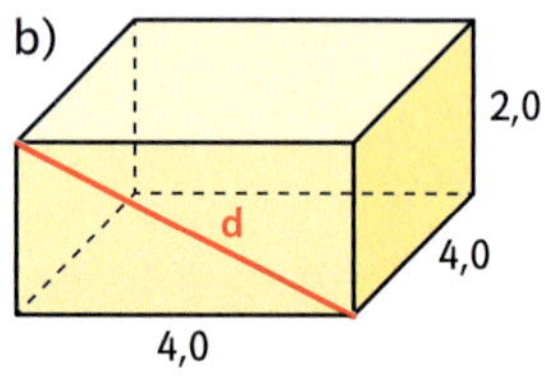

c)
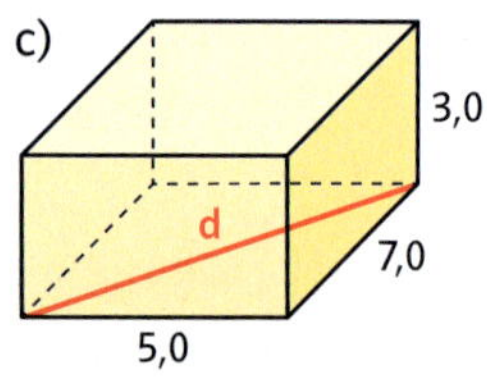

d)
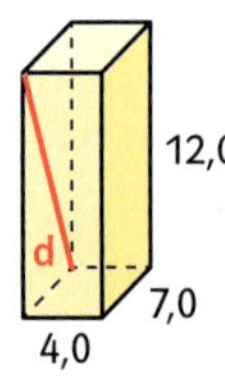

○ **6** Berechne die Länge der Raumdiagonalen e.
Berechne dazu zunächst die Flächendiagonale d.
Skizziere zu jedem Schritt das verwendete Hilfsdreieck.

a) Würfel mit der Kantenlänge a = 4,0 cm
b) Würfel mit der Kantenlänge a = 7,0 cm

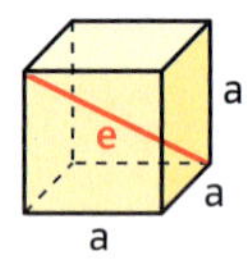

Alles klar?

D18 Fördern

A Berechne die Länge der Strecke x. (Maße in cm)

a)
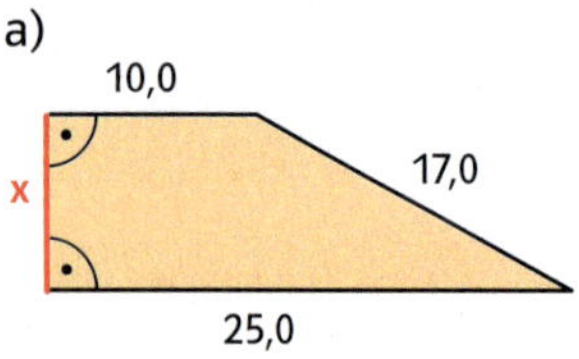

b)
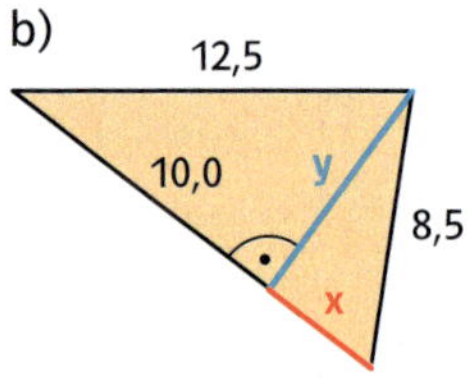

c)
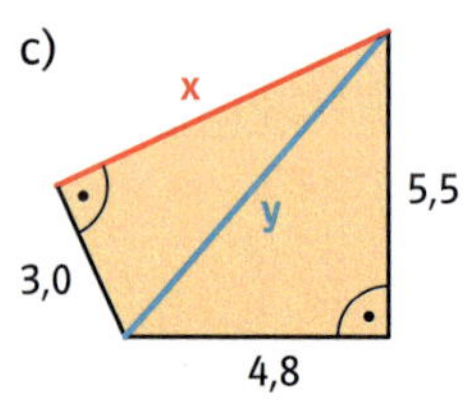

d)
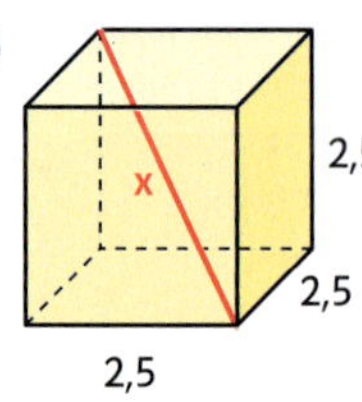

○ **7** Berechne die Länge der Strecke x. (Maße in cm)

a)
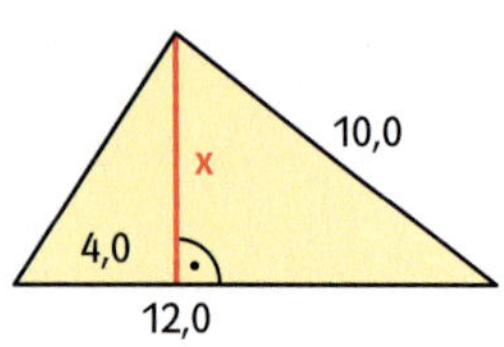

b)
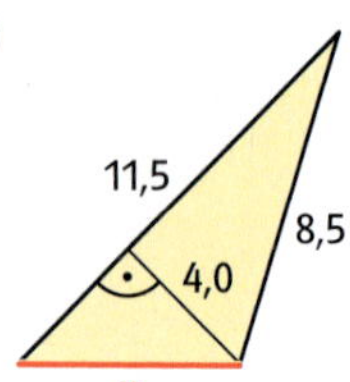

◒ **7** Berechne die Länge der fehlenden Stücke.

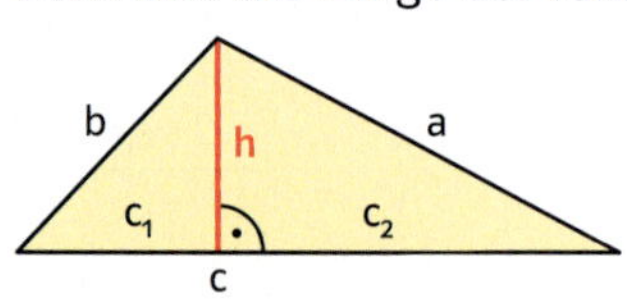

a) b = 13,0 cm; h = 12,0 cm; c_2 = 7,5 cm
b) a = 5,1 cm; c = 5,2 cm; h = 2,4 cm
c) a = 29,2 cm; c = 30,0 cm; c_1 = 8,0 cm

→ Die Lösungen zu „Alles klar?" findest du auf Seite 206.

○ **8** Berechne die Länge einer Diagonalen. (Maße in cm)

a)

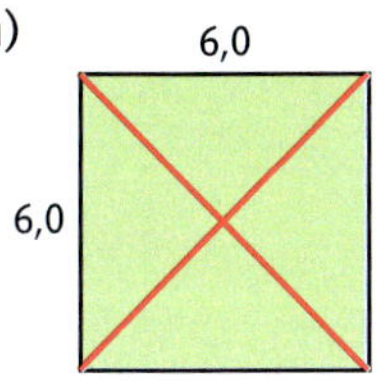

b)

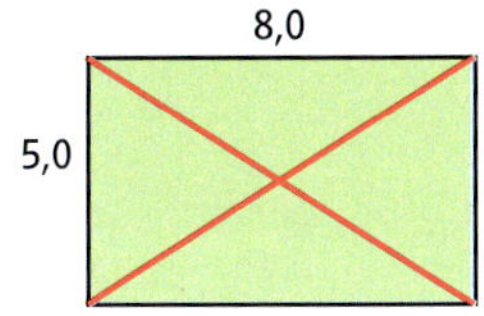

○ **9** Berechne die eingezeichnete Höhe.

Tipp!
zu Aufgabe 10 d)

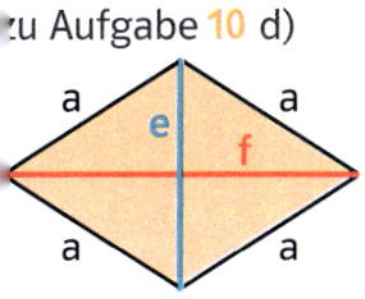

◐ **10** Berechne Umfang und Flächeninhalt der Figur. Skizziere.

a) Rechteck: a = 2,8 cm; Diagonale d = 5,3 cm
b) gleichschenkliges Dreieck: c = 10,0 cm; a = b = 12,0 cm
c) gleichseitiges Dreieck: a = 11,0 cm
d) Raute: Diagonale e = 5,6 cm; f = 9,0 cm

◐ **11** Alex, Robin und Sascha diskutieren, wie sie die Länge der Raumdiagonalen des Quaders berechnen würden.

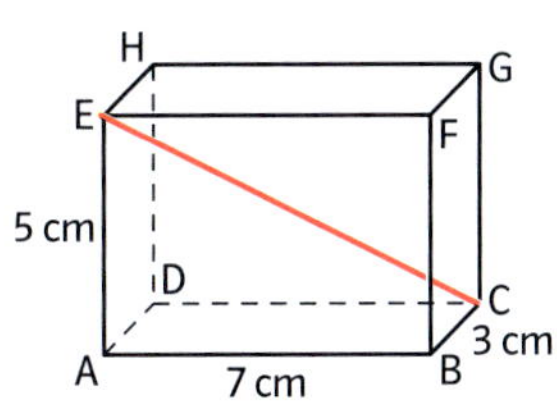

Alex behauptet: „Ich berechne zuerst die Strecke $\overline{AC}$ und dann die Raumdiagonale."
Sascha hingegen sagt: „Ich berechne erst die Strecke $\overline{HC}$ und dann die Raumdiagonale."

a) Was meint ihr dazu?
b) Welche Lösungsmöglichkeit könnte Robin noch vorschlagen?
c) Berechnet die Länge der Raumdiagonalen mithilfe aller drei Möglichkeiten.

◐ **8** Berechne Umfang und Flächeninhalt der Figur. (Maße in cm)

a)

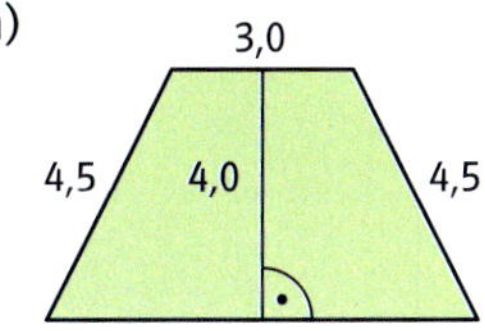

b)

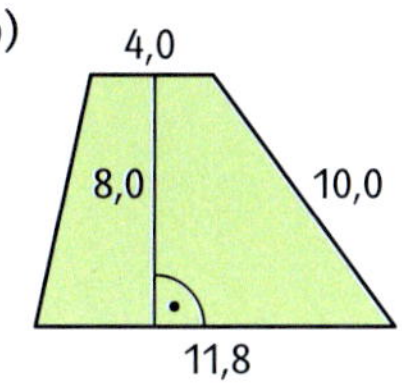

◐ **9** Skizziere und bemaße den Quader. Berechne die Länge der Raumdiagonalen e.

a) a = 3,0 cm; b = 4,0 cm; c = 12,0 cm
b) a = 3,3 cm; b = 5,6 cm; c = 15,6 cm

◐ **10** Berechne Umfang und Flächeninhalt der Figur. (Maße in cm)

a)

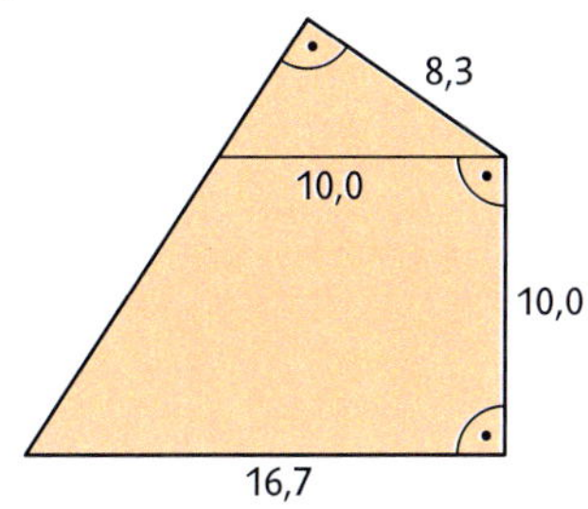

b)

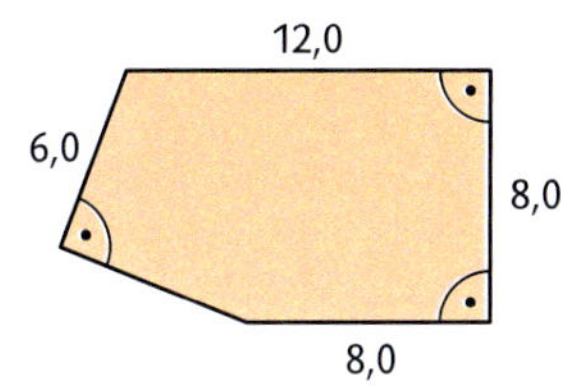

◐ **11** Samira soll Flächeninhalt und Umfang der gefärbten Dreiecke im Würfel mit a = 10,0 cm berechnen.
Sie behauptet: „Das ist ja dreimal dasselbe Dreieck, da muss ich nur einmal rechnen."

(1) (2) (3)

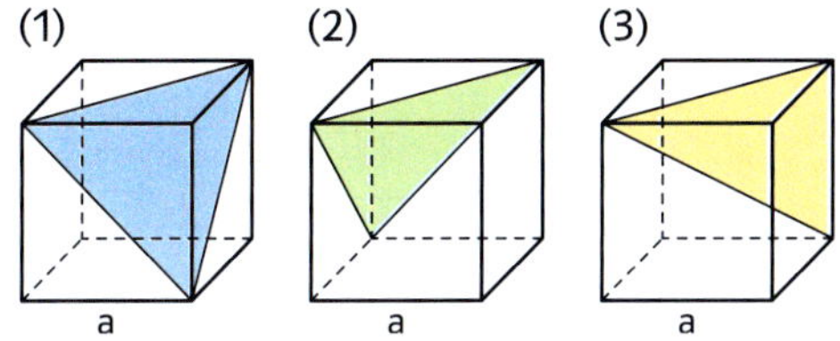

a) SP Was meinst du zu Samiras Aussage? Begründe deine Antwort.
b) Berechne Umfang und Flächeninhalt der Dreiecke.

12 Berechne den Umfang der Figur. (Maße in cm)

a)

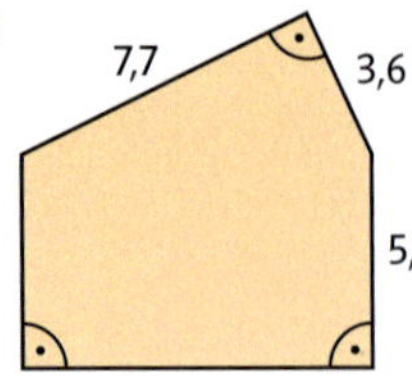

b)

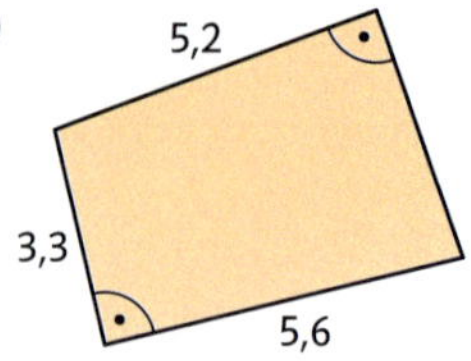

Tipp!
zu Aufgabe 13
Hier hilft der Satz des Thales.

13 Frau Kiefer versucht, eine Stricknadel in die Kiste zu legen. Passt die 26 cm lange Nadel hinein?

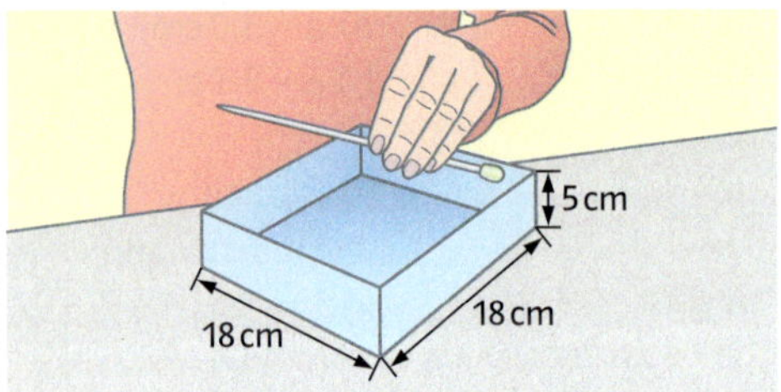

eine Giebelseite
eine Seite eines Gebäudes ohne Dachfläche

14 Die **Giebelseite** des Hauses soll neu gestrichen werden. Ein 10-l-Eimer der Fassadenfarbe kostet 65,00 €. Er reicht für 60 m² Wandfläche.
Wie teuer wird die Farbe?
Um sicherzugehen, dass die Farbe reicht, werden die Fensterflächen vernachlässigt.

a)

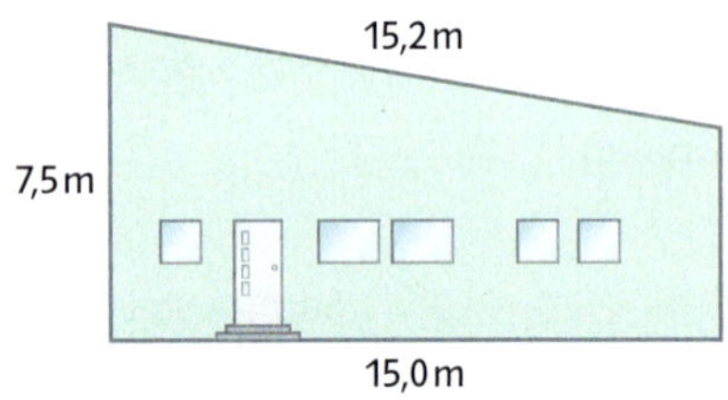

b)

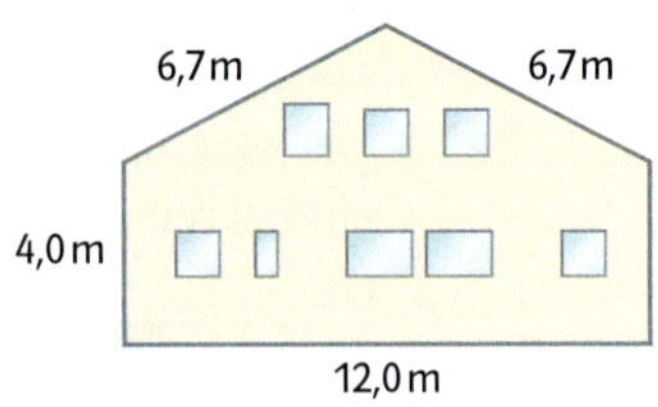

c)

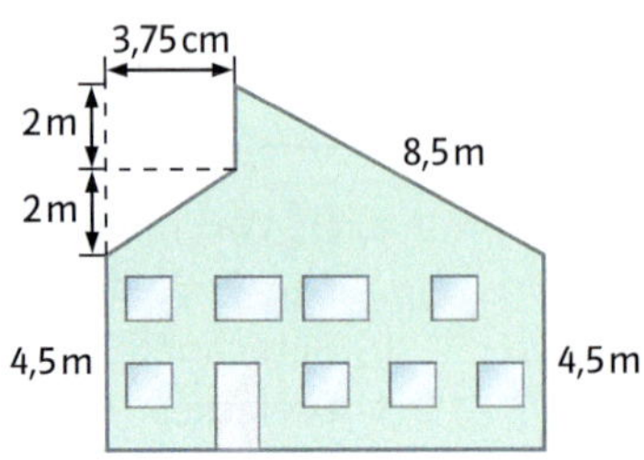

12 Das Bild wird mit einer 1,40 m langen Schnur an einem Nagel aufgehängt. Berechne den Abstand vom Bild zum Nagel.

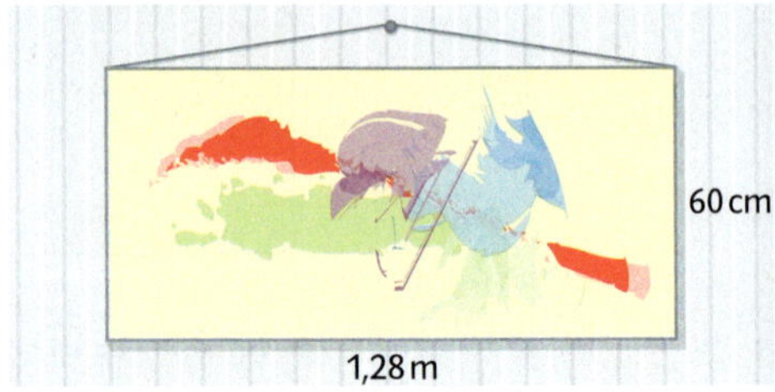

13 Ein 10,0 m langes Gewächshaus hat die Form eines halben Zylinders mit d = 5,0 m. Wie groß ist die Bodenfläche, auf der eine Person mit 1,80 m Körpergröße aufrecht stehen kann?

14 In einem Sägewerk kommt ein 5,0 m langer, gerader Baumstamm mit einem Durchmesser von 40 cm an. Aus dem Stamm soll ein möglichst großer Balken mit quadratischer Grundfläche herausgesägt werden. Berechne sein Volumen.

15 Dachdecker Holzer bekommt den Auftrag, das abgebildete Dach neu einzudecken. Pro Quadratmeter Dachfläche berechnet er 42,00 €. Hinzu kommen 19 % Mehrwertsteuer. Berechne die Gesamtkosten.

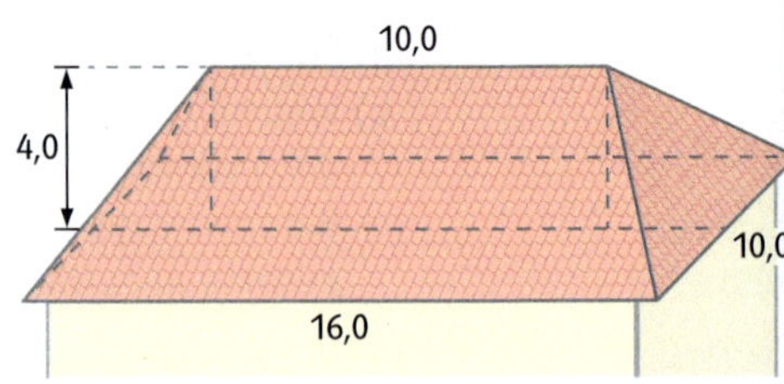

Formeln aufstellen

EXTRA

Mithilfe des Satzes des Pythagoras kann man auch Formeln aufstellen. Dies lohnt sich besonders, wenn Berechnungen in ähnlichen Figuren immer wiederkehren.
Die Variablen, die man dabei verwendet, heißen **Formvariablen**.

Beispiel: Häufig benötigt man die Höhe im gleichseitigen Dreieck.

Berechnung für $a = 6{,}0\,\text{cm}$:

$$h^2 + 3^2 = 6{,}0^2 \quad | -3^2$$
$$h^2 = 6{,}0^2 - 3^2 \quad | \sqrt{}$$
$$h = \sqrt{6{,}0^2 - 3^2}$$
$$h \approx 5{,}2\,\text{cm}$$

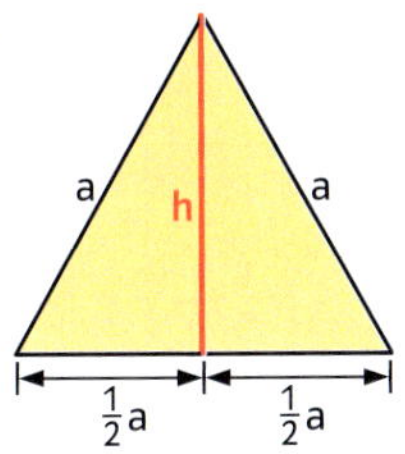

Berechnung in Abhängigkeit von a:

$$h^2 + \left(\tfrac{1}{2}a\right)^2 = a^2 \quad \left| -\left(\tfrac{1}{2}a\right)^2\right.$$
$$h^2 = a^2 - \left(\tfrac{1}{2}a\right)^2 \quad | \sqrt{}$$
$$h = \sqrt{a^2 - \tfrac{1}{4}a^2}$$
$$h = \sqrt{\tfrac{3}{4}a^2} = \sqrt{3 \cdot \tfrac{1}{4}a^2}$$
$$h = \tfrac{1}{2}a\sqrt{3}$$

1 Gegeben ist ein gleichseitiges Dreieck mit $a = 20{,}0\,\text{cm}$.
a) Berechne die Höhe h_a und den Flächeninhalt A.
b) Berechne die Höhe h_a mit der Formel $h = \frac{1}{2}a\sqrt{3}$. Vergleiche dein Ergebnis mit dem Ergebnis von Teilaufgabe a).
c) Stelle eine Formel für den Flächeninhalt A eines gleichseitigen Dreiecks in Abhängigkeit von a auf. Überprüfe deine Formel mithilfe des Ergebnisses aus Teilaufgabe a).

Tipp!
So schreibt man Terme mit Wurzeln:
$\frac{1}{2}a\sqrt{3}$
Zahl Variable Wurzel

2 Stelle eine Formel für die Länge der Diagonalen d in Abhängigkeit der Seitenlänge a auf. Überprüfe deine Formel mithilfe von Beispielen.

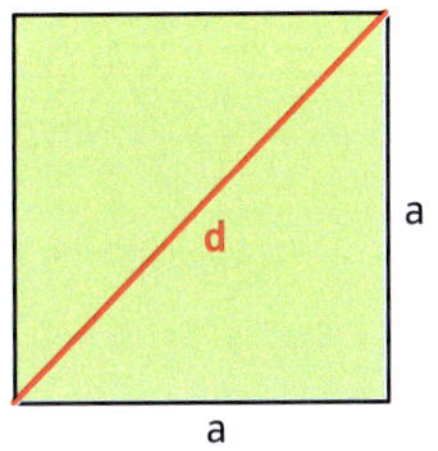

3 Ein Rechteck ist doppelt so lang wie breit.

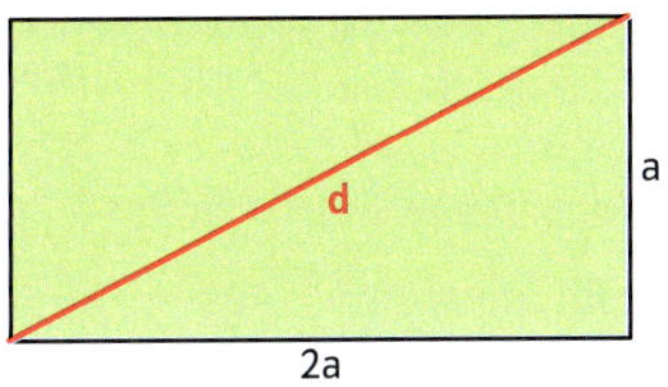

a) Stelle eine Formel für die Länge der Diagonalen d in Abhängigkeit von a auf.
b) Prüfe deine Formel mithilfe von Beispielen.

4 Stelle eine Formel für die Länge der Strecke x in Abhängigkeit von e auf. Die Lösungen findest du auf den Kärtchen.

a)
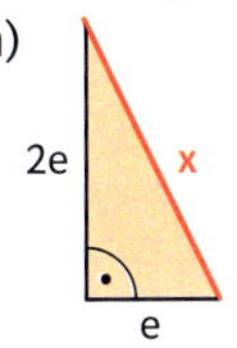

b)
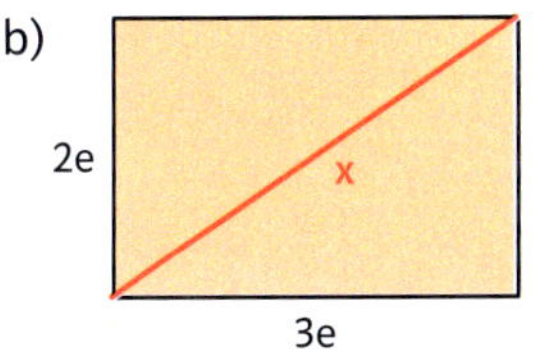

c)
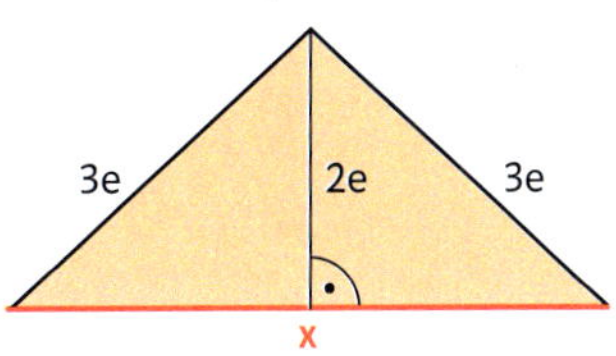

d)
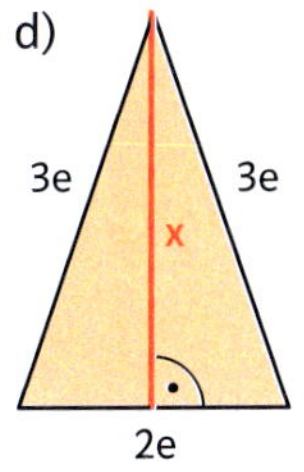

$2e\sqrt{2}$ | $e\sqrt{3}$ | $e\sqrt{5}$ | $2e\sqrt{5}$ | $e\sqrt{13}$

5 Stelle eine Formel für die Länge der Raumdiagonalen e in Abhängigkeit von a auf.

a)
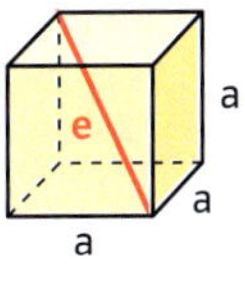

b)
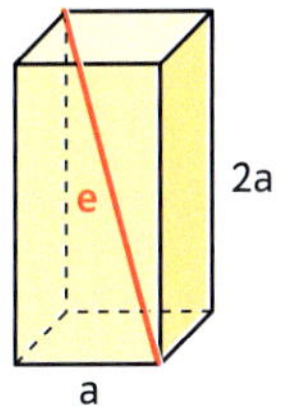

c)
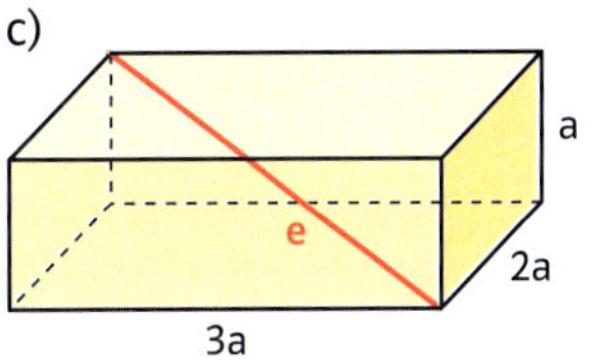

d)
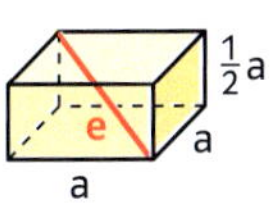

4 Begründen und beweisen

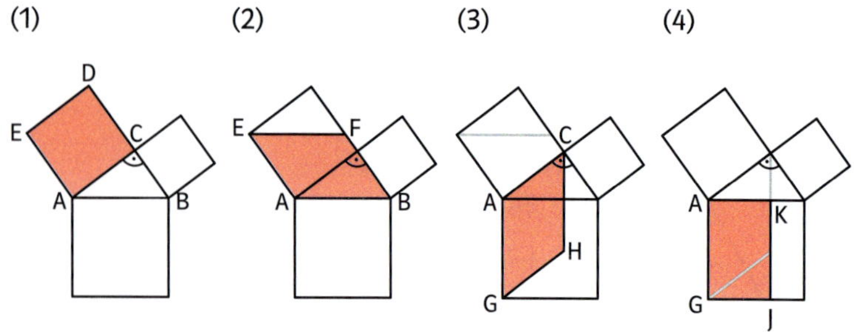

Die farbigen Vierecke haben alle denselben Flächeninhalt.

➔ Zeige, dass das Parallelogramm ABFE den gleichen Flächeninhalt hat wie das Quadrat ACDE.

➔ Zeigt, dass auch die Figuren AGHC und AGJK den gleichen Flächeninhalt haben.

➔ Welcher Satz wird hier bewiesen?

Tipp!
Statt *beweise* wird in der Mathematik auch der Begriff *zeige* verwendet.

Ein **Beweis** ist ein eindeutiger Beleg dafür, dass eine Aussage wahr ist. Beweise in der Mathematik werden in drei Schritten geführt. Über eine Kette logischer Schlussfolgerungen gelangt man zu der Aussage, die in der **Behauptung** enthalten ist.

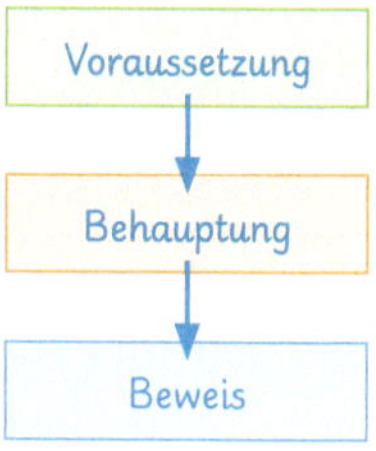

Merke Ein **Beweis** belegt durch logische Schlussfolgerungen, dass eine Behauptung wahr ist.

Beispiele

a) **Beweis für den Satz des Pythagoras**

Voraussetzung: • Das Dreieck ABC ist rechtwinklig mit $\gamma = 90°$.
• Für die Winkelsumme im Dreieck gilt: $\alpha + \beta + \gamma = 180°$.

Behauptung: Im rechtwinkligen Dreieck gilt: $a^2 + b^2 = c^2$.

Beweis:

1.

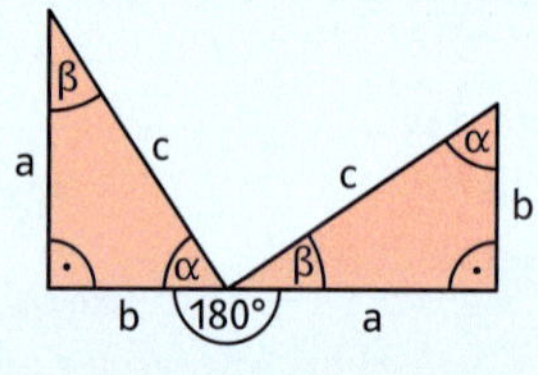

Zwei kongruente, rechtwinklige Dreiecke werden mit den Katheten a und b aneinandergelegt.

2.

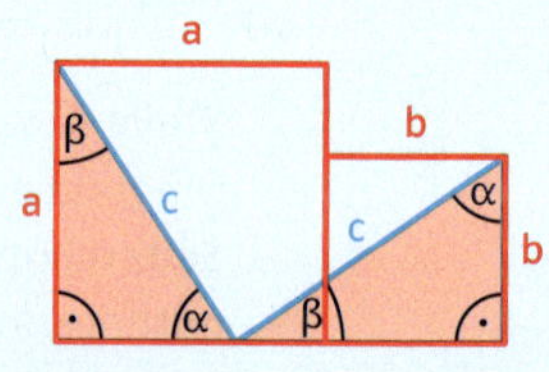

Die Quadrate mit den Seitenlängen a und b werden gezeichnet.

3.

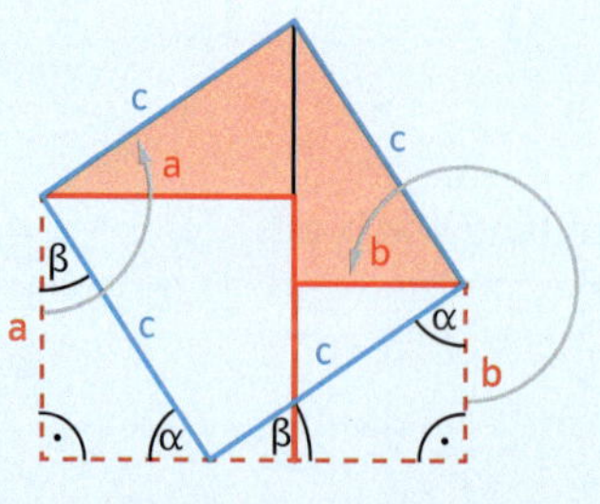

Die Dreiecke werden so gedreht, dass ein Viereck mit dem Flächeninhalt $a^2 + b^2$ entsteht. Das Viereck hat vier Seiten der Länge c, da die Drehung eine Kongruenzabbildung ist.

4.

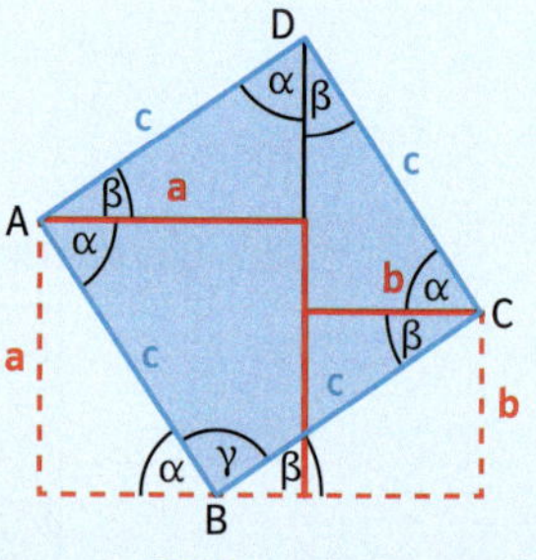

Aus $\alpha + \beta + \gamma = 180°$ und $\gamma = 90°$ folgt $\alpha + \beta = 90°$. Das Viereck ABCD ist also ein Quadrat. Der Flächeninhalt des Quadrats beträgt c^2.
Es gilt $a^2 + b^2 = c^2$.

b) **Zeigen, dass eine Formel gilt.**

Voraussetzung:
- Das Dreieck ABC ist gleichseitig mit der Seitenlänge a und der Höhe h.
- Der Satz des Pythagoras gilt in den Teildreiecken: $h^2 + \left(\frac{1}{2}a\right)^2 = a^2$

Behauptung: Im gleichseitigen Dreieck gilt: $\mathbf{h = \frac{1}{2}a\sqrt{3}}$.

Beweis:

Im Teildreieck gilt: $h^2 + \left(\frac{1}{2}a\right)^2 = a^2 \quad \left| - \left(\frac{1}{2}a\right)^2\right.$

$h^2 = a^2 - \left(\frac{1}{2}a\right)^2$

$h^2 = a^2 - \frac{1}{4}a^2 \quad |\sqrt{\ }$

$h = \sqrt{\frac{3}{4}a^2} = \sqrt{3 \cdot \frac{1}{4} \cdot a^2}$

Es gilt: $\mathbf{h = \frac{1}{2}a\sqrt{3}}$

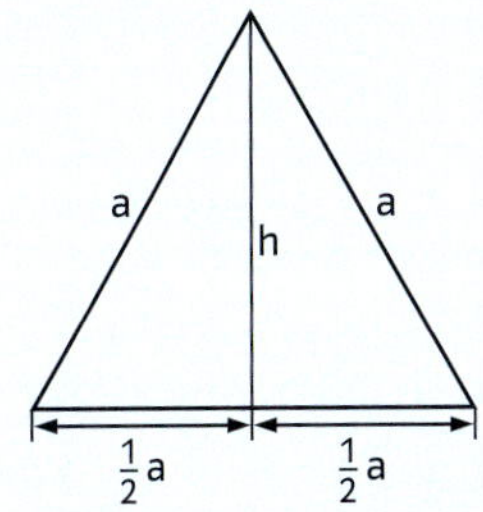

Tipp!
Teilweises Wurzelziehen
$\sqrt{a^2 \cdot b} = a \cdot \sqrt{b}$

○ **1** Vier kongruente, rechtwinklige Dreiecke wurden auf zwei Arten so angeordnet, dass ein Quadrat mit dem Flächeninhalt $A = (a + b)^2$ entsteht.

a) SP **Beweise**, dass im blauen Viereck $\varepsilon = 90°$ gilt und gib den Flächeninhalt des blauen Vierecks an.

b) **Beweise** mithilfe der beiden Figuren, dass der Satz des Pythagoras im Dreieck ABC gilt: $a^2 + b^2 = c^2$.

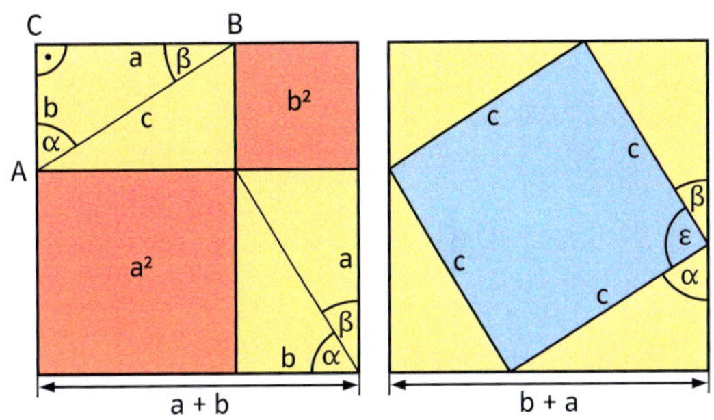

○ **2** Für die Diagonale d im Quadrat mit der Seitenlänge a gilt: $d = a\sqrt{2}$

a) **Prüfe** die Formel anhand von Beispielen.

b) SP **Beweise** allgemein, dass die Formel gilt.

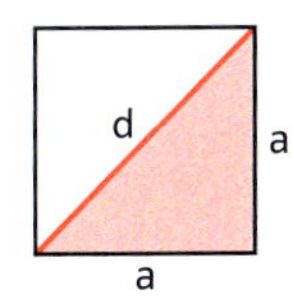

Alles klar?

D19 Fördern

A Für die Höhe h eines gleichseitigen Dreiecks mit der Seitenlänge a gilt: $h = \frac{1}{2}a\sqrt{3}$.

Beweise damit, dass für den Flächeninhalt eines gleichseitigen Dreiecks gilt: $A = \frac{1}{4} \cdot a^2 \cdot \sqrt{3}$.

◐ **3**

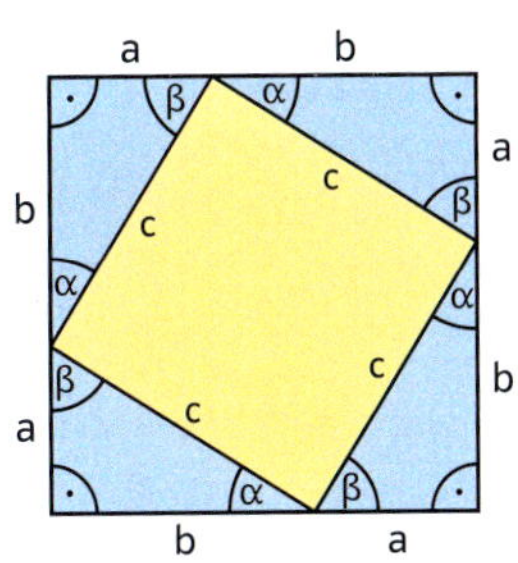

a) SP **Begründe** mithilfe der Winkel α und β, dass das gelbe Viereck ein Quadrat ist.

b) Setze den Flächeninhalt des gesamten Quadrats und den Flächeninhalt der Teilfiguren gleich und vereinfache:
$A_{\text{gesamtes Quadrat}} = 4 \cdot A_{\text{Dreieck}} + A_{\text{Quadrat}}$

c) Notiere den Beweis.

◐ **3** Die Beweisfigur für den Satz des Pythagoras wurde nach dem amerikanischen Präsidenten J. A. Garfield benannt.

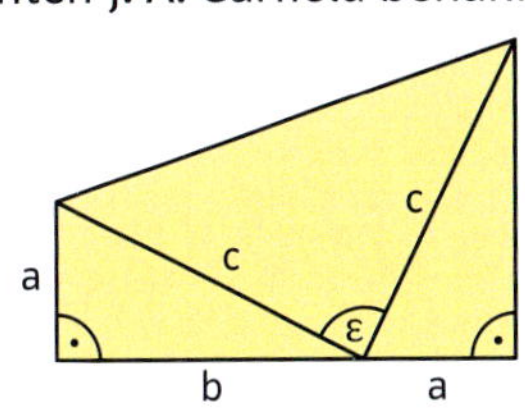

a) **Beweise**, dass $\varepsilon = 90°$ ist.

b) **Beweise** den Satz des Pythagoras, indem du eine Gleichung aufstellst und vereinfachst: $A_{\text{Trapez}} = A_1 + A_2 + A_3$

c) Vergleiche diesen Beweis mit einem anderen Beweis zum Satz des Pythagoras.

→ Die Lösungen findest du auf Seite 206.

Zusammenfassung

Satz des Pythagoras

Die längste Seite in einem rechtwinkligen Dreieck heißt **Hypotenuse** und liegt gegenüber vom rechten Winkel. Die beiden Seiten am rechten Winkel heißen **Katheten**.

Satz des Pythagoras
In jedem rechtwinkligen Dreieck haben die beiden **Kathetenquadrate** zusammen den gleichen Flächeninhalt wie das **Hypotenusenquadrat**.
Heißen die **Katheten** a und b sowie die **Hypotenuse c**,
dann gilt: $a^2 + b^2 = c^2$

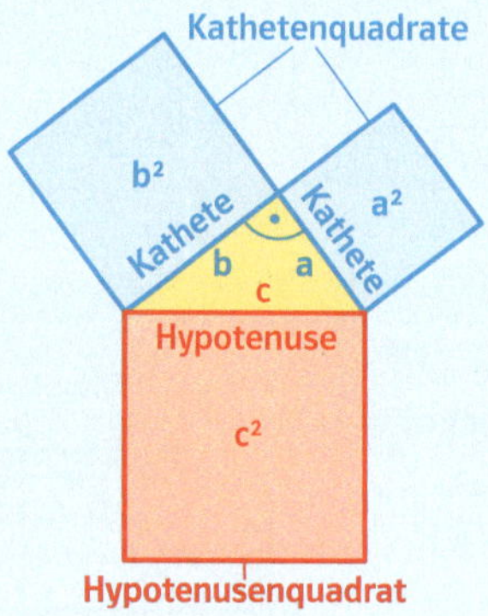

Hypotenuse und Kathete berechnen

Sind in einem rechtwinkligen Dreieck zwei Längen gegeben, kann man die fehlende Länge mit der **Pythagorasgleichung** berechnen.

Berechnen der Hypotenuse:
Katheten: a = 6,9 cm; b = 9,2 cm

$c^2 = a^2 + b^2$
$c^2 = 9{,}2^2 + 6{,}9^2 \quad | \sqrt{\ }$
$c = \sqrt{9{,}2^2 + 6{,}9^2}$
$c = 11{,}5$

Die Hypotenuse ist 11,5 cm lang.

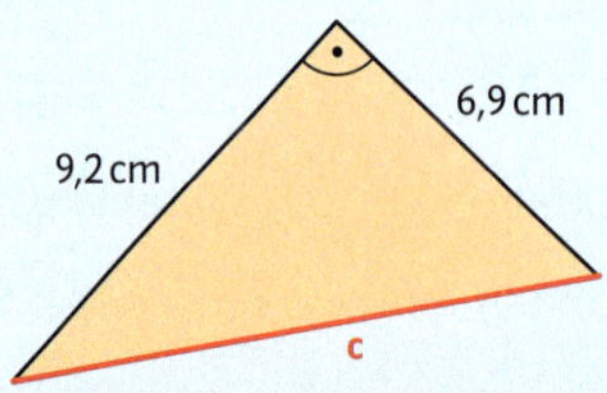

Berechnen einer Kathete:
Hypotenuse: c = 6,5 cm; Kathete: b = 5,6 cm

$a^2 + 5{,}6^2 = 6{,}5^2 \quad | -5{,}6^2$
$a^2 = 6{,}5^2 - 5{,}6^2 \quad | \sqrt{\ }$
$a = \sqrt{6{,}5^2 - 5{,}6^2}$
$a = 3{,}3$

Die Kathete a ist 3,3 cm lang.

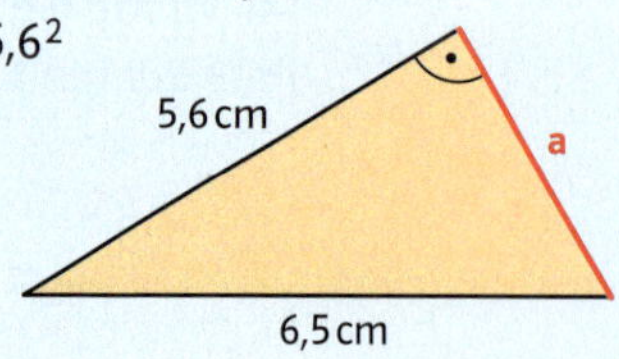

Satz des Pythagoras in Figuren und Körpern

Zur Berechnung von Streckenlängen in **Figuren und Körpern** sucht man geeignete **rechtwinklige Dreiecke**. In rechtwinkligen Dreiecken kann man die Pythagorasgleichung anwenden.

Berechnen der Streckenlänge x im Trapez:

Figur:

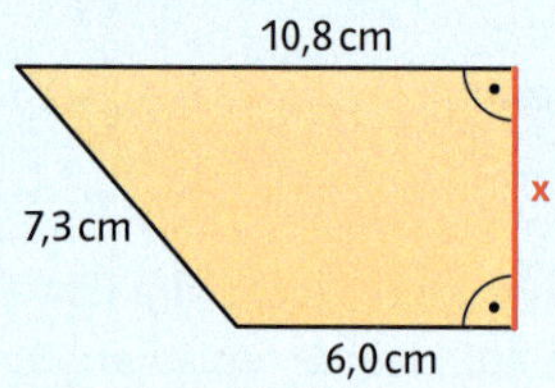

Zerlegung:

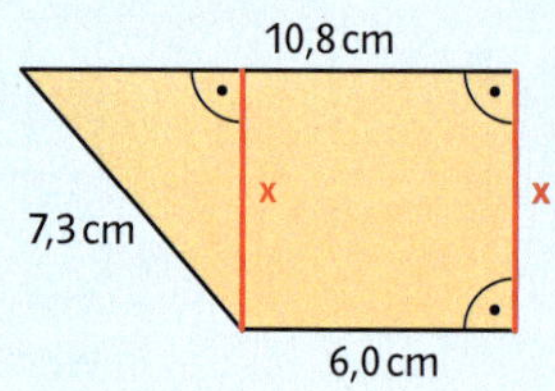

Skizze:

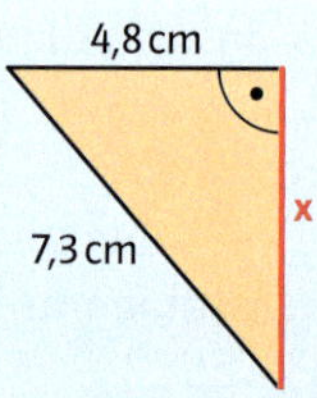

Rechnung:
$x^2 + 4{,}8^2 = 7{,}3^2 \quad | -4{,}8^2$
$x^2 = 7{,}3^2 - 4{,}8^2 \quad | \sqrt{\ }$
$x = \sqrt{7{,}3^2 - 4{,}8^2}$
$x = 5{,}5$

Die Strecke x ist 5,5 cm lang.

Berechnen der Raumdiagonalen e im Würfel:

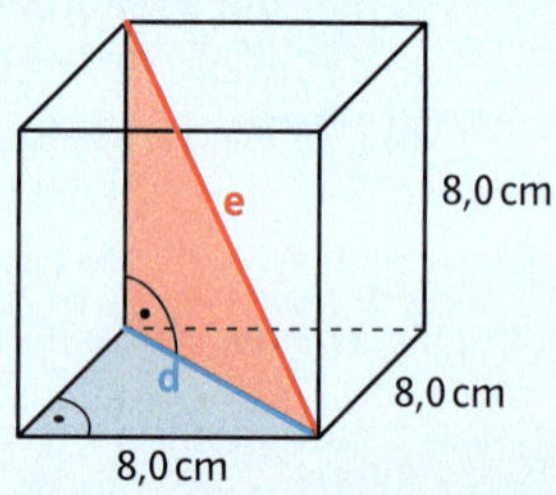

1. Schritt:
$d^2 = 8^2 + 8^2 \quad | \sqrt{\ }$
$d = \sqrt{8^2 + 8^2}$
$d \approx 11{,}31$

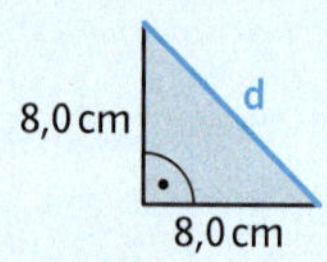

2. Schritt:
$e^2 \approx 11{,}31^2 + 8^2 \quad | \sqrt{\ }$
$e = \sqrt{11{,}31^2 + 8^2}$
$e \approx 13{,}9$

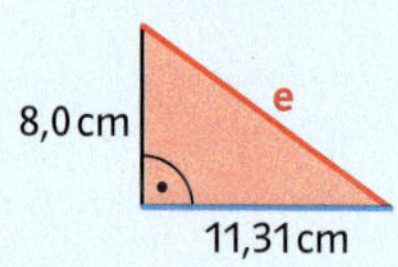

Die Raumdiagonale e ist ungefähr 13,9 cm lang.

Geometrische Sätze beweisen

Ein **Beweis** belegt durch logische Schlussfolgerungen, dass eine Behauptung wahr ist.

Beweise in der Mathematik werden in drei Schritten geführt.

Voraussetzung → Behauptung → Beweis

Basistraining

1 Berechne den Flächeninhalt des Quadrats.

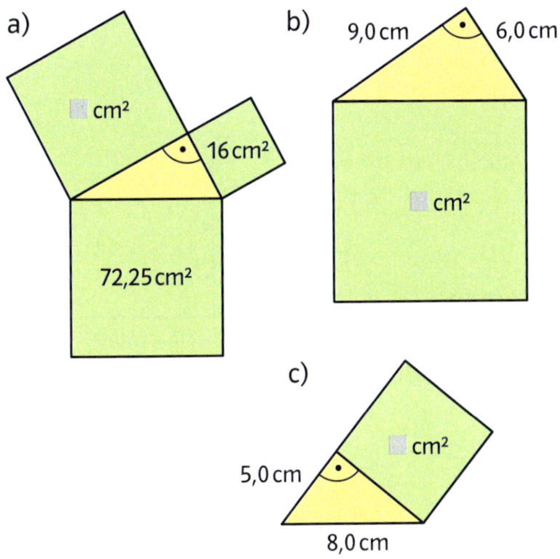

2 Ist das Dreieck ABC rechtwinklig?

Dreieck (1)
a = 24 cm
b = 25 cm
c = 7 cm

Dreieck (2)
a = 2,5 cm
b = 4,0 cm
c = 4,6 cm

Dreieck (3)
a = 7,7 cm
b = 3,6 cm
c = 8,5 cm

3 Berechne die Länge der Strecke x. (Maße in cm)

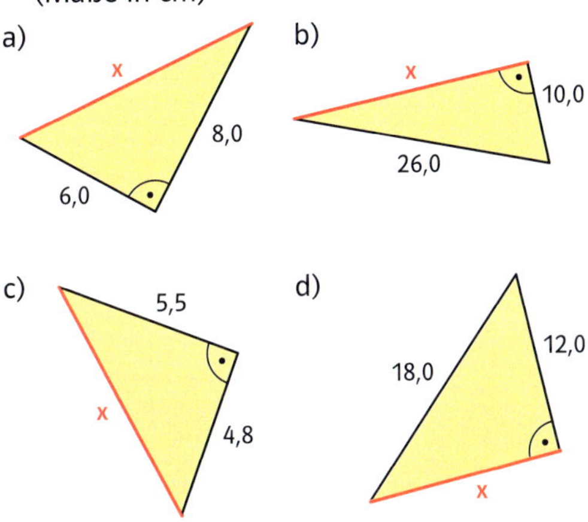

4 Berechne die Länge der Strecke x. (Maße in cm)

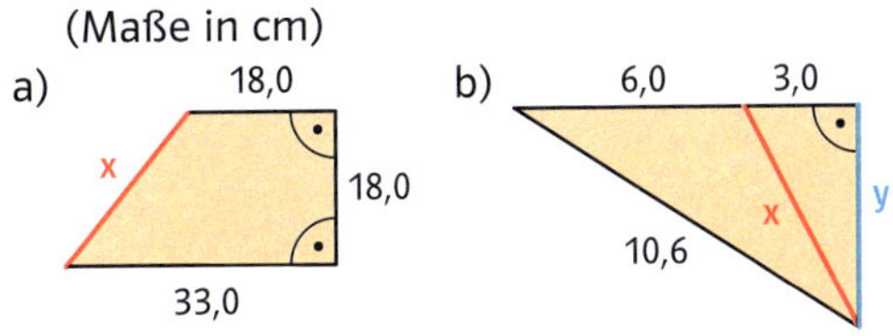

5 Berechne den Umfang der Figur.

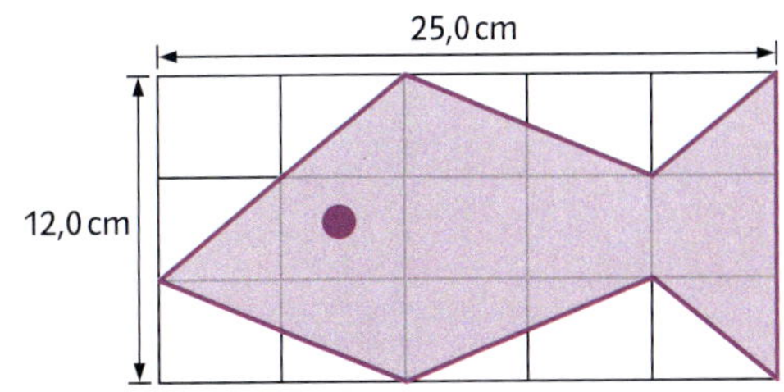

6 Berechne die gesuchte Länge. (Maße in cm)

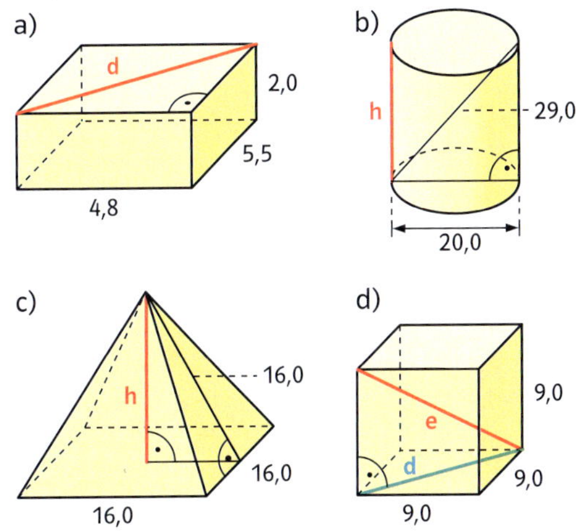

7 In der Projektwoche plant die Klasse 9c für den Skatepark ihrer Schule eine neue Rampe. Berechne den Flächeninhalt der befahrbaren roten Fläche.

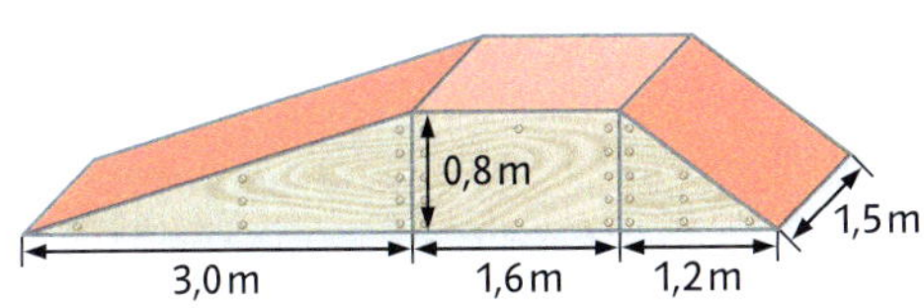

8 Ein Rechteck ist doppelt so lang wie breit. **Zeige**, dass für die Länge der Diagonalen d gilt: $d = a\sqrt{5}$.

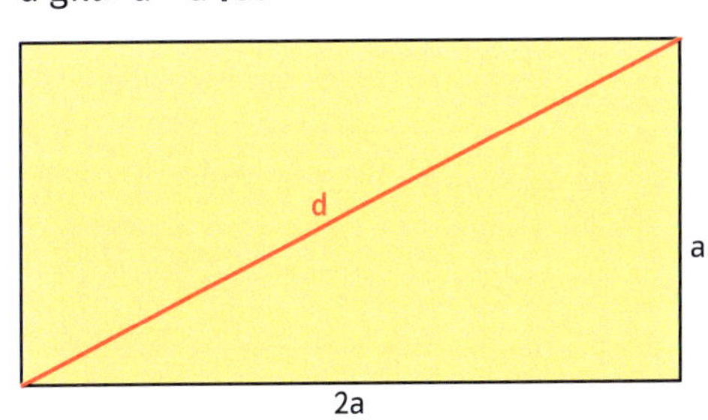

Anwenden. Nachdenken

9 Die Höhe zerlegt das Dreieck in zwei rechtwinklige Dreiecke.

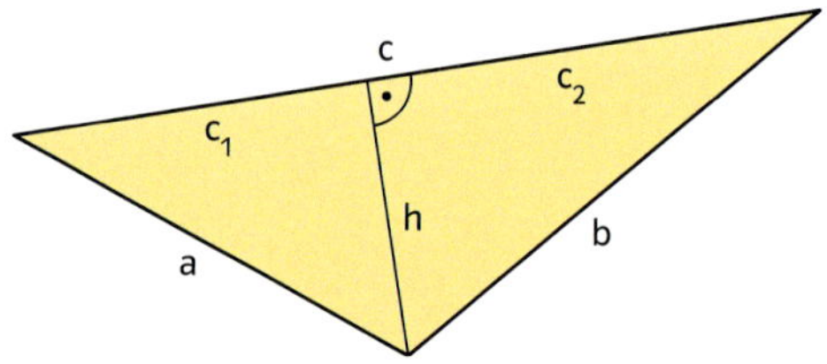

Berechne die fehlenden Längen für
a) $b = 13{,}0\,cm$; $c_2 = 11{,}2\,cm$ und $c = 20{,}0\,cm$.
b) $a = 7{,}4\,cm$; $c_2 = 24{,}0\,cm$ und $h = 7{,}0\,cm$.

10 Berechne im besonderen Viereck die Länge der Strecke x. (Maße in cm)

a)

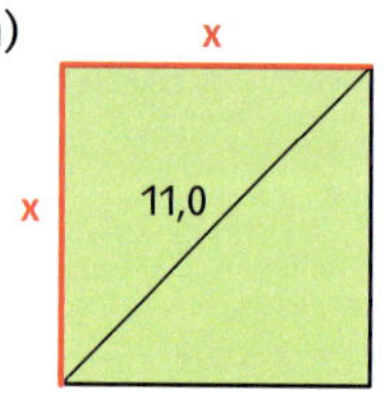

b)

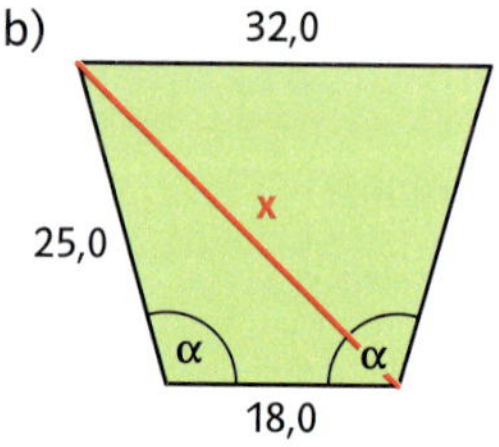

c)

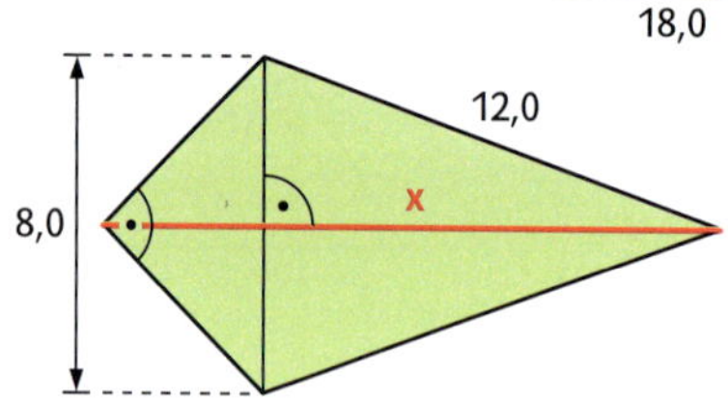

11 Das Dreieck BCD ist gleichseitig. Berechne den Umfang und den Flächeninhalt des Vierecks ABCD.

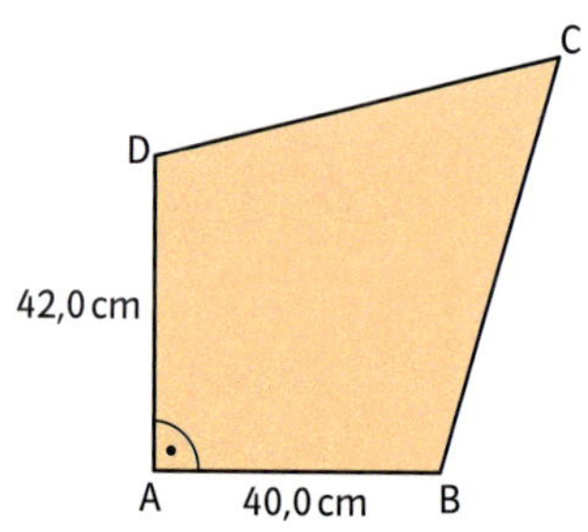

12 Berechne den Umfang und den Flächeninhalt der Figur. (Maße in cm)

a)

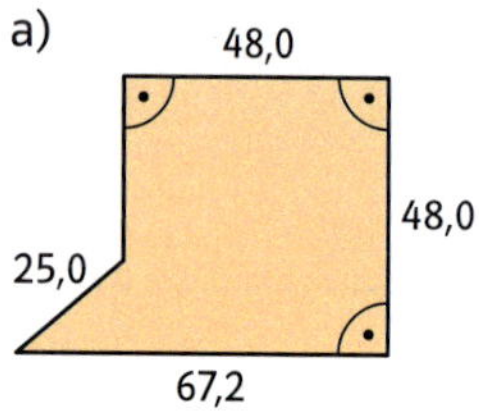

b)

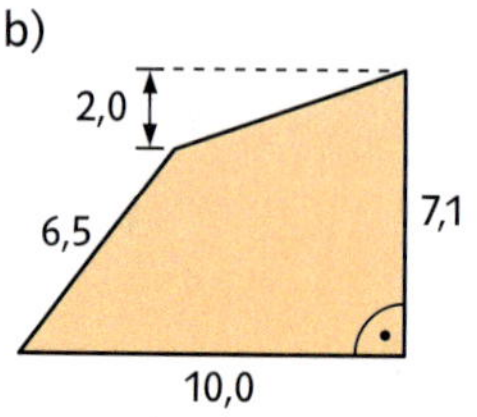

13 Berechne den Umfang und den Flächeninhalt des Trapezes BCDE. (Maße in cm)

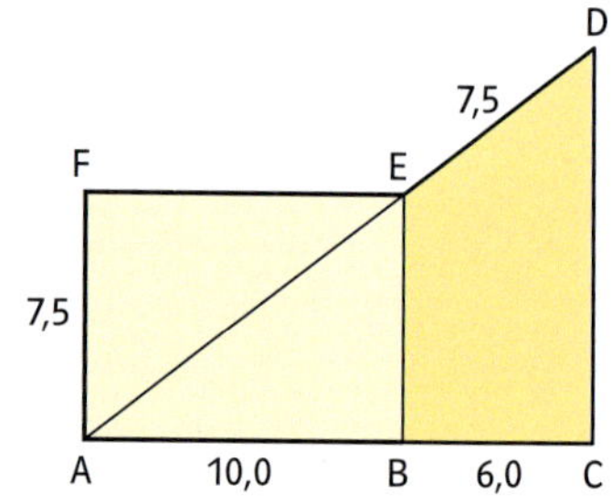

14 Um wie viel Prozent ist der rote Streckenzug länger als die blaue Strecke?

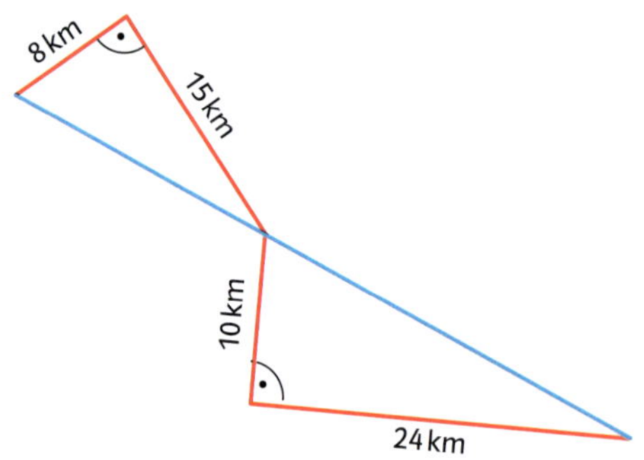

15 Übertrage den roten Streckenzug auf ein Netz des Quaders. Berechne seine Länge. (Maße in cm)

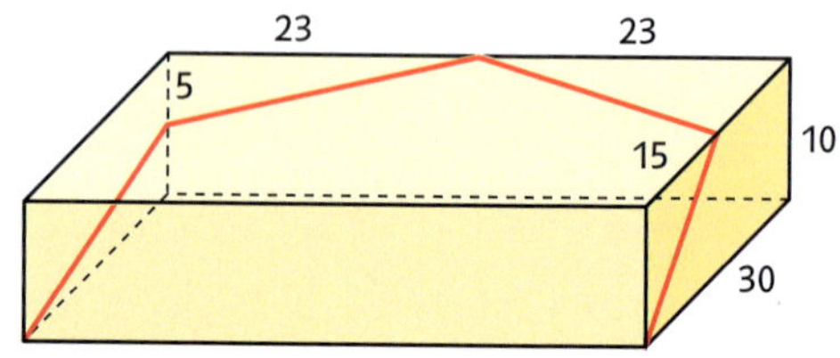

16 Berechne die Länge des roten Streckenzugs. (Maße in cm)

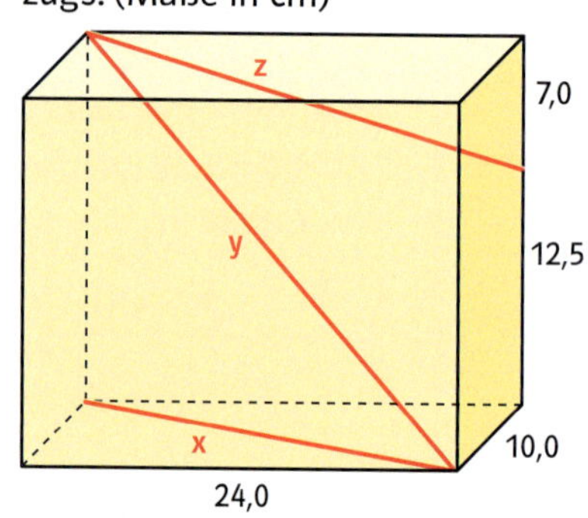

ein Mast
hier: ein längliches Holzstück, an dem das Segel befestigt ist

eine Sollbruchstelle
die Stelle eines Bauteils, das so konstruiert ist, dass es in einem Schadensfall nur an dieser Stelle bricht

horizontal
- waagerecht
- parallel zum Horizont

17 Die Masten bei Segelbooten müssen so konstruiert sein, dass bei einem eventuellen Mastbruch wenig Schaden entsteht. Ein Mast ist 4,20 m hoch. Wenn er bricht, soll die Spitze in höchstens 2,50 m Abstand von der Mastbefestigung auf dem Boden auftreffen. Bestimme, in welcher Höhe die Sollbruchstelle liegen muss.

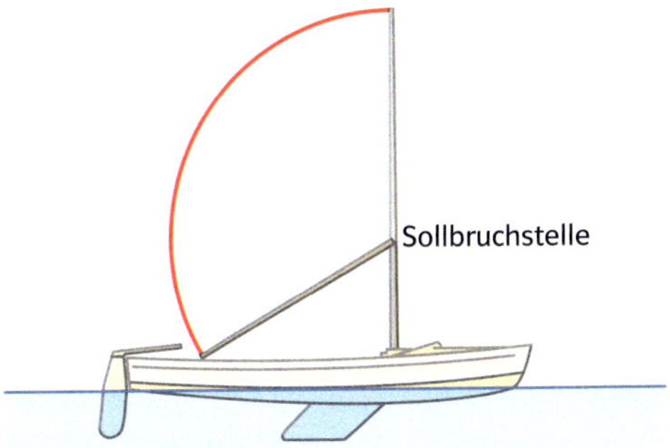

18 Das rote Auto ist 4,40 m lang und 1,80 m breit. Der Abstand zu den anderen Autos beträgt jeweils 30 cm. Kann das Auto ausparken?

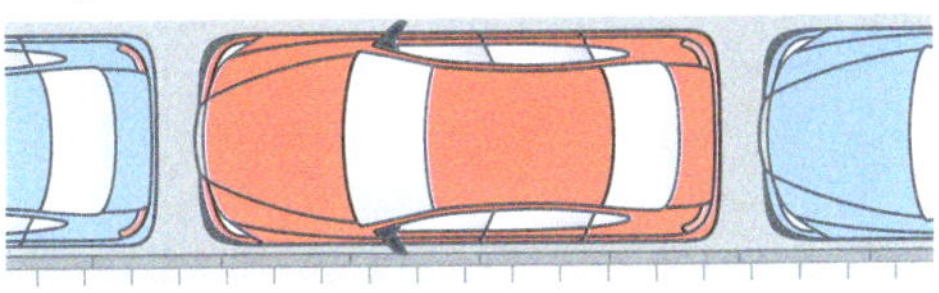

19 Eine Steigung von 10 % bedeutet, dass eine Straße auf 100 m horizontaler Entfernung um 10 m ansteigt.

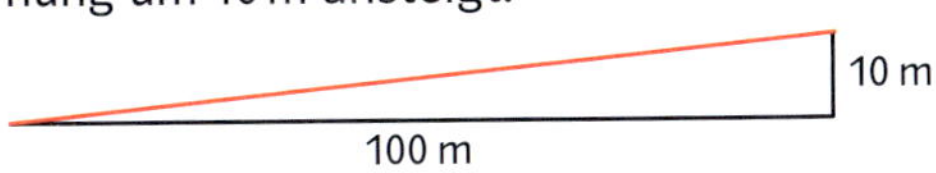

a) Eine der steilsten Straßen der Welt ist die Baldwin Street in Neuseeland. Auf einer horizontalen Entfernung von 330,3 m steigt sie um 35 % an. Berechne den überwundenen Höhenunterschied und die Länge der Straße.

b) Eine der steilsten Straßen Deutschlands ist die Oberweißbacher Straße in Deesbach (Thüringen). Sie ist 300 m lang. Die horizontale Entfernung beträgt 290 m. Berechne die Steigung der Straße.

20 SP Paul behauptet: „Von einer 5 m hohen Kaimauer kann man etwa 8 km weit aufs Meer blicken. Vom 9-mal so hohen Leuchtturm kann man dann 9-mal so weit schauen." Was meinst du? Begründe.

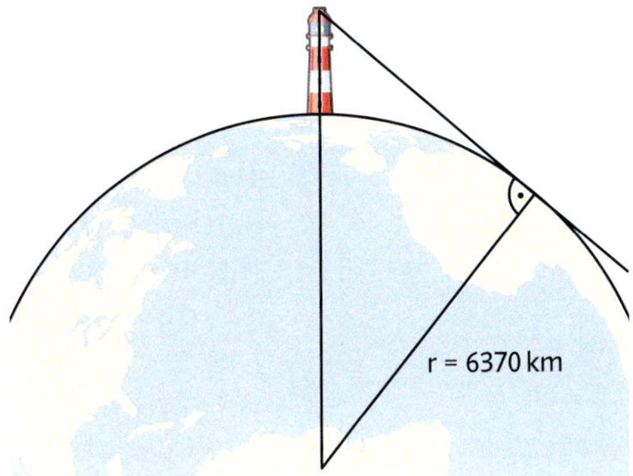

21 Lässt man das Kletterseil in der Turnhalle hängen, liegen 50 cm des Seils auf dem Boden. Zieht man das Ende um 2,50 m zur Seite, berührt es gerade noch den Hallenboden. Berechne die Länge des Kletterseils. Vernachlässige dabei, dass das zur Seite gezogene Seil durchhängt.

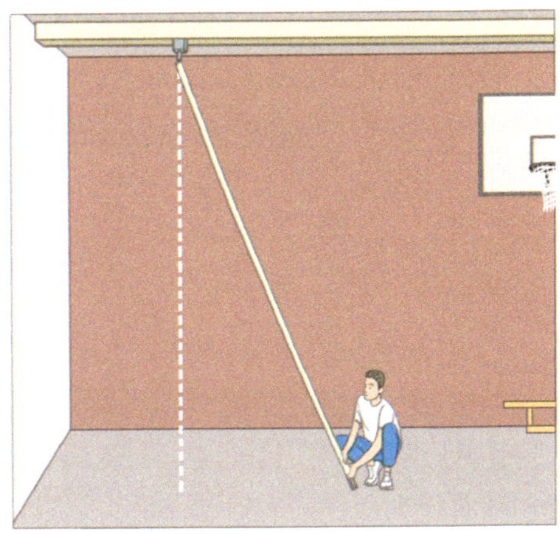

22 Mit einer Feuerwehrleiter soll das Flachdach eines Hochhauses in 30,0 m Höhe erreicht werden. Die Leiter ist auf einem 1,8 m hohen Anhänger montiert. Ihr unteres Ende ist 8,0 m von der Hauswand entfernt. Reicht die 30,0 m lange Leiter, um das Dach zu erreichen?

23 Eine Getränkedose ist 11,0 cm hoch und hat einen Radius von 3,3 cm. Wie weit ragt ein 15,0 cm langer Strohhalm mindestens aus der Dose heraus?

24 Ein zylinderförmiges Wasserglas ist 15,0 cm hoch und hat einen Radius von 2,5 cm.

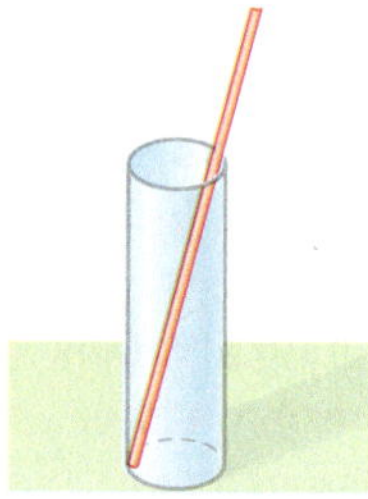

a) Gib die Länge des Strohhalms an, der 8,0 cm über den Glasrand hinausragt.

b) Ein anderer Strohhalm ragt 4,0 cm über den Rand eines Glases mit gleichem Durchmesser hinaus. Steht er senkrecht, ragt er 5,0 cm über den Glasrand hinaus. Berechne die Höhe des Glases.

25 Berechne den Umfang und den Flächeninhalt der gefärbten Fläche. Überlege zuerst, welche Eigenschaften die Fläche hat. (Maße in cm)

ein Flachbogen
hier: oberer Teil des Fensters, der flacher als ein Halbkreisbogen ist

a)

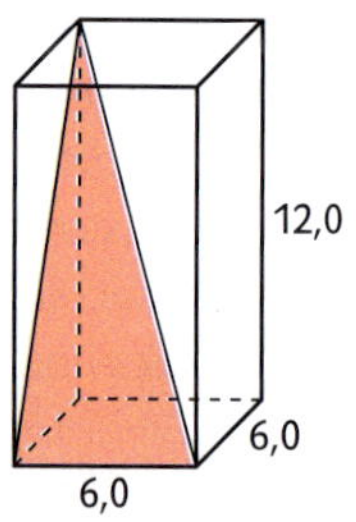

b)

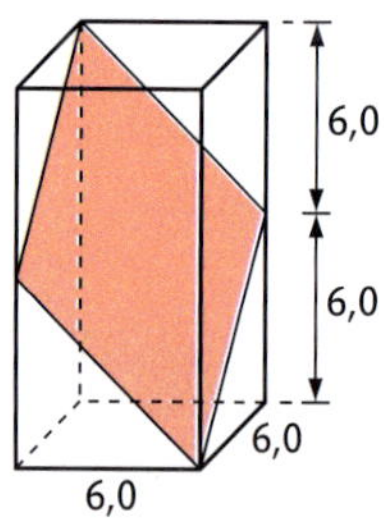

26 Der Durchmesser des Kreises beträgt $d = 10{,}0\,\text{cm}$.

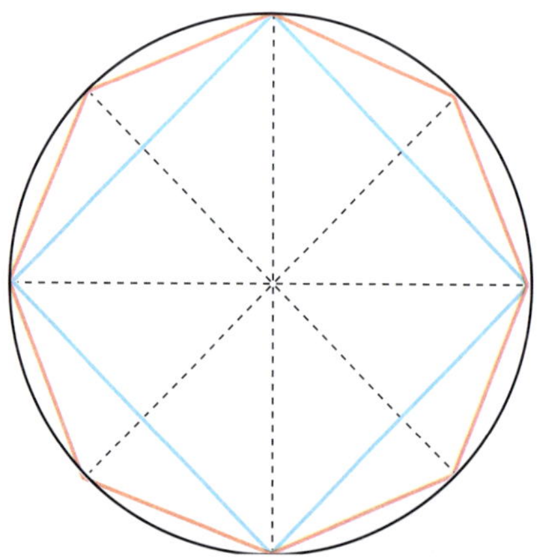

a) Berechne den Flächeninhalt und den Umfang des Quadrats.

b) Berechne den Flächeninhalt und den Umfang des Achtecks.

27 Für das Viereck ABCD gilt: $\overline{AE} = 10{,}0\,\text{cm}$; $\overline{AC} = 28{,}0\,\text{cm}$; $\overline{BC} = 19{,}5\,\text{cm}$. Der Flächeninhalt des Dreiecks ABC ist doppelt so groß wie der Flächeninhalt des Dreiecks ABD. Berechne den Umfang und den Flächeninhalt der Figur.

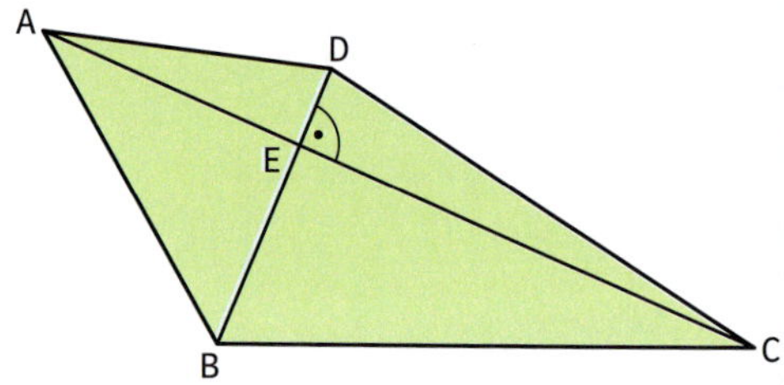

28 Der Flachbogen über einem Fenster soll eine Spannweite von 1,60 m und eine Höhe von 20 cm haben. Berechne den Radius r.

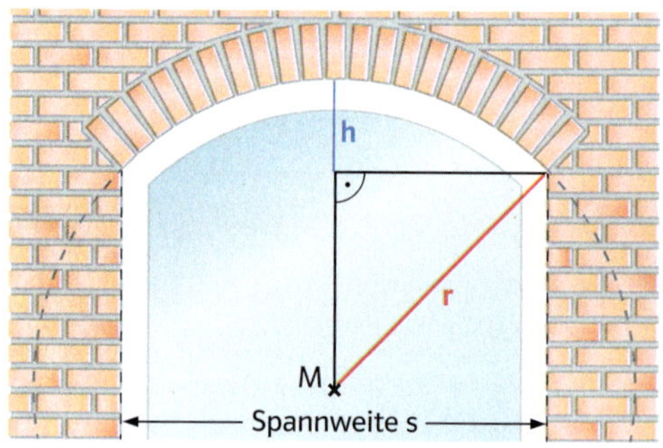

29

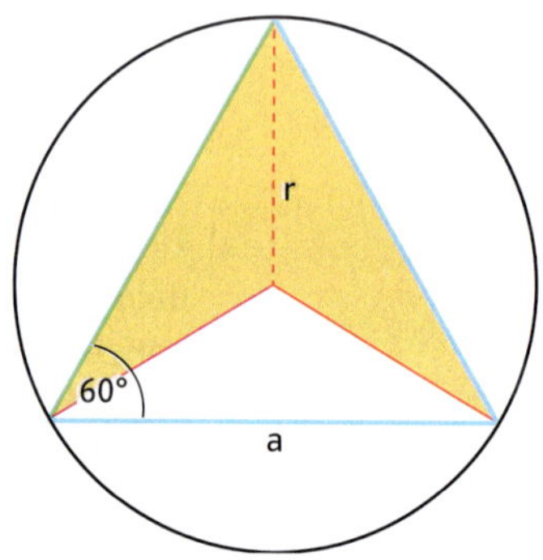

a) Berechne den Flächeninhalt der gefärbten Fläche für $a = 8\,\text{cm}$.

b) SP **Begründe** allgemein, dass für den Flächeninhalt der gefärbten Fläche gilt: $A = \frac{1}{6}a^2\sqrt{3}$.

c) SP **Begründe**, dass für den Radius des Kreises $r = a\sqrt{\frac{1}{3}}$ gilt.

Mathematik im Beruf – Pythagoras am Bau

EXTRA

Der Satz des Pythagoras geht auf den griechischen Philosophen Pythagoras von Samos zurück.
Er lebte von 570 v. Chr. bis 510 v. Chr. auf der Insel Samos. Sein berühmter mathematischer Satz über rechtwinklige Dreiecke wird heute noch in vielen Berufen angewandt. Vor allem auf Baustellen, wo oft rechte Winkel benötigt werden, ist dies der Fall. So benutzen zum Beispiel das Zimmerer- und Maurerhandwerk immer noch den Satz des Pythagoras, um rechte Winkel herzustellen oder Winkel auf Rechtwinkligkeit zu überprüfen.

Maurerhandwerk

○ 1 Heiko arbeitet als Maurer. Er hat mit zwei Kollegen die Mauern eines Raumes errichtet und abschließend die tatsächlichen Längen gemessen. Die Bauleiterin will nun überprüfen, ob die Zimmerecken auch rechtwinklig geworden sind. Dazu misst sie die Diagonale des Fußbodens.

a) Die Bauleiterin misst für die Diagonale 5,16 m und lobt die Maurer. Begründe rechnerisch, warum sie zufrieden ist.

b) Ein anderer rechteckiger Raum soll ebenfalls rechte Winkel haben. Die Maße sind: Länge: 5,60 m, Breite: 4,40 m. Welche Länge hat die Diagonale des Raums?

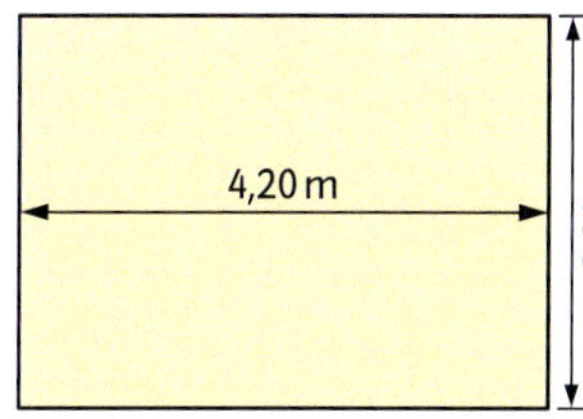

Zimmererhandwerk

Ein großes Arbeitsgebiet von Zimmerleuten ist das Errichten von Dächern. Dazu müssen die Dachsparren in der Regel rechtwinklig am Firstbalken angebracht werden. Häufig verwenden sie dazu eine 2,00 m lange Latte, auf der Markierungen bei 1,20 m und 1,60 m angebracht sind.

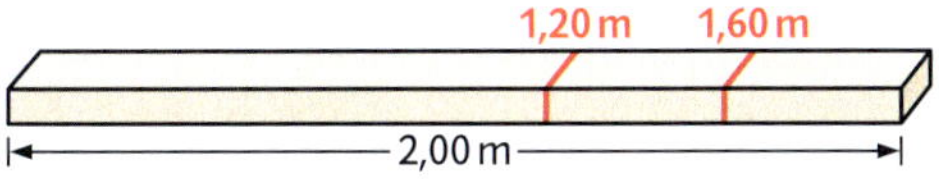

◒ 2 Kim soll einen Dachsparren rechtwinklig mit dem Firstbalken verbinden. Bevor er befestigt wird, markiert Kim den Sparren bei 1,20 m. Auf dem Firstbalken macht Kim rechts von der Stelle, wo der Sparren angesetzt werden soll, eine Markierung bei 1,60 m.

a) SP Fertige eine Skizze an und beschreibe, wie Kim die Messlatte einsetzen kann, damit der Balken rechtwinklig ansitzt.

b) Ein anderer Balken hat nur eine Länge von 80 cm. Er soll ebenfalls rechtwinklig angesetzt werden.
Zeichne eine Messlatte, mit der man auch bei kürzeren Balken auf Rechtwinkligkeit überprüfen kann.

Rückspiegel

D20 **Teste dich**

○ **1** Prüfe, ob das Dreieck ABC mit der längsten Seite c rechtwinklig ist.

a) a = 2,4 cm; b = 1,0 cm; c = 2,6 cm

b) a = 4,0 cm; b = 4,4 cm; c = 5,8 cm

○ **2** Berechne die Länge der Strecke x.

a)

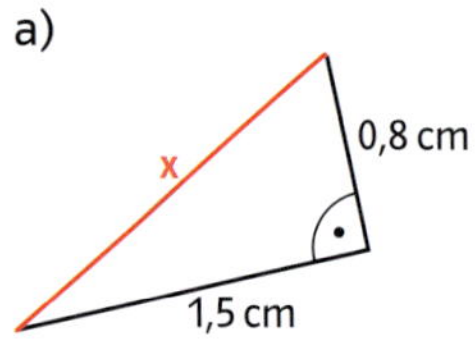

b)

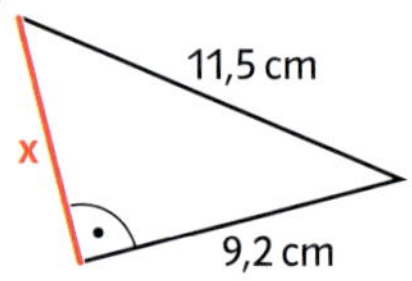

c)

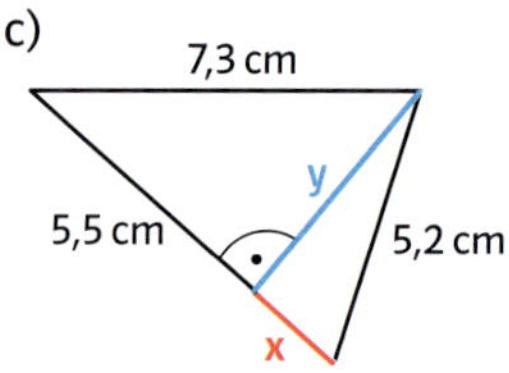

d)

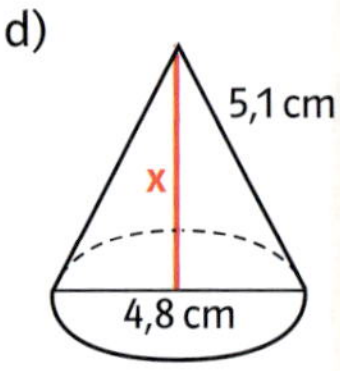

○ **3** Berechne den Umfang und den Flächeninhalt des Dreiecks.

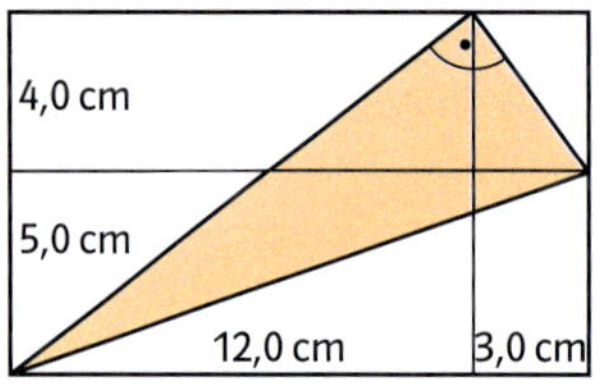

◐ **3** Berechne den Umfang und den Flächeninhalt der Figur.

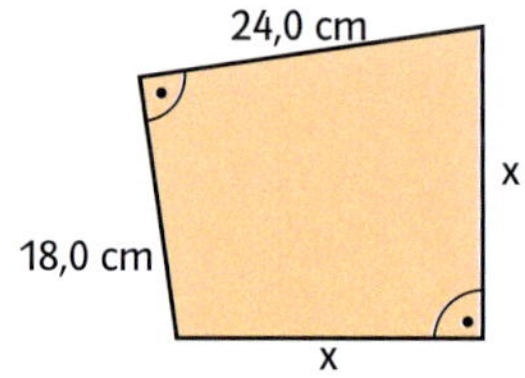

◐ **4** Berechne den Umfang und den Flächeninhalt des Dreiecks im Quader. Punkt B halbiert die Seitenkante.

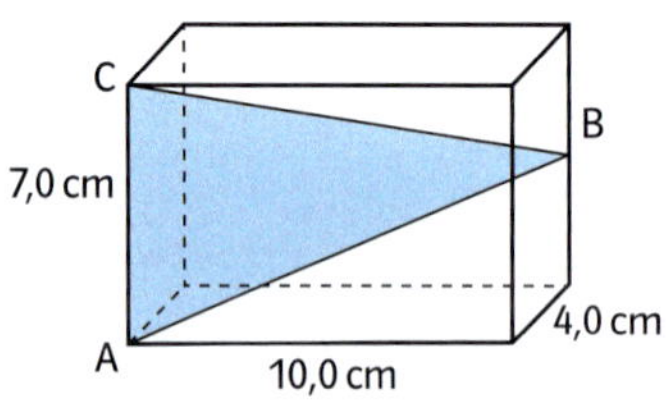

◐ **4** Berechne den Umfang und den Flächeninhalt des Dreiecks im Würfel mit a = 10,0 cm. Die Punkte B und C halbieren die Kanten.

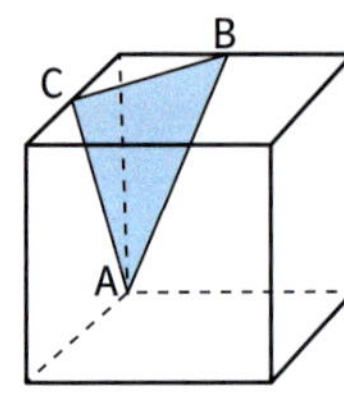

● **5** Ein 40 m hoher Baum knickt ab. Seine Spitze trifft in 20 m Entfernung auf den Boden. Wie hoch ist der Baumstumpf?

◐ **5** Wie lang sind die Dachbalken, wenn sie an beiden Enden 30 cm überstehen?

◐ **6** Zeige, dass der Flächeninhalt des Sechsecks mit der Formel berechnet werden kann:
$A = \frac{3}{2} \cdot a^2 \cdot \sqrt{3}$

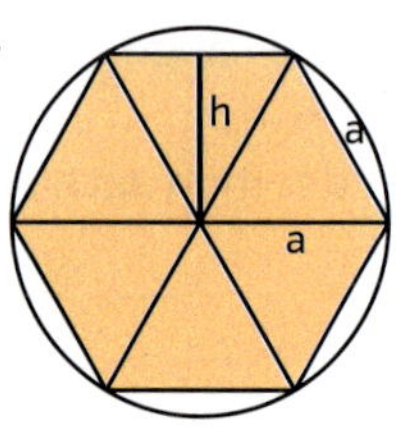

Tipp!
zu Aufgabe 6
Das Sechseck besteht aus sechs gleichseitigen Dreiecken mit der Kantenlänge a.

● **6** Zeige, dass die Raumdiagonale e eines Würfels mit der Kantenlänge a mit folgender Formel berechnet werden kann:
$e = a \cdot \sqrt{3}$

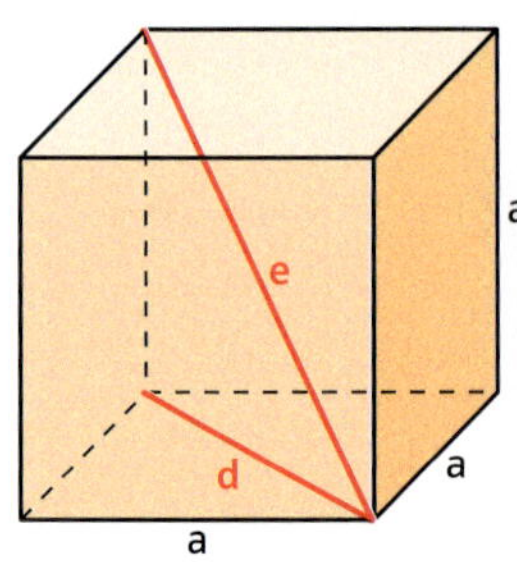

→ Die Lösungen findest du auf Seite 206.

Standpunkt | Lineare Funktionen

Wo stehe ich?

Ich kann …	gut	etwas	nicht gut	Lerntipp!
A in einem Koordinatensystem die Koordinaten von Punkten ablesen und eintragen,				→ Seite 184
B aus einem Schaubild Informationen entnehmen,				→ Seite 178
C Werte eines Terms berechnen,				→ Seite 180
D proportionale Zuordnungen erkennen,				→ Seite 178
E zu einer linearen Zuordnung eine Wertetabelle und ein Schaubild erstellen,				→ Seite 179
F Terme aufstellen,				→ Seite 180
G Gleichungen lösen.				→ Seite 183

Überprüfe dich selbst:

D21 Teste dich

A

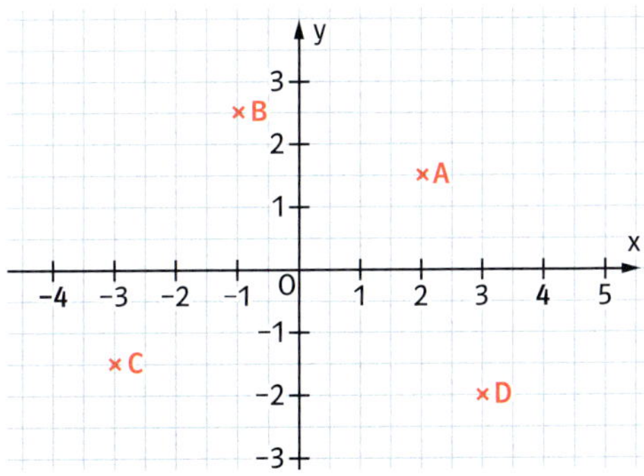

a) Lies die Koordinaten der Punkte ab.
b) Ergänze die beiden Punkte E(3|2) und F(−1,5|−2) im Heft.

B Das Schaubild zeigt die Tageshöchsttemperaturen im Juli.

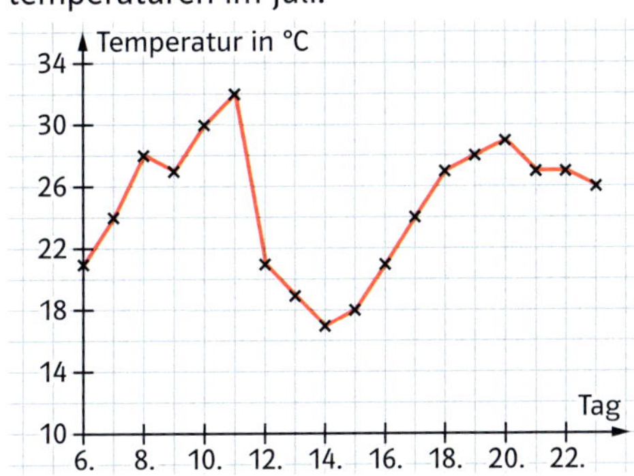

a) Gib die höchste und die niedrigste Temperatur an.
b) Lies die größte Temperaturänderung von einem Tag auf den nächsten Tag ab.

C Bestimme die Werte des Terms.

x	−3	−2	−1	0	1	2	3	4
2x + 6								

D Prüfe, ob die Zuordnung proportional ist.

a)

Gewicht in kg	1	2	3	4	5
Preis in €	1,80	3,60	5,40	7,20	9,00

b)

Menge in l	1	5	10	15	20
Preis in €	0,45	2,25	4,50	6,75	8,00

Bikesharing
Verleih von Fahrrädern

E Bei einem Bikesharing-Anbieter kann man Fahrräder für eine einmalige Gebühr von 1,00 € pro Ausleihe und einem Minutenpreis von 0,10 € nutzen.
a) Erstelle eine Wertetabelle.
b) Zeichne ein Schaubild und lies den Preis für eine Fahrt von 10 Minuten ab.

F

Josua macht den Führerschein.
Für Gebühren bezahlt er einmalig 400 €.
Für jede Sonderfahrt bezahlt er 55 €.

a) Erstelle einen Term für die Gesamtkosten.
b) Josua benötigt 12 Sonderfahrten. Bestimme mithilfe des Funktionsterms, welchen Betrag er mindestens bezahlen muss.

G Löse die Gleichung.
a) $3x - 11 = 28$
b) $25 - 2x = 16 - 5x$
c) $5x + 10 = 3x - 30$
d) $2{,}5(x - 4) = 1{,}5x - 2$

→ Die Lösungen findest du auf Seite 208.

4 Lineare Funktionen

1 Die Schaubilder A und B zeigen die Höhenprofile zweier Mountainbike-Touren im Hochsauerland und im Schwarzwald.
Beschreibt die Schaubilder und ergänzt die beiden Tourenbeschreibungen. Entnehmt den Schaubildern die fehlenden Werte.

2 Aus den Schaubildern lässt sich auch ablesen, welche Anforderungen an die Fahrer gestellt werden. Beantwortet die nachfolgenden Fragen: Welche Tour hat mehr Steigungen, welche mehr ebene Abschnitte? Bei welcher Tour muss man vermutlich mehr Höhenmeter überwinden?

Hochsauerland

Länge:	▪	km
Tiefster Punkt:	▪	m
Höchster Punkt:	▪	m
Höhe Start:	▪	m
Höhe Ziel:	▪	m

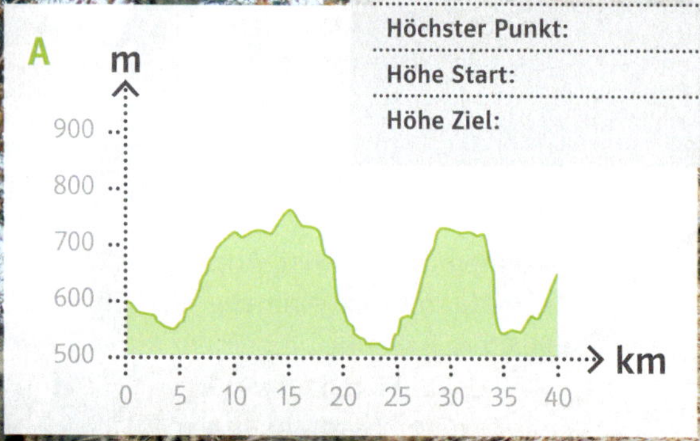

Schwarzwald

Länge:	▪	km
Tiefster Punkt:	▪	m
Höchster Punkt:	▪	m
Höhe Start:	▪	m
Höhe Ziel:	▪	m

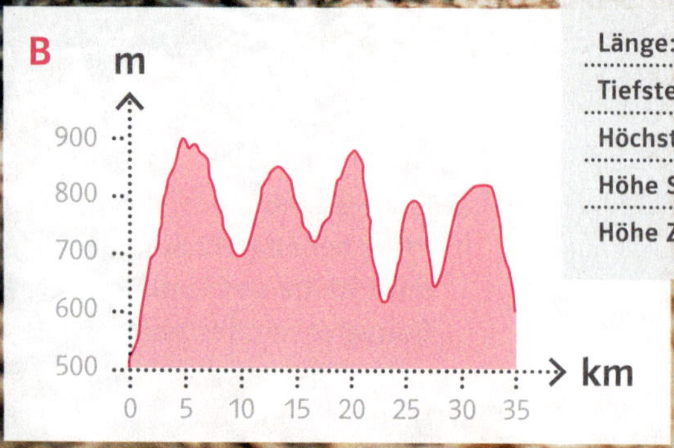

3 **Das Schaubild C zeigt sowohl das Höhenprofil als auch das Geschwindigkeitsprofil einer Mountainbike-Tour. Der blaue Graph zeigt die Höhenmeter, der rote Graph die Geschwindigkeit.**
Beschreibt den Verlauf der beiden Graphen. Könnt ihr einen Zusammenhang erkennen?

Ich lerne,

- was eine Funktion ist,
- wie man Funktionen beschreibt und darstellt,
- was proportionale und lineare Funktionen sind,
- wie man proportionale und lineare Funktionen im Koordinatensystem zeichnet,
- wie man mithilfe dynamischer Geometriesoftware lineare Funktionen zeichnet,
- wie man mathematische Modelle zur Lösung von Alltagssituationen verwendet,
- wie man in Messreihen mithilfe eines Tabellenkalkulationsprogramms einen linearen Zusammenhang identifiziert.

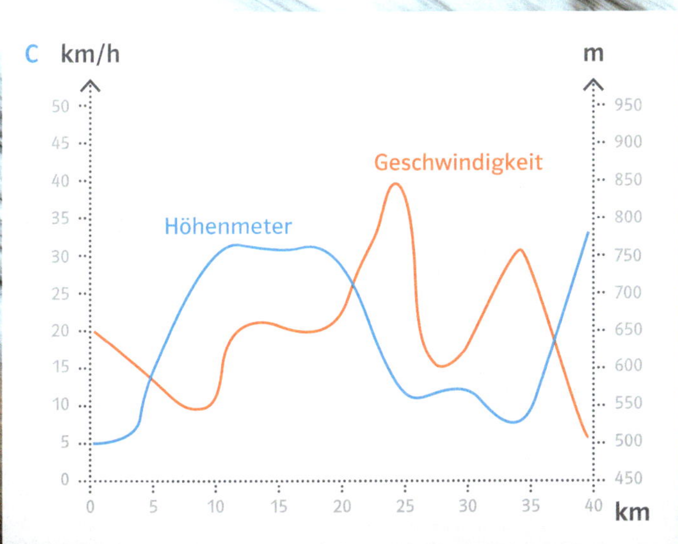

1 Funktionen

eine Pulsfrequenz
Anzahl der Herzschläge pro Minute

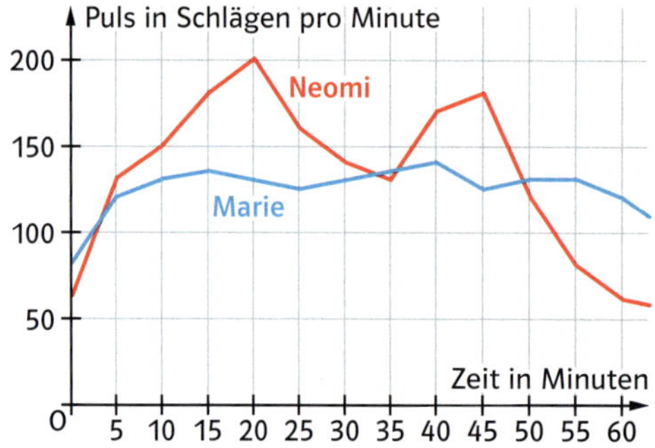

Das Schaubild zeigt die Pulsfrequenzen von Marie und Neomi beim Laufen.
➔ Bestimme, welche der beiden Läuferinnen gleichmäßiger trainiert.
➔ Welche Läuferin hat die höhere Belastung?
➔ Erkundigt euch, warum viele Menschen beim Sport ihre Pulsfrequenz kontrollieren.

In vielen Situationen bestimmt eine erste Größe (Ausgangsgröße) eine zweite Größe. Man kann zum Beispiel jedem Zeitpunkt genau eine gemessene Temperatur zuordnen. Eine solche Zuordnung nennt man eine **eindeutige Zuordnung** oder **Funktion**. Funktionen werden häufig in **Wertetabellen** und als **Graphen** im Koordinatensystem dargestellt. Die Werte der ersten Größe werden x-Werte und die Werte der zweiten Größe werden y-Werte genannt.

Tipp!
1. Größe ↦ 2. Größe
x (Uhrzeit) ↦ y (Temperatur in °C)

In der Wertetabelle sind die **Wertepaare** dargestellt, zum Beispiel (12:00 | 16 °C).

x (Uhrzeit)	06:00	09:00	12:00	15:00	18:00	21:00
y (Temperatur in °C)	7	10	16	18	17	14

Das Schaubild zeigt den Verlauf des **Funktionsgraphen**.

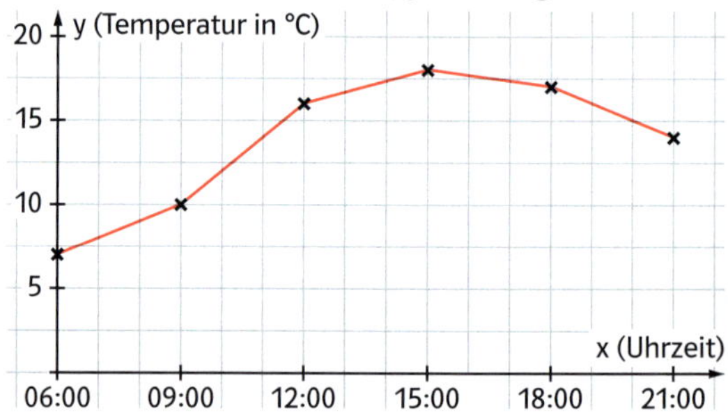

Merke Eine **Funktion** ordnet jedem Wert einer ersten Größe (x-Wert) genau einen Wert einer zweiten Größe (y-Wert) zu. Eine Funktion heißt daher auch **eindeutige Zuordnung**. Die zugeordneten Werte der zweiten Größe nennt man **Funktionswerte**.

Beispiele

a) Beim Bergwandern lässt sich jedem Punkt auf dem Weg genau eine Höhe zuordnen. Die Zuordnung ist **eindeutig**, also eine **Funktion**.

Wertetabelle mit Wertepaaren:

x (Weg in km)	1	2	3	4	5
y (Höhe in m)	800	850	950	975	950

Schaubild mit Funktionsgraph:

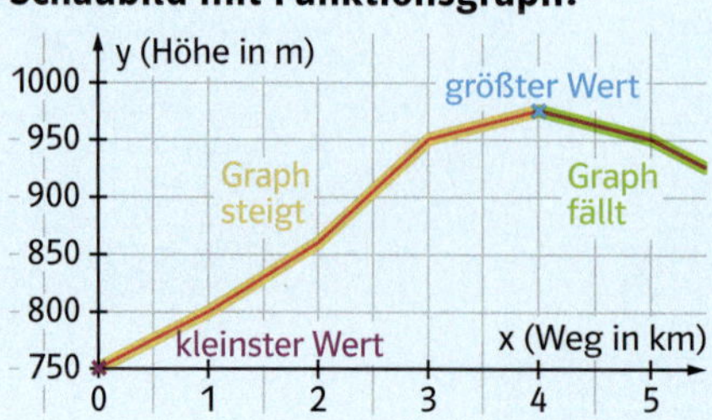

b) Bei Wetterbeobachtungen gibt es Temperaturen, die sich mehreren Uhrzeiten zuordnen lassen. Die Zuordnung ist **nicht eindeutig**, also **keine Funktion**.

Wertetabelle mit Wertepaaren:

x (Temperatur in °C)	10	15	15	20	25
y (Uhrzeit)	04:00	02:00	06:00	10:00	12:00

Schaubild:

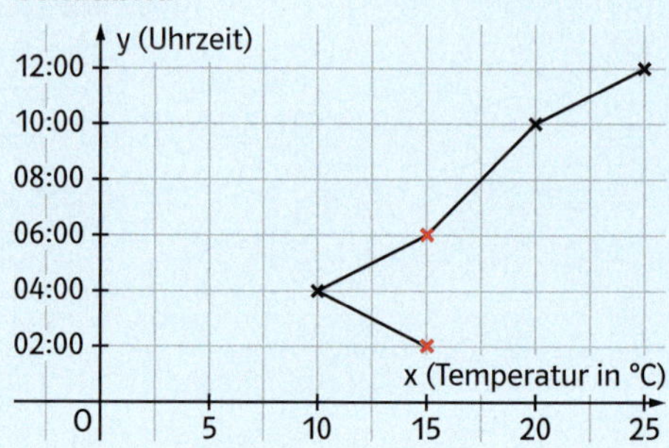

○ **1** Das Schaubild zeigt die Wassertemperaturen des Bodensees.

a) Erstelle aus dem Schaubild eine Wertetabelle.

b) Wann war das Wasser am wärmsten, wann am kältesten?

c) Gib den maximalen Temperaturunterschied an.

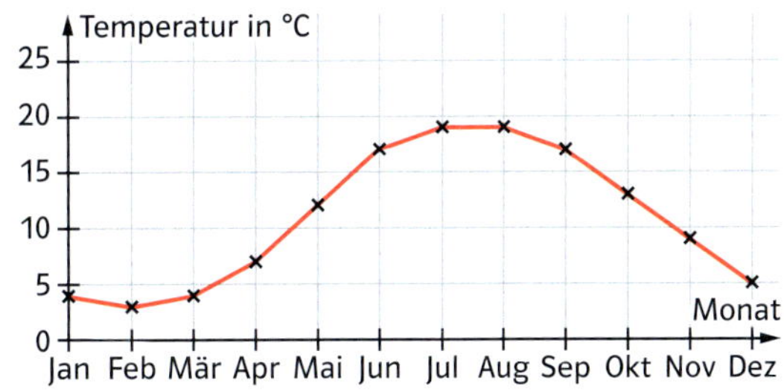

○ **2** Zeichne zur Wertetabelle den Graphen der Funktion in ein Koordinatensystem.

a)

x (Länge in m)	0	1	2	3	4
y (Gewicht in kg)	0	2,5	5	7,5	10

b)

x (Alter in Jahren)	0	1	2	3	4
y (Größe in cm)	50	75	90	95	105

Alles klar?

D22 Fördern

A Das Schaubild zeigt den Hochwasserpegel des Rheins Ende 2012 in Köln.

a) Vervollständige die Wertetabelle mithilfe des Schaubilds.

Tag	25.11.	2.12.	9.12.	16.12.	23.12.	30.12.
Pegel in cm				285		

b) An welchem Tag gab es den höchsten Pegelstand, an welchem den niedrigsten?

B Zeichne den Graphen zur Wertetabelle der Funktion in ein geeignetes Koordinatensystem.

a)

x (Zeit in Tagen)	0	1	2	3	4
y (Wachstum in cm)	0	2	3	6	10

b)

x (Zeit in min)	0	10	15	20	50
y (Weg in km)	0	2	3	4	10

○ **3** In der Wertetabelle und im Schaubild fehlen Werte. Übertrage die Tabelle und das Schaubild ins Heft und vervollständige sie.

Zeit in min	0	10	20	30	40	50
Weg in cm	0	15		35		

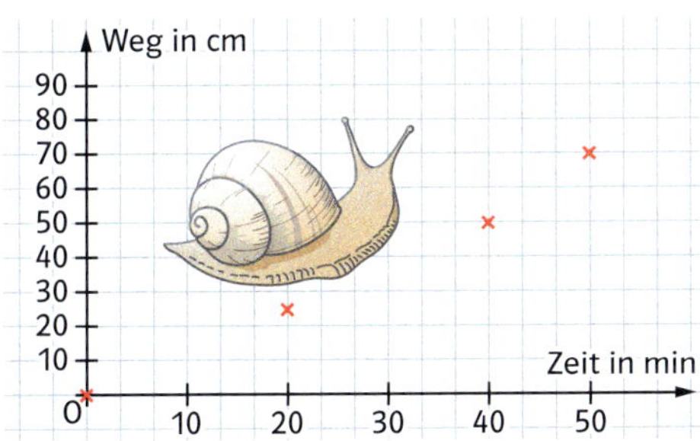

◐ **3** Das Diagramm zeigt die Preisentwicklung des Dieselkraftstoffs von 2015 bis 2022.

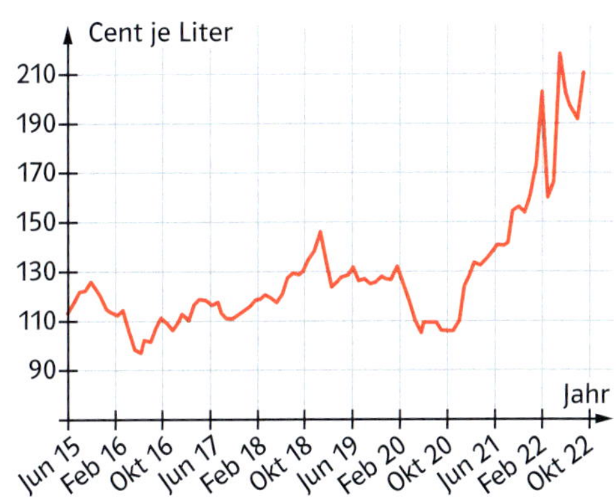

a) Wann war der Dieselpreis am höchsten, wann am niedrigsten?

b) SP In welchem Abschnitt stieg bzw. fiel der Dieselpreis am stärksten? Beschreibe.

→ Die Lösungen zu „Alles klar?“ findest du auf Seite 209 .

○ **4** Das Schaubild zeigt die Anzahl der Badegäste in einem Schwimmbad.

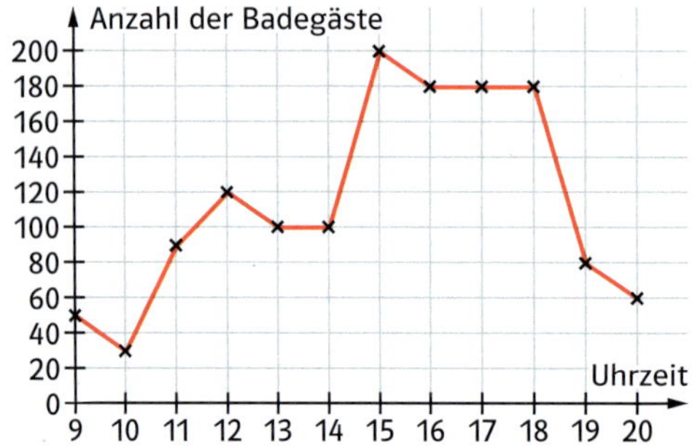

a) Lies die größte und kleinste Anzahl ab.

b) Gib die Uhrzeiten an, zwischen denen die meisten Badegäste dazukamen.

c) SP Um 13:30 Uhr waren 110 Badegäste im Bad. Vergleiche mit dem Schaubild. **Erkläre**.

◒ **5** Korrigiere die **Fehler** in der Wertetabelle.

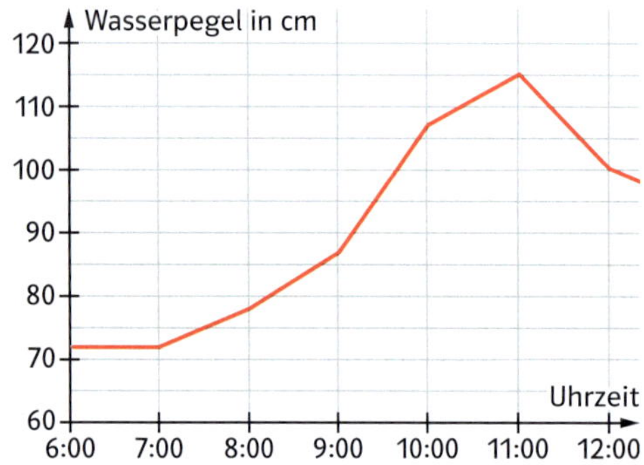

Uhrzeit	6:00	7:00	8:00	9:00	10:00	11:00	12:00
Wasserpegel in cm	72	75	78	97	107	115	95

◒ **6** Die Klasse 9a macht eine Wanderung.

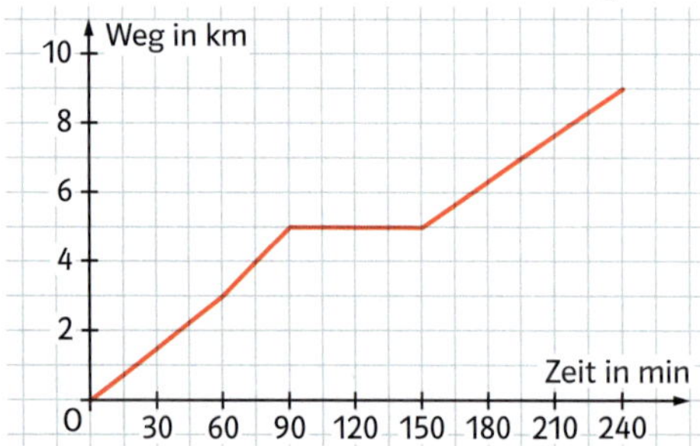

a) Bestimme, wie weit die Wanderung ist.

b) Lies die Länge der Pause ab.

c) Bestimme den Zeitraum, wann die Klasse am schnellsten wanderte.

d) **Begründe**, dass eine eindeutige Zuordnung, also eine Funktion dargestellt ist.

eine Rast
– eine Pause
– ein Halt
– eine Unterbrechung

◒ **4** SP Erstelle zur Wertetabelle ein Schaubild. **Beschreibe**, in welchem Bereich der Funktionsgraph steigt bzw. fällt.

Zeit in min	0	10	20	30	40	50
Temperatur in °C	20	45	50	35	30	40

◒ **5** SP Peter stellt seine Geschwindigkeit bei einer Radtour in einem Diagramm dar.

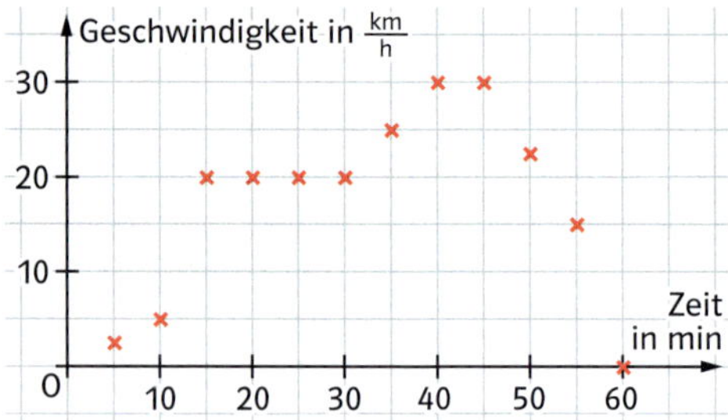

a) Welche Aussagen treffen zu? **Begründe**.
(1) Peters höchste gemessene Geschwindigkeit betrug 30 $\frac{km}{h}$.
(2) Peter legte zwei Pausen ein.
(3) Peter könnte nach 12 Minuten 20 $\frac{km}{h}$ schnell gewesen sein.

b) Darf Peter die Punkte verbinden? **Begründe**.

● **6** SP Familie Weller fährt mit dem Wohnmobil von Köln an den Bodensee. Das Schaubild zeigt den Tankinhalt.

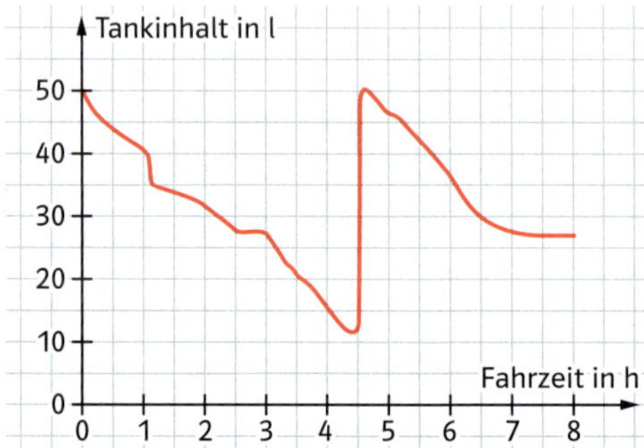

a) Welche der Aussagen treffen zu? **Begründe**.
(1) Um 8:30 Uhr wurde eine Rast gemacht.
(2) Um 13:00 Uhr war der Tank leer.
(3) Eine Tankfüllung reicht bis an den See.
(4) Der Durchschnittsverbrauch für die 550 km lange Fahrt betrug mehr als 10 l pro 100 km.

b) **Entscheide**, ob das Schaubild eine Funktion darstellt. **Begründe**.

2 Funktionsgleichungen

Das Ehepaar Kalay prüft das Angebot für eine Urlaubsreise. Das Zimmer kostet pro Nacht 80,00 €. Für die Zugfahrt kommen noch 300,00 € pro Person hinzu.

→ Erstelle eine Wertetabelle für die ersten 7 Tage.
→ Wie hoch sind die Kosten für zwei Wochen?
→ Gib einen Term an, mit dem das Ehepaar Kalay die Kosten für eine beliebige Anzahl von Tagen berechnen kann.

Funktionen können in Wertetabellen und als Graphen im Koordinatensystem dargestellt werden. Gibt es einen Term, mit dem alle Funktionswerte berechnet werden können, so kann man die Funktion **mit Worten beschreiben** sowie einen **Funktionsterm** und eine **Funktionsgleichung** aufstellen.

Merke

Mithilfe einer **Funktionsgleichung** kann man zu jedem x-Wert den zugehörigen **Funktionswert f(x)** berechnen und eine Wertetabelle aufstellen. Anhand der **Wertepaare** kann der Funktionsgraph gezeichnet werden. Umgekehrt kann man mithilfe der **Punktprobe** überprüfen, ob ein Wertepaar zu einer Funktion gehört.

Beispiel

Beschreibung mit Worten
1 kg Birnen kostet 3,00 €.
x kg Birnen kosten 3,00 € · x.

Funktionsterm und Funktionsgleichung

Erste Größe x:	Gewicht der Birnen in kg
Zweite Größe y = f(x):	Preis in €
Zuordnungsvorschrift:	$x \mapsto 3 \cdot x$
Funktionsterm:	$3 \cdot x$
Funktionsgleichung:	$f(x) = 3 \cdot x$ oder $y = 3 \cdot x$

Berechnung eines Wertepaars
4 kg Birnen kosten 3,00 € · 4 = 12,00 €.
Kürzer: Für $x = 4$ gilt: $f(4) = 3 \cdot 4 = 12$
Wertepaar: (4 | 12)

Wertetabelle

x (Gewicht in kg)	0	1	2	3	4
f(x) (Preis in €)	0	3	6	9	12

Funktionsgraph

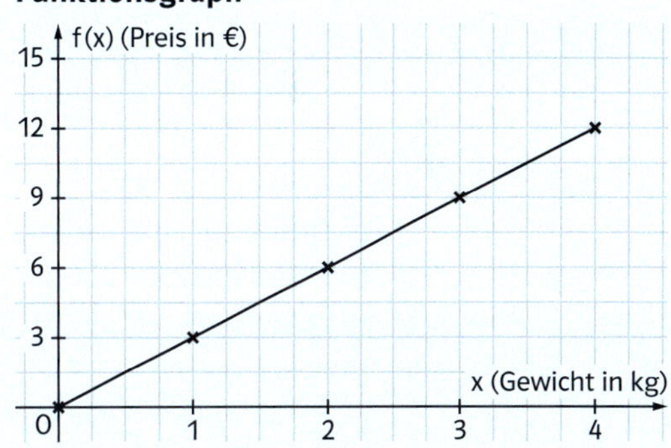

Tipp!
Statt y = schreibt man auch f(x) = .
Für f(x) = 2x liest man: „f von x gleich zwei x“.

Punktprobe
Die Koordinaten eines Punkts in die Funktionsgleichung einsetzen:

(5 | 15)
$f(x) = 3 \cdot x$
$15 = 3 \cdot 5$
$15 = 15$ ✓
(5 | 15) gehört zum Funktionsgraphen.

(6 | 16)
$f(x) = 3 \cdot x$
$16 = 3 \cdot 6$
$16 \neq 18$
(6 | 16) gehört nicht zum Funktionsgraphen.

○ **1** Berechne zu den x-Werten die zugehörigen Funktionswerte.

a) $f(x) = 5 \cdot x$

x	0	1	2	3	4	5	6
f(x)	■	5	■	■	■	■	■

b) $y = x + 3$

x	0	1	2	3	4	5	6
y	■	■	■	■	■	■	■

○ **2** SP Ordne den Aussagen die passende Funktionsgleichung zu.

a) Ein Flasche Bio-Apfelsaft kostet im Internet 3,00 €. Der Versand kostet pauschal 2,00 €.
b) Ein Baguette kostet 2,00 €.
c) Ein Taxiunternehmen verlangt einen Grundpreis von 3,00 € und pro gefahrenem Kilometer 2,00 €.

$f(x) = 2 \cdot x$ $f(x) = 2 \cdot x + 3$ $f(x) = 3 \cdot x + 2$

○ **3** Auf dem Markt kostet 1 kg Äpfel 2,50 €. Stelle eine Funktionsgleichung auf und erstelle eine Wertetabelle. Zeichne anschließend ein Schaubild.

○ **4** Liegt der Punkt auf dem Graphen der Funktionsgleichung $f(x) = 2x + 1$? Überprüfe mit der Punktprobe.

a) P(4 | 9) b) Q(6 | 14) c) R(5 | 11) d) S(−3 | −5) e) T(−10 | −21)

Alles klar?

D23 Fördern

A Je eine Funktionsgleichung, eine Wertetabelle und ein Schaubild gehören zusammen.

$f(x) = 2x$ $f(x) = \frac{1}{2}x - 1$ $f(x) = 3x + 2$ $f(x) = -x + 1$

(1)

x	−2	−1	0	1	2	3
f(x)	3	2	1	0	−1	−2

(2)

x	−2	−1	0	1	2	3
f(x)	−2	−1,5	−1	−0,5	0	0,5

(3)

x	−2	−1	0	1	2	3
f(x)	−4	−2	0	2	4	6

A
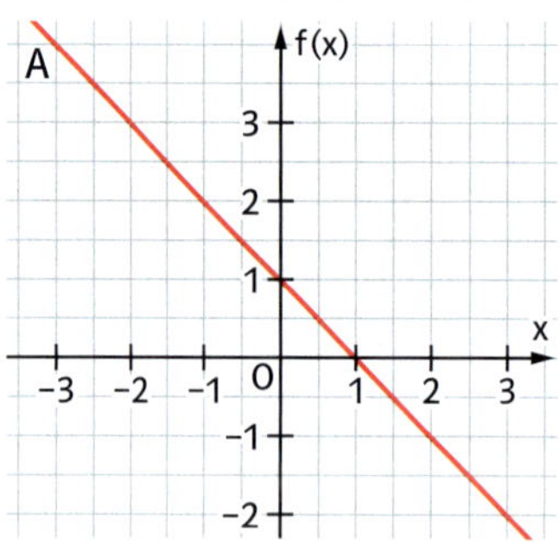

B
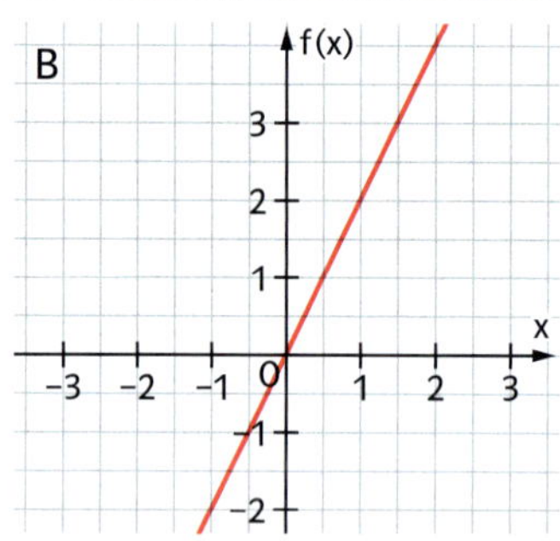

C
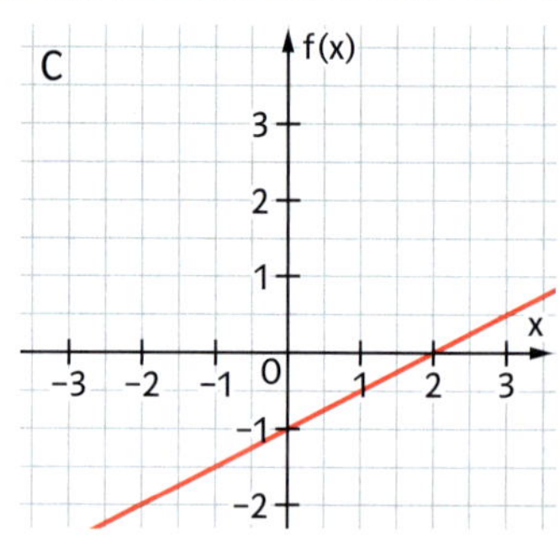

a) Ordne zu. Eine Funktionsgleichung bleibt übrig.
b) Erstelle zu der übrigen Funktionsgleichung eine Wertetabelle und zeichne den Graphen.

○ **5** Berechne die Funktionswerte und zeichne das Schaubild.

a) $f(x) = 2x + 3$

x	0	1	2	3	4	5	6
f(x)	■	■	■	■	■	■	■

b) $f(x) = 3x - 2$

x	−2	−1	0	1	2	3	4
f(x)	■	■	■	■	■	■	■

○ **6** Prüfe mit einer Punktprobe, ob die Punkte zum Graphen der Funktion gehören.

A(2 | 4) B(3 | 2) C(1,5 | 3,5)

a) $y = x + 2$ b) $y = 2x - 4$ c) $y = \frac{1}{2}x + 3$

◒ **5** Erstelle für ganzzahlige Werte von $x = -3$ bis $x = 3$ eine Wertetabelle. Zeichne anschließend den Graphen.

a) $f(x) = x + 4$ b) $f(x) = 2x - 2$
c) $f(x) = \frac{1}{2}x + 2$ d) $f(x) = 1{,}5x - 3$

◒ **6** Vervollständige die Wertetabelle.

a) $y = x - 10$

x	−8	■	■	0	3	■	■
y	■	−15	−12	■	■	0	7

b) $y = 2x + 5$

x	−6	■	−2	■	■	5	■
y	■	−3	■	5	11	■	23

→ Die Lösungen zu „Alles klar?" findest du auf Seite 209.

ein Duftpod
Ein Duft-Aufsatz aus Plastik, den man auf die Trinkflasche setzt. Durch den Duft denkt man, das normale Trinkwasser hätte Geschmack.

7 Der Punkt P gehört zum Graphen der Funktion. Vervollständige.

a) P(4 | ▒); $y = x - 2$ b) P(5 | ▒); $y = 4x - 5$
c) P(7 | ▒); $y = 2x + 1$ d) P(6 | ▒); $y = -x + 4$

8 Ordne jeder Aussage einen Graphen zu.
(1) Pro Stück bezahlt man 1 €.
Die Versandgebühr beträgt 3 €.
(2) Jedes Mixgetränk kostet 1,50 €.
(3) In 2 Stunden kam die Tunnelbohrmaschine 1 m vorwärts.

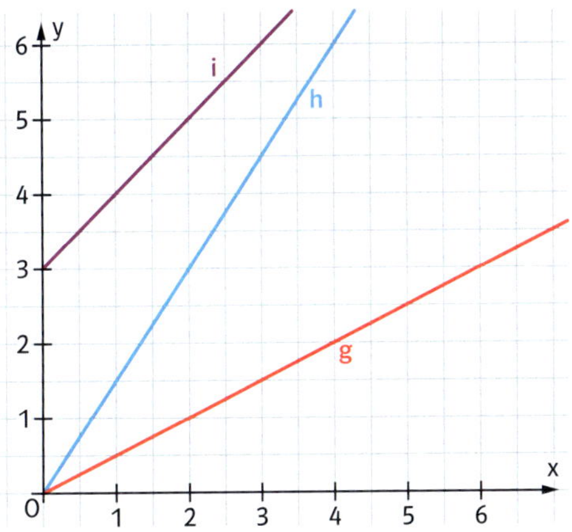

9 SP Überlege dir zur Gleichung eine Sachsituation. Wofür steht x und wofür y?

a) $y = 2x$ b) $y = x + 10$
c) $y = 1{,}5x + 2{,}5$ d) $y = \frac{1}{2}x + 7{,}5$

10 Die Mitgliedschaft in einem Sportverein kostet im Monat 15,00 €. Der Sportverein betreibt auch ein Fitnessstudio.
Die Tageskarte kostet 6,00 €.

a) Stelle eine Funktionsgleichung auf, mit der du die monatlichen Kosten berechnen kannst.
b) Erstelle eine Wertetabelle für die ersten 10 Besuche im Studio.
c) Zeichne den Funktionsgraphen.

7 Eine Packung Duftpods für ein Wassergetränk enthält 5 Stück. Eine Packung kostet 9 €. Die Versandkosten betragen pauschal 3 €.

a) Mit welcher Funktionsgleichung kannst du die Kosten für eine Bestellung berechnen? Wofür steht x?

$y = 5 \cdot x + 3$ $y = 9 \cdot x + 3$ $y = 3 \cdot x + 5$

b) Frau Vogel bezahlt für ihre Lieferung 111 €. Wie viele Packungen hat sie bestellt?
c) SP Diskutiert, wie nachhaltig Duftpods sind. Überlegt gemeinsam gesunde Möglichkeiten, wie man Wasser Geschmack geben kann.

8 SP Das Schaubild zeigt vier Geraden. Zur roten Geraden gehört die Vorschrift: „Verdopple die Zahl und addiere 1.“
Gib Vorschriften für alle Geraden an.

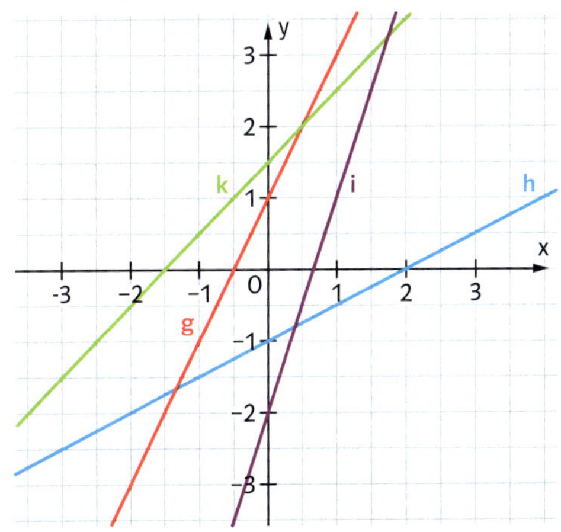

9 Bestimme die Funktionsgleichung, die zur Wertetabelle gehört.

a)

x	0	1	2	3	4
f(x)	0	2	4	6	8

b)

x	0	1	2	3	4
f(x)	0	−2	−4	−6	−8

c)

x	0	1	2	3	4
f(x)	−1	1	3	5	7

d)

x	0	1	2	3	4
f(x)	1	1,5	2	2,5	3

3 Steigung. Proportionale Funktionen

horizontal
– waagerecht
– parallel zum Horizont

Die Baldwin Street in Neuseeland ist eine der steilsten Straßen der Welt. Auf einer horizontalen Streckenlänge von 300 m steigt die Straße um 105 m an.

➔ Skizziere in deinem Heft.

➔ Um wie viel Meter steigt die Straße auf einer Länge von 100 m an?

➔ Die Filbert Street liegt in San Francisco. An der steilsten Stelle steigt sie auf einer Länge von 100 m um 31,5 m an. Zeichne sie ebenfalls in deine Skizze ein und vergleiche.

Bei einer proportionalen Zuordnung genügt ein Wertepaar, um weitere Wertepaare bestimmen zu können.
Kosten beispielsweise 3 kg Erdbeeren 4,50 €, so bezahlt man für 1 kg Erdbeeren 4,50 € : 3 = 1,50 €.

x (Gewicht in kg)	1	2	3	4	5
y (Preis in €)	1,50	3,00	4,50	6,00	7,50

Der Quotient aus Preis und Gewicht ist immer gleich:

$\frac{y}{x} = \frac{1,50}{1} = \frac{3,00}{2} = \frac{4,50}{3} = \frac{6,00}{4} = \frac{7,50}{5} = 1,50$

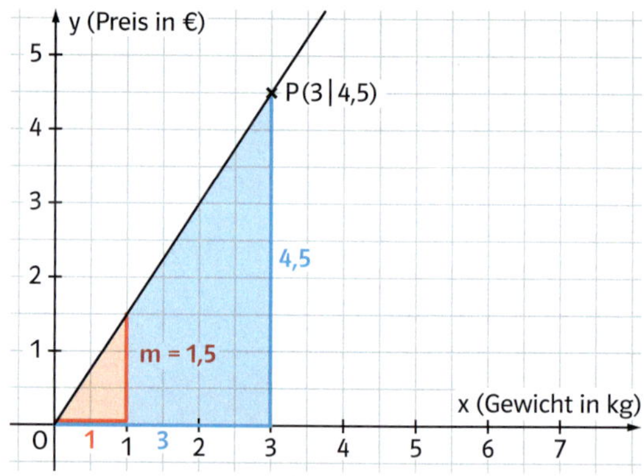

Der Quotient aus Preis und Gewicht bestimmt die **Steigung** der zugehörigen Geraden. Allgemein bezeichnet man bei proportionalen Zuordnungen den Quotienten aus y-Wert und x-Wert als **Steigung** $m = \frac{y}{x}$.

Merke

Eine Funktion mit der Gleichung $y = m \cdot x$ heißt **proportionale Funktion**.
Ihr Graph ist eine **Gerade**, die durch den Ursprung O(0 | 0) des Koordinatensystems geht.
Der **Faktor m** gibt die **Steigung** der Geraden an.

Beispiele

Tipp!
Positive Steigung

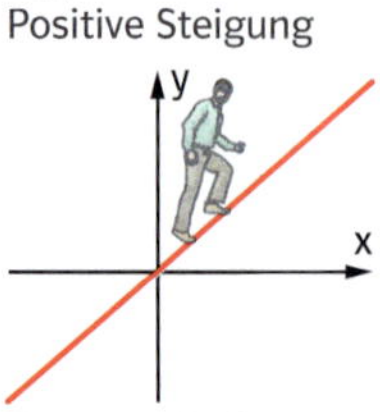

Negative Steigung

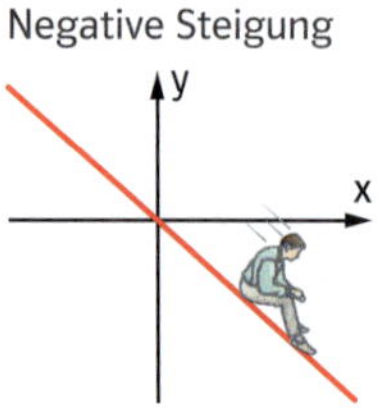

a) **Gerade zeichnen mit einem Steigungsdreieck**
Funktionsgleichung: $y = 2x$
Gerade durch den Ursprung mit der Steigung $m = 2 = \frac{2}{1}$.

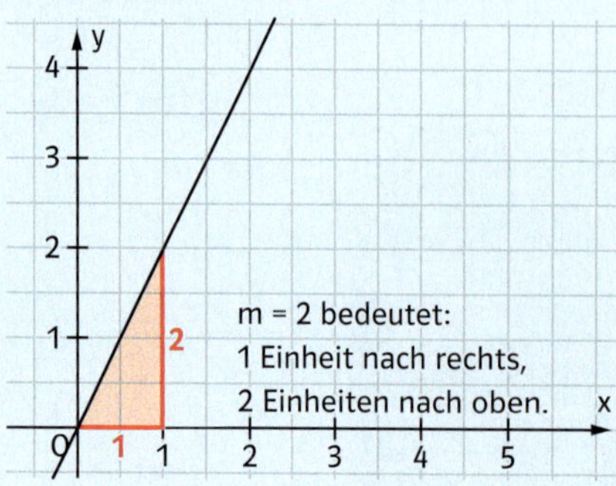

b) **Funktionsgleichung über ein Steigungsdreieck bestimmen**

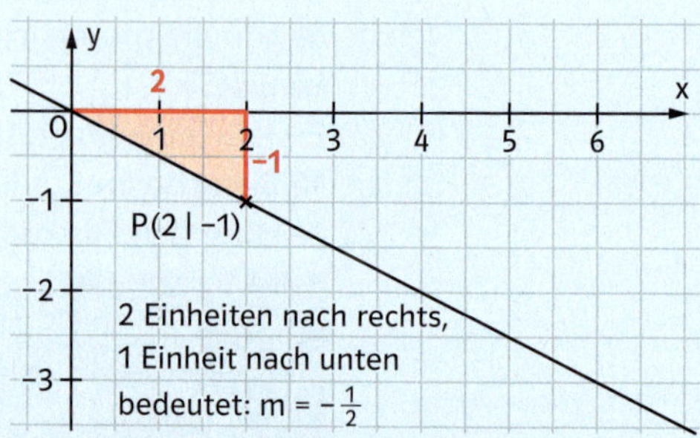

Gerade durch den Ursprung mit der Steigung $m = -\frac{1}{2}$.

Funktionsgleichung: $y = -\frac{1}{2}x$

○ **1** Lies die Steigung ab und ordne dem Schaubild die richtige Funktionsgleichung zu.

$y = -2x$ $y = -\frac{1}{2}x$ $y = \frac{1}{2}x$ $y = 2x$

a) b) c) d)

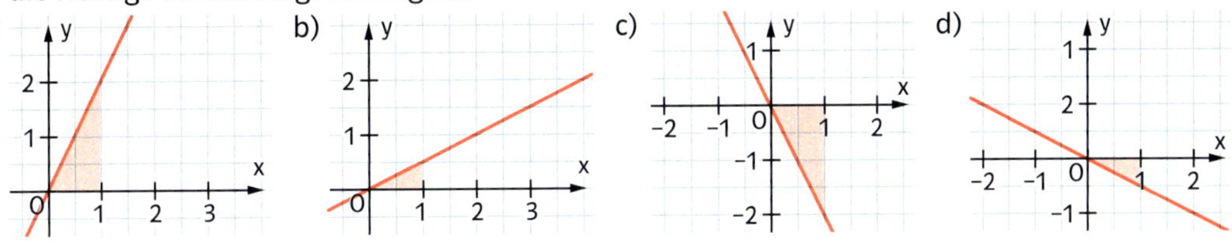

○ **2** Gib die Funktionsgleichungen der beiden Geraden an. Worin unterscheiden sie sich?

a) b) c) d)

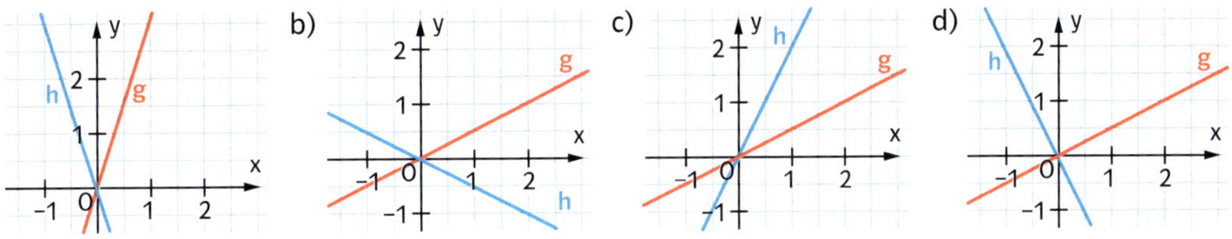

○ **3** Zeichne das Schaubild der proportionalen Funktion.

a) $f(x) = 2x$ b) $g(x) = x$ c) $h(x) = 3x$ d) $k(x) = 1{,}5x$ e) $l(x) = -4x$

Alles klar?

D24 Fördern

A Je eine Gleichung, eine Wertetabelle und ein Schaubild gehören zusammen. Ordne zu.

(1)

x	−2	−1	0	1
y	4	2	0	−2

(2)

x	2	4	6	8
y	1	2	3	4

$y = \frac{1}{2}x$ $y = -2x$

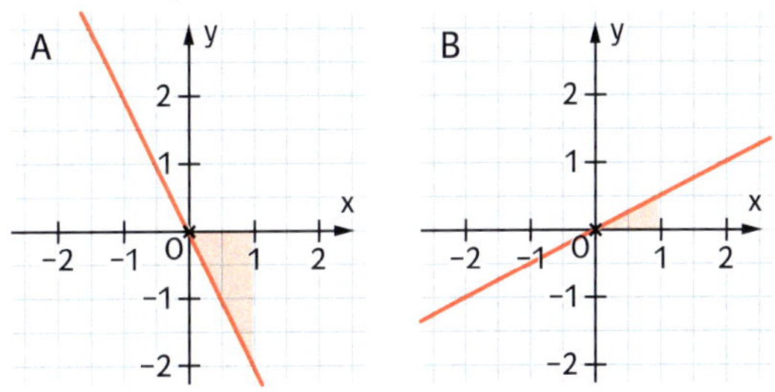

B Zeichne den Graphen der proportionalen Funktion durch den Punkt P. Gib die Steigung an.

a) P(1|3) b) P(2|5) c) P(2|−3) d) P(−2|1)

○ **4** SP

a) Zeichne die Geraden mithilfe eines Steigungsdreiecks. Gehe dazu vom Ursprung
- 1 nach rechts und 4 nach oben (g_1).
- 1 nach rechts und 2 nach unten (g_2).
- 1 nach rechts und 1,5 nach oben (g_3).
- 2 nach rechts und 5 nach oben (g_4).
- 3 nach rechts und 6 nach unten (g_5).
- 2 nach rechts und 2 nach unten (g_6).
- 4 nach rechts und 2 nach unten (g_7).

b) Gib zu jeder Geraden an, durch welche Quadranten sie verläuft.

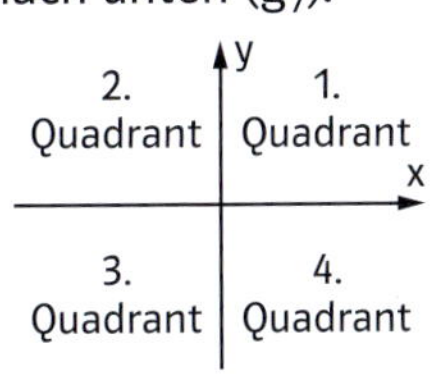

○ **4** Ordne den Geraden die richtige Steigung zu.

$m = -4$ $m = -\frac{3}{2}$ $m = 2$ $m = \frac{1}{4}$ $m = -\frac{1}{3}$

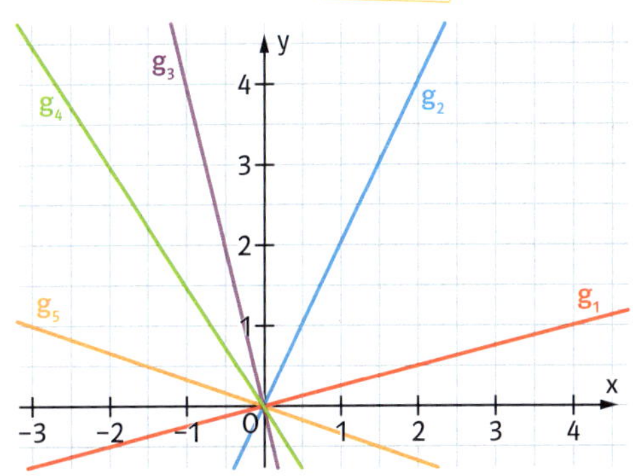

→ Die Lösungen zu „Alles klar?" findest du auf Seite 210.

5 SP Welche Funktionsgleichung gehört zu welcher Geraden? **Begründe**.

(1) $y = 3x$ (2) $y = \frac{1}{2}x$

(3) $y = -x$ (4) $y = -\frac{1}{2}x$

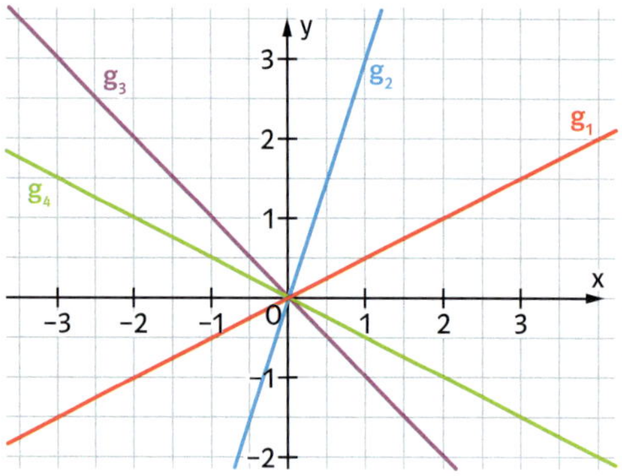

6 Das Schaubild zeigt die Preise für Tomaten und Karotten.
Stelle für jedes Gemüse eine Funktionsgleichung auf.

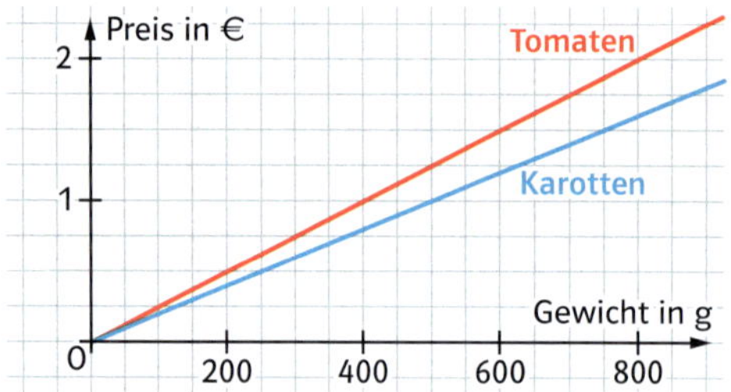

7 Die Wertetabelle gehört zu einer proportionalen Funktion. Gib die Funktionsgleichung an.

a)

x	1	3	5	7	9
f(x)	−2	−6	−10	−14	−18

b)

x	−2	−1	0	1	2	3
f(x)	−6	−3	0	3	6	9

8 SP Welchen **Fehler** hat Sascha beim Zeichnen gemacht? **Beschreibe** und korrigiere den Fehler.

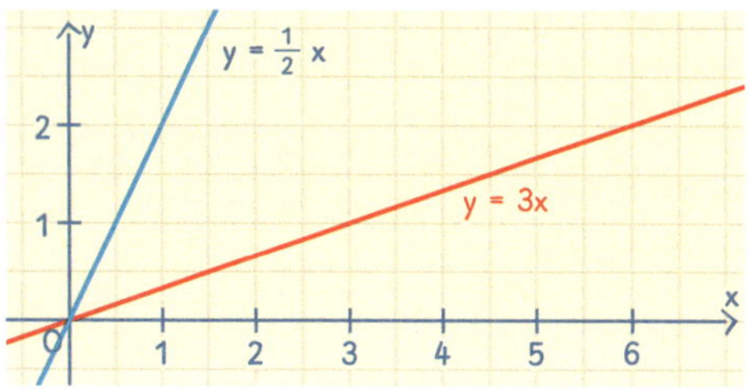

5 Bestimme die Funktionsgleichung der Geraden.

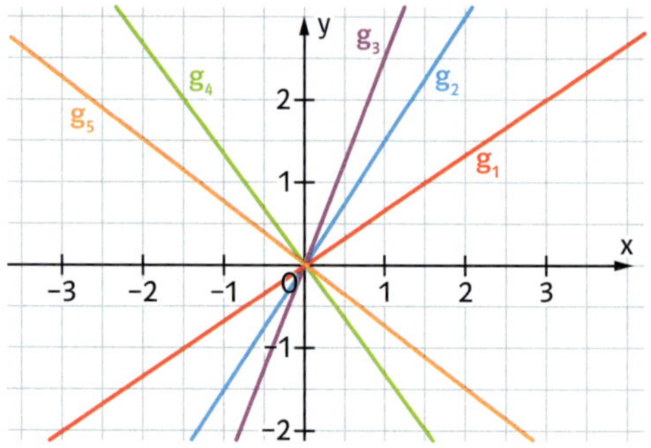

6 Zeichne das Schaubild der Funktion.

a) $y = \frac{3}{4}x$ b) $y = -\frac{5}{4}x$

c) $y = \frac{3}{7}x$ d) $y = -\frac{4}{3}x$

7 SP Vergleiche den Verlauf der beiden Geraden mit „steiler als“ bzw. „flacher als“, ohne zu zeichnen. **Begründe**.

a) $f(x) = \frac{1}{4}x$ und $g(x) = 4x$

b) $f(x) = -2x$ und $g(x) = -\frac{1}{2}x$

c) $f(x) = \frac{2}{3}x$ und $g(x) = 0{,}6x$

8 SP Liegt eine proportionale Funktion vor? **Begründe**, ohne zu zeichnen.

a)

x	−2	−1	0	1	2	3
y	−3	−1,5	0	1,5	3	4,5

b)

x	−2	−1	0	1	4	5
y	−2,5	0	2,5	5	10	12,5

c)

x	2	3	5	8	10	15
y	2,4	3,6	6	9,6	12	18

9

a) Stelle die Preise für die Obstsorten in einem Schaubild dar.
b) Gib zu jeder Obstsorte die passende Funktionsgleichung an.
c) SP **Beschreibe**, was du an der Steigung der Geraden ablesen kannst.

9 Ein Wertepaar der proportionalen Funktion ist **falsch**. Korrigiere und gib die Funktionsgleichung an.

x	2	3	4	5	6	7
f(x)	−5	−7,5	−10	−12	−15	−17,5

10 Die Sicherheit von Treppen wird durch das Verhältnis der Stufenhöhe zum Auftritt bestimmt.

a) Bestimme die Steigung der Treppe.

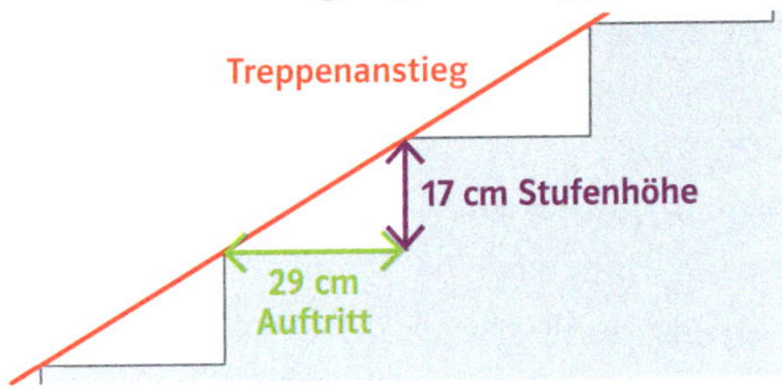

b) In öffentlichen Gebäuden sind die Stockwerke mindestens 3,00 m hoch. Wie viele Stufen muss die Treppe zwischen zwei Stockwerken mindestens haben?

11 Zeichne die Gerade mithilfe eines Steigungsdreiecks.

Beispiel: $y = -\frac{2}{3}x$

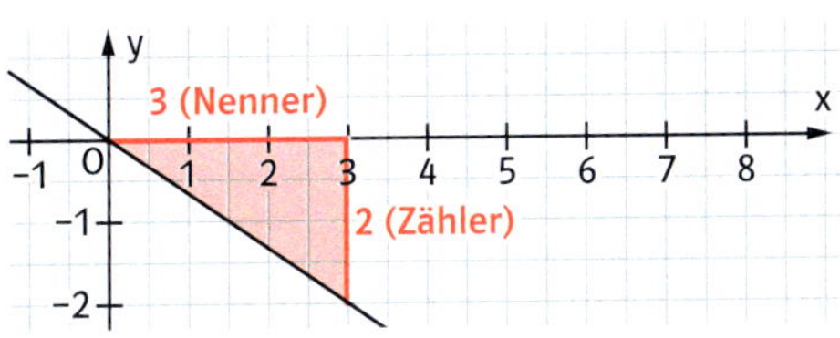

a) $y = \frac{1}{3}x$
b) $y = \frac{3}{4}x$
c) $y = -\frac{2}{5}x$
d) $y = -\frac{4}{3}x$

NN = Normalnull bezeichnet die Höhe des Meeresspiegels und wird als Vergleichspunkt genutzt, um Höhen oder Tiefen auf der Erde zu messen

12 Die Seilbahn Zugspitze fährt von 999 m über NN auf 2944 m über NN. Dabei überfährt sie eine waagerecht gemessene Strecke von 4021 m.

a) Berechne die Steigung der Bahn.

b) Die Seilbahn überwindet pro Minute 194,5 Höhenmeter. **Zeige**, dass die Bergfahrt 10 min dauert.

10 Je drei der sechs Punkte liegen auf derselben Ursprungsgeraden.
$P_1(3|4)$; $P_2(2|-3)$; $P_3(-3|-4)$;
$P_4(-6|-8)$; $P_5(-2|3)$; $P_6(4|-6)$
Gib die beiden Funktionsgleichungen mit den zugehörigen drei Punkten an.

11 SP Welche der drei Geraden verläuft am steilsten, welche am flachsten? Durch Überlegen kannst du auf das Zeichnen verzichten.

$y = \frac{3}{5}x$

$y = \frac{4}{9}x$

$y = \frac{1}{2}x$

12 Tiam muss das 140 l große Aquarium neu befüllen. Da das Aquarium ziemlich lange leer stand, muss erst geprüft werden, ob es dicht ist. Nach 7 Minuten ist das quaderförmige Aquarium voll.

a) Zeichne die Füllkurve des Aquariums in ein Schaubild.

b) Lies am Graphen ab, nach wie vielen Minuten das Aquarium zur Hälfte gefüllt ist.

c) Gib an, wie viele Liter nach 5 Minuten im Aquarium sind.

d) Bestimme die Steigung des Graphen und deute sie in der Sachsituation.

e) Stelle eine Funktionsgleichung auf.

13 Im Koordinatensystem sind 24 Gitterpunkte markiert.

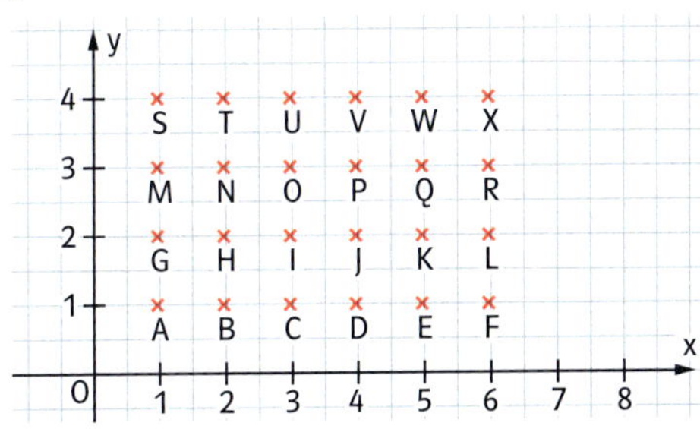

a) Bestimme alle Ursprungsgeraden, die durch drei der markierten Punkte gehen. Wie viele findest du?

b) Gib die Ursprungsgerade an, die durch die meisten Gitterpunkte geht.

c) Findet eine Ursprungsgerade, die durch keinen der 24 Gitterpunkte geht.

4 Lineare Funktionen

Hauskino
Grundgebühr
pro Monat: 12,00 €
Aufpreis pro
Blockbuster: 2,00 €

Top-Video
Jeder Film: 4,00 €
Keine Grundgebühr

Hauskino und Top-Video sind Streamingdienste. Hauskino verlangt eine Grundgebühr für ein Standardpaket. Blockbuster-Filme haben zusätzliche Kosten. Bei Top-Video bezahlt man für jeden Film.

➔ Soleen und Vivien wollen pro Monat acht Blockbuster-Filme anschauen. Vergleicht die monatlichen Kosten der beiden Anbieter.

➔ Prüft, bei wie vielen Blockbustern im Monat welches Angebot günstiger ist. Erstellt dazu Wertetabellen und zeichnet ein Schaubild.

Zum Zeichnen des Schaubilds von $y = \frac{1}{2}x + 2$ kann man eine Wertetabelle erstellen. Im Schaubild sieht man, dass die Gerade nicht durch den Ursprung geht. Die Funktion ist somit nicht proportional. Die Gerade schneidet die y-Achse an der Stelle $y = 2$.
Der Graph der Funktion $y = \frac{1}{2}x + 2$ entsteht durch Verschieben der Geraden $y = \frac{1}{2}x$ um 2 Einheiten nach oben entlang der y-Achse.
Da die Steigungen der Geraden gleich groß sind, verlaufen die Geraden zueinander parallel.

x	−2	−1	0	1	2	3	4	5
y	1	1,5	2	2,5	3	3,5	4	4,5

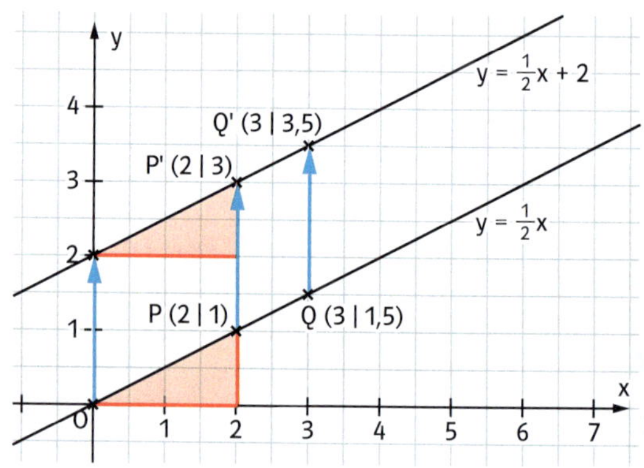

Merke

Eine Funktion mit der Funktionsgleichung $\mathbf{y = m \cdot x + c}$ heißt **lineare Funktion**. Der Graph ist eine **Gerade** mit der **Steigung m** und schneidet die x-Achse in $N(x_N | 0)$ sowie die y-Achse in $P(0 | c)$. Hier bezeichnet x_N die **Nullstelle** und c den **y-Achsenabschnitt** der Geraden. Häufig wird dieser auch mit n oder b bezeichnet.

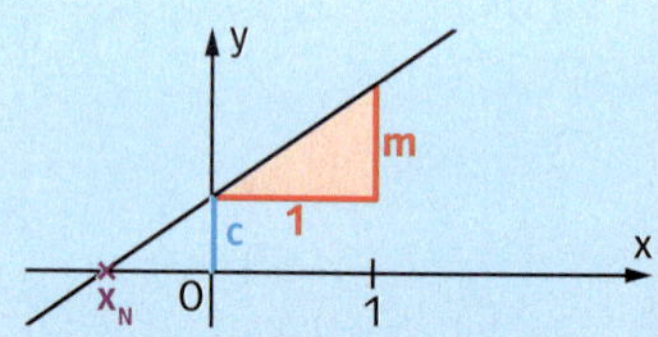

Beispiele

a) Zeichnen des Schaubilds von $y = 2x - 1$
(1) y-Achsenabschnitt $c = -1$ auf der y-Achse markieren
(2) Steigungsdreieck mit $m = 2 = \frac{2}{1}$ einzeichnen
(3) Gerade zeichnen

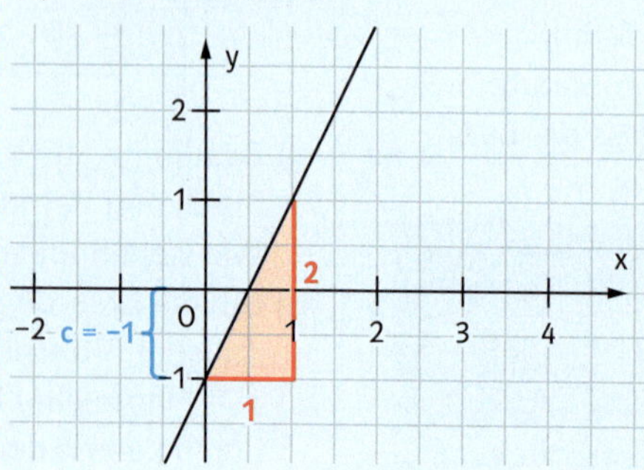

b) Bestimmen der Funktionsgleichung

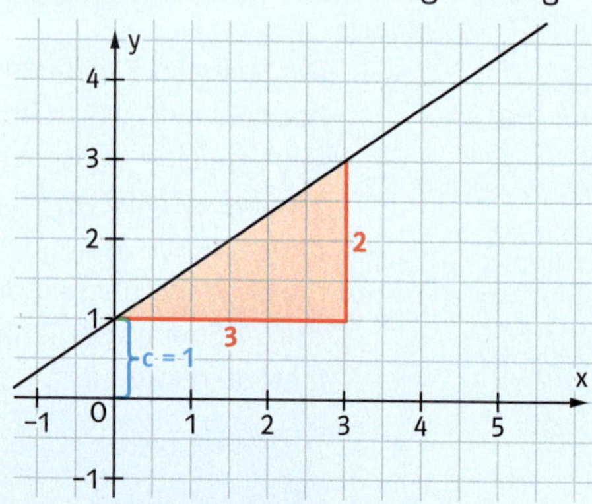

(1) y-Achsenabschnitt ablesen: $c = 1$
(2) Steigung ablesen: $m = \frac{2}{3}$
(3) Funktionsgleichung aufstellen: $y = \frac{2}{3}x + 1$

Tipp!
Bei der Benennung von Funktionsgleichungen kann man Indizes verwenden, z. B. y_1; y_2; y_3; … oder $f_1(x)$; $f_2(x)$; $f_3(x)$; …

○**1** Bestimme zuerst den y-Achsenabschnitt c, dann die Steigung m. Ordne anschließend die Funktionsgleichung zu.

$y_1 = \frac{1}{2}x + 2$ $y_2 = x + 1$ $y_3 = 2x - 1$ $y_4 = -2x + 3$

a)
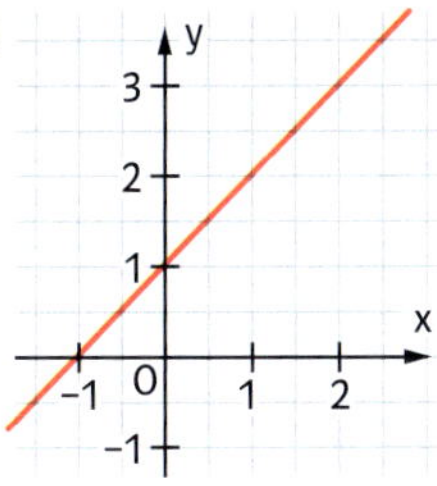

b)
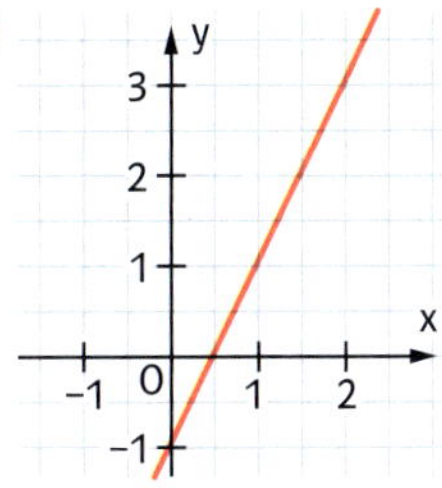

c)
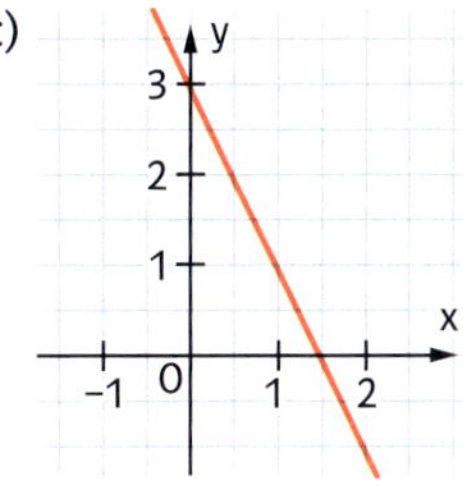

d)
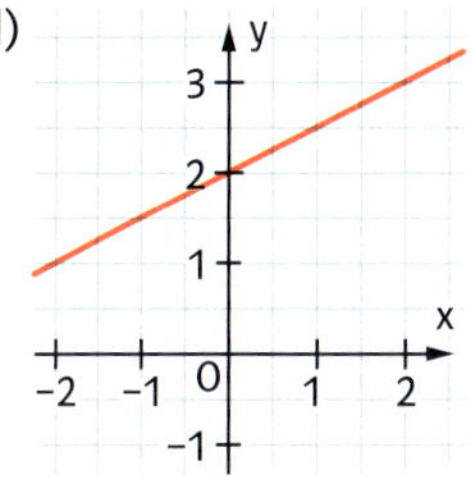

○**2** Zeichne die Geraden in ein Koordinatensystem. Markiere erst den y-Achsenabschnitt c. Zeichne dann ein Steigungsdreieck mit der Steigung m. Bestimme die Gemeinsamkeit der Graphen.

a) $y = 2x$
$y = 2x + 1$
$y = 2x + 2$

b) $y = 3x$
$y = 3x - 1$
$y = 3x - 2$

c) $y = \frac{1}{2}x$
$y = \frac{1}{2}x + 1$
$y = \frac{1}{2}x + 2$

d) $y = -2x$
$y = -2x - 1$
$y = -2x - 2$

○**3** SP Die Gerade g hat die Funktionsgleichung $y = 1{,}5x$. **Beschreibe** die Lage der parallelen Geraden mit „ist nach oben verschoben“ bzw. „ist nach unten verschoben“.

a) f: $y = 1{,}5x + 2$ b) h: $y = 1{,}5x - 3$ c) k: $y = 1{,}5x + 4{,}5$ d) s: $y = 1{,}5x - 0{,}5$

Alles klar?

D25 Fördern

A Bestimme den y-Achsenabschnitt c und die Steigung m. Zeichne die Gerade in ein Koordinatensystem und bestimme die Nullstelle x_N.

a) $y = 2x - 1$ b) $y = \frac{1}{2}x + 1$ c) $y = -2x + 1$ d) $y = -\frac{1}{2}x - 2$

B Bestimme c und m. Gib die Funktionsgleichung der linearen Funktion an.

a)
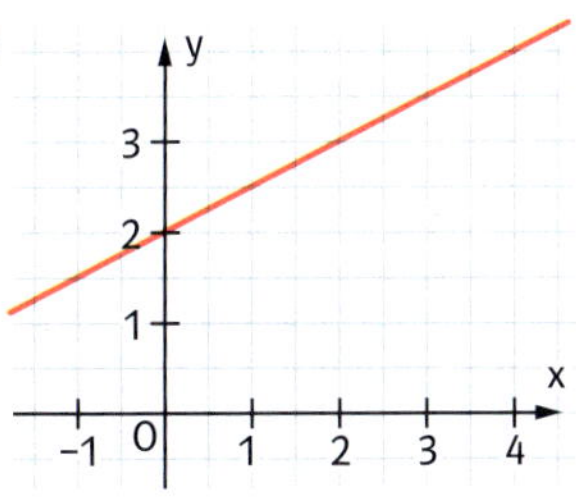

b)
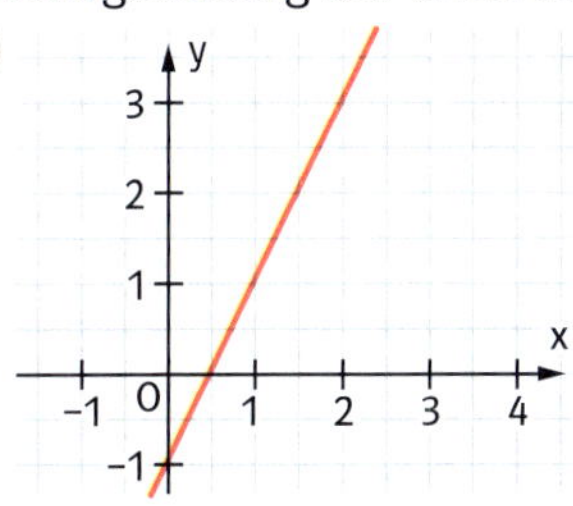

c)
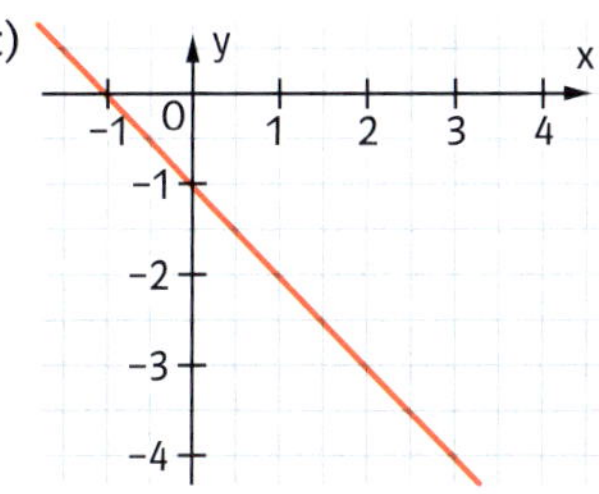

○**4** Gib den y-Achsenabschnitt c und die Steigung m an.

a) $y = 3x + 2$ b) $y = -2x + 5$

c) $y = -\frac{1}{2}x - 1{,}5$ d) $y = x - 8$

○**5** SP Markiere im Koordinatensystem zuerst den y-Achsenabschnitt c. Dann zeichne und **beschreibe** das Steigungsdreieck und die Gerade. Lies die Nullstelle ab.

a) $y = 2x + 3$ b) $y = 3x - 2$

c) $y = -3x + 2$ d) $y = -2x - 3$

◐**4** Bestimme die Funktionsgleichungen der Geraden.

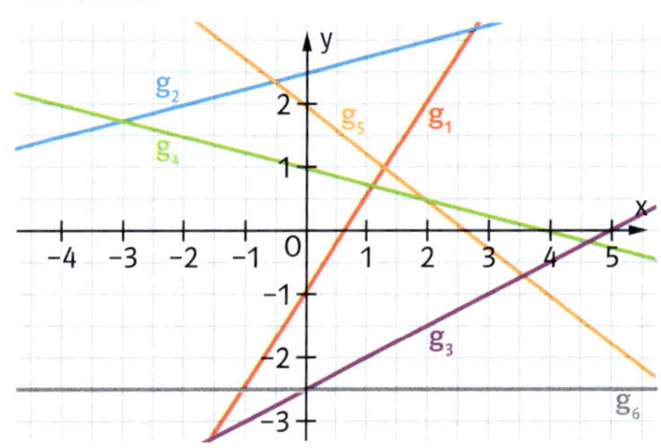

→ Die Lösungen zu „Alles klar?“ findest du auf Seite 210.

○ **6** SP Ordne jeder Geraden die richtige Gleichung zu. **Begründe** deine Entscheidung.

$y = 3$ | $y = -2x + 4$ | $y = 2x + 3$ | $y = \frac{1}{2}x - 1$ | $y = -\frac{1}{2}x - 1$ | $y = -\frac{1}{2}x + 1$

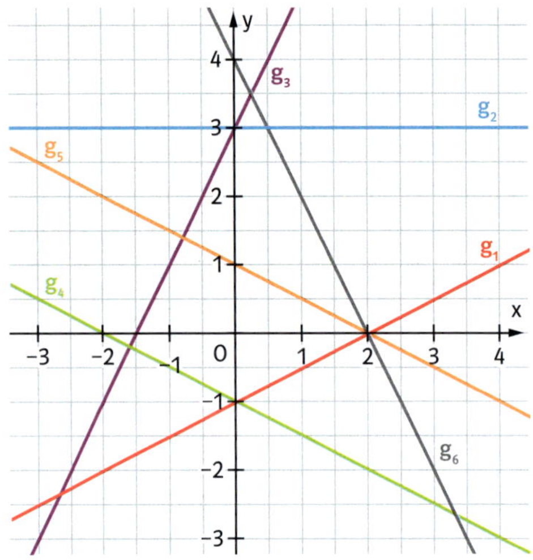

○ **7** Ordne der Wertetabelle die richtige Funktionsgleichung zu.

$f(x) = 3x + 1$ | $f(x) = 3x$ | $f(x) = 3x - 1$

a)

x	−3	−2	−1	0
f(x)	−9	−6	−3	0

b)

x	−1	0	1	2
f(x)	−4	−1	2	5

c)

x	1	2	3	4
f(x)	4	7	10	13

◒ **8** Eine Gerade geht durch P. Der y-Achsenabschnitt ist b. Zeichne die Gerade. Lies die Steigung m ab und gib die Funktionsgleichung $y = m \cdot x + b$ an.

a) $P(1|3)$; $b = 1$
b) $P(2|3)$; $b = 2$
c) $P(1|-1)$; $b = 1$
d) $P(2|2)$; $b = -2$
e) $P(4|8{,}5)$; $b = \frac{1}{2}$
f) $P(2|-5)$; $b = -3$

◒ **9** Zeichne die Gerade durch die Punkte P und Q. Bestimme mithilfe des Schaubilds die Funktionsgleichung.

a) $P(2|1)$; $Q(4|5)$
b) $P(1|4)$; $Q(3|10)$
c) $P(2|-1)$; $Q(-4|-4)$
d) $P(5|-1)$; $Q(3|1)$

Tipp!
zu Aufgabe 7

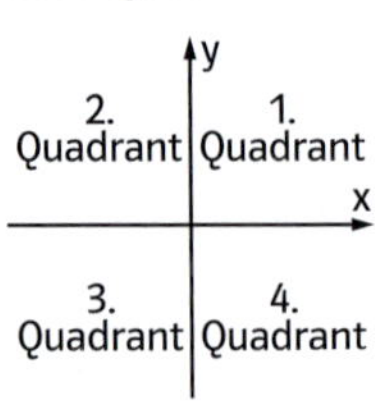

Tipp!
zu Aufgabe 8
Den x-Wert, an dem ein Graph die x-Achse schneidet, nennt man **Nullstelle**.

◒ **5** Zeichne die Gerade. Verwende Zähler und Nenner der Steigung als Seitenlängen des Steigungsdreiecks.

Beispiel: $y = \frac{5}{6}x + 1$

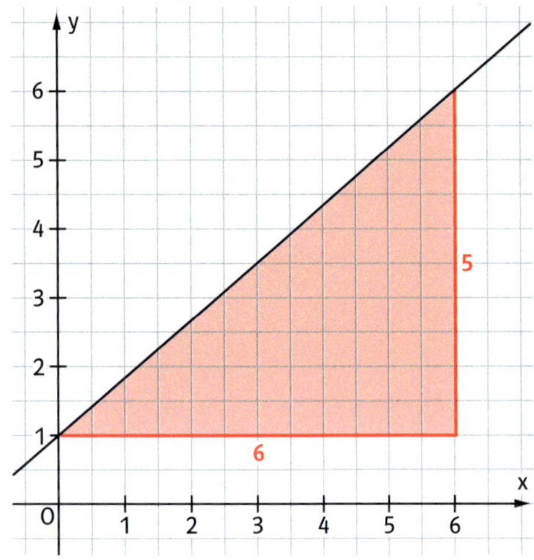

a) $y = \frac{2}{3}x + 1$
b) $y = \frac{3}{2}x + 0{,}5$
c) $y = \frac{1}{4}x - 1$
d) $y = \frac{2}{3}x - 0{,}5$
e) $y = \frac{3}{5}x + 2{,}5$
f) $y = -\frac{1}{3}x - 1{,}5$
g) $y = \frac{5}{7}x + 3{,}5$
h) $y = -\frac{5}{6}x - 0{,}5$

◒ **6** Bestimme die zugehörige lineare Funktion. Vervollständige die Tabelle. Zeichne zur Kontrolle das Schaubild.

a)

x	0	1	2	3	4	5	6
f(x)	2	4	■	■	■	■	■

b)

x	−1	0	1	2	3	4	5
g(x)	■	−4	−6	■	■	■	■

c)

x	−5	−4	−3	−2	−1	0	1
h(x)	■	■	■	■	−7,5	−2,5	■

◒ **7** SP Gib die Funktionsgleichung an, die
a) durch den 1.; 2. und 3. Quadranten geht.
b) durch den 1.; 2. und 4. Quadranten geht.
c) Gibt es eine Gerade, die nur durch den 1. und 3. Quadranten geht? **Begründe**.

◒ **8** In welchem Punkt P schneidet die Gerade die x-Achse? Berechne.

a) $y = 2x - 2$
b) $y = 3 - 2x$
c) $y = 3x + 4$
d) $y = 0{,}5x - 1$
e) $y = 4{,}5x + 13{,}5$
f) $y = 0{,}75x + 3$

10 Schneiden sich die beiden Geraden im Punkt P(10 | 4)?

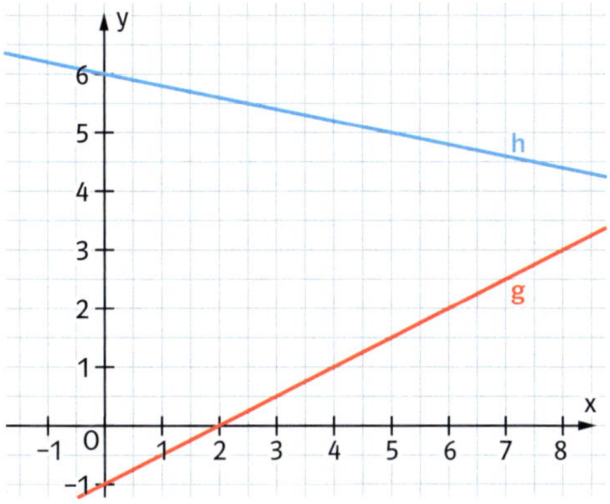

a) **Prüfe** nach, ohne zu zeichnen.
b) SP **Beschreibe** deinen Lösungsweg.

11 Pia und Jan möchten Schuhe in einem Onlineshop bestellen. Dort werden nur US-Schuhgrößen angegeben.
a) Mit der Gleichung $y = 0{,}78x - 23$ lassen sich Damenschuhgrößen umrechnen. Pia hat Schuhgröße 39. Gib an, für welche US-Schuhgröße sie sich entscheiden soll.
b) Jan hat Schuhgröße 44. Er rechnet mit der Gleichung $y = 0{,}78x - 24$.

12 Ein quaderförmiges Aquarium wird mit Wasser gefüllt.

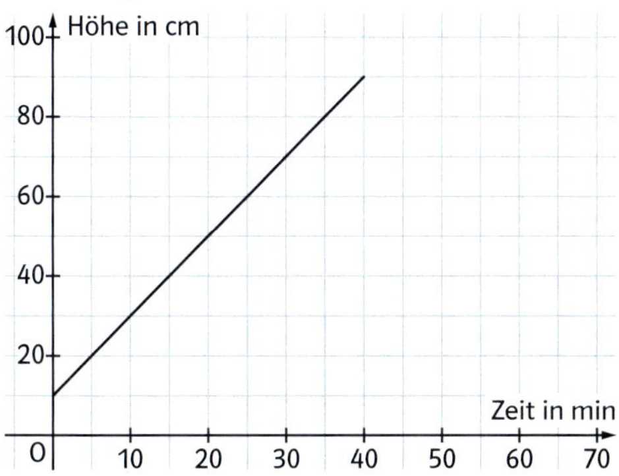

a) Gib an, wie hoch der anfängliche Wasserstand im Aquarium ist.
b) Der Wasserstand des Aquariums wird mit der Gleichung $y = 2 \cdot x + 10$ berechnet. Gib die Bedeutung der Variablen x und y an. Was bedeutet die Steigung hier?
c) SP **Begründe**, warum der Graph im Punkt P(40 | 90) endet.

9 Im Koordinatensystem sind 25 Punkte markiert.

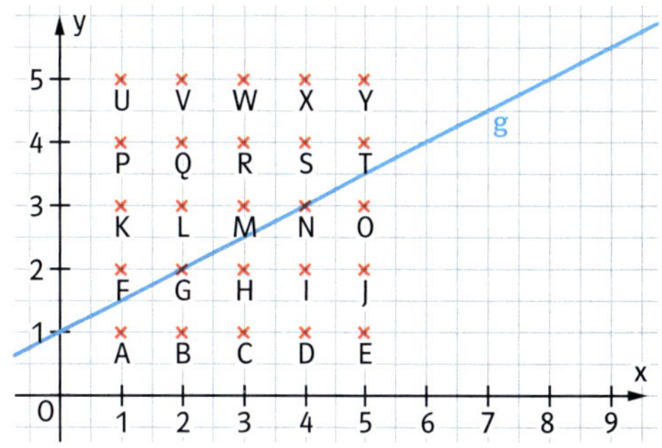

a) Gib die Funktionsgleichung der Geraden g an.
b) Gibt es Geraden, die durch drei bzw. vier markierte Punkte gehen?
c) Nenne die Gleichung einer Geraden, die durch keinen der Punkte geht.

10 SP Ronja möchte für 4 Wochen ein E-Bike mieten. Pro Tag fährt sie etwa 50 km. Sie vergleicht zwei verschiedene Angebote.

a) Die Kosten von City-Bike kann man mit der Gleichung $y = 0{,}10 \cdot x + 25$ berechnen. Gib die Bedeutung der beiden Variablen x und y in dieser Situation an.
b) Das Schaubild zeigt das Angebot von Bike-Rent. Warum endet der Graph im Punkt (1500 | 160)? **Begründe**.

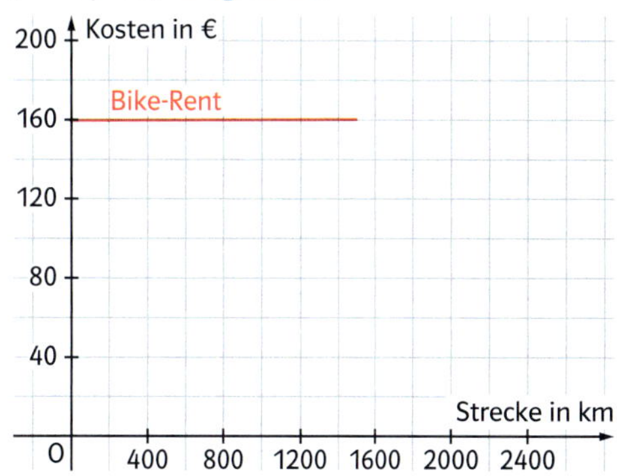

c) Übertrage das Schaubild aus Teilaufgabe b) und zeichne den Graphen für das Angebot von City-Bike ein. **Begründe**, welches Angebot günstiger ist.

MEDIEN

DGS. Lineare Funktionen

Tipp!
Wie du mit einer DGS umgehst und Graphen erstellst, findest du auf Seite 199 und 200.

Tipp!
Bei den meisten DGS musst du bei einer Dezimalzahl einen Punkt anstatt eines Kommas verwenden.

MK Mit einer dynamischen Geometriesoftware (DGS) lassen sich Graphen von linearen Funktionen zeichnen. Im Eingabefeld kannst du eine oder mehrere Funktionsgleichungen eingeben.

○ **1** MK Benutze eine DGS, um Funktionen grafisch darzustellen.

a) SP Erstelle die Graphen der Funktionen. **Beschreibe**, woran du erkennst, welche Funktionsgleichung zu welchem Graphen passt.

f: $y = 3x + 1$ g: $y = x - 2$ h: $y = 0{,}5x + 2$

b) Gib eine Funktionsgleichung ein, bei der der Graph die y-Achse bei 5 schneidet.

c) Gib eine Funktionsgleichung ein, bei der der Graph fällt.

d) SP Gib eine Funktionsgleichung ein, bei der der Graph die y-Achse bei 100 schneidet. **Erkläre**, was du verändern musst, um den Graphen zu sehen.

◒ **2** MK Der Punkt, in dem sich die Graphen zweier linearer Funktionen schneiden, wird **Schnittpunkt** genannt.

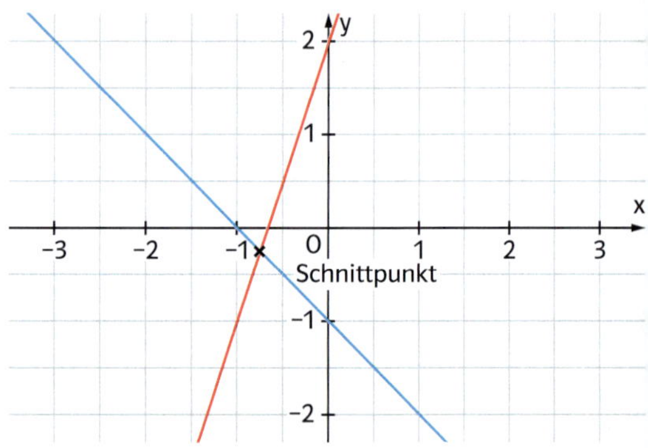

a) Gib die Funktionsgleichungen $y = 2x + 2$ und $y = 5x - 2$ ein. Lass dir die Koordinaten des Schnittpunkts anzeigen, indem du auf den Schnittpunkt klickst.

b) Bestimme den Schnittpunkt der Funktionen $y = 2x + 2$ und $y = x - 2$, indem du in die Eingabezeile den Befehl „Schnittpunkt" und beide Funktionsterme eingibst.

c) SP Bestimmt zwei lineare Funktionen so, dass die Bedingung erfüllt ist. **Beschreibt** euer Vorgehen.

(1) Die Graphen der Funktionen schneiden sich im Ursprung.

(2) Die Graphen der Funktionen haben keinen Schnittpunkt.

(3) Die Graphen der Funktionen schneiden sich im Punkt (3|4).

● **3** MK Zeichnet die Graphen der Funktionsgleichungen mithilfe einer DGS.

$y = ax + 3$ $y = bx - 2$ $y = -2x + 1$

a) Stellt die Schieberegler für a und b jeweils auf den Wert 1 ein. Gebt die Koordinaten der Schnittpunkte an.

b) Verändert die Werte für a und b mithilfe der Schieberegler so, dass die drei Geraden keinen Schnittpunkt haben.

c) SP Verändert die Geraden so, dass möglichst viele Schnittpunkte entstehen. **Erklärt**, wieso es hier nicht mehr Schnittpunkte geben kann.

d) SP In einem Koordinatensystem sind die Graphen von vier linearen Funktionen eingezeichnet. Wie viele Schnittpunkte können dabei entstehen? **Beschreibt** den Zusammenhang zwischen der Anzahl der Geraden und der Anzahl der Schnittpunkte.

Tipp!
zu Aufgabe 3d)
Du kannst die Aufgabe auch mit Stiften probieren.

Parallele und senkrechte Geraden

EXTRA

Die Graphen linearer Funktionen sind Geraden. Zwei Geraden können zueinander parallel liegen oder sich in einem Punkt schneiden. Wenn sie sich schneiden, können die Geraden zueinander senkrecht stehen.

Haben zwei lineare Funktionen die gleiche Steigung m, dann verlaufen ihre Geraden zueinander parallel.

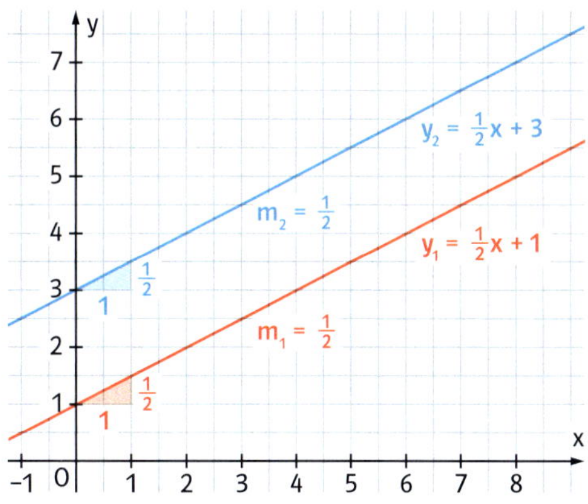

Die Steigungen vergleichen:

$m_1 = m_2 = \frac{1}{2}$

Die Geraden haben die gleiche Steigung, sie verlaufen also zueinander parallel.

Die Geraden zweier linearer Funktionen stehen zueinander senkrecht, wenn das Produkt ihrer Steigungen den Wert −1 hat.

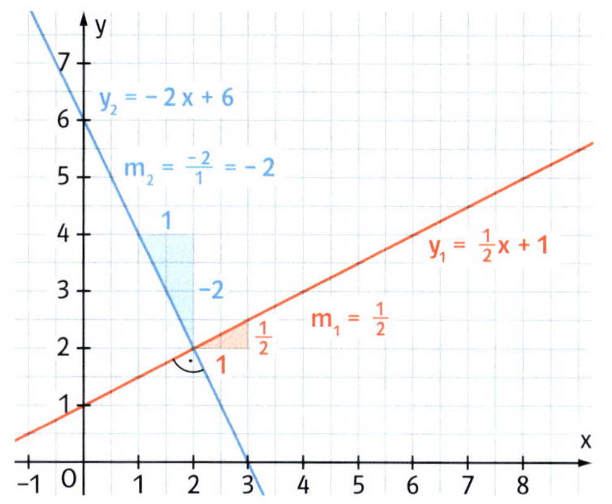

Das Produkt der Steigungen berechnen:

$m_1 \cdot m_2 = \frac{1}{2} \cdot (-2) = -1.$

Das Produkt hat den Wert −1, die Geraden stehen also zueinander senkrecht.

○ **1** Prüfe, welche der Geraden zueinander parallel verlaufen.

g_1: $y = 3x + 1$ g_2: $y = -2x + 1$ g_3: $y = \frac{1}{2}x - 2$ g_4: $y = -2x - 2$

g_5: $y = \frac{1}{2}x + 1$ g_6: $y = 3x - 2$ g_7: $y = -2x + 3$ g_8: $y = 3x - 5$

○ **2** Prüfe, ob die beiden Geraden zueinander senkrecht verlaufen.

a) g: $y = x - 1$; h: $y = x + 3$

b) g: $y = -2x + 3$; h: $y = 2x + 3$

c) g: $y = -\frac{1}{4}x - 1$; h: $y = 4x + 3$

d) g: $y = \frac{1}{2}x + 1$; h: $y = -2x - 2$

◐ **3** Prüfe, welche Geraden zueinander parallel und welche zueinander senkrecht verlaufen. Vielleicht kannst du die Frage auch ohne zu zeichnen beantworten.

g_1: $y = \frac{3}{4}x - 4$ g_2: $y = -\frac{4}{3}x + 2$

g_3: $y = \frac{2}{5}x - 1$ g_4: $y = -\frac{5}{2}x + 1$

g_5: $y = -\frac{4}{3}x + 1$ g_6: $y = \frac{2}{5}x + 2$

● **4** Das Schaubild zeigt die Gerade g.
Gib die Funktionsgleichungen von drei weiteren Geraden an, die

a) parallel zu g verlaufen.

b) senkrecht zu g verlaufen.

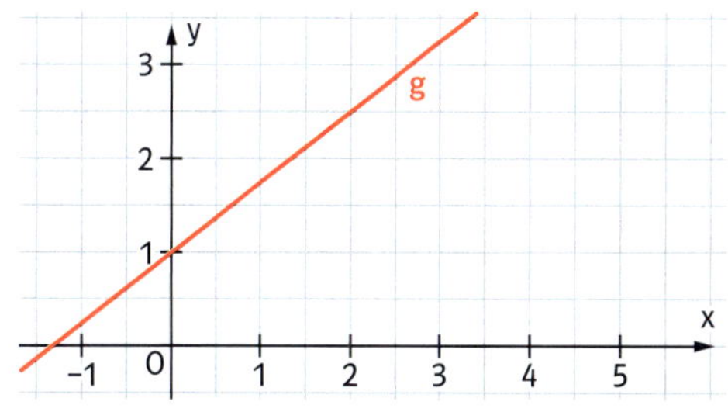

5 Funktionsgleichung rechnerisch bestimmen

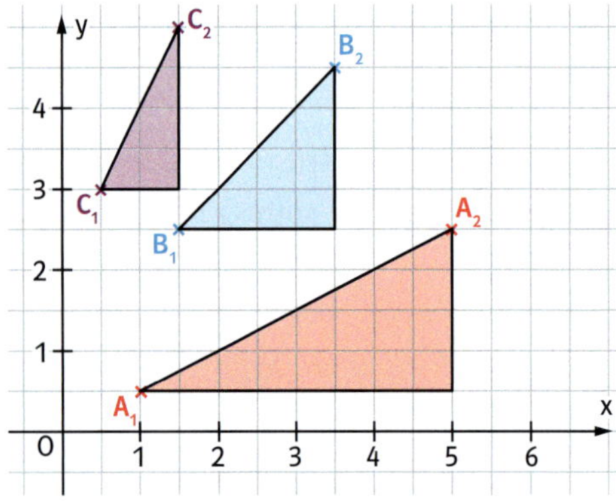

Im Koordinatensystem sind drei Steigungsdreiecke gezeichnet.

→ Übertrage die Dreiecke in dein Heft.

→ Durch die Punkte A_1 und A_2, B_1 und B_2 sowie C_1 und C_2 geht jeweils eine Gerade. Zeichne die drei Geraden ein und berechne jeweils die Steigung.

→ Wo schneiden die Geraden die y-Achse? Lies möglichst genau ab.

Merke

Sind zwei Punkte einer Geraden bekannt, ist die Lage der Geraden eindeutig festgelegt.
Mit den Koordinaten der beiden Punkte $P_1(x_1|y_1)$ und $P_2(x_2|y_2)$ kann man zunächst die Steigung m und dann den y-Achsenabschnitt c berechnen.

Für m gilt: $m = \frac{y_2 - y_1}{x_2 - x_1}$

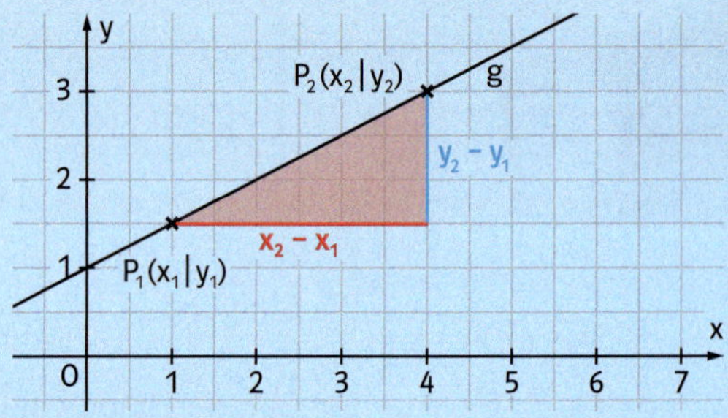

Beispiel

Eine Gerade g geht durch die Punkte $P_1(-2|1)$ und $P_2(3|3{,}5)$.

1. Steigung m berechnen

$m = \frac{y_2 - y_1}{x_2 - x_1} = \frac{3{,}5 - 1}{3 - (-2)} = \frac{2{,}5}{5} = \frac{1}{2}$

2. y-Achsenabschnitt c berechnen
Man setzt $m = \frac{1}{2}$ und $P_1(-2|1)$ oder $P_2(3|3{,}5)$ in $y = mx + c$ ein.

$3{,}5 = \frac{1}{2} \cdot 3 + c$

$3{,}5 = 1{,}5 + c \quad | -1{,}5$

$c = 2$

3. Funktionsgleichung aufstellen

$y = \frac{1}{2}x + 2$

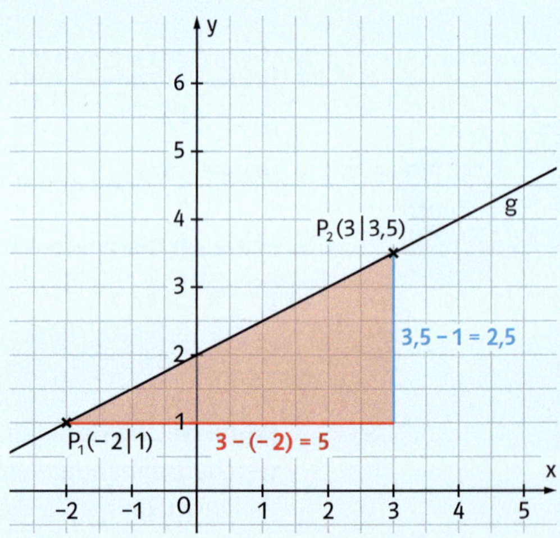

○ **1** Berechne die Länge der rot gefärbten Seiten des Dreiecks. Gib dann die Steigung m an.

a)

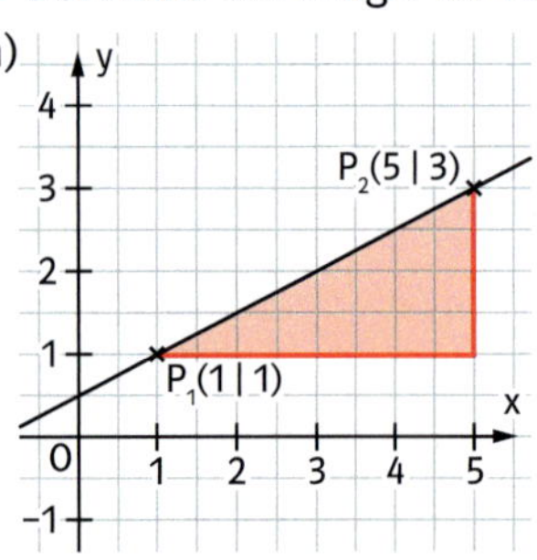

b)

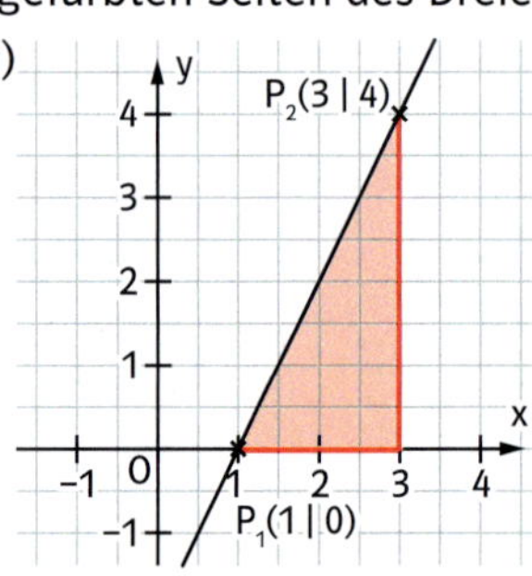

c)

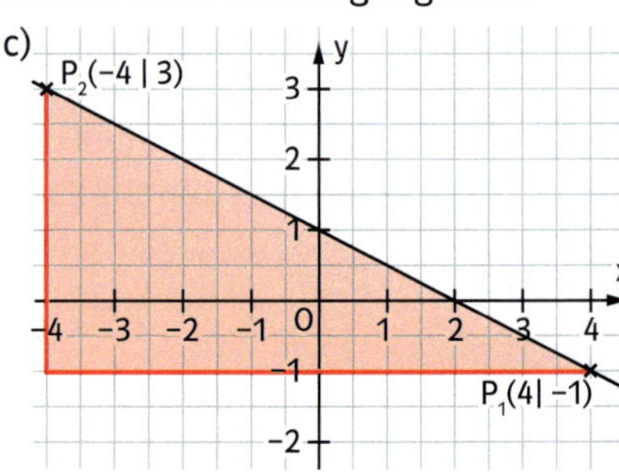

○**2** Setze die Koordinaten von P_1 und P_2 in $m = \frac{y_2 - y_1}{x_2 - x_1}$ ein und berechne die Steigung m.

a) $P_1(3|2)$; $P_2(5|6)$ b) $P_1(1|5)$; $P_2(5|3)$ c) $P_1(-4|2)$; $P_2(4|6)$ d) $P_1(-1|6)$; $P_2(2|-3)$

○**3** Von einer Geraden g sind der Punkt P und die Steigung m bekannt.
Berechne den y-Achsenabschnitt c.

a) $P(4|6)$; $m = 1$ b) $P(1|6)$; $m = 3$ c) $P(-6|5)$; $m = -1$

Alles klar?

D26 Fördern

A Ordne dem Steigungsdreieck die richtige Steigung zu.
Zeichne dann die Gerade g durch die Punkte P_1 und P_2.
Lies anschließend den y-Achsenabschnitt der Geraden ab.

$m = \frac{1}{2}$ $m = -\frac{1}{2}$ $m = 2$

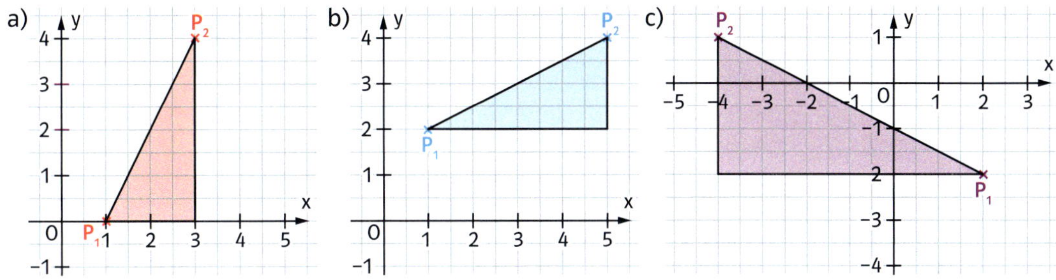

B P_1 und P_2 sind Punkte auf der Geraden g. Berechne die Steigung m und den y-Achsenabschnitt c. Zeichne zur Kontrolle.

a) $P_1(2|3)$; $P_2(6|5)$ b) $P_1(1|3)$; $P_2(3|7)$ c) $P_1(-5|4)$; $P_2(2|-3)$

○**4** Von einer Geraden g sind der Punkt P und die Steigung m bekannt.
Berechne den y-Achsenabschnitt c.

a) $P(2|7)$; $m = 3$ b) $P(-4|6)$; $m = -2$

◒**5** Die Gerade g geht durch die Punkte A und B. Berechne zunächst die Steigung m und dann den y-Achsenabschnitt c.

a) $A(3|2)$; $B(5|6)$ b) $A(-2|1)$; $B(4|4)$
c) $A(4|-5)$; $B(-2|7)$ d) $A(-6|0)$; $B(2|-4)$

◒**6** Die Wertetabelle gehört zu einer linearen Funktion.

x	−2	−1	3	5	■	■	20
y	−5	■	5	■	13	17	■

a) Berechne die Funktionsgleichung.
b) Fülle die unvollständige Tabelle aus.

◒**7** Der Punkt P und die Steigung m bestimmen die Gerade g. Berechne die Gleichung der Geraden g und gib die fehlende Koordinate von Q an.

a) $P(4|9)$; $m = 2$; $Q(2|■)$
b) $P(1|-2)$; $m = 1{,}5$; $Q(5|■)$

◒**4** Die Gerade g geht durch die Punkte $P(-5|3)$ und $Q(3|-5)$.

a) Berechne die Funktionsgleichung.
b) Zeichne die Gerade in ein Koordinatensystem. Lies die Koordinaten des Schnittpunkts mit der x-Achse ab. Prüfe die Koordinaten mithilfe einer Punktprobe.

●**5** Graziella möchte wissen, wie hoch eine Kerze ursprünglich war und wie lange sie längstens brennen kann. Dazu hat sie bei der brennenden Kerze zwei Messungen vorgenommen.
Höhe nach 30 Minuten: 18 cm
Höhe nach 70 Minuten: 14 cm

a) Bestimme, wie hoch die Kerze vor dem Anzünden war.
b) Berechne, wie lange die Kerze nach der zweiten Messung noch brennen kann.

→ Die Lösungen zu „Alles klar?“ findest du auf Seite 211.

6 Modellieren

SEATOURS
Unterkunft pro Person: 225,00 €
Ausflüge pro Person: 50,00 €
Buskosten: 800,00 €

HOLIDAY-TRIPS
Pauschalpreis pro Person: 325 €

Die Klasse 9a (25 Personen) plant ihre Abschlussfahrt.
Die Klasse vergleicht die Angebote von HOLIDAY-TRIPS und SEATOURS.

→ Berechne die entstehenden Gesamtkosten bei beiden Angeboten.
→ Erstellt für jedes Angebot einen Term.
→ Besprecht in der Klasse, welche Kosten noch entstehen könnten.

Bestimmte Probleme des Alltags lassen sich mithilfe von proportionalen und linearen Funktionen lösen. Dabei ist eine exakte Beantwortung der Frage häufig schwierig und nicht immer notwendig. Deshalb vereinfacht man die reale Situation und übersetzt sie in einen mathematischen Zusammenhang. Schließlich prüft man, ob die mathematische Lösung in der wirklichen Situation sinnvoll ist. Dieses Vorgehen nennt man **mathematisches Modellieren**.

Merke

Die Stufen des **mathematischen Modellierens** sind:
1. **Übersetzen** der wirklichen Situation in ein mathematisches Modell
2. **Lösen:** Ermitteln der mathematischen Ergebnisse
3. **Interpretieren** der Lösung in der Wirklichkeit
4. **Bewerten** des wirklichen Ergebnisses

Beispiel

Drucker Printo
Kaufpreis: 150,00 €
Druckerpatrone: 100,00 €
Pro Patrone 5000 Blatt

Drucker VARIO
Kaufpreis: 225,00 €
Druckerpatrone: 75,00 €
Pro Patrone 5000 Blatt

Reale Welt — 1. Übersetzen — Mathematik

Wirkliche Situation
Frau Kurz möchte für ihr Unternehmen einen neuen Drucker anschaffen. Sie hat zwei Angebote eingeholt und möchte wissen, welches Angebot das günstigere ist.

Mathematisches Modell
Die Kosten der Drucker lassen sich mit linearen Funktionen darstellen. Die Variable x steht dabei für die Anzahl der Druckerpatronen.
Drucker Printo: $y = 100x + 150$
Drucker Vario: $y = 75x + 225$

2. Lösen

Mathematische Ergebnisse
Das Schaubild zeigt, dass bei mehr als 3 verbrauchten Patronen der Drucker Vario günstiger wird.

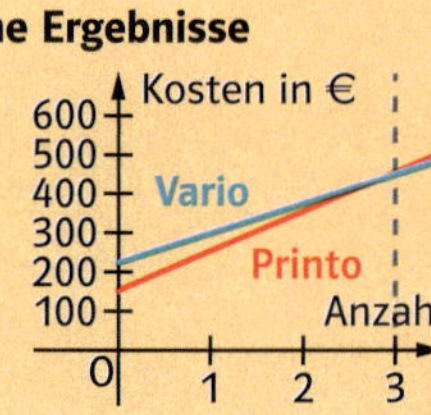

3. Interpretieren

Wirkliche Ergebnisse
Frau Kurz muss klären, wie viele Blätter sie vermutlich braucht. Ab 15 000 Blättern lohnt sich die Anschaffung des Druckers Vario.

4. Bewerten

○ **1** SP Luca prüft zwei Angebote für mobiles Datenvolumen.
Angebot A: Unbegrenztes Volumen für 15,00 € pro Monat
Angebot B: Preis pro GB: 2,50 €
Den Verbrauch der letzten Monate hat Luca notiert.
Erkläre, mit welchem Angebot Luca aktuell weniger bezahlen würde.

Mai	5,8 GB
Juni	6,1 GB
Juli	7,5 GB

○ **2** SP Antonio möchte den Führerschein machen. Er rechnet mit 6 Überlandfahrten, 5 Autobahnfahrten und 4 Nachtfahrten sowie 15 Übungsfahrten.
Welches Angebot würdest du Antonio empfehlen?

FAHRSCHULE CLASSICO	
Übungsfahrt 45 min	60,00 €
Überland-; Autobahn-; Nachtfahrt 45 min	60,00 €
Grundbetrag	400,00 €
Prüfungsvorstellung Theorie	70,00 €
Prüfungsvorstellung Praxis	200,00 €

FÜHRERSCHEIN-FLAT
Fixpreis 2500,00 €
Inbegriffen sind sämtliche Prüfungsgebühren, der Grundbetrag und die Übungsstunden

Alles klar?

D27 Fördern

A SP Boris möchte Tennisunterricht nehmen. Dazu prüft er zwei Angebote. Boris rechnet mit mindestens 10 Trainerstunden. Für welches Angebot soll er sich entscheiden?

○ **3** Das Kühl-Gefriergerät von Familie Ziegler verbraucht jährlich ca. 600 kWh Strom. Eine Kilowattstunde kostet 32 ct. Ein gleich großes neues Gerät der Energieklasse A verbraucht im Jahr 118 kWh.

a) Ermittle, wie viel Euro Familie Ziegler mit dem Neugerät in 10 Jahren sparen kann.

b) SP Ein Neugerät kostet 1200 €. Was würdest du Familie Ziegler raten?

○ **4** SP Herr Semait hat sich vorgenommen, im neuen Jahr zweimal pro Woche ins Fitnessstudio zu gehen. Er prüft das Angebot eines Fitnessstudios.

Mitgliedsbeitrag (pro Jahr)	60,00 €
Tageskarte	6,00 €
10er-Karte	55,00 €
Jahreskarte	499,00 €

Was würdest du Herrn Semait empfehlen?

◒ **3** SP Familie Binder vergleicht Angebote von Gasanbietern.

Anbieter	Grundpreis Euro/Jahr	Verbrauchspreis Cent/kWh
Stadtwerke	110,00	7,77
ProfiGAS	169,00	7,53

Frau Binder schaut sich die letzte Rechnung an: „Letztes Jahr haben wir 37 954 kWh verbraucht." Herr Binder entgegnet: „Da hatten wir aber auch einen extrem kalten Winter."
Wie soll sich Familie Binder entscheiden?

◒ **4** Familie Mai verbraucht ungefähr 4200 kWh Strom im Jahr. Bei ihrem bisherigen Anbieter bezahlt sie pro Kilowattstunde 35,1 ct und einen Grundpreis von 75 € im Jahr.
Ein anderer Stromanbieter wirbt um neue Kunden:

BLITZSTROM
Jetzt wechseln und 200 € Neukundenprämie sichern!
Grundpreis: 160,00 € pro Jahr
Verbrauchspreis: 34,4 ct pro kWh

a) Berechne, ob sich der Wechsel lohnt.

b) Überlegt, weshalb Stromanbieter mit solchen Wechselangeboten werben.

→ Die Lösungen zu „Alles klar?" findest du auf Seite 211.

5 Herr und Frau Karachoui verbrauchen jährlich ungefähr 3000 kWh Strom. Sie möchten ihren Stromanbieter wechseln und vergleichen zwei Angebote.

a) Bestimme, wie hoch die jährlichen Kosten bei den beiden Anbietern sind.
b) Erstelle für beide Tarife Wertetabellen. Wähle dazu 500er-Schritte beim Verbrauch.
c) SP Ab welchem Verbrauch ist welcher Anbieter der günstigere? Vergleiche.

6 SP Nesli und Lian prüfen Video-Streaming-Angebote.

Anbieter	Monatliche Grundgebühr	Preis pro Film
Max-Movie	15,90 €	1,99 €
Movie-Stream	5,99 €	2,99 €

a) Nesli schaut nur ab und zu Filme, Lian dagegen sehr oft. Erstelle eine Preistabelle für 2; 4; 6 … 14 Filme pro Monat.
Was würdest du den beiden empfehlen?
b) Der Anbieterdienst Super-Stream wirbt mit einer Flatrate von 39,90 €. Bewerte dieses Angebot.

5 SP Die BahnCard 25 kostet 2024 im Jahr 62,90 €. Der Fahrpreis wird dadurch 25 % billiger. Die BahnCard 50 kostet im Jahr 244,00 € und halbiert den Fahrpreis.

Strecke	Fahrpreis
Berlin – München	164,00 €
Köln – Hamburg	99,90 €
Stuttgart – Hannover	140,40 €

a) Frau Arslan fährt jeden Monat einmal die Strecke Köln – Hamburg und zurück.
Für welche BahnCard soll sie sich entscheiden?
b) Frau Köhler wohnt in München und möchte ihre Nichte in Berlin dreimal im Jahr besuchen. Soll sie eine BahnCard erwerben und wenn ja, welche?
c) Herr Wagner fährt einmal pro Woche von Stuttgart nach Hannover und zurück.
Prüfe, ob sich für ihn die BahnCard 100 lohnt, die im Jahr 4555,00 € kostet.
d) MK Recherchiere die aktuellen Kosten für die BahnCards. Prüfe, ob sich eine BahnCard lohnt, wenn du einmal von deinem Wohnort nach Hannover und zurück fahren möchtest.

6 Die Tabelle zeigt Taxitarife.

Arbeitstarif	bis 4 km: 3,60 €/km	ab 4 km: 2,90 €/km
Grundtarif	4,00 €	
Zeittarif (Wartezeit)	30 €/Stunde	

a) Familie Adinolfi bezahlt für die Fahrt zum Flughafen 120,50 €. Dabei stand das Taxi 45 min im Stau. Was kostet die Rückfahrt, wenn es keine Wartezeiten gibt?
b) Herr Yldirim hat vergessen, auf die Abrechnung der Taxifahrt zu schauen. Er bezahlt 140,00 € für die 40 km lange Fahrt. Bestimme, wie lange er im Stau stand.
c) SP Stelle eine Funktionsgleichung für eine Fahrt auf, die länger als 4 km ist. Welche Schwierigkeit tritt auf?

Tabellenkalkulation. Messreihen analysieren

MEDIEN

MK Mithilfe eines Tabellenkalkulationsprogramms kann man aus Wertepaaren einen Funktionsgraphen erstellen und eine Funktionsgleichung anzeigen lassen. Dabei kann man auch prüfen, ob ein linearer Zusammenhang besteht.

Tipp!
Wie du ein Diagramm einfügst, findest du auf Seite 198.

○ **1** MK In der Tabelle ist der Stromverbrauch pro Jahr in Abhängigkeit von der Anzahl an Personen dargestellt.

Anzahl an Personen	Verbrauch in kWh/Jahr
1	2229
2	3202
3	4193
4	4955

a) Veranschauliche die Daten:
(1) Erstelle aus den Werten ein Punktdiagramm.
(2) SP Füge nun eine Linie ein, die möglichst nah an allen Punkten im Diagramm verläuft. Eine solche Linie heißt in vielen Programmen **Trendlinie**. Beschreibe den Verlauf der Trendlinie.
(3) Finde heraus, wie du dir die Funktionsgleichung der Trendlinie im Diagramm anzeigen lassen kannst.

b) Gib die Bedeutung der Steigung und des y-Achsenabschnitts im Sachzusammenhang an.

c) SP Berechne mithilfe der Funktionsgleichung den Jahresverbrauch in kWh für sechs Personen. Ist der so berechnete Wert realistisch? Begründe.

◒ **2** MK Immer an ihrem Geburtstag messen Valeskas Eltern, wie groß Valeska ist und markieren dies an einer Messlatte. Die Abbildung zeigt die Körpergröße von Valeska im Alter von 2 bis 18 Jahren.

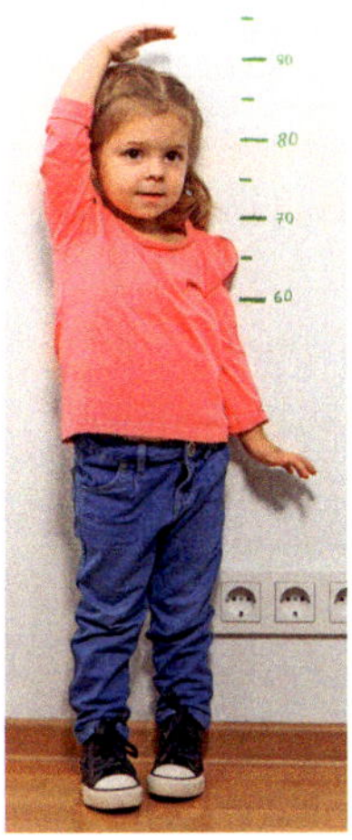

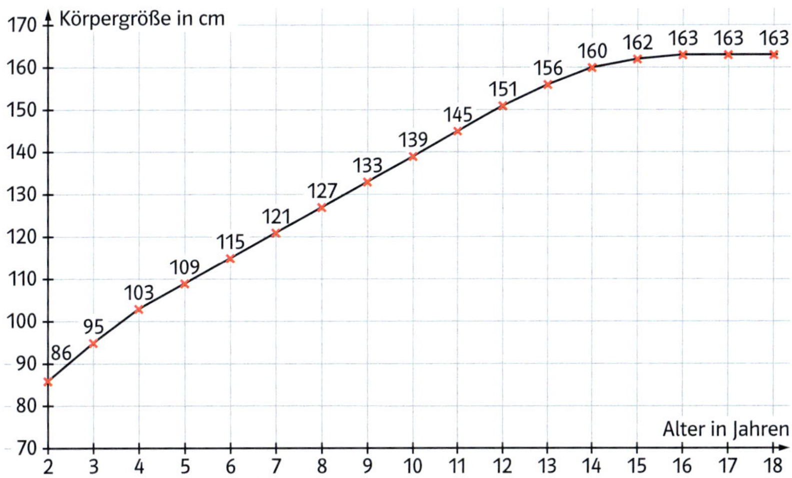

a) SP Begründet mithilfe des Diagramms, in welcher Altersspanne es sinnvoll ist, einen linearen Zusammenhang zwischen Alter und Körpergröße anzunehmen. Ermittelt dann mithilfe eures Tabellenkalkulationsprogramms eine Funktionsgleichung für diesen Bereich.

b) Bestimmt, wie groß Valeska mit 20, 40, 60 und 80 Jahren wäre, wenn ihr Wachstum weiter linear verlaufen würde.

c) Recherchiert weitere Zusammenhänge, bei denen man in bestimmten Bereichen von linearen Zusammenhängen ausgehen kann. Bestimmt Funktionsgleichungen für diese Bereiche mithilfe eures Programms.

Zusammenfassung

Funktionen

Eine **Funktion** ordnet jedem Wert einer ersten Größe (x-Wert) genau einen Wert einer zweiten Größe (y-Wert) zu. Eine Funktion heißt daher auch **eindeutige Zuordnung**. Die zugeordneten Werte aus der zweiten Größe nennt man **Funktionswerte**.

Mithilfe einer **Funktionsgleichung** kann man zu jedem x-Wert den zugehörigen **Funktionswert f(x)** berechnen und eine Wertetabelle aufstellen. Anhand der **Wertepaare** kann der Funktionsgraph gezeichnet werden. Umgekehrt kann man mithilfe der **Punktprobe** überprüfen, ob ein Wertepaar zu einer Funktion gehört.

Mit Worten: Bei einer Mitfahrgelegenheit kostet 1 km 0,05 €. Hinzu kommt eine Gebühr von 3,00 €.

Funktionsterm:
$0{,}05 \cdot x + 3$

Funktionsgleichung:
$f(x) = 0{,}05 \cdot x + 3$
oder
$y = 0{,}05 \cdot x + 3$

Wertetabelle:

x (Weg in km)	0	10	20	30	40	50
f(x) (Preis in €)	3,00	3,50	4,00	4,50	5,00	5,50

Graph im Koordinatensystem:

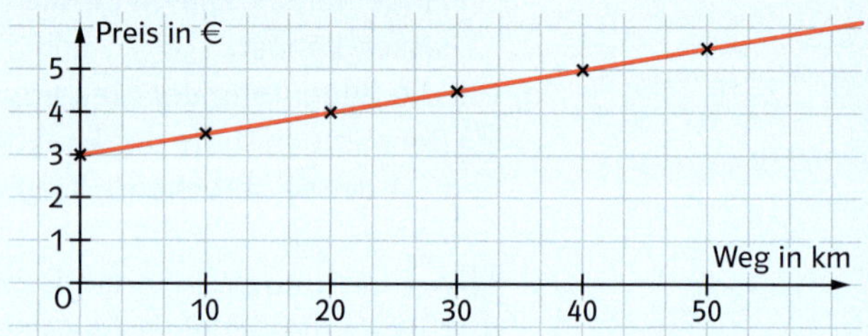

Proportionale Funktion

- Funktionsgleichung: $\mathbf{y = m \cdot x}$
- Graph: Gerade durch den Ursprung O(0 | 0) des Koordinatensystems
- $m = \frac{y}{x}$ gibt die **Steigung** der Geraden an

f(x) = 2x

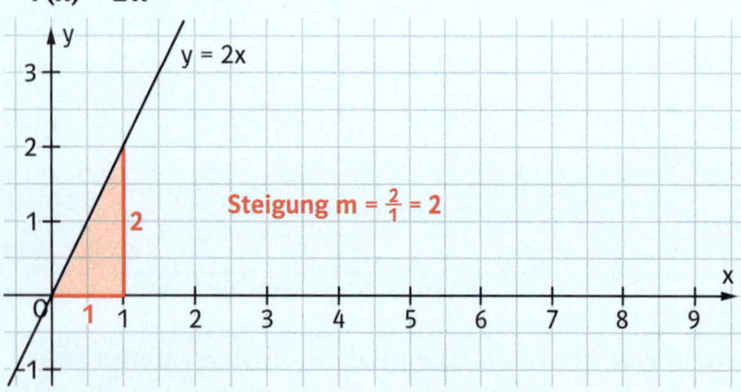

Lineare Funktion

- Funktionsgleichung: $\mathbf{y = m \cdot x + c}$
- Graph: Gerade mit **Steigung** m; schneidet die x-Achse in $N(x_N \mid 0)$ und die y-Achse in $P(0 \mid c)$.
- x_N bezeichnet die **Nullstelle** und c den **y-Achsenabschnitt** der Geraden $\mathbf{f(x) = \frac{2}{3}x + 1}$

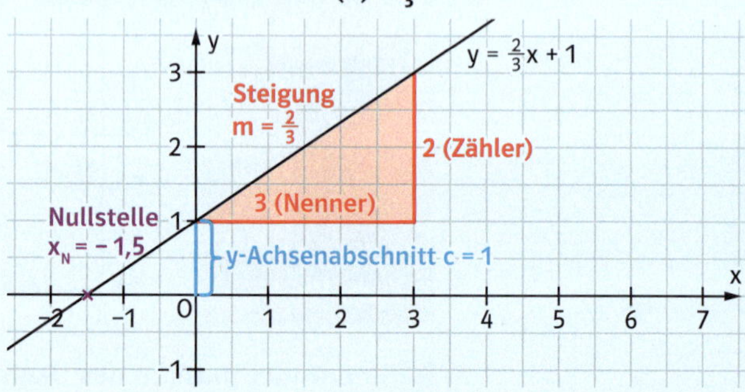

Funktionsgleichung rechnerisch bestimmen

Sind zwei Punkte einer Geraden bekannt, ist ihre Lage genau festgelegt.
Mit den Koordinaten der beiden Punkte $P_1(x_1 \mid y_1)$ und $P_2(x_2 \mid y_2)$ kann man zunächst die **Steigung m** und anschließend den **y-Achsenabschnitt c** berechnen.

Für m gilt: $\mathbf{m = \frac{y_2 - y_1}{x_2 - x_1}}$

Mathematisches Modellieren

Die Stufen des **mathematischen Modellierens** sind:
1. **Übersetzen** der wirklichen Situation in ein mathematisches Modell
2. **Lösen**: Ermitteln der mathematischen Ergebnisse
3. **Interpretieren** der Lösung in der Wirklichkeit
4. **Bewerten** des wirklichen Ergebnisses

Basistraining

○ **1** Das Schaubild zeigt den Wechsel von Ebbe und Flut.

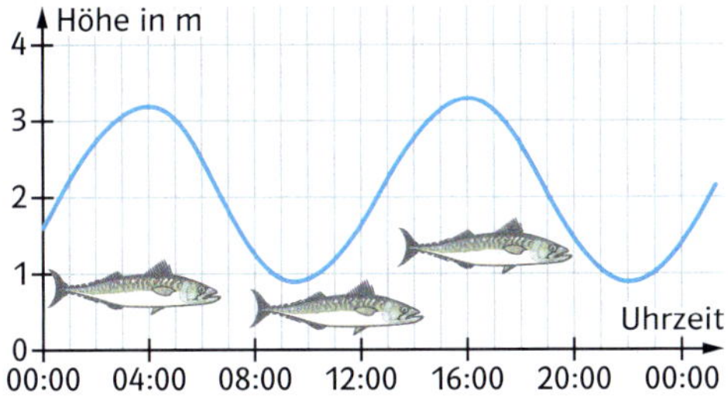

a) Gib an, zu welchen Uhrzeiten das Wasser am höchsten und am niedrigsten war.
b) In welchem Zeitraum stieg das Wasser?

○ **2** Die Tabelle und das Schaubild zeigen die Anzahl der Sonnenstunden im ersten bzw. zweiten Halbjahr.

Monat	Jan.	Feb.	März	April	Mai	Juni
Sonnenstunden	70	90	140	220	180	200

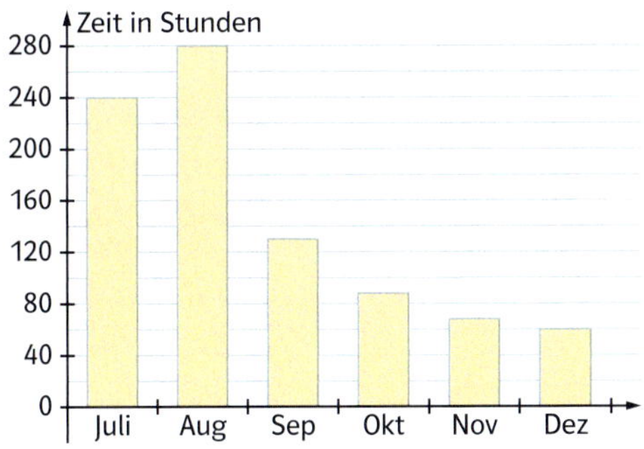

a) Vervollständige jeweils die Tabelle und das Schaubild für das gesamte Jahr.
b) Gib an, welche Monate mehr als 200 Sonnenstunden und welche weniger als 100 Sonnenstunden hatten.

○ **3** Die Tabelle zeigt die Wasserstandshöhe in einer Regentonne. Zeichne ein Schaubild.

Zeit in h	0	10	20	30	40	50	60
Höhe in cm	15	25	30	30	30	45	65

○ **4** Ordne der Wertetabelle die richtige Funktionsgleichung zu.

a)

x	1	2	3	4	5
f(x)	−1	−4	−7	−10	−13

$f(x) = -3x + 2$

b)

x	−3	−2	−1	0	1
f(x)	−9	−7	−5	−3	−1

$f(x) = 2x - 3$

○ **5** SP Ordne den Sätzen die richtige Funktionsgleichung zu.

a) Die Grundgebühr beträgt 5 €. Pro Stunde Ausleihe bezahlt man 2,50 €.

$y = 5x + 2{,}5$ $y = 2{,}5x + 5$

b) Ein Quadratmeter kostet 375 €.

$y = x + 375$ $y = 375x$

c) Ein Wasserbehälter fasst 200 l. Pro Minute fließen 2 l aus.

$y = 2x - 200$ $y = 200 - 2x$

○ **6** SP Das Gefäß wird gleichmäßig mit Wasser gefüllt. **Beschreibe** den Füllvorgang mit Worten und ordne das passende Schaubild zu.

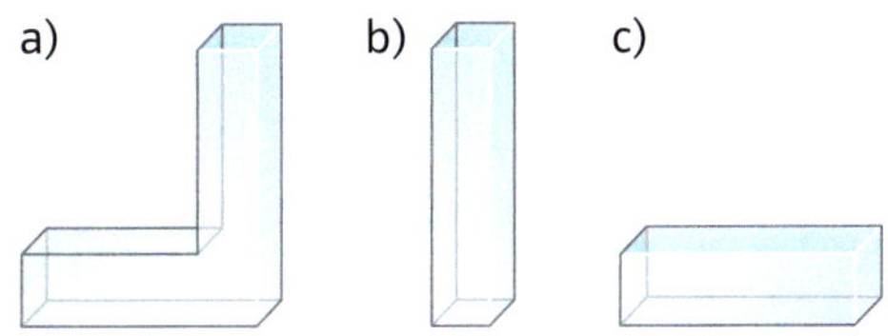

○ **7** Prüfe mit der Punktprobe, ob die Punkte auf der Geraden liegen.

		A(1|4)	B(2|6)	C(−1|9)
a)	y = 4x			
b)	y = 2x + 2			
c)	y = −x + 8			

○ **8** Vervollständige die Wertetabelle.

a) $y = x + 3$

x	1	2	5	7	12
y					

b) $y = -2x + 12$

x	−2	0			20
y			10	2	

c) $y = -\frac{1}{2}x - \frac{1}{2}$

x	0	1		6	
y			−2		−5,5

Tipp!
zu den Aufgaben 11 und 12
Du kannst eine Wertetabelle erstellen oder ein Steigungsdreieck einzeichnen.

○ **9** SP Je ein Schaubild, eine Beschreibung, eine Wertetabelle und eine Funktionsgleichung gehören zusammen. Ordne zu.

$f(x) = 20x$ $f(x) = 2{,}5x + 3$

x	2	4	6	8
f(x)	8	13	18	23

x	0	1	2	3	4	5
f(x)	0	20	40	60	80	100

Die Taxifahrt kostet pro Kilometer 2,50 €. Für die Anfahrt bezahlt man 3 €.

In 3 min fließen 60 l Wasser in den Tank.

(1)

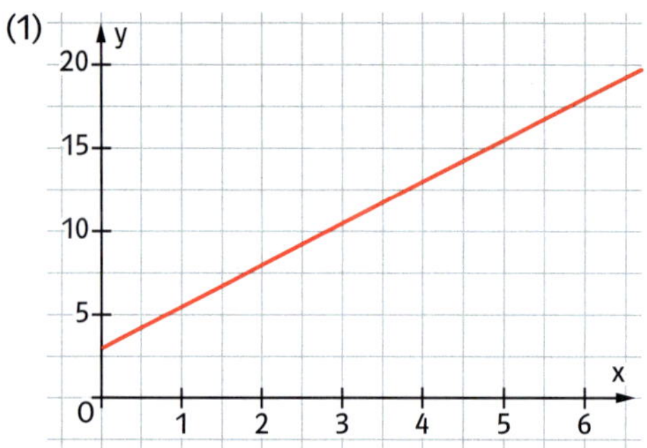

(2)

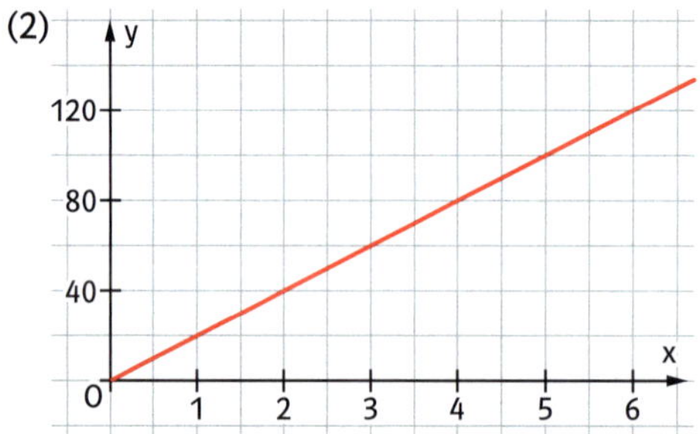

○ **10** SP Die Geraden sind **falsch** gezeichnet. **Beschreibe** die Fehler und zeichne richtig.

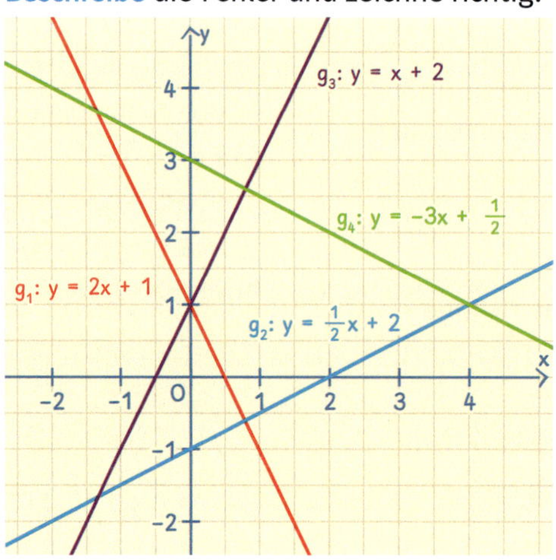

○ **11** Zeichne den Graphen der proportionalen Funktion.

a) $k(x) = 2x$ b) $g(x) = \frac{1}{2}x$

c) $f(x) = -2x$ d) $h(x) = -\frac{1}{2}x$

○ **12** Zeichne den Graphen der linearen Funktion. Gib die Nullstelle an.

a) $f(x) = x - 4$ b) $g(x) = -2x + 3$

c) $h(x) = \frac{1}{2}x + 1{,}5$ d) $i(x) = -x - 0{,}5$

◒ **13** Von einer linearen Funktion sind die Steigung m und der y-Achsenabschnitt n gegeben. Bestimme die Funktionsgleichung $y = m \cdot x + n$ und zeichne das Schaubild mithilfe eines Steigungsdreiecks.

a) $m = 3;\ n = -1$ b) $m = 1;\ n = 2$

c) $m = -2;\ n = -1{,}5$ d) $m = -\frac{1}{2};\ n = 3$

◒ **14** Setze die Koordinaten von P_1 und P_2 in $m = \frac{y_2 - y_1}{x_2 - x_1}$ ein. Berechne die Steigung m.

a) $P_1(1|2)$; $P_2(2|4)$ b) $P_1(3|2)$; $P_2(6|8)$

c) $P_1(3|-3)$; $P_2(5|7)$ d) $P_1(1|4)$; $P_2(5|6)$

e) $P_1(10|4)$; $P_2(5|9)$ f) $P_1(3|10)$; $P_2(9|7)$

◒ **15** SP Die Städte Köln und Frankfurt sind 200 km voneinander entfernt. Für welches Mietwagenangebot würdest du dich entscheiden, um von Köln nach Frankfurt zu fahren?

Angebot 1
Tagesmiete
(ohne Kilometerbegrenzung) 99,00 €

Angebot 2
Grundpreis 69,00 €
Pro Kilometer 0,10 €

Anwenden. Nachdenken

16 SP 2014 stand die deutsche Fußballnationalmannschaft der Herren im WM-Finale. Das Diagramm zeigt den Wasserverbrauch in München während des Finalspiels.

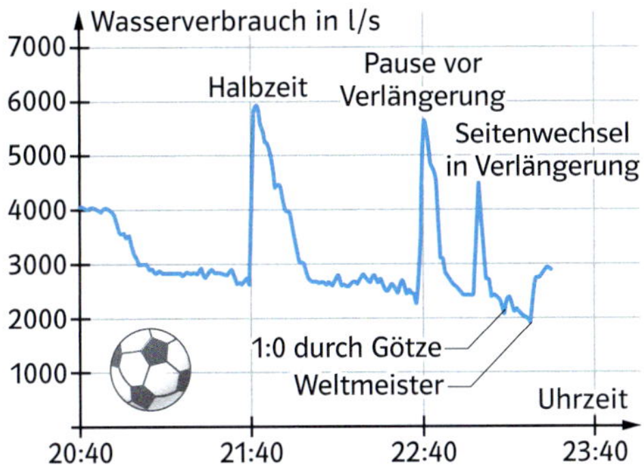

a) **Beschreibe** den Verlauf der Kurve.
b) Wann wurde das meiste Wasser verbraucht? Hast du eine Erklärung?

17 SP Welche Wertetabelle gehört nicht zu einer Funktion? **Begründe**.

A	1. Größe	1	4	6	100
	2. Größe	3	3	3	3
B	1. Größe	1	1	1	1
	2. Größe	3	12	30	57
C	1. Größe	1	2	2	3
	2. Größe	4	8	4	8

18 SP Ein Schwimmbecken wird gleichmäßig gefüllt.

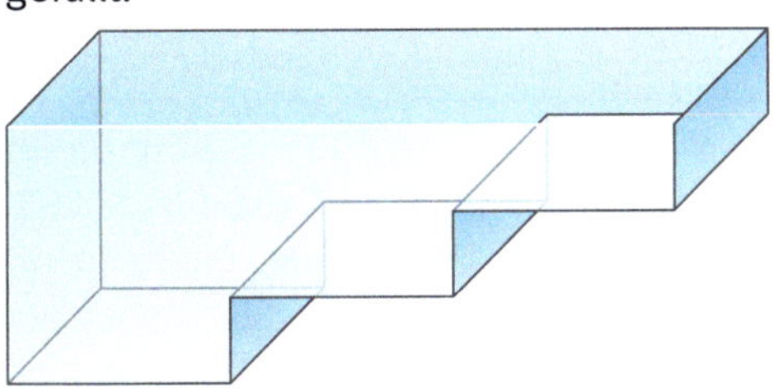

Welches Schaubild beschreibt den Vorgang? **Begründe** deine Entscheidung.

(1) (2) (3)

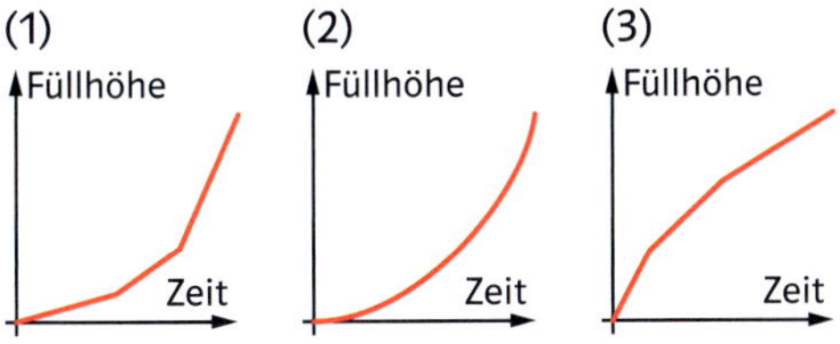

19 Frau Miler möchte ihren Kindern Bojan und Danija ihre Geburtsstadt Prag zeigen. Das Schaubild zeigt die 8-stündige Fahrt.

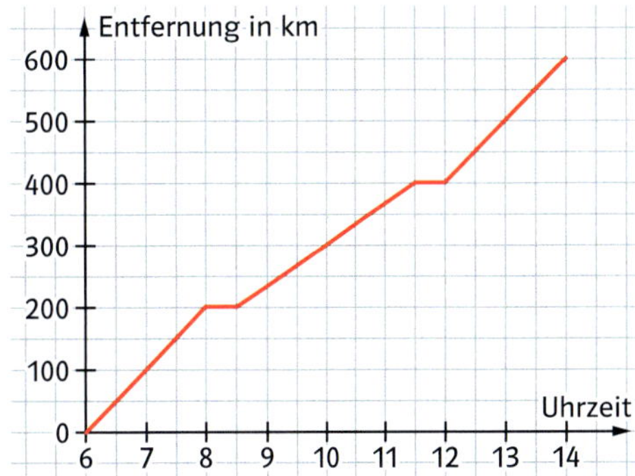

a) SP **Beschreibe** den Verlauf der Fahrt.
b) Bestimme die Durchschnittsgeschwindigkeit zwischen 12 Uhr und 14 Uhr.

20 Die Grafik zeigt die Höhen verschiedener Wolkenkratzer und die Fahrzeiten der Aufzüge bis zur rot markierten Linie.

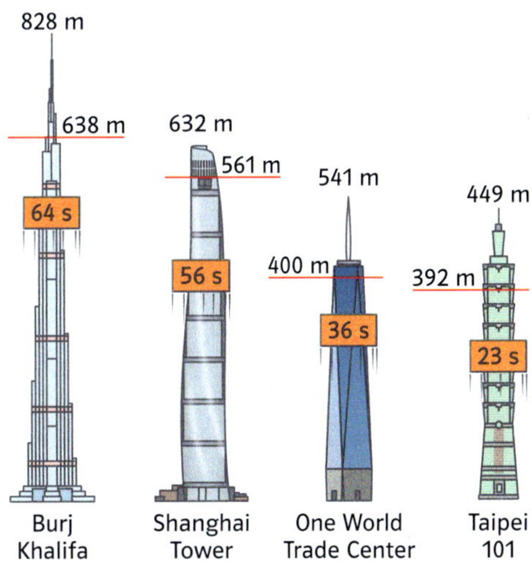

a) Berechne die Durchschnittsgeschwindigkeiten der Fahrstühle.
b) Welcher Wolkenkratzer hat den schnellsten Fahrstuhl? Stelle die Fahrt in diesem Aufzug in einem Schaubild dar.

21 Beide Punkte gehören zu einer proportionalen Funktion. Bestimme die fehlende Koordinate.

a) S(1 | 3) und T(4 | ■)
b) S(5 | 7,5) und T(3 | ■)
c) S(4 | −2) und T(−1 | ■)
d) S(2 | 0,5) und T(■ | −2)

22 Übertrage die Wertepaare ins Koordinatensystem. Liegt eine proportionale, eine lineare Funktion oder keine von beiden vor? Gib, wenn möglich, die Funktionsgleichung an.

a)

x	1	2	3	4	5	6
f(x)	−0,5	1	2,5	4	5,5	7

b)

x	−3	−2	−1	0	1	2
f(x)	7,5	5	2,5	0	−2,5	−5

c)

x	−2	−1	0	1	2	3
f(x)	2	0	0	2	6	12

23 Bestimme die Funktionsgleichungen der Geraden. Die Steigungen sind keine ganzzahligen Werte.

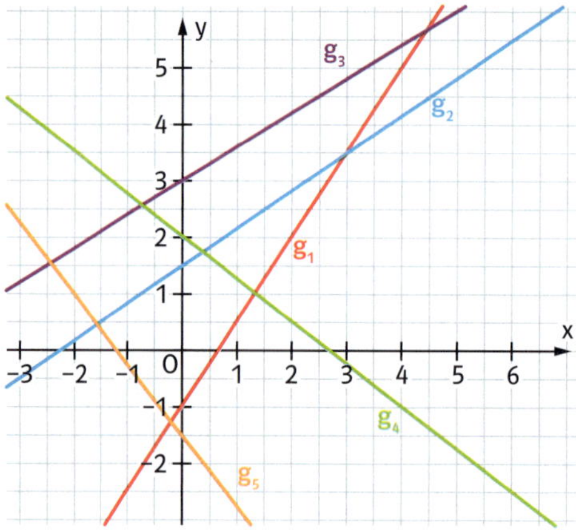

24 SP Zeichne den Graphen der Funktion $f(x) = -\frac{1}{2}x + 2$.

a) Spiegle die Gerade an der y-Achse und bestimme die Funktionsgleichung der neuen Funktion. Was fällt dir auf? **Beschreibe**.

b) Spiegle die Gerade an der x-Achse und bestimme die Funktionsgleichung. **Beschreibe**, was dir auffällt.

c) Spiegle die Gerade nacheinander an beiden Koordinatenachsen. Bestimme die Funktionsgleichung der neuen Funktion und formuliere eine allgemeine Regel.

25 MK Zeichne die Graphen mit einer DGS.

(1) $y = 3x - 3$ (2) $y = 2x - 2$

(3) $y = x - 1$ (4) $y = -x + 1$

(5) $y = -2x + 2$ (6) $y = -3x + 3$

a) SP Was fällt dir auf? **Erkläre**.

b) Gib weitere Geraden an, die dieselbe Eigenschaft besitzen.

26 Der Tank eines Löschfahrzeugs fasst 4500 l Wasser. Er ist nahezu leer und wird gefüllt. Bei gleichmäßigem Zufluss sind nach 5 Minuten 1500 l Wasser und nach 12 Minuten 2900 l Wasser im Tank.

a) Gib an, wie lange es noch dauert, bis der Tank vollständig gefüllt ist.

b) **Zeige**, dass zu Beginn des Auffüllens noch 500 l Wasser im Tank waren.

c) Stelle eine Funktionsgleichung auf.

27 Der x-Wert, an dem ein Graph die x-Achse schneidet, heißt Nullstelle. Ermittle die Nullstellen der Geraden g und h

a) mithilfe einer Zeichnung.

b) durch eine Rechnung.

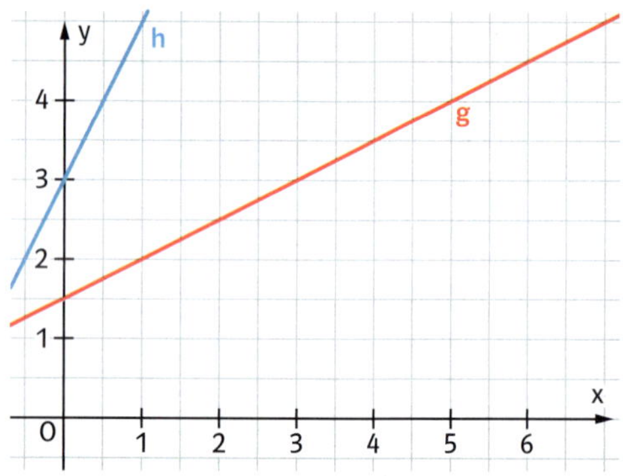

28 Temperaturen werden in Europa in Grad Celsius in den USA in Fahrenheit gemessen. Die Temperaturen können ineinander umgerechnet werden:

> **y = 1,8 · x + 32**
> x: Temperatur in Grad Celsius (°C)
> y: Temperatur in Grad Fahrenheit (°F)

a) Rechne die Celsiuswerte in Grad Fahrenheit um: 0 °C; 20 °C; 30 °C; 40 °C.

b) SP Zeichne ein Schaubild. **Erkläre**, warum die Gerade nicht durch den Ursprung (0 | 0) geht.

c) Rechne die Fahrenheitangaben in Grad Celsius um: 0 °F; 50 °F; 100 °F.

29 MK Ulli hat mit einer dynamischen Geometriesoftware Geraden gezeichnet.

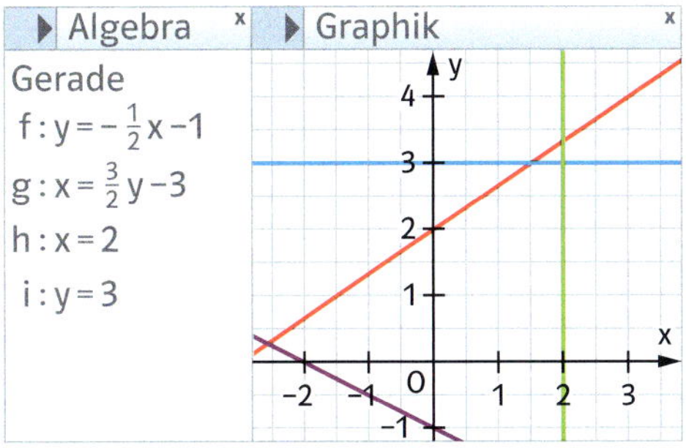

a) Welche Gleichung gehört zu welcher Geraden? Notiere, wenn möglich, in der Form f(x) = ▒.

b) SP Welche Gerade gehört nicht zu einer Funktion? **Begründe**.

30 SP Familie Bauer plant eine 7-tägige Reise mit dem Wohnmobil in Kanada. Sie haben drei Angebote für die Reise von Calgary nach Vancouver gefunden.

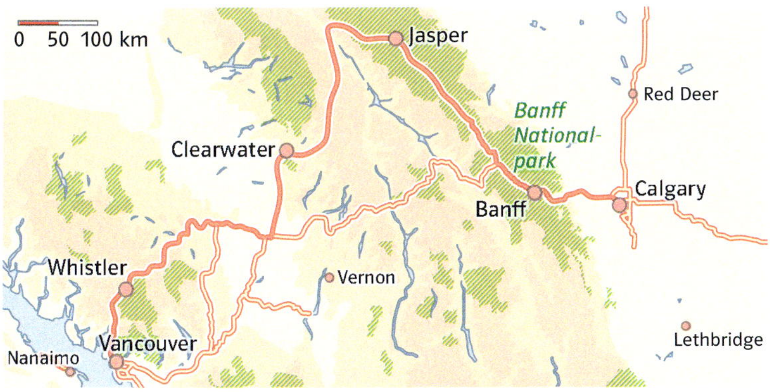

Für welches Angebot soll sich Familie Bauer entscheiden? Nutzt für eure Lösung die Landkarte.

31 SP Mio und Malin haben zwei neue gleiche quaderförmige Aquarien bekommen. Sie sind 40 cm hoch und werden unterschiedlich schnell mit Wasser befüllt. Woran liegt das? **Erkläre**, was die Steigung in diesem Zusammenhang bedeutet.

	20 cm hoch	40 cm hoch
Mio	4 min	8 min
Malin	5 min	10 min

32 Von einer linearen Funktion sind zwei Punkte gegeben. Ermittle die Funktionsgleichung.

a) P(0 | 0); Q(1 | 1)
b) P(0 | 0); Q(1 | 7)
c) P(0 | 1); Q(1 | 3)
d) P(0 | 5); Q(2 | 9)
e) P(0 | 4); Q(1 | −2)
f) P(−1 | 3); Q(1 | −3)

33 Frau Miller telefoniert viel ins Ausland. Sie bezahlt für ihren Mobilfunkvertrag 19,99 € Grundgebühr im Monat.

Gespräche innerhalb der EU	0 €
In Festnetze in die Zone restliches Europa, USA und Kanada	0,09 €/Minute
In Mobilfunknetze in die Zone restliches Europa, USA und Kanada	0,29 €/Minute
In Fest- und Mobilfunknetze anderer Länder	0,99 €/Minute

a) Im Juni notiert sich Frau Miller folgende Zeiten: Kanada 98 min Festnetz und 37 min Mobilfunknetz, Japan 21 min, Deutschland 396 min und Indien 79 min. Berechne die entstandenen Kosten.

b) Aus ihrem Urlaub in den USA ruft Frau Miller eine Freundin in Mexiko an. Für 15 Minuten bezahlt sie 37,35 €. Bestimme die Höhe der Gebühren.

34 MK Malia möchte ihrer Mutter ein Fotobuch schenken. Sie prüft drei Angebote.

FotoFIX	SnapPlus	DIA-ON
26,99 € für 20 Seiten	36,99 € für 28 Seiten	49,99 € für 36 Seiten
0,99 € je zusätzliche Seite	0,89 € je zusätzliche Seite	0,59 € je zusätzliche Seite

Ermittle das günstigste Angebot für

a) 40 Seiten. b) 50 Seiten. c) 60 Seiten.

Du kannst auch ein Tabellenkalkulationsprogramm verwenden.

Rückspiegel

D28 Teste dich

○ **1** Das Schaubild zeigt, wie sich der Wasserstand des Pegels von einem Fluss zwischen März und September entwickelt hat.

a) Bestimme aus dem Schaubild den größten und den kleinsten Wert.

b) Vervollständige die Wertetabelle.

Monat	Mär.	Apr.	Mai	Jun.	Jul.	Aug.	Sep.
Höhe in cm	■	42	■	■	■	■	■

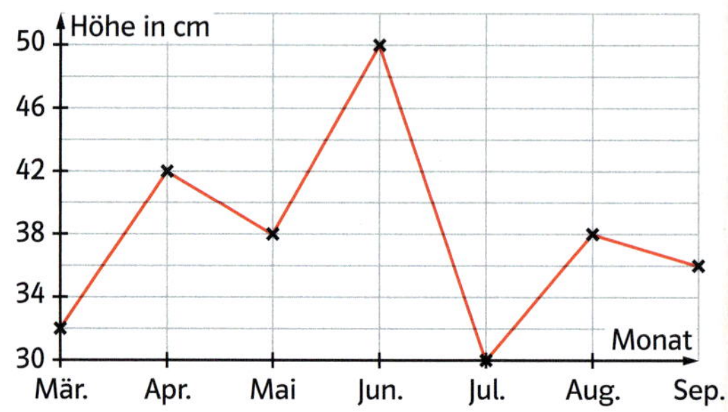

○ **2** Erstelle eine Wertetabelle und zeichne das Schaubild. Gib die Nullstelle an.

a) $f(x) = 3x$ b) $f(x) = \frac{1}{4}x$ c) $f(x) = 2x + 1$ d) $f(x) = -\frac{1}{2}x - 2$

○ **3** Prüfe mit der Punktprobe, ob der Punkt P auf dem Graphen der Funktion liegt.

a) $P(4\,|\,21)$; $y = 5x$ b) $P(7\,|\,17)$; $y = 3x - 4$ c) $P(-2\,|\,5)$; $y = -\frac{1}{2}x - 6$

○ **4** Bestimme die Funktionsgleichungen.

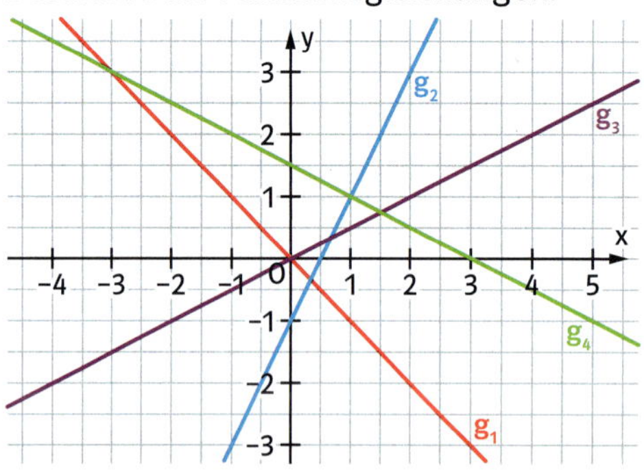

◒ **4** Bestimme die Funktionsgleichungen.

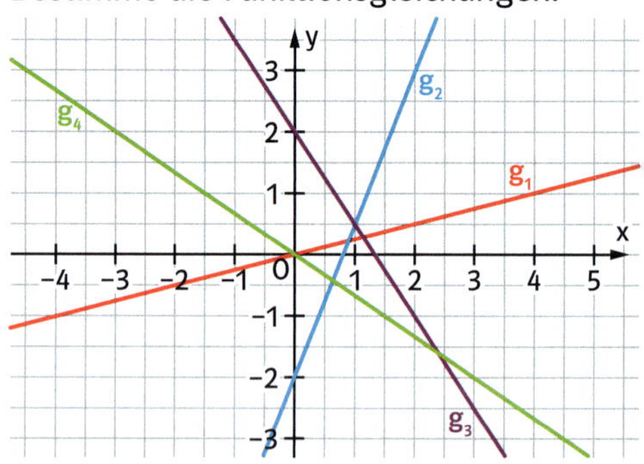

○ **5** Eine Gerade g hat die Steigung $m = 3$ und geht durch den Punkt $P(0\,|\,-1)$. Bestimme die Funktionsgleichung.

◒ **6** Zeichne das Schaubild, ohne eine Wertetabelle zu erstellen.

a) $y = 2{,}5x$ b) $y = 0{,}5x - 1{,}5$

◒ **7**

FAHRSCHULE WULF
Alle Gebühren: 800 €
Preis pro Fahrstunde: 60 €

a) Gib die zugehörige Funktionsgleichung an.

b) Carlo hat für seinen Führerschein 1900 € angespart. **Prüfe**, wie viele Fahrstunden er maximal brauchen darf.

◒ **5** Von einer linearen Funktion sind $m = -2{,}5$ und $c = -1{,}5$ bekannt.

a) Gib die Funktionsgleichung an.

b) Zeichne den Graphen der Funktion.

◒ **6** Die beiden Punkte $P(0\,|\,-2)$ und $Q(1\,|\,2)$ liegen auf einer Geraden. Bestimme die Funktionsgleichung.

● **7** Eine zylindrische Kerze ist 21 cm hoch. Nach fünf Stunden ist sie bis auf 13,5 cm abgebrannt. Stelle eine Funktionsgleichung auf. **Zeige**, dass die Kerze noch 9 Stunden brennen kann.

→ Die Lösungen findest du auf Seite 212.

Standpunkt | Kreis und Zylinder

Wo stehe ich?

Ich kann …	gut	etwas	nicht gut	Lerntipp!
A Zahlen runden,	■	■	■	→ Seite 175
B Maßeinheiten umrechnen,	■	■	■	→ Seite 184; 185
C einen Kreis zeichnen und mit Fachbegriffen beschriften,	■	■	■	→ Seite 187
D Winkel berechnen,	■	■	■	→ Seite 187
E Quadratwurzeln berechnen,	■	■	■	→ Seite 34
F Gleichungen lösen,	■	■	■	→ Seite 183
G den Satz des Pythagoras anwenden,	■	■	■	→ Seite 58
H Umfang und Flächeninhalt von Figuren berechnen,	■	■	■	→ Seite 192
I Volumen von Prismen berechnen.	■	■	■	→ Seite 194

Überprüfe dich selbst:

D29 Teste dich

A Runde auf die angegebene Stelle.
a) auf Zehntel: 45,37; 4,7268; 169,485
b) auf zwei Nachkommastellen: 5,567; 175,9839; 6,39792
c) auf Einer: 13,5; 62,495; 169,35

B Wandle in die in Klammern angegebene Maßeinheit um.
a) 320 mm (cm); 2,54 km (m); 3 m 4 dm (cm)
b) 325 cm^2 (dm^2); 7 a (m^2); 13 km^2 (ha)
c) 500 cm^3 (mm^3); 150 dm^3 (m^3); 3,5 m^3 (dm^3)

C SP Zeichne einen Kreis mit $r = 3$ cm. Beschrifte den Kreis. Erkläre die Begriffe.

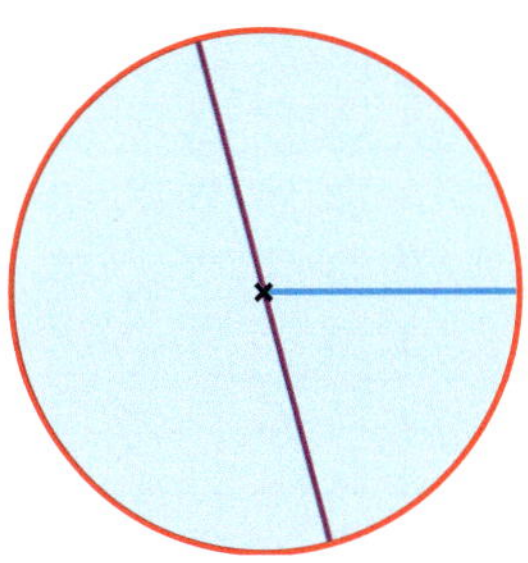

Mittelpunkt M
Kreisfläche A
Durchmesser d
Kreislinie u
Radius r

D Bestimme die Größe der Winkel.
a)
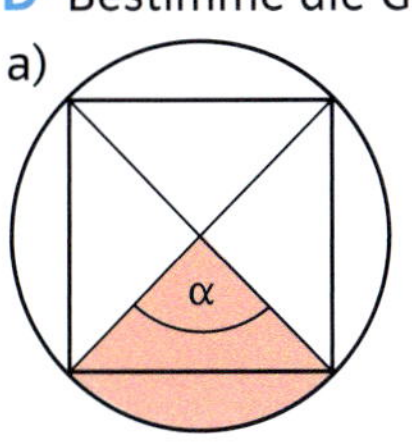

b)
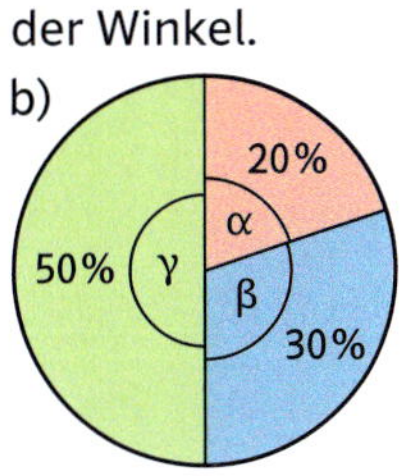

E Berechne die Quadratwurzel im Kopf.
a) $\sqrt{49}$ b) $\sqrt{6^2}$ c) $\sqrt{\frac{1}{4}}$ d) $\sqrt{9a^2}$

F Löse die Gleichung.
a) $5x + 13 = 38$ b) $7x - 12 = 3x$

G Berechne im Dreieck ABC die gesuchte Seitenlänge. (Maße in cm)
a)
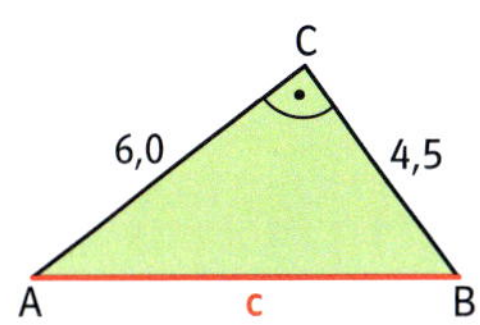

b)
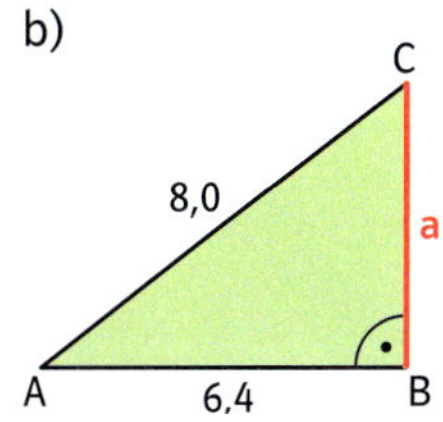

H Berechne Umfang und Flächeninhalt des Parallelogramms.

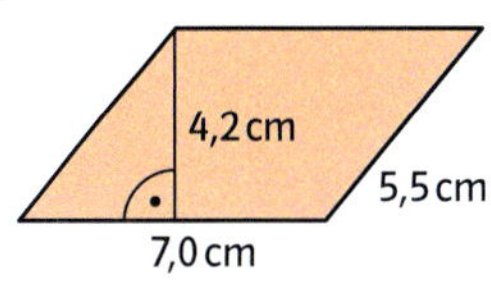

I Berechne das Volumen des Prismas. (Maße in cm)

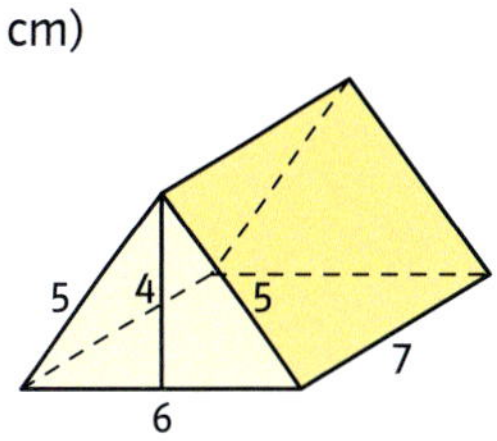

→ Die Lösungen findest du auf Seite 213.

5 Kreis und Zylinder

1 Bestimmt bei einem Fahrrad den Reifendurchmesser des Vorderrads. Welche Strecke legt das Fahrrad zurück, wenn sich das Vorderrad einmal dreht? Wie oft könnt ihr den Reifendurchmesser auf dem Umfang des Rads abtragen?

2 Auf dem Foto seht ihr die größte fahrbare Laufmaschine des Velo-Designers Didi Senft. Die Räder haben einen Durchmesser von 2,51 m. Nutzt eure Ergebnisse aus Aufgabe 1 und schätzt, welche Strecke die Laufmaschine zurücklegt, wenn sich das Vorderrad einmal dreht.

3 Konservendosen sind häufig zylinderförmig. Überlege, welche Vorteile die Zylinderform gegenüber anderen Körperformen hat. Recherchiere auch im Internet.
Wofür werden eher schlanke Dosen mit kleiner Grundfläche verwendet, wofür solche mit verhältnismäßig großer Grundfläche?

Ich lerne,

- wie man den Umfang eines Kreises berechnet,
- wie man den Flächeninhalt eines Kreises berechnet,
- wie man die Länge eines Kreisbogens und den Flächeninhalt eines Kreissektors berechnet,
- wie man den Oberflächeninhalt und das Volumen eines Zylinders berechnet.

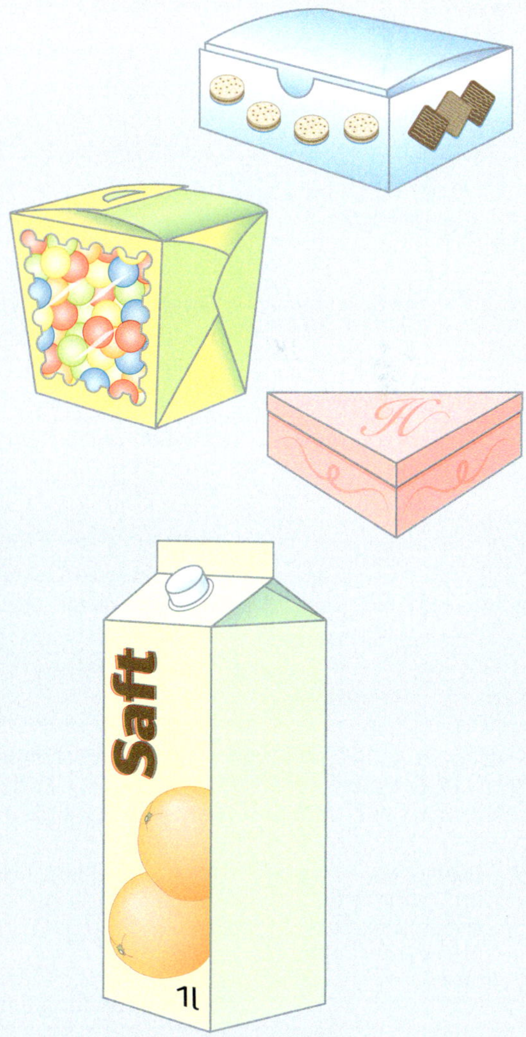

1 Kreisumfang

Zwei Jugendliche messen den Umfang und den Durchmesser verschiedener kreisförmiger Gegenstände. Dafür stehen ihnen einige Geräte zur Längenmessung zur Verfügung.
→ Besprecht in der Gruppe, welche Messgeräte sich für welche Gegenstände eignen.
→ Führt eigene Messungen durch.
→ Tragt die Werte in eine Tabelle ein. Bildet das Verhältnis $\frac{u}{d}$. Was fällt euch auf?

Gegenstand	Umfang u	Durchmesser d	$\frac{u}{d}$
1-€-Münze	7,3 cm	2,3 cm	■
■	■	■	■

Zu einem Kreis mit dem doppelten (dreifachen, ...) Durchmesser gehört der doppelte (dreifache, ...) Umfang. Damit ist der Umfang u eines Kreises proportional zu seinem Durchmesser d.

$$\frac{u_1}{d_1} = \frac{u_2}{d_2} = \frac{u_3}{d_3}$$

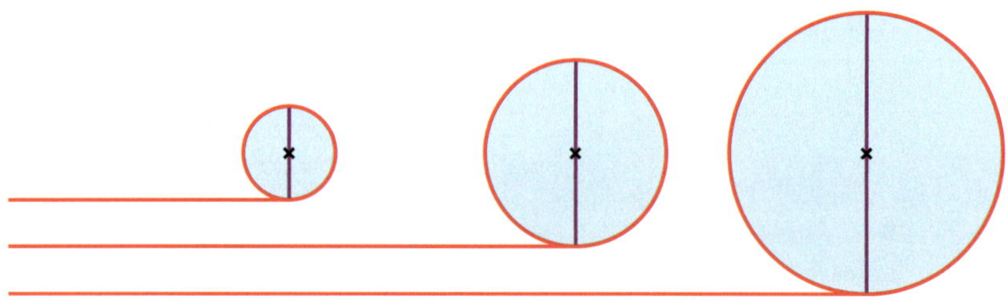

Dividiert man den Umfang u eines Kreises durch seinen Durchmesser d, so ist das Ergebnis für alle Kreise gleich. Dieses Verhältnis wird **Kreiszahl** genannt und mit π (gesprochen „pi“) bezeichnet. Es gilt: $\pi = \frac{u}{d} \approx$ **3,14**
Im Taschenrechner ist für π ein genauerer Wert gespeichert: $\pi = 3{,}141\,592\,654\ldots$.
Wird ohne Taschenrechner gerechnet, ist 3,14 ein geeigneter Näherungswert.

Merke

Der Kreisumfang u lässt sich mithilfe der Kreiszahl π berechnen.
Für den **Umfang u** eines Kreises mit dem **Durchmesser d** bzw. dem **Radius r** gilt:

$u = 2\pi r$ bzw. $u = \pi d$

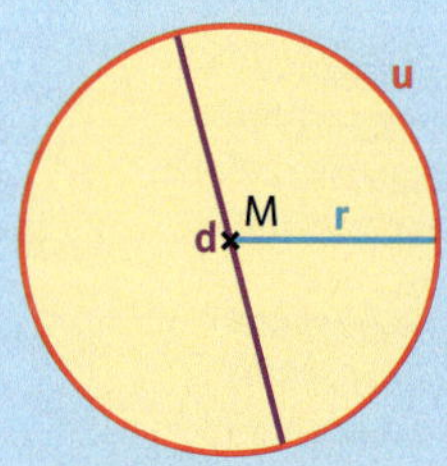

Beispiele

a) Der Radius eines Kreises beträgt r = 4,0 cm.
Berechnet wird der Umfang u.

Überschlag:	Rechnung:
$u = 2 \cdot \pi \cdot 4{,}0$	$u = 2 \cdot \pi \cdot r$
$u \approx 2 \cdot 3 \cdot 4$	$u = 2 \cdot \pi \cdot 4{,}0$
$u \approx 24$	$u \approx 25{,}1$

Der Umfang beträgt etwa 25,1 cm.

b) Der Umfang eines Kreises hat eine Länge von u = 18,0 cm.
Berechnet wird der Durchmesser d.

$u = \pi \cdot d$
$18{,}0 = \pi \cdot d \quad |:\pi$
$d \approx 5{,}7\,\text{cm}$

Der Durchmesser beträgt etwa 5,7 cm.

Tipp!
Der Umfang eines Kreises ist etwa das Dreifache des Durchmessers.

○ **1** Berechne den Umfang u des Kreises. Überschlage zuerst.
a) r = 12,4 dm b) r = 31,8 cm
c) d = 16,0 cm d) d = 3,0 m

○ **2** Berechne den Radius r und den Durchmesser d des Kreises.
a) u = 31,5 cm b) u = 108,0 cm
c) u = 240,0 dm d) u = 44,0 m

Tipp!
Das Ergebnis hat so viele Nachkommastellen wie die maximale Anzahl an Nachkommastellen bei den Ausgangswerten.

○ **3** Ordne den Gegenständen die richtigen Maße zu. Berechne den Umfang u.

d = 25,75 mm

d = 61,8 cm

r = 4,0 cm

Alles klar?

A Berechne den Umfang u des Kreises. a) r = 3,5 cm b) d = 9,0 cm

B Berechne die fehlende Größe. a) u = 11,0 cm; d = ▒ b) u = 47,2 dm; r = ▒

D30 Fördern

○ **4** Bestimme den Umfang u des Kreises.

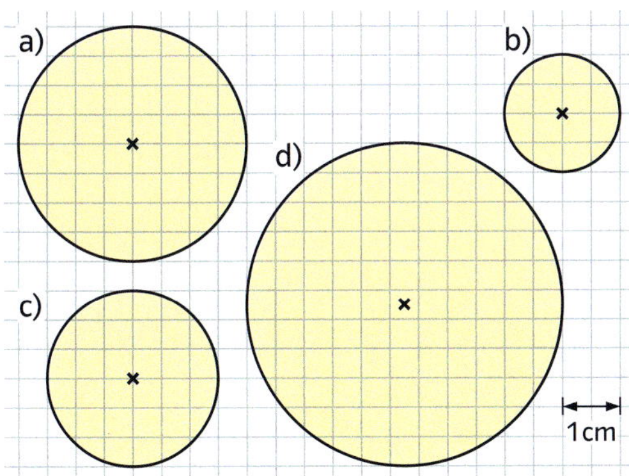

○ **5** Berechne den Radius r und den Durchmesser d des Kreises.
a) u = 5,6 cm b) u = 37,7 cm c) u = 22,0 dm

◒ **6** Bestimme den Umfang u der farbigen Fläche.

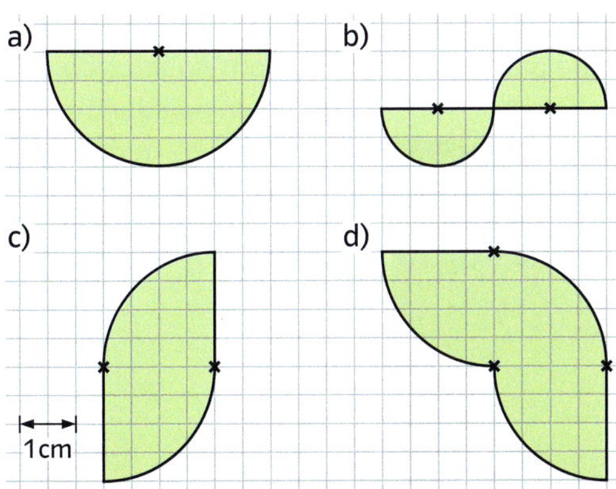

○ **4** Berechne die fehlenden Größen.

	a)	b)	c)	d)	e)
r	35,0 cm	▒	▒	▒	▒
d	▒	1,5 m	▒	47,6 dm	▒
u	▒	▒	1,00 m	▒	2,56 dm

◒ **5** Bestimme den Umfang u der farbigen Figur.

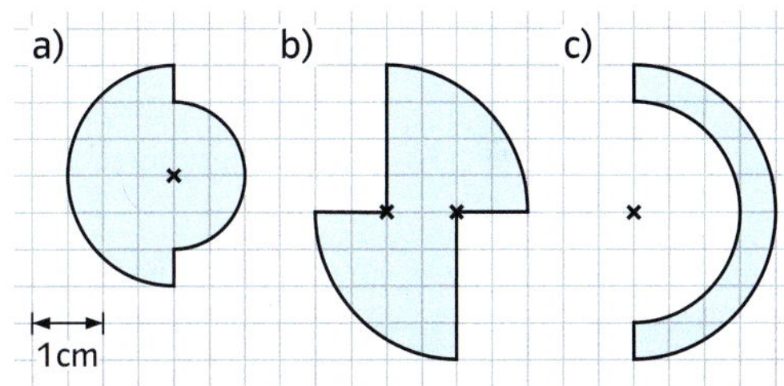

◒ **6** Bei dem abgebildeten Sportgerät hat das große Rad einen Durchmesser von 20 Zoll und das kleine Stützrad einen Durchmesser von 6 Zoll (1 Zoll = 2,54 cm).

a) Berechne die Streckenlänge, nachdem sich das Rad 15-mal gedreht hat.
b) Wie viele Umdrehungen machen die Räder bei einer Weglänge von 1 km?

→ Die Lösungen zu „Alles klar?“ findest du auf Seite 214.

7 Ein Seil hat eine Länge von 20,0 m. Eine Gruppe von Jugendlichen bildet mit dem Seil einen Kreis. Passt der Kreis in euer Klassenzimmer?

Tipp!
zu Aufgabe 8
Bei Erwachsenen gibt es einen Zusammenhang zwischen Armspannweite und Körpergröße.

8 Bei einem Hochrad hat das Vorderrad einen Durchmesser von 1,40 m und das Hinterrad einen Durchmesser von 45 cm. Gib an, wie oft sich das Hinterrad dreht, wenn sich das Vorderrad einmal dreht.

9
a) An einer Turmuhr hat der Minutenzeiger eine Länge von 3,40 m. Welchen Weg legt die Zeigerspitze in einer Stunde zurück?
b) Der Stundenzeiger der Turmuhr ist 2,20 m lang. Welchen Weg legt die Zeigerspitze in 9 Stunden zurück?

ein Satellit
ein Objekt im Weltall, das z.B. für die Übertragung von Funksignalen zuständig ist

10 Viele Nachrichten erreichen uns via Satellit. Diese Satelliten sind geostationär. Das bedeutet, dass sie immer in der gleichen Höhe über der gleichen Stelle der Erde bleiben. Ihre Höhe über der Erdoberfläche beträgt ungefähr 35 800 km. Der Durchmesser der Erde beträgt 12 756 km. Berechne die Länge der Flugbahn.

7 Aus einem 10,0 cm langen Silberdraht wird ein kreisförmiges Schmuckstück hergestellt. Berechne den Durchmesser des Schmuckstücks.

8 Der Umfang eines Baums kann mit der Armspanne gemessen werden.
a) Schätzt zuerst eure eigene Armspanne und prüft durch Messung.
Bestimmt den Umfang eines Baums in eurer Nähe und berechnet den Durchmesser.
b) Miguel weiß von seinem Vater, dass der dickste Baum der Welt in seiner Heimat Mexiko steht. Der Árbol del Tule ist zwischen 1400 und 1600 Jahre alt. Der Stamm hat einen Durchmesser von etwa 14,0 m. Zu wievielt könntet ihr diesen Baumriesen „umarmen“?

9
a) Bestimmt den Umfang einer Dose mithilfe eines Fadens. Verlängert den Faden um genau 1 m und legt ihn als Kreis gleichmäßig um die Dose. Gebt den Abstand zwischen dem Faden und der Dose an.
b) SP Stellt euch vor, man könnte ein Seil um den Äquator legen. Der Erdradius beträgt 6378 km. Das Seil wird um einen Meter verlängert und steht überall gleich weit vom Äquator ab. Kann eine Katze unter dem Seil durchschlüpfen? Begründet eure Antwort durch Berechnung.

2 Kreisfläche

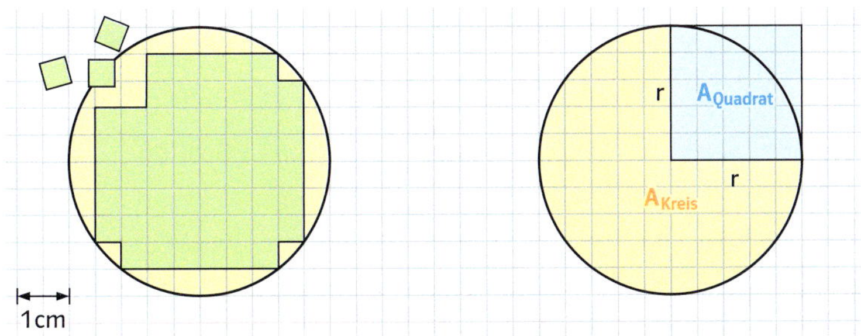

Emir bestimmt den Flächeninhalt eines Kreises.

→ Er versucht, die Kreisfläche vollständig mit Einheitsquadraten auszulegen. Wie viele Einheitsquadrate passen in die Kreisfläche?

→ Anschließend vergleicht er die Kreisfläche mit der Fläche des Quadrats über dem Radius. Gib die Vermutung von Emir an.

→ Prüft zu zweit, ob die Vermutung von Emir auch bei anderen Kreisen zutrifft.

Wenn eine Kreisfläche in gleich große Teile zerlegt wird, lassen sich diese Teile ähnlich einer Rechtecksfläche anordnen.

Je mehr Kreisteile gebildet werden, desto weniger weicht die Fläche von einem Rechteck ab.
Für den Flächeninhalt A des Kreises gilt:

$A = \frac{u}{2} \cdot r$

Mit $u = 2 \cdot \pi \cdot r$ erhält man:

$A = \frac{2 \cdot \pi \cdot r}{2} \cdot r$

$A = \pi \cdot r^2$

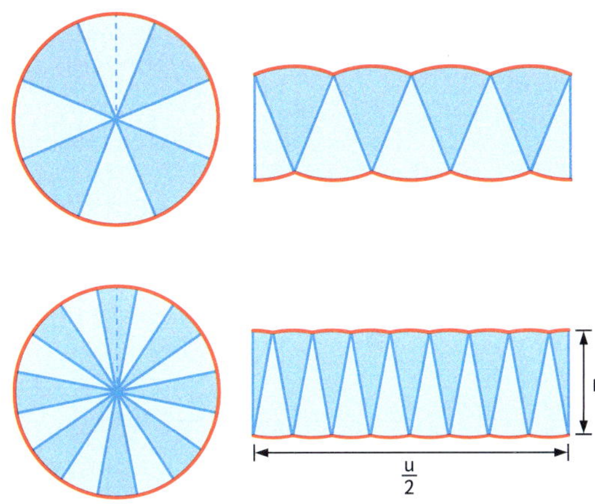

Merke Für den **Flächeninhalt A** eines Kreises mit dem Radius r gilt:
$A = \pi \cdot r^2$

Beispiele

a) Der Radius r eines Kreises beträgt 5,0 cm. Der Flächeninhalt A wird berechnet.
$A = \pi r^2$
$A = \pi \cdot 5{,}0^2$
$A \approx 78{,}5$
Der Flächeninhalt beträgt ca. 78,5 cm^2.

b) Der Flächeninhalt A eines Kreises beträgt 48,2 dm^2. Der Radius r wird berechnet.
$A = \pi r^2$
$48{,}2 = \pi \cdot r^2 \quad | : \pi$
$\frac{48{,}2}{\pi} = r^2 \quad | \sqrt{}$
$r \approx 3{,}9$
Der Radius hat eine Länge von ca. 3,9 dm.

Tipp! zu Aufgabe 1
Nutze $\pi \approx 3$ für eine Überschlagsrechnung.

○ **1** Berechne den Flächeninhalt A des Kreises. Überschlage zuerst.
a) r = 3,0 cm b) r = 7,0 cm
c) d = 8,0 dm d) d = 12,0 m

○ **2** Berechne den Radius r und den Durchmesser d des Kreises.
a) A = 12,0 cm^2 b) A = 623,7 cm^2
c) A = 95,0 dm^2 d) A = 18,75 m^2

○ **3** Ordne den Gegenständen die richtigen Maße zu. Berechne den Flächeninhalt A.

r = 0,85 m

r = 2,3 dm

d = 5,2 cm

Alles klar?

D31 Fördern

A Berechne den Flächeninhalt A des Kreises. a) $r = 9{,}0\,cm$ b) $d = 4{,}6\,dm$

B Berechne die fehlende Größe. a) $A = 27{,}0\,cm^2$; $r =$ ■ b) $A = 75{,}0\,m^2$; $d =$ ■

○ **4** Ordne den Gegenständen die richtigen Maße zu. Berechne den Flächeninhalt.

r = 3 dm | d = 0,30 m | d = 8 cm

○ **5** Berechne den Flächeninhalt A des Kreises.

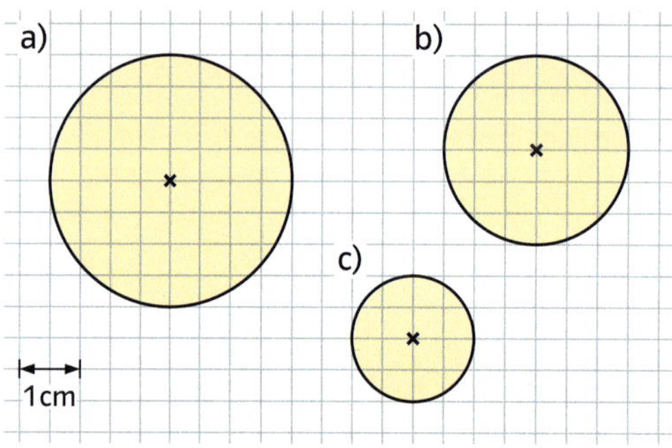

○ **6** Berechne die fehlenden Größen.

	a)	b)	c)	d)
r	10 cm	■	■	■
A	■	$144\,cm^2$	■	$19{,}6\,m^2$
u	■	■	18,8 cm	■

◒ **7** Berechne den Flächeninhalt der farbigen Fläche.

a)
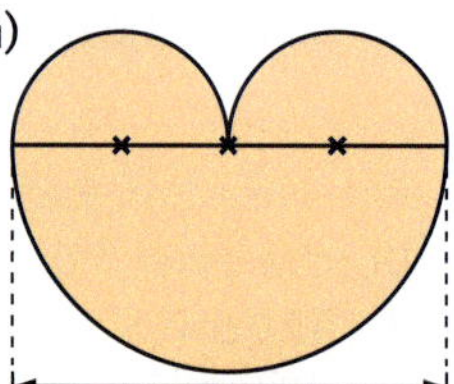

b)
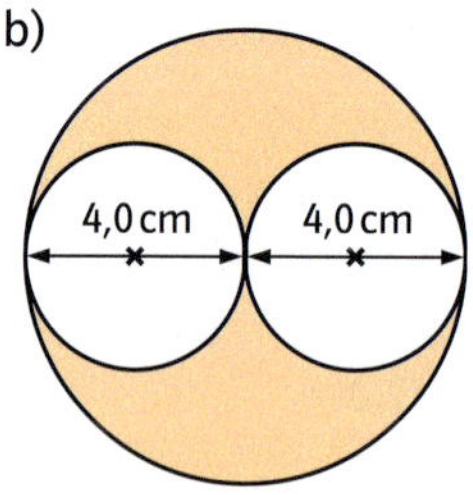

c)
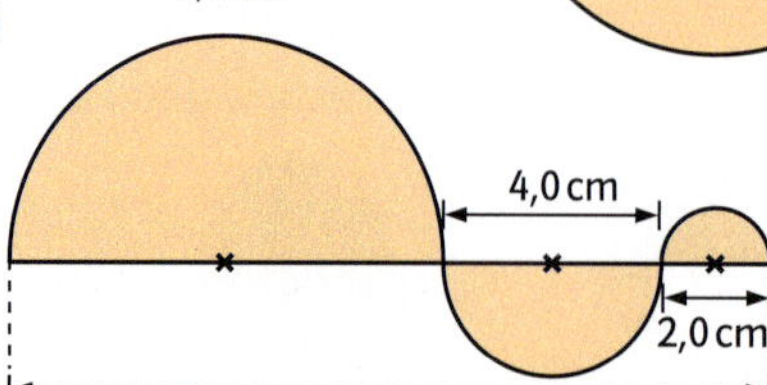

◒ **4** Berechne die fehlenden Größen.

	a)	b)	c)	d)
r	■	■	■	■
d	7,6 cm	■	■	■
A	■	$21{,}1\,cm^2$	■	$0{,}8\,m^2$
u	■	■	104,0 dm	■

◒ **5** Frank möchte zu Hause die WLAN-Reichweite verbessern. Die Reichweite des Funksignals liegt zwischen 50 m und 60 m. Der neue Router hat eine doppelt so große Reichweite. Welche Fläche wird durch die Verstärkung des Funksignals mindestens abgedeckt?

◒ **6** Eine Drohne kann ein kreisförmiges Gebiet von ungefähr $200\,km^2$ befliegen. Berechne den Umfang des Gebiets.

eine Drohne
ein ferngesteuertes Luftfahrzeug, in dem keine Person sitzt

◒ **7** Der Flächeninhalt eines Kreises beträgt $50\,cm^2$. Zwei weitere Kreise haben den doppelten bzw. dreifachen Flächeninhalt.
a) Zeichne die drei Kreise mit einem gemeinsamen Mittelpunkt.
b) Wie ändert sich der Umfang?

◒ **8** Berechne den Umfang und den Flächeninhalt der farbigen Figur.

a)
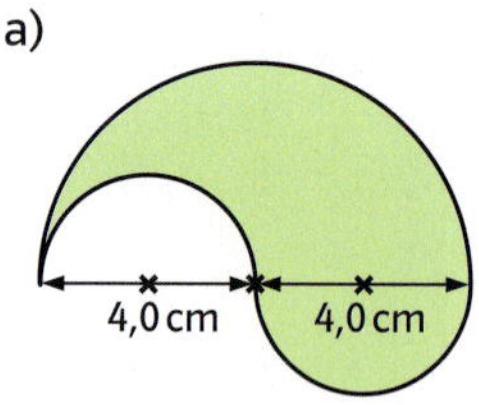

b)
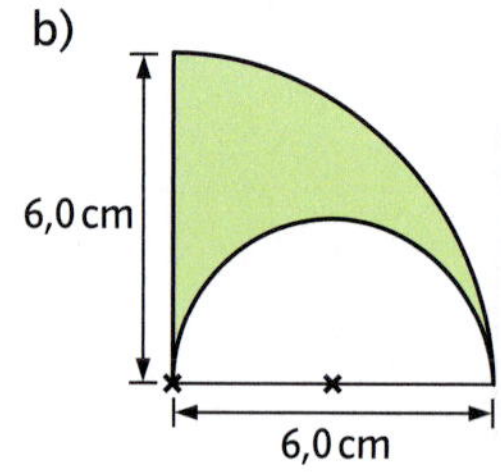

→ Die Lösungen zu „Alles klar?" findest du auf Seite 214.

○ **8** Ein Rasensprenger bewässert eine kreisförmige Fläche mit einem Durchmesser von maximal 14,4 m. Welche Fläche kann der Rasensprenger damit bewässern?

○ **9** In einem Park hat ein WLAN-Hotspot eine Reichweite von 25 m.
Wie groß ist die Fläche, auf der das Signal empfangen werden kann?

◒ **10** Aus einer Metallplatte werden Kreise ausgestanzt. Berechne den Flächeninhalt der bearbeiteten Metallplatte.

a)

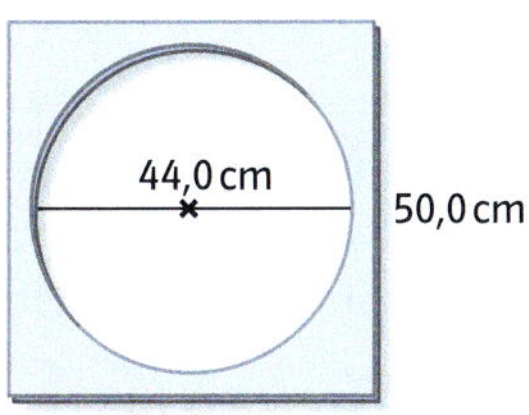

b)

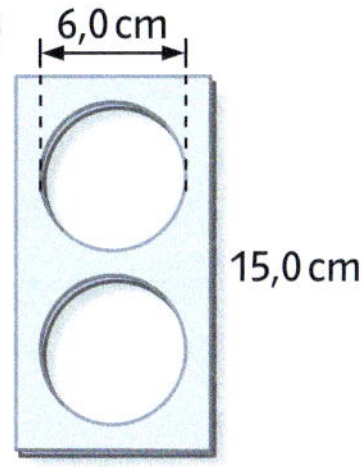

ein Beet
eine Fläche mit Erde zum Anbau von Pflanzen

◒ **11** Bei einer Fußballveranstaltung soll eine Mittelkreisplane mit einem Durchmesser von 18,3 m aufgespannt werden.

a) Berechne den Flächeninhalt der Plane.
b) 30 Jugendliche verteilen sich gleichmäßig um die Mittelkreisplane und halten diese fest. Bestimme den Abstand der Haltepunkte.

Tipp!
zu Aufgabe 12
Mit der Pythagorasgleichung kann man die Diagonale eines Quadrats berechnen:
$d = a\sqrt{2}$

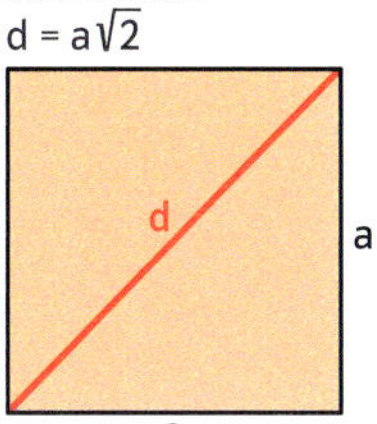

◒ **12** Eine quadratische Tischplatte hat eine Kantenlänge von 1,0 m. Auf sie wird eine runde Tischdecke gelegt. Die Tischdecke hat den doppelten Flächeninhalt der Tischplatte. Berechne den Durchmesser der Decke. Skizziere.

◒ **9** Eine Windkraftanlage wandelt Bewegungsenergie des Winds mithilfe eines Windrads, Rotor genannt, in Strom um.

a) SP Eine Windkraftanlage hat einen Rotor mit einem Durchmesser von 68,0 m. Die Windernteflläche beträgt 3631,7 m^2. **Erkläre**, wie sie berechnet wird.
b) Eine Windkraftanlage hat einen Rotor mit 16,5 m Flügellänge. Gib die Größe der Windernteflläche an.
c) Für private Haushalte gibt es Windkraftanlagen mit 160 cm Flügellänge. Der Hersteller gibt die Windernteflläche mit 8,1 m^2 an. **Überprüfe** diese Angabe.

◒ **10** Ein halbkreisförmiges **Beet** wird mit Blumen bepflanzt. Der Durchmesser beträgt 2,0 m. Wie viele Pflanzen werden benötigt, wenn der Platzbedarf ungefähr 3 dm^2 pro Pflanze beträgt?

◒ **11**
a) Ein Kreis hat denselben Umfang wie ein Quadrat mit der Seitenlänge $a = 6{,}0$ cm. Vergleiche die Flächeninhalte.
b) Ein Kreis hat denselben Umfang wie ein gleichseitiges Dreieck mit $a = 5{,}0$ cm. Gib an, welche Figur den größeren Flächeninhalt hat.

● **12** Eine quadratische Tischplatte hat eine Kantenlänge von 1,2 m. Auf sie wird eine runde Tischdecke gelegt. Die Decke hängt jeweils 10 cm über die Diagonalen der Tischplatte. Um wie viel Prozent ist der Flächeninhalt der Decke größer als der Flächeninhalt der Tischplatte?

● **13** Devin hat in einer Formelsammlung eine Flächeninhaltsformel für den Kreis gefunden: $A = \frac{\pi}{4} \cdot d^2$.
Zeige, dass die Formel gilt.

EXTRA

Wir nähern uns π

Info!
Der Inder Rajveer Meena hält den Weltrekord im Memorieren von π. Er kann die Zahl π mit 70 000 Nachkommastellen aufsagen.

In allen Epochen der Mathematik versuchten Menschen die **Kreiszahl π** immer genauer zu bestimmen. Durch unterschiedliche Verfahren wollte man der Zahl π, die das Verhältnis von Umfang und Durchmesser eines Kreises beschreibt, näherkommen.
Ein praktischer Nutzen von π mit möglichst vielen Dezimalen liegt in der Möglichkeit, die neueste Computer-Hardware und Software zu testen, da kleine Fehler in der Programmierung zu vielen falschen Stellen von π führen würden. Im Jahr 2021 hat man π auf über 62,8 Billionen Dezimalen genau berechnet (Rechenzeit: etwa 108 Tage).

Info!
Der 14. März im Jahr wird als π-Tag benannt. Grund ist die amerikanische Schreibweise des Datums 3/14.

Man kann beweisen: Die Dezimalzahl für π ist weder abbrechend noch periodisch, also keine rationale Zahl. Die Kreiszahl π ist eine **irrationale Zahl**. Sie lässt sich nur näherungsweise angeben: $\pi = 3{,}141\,592\,653\,589\,793\,238\,462\,643\,383\,279\,502\,88\ldots$
Im Laufe der Zeit wurden immer bessere Näherungen für die Zahl π bestimmt. Der heute übliche Wert geht auf Archimedes zurück. Er entwickelte eine Methode, die den Umfang des Kreises durch Annäherung an ein 96-Eck bestimmt. In Anlehnung an das Verfahren kann die Länge des Kreisumfangs näherungsweise bestimmt werden, indem man einem Kreis mit dem Radius r ein **regelmäßiges Vieleck** einbeschreibt und dessen Umfang berechnet.
Für den Umfang des regelmäßigen Sechsecks gilt: $u_6 = 6 \cdot s_6$ mit $s_6 = r$
Für die Höhe im gleichseitigen Dreieck gilt:
$h = \frac{r}{2}\sqrt{3}$

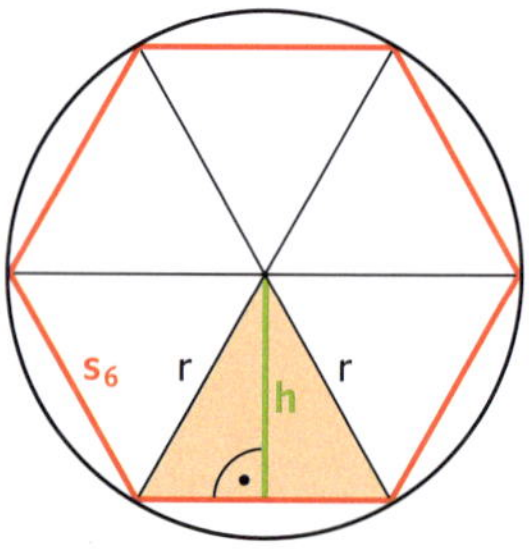

Indem man die Anzahl der Eckpunkte verdoppelt, erhält man ein regelmäßiges Zwölfeck. Der Umfang des Zwölfecks kommt dem Kreisumfang deutlich näher. Mithilfe der Pythagorasgleichung kann man die Seitenlänge des Zwölfecks bestimmen:

$$s_{12} = \sqrt{\left(\frac{s_6}{2}\right)^2 + x^2}$$

Die Länge x ergibt sich aus: $x = r - h = r - \frac{r}{2}\sqrt{3}$
Damit erhält man:

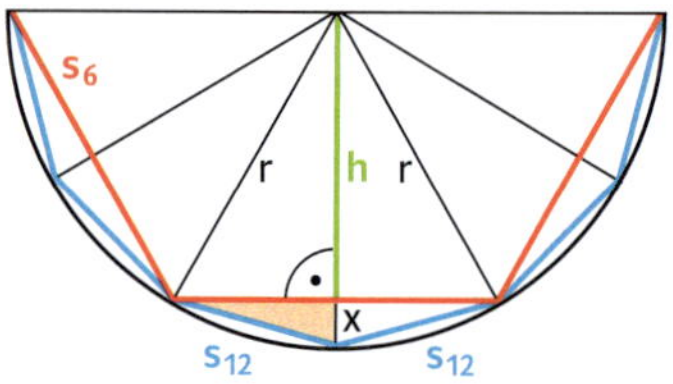

$$s_{12} = \sqrt{\left(\frac{r}{2}\right)^2 + \left(r - \frac{r}{2}\sqrt{3}\right)^2}$$

$$s_{12} = \sqrt{\frac{r^2}{4} + r^2 - r^2\sqrt{3} + \frac{3r^2}{4}}$$

$$s_{12} = \sqrt{2r^2 - r^2\sqrt{3}}$$

$$s_{12} = r\sqrt{2 - \sqrt{3}}$$

Für den Umfang des Zwölfecks gilt: $u_{12} = 12 \cdot s_{12} = 12\,r\sqrt{2 - \sqrt{3}}$

Setzt man das Verfahren mit stets verdoppelter Eckenzahl fort, lässt sich jede neue Seitenlänge auf ähnliche Weise herleiten.

Man verwendet folgende Formel: $s_{2n} = \frac{s_n}{\sqrt{2 + \sqrt{4 - s_n^2}}}$

EXTRA

1 Die Tabelle zeigt, wie sich die Näherungswerte für π im Laufe der Geschichte verändert haben.
Berechnet und vergleicht die Angaben mit der Anzeige eures Taschenrechners.
Wer war am nächsten bei der Zahl π?

Näherungen der Zahl π

Ahmes	2000 v. Chr. (Ägypten)	$\left(\frac{16}{9}\right)^2$
Platon	427–347 v. Chr. (Griechenland)	$\sqrt{2} + \sqrt{3}$
Archimedes	287–212 v. Chr. (Griechenland)	$3 + \frac{1}{7}$
Ptolemäus	85–165 n. Chr. (Ägypten)	$3 + \frac{17}{120}$
Tsu Ch'ung Chi	430–501 n. Chr. (China)	$3 + \frac{16}{113}$
Fibonacci	1170–1240 (Italien)	$3 + \frac{39}{275}$
Vieta	1540–1603 (Frankreich)	$1{,}8 + \sqrt{1{,}8}$

2 SP Die Monte-Carlo-Methode ist ein Zufallsexperiment, mit dem man einen Näherungswert für π bestimmen kann. Das Zielfeld ist ein Quadrat mit 50 cm Seitenlänge, in das ein Viertelkreis eingezeichnet ist. Lasst eine Handvoll Reißnägel auf das Zielfeld fallen und zählt aus, wie viele den Viertelkreis bzw. das Quadrat treffen. Wiederholt das Experiment und berechnet:

$$\frac{\text{Anzahl der Reißnägel im Viertelkreis}}{\text{Anzahl der Reißnägel im Quadrat}}$$

Begründet, wieso das Ergebnis $\frac{\pi}{4}$ ist.

3 Die Abmessungen der Pyramiden von Gizeh führen zur Vermutung, die alten Ägypter hätten einen Zusammenhang mit der Kreiszahl π herstellen wollen. Die Tabelle zeigt die ursprünglichen Abmessungen der drei Pyramiden von Gizeh.

Pyramiden	Seitenlänge	Höhe
Mykerinos	103,4 m	65 m
Chephren	215,3 m	143,4 m
Cheops	230,3 m	146,6 m

a) Bilde das Verhältnis von Seitenlänge und Pyramidenhöhe. Findest du einen Zusammenhang mit der Kreiszahl π?
b) Welche Pyramide liegt mit ihren Abmessungen am nächsten bei der Zahl $\frac{\pi}{2}$?

4 MK Auf der vorherigen Seite hast du ein Verfahren kennengelernt, mit dem man den Kreisumfang näherungsweise bestimmen kann. Mit diesem Verfahren lässt sich auch die irrationale Zahl π näherungsweise bestimmen.

B3 fx =B2/WURZEL(2+WURZEL(4-B2^2))

	A	B	C	D
1	Anzahl Ecken	Seitenlänge	Umfang	Näherung für π
2	6	1	6	3
3	12	0,517638090	6,211657082	3,105828541
4	24	0,261052384	6,265257227	3,132628613
5				

a) Erstelle das abgebildete Tabellenblatt mithilfe eines Tabellenkalkulationsprogramms.
b) Gib an, mit welchen Formeln das Programm den Umfang des Zwölfecks (Zelle C3) und den Näherungswert für π (Zelle D3) berechnen kann.
c) Ab welchem Vieleck stimmen die ersten sechs Dezimalen des Näherungswerts mit π überein?

3 Kreissektor

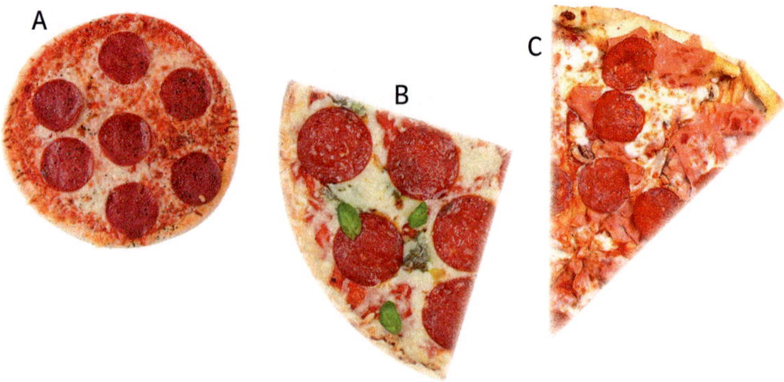

Eine Pizzeria bietet neben ganzen Pizzen auch Viertelteile und Achtelteile einer Pizza an. Mia, Mats und Ben hätten gerne das größte Stück.

→ Für welches Stück Pizza würdest du dich entscheiden? Miss und begründe.

→ Mats denkt, dass Teil A das größte Stück ist. Mia und Ben sind sich einig, dass die Pizzastücke B und C gleich groß sind. Haben alle drei recht? Betrachtet die Flächeninhalte und besprecht euch in der Klasse.

Zwei Radien teilen eine Kreisfläche in zwei Kreissektoren (auch Kreisausschnitt genannt). Der zu einem Kreissektor A_S gehörende Teil des Kreisumfangs u wird als Kreisbogen b bezeichnet. Der Winkel zwischen den beiden Radien wird als Mittelpunktswinkel bezeichnet.

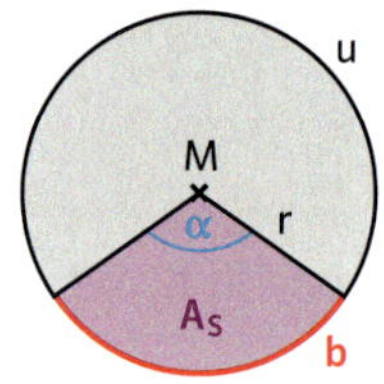

Die Länge des **Kreisbogens b** ist proportional zum **Mittelpunktswinkel α**.

α	360°	180°	90°	1°
b	$2\pi r$	$\frac{2\pi r}{2}$	$\frac{2\pi r}{4}$	$\frac{2\pi r}{360}$

Allgemein gilt für die Bogenlänge b:

$b = u \cdot \frac{\alpha}{360°} = 2\pi r \cdot \frac{\alpha}{360°}$

Der Flächeninhalt des **Kreissektors A_S** ist proportional zum **Mittelpunktswinkel α**.

α	360°	180°	90°	1°
A_S	πr^2	$\frac{\pi r^2}{2}$	$\frac{\pi r^2}{4}$	$\frac{\pi r^2}{360}$

Allgemein gilt für den Flächeninhalt A_S:

$A_S = A_{Kreis} \cdot \frac{\alpha}{360°} = \pi r^2 \cdot \frac{\alpha}{360°}$

Mit diesen Formeln kann man eine weitere Formel herleiten.
Aus $b = 2\pi r \cdot \frac{\alpha}{360°}$ ergibt sich $\frac{\alpha}{360°} = \frac{b}{2\pi r}$.

Durch Einsetzen in $A_S = \pi r^2 \cdot \frac{\alpha}{360°}$ ergibt sich $A_S = \pi r^2 \cdot \frac{b}{2\pi r} = \frac{b r}{2}$.

Merke

Für einen Kreissektor mit dem Radius r und dem Mittelpunktswinkel α gelten die folgenden Formeln:

Bogenlänge b

$b = u \cdot \frac{\alpha}{360°}$

$b = 2\pi r \cdot \frac{\alpha}{360°}$

Flächeninhalt A_S

$A_S = A_{Kreis} \cdot \frac{\alpha}{360°}$

$A_S = \pi r^2 \cdot \frac{\alpha}{360°}$

$A_S = \frac{b r}{2}$

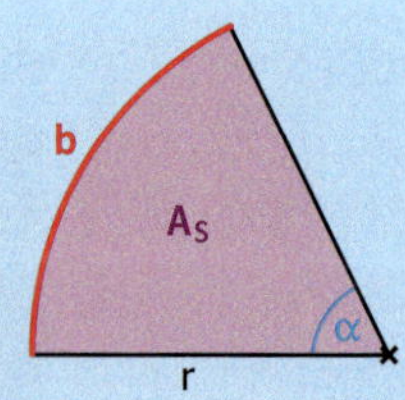

Beispiele

a) Von einem Kreissektor sind der Radius $r = 5{,}0\,cm$ und der Mittelpunktswinkel $\alpha = 70°$ bekannt. Die Bogenlänge b wird berechnet.

$b = u \cdot \frac{\alpha}{360°}$

$b = 2 \cdot \pi \cdot 5{,}0 \cdot \frac{70°}{360°}$

$b \approx 6{,}1$

Die Bogenlänge beträgt ca. 6,1 cm.

b) Von einem Kreissektor sind der Radius $r = 8{,}3\,cm$ und der Mittelpunktswinkel $\alpha = 100°$ bekannt. Der Flächeninhalt A_S wird berechnet.

$A_S = A_{Kreis} \cdot \frac{\alpha}{360°}$

$A_S = \pi \cdot 8{,}3^2 \cdot \frac{100°}{360°}$

$A_S \approx 60{,}1$

Der Flächeninhalt beträgt ca. $60{,}1\,cm^2$.

c) Von einem Kreissektor sind die Bogenlänge $b = 10{,}5\,\text{dm}$ und der Radius $r = 15{,}0\,\text{dm}$ bekannt.
Der Mittelpunktswinkel α wird berechnet.

$$b = u \cdot \frac{\alpha}{360°}$$
$$10{,}5 = 2 \cdot \pi \cdot 15{,}0 \cdot \frac{\alpha}{360°} \quad | \cdot 360°$$
$$10{,}5 \cdot 360° = 2 \cdot \pi \cdot 15{,}0 \cdot \alpha \quad |:2\ |:\pi\ |:15{,}0$$
$$\alpha \approx 40{,}1°$$

Der Winkel α hat eine Größe von ca. 40,1°.

d) Von einem Kreissektor sind der Flächeninhalt $A_S = 106{,}0\,\text{cm}^2$ und der Mittelpunktswinkel $\alpha = 79°$ bekannt.
Der Radius r wird berechnet.

$$A_S = A_{Kreis} \cdot \frac{\alpha}{360°}$$
$$106{,}0 = \pi \cdot r^2 \cdot \frac{79°}{360°} \quad | \cdot 360°$$
$$106{,}0 \cdot 360° = \pi \cdot r^2 \cdot 79° \quad |:\pi\ |:79°$$
$$153{,}76 \approx r^2 \quad |\sqrt{\ }$$
$$r = 12{,}4$$

Der Radius hat eine Länge von ca. 12,4 cm.

○ **1** Ein Kreis hat einen Umfang von 60,0 cm und einen Flächeninhalt von 286,0 cm².

	α	Bezeichnung	b	A_S
a)	■	Viertelkreis	15,0 cm	■
b)	180°	■	■	■
c)	■	Achtelkreis	■	■
d)	120°	■	■	■
e)	■	Fünftelkreis	■	■
f)	270°	■	■	■

○ **2** Berechne die Bogenlänge b und den Flächeninhalt A_S.
a) $r = 3{,}0\,\text{cm}$; $\alpha = 40°$ b) $r = 4{,}8\,\text{cm}$; $\alpha = 66°$
c) $d = 31{,}2\,\text{dm}$; $\alpha = 210°$

○ **3** Berechne die Größe des Mittelpunktswinkels α. Zeichne den Kreissektor und beschrifte.
a) $r = 6{,}0\,\text{cm}$; $b = 15{,}7\,\text{cm}$
b) $r = 7{,}0\,\text{cm}$; $b = 8{,}5\,\text{cm}$
c) $d = 0{,}8\,\text{dm}$; $b = 1{,}2\,\text{dm}$
d) $d = 1{,}5\,\text{m}$; $b = 0{,}5\,\text{m}$

○ **4** Berechne den Radius r des Kreissektors.
a) $A_S = 28{,}26\,\text{cm}^2$; $\alpha = 90°$
b) $A_S = 18{,}84\,\text{cm}^2$; $\alpha = 135°$
c) $A_S = 300\,\text{dm}^2$; $\alpha = 100°$
d) $A_S = 106{,}9\,\text{m}^2$; $\alpha = 250°$
e) $A_S = 11{,}78\,\text{m}^2$; $\alpha = 110°$

Alles klar?

D32 Fördern

A Berechne die Bogenlänge b und den Flächeninhalt A_S des rechts abgebildeten Kreissektors.

B Berechne die fehlende Größe des Kreissektors.
a) $r = 4{,}0\,\text{cm}$; $b = 5{,}1\,\text{cm}$; $\alpha =$ ■
b) $A_S = 120{,}0\,\text{cm}^2$; $\alpha = 120°$; $r =$ ■

a)

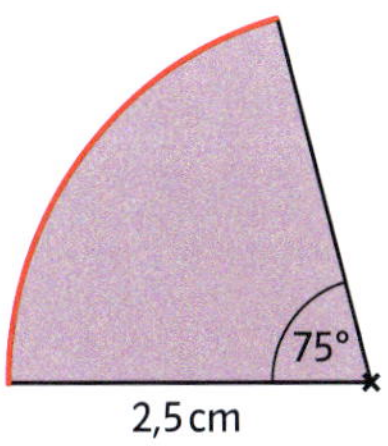

b)

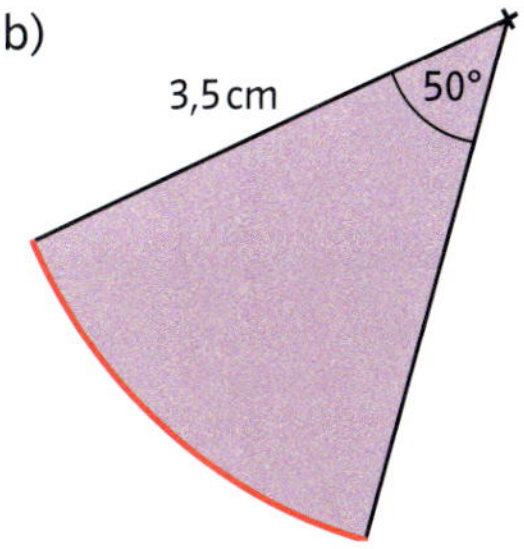

◒ **5**
a) Der Umfang eines Kreises beträgt 120 cm. Berechne die Bogenlängen b zu den Mittelpunktswinkeln 36°; 45°; 72°; 90° und 120°.
b) Der Flächeninhalt eines Kreises beträgt $A = 72\,\text{cm}^2$. Berechne die Flächeninhalte der Kreissektoren A_S für die Mittelpunktswinkel 10°; 30°; 40°; 60° und 240°.

◒ **5** Berechne die fehlenden Größen.

	r	α	b	A_S
a)	7,2 cm	43°	■	■
b)	■	112°	6,5 cm	■
c)	5,0 cm	■	■	55,0 cm²
d)	■	27°	■	93,0 m²
e)	20,5 dm	■	22,9 dm	■
f)	■	■	24,6 cm	160,0 cm²
g)	■	92°	47 mm	■

→ Die Lösungen zu „Alles klar?" findest du auf Seite 214.

6 Der Minutenzeiger einer Schuluhr hat eine Länge von 13,2 cm. Der Stundenzeiger ist 8,0 cm lang.

a) Welchen Weg legt die Spitze des Minutenzeigers in 45 Minuten zurück?

b) Berechne die Fläche, die der Stundenzeiger in drei Stunden überstreicht.

7 Berechne den Umfang und den Flächeninhalt der farbigen Fläche.

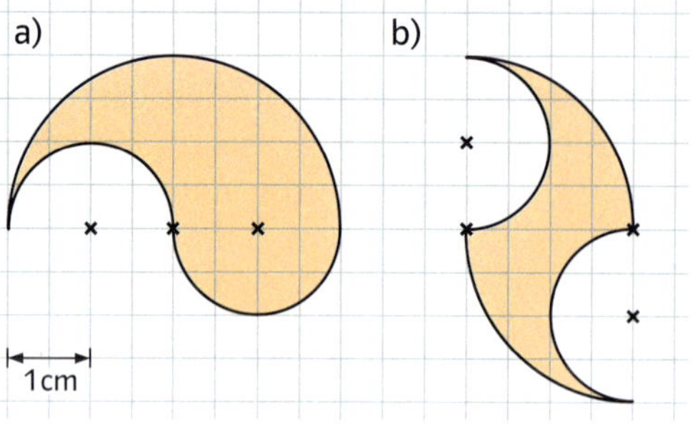

ein Wischerblatt
Ein Teil des Scheibenwischers, der aus Gummi ist. Es befreit die Scheibe von Feuchtigkeit und Schmutz.

8 Ein Hochbeet hat die Form eines Kreissektors mit 120° und einem Radius von 1,70 m.

a) Der Platzbedarf einer Pflanze beträgt etwa 0,20 m². Berechne, wie viele Pflanzen benötigt werden.

b) Um das Beet wird eine Sitzgelegenheit montiert. Berechne ihren Flächeninhalt, wenn die Sitztiefe 30 cm beträgt.

9 Der Heckscheibenwischer eines Autos dreht sich um 175°. Wie groß ist die Fläche, die der Scheibenwischer vom Schnee befreit?

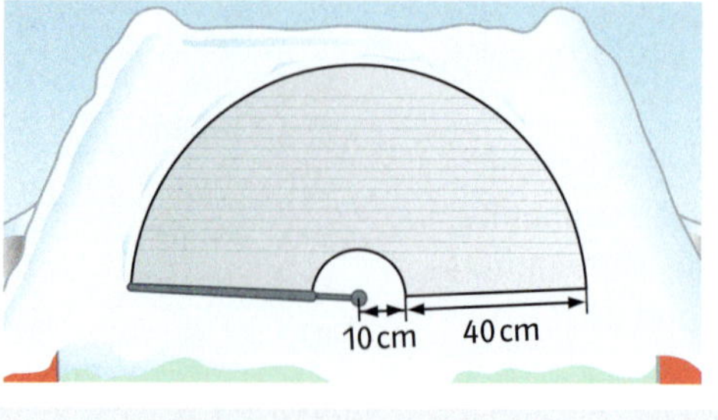

6 Die Frontscheibenwischer eines Autos haben unterschiedliche Längen. Beide haben einen Drehwinkel von 80°.

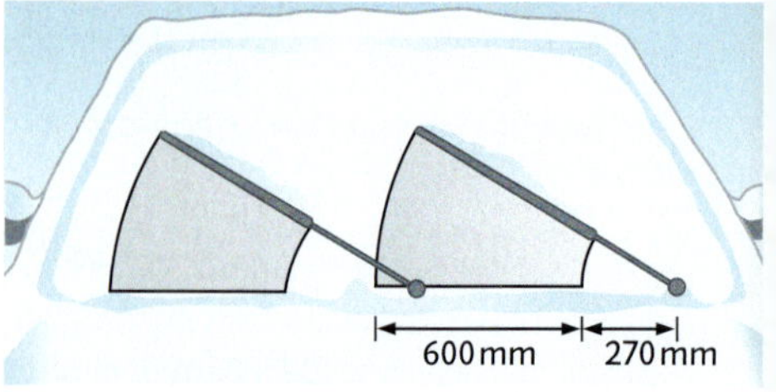

a) Wie groß ist die Fläche, die der rechte Scheibenwischer vom Schnee befreit?

b) Der linke Scheibenwischer ist 820 mm lang. Die Länge des Wischerblatts beträgt dabei 500 mm. Schätze, wie viel Prozent der Fläche der Windschutzscheibe (etwa 1 m²) von beiden Wischerblättern überstrichen wird. Berechne.

7 Das Zifferblatt der Turmuhr zu Mekka hat einen Durchmesser von 43 m und lässt sich noch in 8 km Entfernung ablesen. Minutenzeiger und Stundenzeiger sind begehbar und haben eine Länge von 22 m und 17 m. Die Überstände der Zeiger vom Drehpunkt betragen jeweils 5 m.

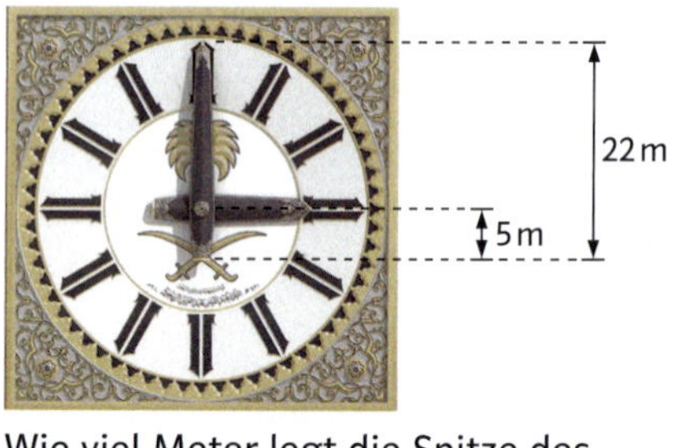

a) Wie viel Meter legt die Spitze des Minutenzeigers in 5 Minuten zurück?

b) Welche Fläche überstreicht dabei der Stundenzeiger vom Drehpunkt aus?

8 Gibt es bei einem Kreissektor einen Mittelpunktswinkel, für den der Kreisbogen

(1) genau so lang ist wie der Radius?

(2) doppelt bzw. halb so lang ist wie der Radius?

(3) π-mal so lang ist wie der Radius?

Gib jeweils ein Beispiel oder Gegenbeispiel an.

Zusammengesetzte Figuren

EXTRA

Den **Flächeninhalt A** einer zusammengesetzten Figur berechnet man, indem man die Flächeninhalte der Teilflächen addiert oder subtrahiert.

Die Figur **zerlegt** man in Teilflächen. Diese addiert man, um den Flächeninhalt der Figur zu erhalten.
$A = A_1 + A_2$

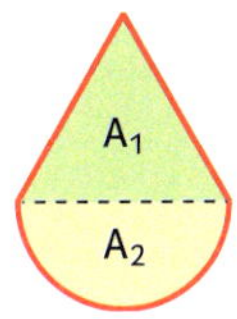

Die Figur **ergänzt** man durch eine Teilfläche. Diese subtrahiert man von der größeren, um den Flächeninhalt der Figur zu erhalten.
$A = A_{\square} - A_{\circ}$

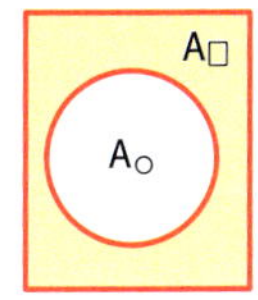

Den **Umfang u** einer zusammengesetzten Figur berechnet man, indem man die Längen der Begrenzungslinien addiert.

Tipp!
zu Aufgabe 1 c)
Für den Flächeninhalt A eines Trapezes gilt:
$A = \frac{1}{2} \cdot (a + c) \cdot h$

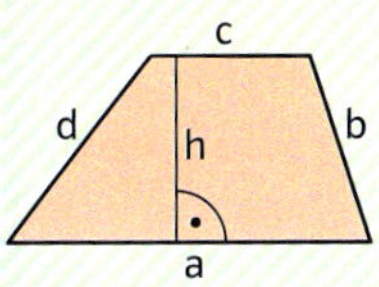

○ **1** Aus welchen Teilflächen besteht die Figur? Bestimme den Flächeninhalt A der farbigen Fläche. (Maße in cm)

a)
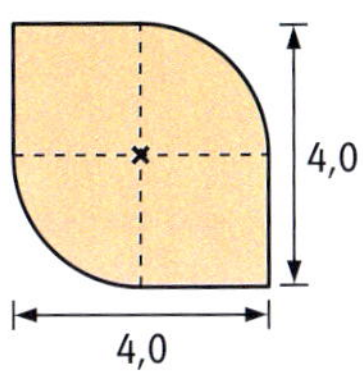

b)
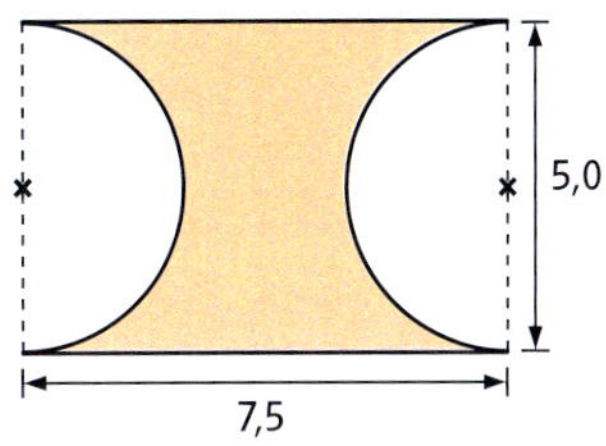

c)
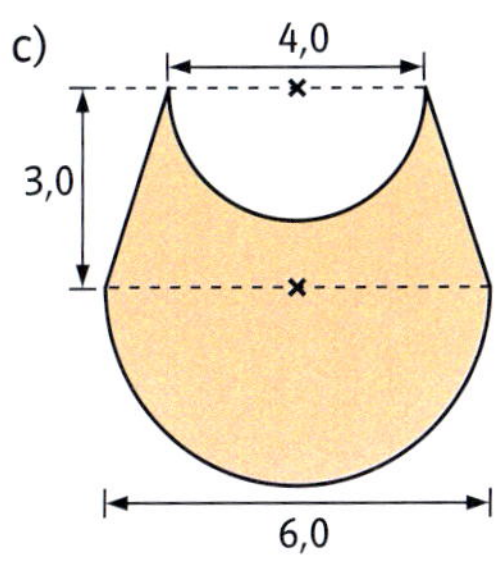

○ **2** Bestimme den Umfang u der farbigen Fläche. (Maße in cm)

a)
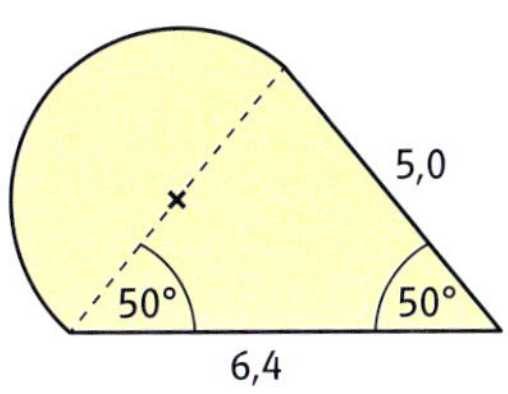

b)
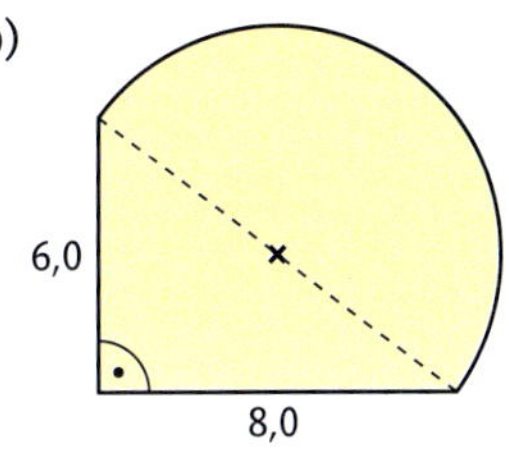

c)
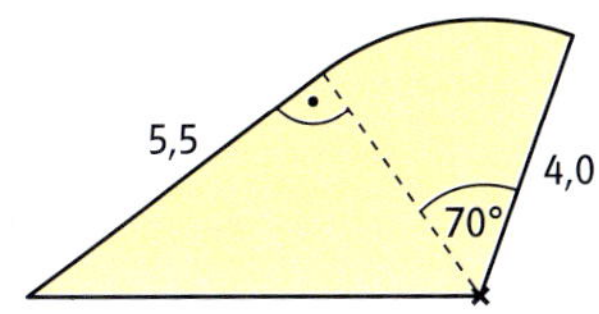

○ **3** Die Figur liegt in einem Quadrat mit der Seitenlänge a = 4,0 cm.
Bestimme den Umfang u und den Flächeninhalt A der farbigen Fläche.

a)
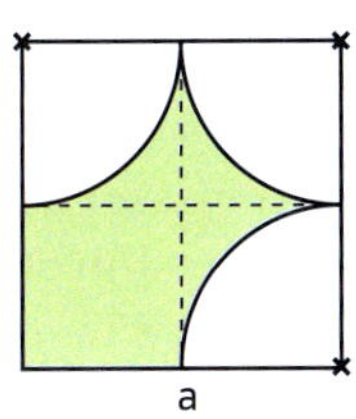

b)
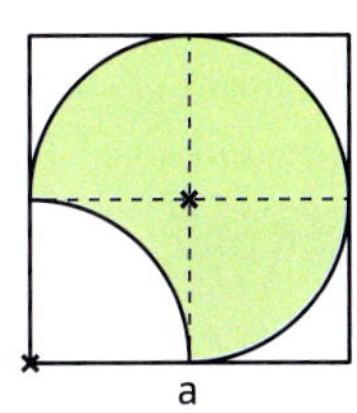

c)
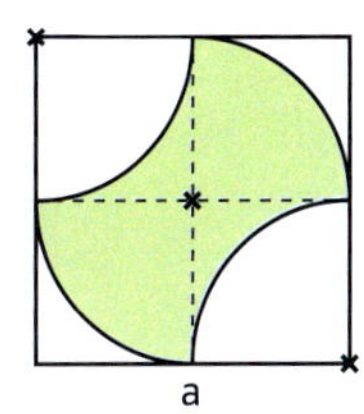

◒ **4** Bestimme den Flächeninhalt der gefärbten Fläche. (Maße in cm)

a)
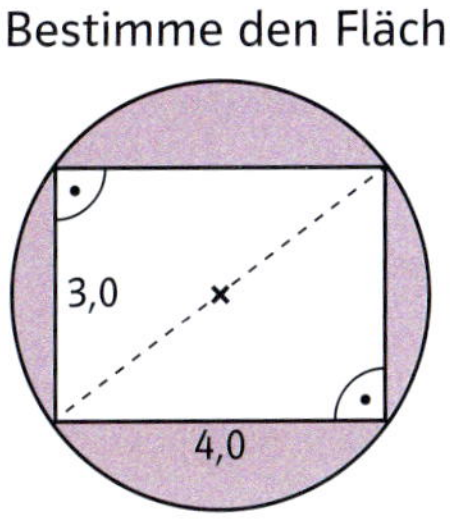

b)
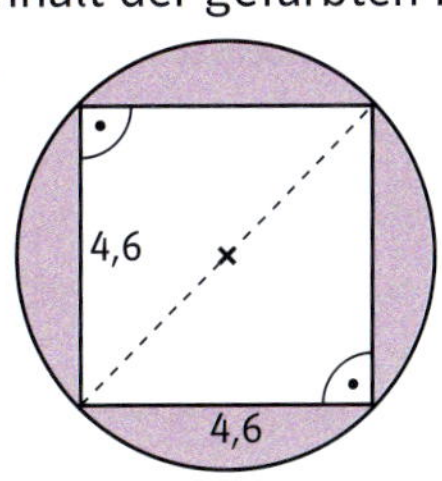

c)
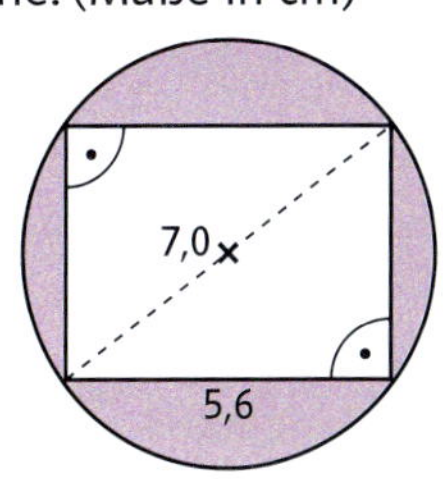

d)
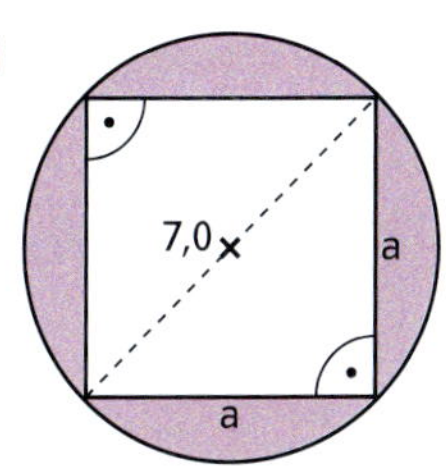

EXTRA

5 Bestimme den Flächeninhalt der farbigen Fläche. (Maße in cm)

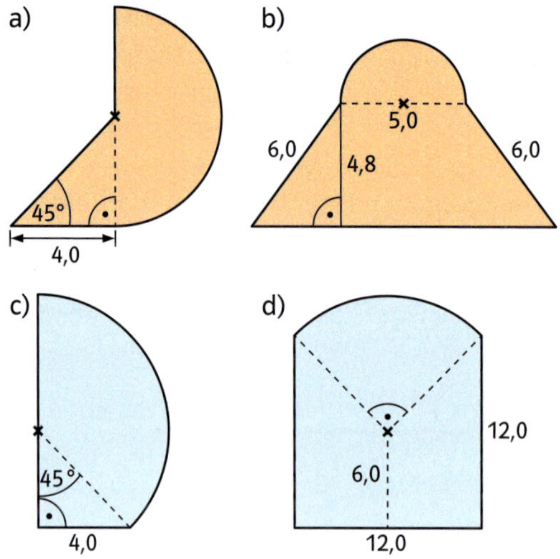

6 Familie Wacker plant auf einem Grundstück (20 m × 15 m) eine quadratische Terrasse und ein Schwimmbecken anzulegen. Gib den Flächenanteil von Terrasse und Schwimmbecken an der Grundstücksfläche in Prozent an.

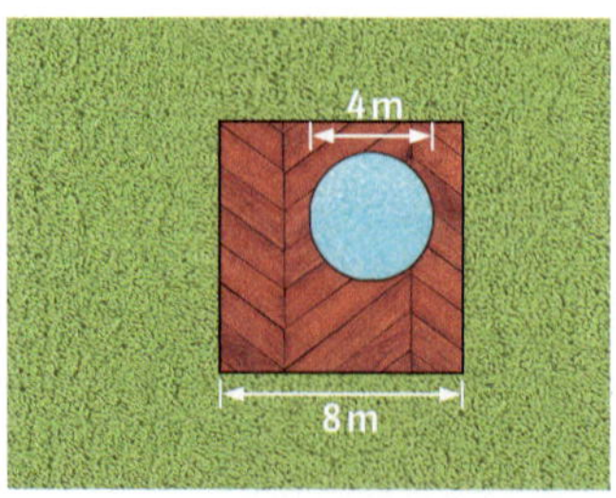

7 Die Bepflanzung um einen kreisförmigen Brunnen soll erneuert werden.

a) Berechne die Größe der Beetfläche.
b) Der äußere Rand des Beets soll mit einem Eisenring eingefasst werden. Berechne die Länge des Eisenrings.

8 Bestimme den Flächeninhalt der farbigen Fläche (a = 2,0 cm).

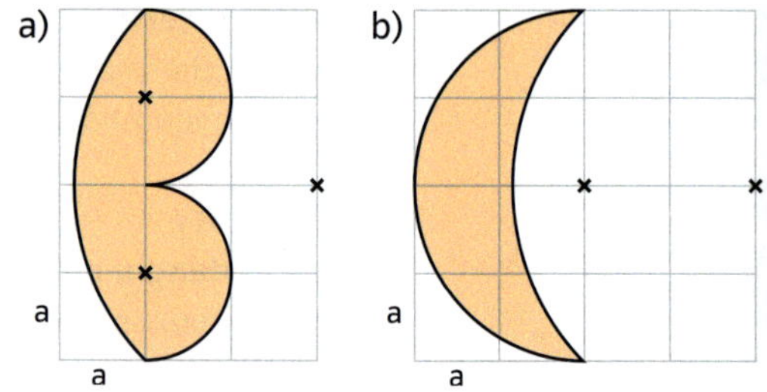

9 Bestimme den Flächeninhalt und den Umfang der blauen Fläche. (Maße in cm)

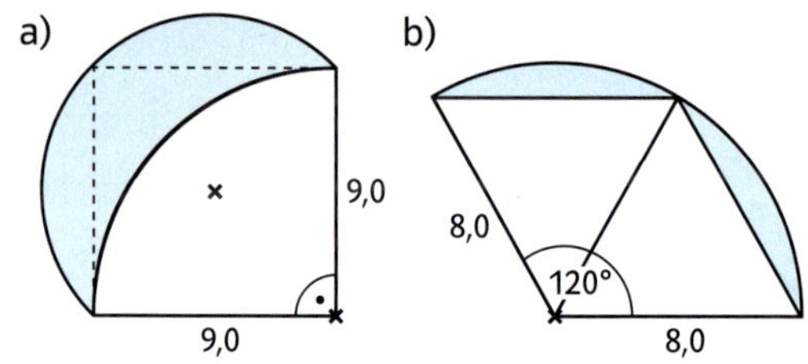

10 Carmen behauptet, dass die Flächeninhalte der farbigen „Möndchen" über den Seiten eines Quadrats gleich dem Flächeninhalt des Quadrats sind. Prüfe.

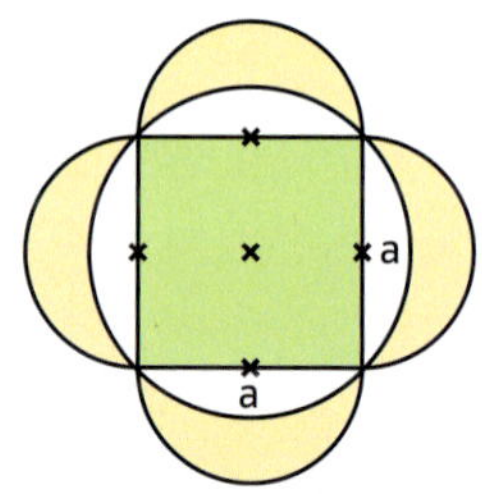

11 Eine Ringermatte (10 m × 10 m) wird in drei verschiedene Zonen aufgeteilt. Der Durchmesser der gelben Kampffläche beträgt 7 m. Um die gelbe Kampffläche liegt die 1 m breite rote Passivitätszone. Außerhalb der Ringkampffläche befindet sich eine blaue Schutzzone. Skizziere und berechne, wie viel Prozent der gesamten Fläche die einzelnen Zonen einnehmen.

4 Zylinder. Netz und Oberflächeninhalt

Mika möchte einen Boxsack neu beziehen.
→ Beschreibe die geometrische Form des Boxsacks. Wie heißt der Körper?
→ Aus welchen Teilflächen setzt sich die Oberfläche des Boxsacks zusammen?
→ Schätze, wie viel cm^2 Stoff Mika dafür benötigt.
→ Skizziere ein Schnittmuster für die Stoffteile.

Der Zylinder hat eine gekrümmte Fläche und zwei ebene Flächen.
Das **Netz** eines Zylinders setzt sich zusammen aus dem Mantelrechteck und den beiden kongruenten Kreisen der Grundfläche G und der Deckfläche D.
Für den Oberflächeninhalt ergibt sich
$\mathbf{O = 2 \cdot G + M}$

Für den Flächeninhalt der Grundfläche gilt:
$G = \pi \cdot r^2$

Für den Flächeninhalt der Mantelfläche gilt:
$M = u \cdot h_K$ mit $u = 2 \cdot \pi \cdot r$
$M = 2 \cdot \pi \cdot r \cdot h_K$

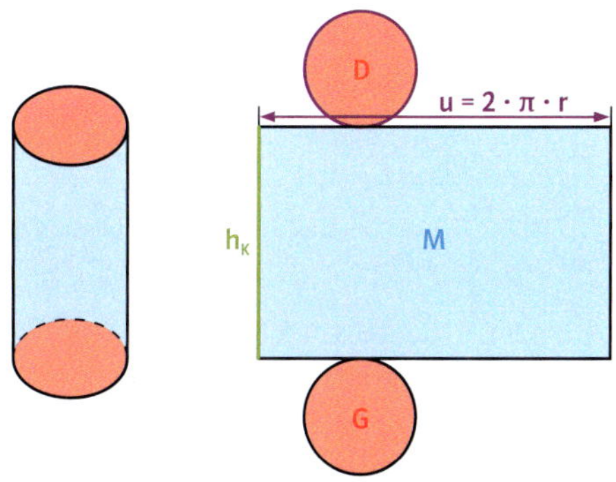

Merke

Ein **Zylinder** ist begrenzt durch die **Grundfläche**, die **Deckfläche** und die **Mantelfläche**.
Grundfläche und Deckfläche sind kongruente (deckungsgleiche) Kreise. Sie liegen zueinander parallel. Die Mantelfläche ist ein Rechteck. Der Abstand zwischen Grundfläche und Deckfläche ist die Körperhöhe h_K.

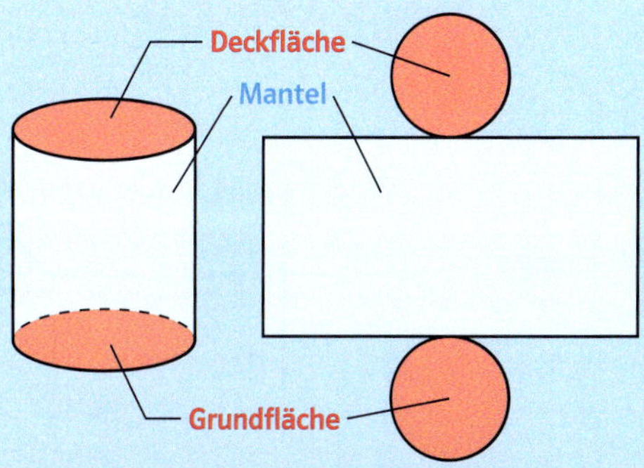

Mantelflächeninhalt M eines Zylinders
Man multipliziert den Umfang u der Grundfläche mit der Körperhöhe h_K.

$$\mathbf{M = u \cdot h_K}$$
$$\mathbf{M = 2 \cdot \pi \cdot r \cdot h_K}$$

Oberflächeninhalt O eines Zylinders
Man addiert das Doppelte des Grundflächeninhalts G und den Mantelflächeninhalt M.

$$\mathbf{O = 2 \cdot G + M}$$
$$\mathbf{O = 2 \cdot \pi \cdot r^2 + 2 \cdot \pi \cdot r \cdot h_K}$$

Beispiel Der Oberflächeninhalt des Zylinders mit $r = 3{,}0\,cm$ und $h_K = 4{,}0\,cm$ wird berechnet.

(1) Grundfläche	**(2) Umfang der Grundfläche**	**(3) Mantelfläche**	**(4) Oberfläche**
$G = \pi \cdot r^2$	$u = 2 \cdot \pi \cdot r$	$M = u \cdot h_K$	$O = 2 \cdot G + M$
$G = \pi \cdot 3{,}0^2$	$u = 2 \cdot \pi \cdot 3{,}0$	$M \approx 18{,}85 \cdot 4{,}0$	$O \approx 2 \cdot 28{,}27 + 75{,}40$
$G \approx 28{,}27\,cm^2$	$u \approx 18{,}85\,cm$	$M = 75{,}40\,cm^2$	$O \approx 131{,}9\,cm^2$

Der Oberflächeninhalt beträgt ungefähr $131{,}9\,cm^2$.

○ **1** SP Welche Körper sind Zylinder? **Begründe**, warum die anderen Körper keine Zylinder sind.

A

B
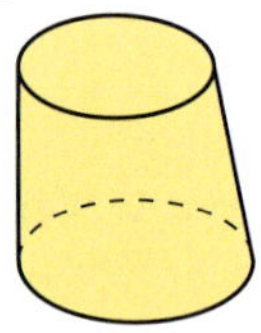
C
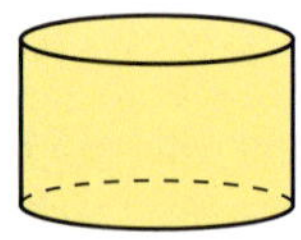
D
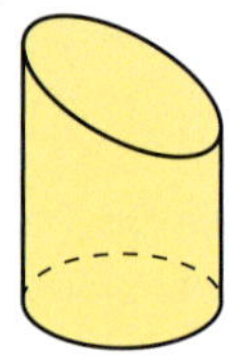
E
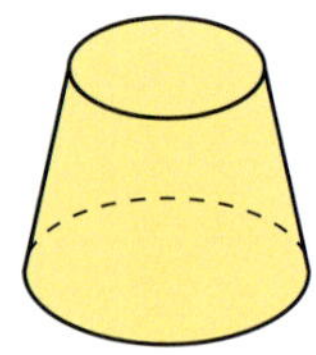
F

○ **2** Berechne den Oberflächeninhalt des Zylinders.

a) $G = 12{,}6\,cm^2$; $M = 75{,}4\,cm^2$
b) $r = 5{,}0\,cm$; $M = 219{,}9\,cm^2$
c) $r = 1{,}5\,cm$; $h_K = 6{,}0\,cm$
d) $r = 4{,}3\,cm$; $h_K = 7{,}5\,cm$

○ **3** Berechne den Oberflächeninhalt des Zylinders.

a)
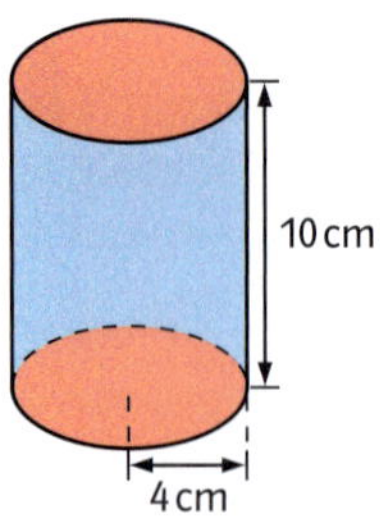

b)
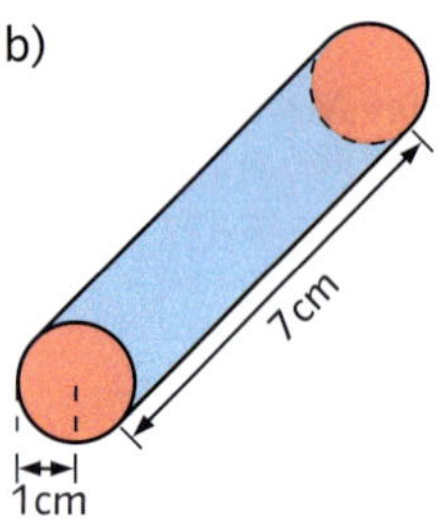

c)
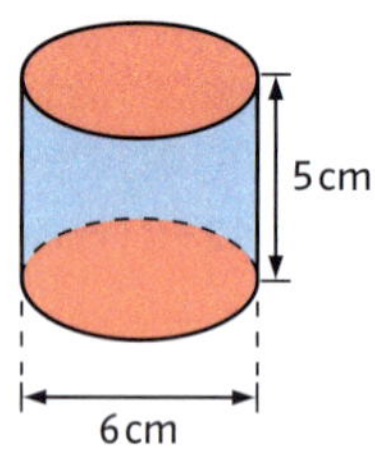

d)
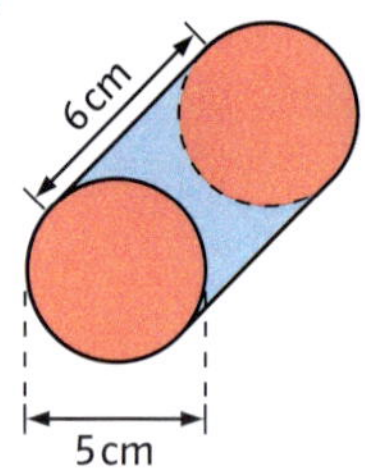

Alles klar?

D33 Fördern

A SP Welche der abgebildeten Körper sind Zylinder? **Begründe**.

A
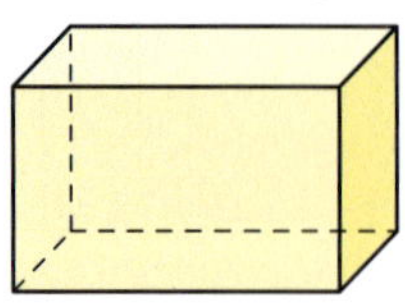
B
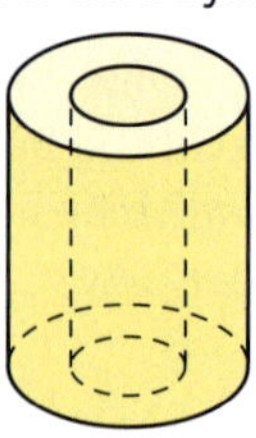
C
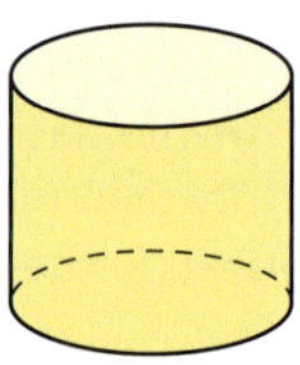
D
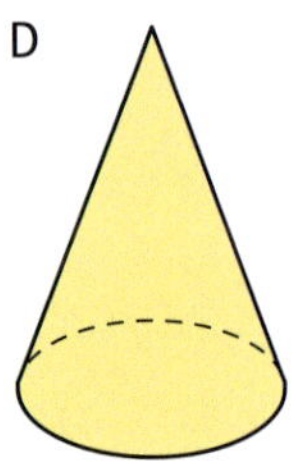

B Berechne den Oberflächeninhalt des Zylinders.

a)
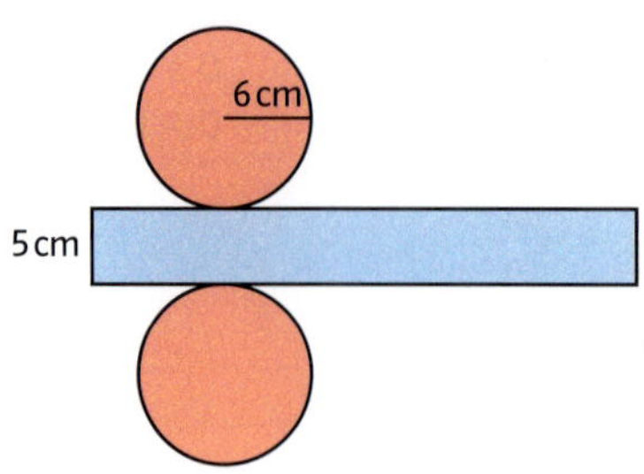

b)
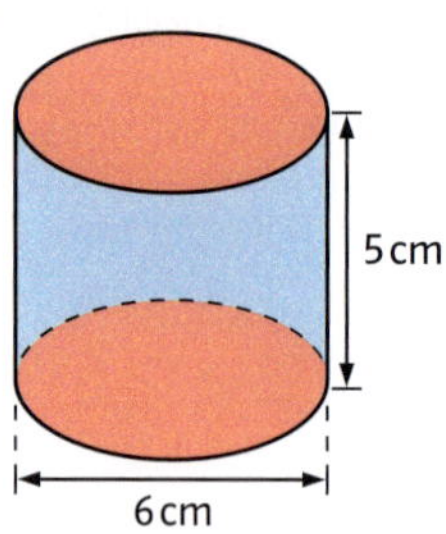

→ Die Lösungen zu „Alles klar?" findest du auf Seite 214.

○ **4** Die Grundfläche eines 5,0 cm hohen Zylinders ist abgebildet.
a) Zeichne ein Netz.
b) Berechne den Oberflächeninhalt.

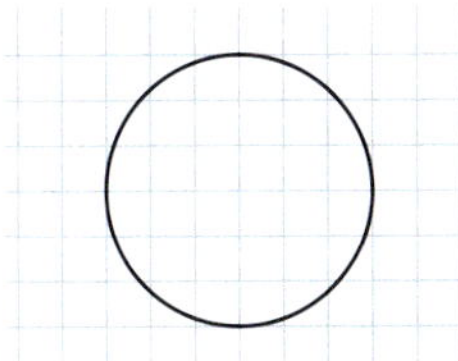

○ **5** SP Betrachtet die Werkstücke. **Beschreibt** euch gegenseitig, an welcher Stelle ihr zylinderförmige Teile seht.

(1)

(2)

(3)

(4)

◒ **6** Berechne die fehlenden Größen des Zylinders.

	r	h_K	M	O
a)	2,0 m	6,0 m		
b)	12,10 cm		228,08 cm^2	
c)		10,6 cm	100,0 cm^2	

◒ **7** Je größer der Oberflächeninhalt ist, desto besser brennt das Holz. Das Holzstück hat eine Länge von h_K = 40 cm und einen Durchmesser von d = 18 cm.

a) Berechne den Oberflächeninhalt des Holzstücks.
b) Um den Oberflächeninhalt zu vergrößern, wird das Holz in vier gleich große Stücke **gespalten**. Gib den Oberflächeninhalt an.

spalten der Länge nach zerteilen

◒ **4** SP **Begründe**, warum der Gegenstand kein Zylinder ist. **Erkläre**, warum man die Form trotzdem als Zylinder annähert.

a)

b)

c)

◒ **5** Berechne die fehlenden Größen des Zylinders.

	r	h_K	M	O
a)	4 dm	15 mm		
b)	13 cm		2,04 m^2	
c)		0,35 dm	571,77 cm^2	

◒ **6** Familie Braun lässt die Wand- und Bodenfläche ihres 1,80 m tiefen Schwimmbeckens neu fliesen.
Wie viel Quadratmeter Fliesen werden benötigt?

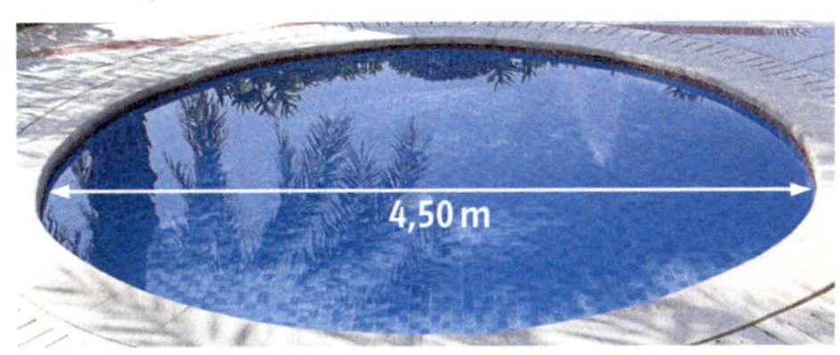

● **7** SP Vergleiche den Mantelflächeninhalt und den Oberflächeninhalt der beiden Zylinder. **Erkläre**.

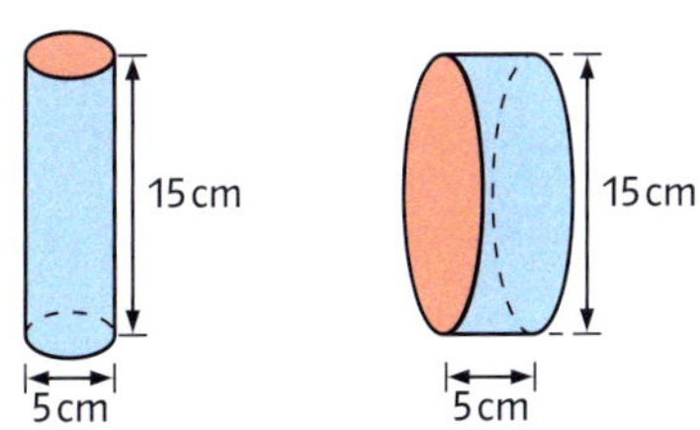

5 Zylinder. Volumen

Sammelt verschiedene leere Dosen.
→ Bestimmt das Volumen mithilfe von Umschüttversuchen.
→ Prüft, ob das Volumen von Zylindern ähnlich berechnet werden kann wie das Volumen von Prismen.

Zerlegt man einen Zylinder wie einen Kuchen in gleiche Stücke, kann man diese näherungsweise zu einem Quader zusammensetzen.
Je kleiner die Stücke sind, desto besser ist die Annäherung an einen Quader.

Für das Volumen gilt:
$V = \frac{1}{2} \cdot u \cdot r \cdot h_K$

Mit $u = 2 \cdot \pi \cdot r$ ergibt sich:
$V = \frac{1}{2} \cdot 2 \cdot \pi \cdot r \cdot r \cdot h_K$
$V = \pi \cdot r^2 \cdot h_K$
$V = G \cdot h_K$

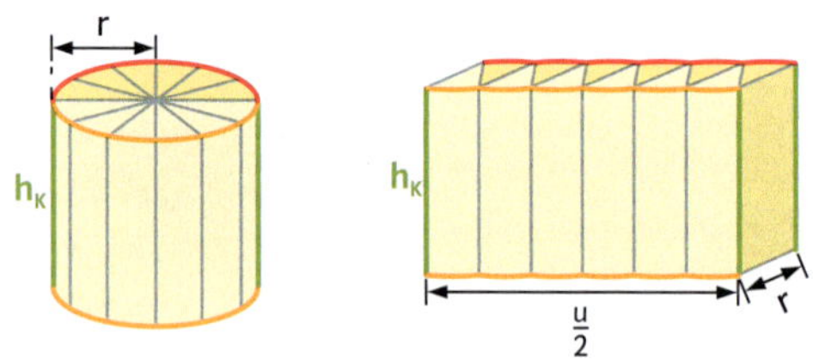

Das Volumen V eines Zylinders wird mit demselben Verfahren berechnet wie das Volumen eines Prismas. Prismen und Zylinder unterscheiden sich nur in der Grundfläche. Prismen haben ein Vieleck und Zylinder einen Kreis als Grundfläche.

Merke

Volumen V eines Zylinders
Man multipliziert den Grundflächeninhalt G mit der Körperhöhe h_K.
$\mathbf{V = G \cdot h_K}$
$\mathbf{V = \pi \cdot r^2 \cdot h_K}$

Beispiele

a) Das Volumen des Zylinders wird berechnet.

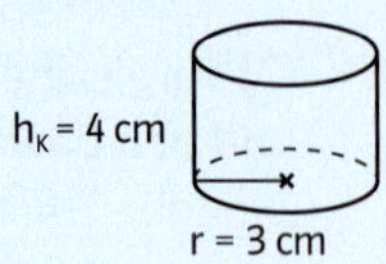

$V = \pi \cdot r^2 \cdot h_K$
$= \pi \cdot 3^2 \cdot 4$
$V \approx 113{,}1$

Das Volumen beträgt ca. 113,1 cm³.

b) Die Höhe des Zylinders mit $V = 385{,}0\,cm^3$ und $r = 3{,}5\,cm$ wird berechnet.

$V = \pi \cdot r^2 \cdot h_K$
$385{,}0 = \pi \cdot 3{,}5^2 \cdot h_K \quad | : 3{,}5^2 \quad | : \pi$
$h_K = \frac{385{,}0}{3{,}5^2 \cdot \pi} \approx 10{,}0$

Der Zylinder ist ca. 10,0 cm hoch.

○**1** Berechne das Volumen des Zylinders.
a) $G = 38{,}5\,cm^2$; $h_K = 9{,}0\,cm$ b) $G = 153{,}9\,cm^2$; $h_K = 4{,}0\,cm$ c) $r = 2{,}5\,cm$; $h_K = 6{,}0\,cm$

○**2** Berechne die Körperhöhe des Zylinders.
a) $r = 2{,}5\,cm$; $V = 137{,}4\,cm^3$ b) $r = 3{,}3\,cm$; $V = 376{,}3\,cm^3$ c) $d = 3{,}8\,cm$; $V = 90{,}8\,cm^3$

○ **3** Berechne das Volumen des Zylinders.

a) b) c) d)

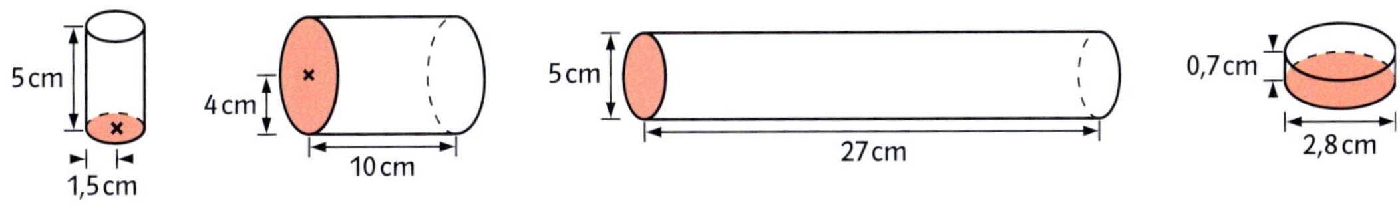

Alles klar?

D34 Fördern

A Berechne das Volumen des Zylinders.

a) $r = 6\,cm$; $h_K = 13\,cm$

b) $d = 7{,}8\,cm$; $h_K = 8{,}4\,cm$

B Berechne die Körperhöhe des Zylinders.

a) $r = 4{,}2\,cm$; $V = 332{,}5\,cm^3$

b) $d = 7{,}0\,cm$; $V = 307{,}9\,cm^3$

○ **4** Berechne das Volumen der Gegenstände. (Maße in cm)

a) b) c) d)

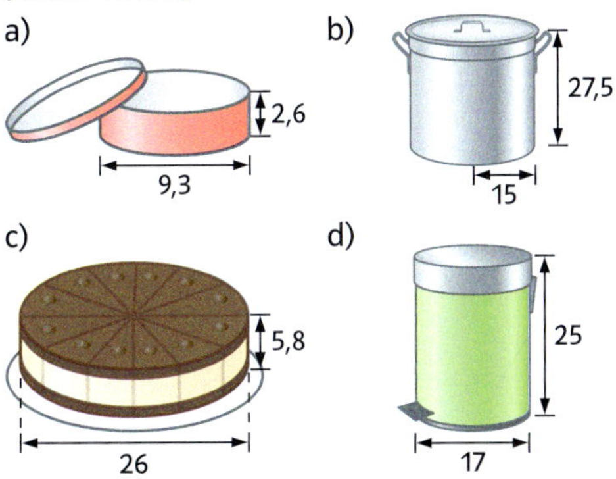

○ **5** Berechne die Höhe h_K des Zylinders.

a) $V = 452{,}4\,cm^3$; $r = 4{,}0\,cm$

b) $V = 1991{,}0\,cm^3$; $r = 6{,}5\,cm$

c) $V = 283{,}2\,cm^3$; $d = 5{,}6\,cm$

◐ **6** Familie Braun lässt einen 50 m tiefen Brunnen mit einem Durchmesser von 30 cm bohren. Wie viel m^3 Erde werden herausgebohrt?

◐ **7** Eine zylinderförmige Regentonne hat einen Innendurchmesser von 60 cm und eine Höhe von 72 cm.

a) Berechne das Volumen.

b) Die Tonne ist zu $\frac{4}{5}$ gefüllt. Gib an, wie viel Wasser die Tonne enthält.

c) Die Regentonne enthält $80\,dm^3$ Wasser. Wie hoch steht das Wasser?

◐ **4** Berechne die fehlenden Größen des Zylinders.

	a)	b)	c)	d)
r	3,8 cm	■	■	1,8 cm
d	■	27,4 cm	6,4 cm	■
h_K	7,5 cm	33,5 cm	■	■
O	■	■	■	$81{,}4\,cm^2$
V	■	■	$96{,}6\,cm^3$	■

Tipp!
$1\,l = 1\,dm^3$

◐ **5** Elli gießt Kerzen aus 1 Liter Wachsresten.

a) Sie hat Behälter von Teelichtern ($d = 3{,}8\,cm$; $h_K = 1{,}7\,cm$) gesammelt. Wie viele Teelichter kann sie füllen?

b) Wie hoch wird eine Kerze in einer Form mit 9,0 cm Innendurchmesser?

● **6** Wie ändert sich das Volumen eines Zylinders, wenn man

a) die Körperhöhe verdoppelt?

b) den Radius verdoppelt?

c) die Körperhöhe verdoppelt und den Radius halbiert?

d) den Radius verdoppelt und die Körperhöhe halbiert?

● **7** Der Durchmesser und die Höhe eines Zylinders sind genauso groß wie die Kantenlänge eines Würfels. Überlegt an Beispielen, um wie viel Prozent das Volumen des Zylinders kleiner als das des Würfels ist. Zeigt, dass das immer so ist.

→ Die Lösungen zu „Alles klar?" findest du auf Seite 215.

EXTRA

Weitere Körper

Die **Spitzkörper Pyramide** und **Kegel** sind begrenzt durch die Grundfläche G und die Mantelfläche M. Beide Körper besitzen eine Spitze. Der Abstand der Spitze zur Grundfläche entspricht der Körperhöhe h_K.

Die Grundfläche der **Pyramide** ist ein Vieleck, das der Pyramide ihren Namen gibt. Die Mantelfläche besteht aus Dreiecken.

Die Grundfläche des **Kegels** ist kreisförmig. Die Mantelfläche ist ein Kreissektor.

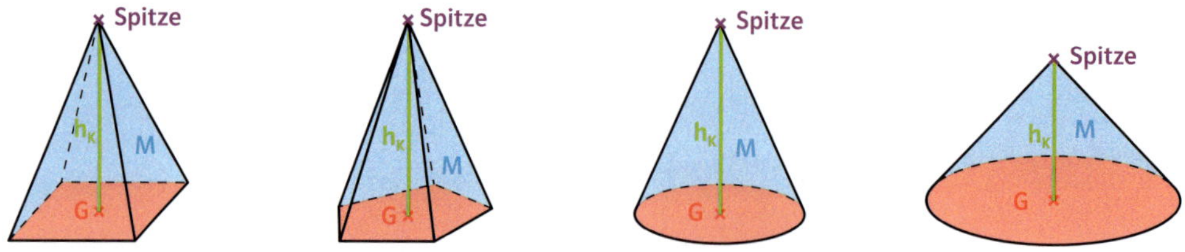

Die **Kugel** hat eine gekrümmte Oberfläche, die man nicht in die Ebene legen kann.

○ **1** Benenne den Körper. Gib die Anzahl seiner Spitzen, Ecken, Flächen und Kanten an.

a) b) c) d) e) f) g)

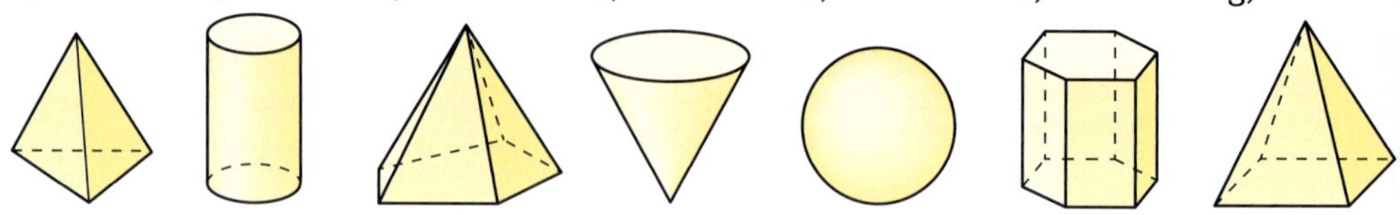

◒ **2** SP Welche Körperformen findest du? Beschreibe deren Lage.

a)

b)

c)

◒ **3** Chris hat Netze von Körpern gezeichnet. Benenne die Körper.

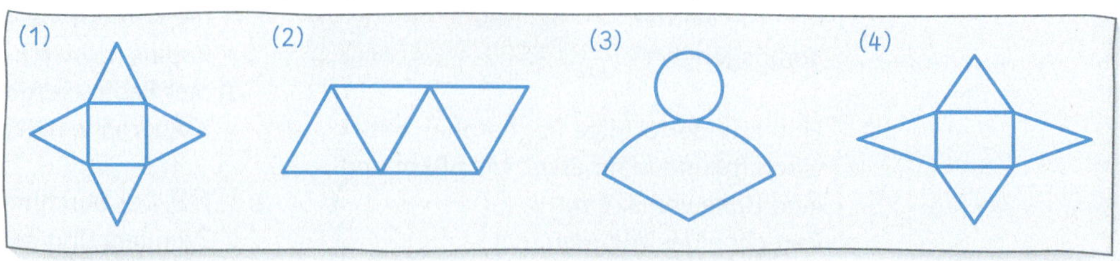

● **4** Aus einem Würfel mit der Kantenlänge $a = 8\,cm$ wird eine Pyramide mit der Kantenlänge $a = 8\,cm$ und der Körperhöhe $h_K = 8\,cm$ herausgearbeitet. Skizziere das Schrägbild.

Zusammenfassung

Kreiszahl π

Das Verhältnis von Kreisumfang zu Kreisdurchmesser wird Kreiszahl π genannt.

$\pi = \frac{u}{d}$

Die Kreiszahl π ist eine irrationale Zahl, die sich nur näherungsweise angeben lässt.

$\pi = 3{,}141\,592\,653\,589\,793\,238\,462\,643\,383\,2\ldots$

In Anwendungen genügt meist ein Näherungswert.

$\pi \approx 3{,}14$

Kreisumfang

Der Kreisumfang u lässt sich mit der Kreiszahl π berechnen.
Für den Umfang u eines Kreises mit dem Durchmesser d bzw. dem Radius r gilt:
$u = 2\pi r$ bzw. $u = \pi d$

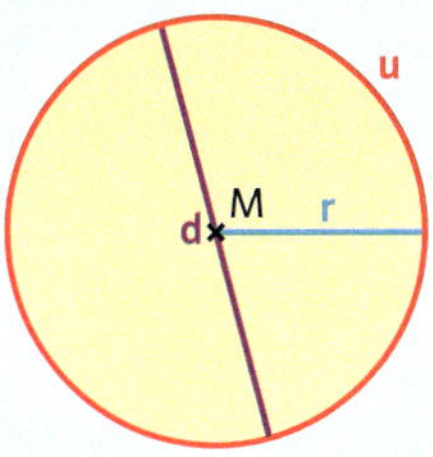

$d = 5{,}0\,\text{cm}$

$u = \pi d$
$u = \pi \cdot 5{,}0$
$u \approx 15{,}7$
Der Umfang beträgt etwa 15,7 cm.

Kreisfläche

Für den Flächeninhalt A eines Kreises mit dem Radius r gilt:
$A = \pi r^2$

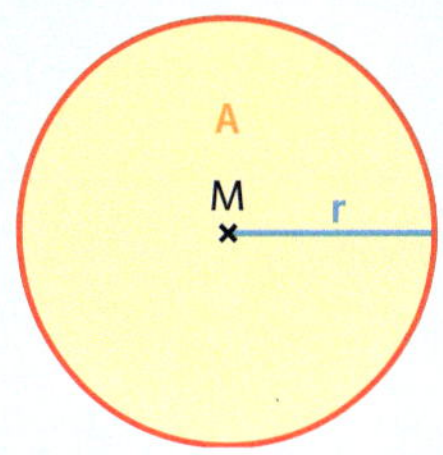

$r = 4{,}6\,\text{cm}$

$A = \pi r^2$
$A = \pi \cdot 4{,}6^2$
$A \approx 66{,}5$
Der Flächeninhalt beträgt etwa 66,5 cm².

Kreissektor

Für einen Kreissektor mit dem Radius r und dem Mittelpunktswinkel α gelten die folgenden Formeln:

Bogenlänge b

$b = u \cdot \frac{\alpha}{360°}$
$\quad = 2\pi r \cdot \frac{\alpha}{360°}$

Flächeninhalt A_S

$A_S = A_{Kreis} \cdot \frac{\alpha}{360°}$
$A_S = \pi r^2 \cdot \frac{\alpha}{360°}$
$A_S = \frac{b\,r}{2}$

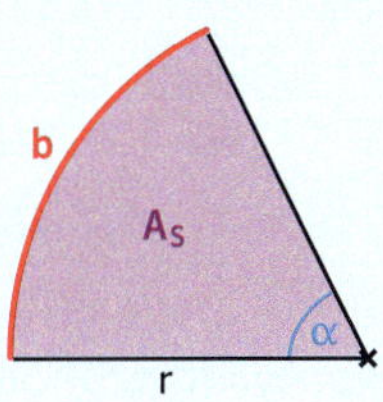

$r = 6{,}7\,\text{cm}$

$\alpha = 72°$

$b = 2\pi r \cdot \frac{\alpha}{360°}$
$b = 2 \cdot \pi \cdot 6{,}7 \cdot \frac{72°}{360°}$
$b \approx 8{,}4$

Die Bogenlänge beträgt etwa 8,4 cm.

$A_S = \pi r^2 \cdot \frac{\alpha}{360°}$
$A_S = \pi \cdot 6{,}7^2 \cdot \frac{72°}{360°}$
$A_S \approx 28{,}2$

Der Flächeninhalt beträgt etwa 28,2 cm².

Zylinder

Zylinder sind begrenzt durch die **Grundfläche**, die **Deckfläche** und die **Mantelfläche**. Grund- und Deckfläche sind kongruente (deckungsgleiche) Kreise, die parallel zueinander liegen. Die Mantelfläche ist ein Rechteck. Der Abstand zwischen Grund- und Deckfläche ist die **Körperhöhe h_K**.

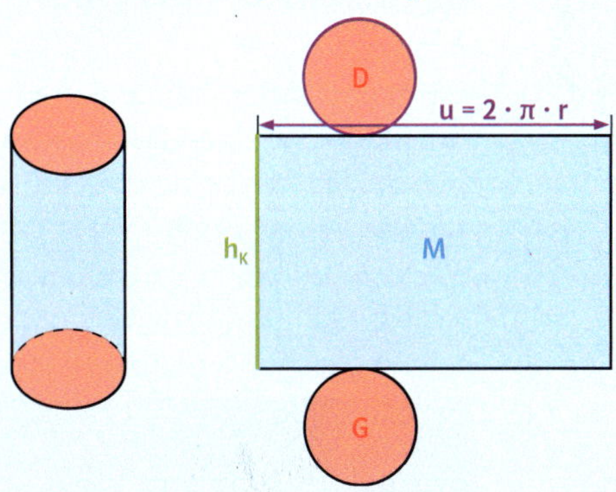

Der Oberflächeninhalt von Zylindern setzt sich zusammen aus dem **Mantelflächeninhalt M** und dem Doppelten des Grundflächeninhalts.

$M = u \cdot h_K$
$M = 2 \cdot \pi \cdot r \cdot h_K$

$O = 2 \cdot G + M$
$O = 2 \cdot \pi \cdot r^2 + 2 \cdot \pi \cdot r \cdot h_K$

Für das Volumen V des Zylinders multipliziert man den **Grundflächeninhalt G** mit der **Körperhöhe h_K**.
$V = G \cdot h_K$
$V = \pi \cdot r^2 \cdot h_K$

Basistraining

○ 1 Berechne den Umfang u und den Flächeninhalt A des Kreises.

a) r = 3,6 cm b) r = 6,4 dm
c) d = 15,0 mm d) d = 17,8 m

○ 2 Berechne den Durchmesser d und den Radius r des Kreises.

a) u = 17,0 cm b) u = 0,74 dm
c) A = 133 cm^2 d) A = 18,1 m^2

○ 3 Berechne die fehlenden Angaben des Kreises.

	r	d	A	u
a)	4,0 cm	■	■	■
b)	■	■	■	31,4 cm
c)	■	■	200,0 cm^2	■
d)	■	■	■	2,83 dm
e)	■	■	63,6 m^2	■

○ 4 Ein rotierender Rasensprenger hat zwei Leistungsstufen. Mit der ersten Stufe bewässert man eine kreisförmige Rasenfläche von 150 m^2, mit der zweiten Stufe eine kreisförmige Fläche von 300 m^2. Berechne und vergleiche die Durchmesser der bewässerten Rasenflächen.

○ 5 Marie und Simon fahren Einrad. Das Rad von Marie hat einen Durchmesser von 40,6 cm. Sie fährt eine Strecke, bei der sich das Rad 25-mal dreht.
Wie viele Umdrehungen muss Simon mit seinem Rad (d = 50,8 cm) durchführen, um die gleiche Weglänge zu erreichen?

○ 6 Berechne bei a) den Umfang und bei b) den Flächeninhalt der farbigen Figur.

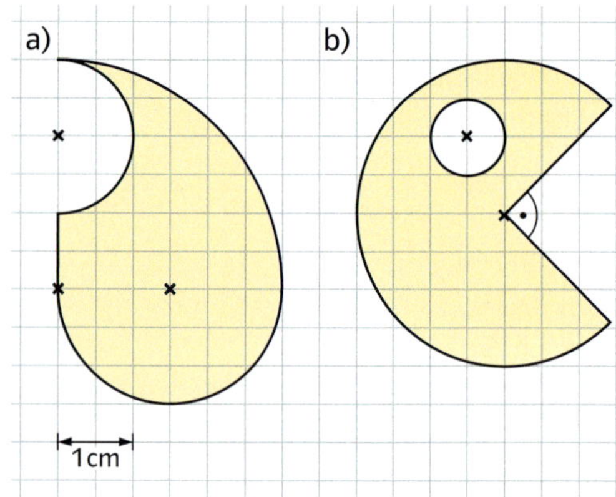

◒ 7

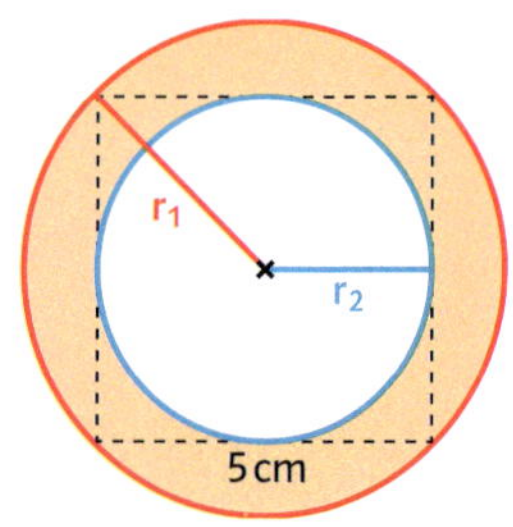

a) Berechne die Längen der beiden Radien r_1 und r_2. Zeichne die Figur.
b) Berechne den Flächeninhalt des Kreisrings.

○ 8 Berechne die fehlenden Angaben des Kreissektors.

	r	α	b	A_S
a)	14,2 cm	54°	■	■
b)	■	85°	13,2 cm	■
c)	12,6 cm	■	■	72,0 cm^2
d)	■	114°	■	83,0 m^2

○ 9 SP Ist der Blumentopf zylinderförmig? **Begründe**.

a) b) c)

10

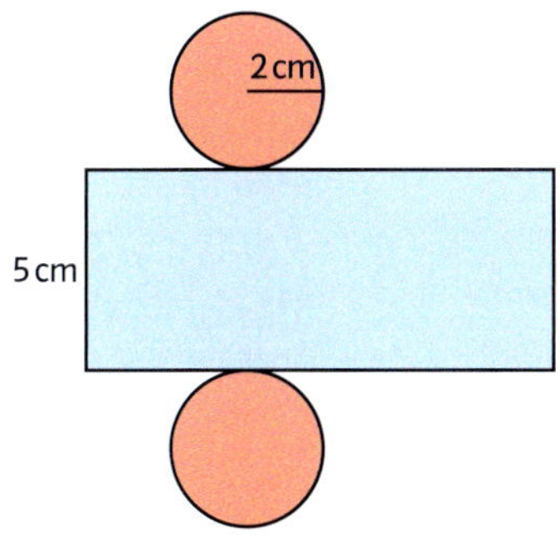

a) Berechne den Umfang der Grundfläche und zeichne das Netz des Zylinders ins Heft.
b) Berechne den Oberflächeninhalt.

11 Ein Zylinder hat einen Radius von 3,0 cm und eine Höhe von 7,0 cm. Skizziere das Netz und trage die Maße ein.

12 Berechne den Flächeninhalt der Grundfläche und das Volumen des Zylinders.

a)

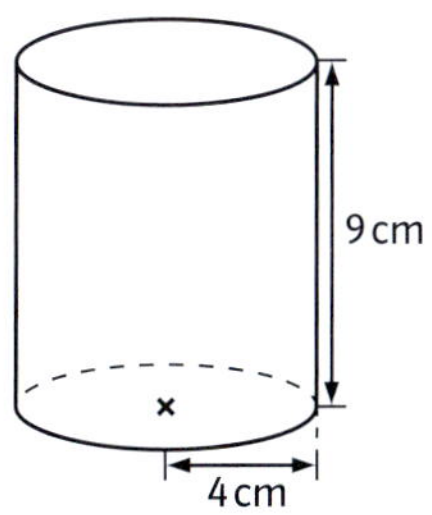

b)

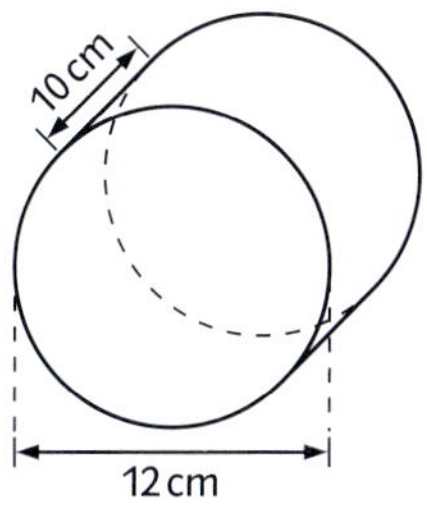

13 Berechne die Höhe des Zylinders.
a) $V = 117{,}8\,cm^3$; $r = 2{,}5\,cm$
b) $V = 2309{,}1\,cm^3$; $d = 14{,}0\,cm$

14 Das zylinderförmige Aquarium hat einen Durchmesser von 2 m und ist 3 m hoch.

a) Wie viel Liter Wasser passen hinein?
b) Berechne die Größe der Glasfläche.

15 Berechne den Oberflächeninhalt und das Volumen des Körpers. (Maße in cm)

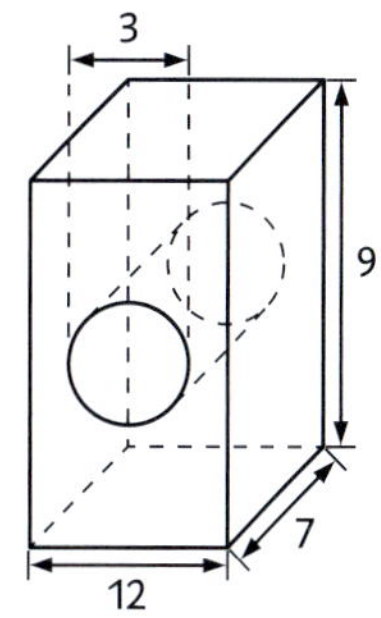

16 Ein zylinderförmiges Getreidesilo hat eine Höhe von 10,5 m und einen Durchmesser von 4,2 m.
a) Berechne, wie viel Quadratmeter Stahlblech für das Silo benötigt wurden.
b) Wie groß ist das Volumen des Silos?

ein Silo
ein zylinderförmiger Behälter zur Lagerung von z. B. Getreide oder Flüssigkeiten

17 Berechne die fehlenden Angaben des Zylinders.

	a)	b)	c)	d)
r	4,6 cm	9,8 cm		
h_K	11,7 cm		10,1 dm	96 mm
G				$210{,}5\,cm^2$
M				
O				
V		$936{,}5\,cm^3$	$769{,}9\,dm^3$	

18 Eine Getränkedose hat einen Durchmesser von 5,5 cm und eine Körperhöhe h_K von 15,0 cm.
a) Wie viel Blech wird für eine Dose benötigt?
b) Die Dose erhält einen farbigen Aufdruck. Alles außer Boden und Deckel wird außen bedruckt. Berechne diese Fläche.
c) Der Hersteller gibt als Inhalt 355 ml an. Überprüfe durch Rechnung und nimm Stellung.

Anwenden. Nachdenken

19 Das Einrad von Claudia hat einen Durchmesser von 50,8 cm. Sie ist auf einem kreisförmigen Rundweg unterwegs.
Für eine Runde benötigt ihr Rad 118 Umdrehungen. Berechne Umfang und Durchmesser des Rundwegs.

20 Der Durchmesser des Wiener Riesenrads beträgt etwa 61 m.

a) Berechne, wie viel Meter man in einer Gondel bei einer Umdrehung des Riesenrads zurücklegt.

b) Das Riesenrad bewegt sich maximal 0,75 m pro Sekunde. Berechne die Dauer für eine komplette Umdrehung ohne Halt.

21 Ein Kreis hat einen Durchmesser von 6,0 cm. Zeichne zu diesem Kreis einen größeren Kreis mit demselben Mittelpunkt. Der Radius dieses Kreises soll so sein, dass der entstehende Kreisring den gleichen Flächeninhalt wie der kleine Kreis hat.

22 Ein Basketball für Jugendliche hat einen Umfang zwischen 72,0 cm und 74,0 cm. Der Basketballkorb hat einen Durchmesser von 45,0 cm. Wie groß ist der Abstand des Balls vom Ring, wenn man genau in die Mitte des Korbs wirft?

23 Prüfe das Angebot eines Anbieters für einen Rasensprenger.

> An den Verstellringen stellen Sie einfach die zu bewässernden Sektoren feinstufig von 25° bis 360° ein. Mithilfe des großen Drehknopfes legen Sie die Reichweite fest. Diese können Sie von 5 m bis maximal 12,5 m einstellen. Damit lässt sich eine Fläche von 75 m² bis maximal 490 m² beregnen.

24 Ein Quadratgitter hat die Seitenlänge a.

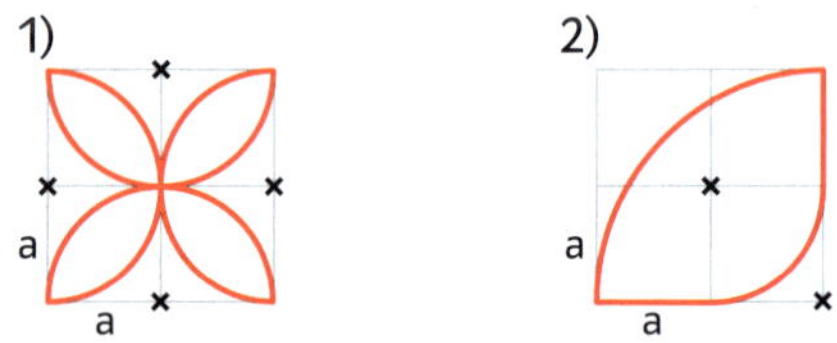

a) Bestimme jeweils die Länge der roten Linie (a = 3,0 cm).

b) Gib jeweils die Länge der roten Linie in Abhängigkeit von a an.

25 GPS-Satelliten umkreisen die Erde mit einer Geschwindigkeit von 3,9 km/s. Ihre Umlaufzeit beträgt 12 Stunden.

a) Berechne die Länge der Umlaufbahn eines GPS-Satelliten.

b) Berechne den mittleren Abstand des Satelliten von der Erdoberfläche (mittlerer Erdradius: 6360 km).

26 SP Wie viel mal größer ist die Iris als die Pupille? Betrachte die Flächeninhalte. Begründe deine Rechnung.

ein Satellit
ein Objekt im Weltall, das z. B. für die Übertragung von Funksignalen zuständig ist

die Iris
hier: der farbige Bereich des Auges, auch Regenbogenhaut genannt

die Pupille
die schwarze Öffnung in der Mitte des Auges

eine Litfaßsäule
eine zylinderförmige Säule am Straßenrand, an die Plakate geklebt werden

27 Litfaßsäulen sind beliebte Werbeflächen.

Je nach Standort, bezahlt man 1,60 € bis 3,00 € je Quadratmeter pro Tag. Die Litfaßsäule hat einen Durchmesser von 1,40 m und ihre Werbefläche ist 4,40 m hoch. Berechne die Einnahmen für eine Woche, wenn die Litfaßsäule komplett beklebt ist.

28 Ein Messzylinder hat einen Innendurchmesser von 97,1 mm.

a) Das Wasser steht 8 cm hoch. Wie viel Milliliter Wasser befinden sich im Messbecher?
b) In welcher Höhe liegt der Eichstrich für 0,9 l?

29 In Saudi-Arabien wird Erdöl in riesigen Öltanks gelagert. Die abgebildeten Tanks haben einen Innendurchmesser von 117,6 m und eine Höhe von 21,7 m.

a) Geförderte Ölmengen werden in Barrel gemessen. Wie viel Barrel (1 Barrel entspricht 159 Liter) Öl fasst ein Öltank?
b) Schätze die Maße eures Schulgebäudes und vergleiche das Volumen mit einem Öltank.
c) Die innere Schutzschicht an den Wänden und an der Decke eines Öltanks muss erneuert werden. Die Versiegelung kostet 4,80 € je m².
Wie teuer wird die Sanierung?

30 Gymnastikrollen werden aus speziellen Schaumstoffzylindern hergestellt. Dazu wird aus der Rolle ein Zylinder herausgeschnitten. Ein cm³ dieses Schaumstoffs wiegt 0,04 g. Berechne, wie viel die ganze Rolle wiegt.

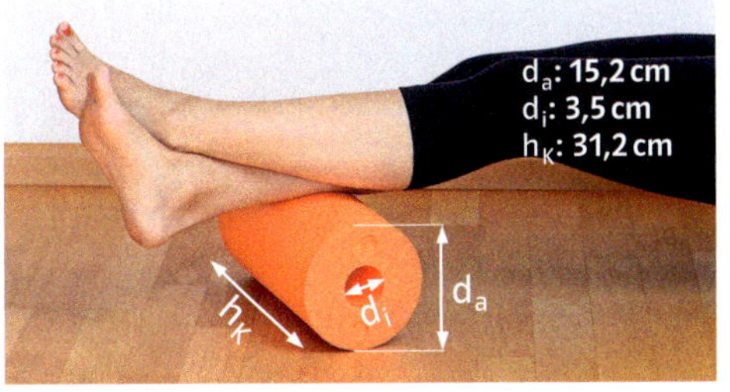

31 Im Bottroper Parkhotel kann man eine Beton-Schlafröhre buchen (Länge: 3 m; Außendurchmesser: 2,4 m; Wandstärke: 23,5 cm). Berechne die Masse einer Schlafröhre. (Dichte Beton: 2,4 t/m³)

der Abraum
das nicht nutzbare Gestein, das beim Tunnelbau entfernt wird

32 In Thüringen befindet sich der Rennsteigtunnel mit einer Länge von 7,92 km und einer Breite von 9,5 m. Der Tunnel ist Deutschlands längste Autoröhre. Die Tunnelröhren haben annähernd die Form eines halben Zylinders. Laut Presse betrug der Abraum 1,35 Mio. m³.
a) SP Kim meint: „Man darf mit einem ganzen Zylinder rechnen." Erkläre.
b) SP Überprüfe die Angabe des Abraums. Begründe dein Ergebnis.
c) Die Innenwände des Tunnels wurden mit Beton stabilisiert. Berechne die Fläche, für die man Beton benötigte.

Rückspiegel

D35 Teste dich

○1 Berechne den Umfang u und den Flächeninhalt A des Kreises.
a) $r = 6{,}0\,cm$ b) $r = 8{,}4\,dm$
c) $d = 23{,}6\,m$ d) $d = 55{,}0\,mm$

○2 Berechne den Radius r und den Durchmesser d des Kreises.
a) $u = 12{,}6\,cm$ b) $u = 34{,}6\,m$
c) $A = 6{,}2\,dm^2$ d) $A = 78{,}5\,m^2$

○3 Berechne die gesuchten Größen des Kreissektors.

a) 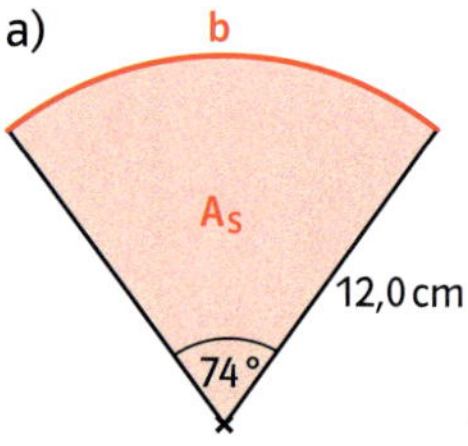

b) 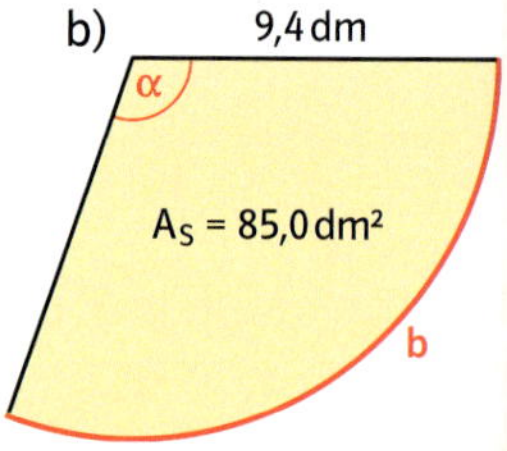

○4 Berechne den Oberflächeninhalt und das Volumen des Zylinders.
a) $r = 2{,}5\,cm$; $h_K = 8{,}0\,cm$
b) $d = 8{,}0\,cm$; $h_K = 9{,}2\,cm$

○5 Ein Sitzball hat einen Umfang von 2,04 m. Passt der Ball durch einen Gymnastikreifen mit 60 cm Durchmesser?

◒6 Ein kreisförmiges Gartenbeet hat einen Flächeninhalt von $15\,m^2$. Das Beet soll mit Steinen eingefasst werden. Für wie viele Meter werden Steine benötigt?

◒7 Bestimme die Länge der roten Linie ($a = 3{,}0\,cm$).

a) 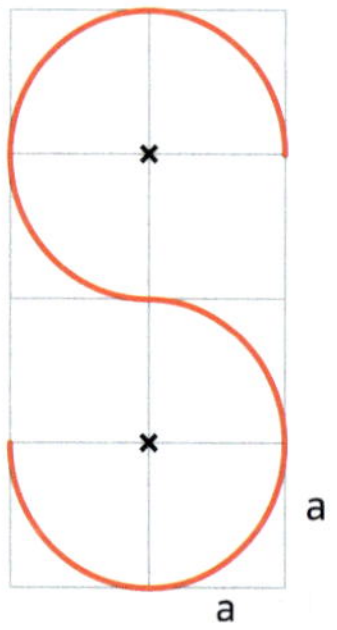

b) 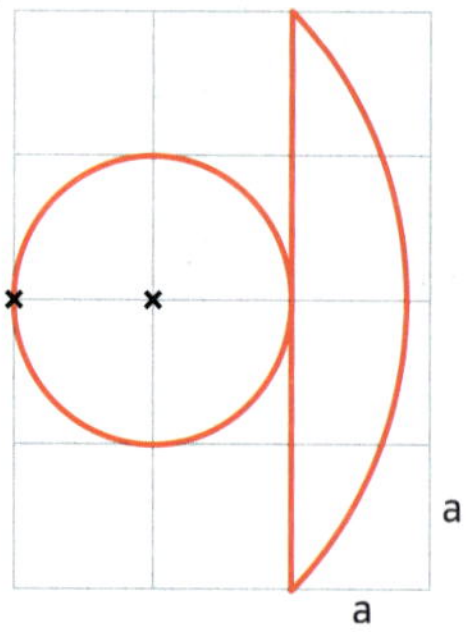

◒8 Bestimme den Oberflächeninhalt und das Volumen einer zylinderförmigen Dose mit den Maßen $d = 6\,cm$ und $h_K = 12\,cm$.

◒5 Ein kreisförmiger Ausziehtisch hat einen Durchmesser von 1,10 m. Mit einer rechteckigen Einlegeplatte verdoppelt sich die Größe der Tischfläche. Berechne die Länge des vergrößerten Tisches.

◒6 Auf einer DVD ist ein Label bis zum Rand aufgedruckt. Die Ringbreite des Labels beträgt 4,2 cm. Wie viel Prozent der DVD-Fläche ist bedruckt?

◒7 Bestimme die Länge der roten Linie ($a = 2{,}0\,cm$).

a) 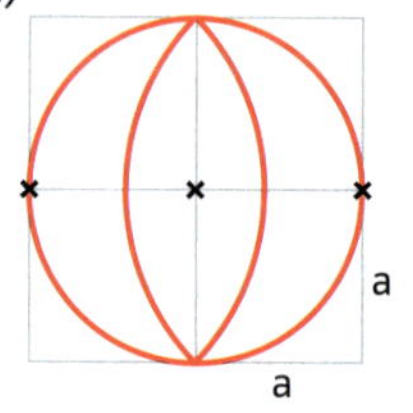

b) 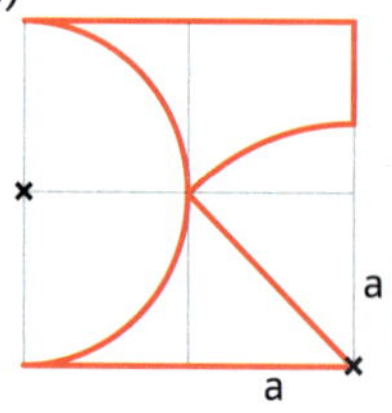

●8 Ein Gewächshaus hat die Form eines Halbzylinders. Es ist 8 m lang und 4 m breit.
a) Berechne das Volumen.
b) Wie viel Quadratmeter Glas werden benötigt?

→ Die Lösungen findest du auf Seite 215.

Standpunkt | Ähnlichkeit

Wo stehe ich?

Ich kann …	gut	etwas	nicht gut	Lerntipp!
A parallele Geraden erkennen,	■	■	■	→ Seite 186
B besondere Winkel an geschnittenen Geraden erkennen und den Winkelsummensatz anwenden,	■	■	■	→ Seite 189
C Winkel im Gitternetz vergleichen,	■	■	■	→ Seite 188
D fehlende Winkel in Figuren berechnen,	■	■	■	→ Seite 189; 191
E Streckenlängen mithilfe von Maßstabsangaben berechnen,	■	■	■	→ Seite 185
F Gleichungen lösen.	■	■	■	→ Seite 183

Überprüfe dich selbst:

D36 Teste dich

A Welche Geraden sind parallel? Verwende das Zeichen ||.

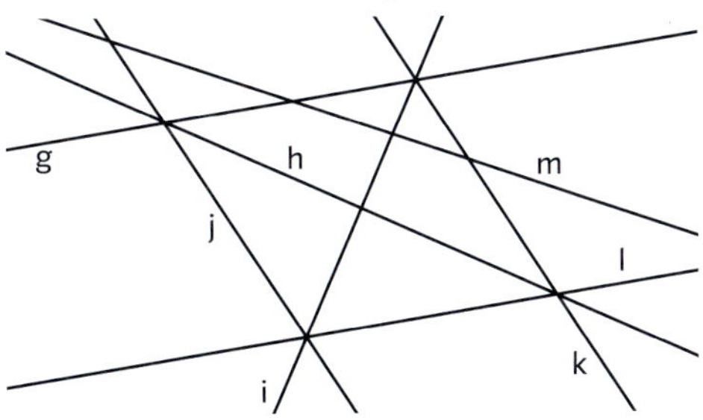

B

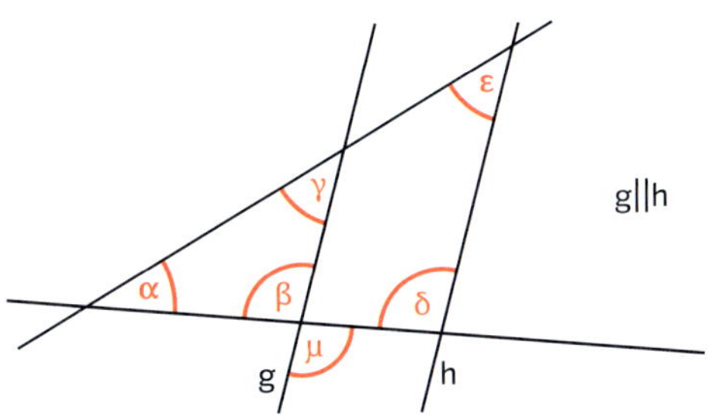

a) Welche Winkel sind gleich groß?
b) Wie groß ist α, wenn $\beta = 100°$ und $\gamma = 45°$ gilt?

C SP Entscheide, welche Winkel gleich groß sind. Begründe.

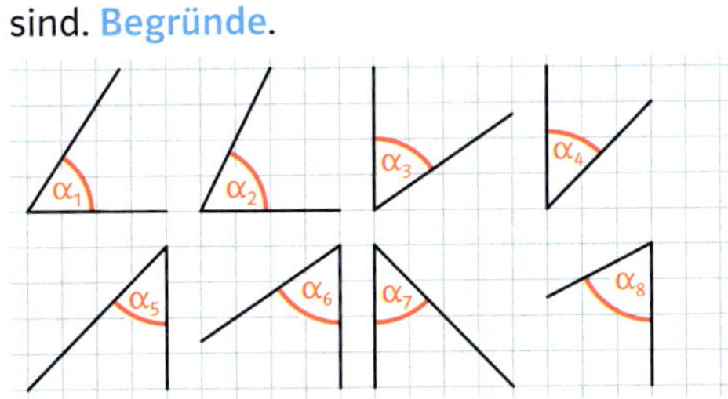

D Wie groß sind die Winkel β; γ; δ des Parallelogramms?

E

a) Das Pantoffeltierchen ist im Maßstab 400 : 1 vergrößert abgebildet. Gib an, wie lang es in Wirklichkeit ist.

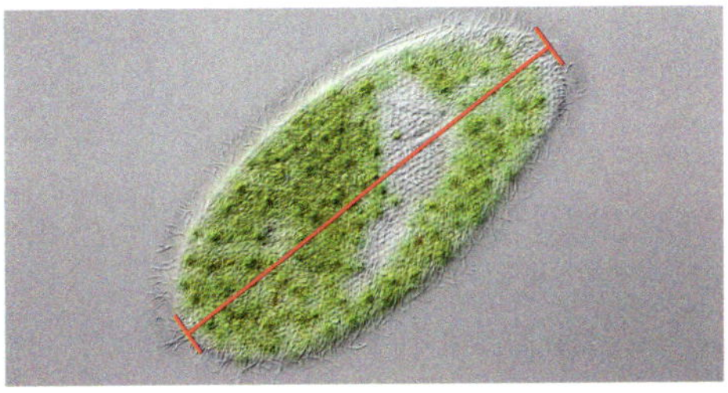

b) Die Karte zeigt den Bodensee im Maßstab 1 : 1 300 000 verkleinert. Gib seine Länge an.

F Löse die Gleichung.

a) $5x - 15 = 5$ b) $2x + 3 = 5x - 9$

→ Die Lösungen findest du auf Seite 216.

6 Ähnlichkeit

1 Mensch und Hund werden sich manchmal ähnlich, wenn sie einige Jahre zusammen gelebt haben. Auch Zwillinge sehen sich oft ähnlich. In der Mathematik ist genau festgelegt, wann zwei Figuren ähnlich sind. Welche gemeinsamen Eigenschaften der zwei Dreiecke und Vierecke erkennt ihr?

2 Im Quadratgitter kann man Figuren vergrößern, verkleinern und auch verzerren. Zeichnet selbst einfache Bilder oder geometrische Figuren und verändert sie wie das Bild des Kätzchens. Ihr könnt dazu auch eine App verwenden.

Ich lerne,

- wie man Figuren maßstäblich vergrößert und verkleinert,
- wie man entscheidet, ob zwei Figuren ähnlich sind,
- wie man Streckenlängen mithilfe ähnlicher Figuren bestimmt.

3 Die Lochkamera ist ein einfaches Gerät, mit dem man maßstäbliche Bilder herstellen kann. Statt durch eine Linse gehen die Strahlen durch ein kleines Loch. Beschreibe das Bild im Vergleich mit dem Original. Wie ändert sich das Bild, wenn man näher an das Original herangeht?

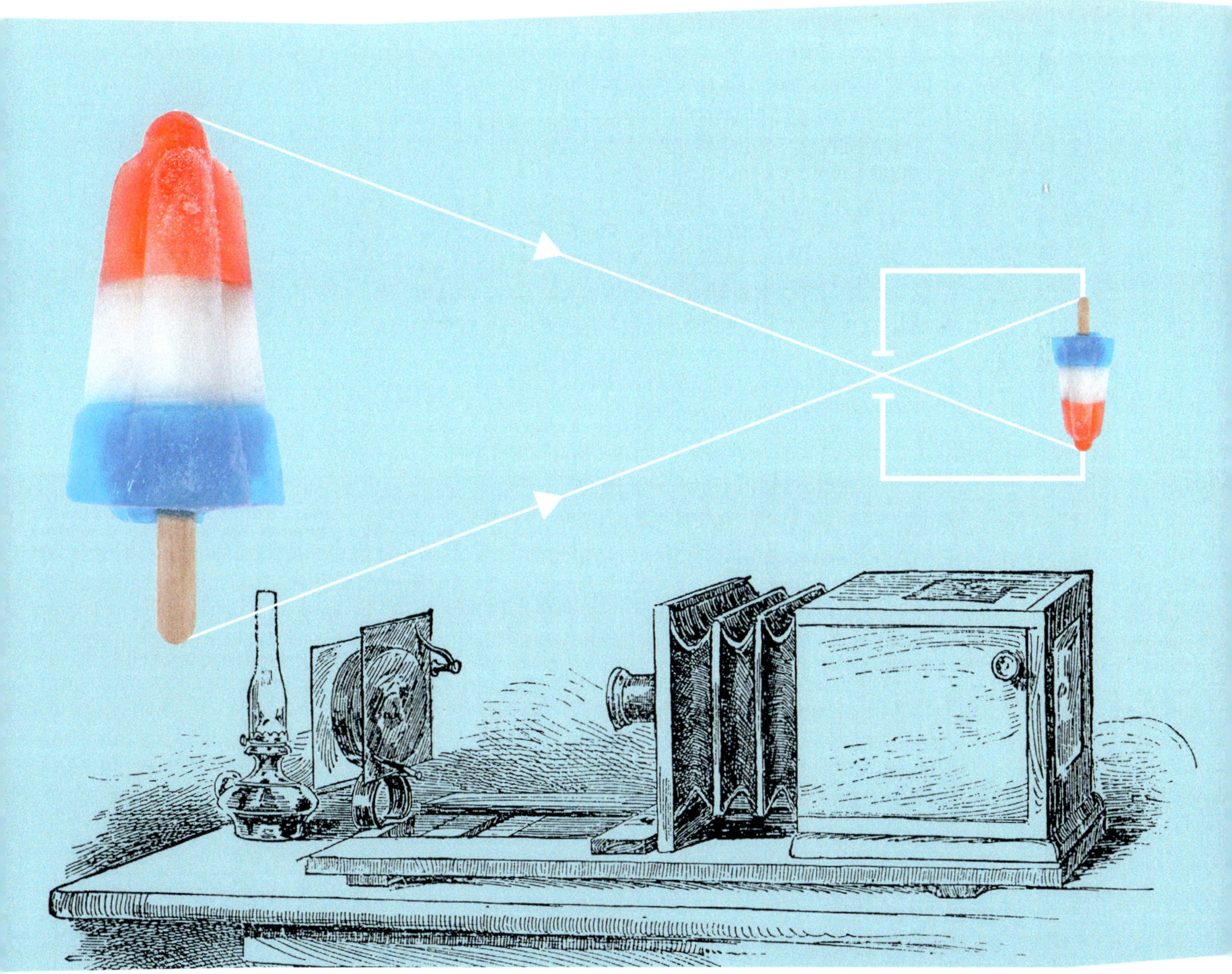

1 Vergrößern. Verkleinern

Die Giraffe ist der Rekordhalter in Körperhöhe.
- → Im mittleren Bild ist die Giraffe im Maßstab 1:100 abgebildet. Wie hoch ist sie in Wirklichkeit?
- → Bestimme, in welchem Maßstab die Giraffe im linken Bild abgebildet ist.
- → Überlegt gemeinsam, wie hoch das rechte Bild sein müsste, wenn es die Giraffe ganz zeigen sollte. Würde das Bild noch auf die Buchseite passen?

Tipp!
Statt Vergrößerungsfaktor und Verkleinerungsfaktor sagen wir kurz **Faktor**, abgekürzt k.

Die beiden Trapeze haben die gleiche Form, einander entsprechende Winkel sind gleich groß.
Das gelbe Trapez ist eine maßstäbliche Vergrößerung des grünen Trapezes.
Der Vergrößerungsfaktor ist $k = 3$, denn $3 \cdot 2\,\text{cm} = 6\,\text{cm}$.
Das grüne Trapez ist eine maßstäbliche Verkleinerung des gelben Trapezes.
Der Verkleinerungsfaktor ist $k = \frac{1}{3}$, denn $\frac{1}{3} \cdot 6\,\text{cm} = 2\,\text{cm}$.

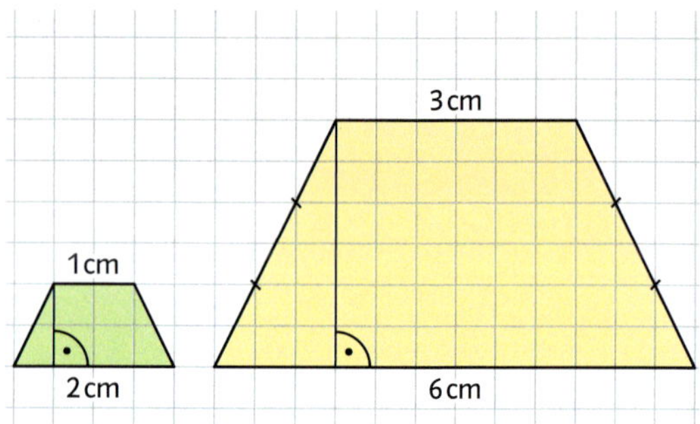

Merke

Eine Figur maßstäblich vergrößern oder verkleinern bedeutet:
Alle Seitenlängen werden mit demselben positiven Faktor k multipliziert.
Ist der Faktor **k größer als 1**, wird die Figur **vergrößert**.
Ist der Faktor **k kleiner als 1**, wird die Figur **verkleinert**.

Es gilt: $k = \frac{\text{Länge der Bildstrecke}}{\text{Länge der Originalstrecke}}$

Winkel bleiben unverändert.

Beispiele

a) Das Rechteck R mit $a = 3\,\text{cm}$ und $b = 2\,\text{cm}$ ist gegeben.
- Vergrößerung mit $k' = 2$ zu R':
  $a' = 2 \cdot 3\,\text{cm} = 6\,\text{cm}$; $b' = 2 \cdot 2\,\text{cm} = 4\,\text{cm}$
- Verkleinerung mit $k'' = \frac{1}{2}$ zu R'':
  $a'' = \frac{1}{2} \cdot 3\,\text{cm} = 1{,}5\,\text{cm}$; $b'' = \frac{1}{2} \cdot 2\,\text{cm} = 1\,\text{cm}$

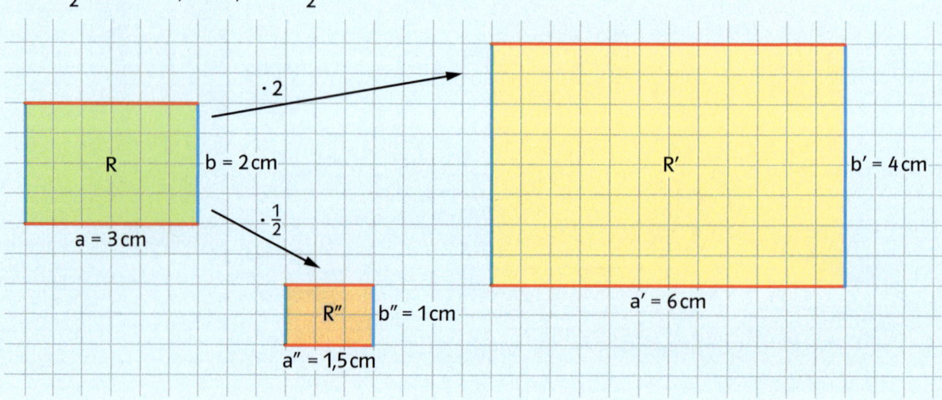

b) Das Dreieck D wird mit dem Faktor $k = \frac{1}{2}$ zum Dreieck D′ verkleinert. Dazu wird um das Dreieck D ein Rechteck gelegt. Dieses Rechteck wird verkleinert. Dabei wird das Dreieck D mitverkleinert. So findet man die Eckpunkte A′, B′ und C′.

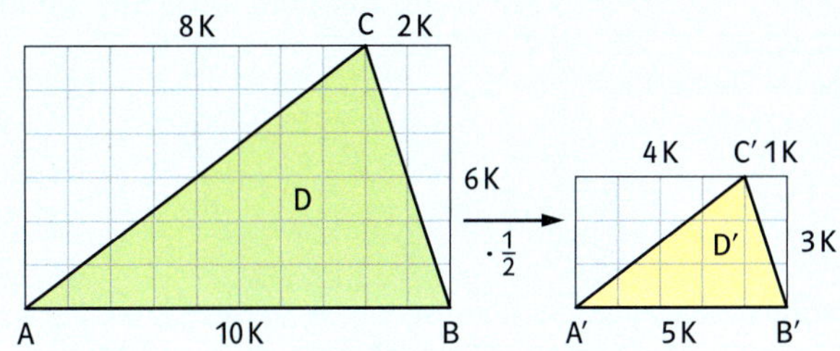

○ **1** Welche der gelben Rechtecke sind maßstäbliche Bilder des grünen Rechtecks R? Gib für die maßstäblichen Bilder den Faktor k an.

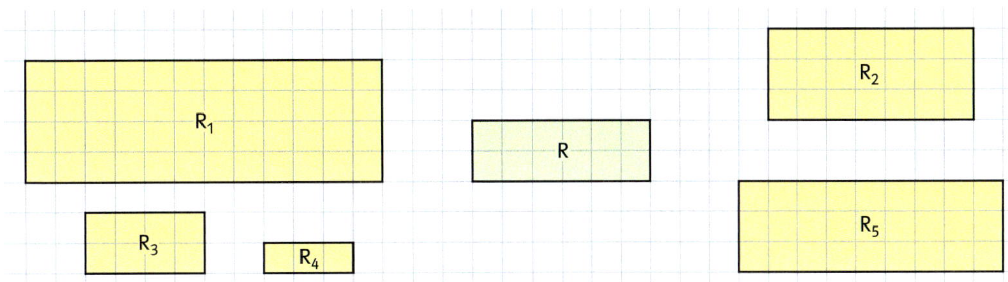

○ **2** Zeichne die Figur mit dem Faktor k verkleinert.

a) k = 0,25

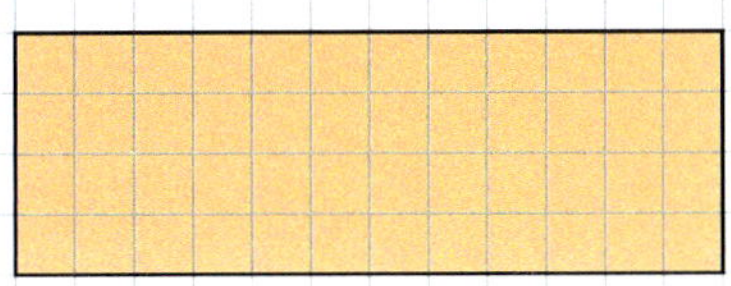

b) k = 0,5

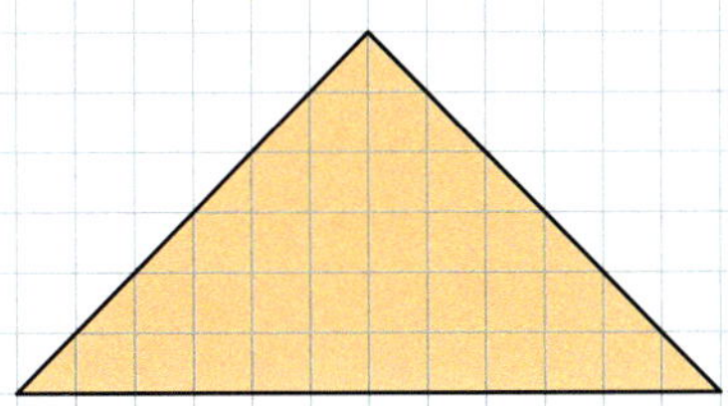

○ **3** Zeichne die Figur mit dem Faktor k vergrößert.

a) k = 3

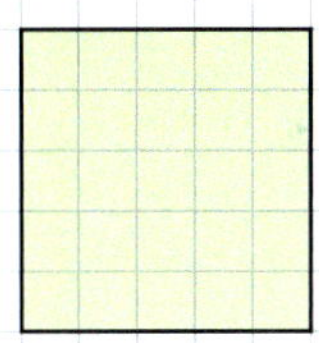

b) k = 2

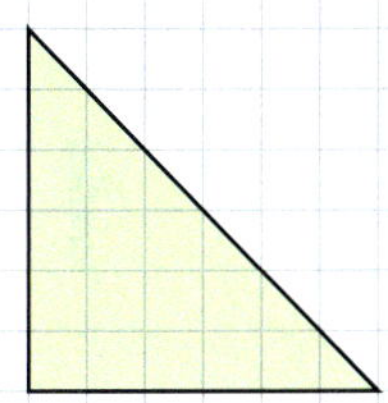

c) k = 1,5

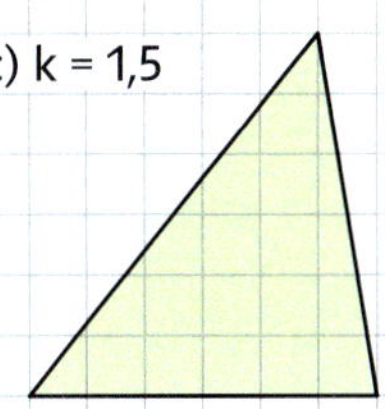

d) k = 2,5

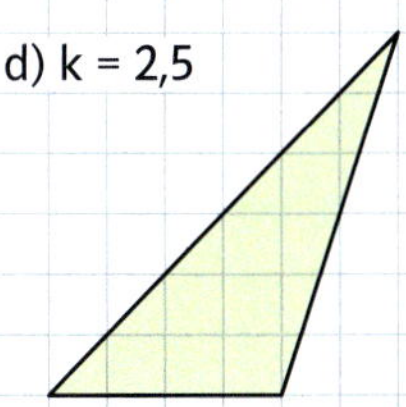

Alles klar?

D37 Fördern

A Zeichne das Rechteck und das Dreieck

a) mit dem Faktor k = 1,5 vergrößert.

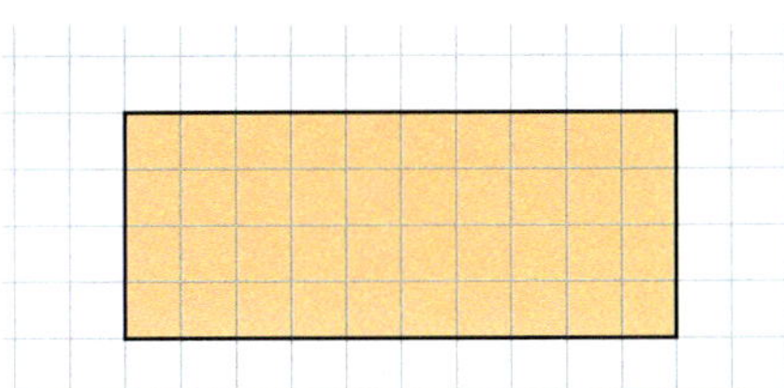

b) mit dem Faktor k = 0,5 verkleinert.

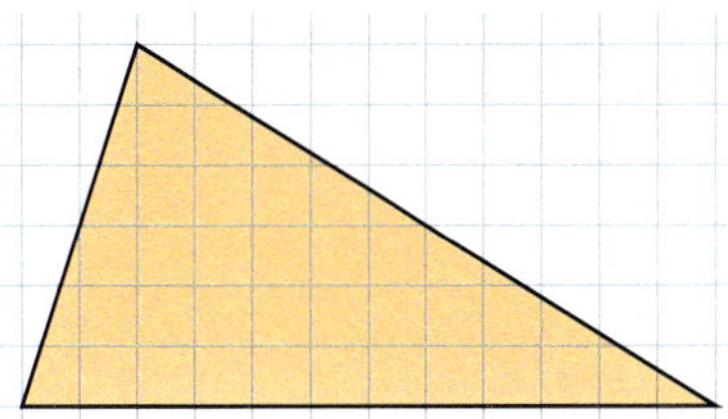

→ Die Lösungen zu „Alles klar?“ findest du auf Seite 217.

Tipp!
zu Aufgabe 4
Lege ein Rechteck um die Figur.

○ **4** Vergrößere die Figur mit dem Faktor k.

a) k = 1,5 b) k = 2 c) k = 2,5 d) $k = \frac{4}{3}$

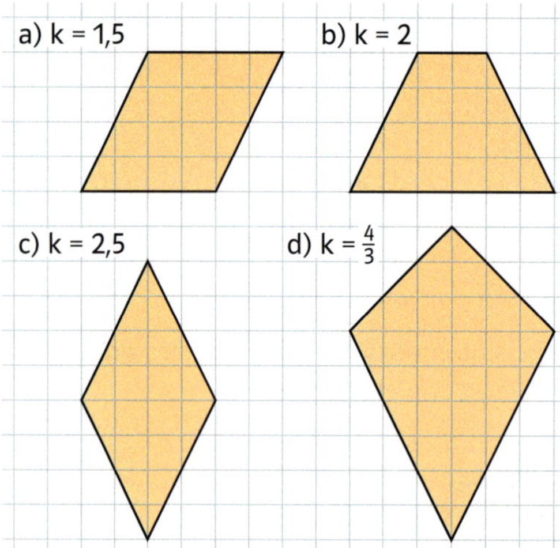

◒ **5** Ein Dreieck hat die Seitenlängen
a = 12,0 cm; b = 18,0 cm; c = 24,0 cm.
Welche Seitenlängen hat das mit dem Faktor k verkleinerte bzw. vergrößerte Dreieck?

a) k = 1,5 b) k = 0,75 c) $k = \frac{4}{3}$

◒ **6** Julia hat angefangen, die Figur zu verkleinern. Bestimme den Faktor k und zeichne die Figur fertig.

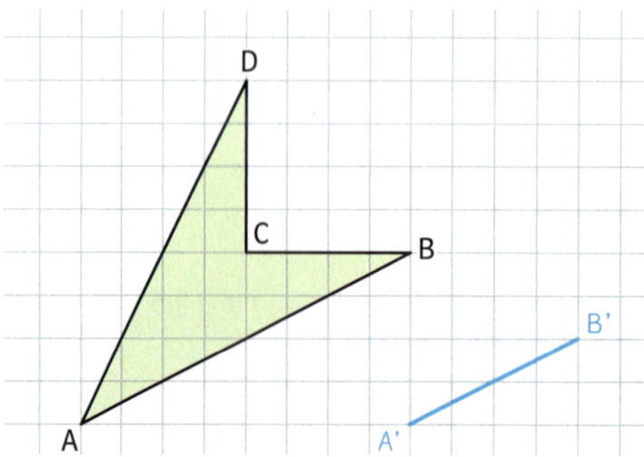

Tipp!
zu Aufgabe 7
Zeichnen im Maßstab 2:1 ist dasselbe wie Vergrößern mit dem Faktor k = 2.

◒ **7** Zeichne das Smiley im Maßstab 2:1.

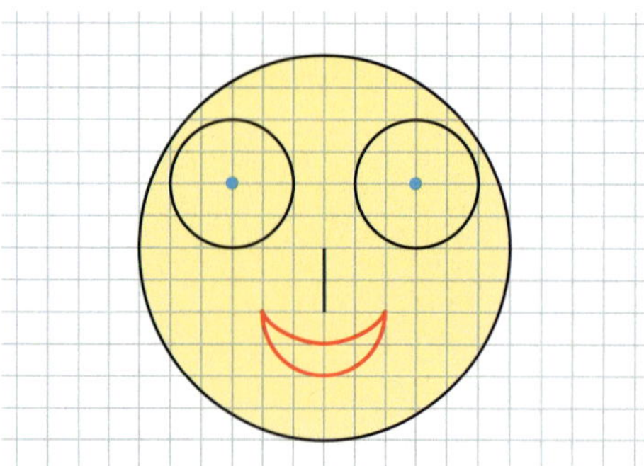

◒ **4** Vergrößere bzw. verkleinere die Figur mit den angegebenen Faktoren.

a) k′ = 1,25; k″ = 0,75

b) $k' = \frac{4}{3}$; $k'' = \frac{2}{3}$

c) k′ = 1,2; k″ = 0,8

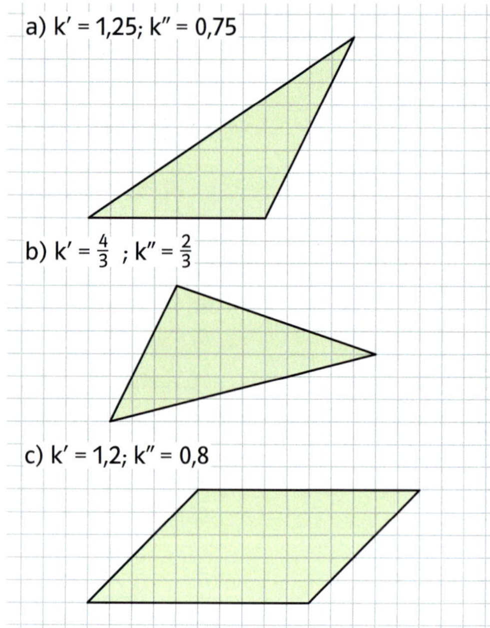

◒ **5** SP Hier wurde etwas falsch gemacht.

a) Beschreibe den Fehler bei der Verkleinerung der Figur.

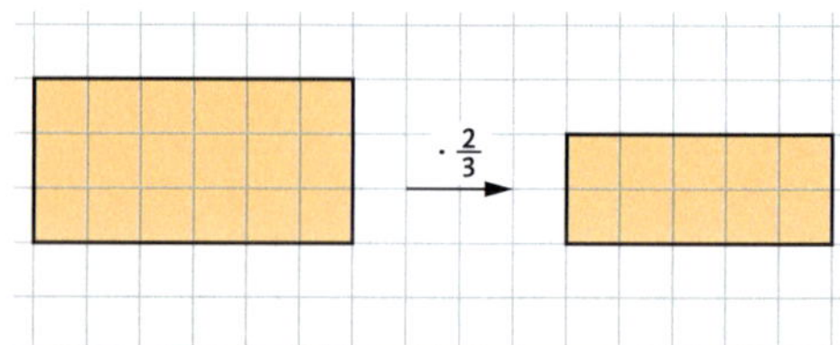

b) Beschreibe den Fehler bei der Vergrößerung der Figur.

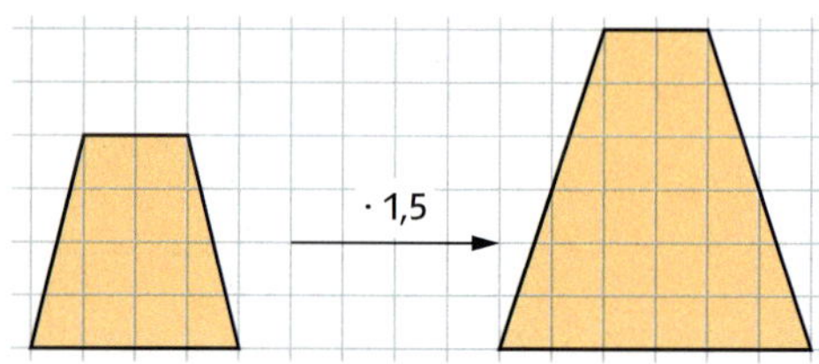

● **6** Das Rechteck R mit a = 6,0 cm und b = 5,0 cm wird mit $k_1 = 1{,}5$ zum Rechteck R_1 vergrößert. Das Rechteck R_1 wird mit $k_2 = \frac{1}{3}$ zum Rechteck R_2 verkleinert.

a) Gib die Seitenlängen von R_2 an.

b) SP Überlegt zu zweit: Mit welchem Faktor k kommt man in einem einzigen Schritt von R zu R_2? Begründet.

Zentrische Streckung

EXTRA

Die **zentrische Streckung** ist eine Konstruktion, mit der man Figuren **maßstäblich** vergrößern und verkleinern kann. Man wählt einen Punkt Z als **Streckzentrum.**
Alle von Z ausgehenden Strecken werden mit demselben Faktor **k** vervielfacht.

Für $k = 2$ konstruiert man den **Bildpunkt** A′ des **Originalpunkts** A in vier Schritten:
1. Zeichne die Strecke $\overline{ZA}$.
2. Verlängere $\overline{ZA}$ über A hinaus zum **Strahl**.
3. Miss die Länge der Strecke $\overline{ZA}$.
4. Trage auf dem Strahl von Z aus die Strecke $\overline{ZA'} = 2 \cdot \overline{ZA}$ ab.

Die Bildpunkte B′ und C′ werden ebenso konstruiert.
Man kann eine zentrische Streckung auch mit einer dynamischen Geometriesoftware (DGS) ausführen.

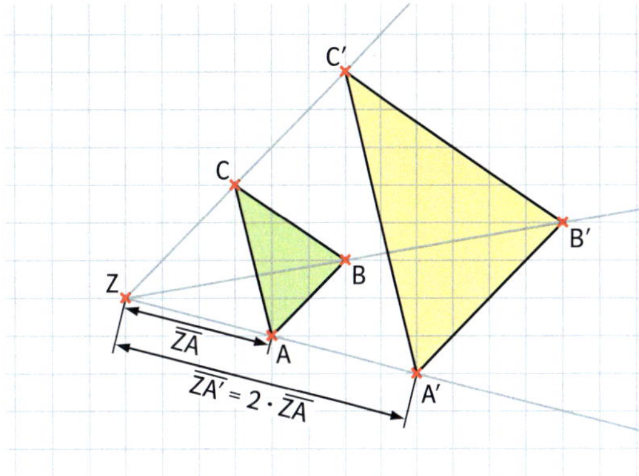

Tipp!
Ein **Strahl** ist eine gerade Linie, die einen Anfangspunkt, aber keinen Endpunkt hat.

Tipp!
Wie man mit einer DGS arbeitet, findest du auf Seite 199. Suche in deinem Programm dass Werkzeug für die zentrische Streckung.

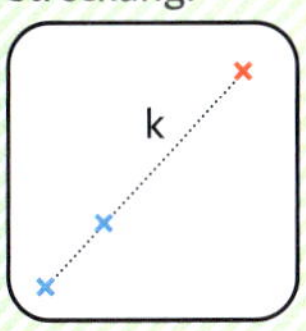

Tipp!
zu Aufgabe 5
Wenn du die zentrische Streckung mit einer DGS konstruierst, verwende einen Schieberegler für den Faktor k.
• k = −2
−5 ——●—— 5

1 Strecke das Dreieck ABC von Z aus mit k = 2.

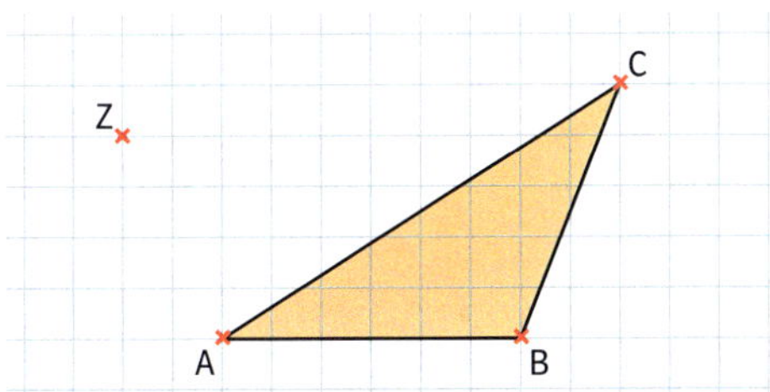

2 Zeichne im Koordinatensystem das Dreieck ABC mit A(3 | 3); B(7 | 2); C(8 | 6). Trage den Punkt Z(6 | 4) ein.
a) Strecke ABC von Z aus mit k = 1,5.
b) Gib die Koordinaten von A′, B′, C′ an.
c) SP Trage die Mittelpunkte der Dreiecksseiten ein. Wo liegen ihre Bildpunkte? Beschreibe deine Beobachtung.

3 Das Dreieck ABC wurde zum Dreieck A′B′C′ gestreckt.

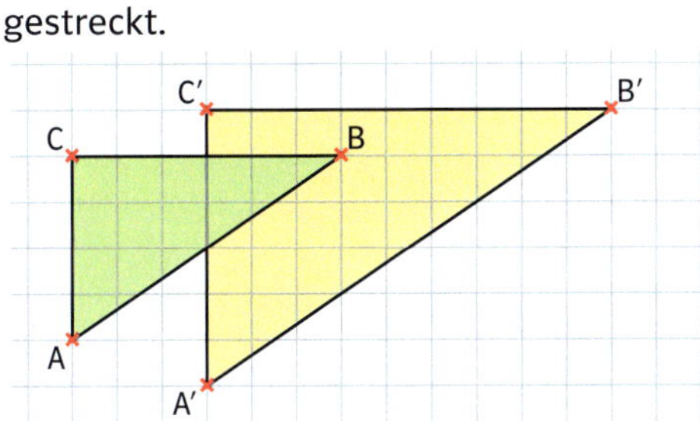

a) Übertrage ins Heft und trage das Streckzentrum Z ein.
b) Bestimme den Faktor k.

4 Der Faktor k kann auch zwischen 0 und 1 liegen. Dann liegt A′ zwischen A und Z.

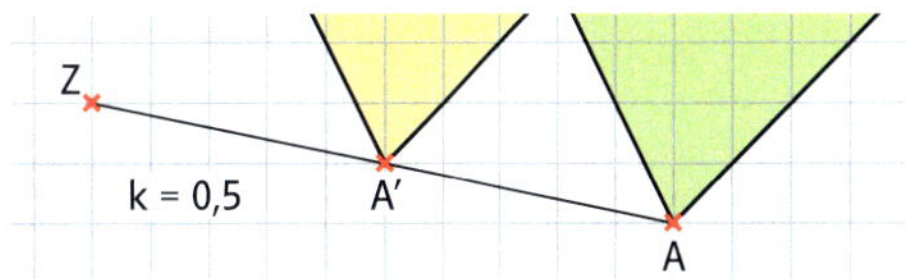

Strecke das Dreieck mit A(1 | 1); B(8 | 2); C(2 | 8) von Z(3 | 3) aus mit k = 0,5.

5 MK Der Faktor k kann auch negativ sein. Dann liegt Z zwischen A und A′.

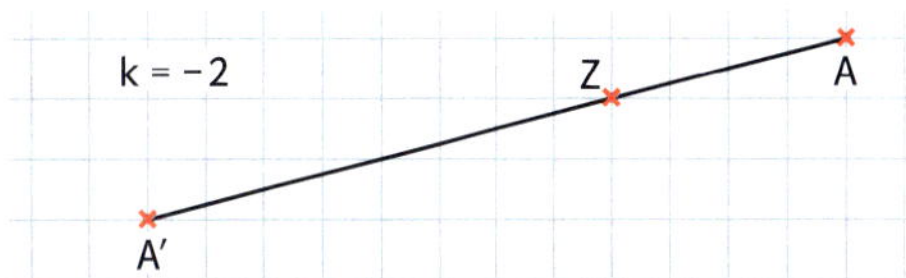

a) Strecke das Parallelogramm ABCD
(1) von Z_1 aus mit $k_1 = -2$.
(2) von Z_2 aus mit $k_2 = -0{,}5$.
(3) von $Z_3 = B$ aus mit $k_3 = -1$.

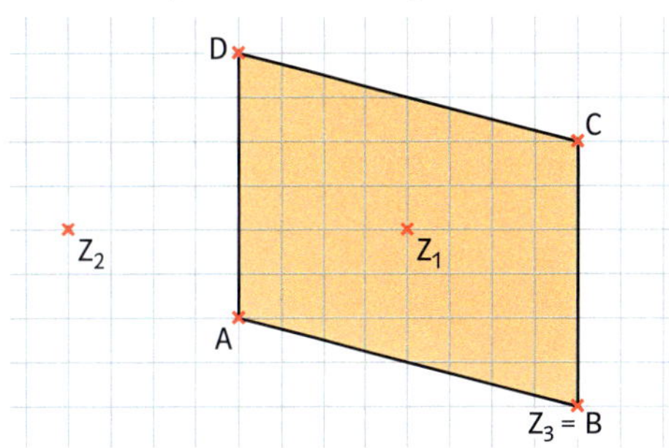

b) SP Beschreibe, wie sich die Lage von Z auf das entstehende Bild auswirkt.

2 Ähnliche Figuren

Elefanten sind nach etwa acht Jahren erwachsen.

→ Leo sagt: „Das Elefantenkind sieht seiner Mutter sehr ähnlich." Lisa widerspricht: „Seine Gestalt ist aber anders." Was meinen Leo und Lisa damit?

→ Lisa vergleicht Mutter und Kind durch Zahlenverhältnisse. Was findet sie heraus?

→ Stellt euch vor, ihr könntet das Elefantenkind so vergrößern, dass es so hoch ist wie seine Mutter. Prüft, ob es dann länger oder kürzer als seine Mutter wäre.

Geometrische Figuren lassen sich viel leichter und genauer vergleichen als Lebewesen.
Am Quadratgitter liest man ab:
Die Seiten des großen Dreiecks sind 1,5-mal so groß wie die entsprechenden Seiten des kleinen Dreiecks.

Es gilt also: $\frac{a'}{a} = \frac{b'}{b} = \frac{c'}{c} = \frac{3}{2} = 1{,}5$

Einander entsprechende Winkel sind gleich groß.
Solche Figuren nennt man **ähnlich** zueinander.

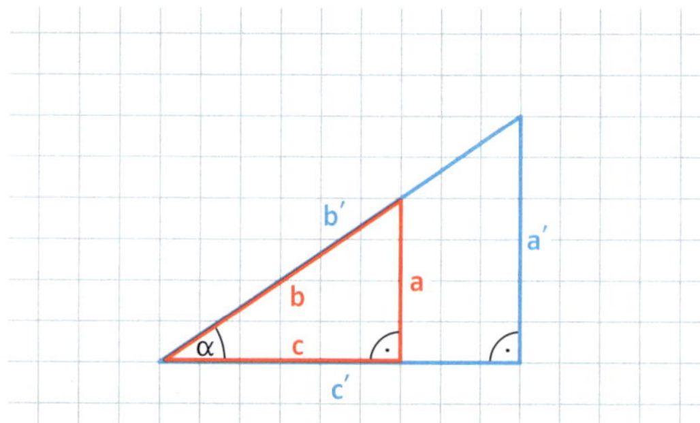

Merke

Durch maßstäbliches Vergrößern oder Verkleinern einer Figur entsteht eine **ähnliche Figur**. Zwei Figuren sind **ähnlich**, wenn
(1) einander entsprechende Winkel gleich groß sind und
(2) die Verhältnisse einander entsprechender Seiten gleich sind.

Besonderheit bei Dreiecken:
Zwei Dreiecke sind einander ähnlich, wenn zwei Winkel gleich groß sind.

Beispiele

a) In den beiden Trapezen sind einander entsprechende Winkel gleich groß.
Für die Seitenverhältnisse gilt:

$k = \frac{1{,}8}{3} = \frac{1{,}5}{2{,}5} = \frac{0{,}9}{1{,}5} = \frac{1{,}2}{2} = 0{,}6$

Die beiden Trapeze sind ähnlich.

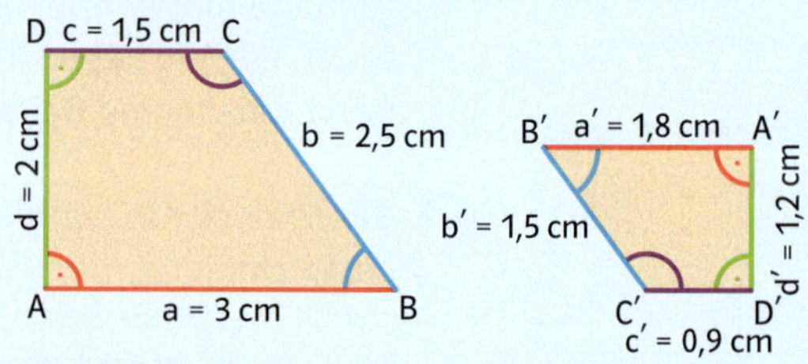

b) α und α' sind Scheitelwinkel, also gleich groß.
β und β' sind Wechselwinkel an Parallelen, also gleich groß.
Das blaue und das rote Dreieck sind ähnlich.

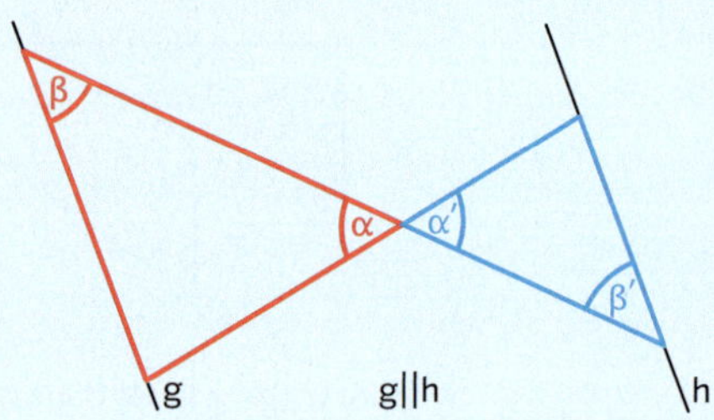

○ **1** SP Sind die zwei Rechtecke ähnlich? Begründe deine Antwort.

a)

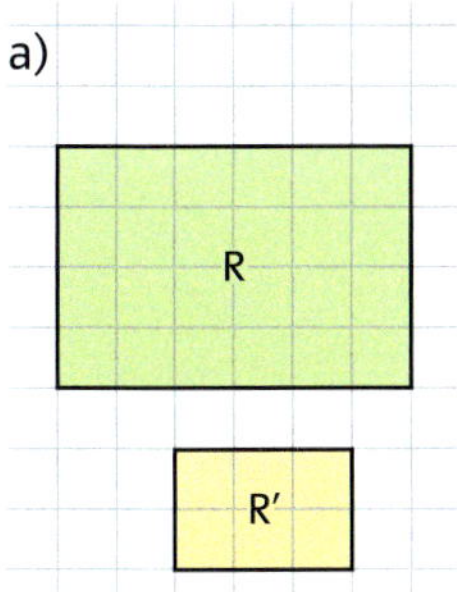

b)

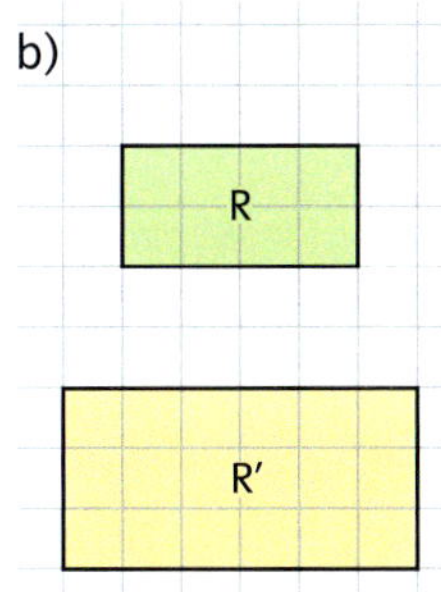

○ **2** SP Sind die zwei Parallelogramme ähnlich? Begründe deine Antwort.

a)

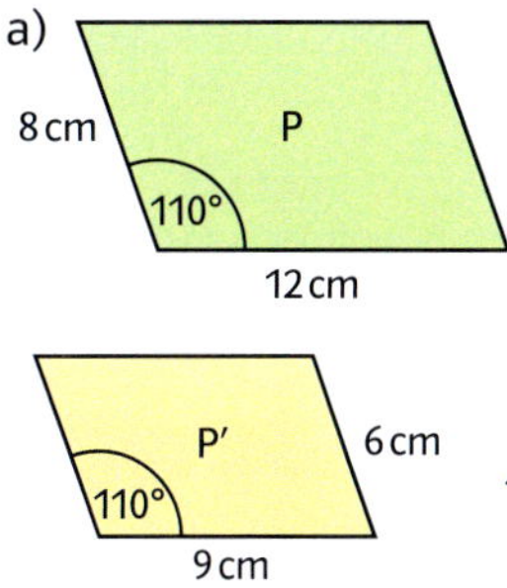

b)

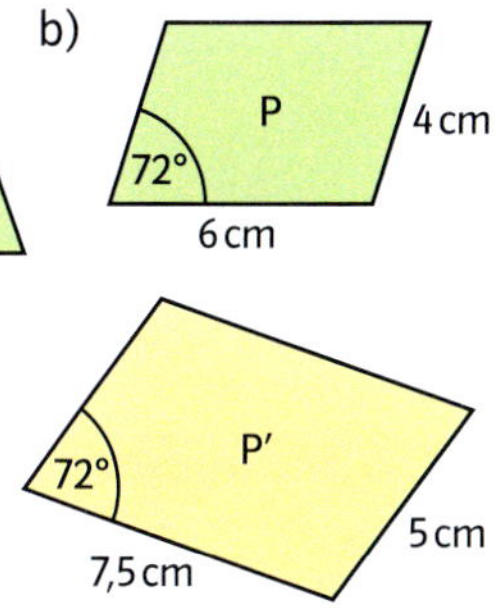

○ **3** SP Begründe, dass die beiden Dreiecke in der Figur ähnlich sind. Übertrage dazu die Dreiecke ins Heft und benenne die Winkel passend.

a)

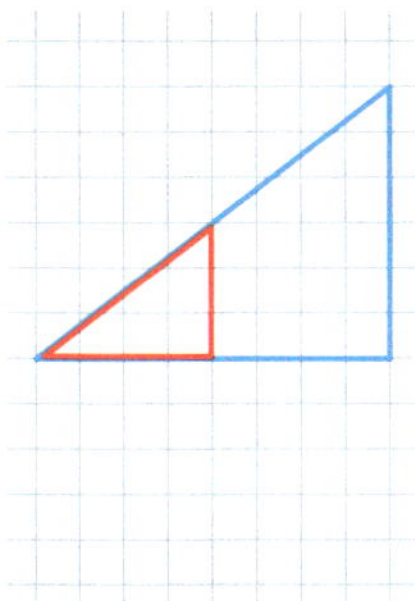

b)

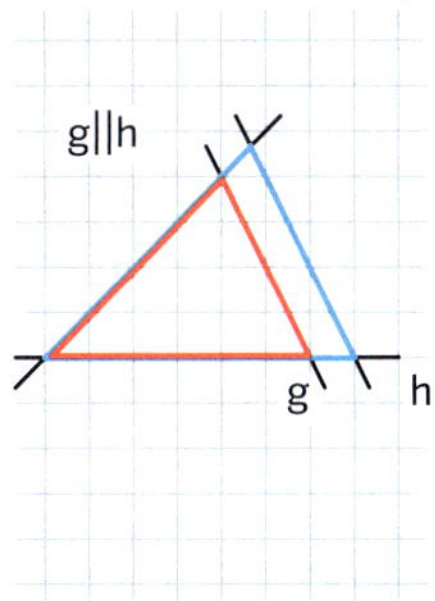

c)

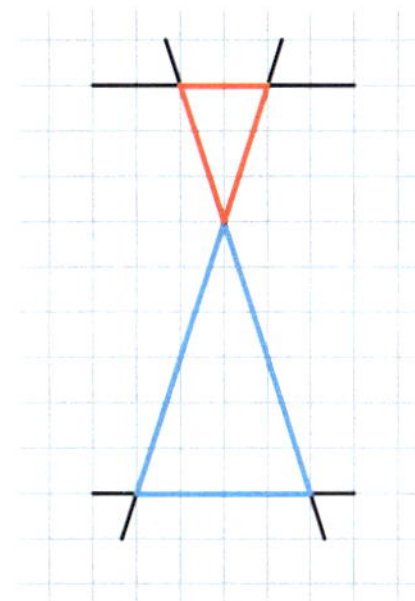

d)

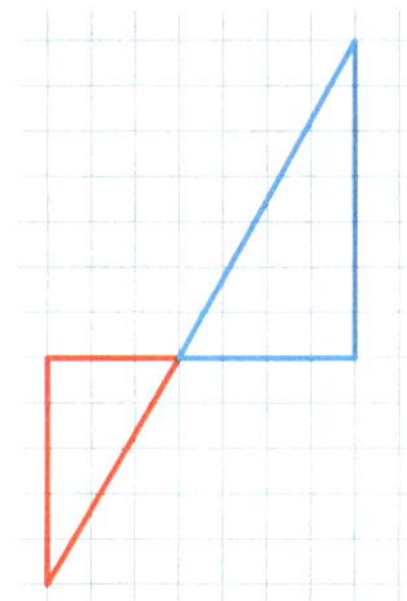

Alles klar?

D38 Fördern

A Welche der Rechtecke R′, R″ und R‴ sind zum Rechteck R ähnlich?

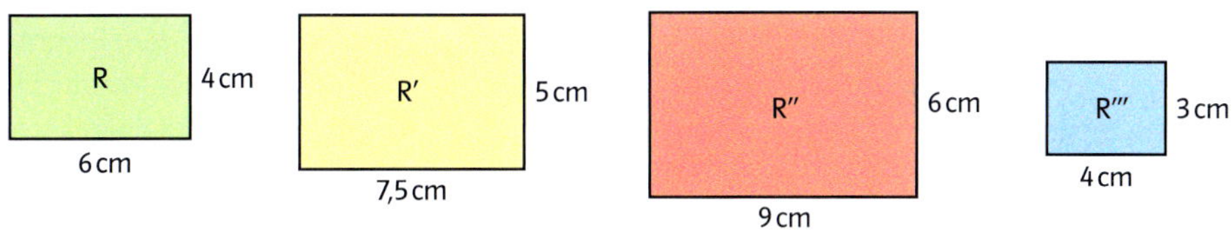

B SP Begründe, dass die Dreiecke ähnlich sind. Übertrage dazu die Dreiecke ins Heft und benenne die Winkel passend.

a)

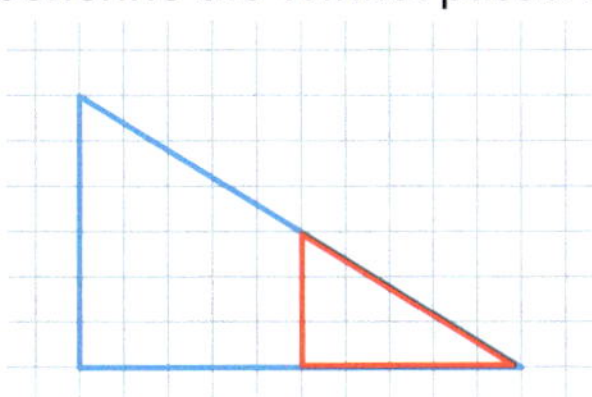

b)

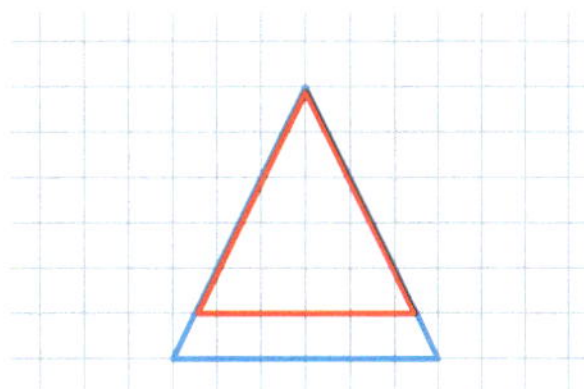

c)

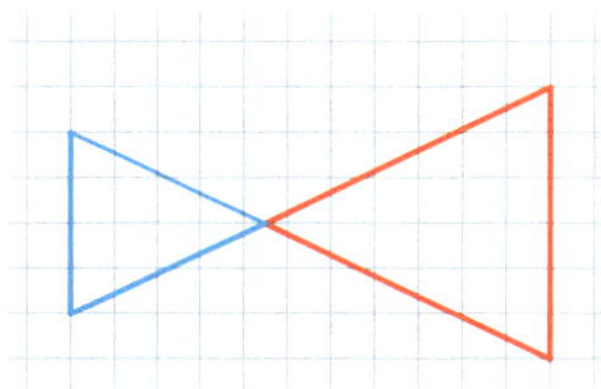

○ **4** Das Rechteck R hat die Seitenlängen $a = 9{,}0\,cm$ und $b = 8{,}0\,cm$. Das Rechteck R′ hat die Seitenlänge $b' = 12{,}0\,cm$.

a) Bestimme aus dem Seitenverhältnis von b′ und b den Faktor k.

b) Berechne die Seitenlänge a′.

○ **4** Das Rechteck R hat die Seitenlängen $a = 6{,}0\,cm$ und $b = 5{,}0\,cm$.

a) Zeichne das zu R ähnliche Rechteck R′ mit $a' = 9{,}0\,cm$.

b) SP Trage in beide Rechtecke eine Diagonale ein. In welchem Verhältnis stehen ihre Längen? Beschreibe, was dir auffällt.

→ Die Lösungen zu „Alles klar?“ findest du auf Seite 217.

5 SP Mika behauptet: „Die drei Rechtecke sind ähnlich." Camille glaubt Mika nicht und rechnet nach. Wer hat recht?

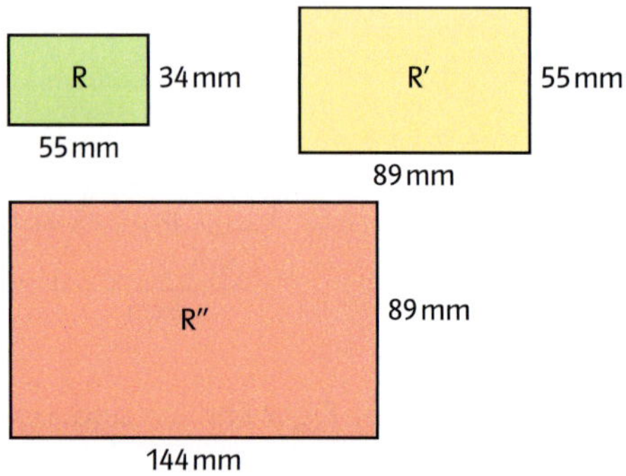

6 Zeichne das Parallelogramm P′, das zum abgebildeten Parallelogramm P ähnlich ist. Es soll $a' = 8\,cm$ gelten.

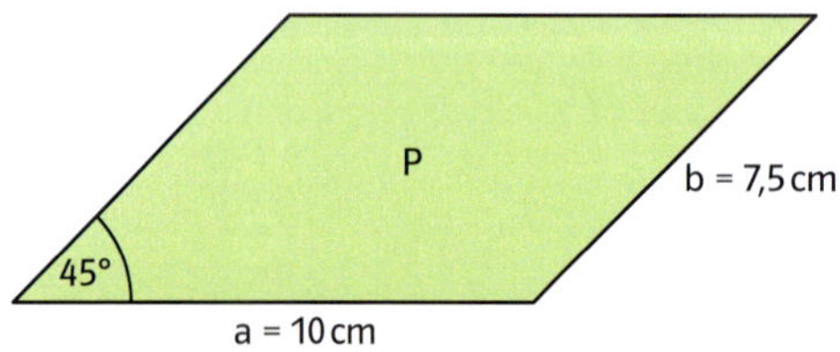

7 SP **Begründe**, dass die beiden Dreiecke ähnlich zueinander sind. Übertrage ins Heft und bestimme den Faktor k.

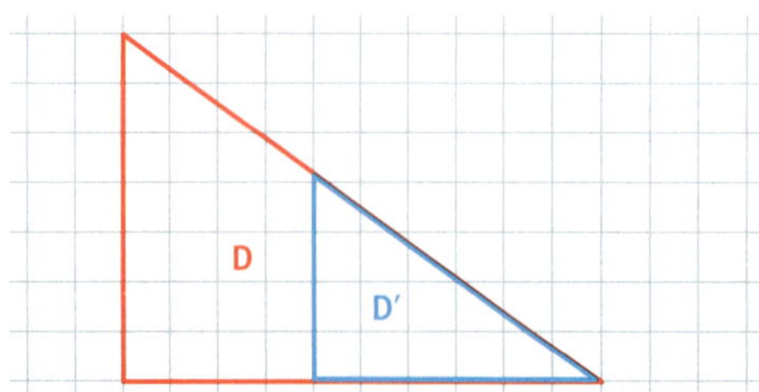

8 Zeichne ein Rechteck R mit den Seitenlängen $a = 2\,cm$ und $b = 3\,cm$.

a) Vergrößere das Rechteck R um den Faktor $k = 2$. Gib an, um welchen Faktor sich die Flächeninhalte der beiden Rechtecke unterscheiden.

b) Vergrößere das Rechteck R um den Faktor $k = 3$ und vergleiche die Flächeninhalte der beiden Rechtecke.

c) SP Der Vergrößerungsfaktor k und der Faktor für den Flächeninhalt hängen zusammen. **Beschreibe** diesen Zusammenhang.

5 SP Noa sagt: „Nach Augenmaß sind die drei Parallelogramme ähnlich." Chris glaubt Noa nicht und rechnet nach. Wer hat recht?

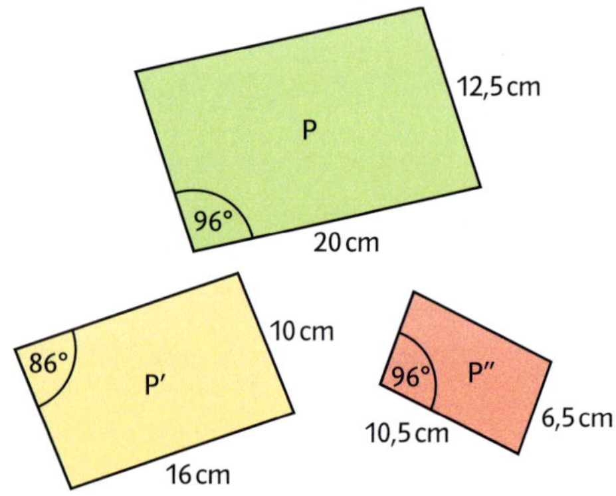

6 Zeichne das zum Trapez T ähnliche Trapez T′ mit $a' = 8\,cm$.

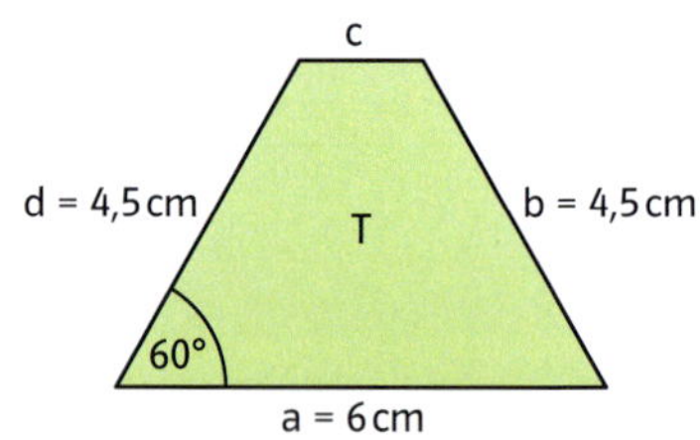

7 SP Eslem behauptet: „Zwei Quadrate sind immer ähnlich."
Yuki sagt: „Ich kenne noch zwei andere Figuren, die unabhängig von ihrer Größe immer ähnlich sind."

a) Überlegt gemeinsam, ob Eslems Aussage wahr ist. **Begründet**.

b) Welche Figuren könnte Yuki gemeint haben? Findet eine Begründung.

8 „Gilt der Vergrößerungsfaktor auch für den Flächeninhalt?", fragt sich Wanja.

a) Überprüfe Wanjas Frage, indem du ein Rechteck R mit mehreren Vergrößerungen vergleichst. Erstelle dazu eine Tabelle:

	a	b	A	k
R	4 cm	5 cm	20 cm²	
R_1	8 cm			2
R_2	6 cm			

b) Gib an, wie aus dem Faktor für die Vergrößerung der neue Flächeninhalt bestimmt werden kann.

3 Längen berechnen

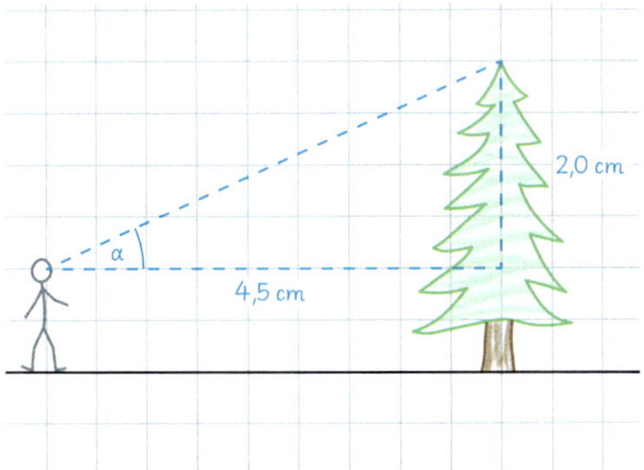

Selin steht 20 Meter entfernt von einem Baum und peilt die Spitze an. Danach fertigt sie eine Zeichnung der Situation mit dem gleichen Winkel α an.

➔ Begründe, dass das Dreieck auf der Zeichnung und das gedachte Dreieck in der Realität ähnlich sind.

➔ Bestimme über die Gleichheit der Verhältnisse die Höhe des Baums in der Wirklichkeit. Verwende, dass Selins Augenhöhe 1,60 m beträgt.

Ähnliche Dreiecke können genutzt werden, um Streckenlängen zu bestimmen.
Stimmen zwei Dreiecke in zwei Winkeln überein, sind sie ähnlich.
Das kleine und das große Dreieck sind ähnlich zueinander. Sie haben den Winkel α gemeinsam und beide haben einen rechten Winkel.
Für die Seitenlängen gilt:

$\frac{7\,\text{cm}}{3\,\text{cm}} = \frac{x}{2\,\text{cm}} \quad |\cdot 2\,\text{cm}$

$\frac{7\,\text{cm}}{3\,\text{cm}} \cdot 2\,\text{cm} = x$

$x \approx 4{,}7$

Die Seite x ist fast 5 cm lang.

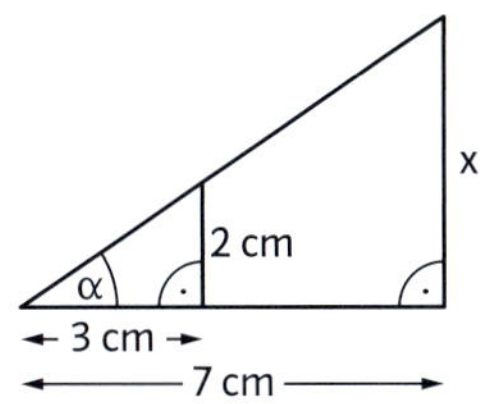

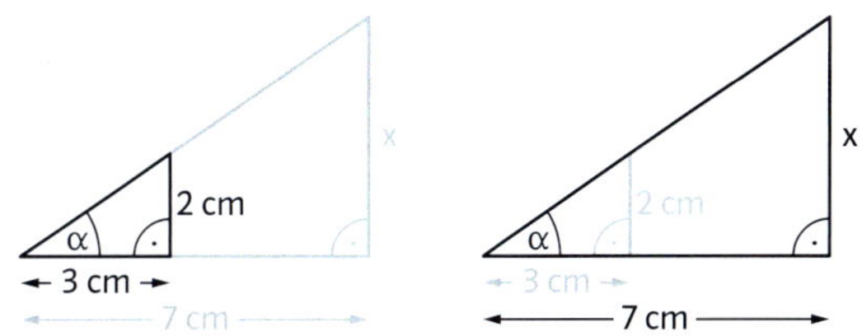

Merke

Bei ähnlichen Dreiecken können Seitenlängen berechnet werden. Dazu verwendet man Seitenverhältnisse. Ein **Seitenverhältnis** lässt sich durch einen Bruch ausdrücken:

$\frac{\text{Seitenlänge des einen Dreiecks}}{\text{entsprechende Seitenlänge des anderen Dreiecks}}$

Setzt man zwei Verhältnisse gleich, so nennt man dies eine **Verhältnisgleichung**. Mit einer solchen Gleichung kann man unbekannte Seitenlängen berechnen.

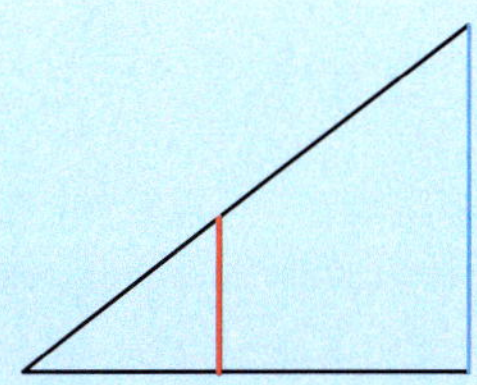

Beispiel

Prüfen der Ähnlichkeit:
Die beiden Dreiecke sind ähnlich, weil die Scheitelwinkel gleich groß sind und beide Dreiecke einen rechten Winkel haben.
Berechnung der Länge von x:

$\frac{x}{6} = \frac{3}{9} \quad |\cdot 6$

$x = \frac{3}{9} \cdot 6$

$x = 2$

Die Seite x ist 2 m lang.

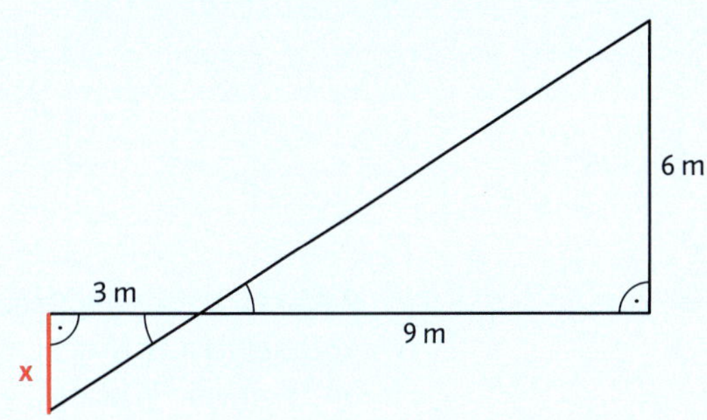

1 Die Figur besteht aus zwei ähnlichen Dreiecken. Notiere alle Paare einander entsprechender Seiten.

a) 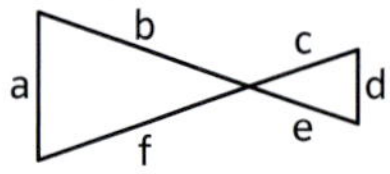

b) 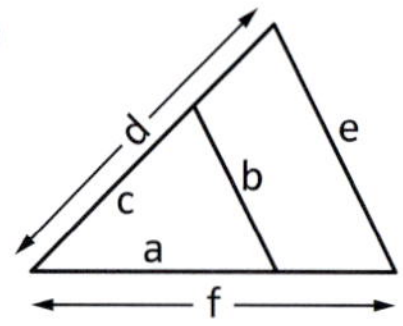

2 Berechne die Länge der gesuchten Strecke x mit den ähnlichen Dreiecken. (Maße in cm)

a) 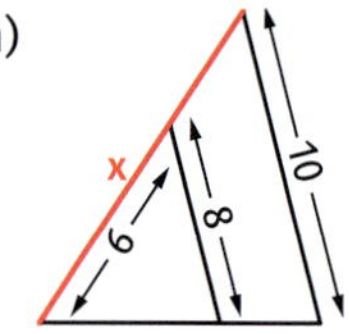

b) 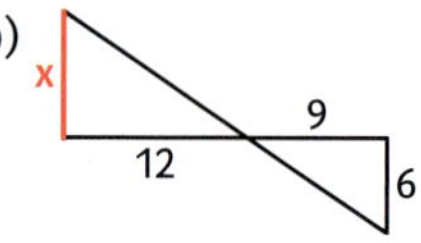

Alles klar?

D39 **Fördern**

A Bestimme die Länge der Strecke x mithilfe der ähnlichen Dreiecke. (Maße in cm)

a) 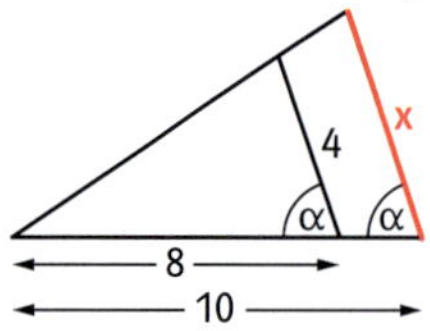

b) 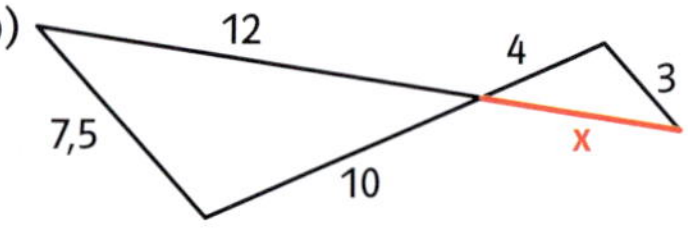

Tipp!
Steht in der Verhältnisgleichung die Variable im Nenner, bilde zuerst auf beiden Seiten den Kehrbruch:

$\frac{7}{3} = \frac{2}{x}$

$\frac{3}{7} = \frac{x}{2}$

3 Bestimme die fehlende Länge mithilfe der ähnlichen Dreiecke im Kopf. (Maße in cm)

a) 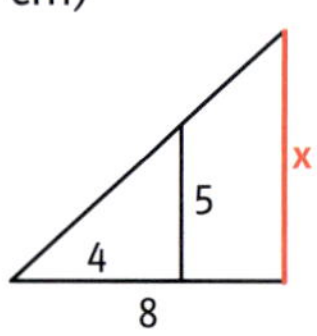

b) 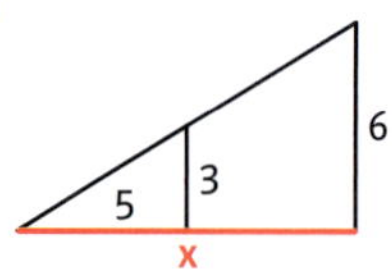

4 Skizziere die Figur aus ähnlichen Dreiecken. Trage die Maße so ein, dass sie zu den ähnlichen Dreiecken passen. Stelle die passende Gleichung auf. (Maße in cm)

a) 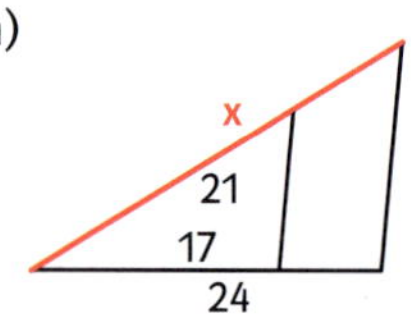

b) 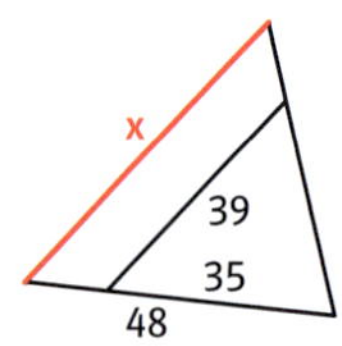

5 Bert betrachtet die Spitze eines Windrads unter einem Winkel von 40°. Er steht 35 m entfernt vom Windrad.
Erstelle eine maßstabsgerechte Skizze. Lies die Höhe des Windrads in der Skizze ab. Berechne die Höhe des Windrads.

3 Berechne die Länge der Strecke x mithilfe der ähnlichen Dreiecke.
Runde auf cm. (Maße in cm)

a) 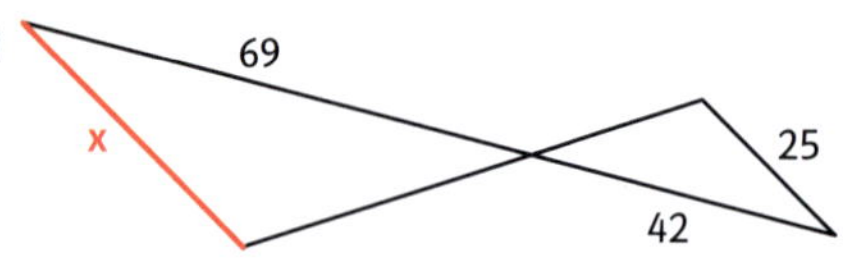

b) 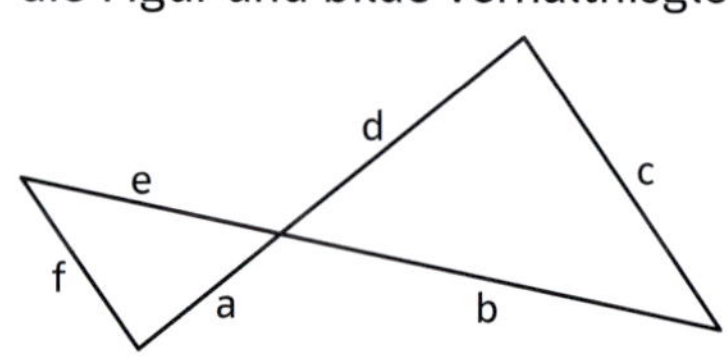

c) 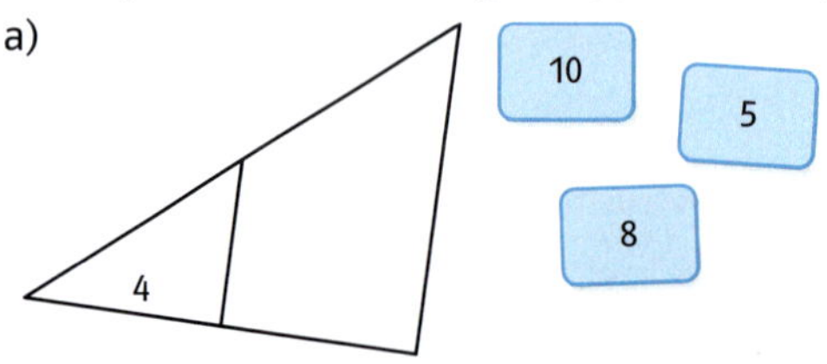

4 Die Figur besteht aus zwei ähnlichen Dreiecken. Formuliere Seitenverhältnisse für die Figur und bilde Verhältnisgleichungen.

ein Mast
ein längliches Holz- oder Metallstück, das in den Boden geschlagen wird und an dem zum Beispiel elektrische Leitungen, Antennen, Segel oder Fahnen befestigt werden

5 Ein Mast wirft einen Schatten von 100 m Länge. Ein 2 m großer Mann, der danebensteht, wirft einen 1,50 m langen Schatten.
a) Fertige eine Skizze der Situation an.
b) Berechne die Höhe des Mastes.

6 Viele Bildschirmgrößen von Fernsehern haben ein Verhältnis von 16 : 9. Gib die Höhe eines solchen Fernsehers an, der 60,0 cm breit ist.

→ Die Lösungen zu „Alles klar?“ findest du auf Seite 218.

Zusammenfassung

Vergrößern. Verkleinern

Eine Figur maßstäblich vergrößern oder verkleinern bedeutet: Alle Seitenlängen werden mit demselben positiven Faktor k multipliziert.
Ist der Faktor **k größer als 1**, wird die Figur **vergrößert**.
Ist der Faktor **k kleiner als 1**, wird die Figur **verkleinert**.

Es gilt: $k = \frac{\text{Länge der Bildstrecke}}{\text{Länge der Originalstrecke}}$

Winkel bleiben unverändert.

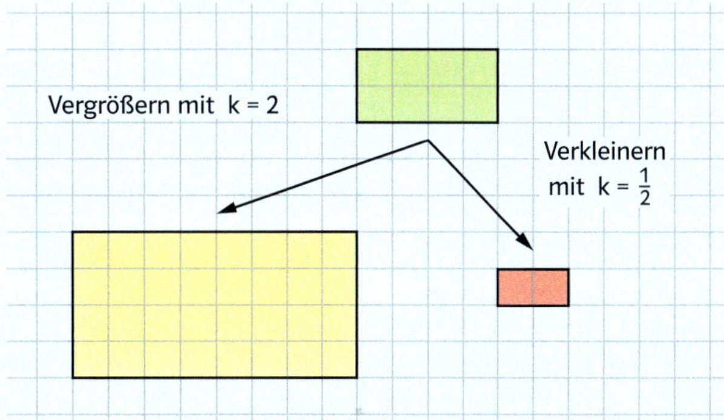

Ähnliche Figuren

Durch maßstäbliches Vergrößern oder Verkleinern einer Figur entsteht eine **ähnliche Figur**.
Zwei Figuren sind **ähnlich**, wenn
(1) einander entsprechende Winkel gleich groß sind und
(2) die Verhältnisse einander entsprechender Seiten gleich sind.

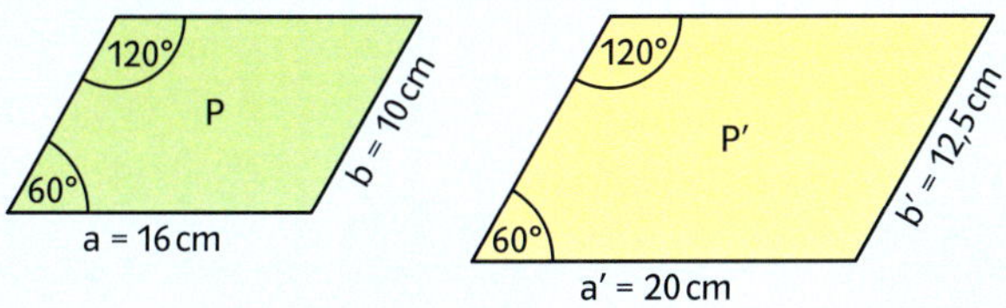

(1) $\alpha = \alpha' = 60°$; $\beta = \beta' = 120°$

(2) $\frac{a'}{a} = \frac{20}{16} = 1{,}25$ und $\frac{b'}{b} = \frac{12{,}5}{10} = 1{,}25$.

Es gilt $k = 1{,}25$.

Die Parallelogramme sind ähnlich.

Besonderheit bei Dreiecken:
Zwei Dreiecke sind einander ähnlich, wenn zwei Winkel gleich groß sind.

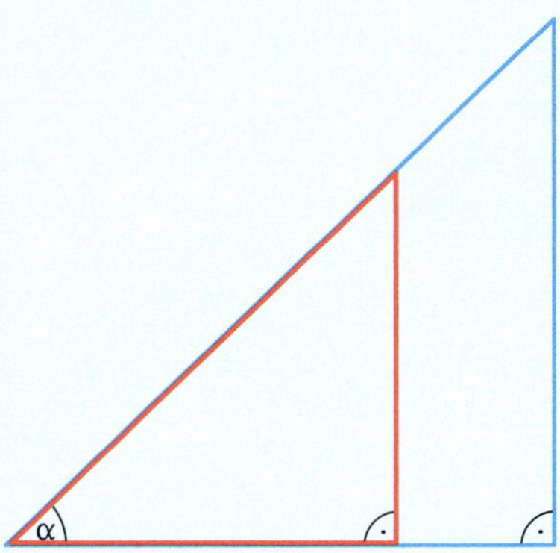

Längen berechnen

Bei ähnlichen Dreiecken können Seitenlängen berechnet werden. Dazu verwendet man Seitenverhältnisse. Ein **Seitenverhältnis** lässt sich durch einen Bruch ausdrücken:

$$\frac{\text{Seitenlänge des einen Dreiecks}}{\text{entsprechende Seitenlänge des anderen Dreiecks}}$$

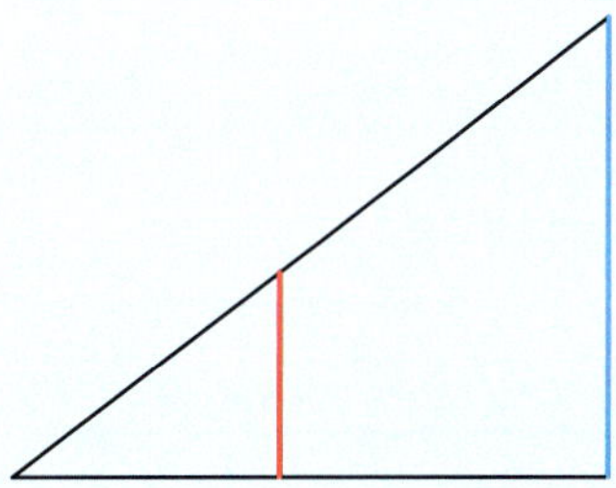

Setzt man zwei Verhältnisse gleich, so nennt man dies eine **Verhältnisgleichung**. Mit einer solchen Gleichung kann man unbekannte Seitenlängen berechnen.

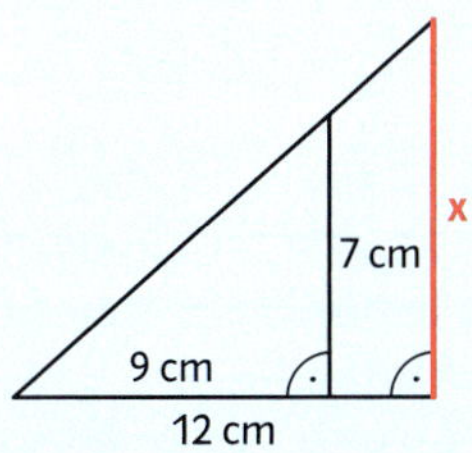

Die beiden Dreiecke sind ähnlich, da sie zwei einander entsprechende Winkel haben, die gleich groß sind.
Berechnung der Seitenlänge x:

$\frac{x}{7} = \frac{12}{9}$ | $\cdot 7$

$x = \frac{12}{9} \cdot 7$

$x \approx 9{,}3$

Die Seite x ist ungefähr 9,3 cm lang.

Basistraining

○ **1** Vergrößere bzw. verkleinere das Rechteck mit dem Faktor k.

a) k = 1,5 b) k = 1,25
c) k = 0,5 d) k = 0,75

Tipp!
zu Aufgabe 2
Lege ein Rechteck um die Figur.

○ **2** Vergrößere bzw. verkleinere die Figur mit dem Faktor k.

a) k = 2; k = 0,5

b) k = 1,25; k = 0,75

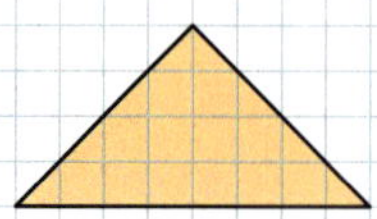

c) $k = \frac{4}{3}$; $k = \frac{2}{3}$

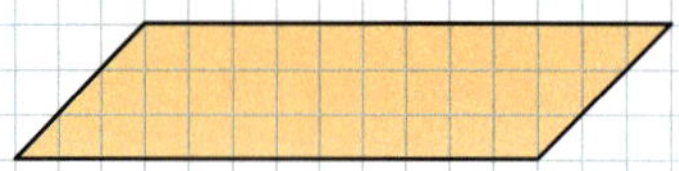

d) k = 1,5; k = 0,5

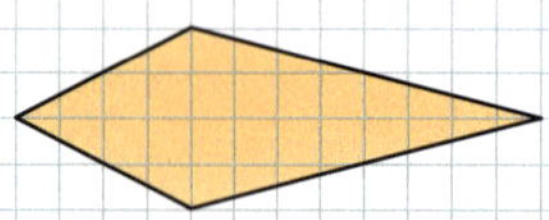

○ **3** Ordne jedem grünen Rechteck ein ähnliches gelbes Rechteck zu. Gib jeweils den Faktor k an.

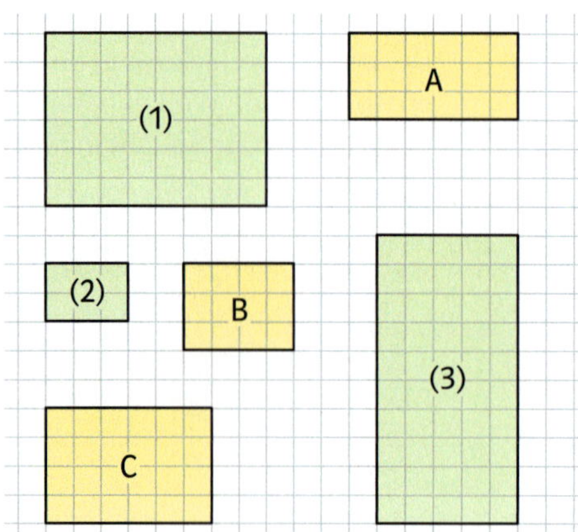

○ **4** Welche Dreiecke sind zum grünen Dreieck ähnlich? Gib für diese Dreiecke jeweils den Faktor k an.

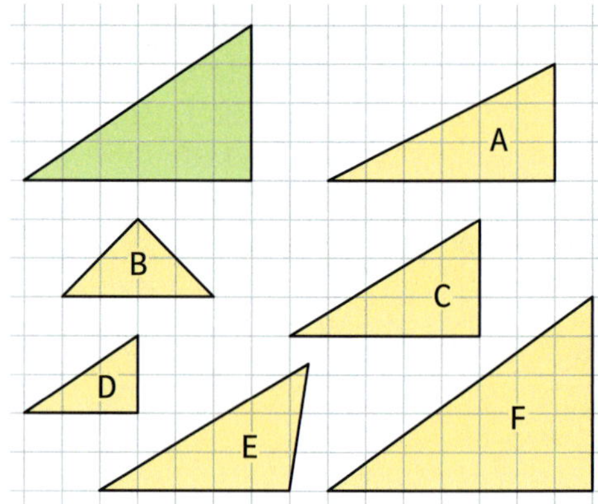

○ **5** Die Dreiecke ABC und A′B′C′ sind ähnlich. Gib die fehlenden Seitenlängen und den Faktor k an. (Längen in cm)

	a	b	c	k	a′	b′	c′
a)	5	6	8		10		
b)	15	16	18			8	
c)	9	12	18				12
d)	8				24	18	21
e)		6			12	9	15

○ **6** Das Dreieck D mit a = 4,0 cm; b = 6,0 cm; c = 9,0 cm wird zu einem Dreieck D′ mit a′ = 6,0 cm vergrößert.

a) Berechne, wie lang die Seiten b′ und c′ sind.
b) In wie vielen Seitenlängen stimmen die zwei Dreiecke überein?

◒ **7** SP **Begründe**, dass die beiden Dreiecke ähnlich sind.

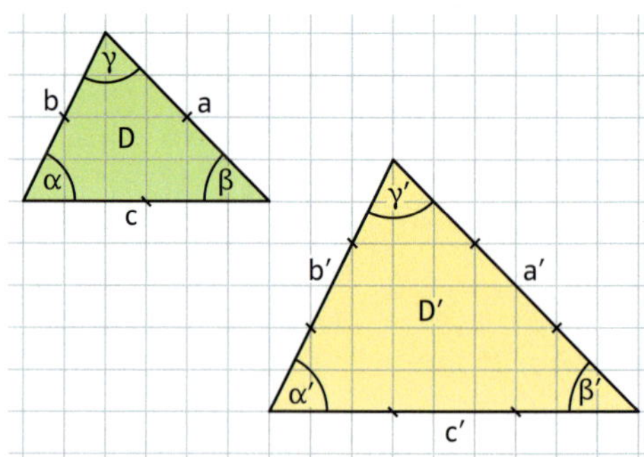

Tipp!
zu Aufgabe 12
Addiere die Längen der Teilstrecken.

Tipp!
zu Aufgabe 13
Skizziere zu jeder Teilaufgabe eine Figur und beschrifte sie.

○ **8** SP **Begründe**, dass alle drei Dreiecke ähnlich sind.

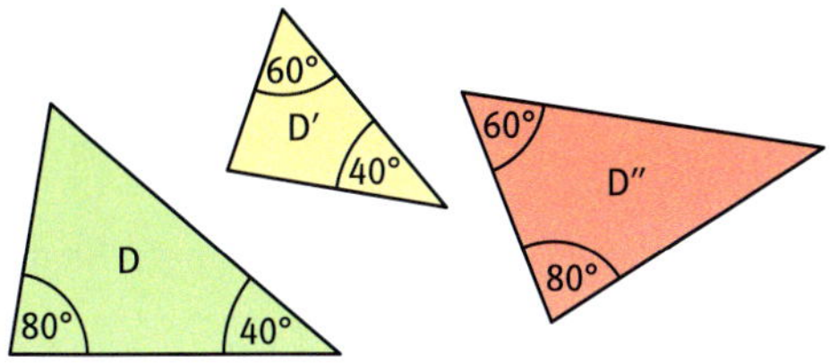

○ **9** SP **Begründe**, dass die beiden Dreiecke ähnlich sind.

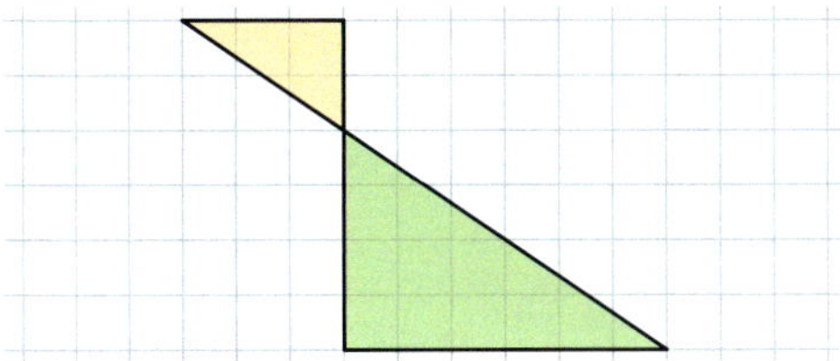

○ **10** Finde in der Figur ähnliche Dreiecke. Schreibe mithilfe der Eckpunkte auf.

a)

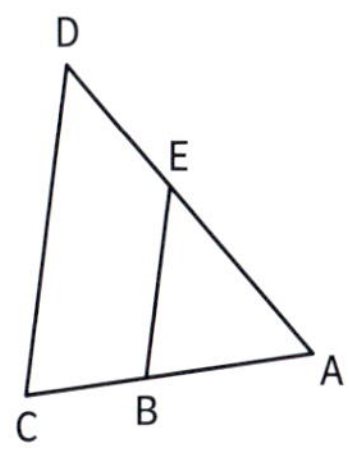

b)

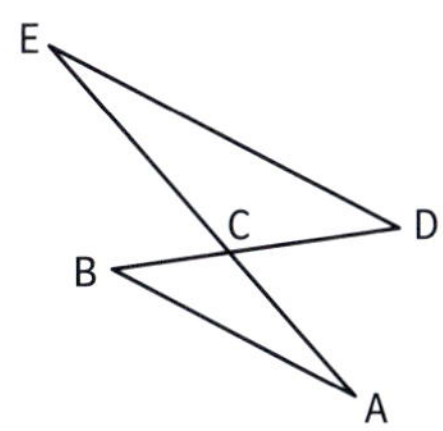

○ **11** Nutze die ähnlichen Dreiecke in der Figur, um die Länge der Strecke x zu berechnen. (Maße in cm)

a)

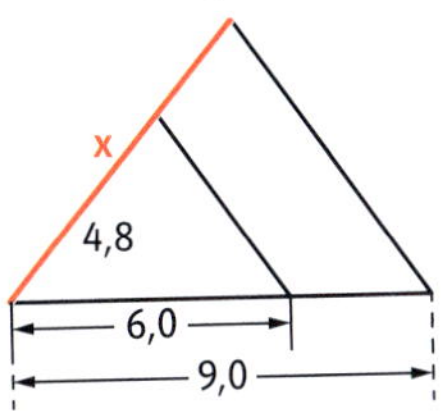

b)

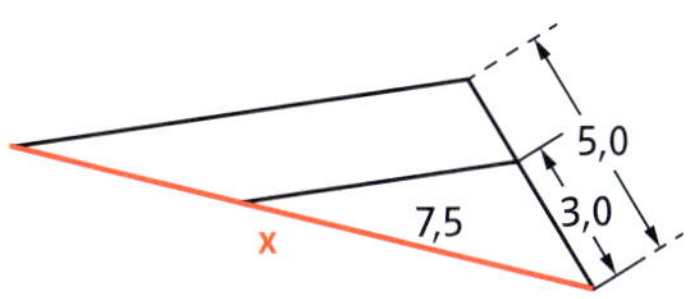

c)

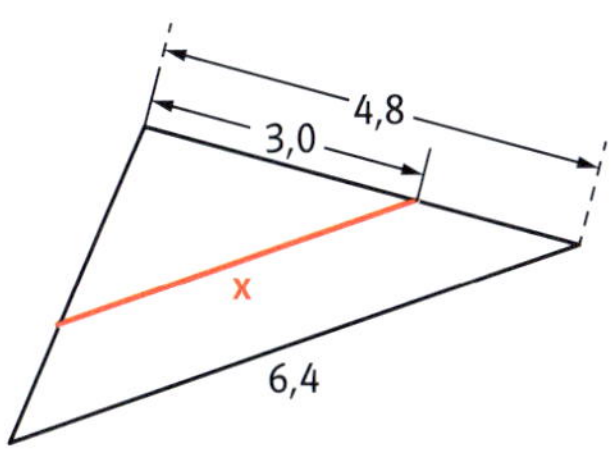

◒ **12** Nutze die ähnlichen Dreiecke in der Figur, um die Länge der Strecke x zu berechnen. Runde auf Millimeter. (Maße in cm)

a)

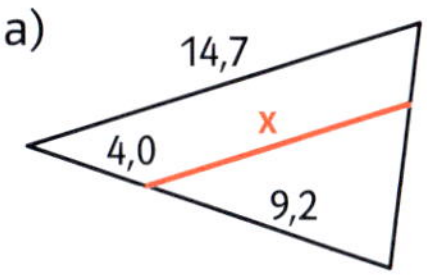

b)

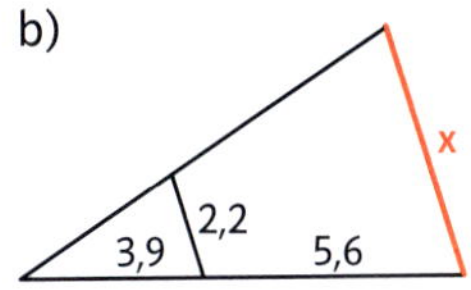

◒ **13** Eine Schreinerei soll unter der Treppe einen Schuhschrank einbauen.

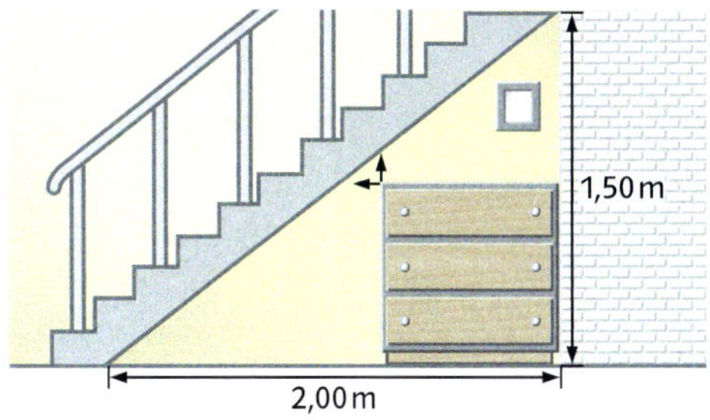

a) Der Schrank soll 90 cm hoch sein. Ermittle, wie breit er höchstens werden kann.

b) **Zeige**, dass ein 1,20 m breiter Schrank höchstens 60 cm hoch werden könnte.

◒ **14** Kemal möchte die Höhe eines Windrads abschätzen. Kemal ist 1,7 m groß und sein Schatten ist 2,0 m lang. Um die Schattenlänge des Windrads zu bestimmen, läuft er den Schatten mit großen Schritten ab und stellt fest: „Das waren 180 Schritte zu je einem Meter."

a) Bestimme, wie hoch das Windrad ungefähr ist.

b) Ist das Bild maßstäblich gezeichnet?

Anwenden. Nachdenken

15 SP Ein Rechteck mit $a = 9{,}0\,cm$ und $b = 8{,}0\,cm$ wird mit dem Faktor $k = 2$; $k = 1{,}5$; $k = 10$; $k = 0{,}5$; $k = 0{,}1$ vergrößert bzw. verkleinert. Wie vergrößert bzw. verkleinert sich sein Flächeninhalt? Formuliere eine Regel.

Tipp!
zu Aufgabe 20
Fotoformate wie 9×12 (Breite 9 cm, Länge 12 cm) sind auf Zentimeter gerundet. Für den Formvergleich sind Maße in Millimeter besser.

16 Ein Foto mit 10 cm Länge und 7 cm Breite liegt auf dem Kopierer. Mit der Zoomtaste kann der Vergrößerungs- bzw. Verkleinerungsfaktor in Prozent eingestellt werden.

a) Das Foto wird mit dem Faktor $k = 141\,\%$ vergrößert. Wie vergrößern sich dabei die Seitenlängen und der Flächeninhalt?
b) Die Vergrößerung wird noch einmal mit $k = 141\,\%$ vergrößert. Vergleiche die Seitenlängen und den Flächeninhalt mit den Maßen des Originals.

17 Welcher der Quader A; B; C ist eine Verkleinerung des grünen Quaders?

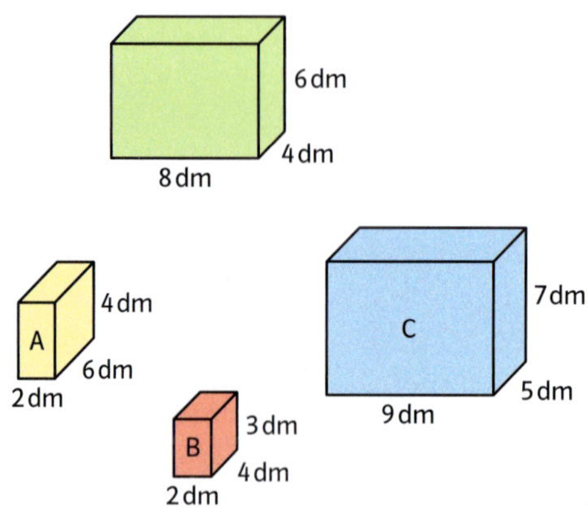

18 Die Kanten eines Quaders mit $a = 6\,cm$; $b = 5\,cm$ und $c = 4\,cm$ werden mit dem Faktor $k = 2$ vergrößert.
a) Bestimme, mit welchem Faktor sein Oberflächeninhalt wächst.
b) Mit welchem Faktor wächst sein Volumen?

19 Ein Würfel mit $a = 5\,cm$ wird so vergrößert, dass sich sein
a) Oberflächeninhalt
b) Volumen
verdoppelt. Bestimme den Faktor k.

20 Das Seitenverhältnis eines Rechtecks ist $s = \frac{\text{Länge}}{\text{Breite}} = \frac{a}{b}$.
a) Berechne s für die Rechtecke
- R mit $a = 12\,cm$ und $b = 8\,cm$ und
- R′ mit $a' = 19{,}2\,cm$ und $b' = 12{,}8\,cm$.

b) Prüfe, ob R und R′ ähnlich sind.
c) SP Forme $\frac{a}{b} = \frac{a'}{b'}$ um in $\frac{a'}{a} = \frac{b'}{b}$. Begründe so, dass zwei Rechtecke mit gleichem Seitenverhältnis ähnlich sind.
d) Häufige Fotoformate (in mm) sind 89×119; 89×127; 102×136; 102×152; 114×152; 114×169; 127×169; 178×237. Prüfe mithilfe des Seitenverhältnisses, welche Formate praktisch ähnlich sind.

21 DIN A0 ist ein Papierformat mit dem Flächeninhalt $1\,m^2$. Die kleineren Formate entstehen durch fortgesetztes Halbieren.

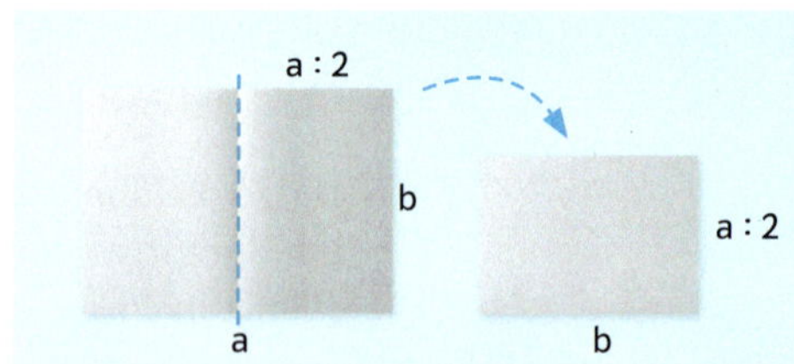

$\frac{a}{b} = \frac{b}{a:2} = \frac{2b}{a}$

a) Setze die Tabelle bis DIN A5 fort. Gib die Ergebnisse für a und b in ganzen Millimetern an, streiche dafür halbe Millimeter weg. Runde das Seitenverhältnis $s = \frac{a}{b}$ auf drei Dezimalstellen.

DIN	a in mm	b in mm	Seitenverhältnis s
A0	1189	841	1,414
A1	841	594	■
⋮	⋮	⋮	⋮
A5	■	■	■

b) Ein Blatt A0 wird zerschnitten. Wie viele Blätter A1 (A2; …; A5) erhält man?
c) Berechne das genaue Seitenverhältnis $s = \sqrt{2}$ aus der Gleichung $\frac{a}{b} = \frac{2b}{a}$. Forme sie dazu nach a^2 um. Vergleiche das Ergebnis mit den Werten in der Tabelle.

22 SP Im Dreieck ABC sind durch zwei Höhen die Teildreiecke ABE und DBC abgegrenzt. **Begründe**, dass diese zwei ähnlich sind.

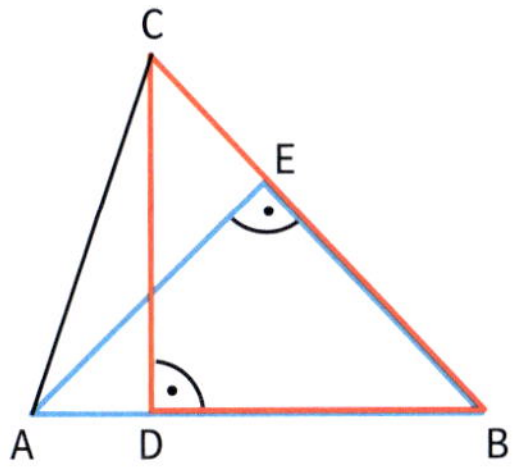

23 SP **Begründe**, dass die Dreiecke ABC, ADC und BCD ähnlich sind.

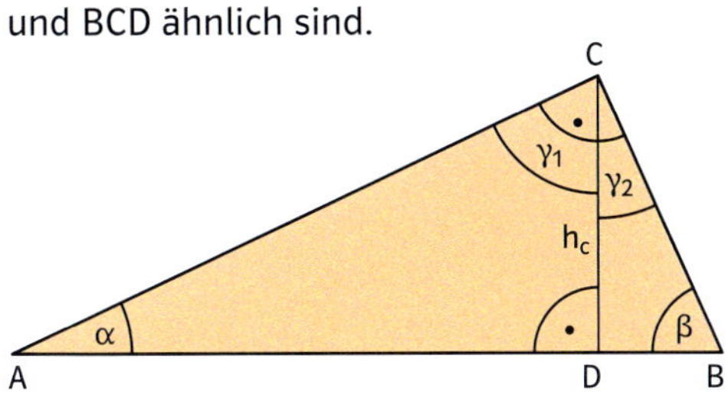

24 Die Breite des Flusses wird vom Ufer aus gemessen. Berechne die Breite x.

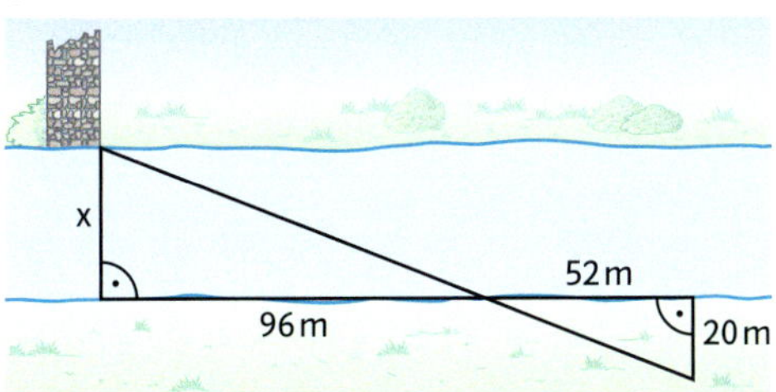

25 Hinter der Mauer steht ein Mast. Seine Spitze ist vom Punkt S aus gerade noch sichtbar.

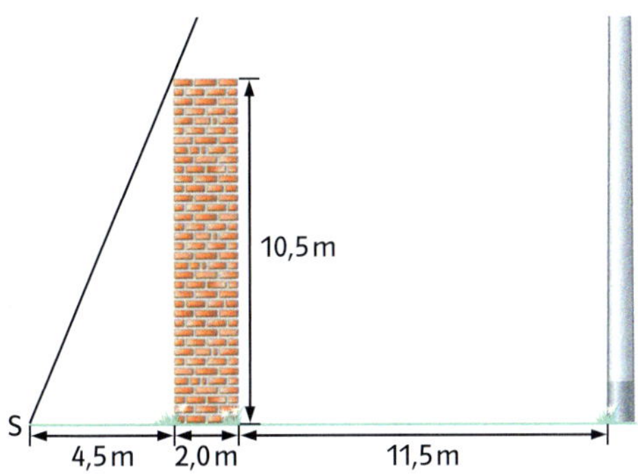

a) Wie hoch ist der Mast?
b) Wie viel Meter vom Mast könnte man sehen, wenn der Punkt S doppelt so weit von der Mauer entfernt wäre? Skizziere die Situation, bevor du rechnest.

26 SP Hier wurde etwas **falsch** gemacht. **Beschreibe** den Fehler und korrigiere die Rechnung. (Maße in cm)

a)

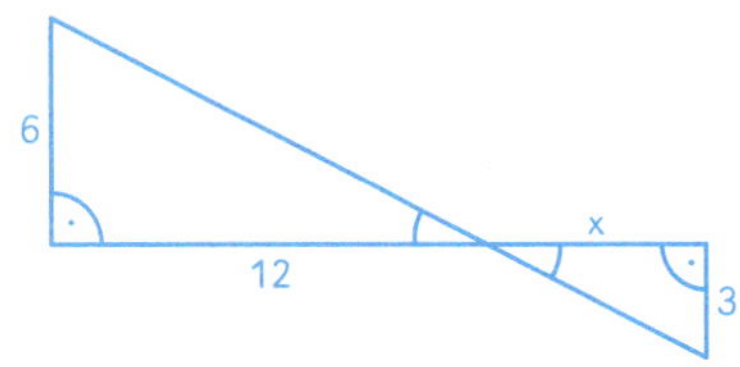

$\frac{x}{12} = \frac{6}{3}$ $\quad |\cdot 12$

$x = \frac{6}{3} \cdot 12$

$x = 24\,\text{cm}$

b)

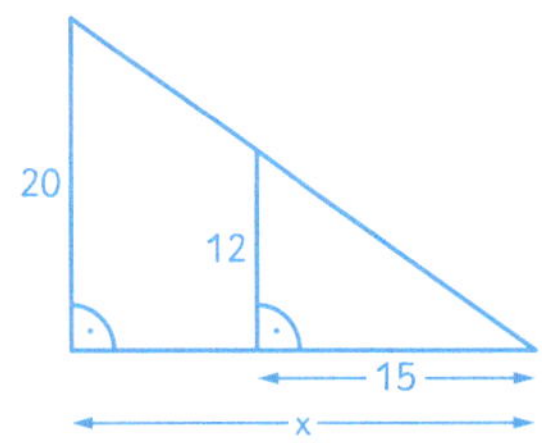

$\frac{15}{x} = \frac{12}{20}$ $\quad |\cdot 15$

$x = \frac{12}{20} \cdot 15$

$x = 9\,\text{cm}$

27 In der Figur können Streckenlängen auch Summen oder Differenzen sein. Stelle die Gleichung erst mit Farben auf. Berechne dann die Länge der Strecke x. (Maße in cm)

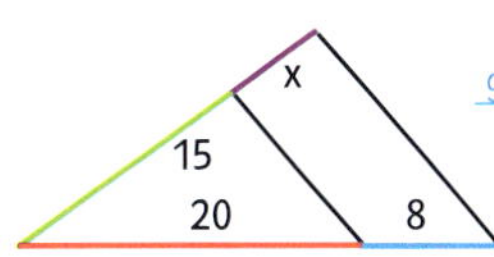

$\frac{\text{grün + lila}}{\text{grün}} = \frac{\square}{\square}$

28 Berechne die Streckenlänge x.

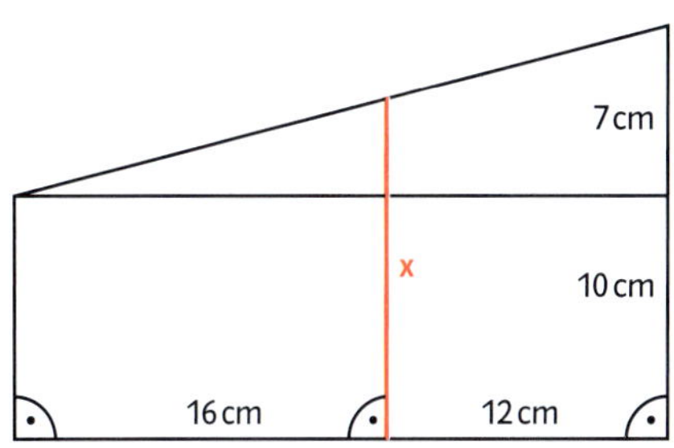

Rückspiegel

D40 Teste dich

○ **1** Jedes grüne Rechteck ist zu einem gelben Rechteck ähnlich. Gib den Faktor k an, mit dem man das grüne vergrößern oder verkleinern muss, um das gelbe zu erhalten. (Maße in cm)

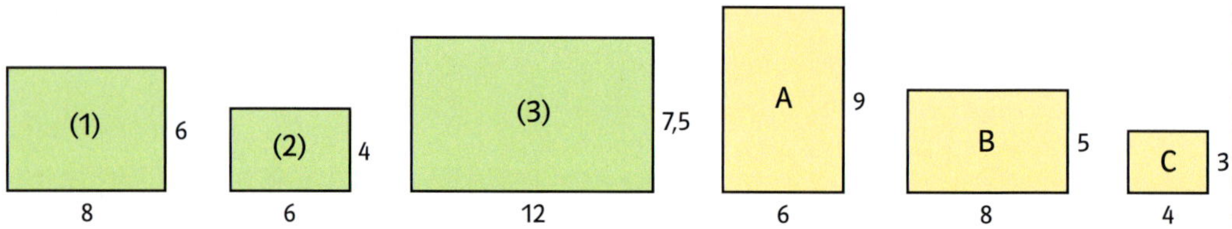

○ **2** Vergrößere bzw. verkleinere die Figur mit dem Faktor k.

a) $k = 2$; $k = \frac{1}{2}$ b) $k = \frac{5}{4}$; $k = \frac{3}{4}$

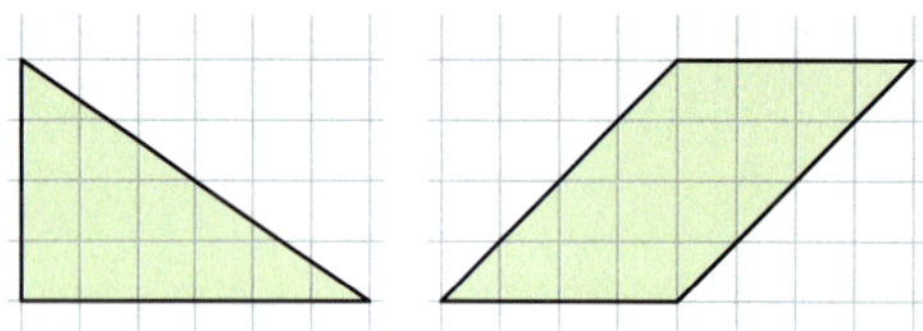

○ **3** Ist das Dreieck D mit $\alpha = 40°$ und $\beta = 30°$ ähnlich zum Dreieck D′ mit $\alpha' = 40°$ und $\gamma' = 110°$?

○ **4** Gegeben sind drei Dreiecke.
D: $a = 8\,cm$; $b = 15\,cm$; $c = 18\,cm$
D′: $a' = 12\,cm$; $b' = 22{,}5\,cm$; $c' = 27\,cm$
D″: $a'' = 4\,cm$; $b'' = 7{,}5\,cm$; $c'' = 10\,cm$
Ist D′ zu D ähnlich? Ist D″ zu D ähnlich?

○ **5** Berechne mithilfe der ähnlichen Dreiecke die Länge der Strecke x. (Maße in cm)

a)

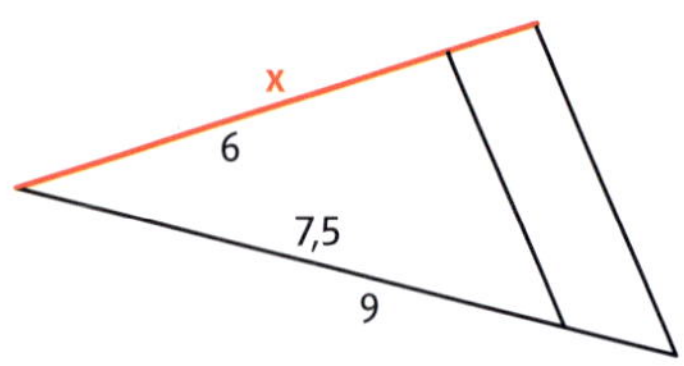

b)

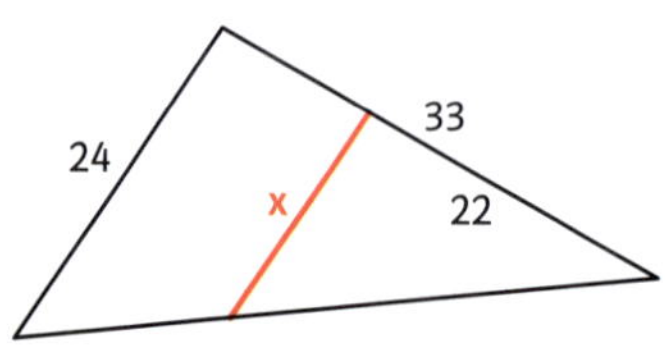

◒ **6** Die Höhe der Mauer wird durch Anpeilen über eine Messlatte bestimmt.

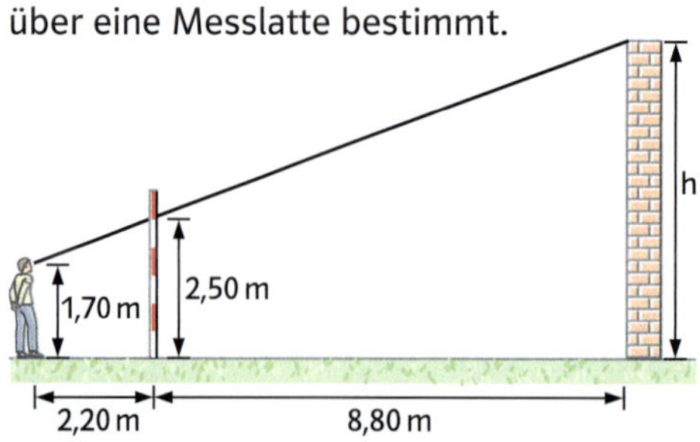

a) Skizziere die Figur. Trage eine Hilfslinie ein, damit eine Figur mit zwei ähnlichen Dreiecken entsteht.
b) Berechne die Höhe h.

◒ **5** Berechne mithilfe der ähnlichen Dreiecke die Länge der Strecke x.

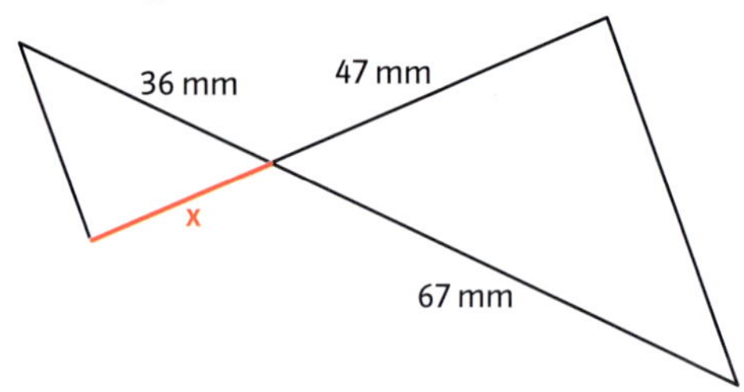

● **6** Eine Person beobachtet aus einer Einfahrt heraus die gegenüberliegende Straßenseite.

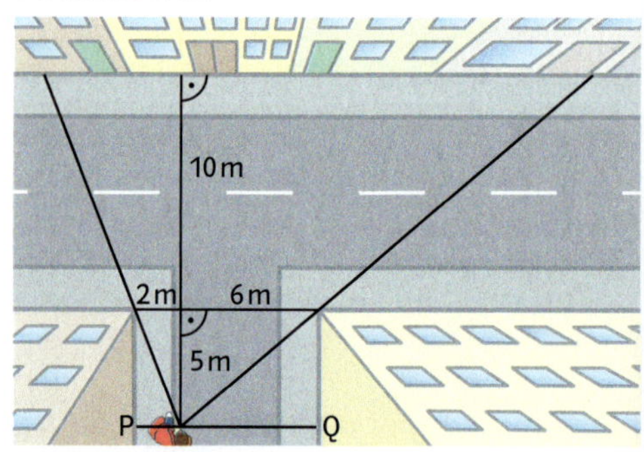

a) Welche Breite wird überblickt?
b) Welche Breite wird vom Punkt P aus überblickt? Skizziere die Situation.
c) Welche Breite wird überblickt, wenn sie zwischen P und Q hin- und hergeht?

→ Die Lösungen findest du auf Seite 218.

Standpunkt | Quadratische Funktionen

Wo stehe ich?

Ich kann …	gut	etwas	nicht gut	Lerntipp!
A zu einer linearen Funktion eine Wertetabelle und ein Schaubild erstellen,	■	■	■	→ Seite 88
B Funktionsgleichungen und Graphen einander zuordnen,	■	■	■	→ Seite 81, 84, 88
C Funktionswerte berechnen,	■	■	■	→ Seite 81
D eine Punktprobe durchführen,	■	■	■	→ Seite 81
E die Funktionsgleichung einer linearen Funktion bestimmen,	■	■	■	→ Seite 88
F mithilfe der binomischen Formeln faktorisieren.	■	■	■	→ Seite 183

Überprüfe dich selbst:

D41 Teste dich

A Zeichne den Funktionsgraphen. Erstelle dazu eine Wertetabelle.

a) $y = 2x$ b) $y = \frac{1}{2}x - 2$

c) $y = -x + 2$ d) $y = -3x + 3$

B Ordne den Graphen die richtigen Funktionsgleichungen zu.

$y = \frac{1}{2}x + 2$ $y = -x + 1$ $y = 2x - 2$

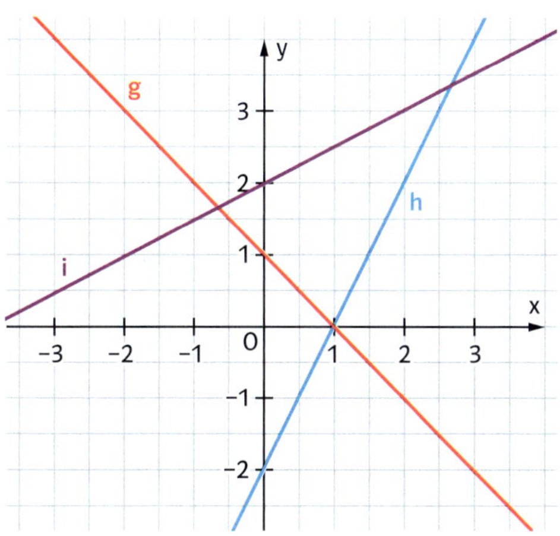

C Der Punkt P liegt auf dem Graphen der Funktion.
Berechne die fehlende Koordinate.

a) $y = x + 4$ $P(3 \mid \square)$

b) $y = -2x + 1$ $P(\square \mid 7)$

D Prüfe, ob der Punkt P auf dem Graphen der Funktion liegt.

a) $P(3 \mid 1)$ $y = 2x - 5$

b) $P(-6 \mid 1)$ $y = \frac{1}{2}x + 4$

c) $P(-2 \mid -0{,}5)$ $y = -x + 0{,}5$

E Gib die Funktionsgleichung der Geraden an.

a)

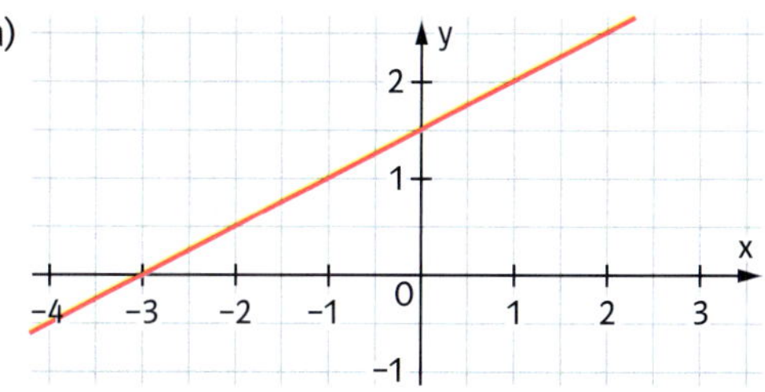

b)

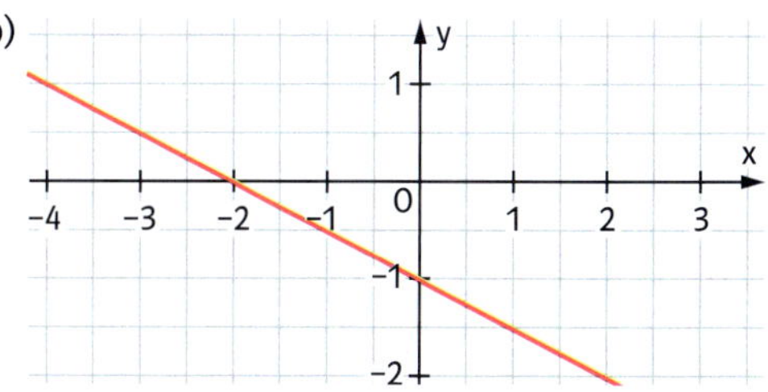

F Faktorisiere mithilfe einer binomischen Formel.

a) $x^2 + 2x + 1 = (\square + \square)^2$

b) $x^2 - 6x + 9 = (\square - \square)^2$

c) $x^2 - 10x + \square = (\square - \square)^2$

d) $\square + 5x + 6{,}25 = (\square + \square)^2$

→ Die Lösungen findest du auf Seite 219.

7 Quadratische Funktionen

1 In San Francisco steht die Golden Gate Bridge. Sie ist eine der berühmtesten Brücken der Welt. Sie wurde im Jahre 1937 eröffnet und als eine der größten Ingenieurleistungen gefeiert. Beschreibe den Aufbau der Hängebrücke.

2 Technische Daten Golden Gate Bridge:
Entfernung der Pylonen: 1280 m
Höhe der Pylonen: 227 m
Durchfahrtshöhe (bei Flut): 67 m
Skizziere den unten abgebildeten Querschnitt in dein Heft und trage die angegebenen Maße an der richtigen Stelle ein.

3 Das Foto zeigt die Wushan-Brücke, die den Fluss Jangtse (China) überquert. Die maximale Spannweite beträgt 460 m. Zeichne ein Koordinatensystem auf eine Folie. Lege die Folie so auf das Foto, dass der höchste Punkt des Bogens auf der y-Achse liegt. Schätze dann die Länge der Fahrbahn innerhalb des Bogens. Wie viele Meter misst die maximale Höhe des Bogens über dem Jangtse ungefähr?

Ich lerne,

- was eine quadratische Funktion ist,
- was eine Normalparabel ist,
- dass Parabeln unterschiedliche Formen und Lagen haben können,
- wie man quadratische Funktionen mithilfe einer dynamischen Geometriesoftware darstellt und untersucht,
- dass man Funktionsgleichungen von Parabeln unterschiedlich darstellen kann.

1 Die Normalparabel $y = x^2$

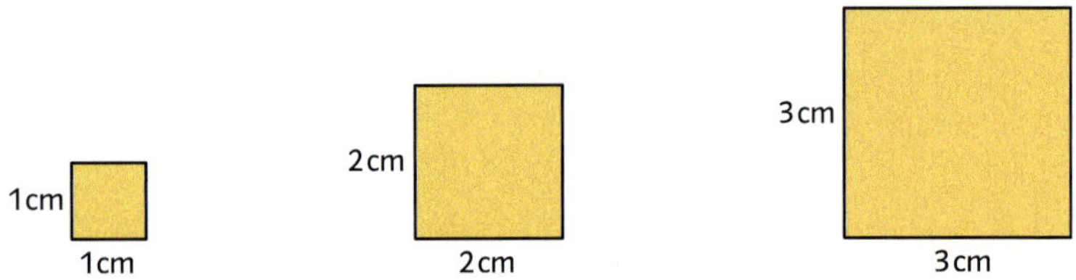

Länge a (in cm)	1	2	3	4	5	6
Umfang u (in cm)	4	8	12			

Länge a (in cm)	1	2	3	4	5	6
Flächeninhalt A (in cm^2)	1	4	9			

Lara möchte herausfinden, wie der Umfang und der Flächeninhalt eines Quadrats mit der Seitenlänge a zusammenhängen.

➔ Übertrage die Wertetabellen in dein Heft. Führe ihre Überlegungen bis a = 6 cm fort.
➔ Zeichnet zu zweit Quadrate mit 0,5 cm; 1,5 cm und 2,5 cm. Nehmt die Werte ebenfalls in die Wertetabellen auf.
➔ Zeichnet auf kariertes Papier ein Koordinatensystem. Tragt die Werte ein und verbindet die Punkte. Vergleicht die Graphen.

Die Graphen von linearen Funktionen wie $y = 2x - 1$ sind Geraden. Darüber hinaus gibt es weitere wichtige Funktionen, bei denen die Variable x im Quadrat vorkommt. Die einfachste quadratische Funktion hat die Gleichung $y = x^2$.

Merke

Den Graphen der **quadratischen Funktion** mit der Funktionsgleichung $\mathbf{y = x^2}$ nennt man **Normalparabel**. Der tiefste Punkt der Normalparabel heißt **Scheitelpunkt S (0 | 0)**.
Jede Parabel ist achsensymmetrisch. Die **Symmetrieachse** verläuft senkrecht durch den Scheitelpunkt.

Beispiele

Tipp!
Statt y = schreibt man auch f(x) = .

a) Um den Graphen von $y = x^2$ zu zeichnen, wird eine Wertetabelle erstellt.

	A	B	C	D	S	D′	C′	B′	A′
x	−2	−1,5	−1	−0,5	0	0,5	1	1,5	2
y	4	2,25	1	0,25	0	0,25	1	2,25	4

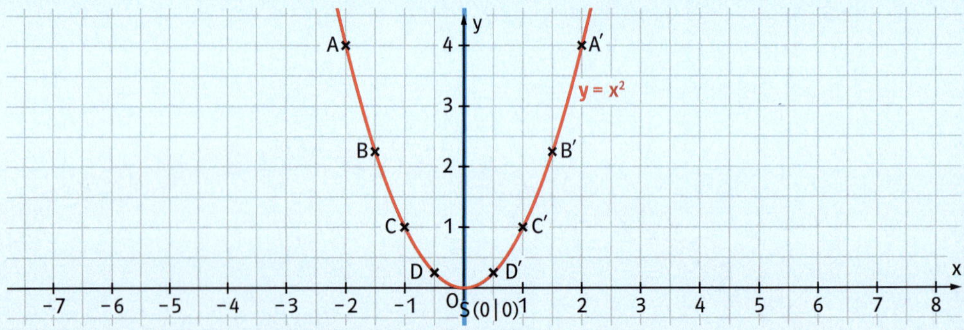

Es entsteht die Normalparabel mit S (0 | 0).
Die beiden x-Werte mit demselben Betrag haben denselben y-Wert.

b) Punktprobe: Es wird geprüft, ob der Punkt P(−9 | 81) auf dem Graphen $y = x^2$ liegt.
$81 = (-9)^2$
$81 = 81$ ✓
Der Punkt P liegt auf dem Graphen von $y = x^2$.

○ **1** Ergänze die Wertetabelle zur Funktion mit der Gleichung $y = x^2$ und zeichne den Graphen.

a)

x	−1,25	−1	−0,75	−0,5	−0,25	0	0,25	0,5	0,75	1	1,25
y											

b)

x	−4	−3	−2	−1	0	1	2	3	4
y									

○ 2 Der Punkt liegt auf der Normalparabel. Bestimme den fehlenden Wert.

a) $P_1(9 \mid □)$ b) $P_2(11 \mid □)$ c) $P_3(0 \mid □)$ d) $P_4(-4 \mid □)$
e) $P_5(8 \mid □)$ f) $P_6(-19 \mid □)$ g) $P_7(1{,}5 \mid □)$ h) $P_8(-1{,}5 \mid □)$
i) $P_9(+□ \mid 64)$ j) $P_{10}(-□ \mid 64)$ k) $P_{11}(+□ \mid 100)$ l) $P_{12}(-□ \mid 144)$
m) $P_{13}(-□ \mid 36)$ n) $P_{14}(+□ \mid 324)$ o) $P_{15}(-□ \mid 361)$ p) $P_{16}(-□ \mid 1600)$

○ 3 SP Prüfe, ob der Graph eine Normalparabel ist. Begründe.

a)
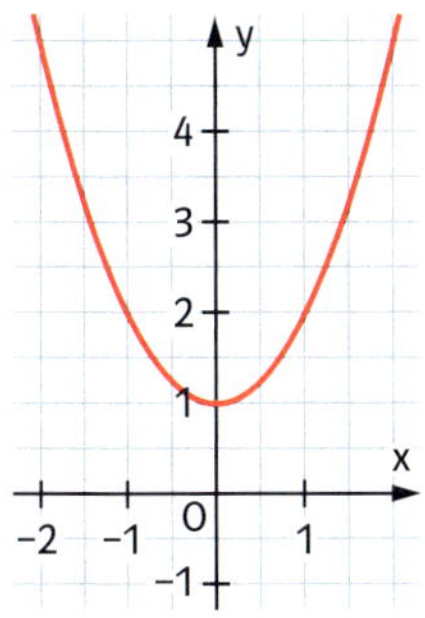

b)
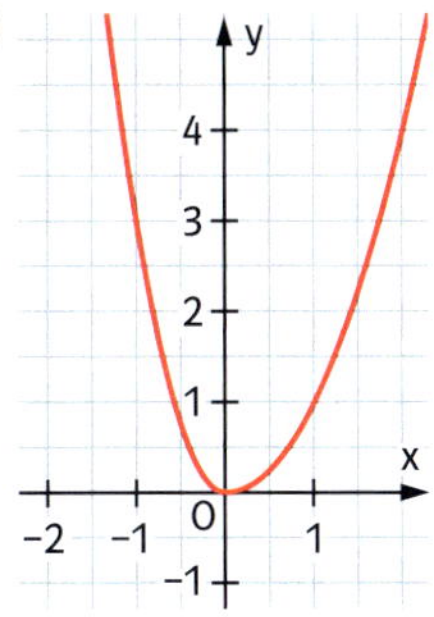

c)
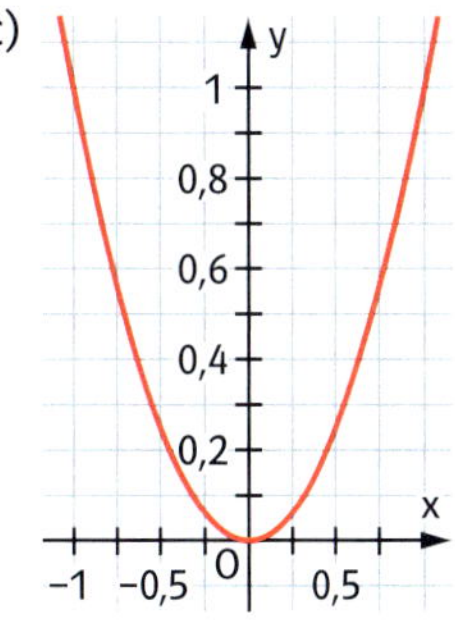

d)
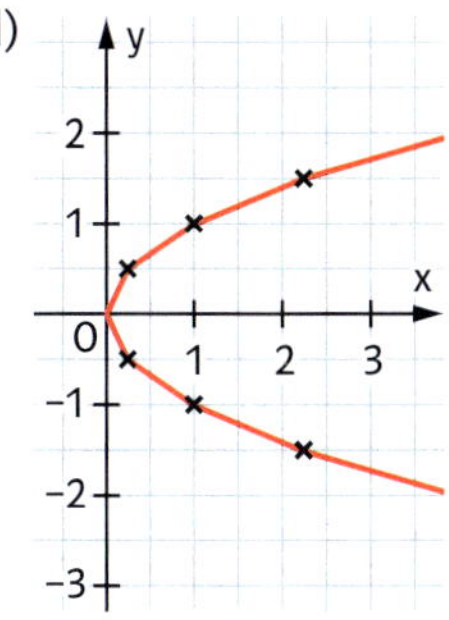

Alles klar?

D42 Fördern

A

x	−3	−□	−1,5	−□	−0,5	0	+0,5	□	+1,5	+□
y	□	4	□	1	□	□	□	1	□	9

a) Ergänze die Wertetabelle der quadratischen Funktion $y = x^2$.
b) Trage die Werte in ein Koordinatensystem ein und zeichne die Normalparabel.

○ 4 Lies die Koordinaten der Punkte auf der Normalparabel ab und notiere sie. Achte auf die Achseneinteilung.

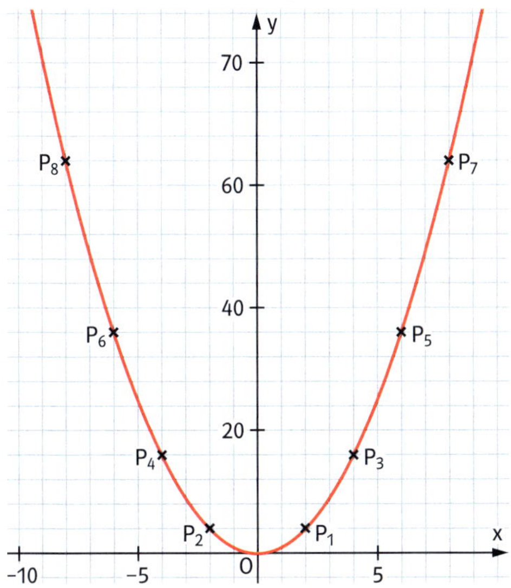

◒ 5 Prüfe, ob der Punkt auf der Normalparabel liegt.

a) $P_1(7 \mid 49)$ b) $P_2(-2 \mid -4)$
c) $P_3(13 \mid 169)$ d) $P_4(-5 \mid 10)$
e) $P_5(-12 \mid 14{,}4)$ f) $P_6(20 \mid 40)$

◒ 4 Ordne die Funktionsgleichungen den Wertetabellen zu. Eine Gleichung bleibt übrig.

$f(x) = \frac{1}{2}x$ $f(x) = x^2$ $f(x) = 2x$

A

x	f(x) = □
0	0
1	2
4	8
−1	−2

B

x	f(x) = □
0	0
1	1
4	16
−1	1

◒ 5 Prüfe im Kopf, ob der Punkt auf der Normalparabel liegt.

a) $P_1(11 \mid 121)$ b) $P_2(14 \mid -196)$
c) $P_3(324 \mid 18)$ d) $P_4(0{,}5 \mid 0{,}25)$
e) $P_5(-10 \mid 100)$ f) $P_6(-0{,}6 \mid 3{,}6)$

● 6 SP Prüfe, ob die Aussage zur Normalparabel wahr oder falsch ist. Begründe.

a) Der Graph ist symmetrisch zur y-Achse.
b) Alle x-Werte sind positiv.
c) Der tiefste Punkt ist der Punkt $S(0 \mid 0)$.
d) Die Parabel ist symmetrisch zur x-Achse.
e) Die Parabel ist nach unten geöffnet.
f) Alle y-Werte sind positiv.

→ Die Lösungen zu „Alles klar?“ findest du auf Seite 219.

2 Die quadratische Funktion $y = x^2 + c$

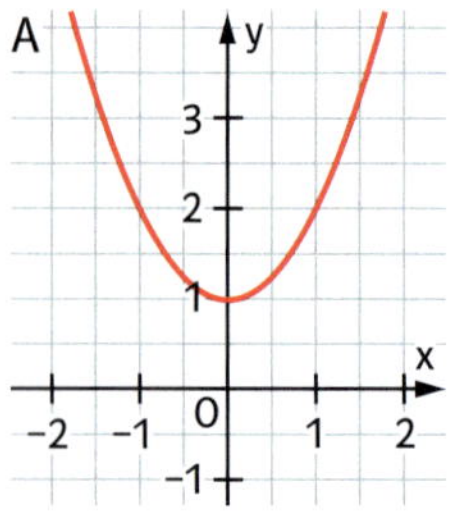

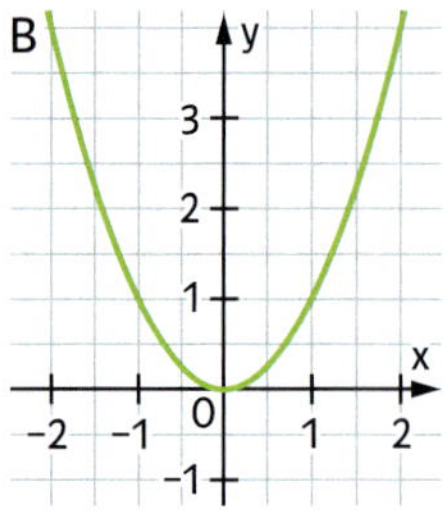

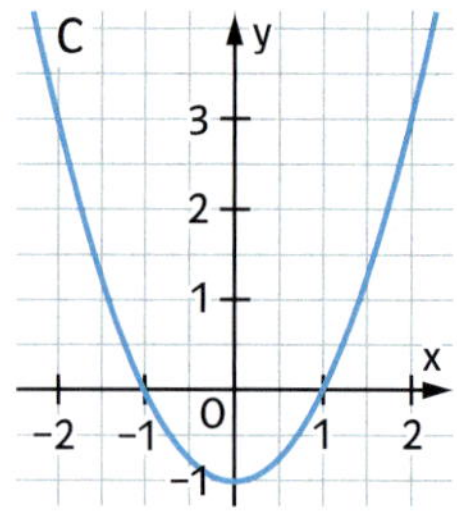

(1) $y = x^2$

(2) $y = x^2 - 1$

(3) $y = x^2 + 1$

Mila und Jan verschieben die Normalparabel entlang der y-Achse.

➔ Ordne den Funktionsgleichungen das passende Schaubild zu.

➔ Erklärt, woran man erkennen kann, welche Funktion zu welchem Schaubild gehört.

➔ Findet weitere Funktionsgleichungen solcher Parabeln und zeichnet sie mit einem geeigneten Computerprogramm.

Um den Graphen der Funktion $y = x^2 + 1$ zeichnen zu können, erstellt man eine Wertetabelle.

x	−4	−3	−2	−1	0	1	2	3	4
y	17	10	5	2	1	2	5	10	17

Bei der Funktion $y = x^2 + 1$ wird nach dem Quadrieren zu jedem y-Wert 1 addiert. Die Normalparabel verschiebt sich um +1 in y-Richtung.

Merke

Der Graph der quadratischen Funktion $\mathbf{y = x^2 + c}$ ist eine **verschobene Normalparabel**.
Der Scheitelpunkt hat die Koordinaten **S (0 | c)**.
Für die Verschiebung gilt:

c > 0 Verschiebung nach oben **c < 0 Verschiebung nach unten**

Beispiele

a)

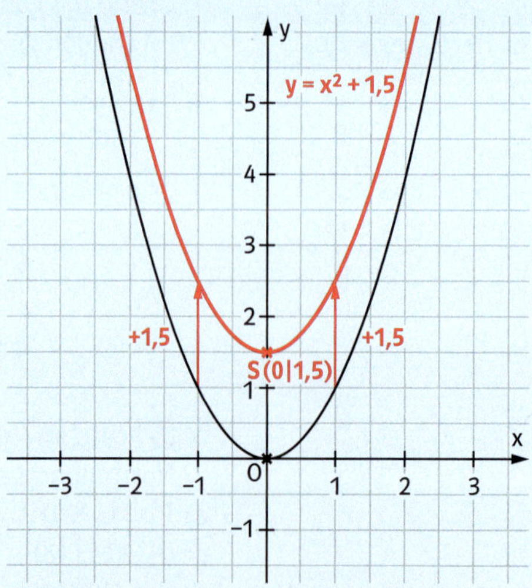

Der Graph der Funktion $y = x^2 + 1,5$ ist eine nach oben verschobene Normalparabel mit dem Scheitelpunkt S (0 | 1,5).

b)

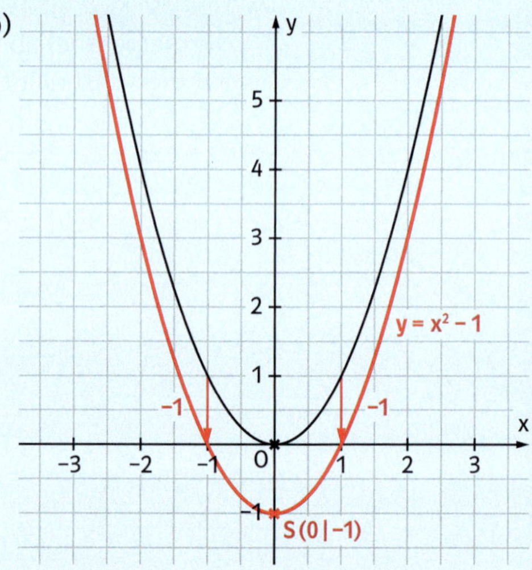

Der Graph der Funktion $y = x^2 - 1$ ist eine nach unten verschobene Normalparabel mit dem Scheitelpunkt S (0 | −1).

○ **1** Ergänze die Wertetabelle in deinem Heft und zeichne den Graphen der Funktion.

a)

x	−2	−1,5	−1	−0,5	0	0,5	1	1,5	2
$y = x^2 - 1$	■	■	■	■	■	■	■	■	■

b)

x	−4	−3	−2	−1	0	1	2	3	4
$y = x^2 + 1$	■	■	■	■	■	■	■	■	■

○ **2** Ordne dem Schaubild die richtige Funktionsgleichung zu. Achte auf den Scheitelpunkt. Zwei Gleichungen bleiben übrig.

$y = x^2 + 1$ | $y = x^2$ | $y = x^2 - 2$ | $y = x^2 + 2$ | $y = x + 1$

a)

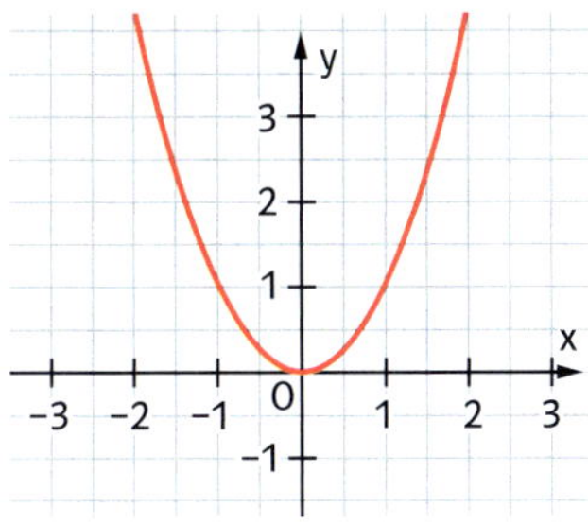

b)

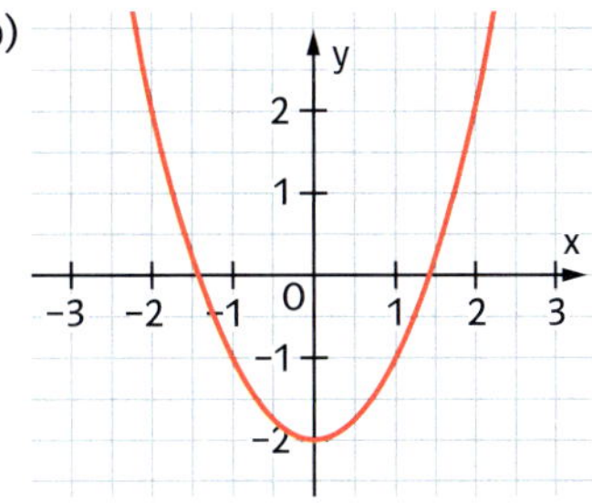

c)

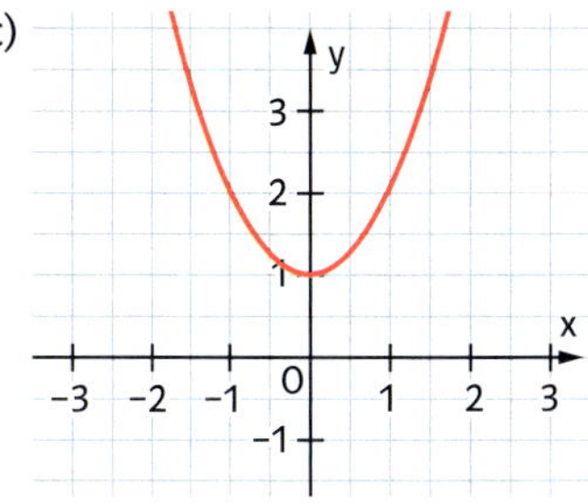

○ **3** Erstelle eine Wertetabelle und zeichne den Graphen der quadratischen Funktion.

a) $f(x) = x^2$ b) $g(x) = x^2 + 2$ c) $h(x) = x^2 - 4$ d) $i(x) = x^2 + 1{,}5$

○ **4** S ist der Scheitelpunkt einer verschobenen Normalparabel. Gib die Funktionsgleichung an.

a) $S(0|3)$ b) $S(0|-6)$ c) $S(0|8)$ d) $S(0|-7)$ e) $S(0|-1{,}5)$ f) $S(0|-4{,}5)$

Alles klar?

D43 Fördern

A Gib den Scheitelpunkt an und zeichne die zugehörige verschobene Normalparabel.

a) $f(x) = x^2 + 1$ b) $g(x) = x^2 - 3$ c) $h(x) = x^2 + 2{,}5$ d) $i(x) = x^2 - 4{,}5$

○ **5** Ordne jeder Gleichung einen Scheitelpunkt zu.

p_1: $y = x^2 - 1{,}5$ | $S(0|2{,}5)$ | p_2: $y = x^2 - 0{,}5$ | $S(0|-1{,}5)$ | p_3: $y = x^2 + 2{,}5$ | $S(0|-0{,}5)$

○ **6** Bestimme die Funktionsgleichungen der Parabeln.

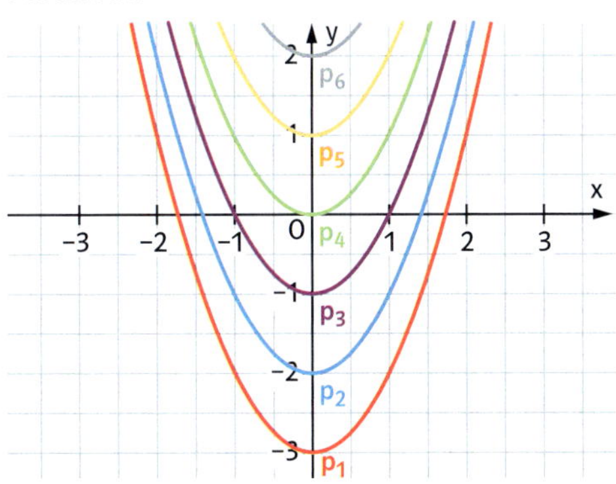

◒ **7** MK Der Punkt P liegt auf der Parabel. Gib die fehlende Koordinate an. Überprüfe dein Ergebnis mit einem geeigneten Computerprogramm.

a) $y = x^2 + 5$ $P(3|\square)$ b) $y = x^2 - 6$ $P(2|\square)$ c) $y = x^2 - 4$ $P(-5|\square)$

◒ **5** SP Liegt der Punkt oberhalb, unterhalb oder auf dem Graphen der Parabel $y = x^2 - 2$? Begründe.

a) $A(-3|2)$ b) $B(1|6)$ c) $C(1{,}5|0{,}5)$
d) $D(4|9)$ e) $E(-4|14)$ f) $F(6|0)$

◒ **6** SP Bestimme die beiden zugehörigen x-Werte. Begründe, warum diese Aufgaben immer zwei Lösungen haben.

Beispiel: $y = x^2 + 1$; $P(\square|5)$
$5 = x^2 + 1$ $|-1$
$4 = x^2$ $|\pm\sqrt{\ }$
$x_1 = 2$; $x_2 = -2$

a) $y = x^2 + 2$ $P(\square|3)$
b) $y = x^2 - 3$ $P(\square|1)$
c) $y = x^2 - 11$ $P(\square|-2)$
d) $y = x^2 + 0{,}5$ $P(\square|16{,}5)$

● **7** MK Der Punkt P liegt auf der Parabel. Ergänze die Funktionsgleichung. Überprüfe dein Ergebnis mit einem geeigneten Computerprogramm.

a) $P(2|5)$ $y = x^2 + \square$
b) $P(-3|11)$ $y = x^2 + \square$
c) $P(2|1)$ $y = x^2 - \square$
d) $P(-5|20)$ $y = x^2 - \square$

→ Die Lösungen zu „Alles klar?“ findest du auf Seite 220.

MEDIEN

DGS. Parabeln verschieben und strecken

Tipp!
Wie du einen **Schieberegler** erstellst oder anpasst, findest du auf Seite 200.

MK Mit einer dynamischen Geometriesoftware (DGS) oder einem Funktionenplotter kannst du Parabeln per Knopfdruck zeichnen. Das bringt eine große Zeitersparnis. Mit einem **Schieberegler** kannst du eine gezeichnete Parabel verändern und Zusammenhänge erkunden.

○1 MK

a) Gib in der Eingabezeile deiner DGS die Funktionsgleichung $y = x^2 + c$ ein, sodass eine zugehörige Parabel gezeichnet wird. Für die Variable c erstellen die meisten Programme automatisch einen Schieberegler.

b) SP Ziehe am Schieberegler, dadurch ändert sich der Wert der Variablen c. Beschreibe den Zusammenhang zwischen dem Wert der Variablen c und der Lage der Parabel im Koordinatensystem.

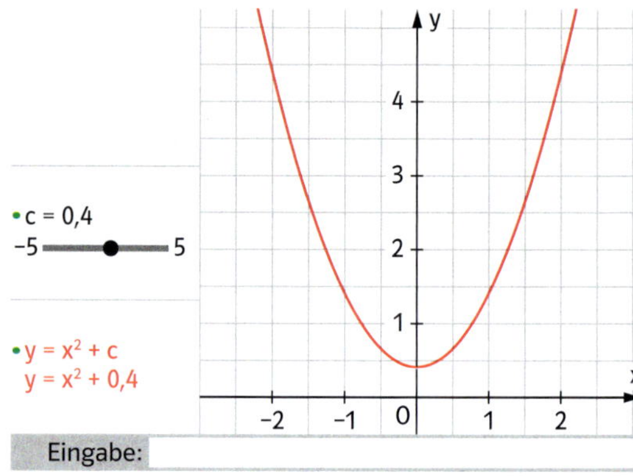

◒2 MK Die Stellen, an denen eine Parabel die x-Achse schneidet, werden **Nullstellen** genannt.

a) Zeichne eine Parabel zur Funktionsgleichung $y = x^2 + c$.

b) Gib drei unterschiedliche Werte für c an, sodass die entsprechende Parabel zwei Nullstellen hat.

c) Gib einen Wert für c an, sodass die entsprechende Parabel keine Nullstelle hat.

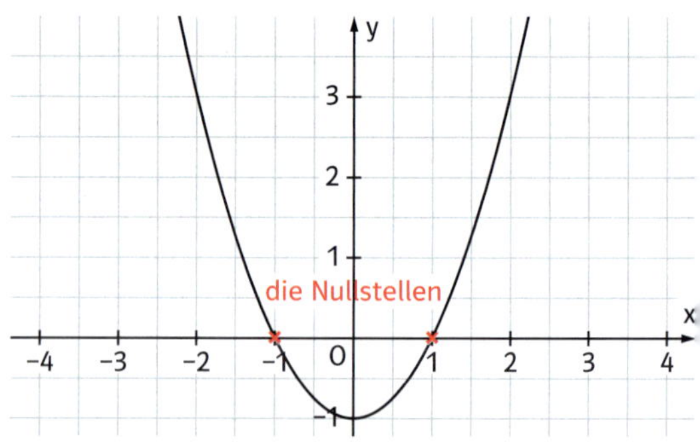

◒3 MK „Was passiert eigentlich, wenn ich nicht etwas dazu addiere, sondern multipliziere?", fragt sich Sascha.

a) Zeichne eine Parabel zur Funktionsgleichung $y = a \cdot x^2$.

b) SP Ziehe am Schieberegler. Beschreibe den Zusammenhang zwischen dem Wert der Variablen a und der Lage beziehungsweise Form der Parabel.

c) SP Zeichne die Parabeln zu den Gleichungen $y = 2 \cdot x^2$ und $y = (-2) \cdot x^2$. Beschreibe, wie die Parabeln zueinander liegen.

●4 MK

a) Zeichne eine Parabel zur Funktionsgleichung $y = a \cdot x^2 + c$.

b) Es gibt viele Möglichkeiten, die Lage der Parabel zu verändern. Gib drei unterschiedliche Wertepaare von a und c an, sodass die Parabel die Nullstellen −2 und 2 hat. Skizziere die drei Lösungen. Vergleicht zu zweit eure Skizzen.

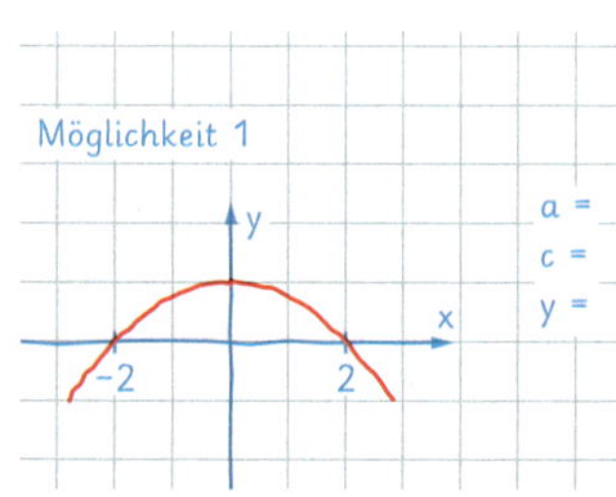

3 Die quadratische Funktion $y = a x^2 + c$

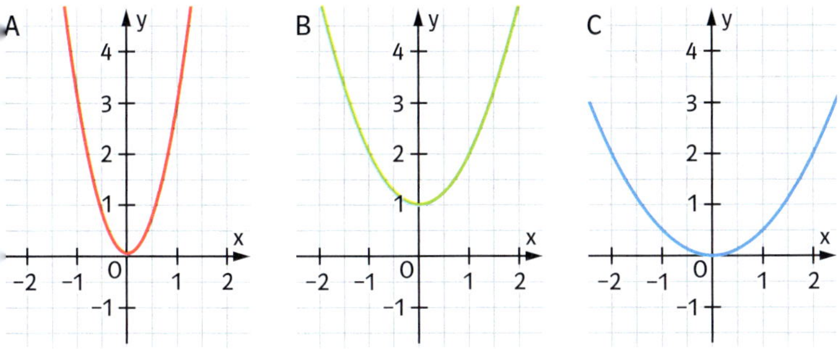

(1) $y = x^2 + 1$ (2) $y = \frac{1}{2}x^2$ (3) $y = 3x^2$ (4) $y = 2x^2 + 2$

Emre zeichnet Funktionen der Form $y = a x^2 + c$.

→ Ordne den Funktionsgleichungen den passenden Graphen zu.

→ Zeichnet weitere solche Funktionen mit einem geeigneten Computerprogramm.

→ Ordnet die Funktionen nach ihren Eigenschaften im Vergleich zur Normalparabel.

Um den Graphen der Funktion $y = 2x^2$ zeichnen zu können, erstellt man eine Wertetabelle.

x	−3	−2	−1	0	1	2	3
$y = 2x^2$	18	8	2	0	2	8	18

Im Schaubild sieht man, dass $y = 2x^2$ keine Normalparabel ist, sondern schmaler als diese verläuft.

x	−3	−2	−1	0	1	2	3
$y = 2x^2 + 1$	19	9	3	1	3	9	19

Bei der Funktion $y = 2x^2 + 1$ wird zudem jeder y-Wert um 1 vergrößert. Die Parabel verschiebt sich um +1 in y-Richtung.

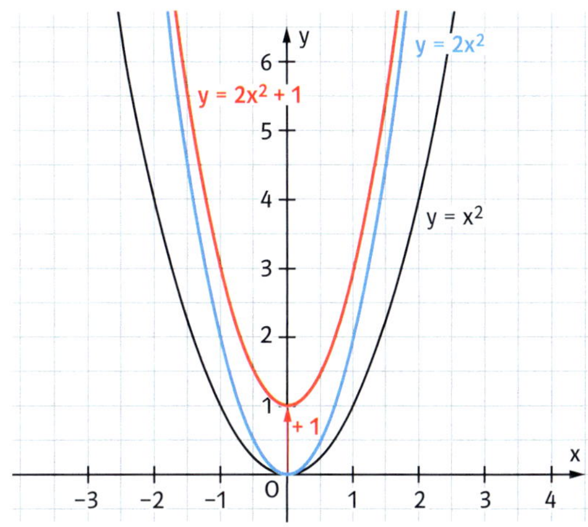

Merke

Der Graph der Funktion $\mathbf{y = a x^2 + c}$ ist eine Parabel.
Der **Streckfaktor a** bestimmt die **Form** und die **Öffnung** der Parabel.

Für $a > 0$ gilt:	Für $a < 0$ gilt:
Die Parabel ist nach oben geöffnet.	Die Parabel ist nach unten geöffnet.
Für $\lvert a \rvert < 1$ gilt:	Für $\lvert a \rvert > 1$ gilt:
gestaucht, breiter als die Normalparabel	gestreckt, schmaler als die Normalparabel

Beispiele

a) Das Schaubild der Funktion $y = \frac{1}{4}x^2 + 1$ ist eine nach oben geöffnete Parabel. Sie ist gestaucht, also breiter als die Normalparabel und um 1 Längeneinheit (LE) nach oben verschoben.

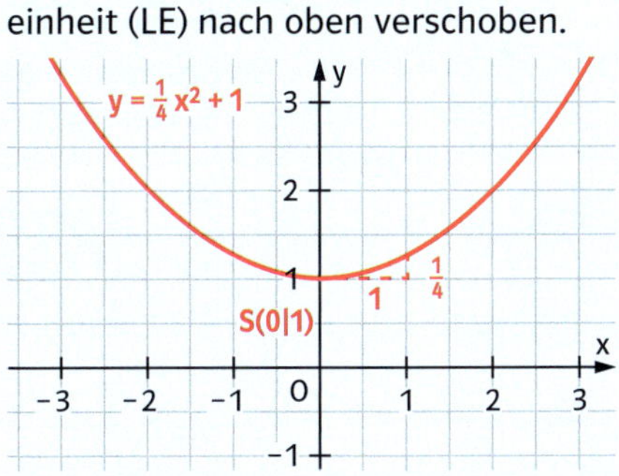

b)

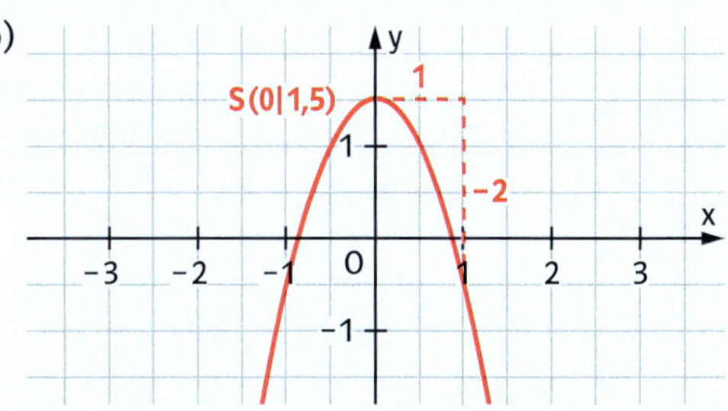

Zur Bestimmung der Funktionsgleichung liest man den Parameter $c = 1{,}5$ ab. Anschließend geht man 1 LE nach rechts und dann zum Graphen. So lässt sich der Parameter a und damit die Funktionsgleichung bestimmen. Es gilt: $f(x) = -2x^2 + 1{,}5$

Tipp!
Faktor a einer Parabel ablesen:

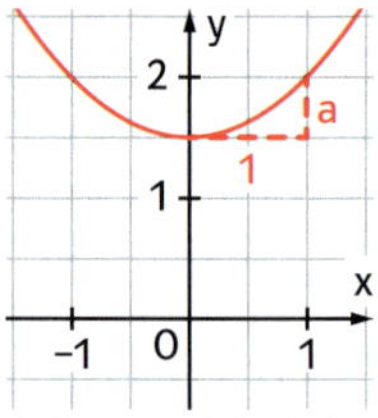

Gehe vom Scheitel 1 LE nach rechts und dann bis zum Graphen.
Hier ist $a = \frac{1}{2}$.

○**1** Ordne zu.

$f(x) = \frac{1}{2}x^2$ $g(x) = 1{,}5x^2 - 2$ $h(x) = \frac{1}{4}x^2 + 1$

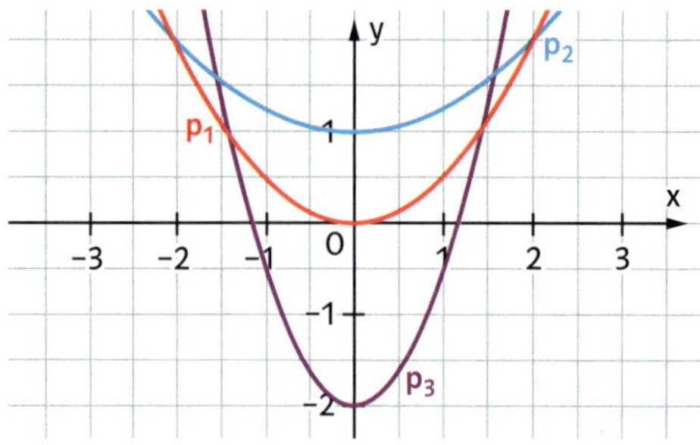

○**2** Lies den Faktor a aus dem Schaubild ab.

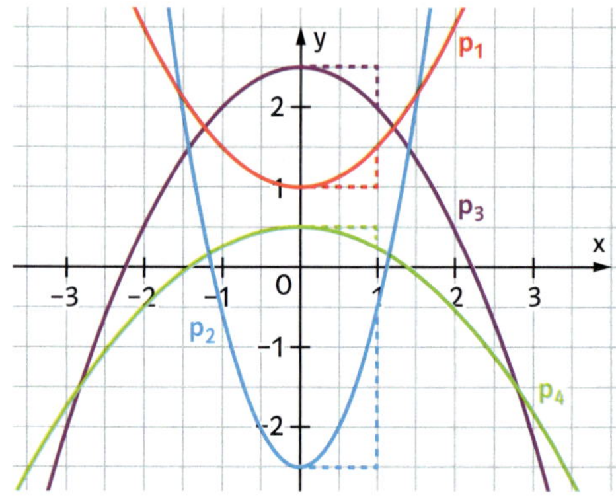

○**3** Erstelle eine Wertetabelle und zeichne den Graphen der quadratischen Funktion.

a) $y = 1{,}5x^2$ b) $y = -0{,}5x^2$ c) $y = 2x^2 - 1$ d) $y = -2x^2 + 2$

○**4** SP Vergleicht zu zweit mit der Normalparabel. Verwendet dazu die Satzbausteine.

a) $y = 3x^2$ b) $y = \frac{1}{4}x^2$
c) $y = -\frac{1}{2}x^2$ d) $y = -2x^2$
e) $y = 1{,}5x^2$ f) $y = -0{,}1x^2$

schmaler als die Normalparabel | nach unten geöffnet | breiter als die Normalparabel | nach oben geöffnet

Alles klar?

D44 **Fördern**

A Bestimme c und a. Gib dann die Funktionsgleichungen der Parabeln an.

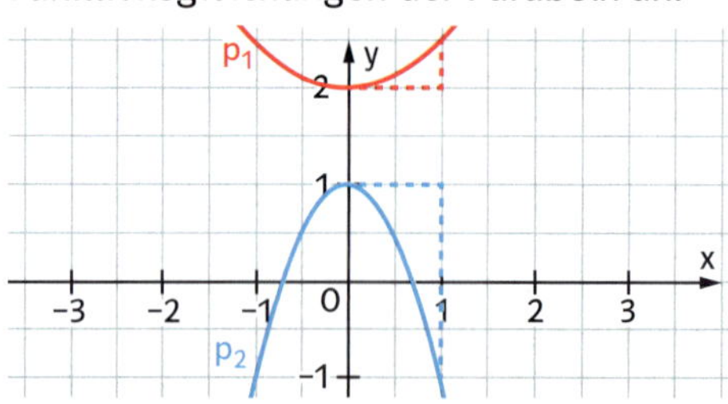

B Gegeben sind drei Funktionsgleichungen.

$y = 3x^2 - 1$ $y = \frac{1}{2}x^2 - 2$ $y = -\frac{1}{4}x^2 + 1$

a) **Entscheide**, ob die zugehörigen Parabeln gestaucht oder gestreckt sind im Vergleich zur Normalparabel.
b) Zeichne nur die Parabel, die nach unten geöffnet ist, in ein Koordinatensystem.

○**5** Vergleiche die drei Parabeln. Worin unterscheiden sie sich? Zeichne ein Schaubild, falls du unsicher bist.

a) p_1: $y = x^2 + 2$
p_2: $y = \frac{1}{2}x^2 + 2$
p_3: $y = 2x^2 + 2$

b) p_1: $y = \frac{1}{2}x^2 - 1$
p_2: $y = \frac{1}{3}x^2 - 1$
p_3: $y = \frac{1}{4}x^2 - 1$

◒**6** Der Punkt P liegt auf der Parabel. Gib die fehlende Koordinate an.

a) $y = \frac{1}{2}x^2 - 1$ P(2 | ■)
b) $y = -x^2 - 5$ P(−3 | ■)
c) $y = -\frac{3}{2}x^2 - 1{,}5$ P(−2 | ■)

◒**5** SP Die nach oben geöffnete Normalparabel ist mit dem Streckfaktor 2 gestreckt und um 3 Einheiten nach unten verschoben.

a) Bestimme die Funktionsgleichung.
b) **Beschreibe** ebenso die Parabel mit der Funktionsgleichung $y = 4x^2 + 2$.

◒**6** SP Liegt der Punkt oberhalb, unterhalb oder auf der Parabel? **Begründe**.

a) P(5 | 54)
$y = 2x^2 + 4$

b) P(10 | 1)
$y = \frac{1}{5}x^2 - 10$

c) P(3 | 20)
$y = 4x^2 + 1$

d) P(1,5 | 10)
$y = 3x^2 + 3{,}25$

→ Die Lösungen zu „Alles klar?" findest du auf Seite 220.

7 Finde zu jeder Funktionsgleichung das passende Schaubild. Achtung: Einer der vier Graphen ist **falsch** gezeichnet. Zeichne ihn richtig in dein Heft.

p_1: $y = 2x^2 - 3$ | p_2: $y = -\frac{1}{2}x^2 + 3$ | p_3: $y = -2x^2 + 3$ | p_4: $y = \frac{1}{2}x^2 + 3$

(1)

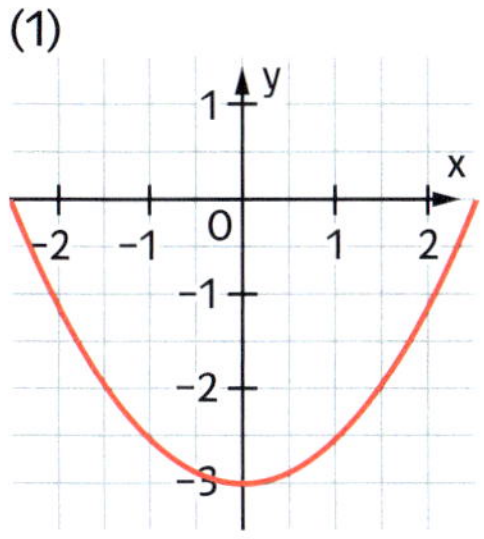

(2)

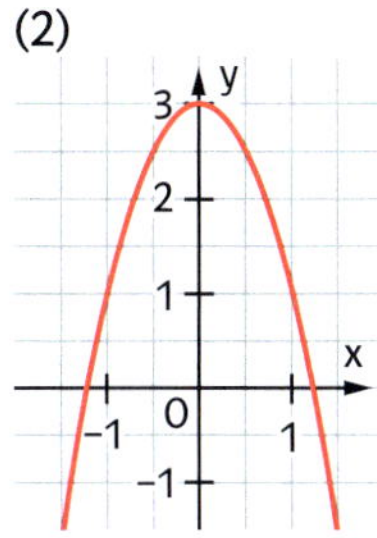

(3)

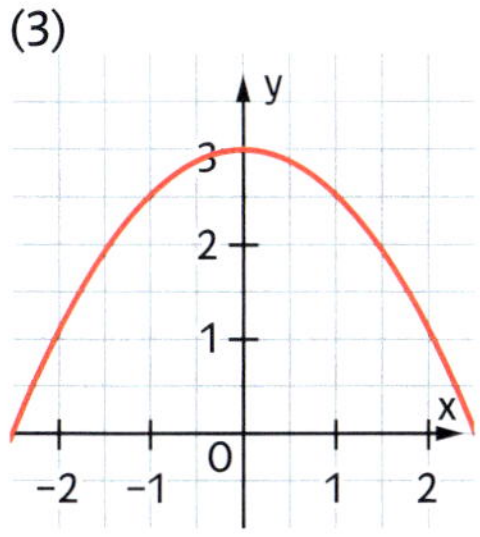

(4)

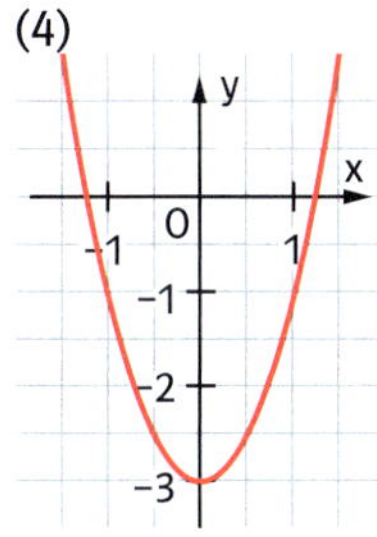

7 Bestimme die Funktionsgleichungen der abgebildeten Parabeln.
Achtung: Du kannst a nicht genau ablesen. Das Beispiel zeigt dir, wie du a berechnen und somit die Funktionsgleichung bestimmen kannst.

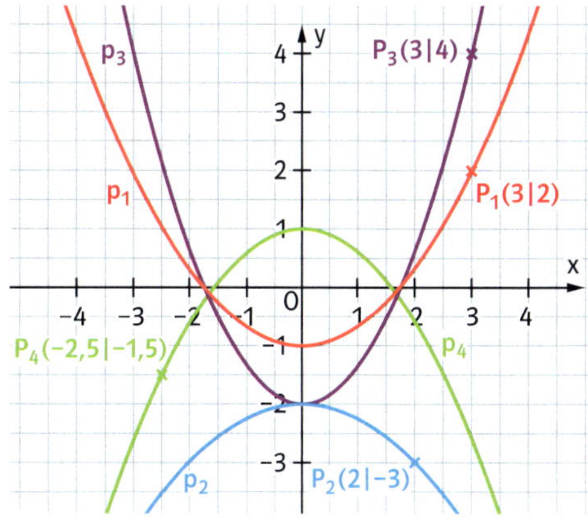

Beispiel: Einsetzen von $P_1(3\,|\,2)$ und $c = -1$ in $y = ax^2 + c$ ergibt:

$2 = a \cdot 3^2 - 1$

$a = \frac{1}{3}$

Funktionsgleichung p_1: $y = \frac{1}{3}x^2 - 1$

Tipp!
zu Aufgabe 8
Überlege zunächst, wo sich die Koordinatenachsen am vorteilhaftesten einzeichnen lassen.

8 Die Grafik zeigt eine Brücke mit parabelförmigem roten Seil. Bestimme eine mögliche Funktionsgleichung.

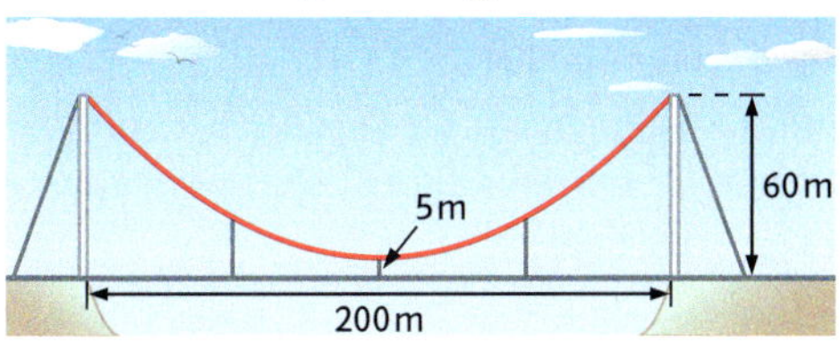

8 Gib die Funktionsgleichung der zugehörigen quadratischen Funktion an.

x	−2	−1	0	1	2
y	−4	−2,5	−2	−2,5	−4

eine Hängebrücke
eine Brücke, die an Seilen hängt

eine Spannweite
die Entfernung der beiden Punkte, die am weitesten auseinanderliegen

9 Bigna besucht ihre Tante in der Schweiz. Sie überqueren die längste Hängebrücke für Fußgänger. Sie hat eine Spannweite von 494 m und kann mit der Funktionsgleichung $y = 0{,}000\,25\,x^2$ näherungsweise beschrieben werden mit x und y in Metern. Bestimme, wie viele Meter die Brücke in der Mitte ungefähr durchhängt.

9 **Prüfe**, ob Alex ins Tor trifft.

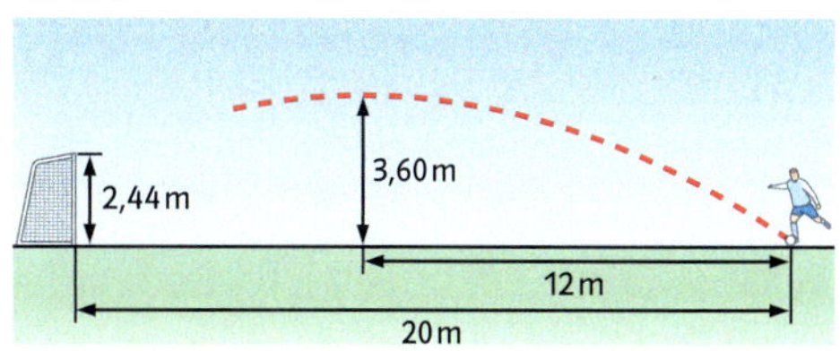

10 MK Zeichne die Parabeln mit der DGS.

p_1: $y = x^2 - 1$ $\quad$ p_2: $y = 2x^2 - 2$

p_3: $y = 3x^2 - 3$ $\quad$ p_4: $y = -x^2 + 1$

a) SP Finde eine gemeinsame Eigenschaft. **Beschreibe**.

b) Finde drei weitere Parabeln, die diese Eigenschaft haben. Gib ihre Gleichungen an.

c) Gib eine Funktionsgleichung in allgemeiner Form an, die alle Parabeln mit dieser Eigenschaft beschreibt.

MEDIEN

DGS. Parabeln beliebig verschieben

MK Parabeln können nach oben und unten verschoben werden. Sie können auch nach links und rechts verschoben werden. Und es ist möglich, beides zu kombinieren.

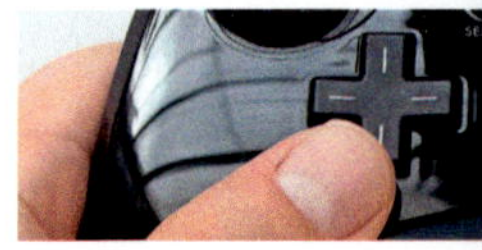

○**1** MK Gib in deiner DGS die Funktionsgleichung $y = (x - d)^2$ ein.

a) Ziehe am Schieberegler und gib an, wie sich die Position der zugehörigen Parabel im Koordinatensystem dabei ändert.

b) SP Die beiden Funktionsgleichungen (1) $y = x^2 + 2$ und (2) $y = (x - 2)^2$ ergeben in der DGS zwei sehr unterschiedliche Parabeln. **Beschreibe** die Unterschiede.

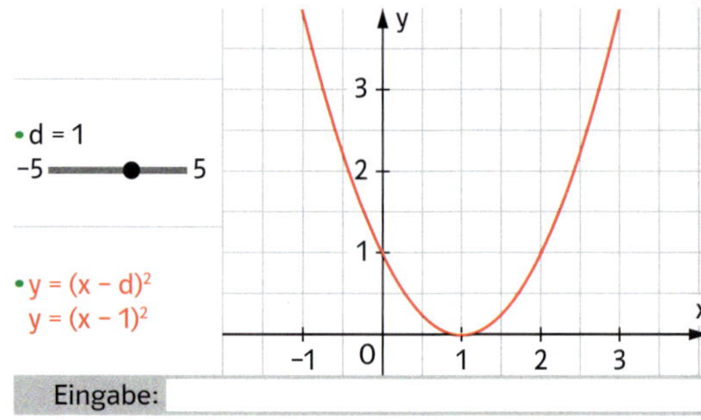

◒**2** MK Der **y-Achsenabschnitt** ist der Abstand zwischen Ursprung und Schnittpunkt der Parabel mit der y-Achse. Zeichne die Parabel zur Funktionsgleichung $y = (x - d)^2$.

a) Stelle den Wert für die Variable d so ein, dass der y-Achsenabschnitt 4 oder 9 ist.

b) Zu einem gegebenen y-Achsenabschnitt kannst du zwei Werte für d finden. Gib die Funktionsgleichungen an, deren Parabeln den y-Achsenabschnitt 1 haben.

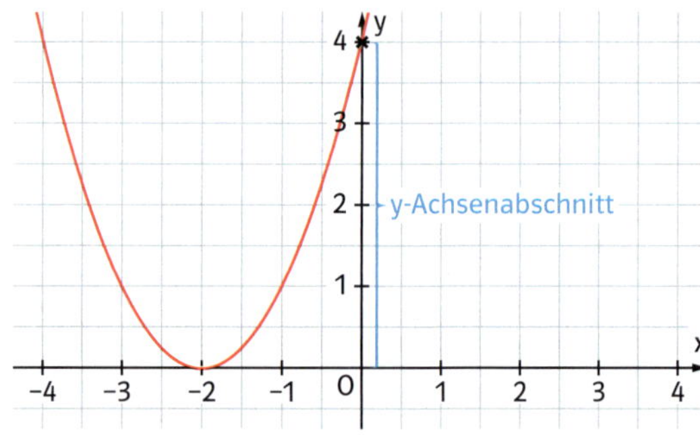

◒**3** MK Zusätzlich zum Verschieben einer Parabel nach links und rechts kann man mit einer weiteren Variablen die Parabel auch nach oben oder unten verschieben.

a) Erstelle einen Schieberegler und nenne ihn e.

b) Zeichne die Parabel zur Funktionsgleichung $y = (x - d)^2 + e$ mit deiner DGS.

c) SP Ziehe an den Schiebereglern. **Beschreibe** den Zusammenhang zwischen dem Wert der Variablen d und e und der Lage der Parabel.

●**4** MK Benutze zwei unterschiedliche Würfel. Der eine Würfel steht für eine positive Zahl, der andere Würfel steht für eine negative Zahl.

a) Erstelle zwei Schieberegler, nenne sie d und e.

b) Zeichne die Parabel zur Funktionsgleichung $y = (x - d)^2 + e$.

c) Wirf deine beiden Würfel. Stelle die Werte der Variablen mit dem Schieberegler so ein, dass die Nullstellen der Parabel den beiden gewürfelten Werten entsprechen.

d) SP Lies den Scheitelpunkt der Parabel ab und vergleiche mit dem Wert der Variablen e und d. **Beschreibe** deine Beobachtungen.

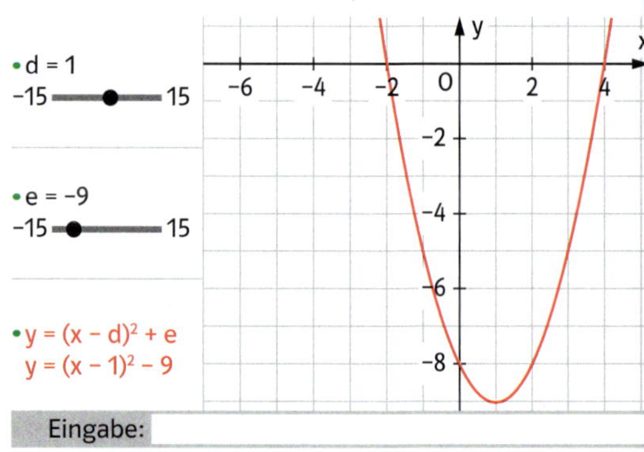

Tipp!
Der Bereich von Schiebereglern lässt sich bei deiner DGS einstellen, falls das Standardintervall nicht ausreicht.

4 Die Scheitelpunktform $y = a(x - d)^2 + e$

x	−3	−2	−1	0	1	2	3
y	9	4	1	0	1	4	9

(1) $y = (x + 2)^2$

(2) $y = x^2$

x	−2	−1	0	1	2	3	4
y	9	4	1	0	1	4	9

x	−5	−4	−3	−2	−1	0	1
y	9	4	1	0	1	4	9

(3) $y = (x - 1)^2$

Die Wertetabellen und die Funktionsgleichungen sind durcheinandergeraten.

→ Ordne jeder Funktionsgleichung die richtige Wertetabelle zu.

→ Zeichne die zugehörigen Graphen in ein gemeinsames Koordinatensystem.

→ Was beobachtet ihr? Beschreibt, wie die Scheitelpunkte der Graphen mit den Funktionsgleichungen zusammenhängen.

Setzt man in die Funktionsgleichung $y = (x - 3)^2$ für x den Wert 3 ein, erhält man den Funktionswert $y = 0$. Im Schaubild erkennt man: Dies sind die Koordinaten des Scheitelpunkts S (3 | 0). Die Parabel ist eine um 3 LE (Längeneinheiten) nach rechts verschobene Normalparabel.

Verschiebt man diese Parabel zusätzlich um 2 LE nach oben, erhält man die rot gefärbte Parabel mit dem Scheitelpunkt S (3 | 2). Sie hat die Funktionsgleichung $y = (x - 3)^2 + 2$.

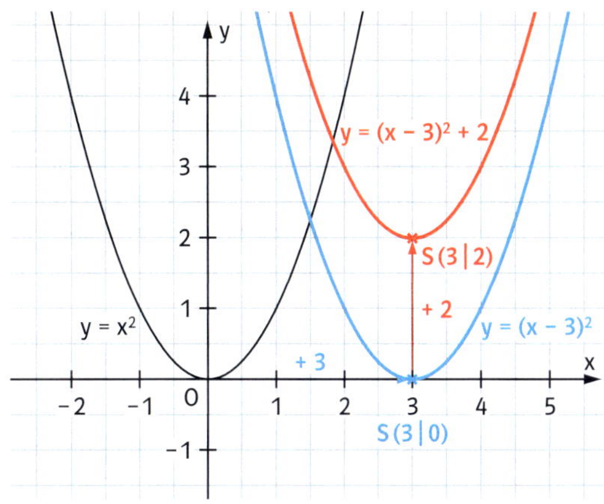

Merke

Der Graph der quadratischen Funktion mit der Gleichung $\mathbf{y = a(x - d)^2 + e}$ ist eine verschobene Parabel der Form $y = ax^2$. Sie hat den **Scheitelpunkt S (d | e)**.
Der Koeffizient a bestimmt die **Öffnung** und die **Form** der Parabel.
Der Wert **d** gibt die **Verschiebung in x-Richtung** an.
Der Wert **e** gibt die **Verschiebung in y-Richtung** an.
Die Gleichung $\mathbf{y = a(x - d)^2 + e}$ heißt **Scheitelpunktform**.

Tipp!
Ein **Koeffizient** ist ein Faktor vor einer Variablen.

Beispiele

a) Parabel zeichnen
Um den Graphen der quadratischen Funktion $y = (x - 2)^2 - 3$ zu zeichnen, verschiebt man die Normalparabel $y = x^2$ um 2 LE nach rechts und um 3 LE nach unten.

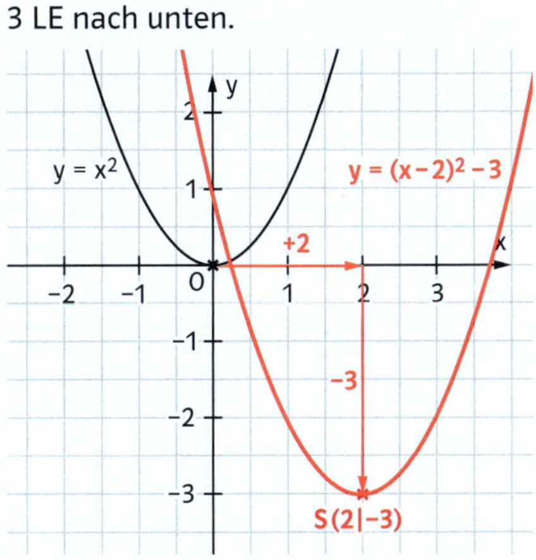

b) Funktionsgleichung bestimmen

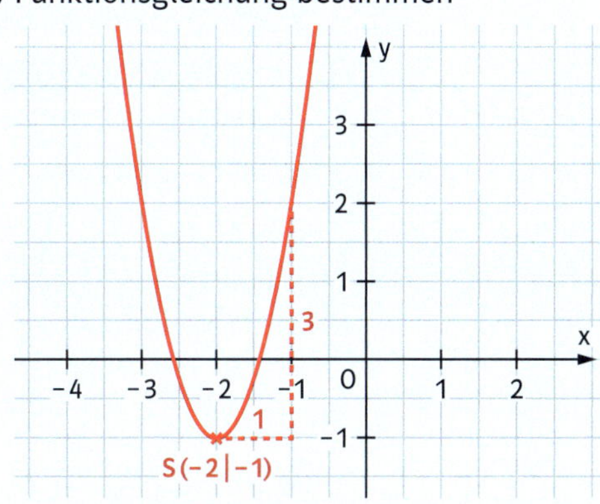

a wird bestimmt: a = 3.
Der Scheitelpunkt wird abgelesen:
S (−2 | −1), damit ist $d = -2$ und $e = -1$.
In die Funktionsgleichung einsetzen:
$y = a(x - d)^2 + e$
$y = 3(x - (-2))^2 - 1$, also $y = 3(x + 2)^2 - 1$

Tipp!
→ d > 0 ← d < 0
↑ e > 0 ↓ e < 0

○ **1** Lies die Koordinaten des Scheitelpunkts ab. Ordne dem Schaubild die richtige Funktionsgleichung zu.

$y = (x - 3)^2 - 1$ | $y = (x - 1)^2 - 1$ | $y = (x + 2)^2 - 1$

a)
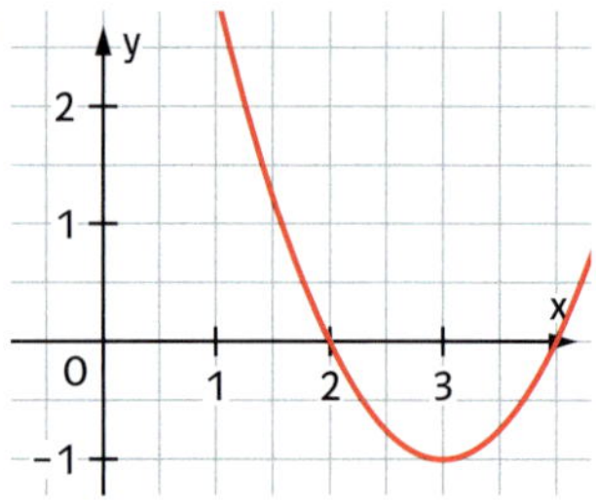

b)
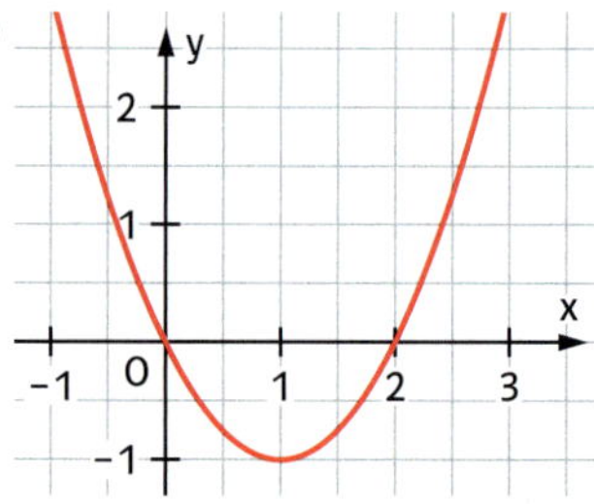

c)
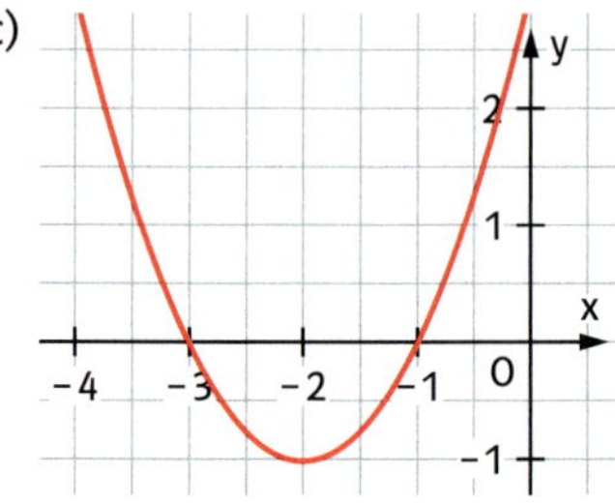

○ **2** Gib die Scheitelpunkte an. Zeichne die beiden Parabeln in ein Koordinatensystem.

a) $y = (x - 2)^2$
$y = (x - 2)^2 + 1$

b) $y = (x + 1)^2$
$y = (x + 1)^2 - 1$

c) $y = (x + 0{,}5)^2$
$y = (x + 0{,}5)^2 + 2$

d) $y = (x - 3)^2$
$y = (x - 3)^2 - 2$

○ **3** SP Gib den Scheitelpunkt und die Funktionsgleichung der verschobenen Normalparabel an.

a) Die Parabel wurde um 3 LE nach links verschoben.

b) Die Parabel wurde um 5 LE nach rechts und um 2 LE nach oben verschoben.

Alles klar?

D45 Fördern

A Gib den Scheitelpunkt der verschobenen Normalparabel an.

a) $y = (x + 4)^2 + 2$
b) $y = (x + 5)^2 - 1$
c) $y = (x - 4)^2 + 1{,}5$
d) $y = (x - 6)^2 - 2$

B Bestimme die Funktionsgleichung der verschobenen Normalparabel.

a)
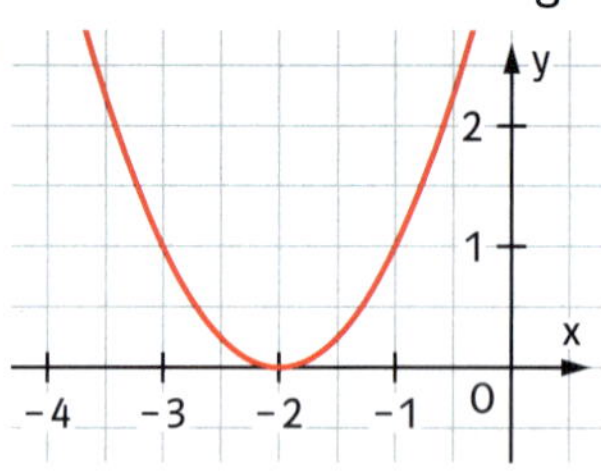

b)
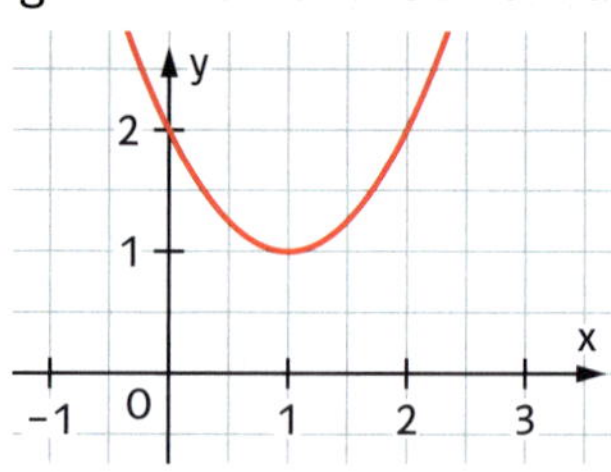

c)
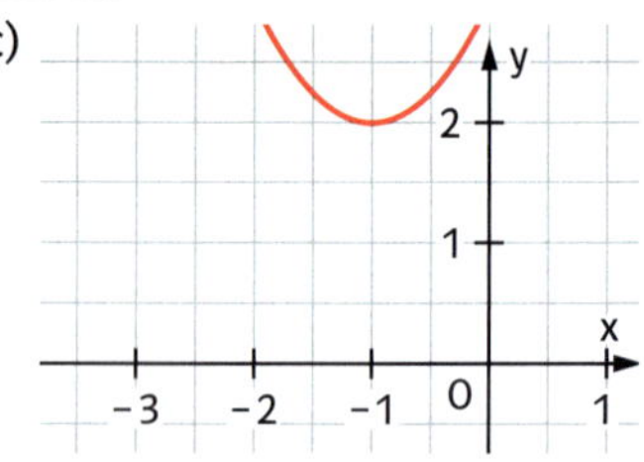

○ **4** Gib die Funktionsgleichungen der verschobenen Normalparabeln an.

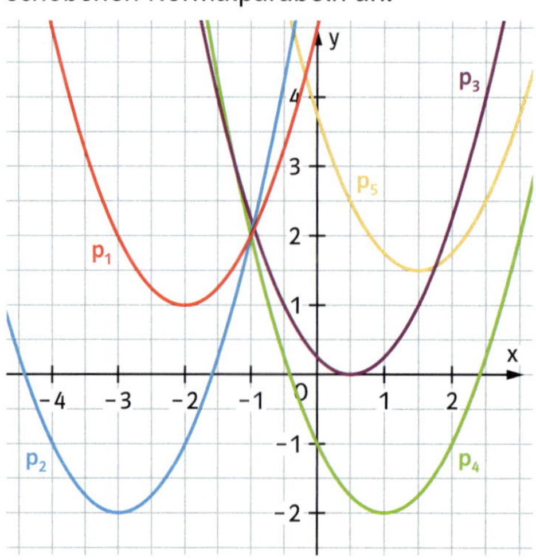

◒ **4** p_1: $y = 4(x - 3)^2 + 5$ | p_2: $y = \frac{1}{4}(x + 4)^2 + 5$ | p_3: $y = 2(x + 4)^2 - 1$ | p_4: $y = -1{,}5(x - 1)^2 - 2$

a) SP **Beschreibe** Öffnung und Form der Parabeln.

b) Gib den Scheitelpunkt S der Parabeln an.

c) Zeichne die Parabeln.

◒ **5** Bestimme den Scheitelpunkt der verschobenen Normalparabel. Gib die Funktionsgleichung an.

a)

x	0	1	2	3	4	5	6
y	11	6	3	2	3	6	11

b)

x	−8	−7	−6	−5	−4	−3	−2
y	5	0	−3	−4	−3	0	5

→ Die Lösungen zu „Alles klar?" findest du auf Seite 220.

○ **5** Die verschobene Normalparabel hat den Scheitelpunkt S. Zeichne den Graphen und gib die Gleichung in der Scheitelpunktform an.

a) S(3,5 | 0) b) S(−2,5 | 0) c) S(1 | 2)
d) S(5 | −2) e) S(−3 | 1,5) f) S(−1 | −1)

◒ **6** Ordne der Wertetabelle die richtige Funktionsgleichung zu. Eine bleibt übrig.

p_1: $y = (x-5)^2 + 2$ p_2: $y = (x-4)^2 - 7$
p_3: $y = (x+5)^2 + 2$ p_4: $y = (x+4)^2 - 7$

a)

x	1	2	4	5	6	8	9
y	18	11	3	2	3	11	18

b)

x	−8	−7	−6	−5	−4	−3	−2
y	11	6	3	2	3	6	11

c)

x	2	3	4	5	6	7	8
y	−5	−6	−7	−6	−3	2	9

◒ **7** Der Punkt P liegt auf der Parabel. Berechne die fehlende Koordinate.

a) $y = 2(x-5)^2 - 1$ P(8 | ▢)
b) $y = 4(x-2,5)^2 - 9$ P(6,5 | ▢)
c) $y = 3(x+9)^2 - 5$ P(−7 | ▢)
d) $y = -2(x-3)^2 + 6$ P(−4 | ▢)

◒ **8** Bestimme die Funktionsgleichung.

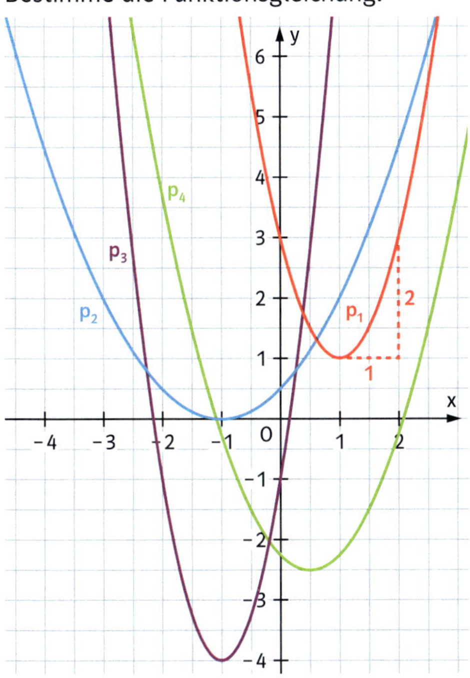

◒ **6** Gib die Funktionsgleichung der abgebildeten Parabeln an.

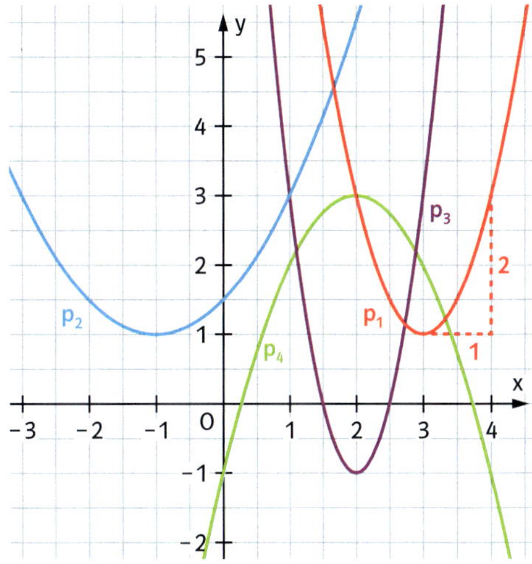

◒ **7** SP Milo behauptet: „Wenn ich den Scheitelpunkt einer Normalparabel ganz weit nach rechts lege, schneidet sie die y-Achse nicht.“ Hat Milo recht? **Begründe**.

◒ **8** Gebt drei verschobene Parabeln an, die durch P(2 | 3) gehen. Vergleicht anschließend eure Lösungen.

◒ **9** SP Beantworte die Fragen, ohne zu zeichnen, für nach oben geöffnete, verschobene Parabeln.

a) Welche der Parabeln schneidet die x-Achse?

p_1: $y = \frac{1}{2}(x+5)^2 + 2$ p_2: $y = 2(x-5)^2 - 3$
p_3: $y = -4(x+3)^2 - 5$ p_4: $y = -\frac{1}{5}(x-3)^2 + 5$

b) Welche Bedingungen müssen Funktionen der Form $y = a(x-d)^2 + e$ erfüllen, damit ihr Graph die x-Achse schneidet?

● **10** MK Zeichne die Parabeln mit einer DGS.

p_1: $y = 2x^2$ p_2: $y = 2(x-1)^2 + 1$
p_3: $y = 2(x-2)^2 + 2$ p_4: $y = 2(x-3)^2 + 3$

a) SP **Erkläre**, was dir auffällt.
b) Gib drei weitere Parabeln mit derselben Eigenschaft an.

5 Die allgemeine Form $y = ax^2 + bx + c$

x	-2	-1	0	1	2	3	4
y	7	2	-1	-2	-1	2	7

(1) $y = x^2 - 6x + 8$

(2) $y = x^2 + 4x + 5$

x	0	1	2	3	4	5	6
y	8	3	0	-1	0	3	8

x	-5	-4	-3	-2	-1	0	1
y	10	5	2	1	2	5	10

(3) $y = x^2 - 2x - 1$

Die Wertetabellen und Funktionsgleichungen gehören zu verschobenen Normalparabeln.

→ Welche Funktionsgleichung gehört zu welcher Wertetabelle?

→ Bestimmt jeweils den Scheitelpunkt aus der Wertetabelle. Findet einen Zusammenhang zwischen dem x-Wert des Scheitelpunkts und dem Koeffizienten von x.

→ Gebt zu jeder Parabel die Scheitelpunktform an und vergleicht sie mit der angegebenen Funktionsgleichung.

Der Graph einer quadratischen Funktion der Form $y = ax^2 + bx + c$ ist eine verschobene Parabel der Form ax^2. Für $a = 1$ erhält man die **Normalform** $y = x^2 + bx + c$. Um die Parabel zeichnen zu können, formt man die Funktionsgleichung in die Scheitelpunktform $y = a(x - d)^2 + e$ um. Für diese Umformung verwendet man die binomischen Formeln.

Wenn der rechte Term einer Gleichung kein Binom ist, kann man ihn zu einem Binom ergänzen.

$y = x^2 + 4x + 7$

Dazu halbiert man den Betrag des Koeffizienten von x und quadriert ihn anschließend.

$y = x^2 + 4x + \left(\frac{4}{2}\right)^2 + 7 - \left(\frac{4}{2}\right)^2$ | quadratische Ergänzung

Dieses Vorgehen nennt man **quadratische Ergänzung**.

Tipp!
1. binomische Formel:
$a^2 + 2ab + b^2 = (a + b)^2$

Die binomische Formel wird angewendet.

$y = x^2 + 2 \cdot 2x + 2^2 + 7 - 2^2$

$y = (x + 2)^2 + 3$

Merke

Die Gleichung einer quadratischen Funktion in der Form $\mathbf{y = ax^2 + bx + c}$ lässt sich durch die **quadratische Ergänzung** in die **Scheitelpunktform** umwandeln.

Beispiele

a) Die Funktionsgleichung in Normalform angeben

Eine Parabel hat den Scheitelpunkt S(−3 | 5).

Scheitelpunktform: $y = (x - (-3))^2 + 5$

Umformung: $y = (x + 3)^2 + 5$

$y = x^2 + 6x + 9 + 5$

Normalform: $y = x^2 + 6x + 14$

b) Den Scheitelpunkt bestimmen

Eine Parabel hat die Funktionsgleichung $y = x^2 - 8x + 17$.

$y = x^2 - 8x + 17$

$y = x^2 - 8x + \left(\frac{8}{2}\right)^2 + 17 - \left(\frac{8}{2}\right)^2$

$y = (x - 4)^2 + 1$

Scheitelpunkt ablesen: S(4 | 1)

○ **1** Zeichne die verschobene Normalparabel. Gib die Funktionsgleichung in der Normalform an.

a) $y = (x + 3)^2$ b) $y = (x + 1{,}5)^2$ c) $y = (x - 2)^2$

○ **2** Fülle die Lücken der quadratischen Ergänzung.

a) $y = x^2 + 6x + 10$
$y = x^2 + 6x + ■^2 + 10 - ■^2$

b) $y = x^2 - 8x + 7$
$y = x^2 - 8x + ■^2 + 7 - ■^2$

c) $y = x^2 + 3x - 7$
$y = x^2 + 3x + ■^2 - 7 - ■^2$

3 Welche Funktionsgleichungen gehören zusammen? Eine Gleichung bleibt übrig.

A $y = (x-1)^2 - 2$

(1) $y = x^2 + 2x + 2$

(2) $y = x^2 + 2x + 1$

(4) $y = x^2 - 2x - 1$

B $y = (x+1)^2 + 1$

C $y = (x+1)^2$

(3) $y = x^2 + 2x - 1$

4 Der Scheitelpunkt gehört zu einer verschobenen Normalparabel. Gib in Normalform an.

a) $S(1|3)$ b) $S(5|-3)$ c) $S(2|-4)$ d) $S(-6|-5)$

Alles klar?

D46 Fördern

A Der Scheitelpunkt gehört zu einer verschobenen Normalparabel. Gib die Normalform an.

a) $S(3|1)$ b) $S(-2|3)$
c) $S(5|-3)$ d) $S(-1|-4)$

B Gib die Funktionsgleichung in der Scheitelpunktform an. Zeichne dann die Parabel.

a) $y = x^2 - 2x + 1$ b) $y = x^2 - 8x + 16$
c) $y = x^2 + 4x + 4$ d) $y = x^2 - 5x + 6{,}25$

5 4 Schaubilder – 6 Gleichungen

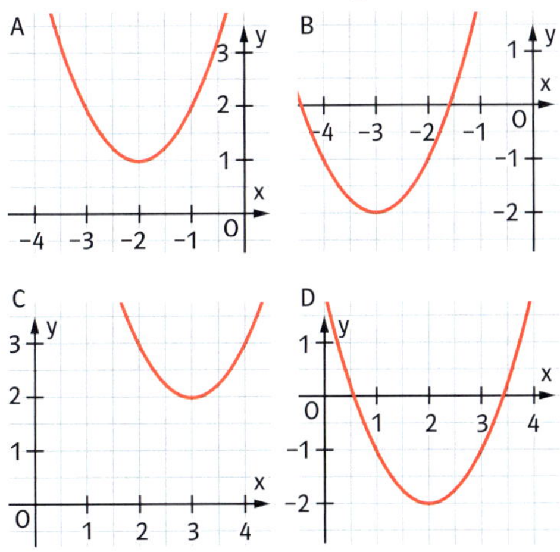

(1) $y = x^2 - 4x + 2$

(2) $y = x^2 - 4x - 2$

(3) $y = x^2 + 6x + 7$

(4) $y = x^2 + 6x + 11$

(5) $y = x^2 + 4x + 5$

(6) $y = x^2 - 6x + 11$

a) Ordne den Schaubildern die richtige Funktionsgleichung zu.
b) Zwei Gleichungen bleiben übrig. Bestimme jeweils die Scheitelpunktform.

6 Amar hat einen Fehler bei den Umformungen gemacht. Korrigiere.

$y = x^2 + 12x + 36$
$y = x^2 + 12x + \left(\frac{36}{2}\right)^2$
$y = (x + 18)^2$
$S(0|18)$

5 Bestimme den Scheitelpunkt der Parabel und zeichne sie.

a) $y = x^2 - 10x + 25$ b) $y = x^2 + 4x + 4$
c) $y = x^2 - 8x + 16$ d) $y = x^2 + 6x + 9$

6 Welchen Fehler hat Toni beim Zeichnen gemacht? Korrigiere.

(1) $y = x^2 - 6x + 9$ (2) $y = x^2 + 2x + 1$
(3) $y = x^2 + 3x + 2{,}25$ (4) $y = x^2$

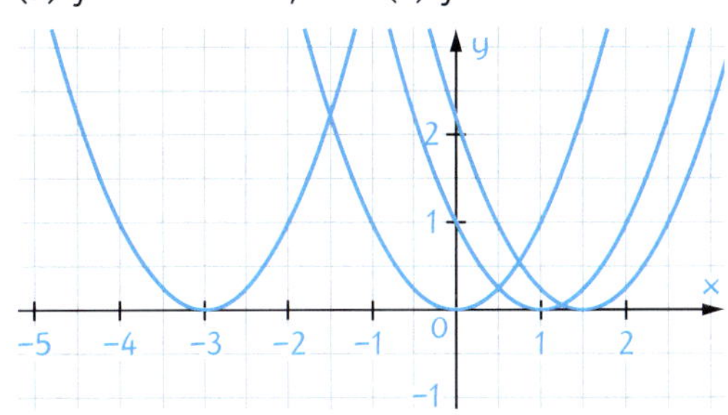

7 Gib die Funktionsgleichung in der Form $y = ax^2 + bx + c$ an.

a) $S(2|-1)$ mit dem Koeffizienten $a = 3$.
b) $S(2|-1)$ mit dem Koeffizienten $a = -1$.

8 Forme die Funktionsgleichung in die Scheitelpunktform um.

Beispiel: $y = 2x^2 - 4x + 5$
$y = 2(x^2 - 2x + 1^2 - 1^2) + 5$
$y = 2(x^2 - 2x + 1) - 2 \cdot 1 + 5$
$y = 2(x^2 - 1)^2 + 3$
$S(1|3)$

a) p_1: $y = 2x^2 - 8x + 7$

b) p_2: $y = \frac{1}{2}x^2 - x + 1{,}5$

c) p_3: $y = -4x^2 - 8x - 6$

→ Die Lösungen zu „Alles klar?" findest du auf Seite 220.

Zusammenfassung

Die quadratische Funktion $y = x^2$

Den Graphen der quadratischen Funktion mit der Funktionsgleichung $\mathbf{y = x^2}$ nennt man **Normalparabel**.
Der tiefste Punkt der Normalparabel heißt **Scheitelpunkt S (0 | 0)**. Jede Parabel ist achsensymmetrisch.
Die Symmetrieachse verläuft senkrecht durch den Scheitelpunkt.

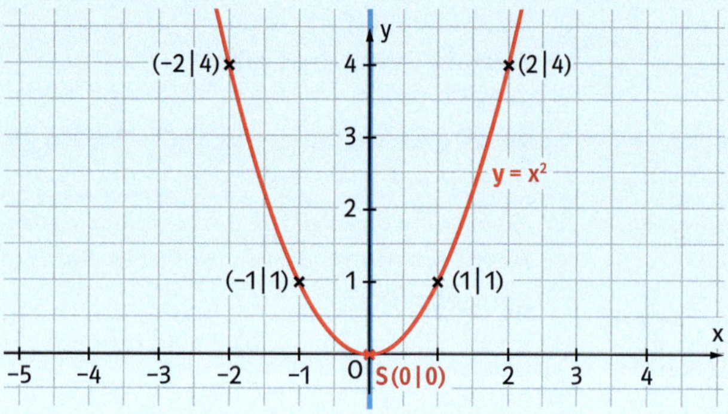

Die quadratische Funktion $y = ax^2 + c$

Der Graph der Funktion $\mathbf{y = ax^2 + c}$ ist eine Parabel.
Der Scheitelpunkt hat die Koordinaten **S (0 | c)**.
Der Summand c gibt die **Verschiebung in y-Richtung** an.
Der **Streckfaktor a** bestimmt die Form und Öffnung der Parabel.

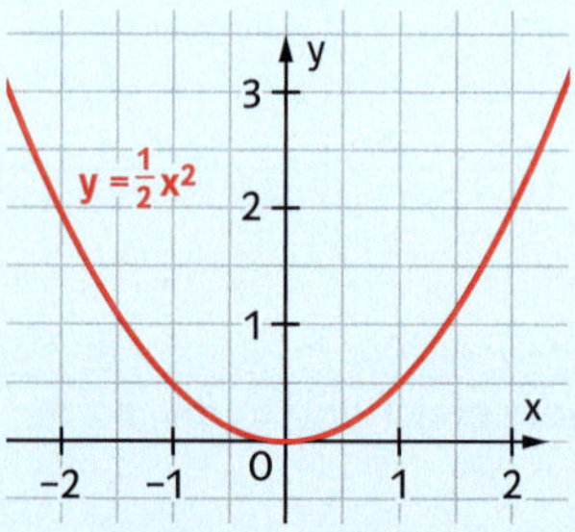

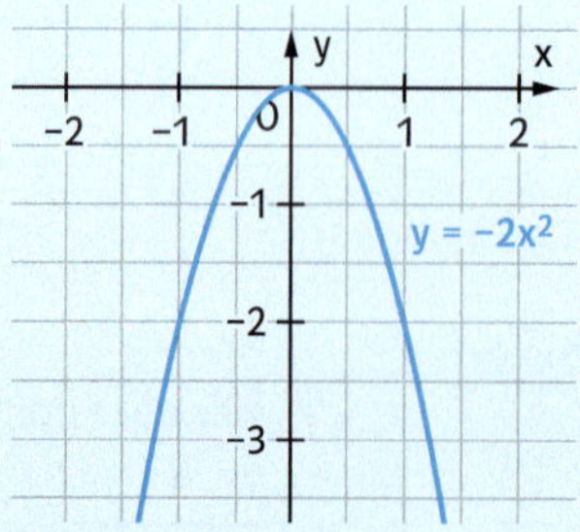

Für $a > 0$:
nach oben geöffnet
Für $|a| < 1$: gestaucht
breiter als Normalparabel

Für $a < 0$:
nach unten geöffnet
Für $|a| > 1$: gestreckt
schmaler als Normalparabel

Die allgemeine Form $y = ax^2 + bx + c$

Die Gleichung $\mathbf{y = ax^2 + bx + c}$ lässt sich durch **quadratische Ergänzung** in die Scheitelpunktform umwandeln.

Normalform:	$y = x^2 - 4x + 3$
quadratische Ergänzung:	$y = x^2 - 4x + \left(\frac{4}{2}\right)^2 + 3 - \left(\frac{4}{2}\right)^2$
Scheitelpunktform:	$y = (x - 2)^2 - 1$

Die quadratische Funktion $y = x^2 + c$

Der Graph der quadratischen Funktion $\mathbf{y = x^2 + c}$ ist eine **verschobene Normalparabel**.
Der Scheitelpunkt hat die Koordinaten **S (0 | c)**.

c > 0 Verschiebung nach oben
c < 0 Verschiebung nach unten

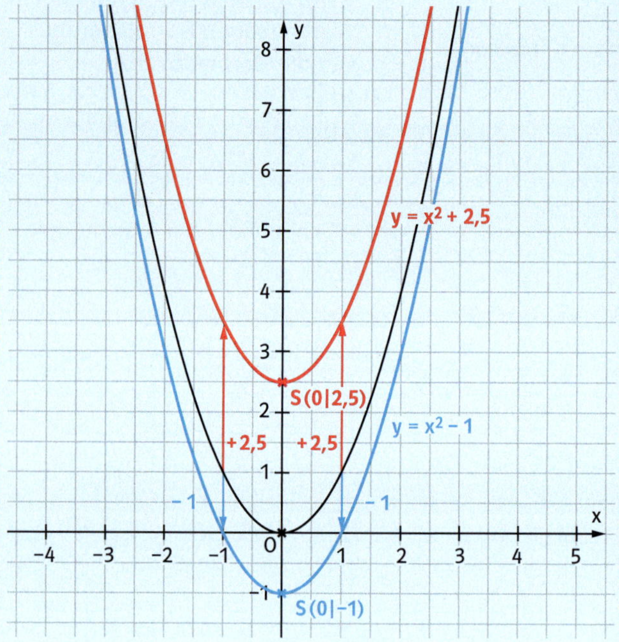

Die Scheitelpunktform $y = a(x - d)^2 + e$

Der Graph einer quadratischen Funktion mit der Gleichung $\mathbf{y = a(x - d)^2 + e}$ ist eine verschobene Parabel der Form $y = ax^2$. Sie ist um **d** in **x-Richtung** und um **e** in **y-Richtung** verschoben. Der Scheitelpunkt hat die Koordinaten **S (d | e)**. Die Gleichung $\mathbf{y = a(x - d)^2 + e}$ heißt **Scheitelpunktform** der quadratischen Funktion.
Aus der Scheitelpunktform können die Koordinaten des Scheitelpunkts direkt abgelesen werden.

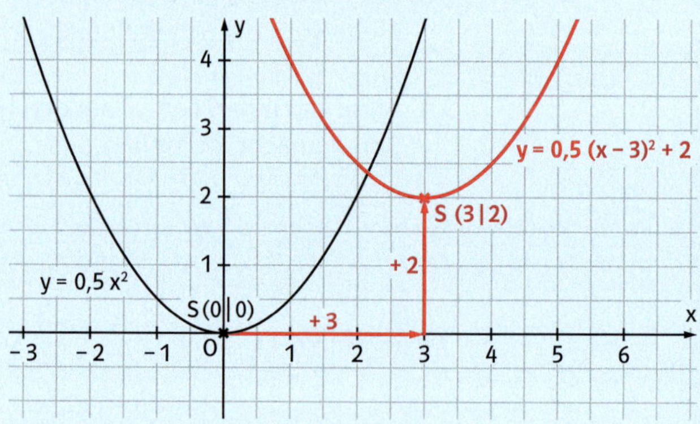

Basistraining

Tipp!
Du kannst deine Lösungen zu den Aufgaben dieser Seite mit einer dynamischen Geometriesoftware (DGS) überprüfen.

○ **1** MK Zeichne den Graphen der quadratischen Funktion. Nutze eine DGS.

a) $f(x) = \frac{1}{2}x^2$ b) $g(x) = -\frac{1}{4}x^2$

c) $h(x) = 2x^2 - 3$ d) $i(x) = -\frac{3}{2}x^2 + 1$

○ **2** Ordne der Wertetabelle die richtige Funktionsgleichung zu. Eine bleibt übrig.

$y = -x^2 + 3$ $y = x^2 + 3$ $y = x^2 - 3$

a)

x	−2	−1	0	1	2
y	−1	2	3	2	−1

b)

x	−2	−1	0	1	2
y	1	−2	−3	−2	1

○ **3** SP Prüfe, welche Gleichung zur Parabel gehört. **Begründe** deine Entscheidung. Zeichne die nicht abgebildete Parabel.

$y = \frac{1}{2}x^2 - 1$ $y = -\frac{1}{2}x^2 - 1$

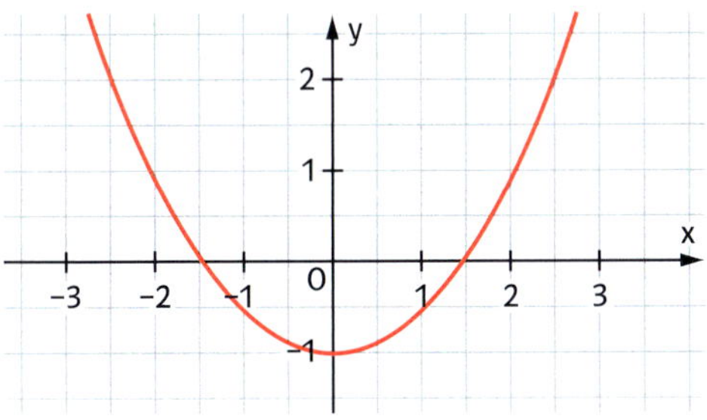

○ **4** SP **Beschreibe** den Graphen der Funktion. Verwende die Satzbausteine.

breiter als die Normalparabel

schmaler als die Normalparabel

nach ▒ geöffnet

a) $f(x) = \frac{1}{4}x^2 + 1{,}5$ b) $f(x) = 1{,}5x^2 - 0{,}5$

c) $f(x) = -3x^2 - 1$ d) $f(x) = -\frac{1}{3}x^2 + 1$

○ **5** Vervollständige die Wertetabelle. Zeichne anschließend den Graphen.

a) $y = (x - 3)^2 + 1$

x	1	2	3	4	5
y	▒	▒	▒	▒	▒

b) $y = x^2 + 2x - 2$

x	−3	−2	−1	0	1
y	▒	▒	▒	▒	▒

○ **6** Ordne der Gleichung den richtigen Scheitelpunkt zu.

$S_1(3|2)$ $S_2(-3|2)$ $S_3(3|-2)$ $S_4(-3|-2)$

a) $y = (x + 3)^2 + 2$ b) $y = (x - 3)^2 + 2$

c) $y = (x - 3)^2 - 2$ d) $y = (x + 3)^2 - 2$

◒ **7** Zwei der vier Parabeln sind **falsch** gezeichnet.

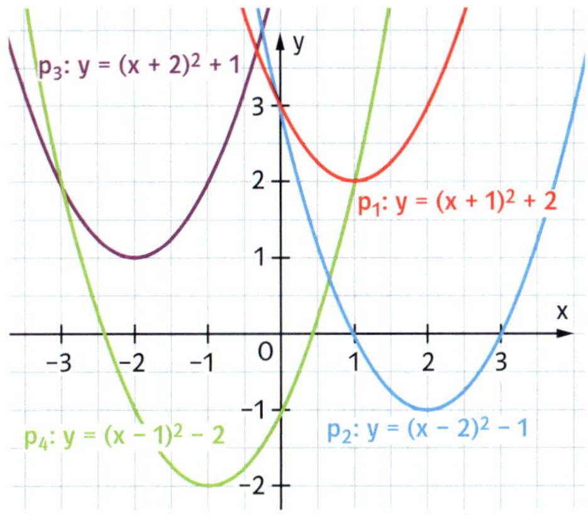

a) SP Findet sie und **beschreibt**, was falsch gemacht wurde.

b) Zeichne die beiden Parabeln richtig ins Heft.

○ **8** Bestimme den Scheitelpunkt der verschobenen Normalparabel mithilfe der quadratischen Ergänzung. Zeichne die Parabel in ein Koordinatensystem.

a) $y = x^2 - 6x + 8$ b) $y = x^2 + 4x + 7$

c) $y = x^2 + 8x + 15$ d) $y = x^2 - 2x - 3$

○ **9** Prüfe nach, ob der Punkt Q auf der Parabel liegt. Korrigiere, wenn nötig, die y-Koordinate.

a) $y = x^2 + 7x + 3$ $Q(2|21)$

b) $y = (x - 2{,}5)^2 - 7{,}5$ $Q(-0{,}5|-1{,}5)$

c) $y = -\frac{1}{4}x^2 + 3{,}5$ $Q(-4|-0{,}5)$

○ **10** Von einer verschobenen, nach oben geöffneten Normalparabel ist der Scheitelpunkt bekannt. Gib die Funktionsgleichung in Scheitelpunkt- und in Normalform an.

a) $S(3|5)$ b) $S(-7|-4)$ c) $S(-2{,}5|0{,}5)$

Anwenden. Nachdenken

eine Spannweite
Entfernung der beiden Punkte, die am weitesten auseinanderliegen

11 Ordne jeder Gleichung den richtigen Scheitelpunkt zu. Ein Kärtchen bleibt übrig.

p_1: $y = x^2 + 12x + 28$ | $S(6|-8)$ | $S(-6|-8)$ | p_2: $y = x^2 - 12x + 28$ | p_3: $y = x^2 - 12x + 44$ | $S(6|8)$ | $S(-6|8)$

12 Vergleiche die Form und die Lage der Parabel mit der Normalparabel.

a) $y = 5x^2$
b) $y = 0{,}1x^2$
c) $y = -\frac{1}{100}x^2$
d) $y = 100x^2 - 10$
e) $y = -x^2 - 10$
f) $y = -0{,}01x^2 - 0{,}1$

13 MK SP Entscheide, ob eine lineare oder eine quadratische Funktion vorliegt. Begründe deine Entscheidung. Bestimme mithilfe einer DGS die Funktionsgleichung.

a)

x	0	1	2	3	4	5
f(x)	2	5	8	11	14	17

b)

x	0	1	2	3	4	5
g(x)	−5	−4	−1	4	11	20

c)

x	−6	−5	−4	−3	−2	−1
h(x)	15	13	11	9	7	5

eine Bogenweite
Entfernung zweier Punkte des Bogens, die auf der gleichen Höhe liegen

14 Für eine fallende Kugel gilt die Formel $s = 5t^2$. Dabei ist t die Fallzeit in Sekunden und s die Fallstrecke in Metern. Die Kugel wird aus einer Höhe von 120 m fallen gelassen.

a) Ermittle, wie lange die Kugel braucht, bis sie den Boden erreicht.
b) Zeichne ein passendes Schaubild. Achte auf die Achsenbeschriftung.

15 Gib eine Gleichung für eine Parabel an.

a) Die Parabel hat genau zwei Punkte auf der x-Achse.
b) Die Parabel hat genau einen Punkt auf der x-Achse.
c) Die Parabel hat keinen Punkt auf der x-Achse.

16 Der Gateway Arch steht in St. Louis (USA). Der Bogen ist annähernd parabelförmig und 192 m hoch. Die Spannweite beträgt ebenfalls 192 m.

a) Bestimme die zugehörige Funktionsgleichung.
b) Berechne die Bogenweite in 100 m Höhe.

17 Das Schaubild zeigt einen Ausschnitt der verschobenen Normalparabel p_1.

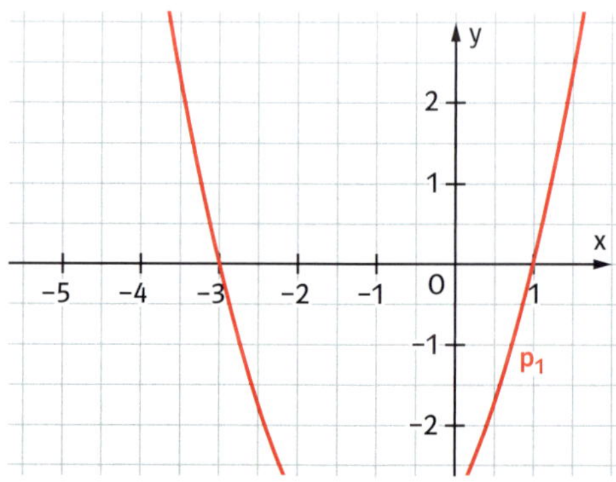

a) Bestimme die Funktionsgleichung von p_1.
b) Der Scheitel wird um 2 LE nach rechts und um 4 LE nach oben verschoben. Es entsteht die Parabel p_2. Gib die Gleichung von p_2 an.
c) Durch die Scheitelpunkte von p_1 und p_2 verläuft die Gerade g. Bestimme die Gleichung der Geraden.

18 MK Bestimme die Funktionsgleichungen und zeichne das Muster mit einer DGS nach. Erfinde auch eigene Muster.

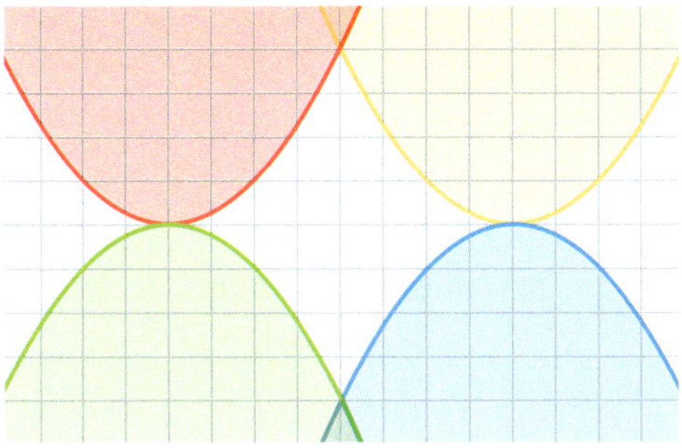

19 SP Eine Wasserfontäne erreicht eine Höhe von 20 m. Am Boden hat sie eine Weite von 23 m. Entscheide, mit welcher Funktionsgleichung sich die Fontäne beschreiben lässt. Begründe deine Entscheidung.

A $y = -0{,}3125x^2 + 20$

C $y = 0{,}3125x^2$

B $y = 20x^2 + 23$

D $y = 23x^2 - 20$

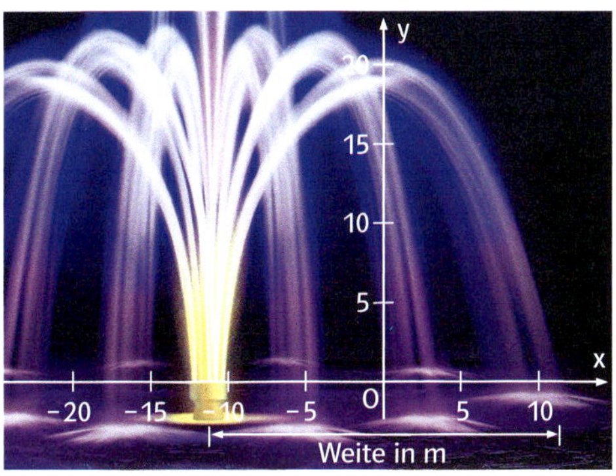

20 SP Zeichne die Graphen. Beschreibe ihre Gemeinsamkeit.

p_1: $y = x^2 - 10x + 25$

p_2: $y = x^2 - 4x + 4$

p_3: $y = x^2 + 6x + 9$

p_4: $y = x^2 + 2x + 1$

p_5: $y = x^2 - x + 0{,}25$

21 SP Elisa behauptet: „Wenn eine Parabelgleichung in Normalform gegeben ist, kann ich an den Plus- und Minuszeichen ablesen, ob der Scheitelpunkt links oder rechts von der y-Achse liegt."
Finde anhand von Beispielen heraus, wie Elisa vorgeht.

22 Drei Graphen, eine Wertetabelle und eine Funktionsgleichung.

$y = x^2 - 6x + 5$

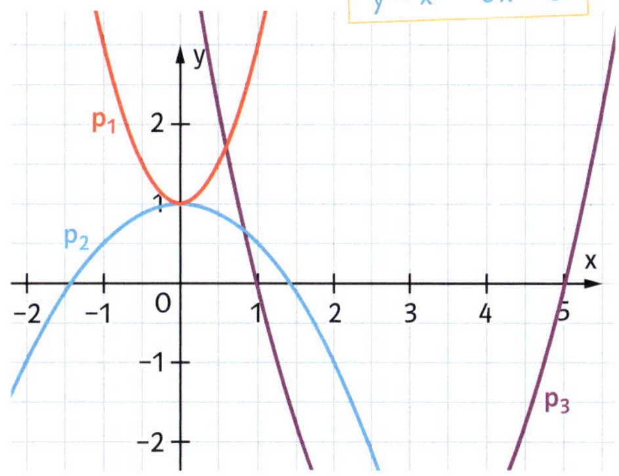

x	0	1	2	3	4	5
y	1	0,5	−1	−3,5	−7	−11,5

a) Zu welcher Parabel gehört die Gleichung?
b) Zu welcher Parabel gehört die Wertetabelle?
c) Eine Parabel ist übrig. Bestimme die Funktionsgleichung und erstelle eine Wertetabelle.

23 SP Die Parabel wird an der y-Achse gespiegelt. Gib die neue Funktionsgleichung in Normalform an. Was fällt dir auf?

a) $y = (x - 3)^2 + 2$
b) $y = (x + 5)^2 + 3$
c) $y = (x + 4)^2 - 5$
d) $y = (x - 1)^2 - 6$

24 Gegeben sind vier Parabeln.

p_1: $y = (x - 2)^2 - 3$
p_2: $y = (x + 2)^2 - 2$
p_3: $y = 2(x + 1)^2 + 2$
p_4: $y = 0{,}5(x - 3)^2 + 1$

a) Bestimme die Scheitelpunkte und zeichne ein gemeinsames Schaubild.
b) Gib die Funktionsgleichungen der Parabeln in Normalform an.
c) SP Lies im Schaubild die Schnittpunkte mit der y-Achse ab. Vergleiche mit den Funktionsgleichungen: Was findest du heraus?
d) Verbinde die vier Scheitelpunkte. Welches Viereck entsteht?

25 Die Parabel p hat die Gleichung $y = x^2 - 8x + 17$. Gib eine Gerade g an, die durch den Punkt R(0 | 2) geht und mit der Parabel keinen gemeinsamen Punkt hat.

Rückspiegel

D47 Teste dich

○1 SP Zeichne die Parabel und **beschreibe** sie. Erstelle, falls notwendig, eine Wertetabelle.

a) $y = x^2 - 2$ b) $y = -x^2 + 5$ c) $y = \frac{1}{2}x^2 + 1$ d) $y = -2x^2 + 3$

○2 Bestimme den Scheitelpunkt der Parabel. Zeichne sie dann in ein Koordinatensystem.

a) $y = x^2 - 4$ b) $y = x^2 + 3{,}5$ c) $y = (x - 3)^2$ d) $y = (x + 2)^2 - 1$

○3 Ordne dem Graphen die richtige Funktionsgleichung zu.

$f(x) = (x - 1{,}5)^2$ $g(x) = \frac{1}{3}x^2 - 1$ $h(x) = 2x^2 - 1$ $i(x) = (x + 1)^2 + 1$

a)

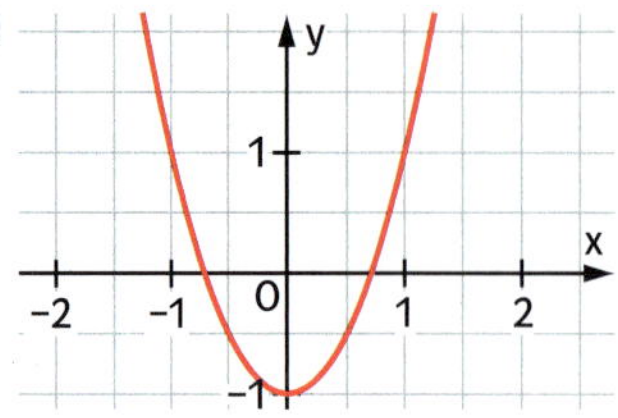

b)

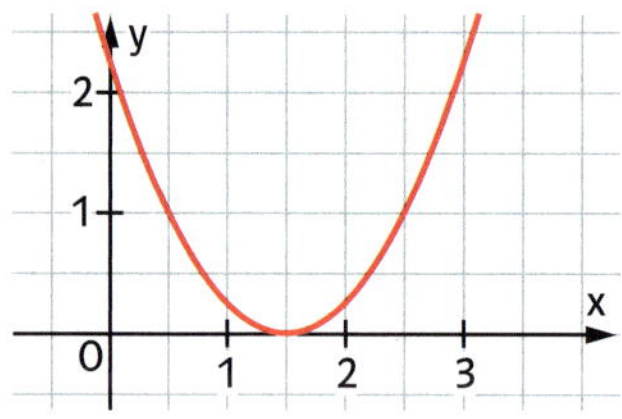

c)

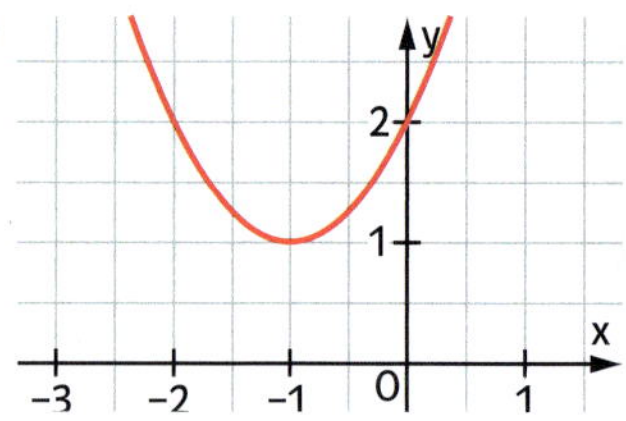

○4 Liegt der Punkt auf dem Graphen? Mache die Punktprobe.

a) $P(2|7)$; $y = x^2 + 3$ b) $P(3|30)$; $y = 5x^2 - 6$ c) $P(2|0)$; $y = (x - 2)^2 - 4$

○5 Bestimme die Funktionsgleichungen der verschobenen Normalparabeln in der Scheitelpunktform und in der Normalform.

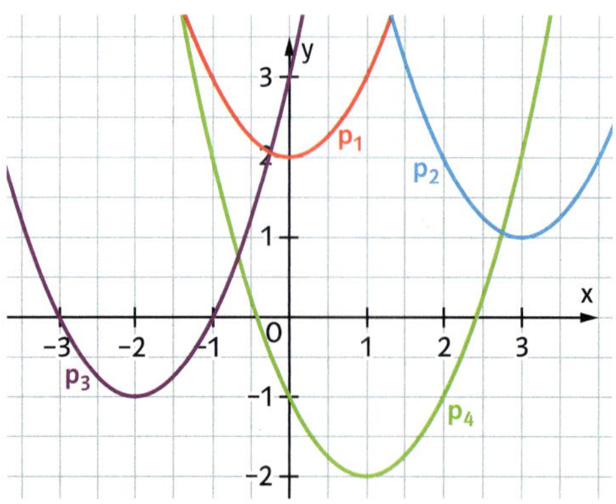

◒6 Bestimme mithilfe der Punkte P und Q die Funktionsgleichung der verschobenen Normalparabel.

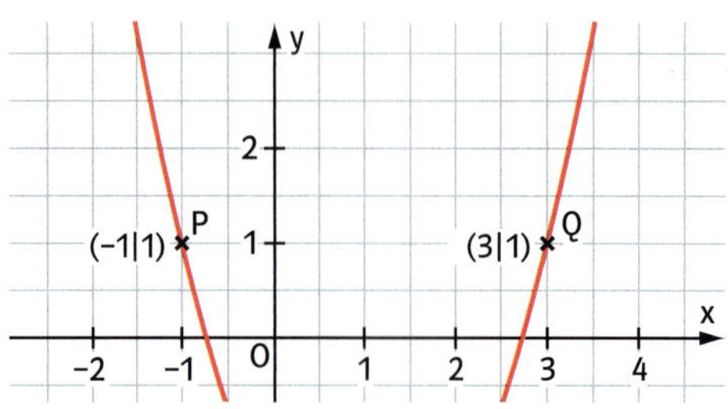

◒5 Bestimme die Funktionsgleichungen der Parabeln in der Scheitelpunktform und in der Normalform.

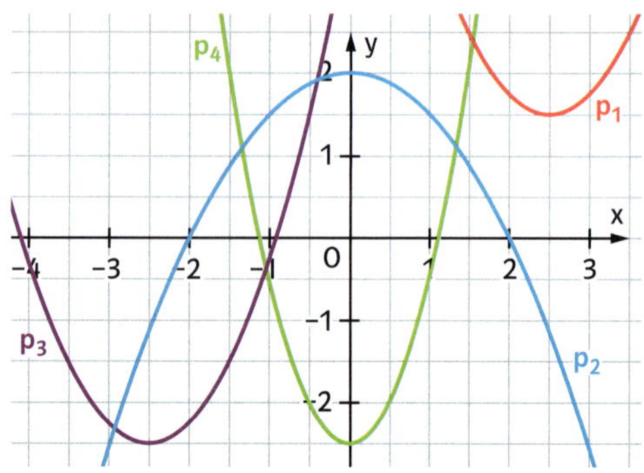

◒6 Gegeben sind die Parabeln

p_1: $y = x^2 - 6x + 9$

p_2: $y = x^2 - 3x + 2{,}25$

p_3: $y = x^2 + 5x + 6{,}25$

p_4: $y = x^2 + 18x + 81$

a) Gib die Funktionsgleichungen in der Scheitelpunktform an.

b) Gib zu jeder Parabel den Schnittpunkt mit der y-Achse an.

◒7 Gib die Funktionsgleichung in der Scheitelpunktform an.

a) $y = x^2 + 4x + 5$ b) $y = x^2 - 8x + 10$

→ Die Lösungen findest du auf Seite 221.

Grundwissen

Kapitel 2
Aufgabe I
Kapitel 3
Aufgabe A
Kapitel 5
Aufgabe A

Zahlen runden

Beim Runden von Zahlen legt man zuerst die **Rundungsstelle** fest.

Folgt auf die Rundungsstelle eine **0**; **1**; **2**; **3** oder **4**, bleibt die Rundungsstelle unverändert. Du rundest **ab**.

Runden auf **Zehner**: 22,314 ≈ 20
Runden auf **Einer**: 22,314 ≈ 22
Runden auf **Zehntel**: 22,314 ≈ 22,3
Runden auf **Hundertstel**: 22,314 ≈ 22,31

Folgt auf die Rundungsstelle eine **5**; **6**; **7**; **8** oder **9**, wird die Rundungsstelle um 1 erhöht. Du rundest **auf**.

Runden auf **Zehner**: 135,698 ≈ 140
Runden auf **Einer**: 135,698 ≈ 136
Runden auf **eine Nachkommastelle**: 135,698 ≈ 135,7
Runden auf **zwei Nachkommastellen**: 135,698 ≈ 135,70

1 Runde auf die unterstrichene Rundungsstelle.

a) $\underline{7}5$ b) $1\underline{2}{,}1$ c) $5\underline{5}{,}5$
d) $5{,}\underline{3}4$ e) $2{,}\underline{5}9$ f) $\underline{1}0{,}30$
g) $3{,}0\underline{4}6$ h) $\underline{0}{,}485$ i) $5{,}0\underline{5}0$
j) $\underline{1}9{,}005$ k) $9{,}\underline{9}9$ l) $0{,}\underline{0}39$

2 Markiere zuerst die Rundungsstelle.
a) Runde auf Einer.
28,4; 3,062; 0,57; 107,901
b) Runde auf Zehntel.
37,55; 0,831; 4,705; 1,111
c) Runde auf zwei Nachkommastellen.
0,382; 11,960; 88,789; 3,995

Kapitel 2
Aufgabe H

Zahlbereiche

Die Menge der **natürlichen Zahlen** wird mit ℕ bezeichnet
ℕ = {0; 1; 2; 3; …}.
Die Menge der **ganzen Zahlen** wird mit ℤ bezeichnet:
ℤ = {…; −2; −1; 0; 1; 2; …}.
Die Menge der rationalen Zahlen wird mit ℚ bezeichnet.
Zu ihr gehören die ganzen Zahlen sowie die positiven und negativen Brüche. Dezimalzahlen, die man als Bruch schreiben kann, sind ebenfalls rationale Zahlen.

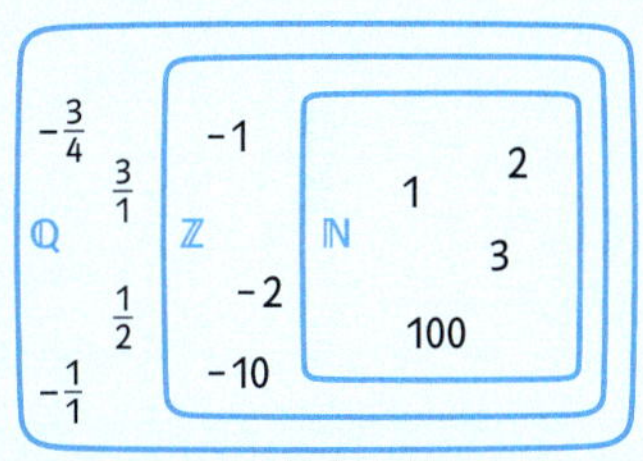

Die natürlichen Zahlen sind in der Menge der ganzen Zahlen enthalten. Die ganzen Zahlen sind in der Menge der rationalen Zahlen enthalten.

3 Kreuze an, zu welchem Zahlbereich die Zahl gehört.

	−2,7	8	−7	$\frac{4}{6}$	$-1\frac{1}{2}$	0,002	−3,04	$0{,}\overline{3}$	0	−299
ℕ										
ℤ										
ℚ										

4 Gib fünf Zahlen an, die
a) zur Menge der ganzen Zahlen gehören, aber nicht zur Menge der natürlichen Zahlen.
b) zur Menge der rationalen Zahlen gehören, aber nicht zur Menge der ganzen Zahlen.

→ Die Lösungen findest du auf Seite 223.

Kapitel 2
Aufgaben D und G

Kapitel 3
Aufgabe B

Potenzen

Ein Produkt, das aus gleichen Faktoren besteht, lässt sich als **Potenz** schreiben. Eine Potenz besteht aus einer **Basis (Grundzahl)** und einem **Exponenten (Hochzahl)**.
Die Basis gibt den Faktor an, der Exponent die Anzahl der Faktoren.

Potenz; Exponent (Hochzahl)

$4 \cdot 4 \cdot 4 \cdot 4 \cdot 4 = 4^5 = 1024$

Basis (Grundzahl); Wert der Potenz

Lies: „vier hoch fünf"

Potenzen mit dem Exponenten 2 heißen **Quadratzahlen**. $8^2 = 8 \cdot 8 = 64$
Potenzen mit dem Exponenten 3 heißen **Kubikzahlen**. $4^3 = 4 \cdot 4 \cdot 4 = 64$

5 Schreibe das Produkt als Potenz.

a) $1234 \cdot 1234$
b) $38 \cdot 38 \cdot 38$
c) $9 \cdot 9 \cdot 9 \cdot 9 \cdot 9 \cdot 9$
d) $14 \cdot 14 \cdot 14 \cdot 14 \cdot 14 \cdot 14 \cdot 14$
e) $0{,}5 \cdot 0{,}5 \cdot 0{,}5 \cdot 0{,}5 \cdot 0{,}5$
f) $1 \cdot 1 \cdot 1 \cdot 1 \cdot 1 \cdot 1 \cdot 1 \cdot 1 \cdot 1$

6 Schreibe als Produkt und berechne ohne Taschenrechner.

a) 7^2; 11^2; 12^2; 20^2
b) 2^5; 5^2; 2^3; 3^2
c) 3^3; 4^3; 5^3; 6^3

7 Zwischen welchen Quadratzahlen liegt die Zahl? Schreibe wie im Beispiel.

Beispiel: $9^2 < \mathbf{87} < 10^2$

a) 5 b) 40 c) 52
d) 80 e) 105 f) 131

8 Du kannst die Zahl als Produkt mit einer Quadratzahl schreiben.

Beispiel: $48 = 3 \cdot 16 = 3 \cdot 4^2$

a) 50 b) 125 c) 200
d) 45 e) 63 f) 18

Kapitel 1
Aufgabe A

Kapitel 2
Aufgaben B und C

Mit Brüchen und Dezimalzahlen rechnen

Brüche erweitern: Multipliziere Zähler und Nenner mit derselben Zahl.

$\frac{1}{2} = \frac{1 \cdot 3}{2 \cdot 3} = \frac{3}{6}$ $\frac{4}{5} = \frac{4 \cdot 2}{5 \cdot 2} = \frac{8}{10}$

Brüche addieren: Bringe die Brüche auf den gleichen Nenner. Addiere die Zähler.

$\frac{1}{8} + \frac{6}{8} = \frac{1+6}{8} = \frac{7}{8}$ $\frac{1}{4} + \frac{3}{8} = \frac{2}{8} + \frac{3}{8} = \frac{5}{8}$

Dezimalzahlen addieren, subtrahieren:
Addiere oder subtrahiere gleiche Stellenwerte von rechts nach links.

$4{,}3 + 2{,}5 = 6{,}8$ $1{,}5 + 3{,}35 = 4{,}85$
$8{,}64 - 0{,}5 = 8{,}14$

Brüche kürzen: Dividiere Zähler und Nenner durch dieselbe Zahl.

$\frac{6}{12} = \frac{6:6}{12:6} = \frac{1}{2}$ $\frac{12}{40} = \frac{12:4}{40:4} = \frac{3}{10}$

Brüche multiplizieren: Multipliziere die Zähler und die Nenner.

$\frac{1}{2} \cdot \frac{1}{3} = \frac{1 \cdot 1}{2 \cdot 3} = \frac{1}{6}$ $\frac{2}{3} \cdot \frac{4}{5} = \frac{2 \cdot 4}{3 \cdot 5} = \frac{8}{15}$

Dezimalzahlen multiplizieren:
Multipliziere erst ohne Komma. Zähle die Dezimalen, um das Komma zu setzen.

$4{,}52 \cdot 0{,}3 = 1{,}356$ — $452 \cdot 3 = 1356$ (ohne Komma berechnen)
52 3 356 — drei Dezimalen
zwei + eine = drei

9 Erweitere mit den blauen Zahlen in Klammern. Kürze mit den roten Zahlen.

a) $\frac{1}{2}$ (3) b) $\frac{3}{4}$ (2) c) $\frac{5}{8}$ (4) d) $\frac{2}{3}$ (4)
e) $\frac{6}{9}$ (3) f) $\frac{2}{4}$ (2) g) $\frac{5}{50}$ (5) h) $\frac{8}{12}$ (4)

10 Berechne. Kürze, falls möglich.

a) $\frac{1}{4} + \frac{1}{4}$ b) $\frac{3}{5} + \frac{3}{10}$ c) $\frac{1}{6} + \frac{1}{5}$ d) $\frac{5}{4} - \frac{3}{4}$
e) $\frac{1}{2} - \frac{1}{4}$ f) $\frac{9}{5} - \frac{4}{10}$ g) $\frac{1}{3} \cdot \frac{4}{5}$ h) $\frac{1}{4} \cdot \frac{3}{8}$

→ Die Lösungen findest du auf Seite 223.

11 Berechne. Schreibe das Ergebnis als Dezimalzahl.

a) $\frac{1}{2}+\frac{1}{4}$ b) $\frac{3}{8}+\frac{3}{8}$ c) $\frac{4}{5}+\frac{1}{10}$ d) $\frac{3}{5}-\frac{1}{10}$
e) $\frac{1}{4}\cdot\frac{1}{2}$ f) $\frac{2}{3}\cdot\frac{3}{4}$ g) $\frac{3}{2}\cdot\frac{1}{5}$ h) $\frac{5}{6}\cdot\frac{9}{10}$

12 Berechne als Dezimalzahl.

a) 1,5 + 3,2 b) 4,64 − 3,2 c) 5,03 + 4,1
d) $1{,}5\cdot 2{,}2$ e) $3{,}2\cdot 4$ f) $0{,}32\cdot 0{,}2$
g) $\frac{1}{10}\cdot 3$ h) $\frac{1}{4}\cdot 1{,}6$ i) $\frac{7}{10}\cdot 0{,}1$

Kapitel 1
Aufgabe B

Brüche und Dezimalzahlen in Prozent umwandeln

Hat ein Bruch den Nenner 100, liest du die zugehörige Prozentzahl im Zähler ab. Andere Brüche kannst du oft durch Erweitern oder Kürzen auf den Nenner 100 bringen.

$\frac{50}{100} = 50\,\%$ $\frac{7}{100} = 7\,\%$ $\frac{3{,}5}{100} = 3{,}5\,\%$

$\frac{4}{5} = \frac{80}{100} = 80\,\%$ $\frac{150}{200} = \frac{75}{100} = 75\,\%$ $\frac{3}{8} = \frac{3\cdot 12{,}5}{8\cdot 12{,}5} = \frac{37{,}5}{100} = 37{,}5\,\%$

Die ersten zwei Dezimalen einer Dezimalzahl geben die zugehörige Prozentzahl an.

0,75 = 75 % 0,06 = 6 % $\frac{1}{3} \approx 0{,}333 = 33{,}3\,\%$ $\frac{1}{12} \approx 0{,}083 = 8{,}3\,\%$
0,125 = 12,5 % 0,6 = 60 %
Achtung: 1,06 = 106 %

13 Wandle in Prozent um.

a) $\frac{25}{100}$ b) $\frac{3}{100}$ c) $\frac{1}{10}$ d) $\frac{2}{5}$ e) $\frac{5}{8}$ f) $\frac{2}{3}$

14 Wandle in Prozent um.

a) 0,45 b) 0,30 c) 0,07 d) 0,375
e) 0,333 f) 0,499 g) 1,25 h) 0,01

15 Wandle zuerst in eine Dezimalzahl und dann in einen Bruch um. Kürze, falls möglich.

(1) 25 % (2) 45 % (3) 60 %
(4) 33 % (5) 10 % (6) 17,5 %
(7) 99 % (8) 1,5 % (9) 120 %

Kapitel 2
Aufgabe A

Rationale Zahlen multiplizieren

Die Faktoren werden ohne Berücksichtigung des Vorzeichens multipliziert.

Gleiche Vorzeichen
Haben zwei Faktoren das gleiche Vorzeichen, ist der Wert des Produkts **positiv**.
$(-6)\cdot(-9) = +54$

Verschiedene Vorzeichen
Haben zwei Faktoren verschiedene Vorzeichen, ist der Wert des Produkts **negativ**.
$(-12)\cdot(+3) = -36$

Multipliziert man eine Zahl mit (−1), erhält man die Gegenzahl.
$12\cdot(-1) = -12$

16 Berechne im Kopf.

a) $(+5)\cdot(+9)$ b) $(+4)\cdot(-8)$ c) $(-6)\cdot(+7)$ d) $(-3)\cdot(-11)$
e) $(+10)\cdot(-6)$ f) $(-4)\cdot(+12)$ g) $(-1)\cdot(-18)$ h) $(+27)\cdot(-1)$

→ Die Lösungen findest du auf Seite 223.

Kapitel 4
Aufgabe B

Informationen aus einem Schaubild entnehmen

1. Ermittle anhand der **Überschrift** und anhand der **Achsenbeschriftungen** das Thema des Schaubilds.
2. Lies an den Achsen die Einheiten und die Werte ab.
3. Gehe von einem Wert auf der x-Achse senkrecht nach oben:
Wie viel kosten 8 kg Möhren?
4. An der Stelle, an der du die Linie schneidest, gehst du waagerecht zur y-Achse und findest den passenden zweiten Wert: **8 kg Möhren kosten 10 €.**
Du kannst auch von einem Wert auf der y-Achse aus starten:
Wie viel Kilogramm Möhren bekommt man für 5 €?

Preise für Möhren

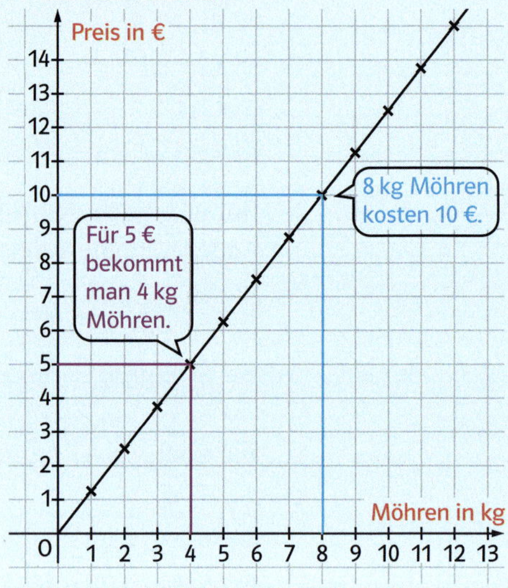

17 Lies aus dem Schaubild ab.
a) Wie viel Euro kosten 500 g Paprika?
b) Gib den Preis für 650 g Zucchini an.
c) Notiere, wie viel Euro 600 g Kartoffeln kosten.
d) Wie viel Gramm Kartoffeln bekommt man für 1 €?

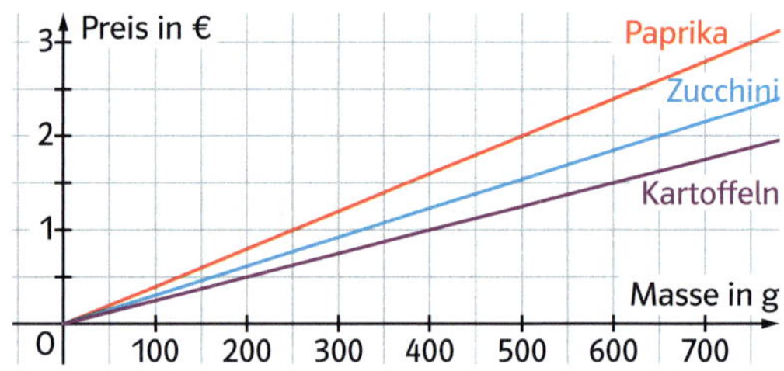

Kapitel 4
Aufgabe D

Proportionale Zuordnungen erkennen und berechnen

Für eine **proportionale Zuordnung** gilt:
Dem **Doppelten** (Dreifachen, …) der ersten Größe entspricht das **Doppelte** (Dreifache, …) der zweiten Größe.
Der **Hälfte** (dem dritten Teil, …) der ersten Größe entspricht die **Hälfte** (der dritte Teil, …) der zweiten Größe.

Kabellänge in m	2	3	6	12	18
Preis in €	1,00	1,50	3,00	6,00	9,00

(:3, :2, ·2, ·3)

ein Etikett
ein Hinweisschild zum Anhängen, Aufkleben oder Einnähen

18 Vervollständige die Preistabelle.

a)

Anzahl der Brezeln	1	2	5	10	20
Preis in €	0,90	■	■	■	■

b)

Tomaten in kg	1	3	5	8	12
Preis in €	■	6,00	■	■	■

19 Die Etiketten zeigen die Preise von zwei Käsesorten. Welche Etiketten gehören zur selben Käsesorte?

250 g 3,00 €	300 g 3,30 €	150 g 1,80 €	200 g 2,20 €

→ Die Lösungen findest du auf Seite 224.

Kapitel 4
Aufgabe E

Lineare Zuordnungen darstellen

Wächst bei einer Zuordnung jeweils die erste Größe x um **eine Einheit** und ändert sich die zweite Größe y immer um einen **gleichbleibenden Betrag**, nennt man sie eine **lineare Zuordnung**. Die Wertepaare der beiden Größen liegen auf einer Geraden. Man unterscheidet zwischen **linear zunehmenden** und **linear abnehmenden** Zuordnungen.

Tilo und Adrian leihen ein Zelt für ihren gemeinsamen Campingurlaub aus. Die einmalige Grundgebühr beträgt 30,00 €. Pro Tag kommen 15,00 € dazu.

Zuordnungspfeil:
Anzahl Tage → Kosten in €

Wertetabelle:

(+1 +1 +1 +1)

Anzahl Tage	1	2	3	4	5
Kosten in €	45	60	75	90	105

(+15 +15 +15 +15)

Graph im Koordinatensystem (Schaubild):

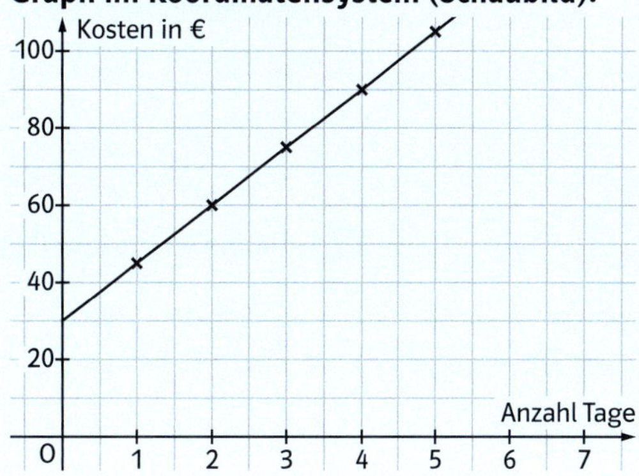

20 Eine Autovermietung bietet einen Kleinwagen für 40 € Grundgebühr an. Hinzu kommen 0,40 € für jeden gefahrenen Kilometer.

a) Notiere die Zuordnung mit einem Zuordnungspfeil. Vervollständige die Wertetabelle im Heft.

Strecke in km	0	50	100	150	200
Preis in €	■	■	80	■	■

b) Zeichne den Graphen der Zuordnung in ein Koordinatensystem und lies den Preis für eine Strecke von 175 km ab.

Fachbegriffe verwenden

Bei den Rechenarten werden folgende Bezeichnungen verwendet.

Addition
1. Summand 2. Summand
$3x + 4x = 7x$
Summe (3x + 4x) – Wert der Summe (7x)

Subtraktion
Minuend Subtrahend
$8x - 6x = 2x$
Differenz (8x − 6x) – Wert der Differenz (2x)

Multiplikation
1. Faktor 2. Faktor
$2 \cdot 5x = 10x$
Produkt (2 · 5x) – Wert des Produkts (10x)

Division
Dividend Divisor
$12x : 3 = 4x$
Quotient (12x : 3) – Wert des Quotienten (4x)

21 Drei Kärtchen gehören jeweils zusammen. Ordne richtig zu.

Summe | Produkt | Differenz | Quotient | dividieren | multiplizieren

6 − x | x · 6 | x : 6 | 6 + x | subtrahieren | addieren

→ Die Lösungen findest du auf Seite 224.

Kapitel 4
Aufgabe C

Wert eines Terms berechnen

Wenn du für die Variable in einem Term verschiedene Zahlen einsetzt, kannst du die berechneten Werte des Terms in einer **Wertetabelle** übersichtlich notieren.

Term für den Umfang der Figur:
$8 \cdot x$
Wertetabelle:

x	1	2	3	4	5	10	20
8x	8	16	24	32	40	80	160

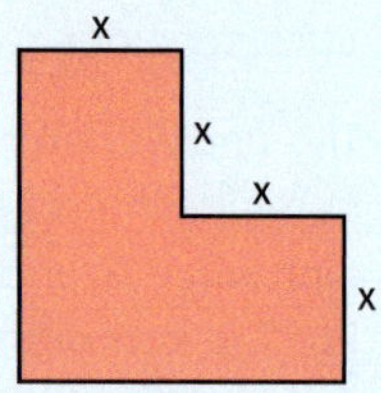

22 Fülle die Wertetabelle aus.

a)

x	1	2	3	4	5
x + 12					

b)

x	−2	−1	0	1	2
$12 \cdot x$					

23 Fülle die Wertetabelle aus.

	x	−1	0	1	2	4	10
a)	4x + 2						
b)	3x − 1						
c)	20 − 2x						
d)	(x + 4) : 2						

Kapitel 4
Aufgabe F

Terme aufstellen

Zu einem Rechenausdruck sagt man auch **Term**.
Für eine unbekannte Zahl oder Größe verwendet man **Variablen**.

Fahrradvermietung
Grundgebühr 10,00 €
Preis pro Tag 12,00 €

Anzahl der Tage: x
Term für die Gesamtkosten: $12 \cdot x + 10$

24 Schreibe einen Term auf, der die gesamte Kantenlänge des Quaders angibt.

a)

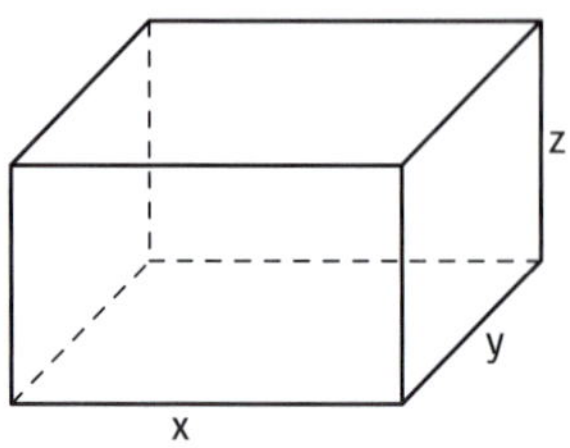

b)

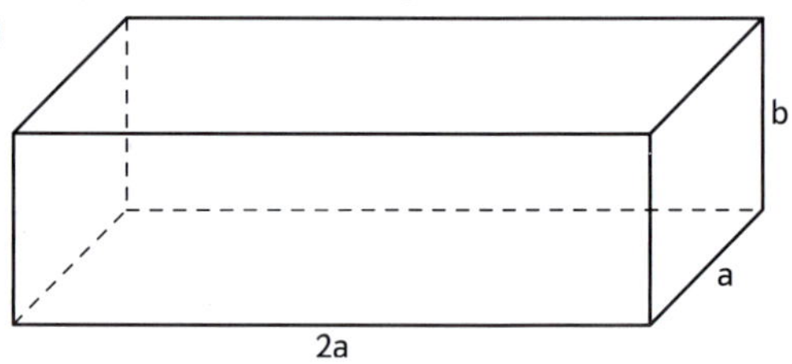

25 SP Stelle einen Term auf.

a) die Summe aus a und 33
b) die Differenz aus a und 33
c) das Produkt aus a und 33
d) der Quotient aus a und 33
e) a vermehrt um 33
f) das Produkt aus 5 und a vermehrt um 33

26 Jasamin mietet in der Musikschule eine Trompete. Sie bezahlt eine einmalige Grundgebühr von 15,00 €. Monatlich kostet die Trompete 13,00 € Miete. Lege eine Variable für die Anzahl der Monate fest und stelle für die gesamten Mietkosten einen Term auf.

→ Die Lösungen findest du auf Seite 224.

Terme vereinfachen

Addieren und Subtrahieren:

Gleichartige Glieder eines Terms kannst du addieren und subtrahieren.

$x + x + x + x$
$= 4x$

$y + y + y - y$
$= 2y$

Gleichartige Glieder kannst du mithilfe des Vertauschungsgesetzes (Kommutativgesetz) ordnen.

$x + y + x + y + y$
$= x + x + y + y + y$
$= 2x + 3y$

$7x - 2y - 3x$
$= 7x - 3x - 2y$
$= 4x - 2y$

Multiplizieren und Dividieren:

Ein **Produkt** aus Zahlen und Variablen kannst du vereinfachen, indem du Zahlen mit Zahlen und Variablen mit Variablen multiplizierst.

$4x \cdot 5$
$= 4 \cdot 5 \cdot x$
$= 20x$

$3x \cdot 2x$
$= 3 \cdot 2 \cdot x \cdot x$
$= 6x^2$

Bei einem **Quotienten** dividierst du die Zahlen.

$15x : 5$
$= (15 : 5) \cdot x$
$= 3x$

27 Vereinfache.

a) $x + y + x + x + x + y$
b) $22x + 7x$
c) $5x + 2y + 3x + 11y$
d) $20z - 13z$
e) $4y + 8z - 2y + 13z - 5z$
f) $-9x + 3x + 2y - 2x - 9y$

28 Fasse zusammen.

a) $8a \cdot 4$
b) $8a \cdot 4b$
c) $8a \cdot 4a$
d) $-8a \cdot (-4b)$
e) $8a : 4$
f) $8a : (-4)$

Terme mit Klammern vereinfachen

Plusklammer

Steht vor der Klammer ein Pluszeichen, kannst du die Klammer weglassen.

$17 + (x + 4)$
$= 17 + x + 4$
$= 21 + x$

$19 + (-x + 9)$
$= 19 - x + 9$
$= 28 - x$

Minusklammer

Steht vor der Klammer ein Minuszeichen, kannst du den Term so vereinfachen:
- Das Minuszeichen vor der Klammer und die Klammer weglassen;
- Pluszeichen in Minuszeichen umwandeln und umgekehrt.

$17 - (x + 4)$
$= 17 - (+x + 4)$
$= 17 - x - 4$
$= 13 - x$

$19 - (-x + 9)$
$= 19 + x - 9$
$= 10 + x$

Terme ausmultiplizieren

Beim Ausmultiplizieren von Summen und Differenzen multiplizierst du den Faktor mit jedem Glied in der Klammer. Du verwendest dabei das Verteilungsgesetz (Distributivgesetz).

$8 \cdot (x + 3)$
$= 8 \cdot x + 8 \cdot 3$
$= 8x + 24$

$5 \cdot (x - 4)$
$= 5 \cdot x - 5 \cdot 4$
$= 5x - 20$

→ Die Lösungen findest du auf Seite 224.

29 Löse die Plusklammer auf.

a) $4 + (5 + x)$
b) $4 + (-5 + x)$
c) $4 + (-5 - x)$
d) $4 + (5 - x)$
e) $4x + (5x - x) + 1$
f) $4x + (-5x + 1)$

30 Löse die Minusklammer auf.

a) $6 - (2 + x)$
b) $6 - (-2 + x)$
c) $6 - (-2 - x)$
d) $6 - (2 - x)$
e) $6x - (2x - 1)$
f) $6x - (-2x + 1)$

31 Multipliziere aus.

a) $7 \cdot (2a + 9)$
b) $7 \cdot (2a - 9)$
c) $7 \cdot (-2a + 9)$
d) $-7 \cdot (2a + 9)$
e) $-7 \cdot (2a - 9)$
f) $-7 \cdot (-2a + 9)$

32 Löse die Klammer auf. Der Malpunkt zwischen Faktor und Klammer wurde weggelassen.

a) $11(3s + 4t)$
b) $2s + 5(7s - t)$
c) $6(3s - 2t) + 14t$
d) $4(-6s - 5t) + 3s$

Ausklammern (Faktorisieren)

Ein gemeinsamer Faktor wird ausgeklammert. Beim Ausklammern wird aus einer Summe ein Produkt.

$15x + 20y$
$= 5 \cdot 3x + 5 \cdot 4y$
$= 5 \cdot (3x + 4y)$

$3x + 6x^2 - 12xy$
$= 3x \cdot 1 + 3x \cdot 2x - 3x \cdot 4y$
$= 3x \cdot (1 + 2x - 4y)$

Tipp!
Den Malpunkt zwischen Faktor und Klammer kann man weglassen.

33 Welcher Faktor wurde ausgeklammert? Ergänze.

a) $24x + 32y = \square(3x + 4y)$
b) $15x^2 - 40x = \square(3x - 8)$
c) $26 + 39x = \square(2 + 3x)$
d) $28xy + 4y = \square(7x + 1)$

34 Durch Ausklammern kannst du vorteilhaft rechnen.

a) $7 \cdot 18 + 13 \cdot 18$
b) $14 \cdot 9 + 26 \cdot 9$
c) $3{,}5 \cdot 7 + 7 \cdot 6{,}5$
d) $7 \cdot 16 + 28 \cdot 16 - 5 \cdot 16$
e) $8 \cdot 13 - 13 \cdot 5 + 27 \cdot 13$
f) $17 \cdot 0{,}5 + 0{,}5 \cdot 25 + 8 \cdot 0{,}5$

35 Klammere einen möglichst großen Faktor aus.

a) $16a + 32$
b) $21x - 35$
c) $18x + 54y$
d) $24x^2 - 7x$
e) $15ab + 18b^2$
f) $27b^2 - 72$
g) $54x + 12x^2$
h) $56a^2b + 63b^2$

36 Fülle die Lücken.

a) $28 - 32x = 4(\square - 8x)$
b) $\square + 28 = (6x + \square) \cdot 7$
c) $\square - \square = -5(3x + 12)$
d) $4a - \square = 4a(\square - 4ab)$
e) $6y + \square = -3y(\square - 5x)$
f) $18x + \square = \square(3 + 5y)$
g) $\square + 8ab = (6b - 2a) \cdot \square$

→ Die Lösungen findest du auf Seite 225.

Kapitel 7
Aufgabe F

Binomische Formeln

1. binomische Formel
$(a + b)^2 = a^2 + 2ab + b^2$

$(x + 6)^2$
$= x^2 + 2 \cdot x \cdot 6 + 6^2$
$= x^2 + 12x + 36$

2. binomische Formel
$(a - b)^2 = a^2 - 2ab + b^2$

$(8 - x)^2$
$= 8^2 - 2 \cdot 8 \cdot x + x^2$
$= 64 - 16x + x^2$

3. binomische Formel
$(a + b)(a - b) = a^2 - b^2$

$(4x + 7)(4x - 7)$
$= (4x)^2 - 7^2$
$= 16x^2 - 49$

37 Forme mit der 1. binomischen Formel um.
a) $(x + 1)^2$ b) $(3 + x)^2$
c) $(4 + y)^2$ d) $(2y + 9)^2$

38 Forme mit der 2. binomischen Formel um.
a) $(x - 3)^2$ b) $(5 - y)^2$
c) $(5x - 2)^2$ d) $(2y - 1)^2$

39 Forme mit der 3. binomischen Formel um.
a) $(x + 2)(x - 2)$ b) $(6 - x)(6 + x)$
c) $(5y - 4)(5y + 4)$ d) $(7 - 3y)(7 + 3y)$

40 Überlege zuerst, welche binomische Formel du anwenden kannst.
a) $(2x + 3)(2x - 3)$ b) $(10 + 5x)^2$
c) $(4x + 11)(4x + 11)$ d) $(6x - 8)^2$
e) $(7 - 2x)(7 - 2x)$ f) $(3x + 5y)(5y - 3x)$

41 Faktorisiere mithilfe der binomischen Formeln.
a) $x^2 + 10x + 25$ b) $x^2 + 18x + 81$
c) $x^2 - 24x + 144$ d) $x^2 - 22x + 121$

Kapitel 3
Aufgabe D

Kapitel 4
Aufgabe G

Kapitel 5
Aufgabe F

Kapitel 6
Aufgabe F

Gleichungen umstellen und lösen

Gleichungen können mithilfe von **Äquivalenzumformungen** umgeformt und gelöst werden.
Du darfst dabei auf beiden Seiten der Gleichung den gleichen Term addieren oder subtrahieren.
Du darfst auch beide Seiten der Gleichung mit derselben Zahl (außer Null) multiplizieren oder dividieren.
Kommen in einer Gleichung Klammern vor, werden diese zuerst aufgelöst.

$10x + 9 = 7x + 15 \quad | -7x$
$3x + 9 = 15 \quad | -9$
$3x = 6 \quad | :3$
$x = 2$

$3(5x - 8) - 9x = 2x - 4 \quad |$ Klammer auflösen
$15x - 24 - 9x = 2x - 4 \quad |$ zusammenfassen
$6x - 24 = 2x - 4 \quad | -2x$
$4x - 24 = -4 \quad | +24$
$4x = 20 \quad | :4$
$x = 5$

42 Forme so um, dass x alleine steht.
a) $5x + 7 = 17$ b) $x + 12 = 2x + 8y$
c) $6x - 8 = 9x - 2$ d) $12y = 3x - 27y$
e) $5 - 3x = 3x + 11$ f) $3 = 5x + 15 - 8x$

43 Löse zuerst die Klammern auf.
a) $5 - 2(x - 3) = 19$
b) $3x - (5x + 4) = x + (2 - 5x)$
c) $(x + 7)(7 - x) = 5x + 4 - x^2$
d) $x^2 + 5x = (x - 3)(x + 2)$
e) $(x - 3)^2 = (x - 4)(x + 1) + 1$
f) $126 - (9 + x)^2 = (x + 15)(15 - x)$

44 Löse mithilfe einer Gleichung.
a) Vermehrt man das Dreifache einer Zahl um 7, so erhält man 1. Wie heißt die Zahl?
b) Drei Geschwister sind zusammen 38 Jahre alt. Ronja ist doppelt so alt wie Svenja. Tim ist drei Jahre älter als Ronja. Wie alt sind die Geschwister?
c) Bei internationalen Wettbewerben ist ein Fußballfeld 37 m länger als breit. Der Umfang beträgt 346 m. Berechne die Größe des Spielfelds.

→ Die Lösungen findest du auf Seite 225.

Kapitel 4
Aufgabe A

Punkte ins Koordinatensystem eintragen. Koordinaten ablesen

Das **Koordinatensystem** wird von zwei Zahlengeraden gebildet, der **x-Achse** und der **y-Achse**. Sie stehen aufeinander senkrecht. Ihr Schnittpunkt ist der **Koordinatenursprung O**. Die x-Achse und die y-Achse zerlegen die Ebene in die vier **Quadranten** I, II, III und IV. Jedes Zahlenpaar lässt sich als Punkt ins Koordinatensystem eintragen.

Punkt B (−3 | 1):
3 Einheiten nach links;
1 Einheit nach oben

Punkt A (1 | 2):
1 Einheit nach rechts;
2 Einheiten nach oben

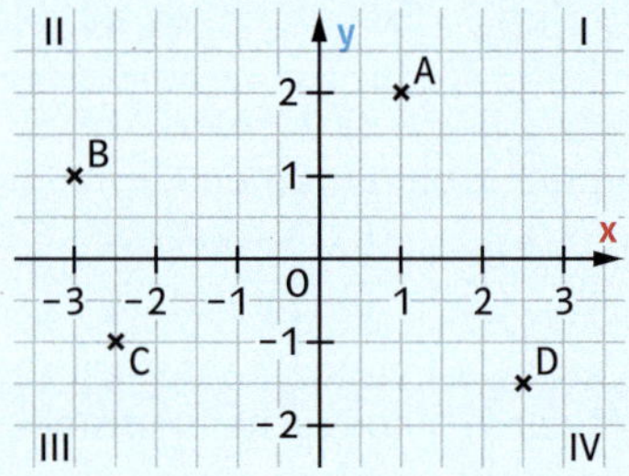

Punkt C (−2,5 | −1):
2,5 Einheiten nach links;
1 Einheit nach unten

Punkt D (2,5 | −1,5):
2,5 Einheiten nach rechts;
1,5 Einheiten nach unten

45 Übertrage das Schaubild ins Heft.

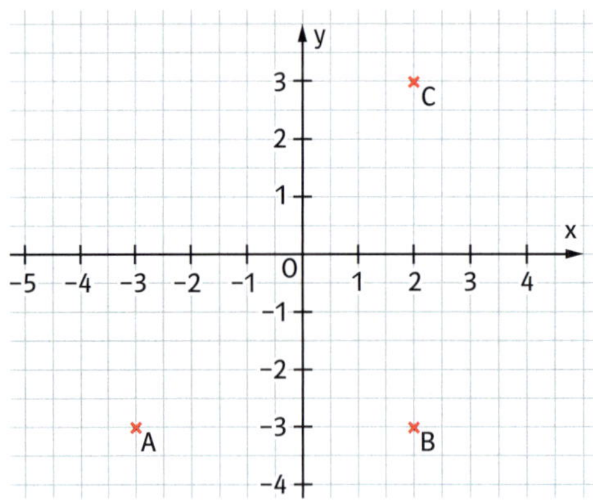

a) Gib die Koordinaten der Punkte A; B und C an.
b) Trage den Punkt D so ein, dass ein Rechteck ABCD entsteht. Gib die Koordinaten von D an.
c) Zeichne die Diagonalen des Rechtecks ein. Prüfe, ob sich die Diagonalen im Punkt S (− 0,5 | 0) schneiden.

46 Zeichne ein Koordinatensystem.
a) Zeichne die Punkte A (− 2 | − 3); B (4 | 0); C (4 | 5) und D (− 2 | 2) ein und verbinde sie. Welche Figur entsteht?
b) Zeichne die Diagonalen ein. In welchem Quadranten schneiden sich die Diagonalen? Gib die Koordinaten des Schnittpunkts an.

47 Zeichne ein Koordinatensystem.
a) Trage die Punkte A (0 | − 4); C (0 | 2) und D (− 3 | 0) ein. Ergänze den Punkt B so, dass ein Drachen mit der y-Achse als Symmetrieachse entsteht. Gib die Koordinaten von B an.
b) Vertauscht man die Koordinaten von A, wird aus A der Punkt E (− 4 | 0). Vertausche ebenso die Koordinaten von B, C und D und trage die Punkte in das Schaubild ein.
c) Beschreibe die neue Figur EFGH und gib ihre Symmetrieachse an.

Kapitel 5
Aufgabe B

Längeneinheiten umwandeln

Für **Längen** gibt es folgende **Einheiten**:

Kilometer		Meter		Dezimeter		Zentimeter		Millimeter
1 km	=	1000 m						
		1 m	=	10 dm				
				1 dm	=	10 cm		
						1 cm	=	10 mm

Die **Umwandlungszahl** für Längeneinheiten ist **10**.
Ausnahme: Bei der Umwandlung von Kilometer in Meter ist die Umwandlungszahl **1000**.

→ Die Lösungen findest du auf Seite 226.

48 Ergänze.

a) 4 cm = □ mm b) 6 m = □ dm c) 82 dm = □ m d) 3,5 km = □ m
e) 250 mm = □ cm f) 59 cm = □ dm g) 1,79 dm = 179 □ h) 6472 mm = 6,472 □

Kapitel 5
Aufgabe B

Flächeneinheiten umwandeln

Für **Flächeninhalte** gibt es folgende **Einheiten**:

Quadrat-kilometer	Hektar	Ar	Quadrat-meter	Quadrat-dezimeter	Quadrat-zentimeter	Quadrat-millimeter
1 km^2 =	100 ha					
	1 ha =	100 a				
		1 a =	100 m^2			
			1 m^2 =	100 dm^2		
				1 dm^2 =	100 cm^2	
					1 cm^2 =	100 mm^2

Die **Umwandlungszahl** für Flächeneinheiten ist **100**.

49 Ergänze.

a) 3 m^2 = □ dm^2 b) 2,54 a = □ m^2 c) 400 cm^2 = □ dm^2 d) 7,5 ha = □ a
e) 320 000 m^2 = □ ha f) 2500 dm^2 = □ m^2 g) 9,5 km^2 = 950 □ h) 816 000 cm^2 = 81,6 □

Kapitel 5
Aufgabe B

Volumeneinheiten umwandeln

Für **Volumen** gibt es folgende **Einheiten**:

Kubikmeter	Kubikdezimeter	Kubikzentimeter	Kubikmillimeter
1 m^3 =	1000 dm^3		
	1 dm^3 =	1000 cm^3	
		1 cm^3 =	1000 mm^3

Die **Umwandlungszahl** für Volumeneinheiten ist **1000**.
Flüssigkeiten werden oft in den Maßeinheiten **Liter** oder **Milliliter** angegeben.
1 l = 1 dm^3 1 ml = 1 cm^3 1 l = 1000 ml

50 Ergänze.

a) 70 m^3 = □ dm^3 b) 6 cm^3 = □ mm^3 c) 3,5 l = □ ml d) 40 000 dm^3 = □ m^3
e) 45 000 mm^3 = □ cm^3 f) 2 m^3 = □ l g) 0,125 dm^3 = 125 □ h) 9400 mm^3 = 9,4 □

Kapitel 6
Aufgabe E

Streckenlängen mithilfe von Maßstabsangaben berechnen

Der **Maßstab** ist ein Maß für die Verkleinerung oder Vergrößerung.

Der Maßstab 1 : 100 000 bedeutet: Eine Strecke ist in der Abbildung 100 000-mal kleiner abgebildet als in Wirklichkeit.
1 cm in der Abbildung entspricht 100 000 cm = 1000 m = 1 km in der Wirklichkeit.

Der Maßstab 10 : 1 bedeutet: Eine Strecke ist in der Abbildung 10-mal so groß abgebildet wie in Wirklichkeit.
10 cm in der Abbildung entsprechen 1 cm in der Wirklichkeit.

→ Die Lösungen findest du auf Seite 227.

51 Ergänze die Tabelle.

	Maßstab	Abbildung	Wirklichkeit
a)	1:2	8 cm	■
b)	1:2	■	14 cm
c)	1:10	3 cm	■
d)	1:10	■	120 cm
e)	1:100	2,5 cm	■
f)	1:100	■	500 cm

52

a) Auf einer Wanderkarte (Maßstab 1:25 000) hat eine Strecke eine Länge von 30 cm. Bestimme die Länge der Wanderstrecke in Wirklichkeit.

b) Die Luftlinie zwischen Stuttgart und Karlsruhe beträgt etwa 62 km. Welche Entfernung haben beide Städte auf einer Karte im Maßstab 1:500 000?

53 Modelleisenbahnen können für unterschiedliche Spurweiten hergestellt werden.

a) Modelle für die Spurweite H0 werden im Maßstab 1:87 hergestellt. Die Lokomotive hat im Modell eine Länge von 11 cm. Wie lang ist sie in Wirklichkeit?

b) Bei der Spurweite 1 beträgt der Maßstab 1:32. Eine Elektrolokomotive hat in Wirklichkeit eine Länge von 11,20 m. Bestimme die Länge des Modells.

Kapitel 6
Aufgabe A

Parallelen zeichnen und erkennen

Zwei Geraden g und h, die auf derselben Geraden senkrecht stehen, sind **parallel.** Parallele Geraden haben keinen Schnittpunkt. Man schreibt g ∥ h.

So zeichnest du die Parallele h zur Geraden g durch den Punkt P:

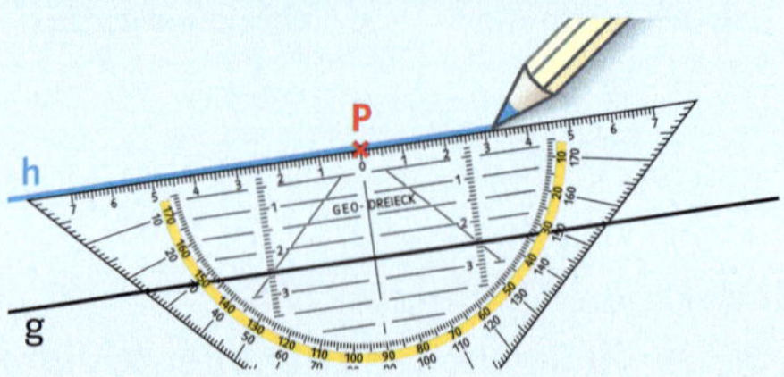

Mit dem Geodreieck kannst du prüfen, ob zwei Strecken parallel sind.

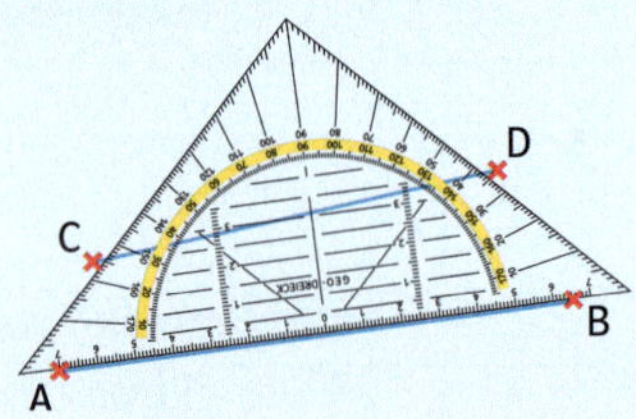

$\overline{AB} \parallel \overline{CD}$

54 Übertrage in dein Heft.

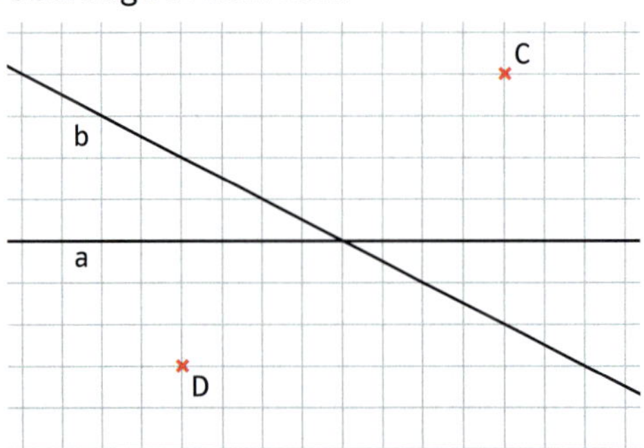

a) Zeichne durch den Punkt D eine Parallele g zur Geraden a.

b) Zeichne durch den Punkt C eine Parallele h zur Geraden b.

55

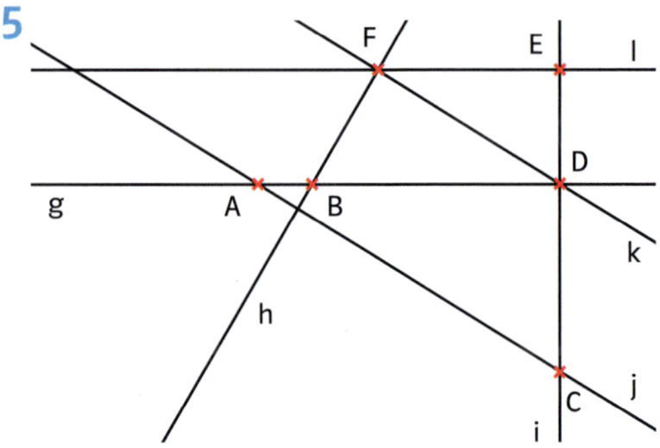

a) Welche Geraden sind parallel? Verwende das Zeichen ∥.

b) Wie viele parallele Strecken findest du?

c) Welche Geraden sind nicht parallel? Nenne drei Beispiele.

→ Die Lösungen findest du auf Seite 227.

Kapitel 5
Aufgabe C

Kreise benennen und zeichnen

Der **Radius r** gibt den Abstand vom **Kreismittelpunkt M** zur Kreislinie an.
Der **Durchmesser d** ist doppelt so lang wie der Radius.
Es gilt: $d = 2 \cdot r$
Die **Kreisfläche** ist die Fläche, die von der **Kreislinie** umschlossen wird.

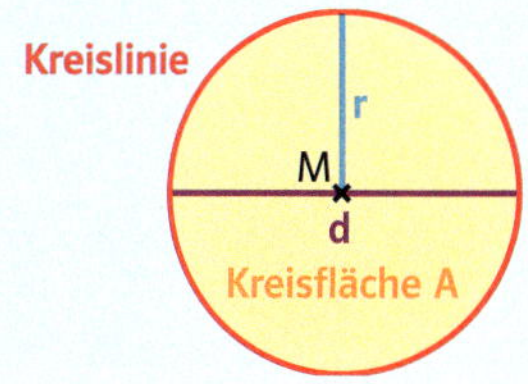

So zeichnest du einen Kreis:

1. Markiere den Mittelpunkt durch ein kleines Kreuz.
2. Stelle den Radius am Zirkel ein.
3. Zeichne einen Kreis um diesen Mittelpunkt.

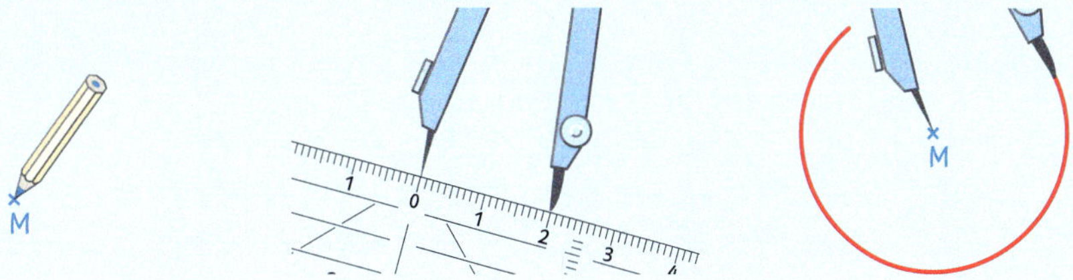

56 Gib den Radius und den Durchmesser des Kreises an.

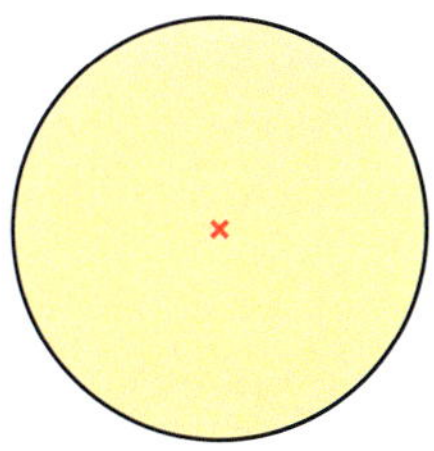

57 Markiere im Heft den Mittelpunkt M. Zeichne um M einen Kreis mit $d = 9\,\text{cm}$.

58 Zeichne ein Koordinatensystem ins Heft. Zeichne einen Kreis um M(7 | 5). Der Punkt P(11 | 5) liegt auf der Kreislinie. Gib den Radius des Kreises an und die Koordinaten von drei weiteren Punkten, die auf der Kreislinie liegen.

Kapitel 5
Aufgabe D

Winkel berechnen und zeichnen

Um die Größe von Winkeln anzugeben, verwendet man die Maßeinheit Grad. Man zerlegt einen Kreis in 360 gleiche Teile. Ein solcher Teil heißt 1°.

Ein Kreis wird gleichmäßig zerlegt. Die Größe des Mittelpunktswinkels α hängt von der Anzahl der Zerlegungslinien ab.

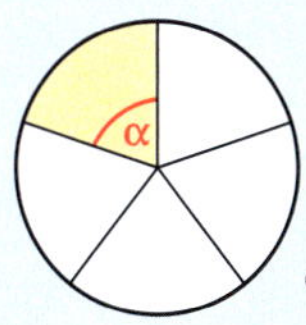

$\alpha = 360° : 5 = 72°$

Winkel zeichnen

Zeichne für den ersten Schenkel eine beliebige Linie.

Markiere ein Ende des Schenkels als Scheitel.

Lege das Geodreieck mit dem Nullpunkt am Scheitel an und drehe es auf 60°.

Zeichne den zweiten Schenkel.

Beschrifte den Winkel.

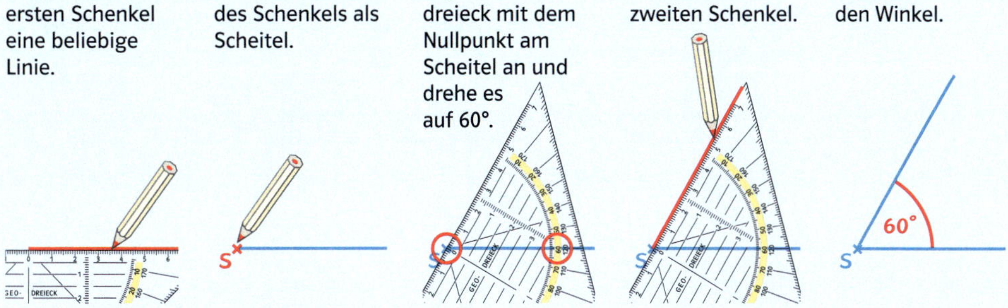

→ Die Lösungen findest du auf Seite 227.

59 Ein Kreis wird in gleiche Teile zerlegt. Berechne die Größe des markierten Winkels.

a)
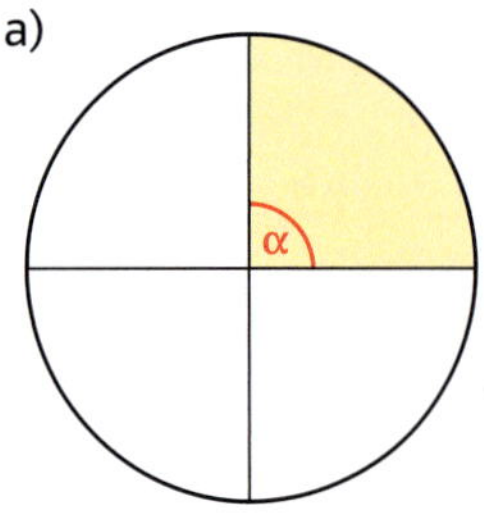

b)
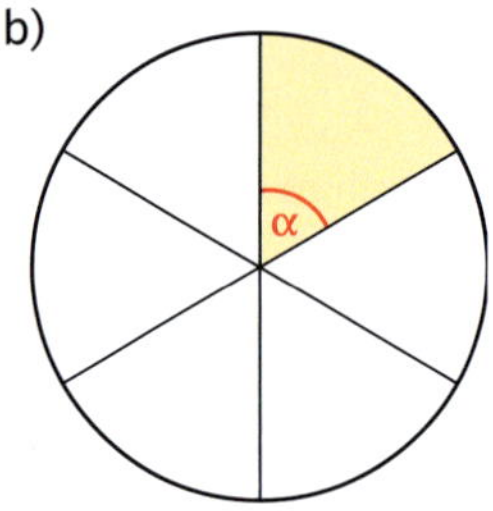

c)
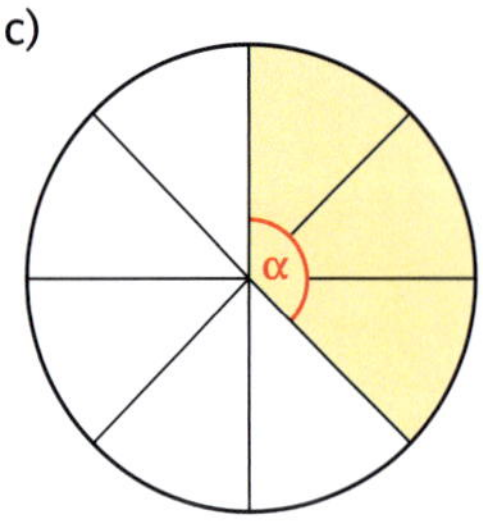

d)
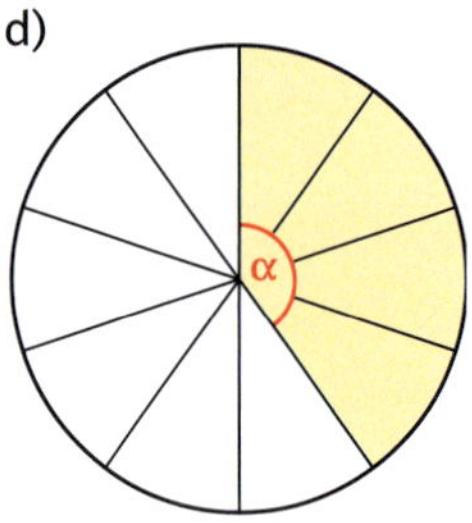

60 Bestimme die Größe des markierten Winkels.

a)

b)

61 Ergänze zu einem regelmäßigen Vieleck. Gib die Anzahl der Ecken an.

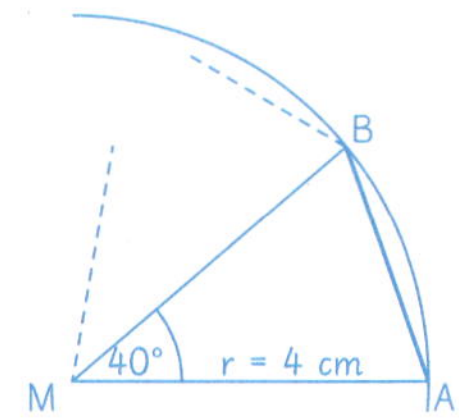

Kapitel 6
Aufgabe C

Winkel im Quadratgitter vergleichen

Wenn Winkel in ein Quadratgitter gezeichnet sind, kann man sie durch Abzählen von Kästchen (K) miteinander vergleichen.
Schaue nach Gitterpunkten, die genau auf den Schenkeln liegen. Gehe vom Scheitel aus zu diesen Punkten und vergleiche die Wege und deren Längen miteinander.

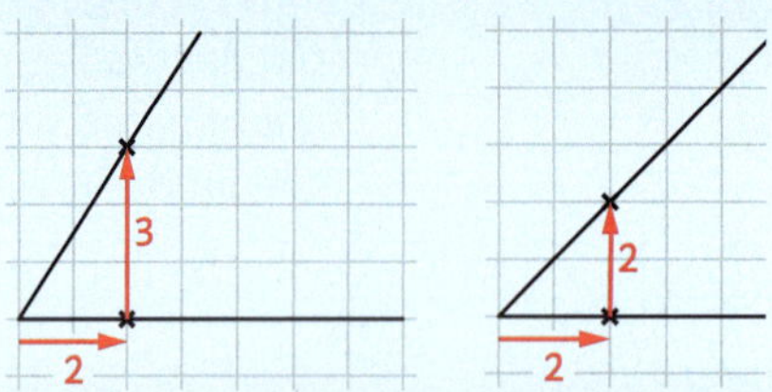

Gehe vom Scheitel aus auf dem Schenkel gleich weit nach rechts und dann nach oben. Links sind es 3 K nach oben, rechts nur 2 K. Der linke Winkel ist größer.

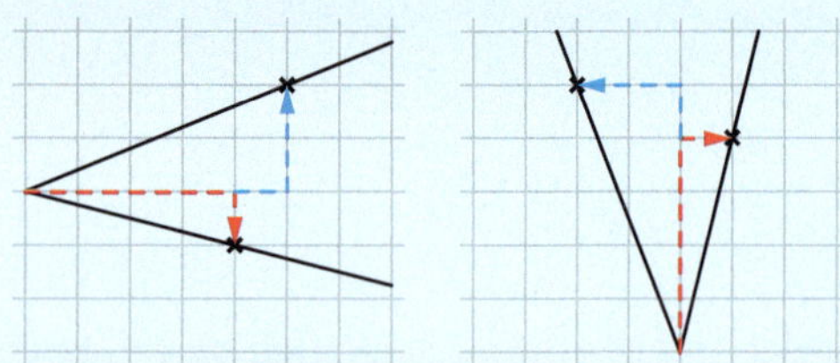

Gehe vom Scheitelpunkt aus zu den Gitterpunkten auf den Schenkeln. Die Wege sind gleich. Die Winkel sind gleich groß.

62 Entscheide, welcher Winkel größer ist.

a)
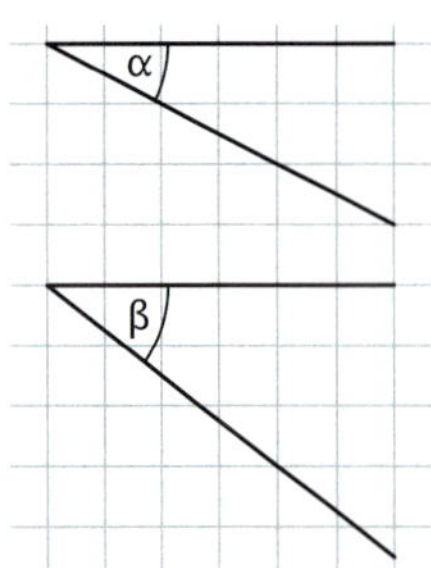

b)
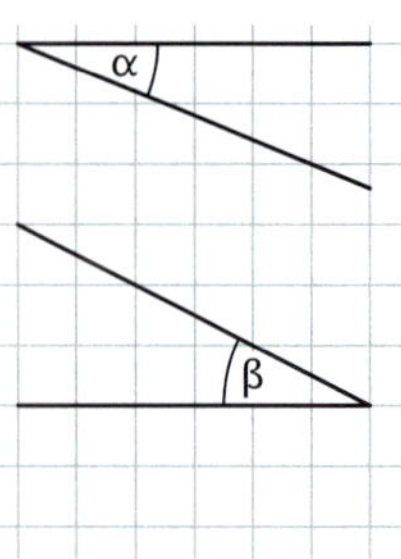

c)
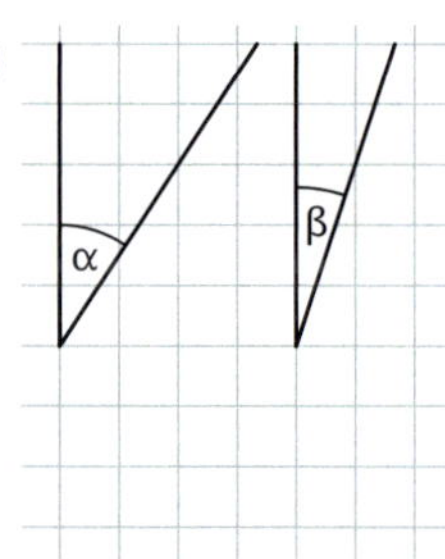

d)
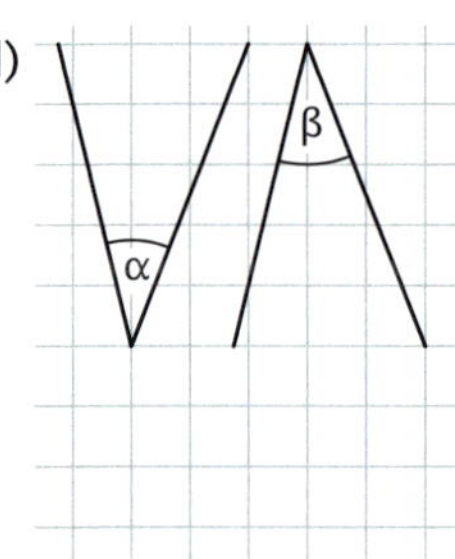

→ Die Lösungen findest du auf Seite 228.

Kapitel 6
Aufgabe B

Winkel am Schnittpunkt von Geraden

Scheitelwinkelsatz	**Nebenwinkelsatz**	**Stufenwinkelsatz**	**Wechselwinkelsatz**
Der Schnittpunkt von zwei Geraden ist der Scheitel von vier Winkeln.		In den Schnittpunkten einer Geraden mit zwei parallelen Geraden entstehen gleich große Winkel.	
Gegenüberliegende Winkel heißen **Scheitelwinkel**. Scheitelwinkel haben dieselbe Winkelgröße.	Nebeneinanderliegende Winkel heißen **Nebenwinkel**. Nebenwinkel haben die Summe 180°.	Gestuft liegende Winkel heißen **Stufenwinkel**. Stufenwinkel haben dieselbe Winkelgröße.	Winkel mit Seitenwechsel heißen **Wechselwinkel**. Wechselwinkel haben dieselbe Winkelgröße.

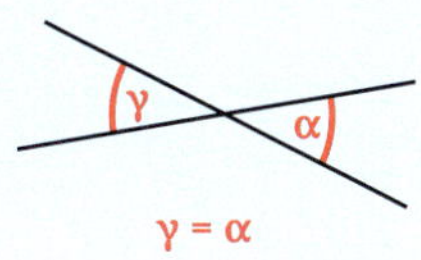

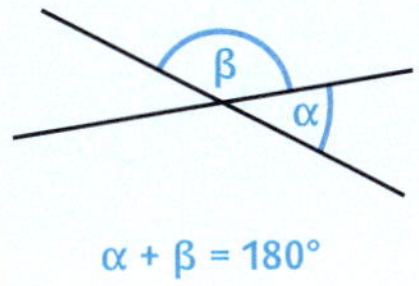

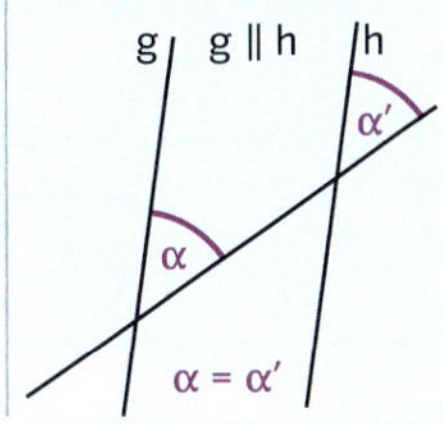

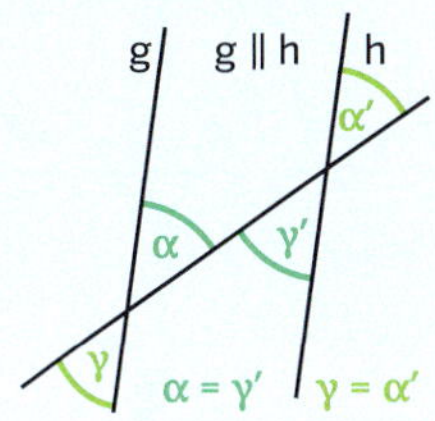

63 Gib die Größe der Winkel an.

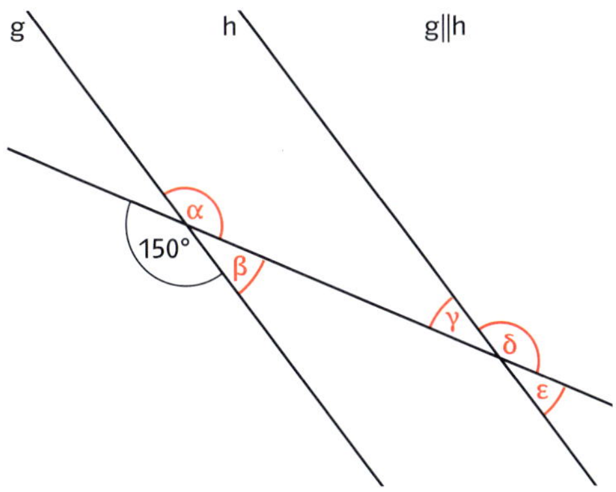

64 Zwei Parallelenpaare schließen ein Viereck ein. Berechne die Größe der Winkel.

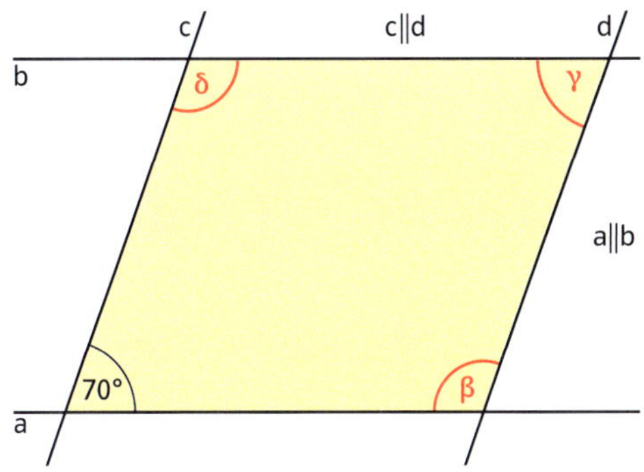

Kapitel 6
Aufgabe B und D

Winkelsumme im Dreieck und Viereck

Die Winkelsumme im Dreieck beträgt 180°. Es gilt: $\alpha + \beta + \gamma = 180°$
Die Winkelsumme im Viereck beträgt 360°. Es gilt: $\alpha + \beta + \gamma + \delta = 360°$

65 Berechne die rot markierten Winkel.

a)

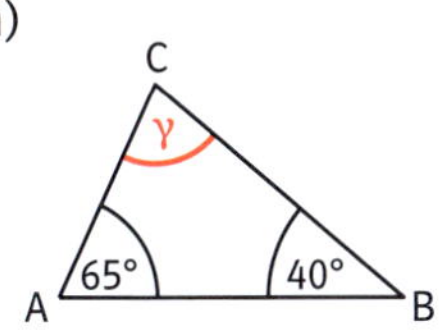

b)

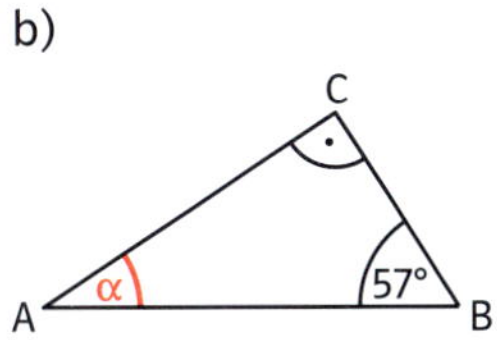

66 Berechne die fehlenden Winkel.

a) Parallelogramm

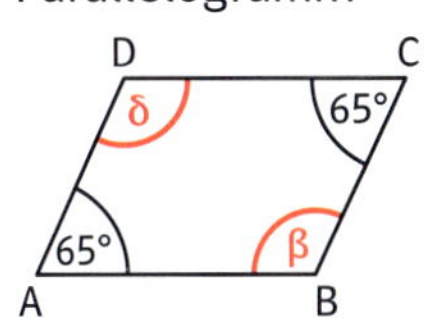

b) Trapez

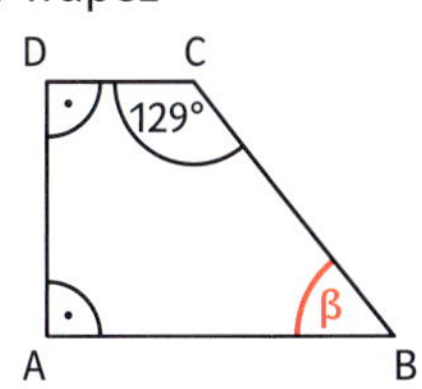

→ Die Lösungen findest du auf Seite 228.

Kapitel 3
Aufgabe E

Figuren erkennen und beschreiben: Dreiecke

Dreiecke werden nach ihrer Form unterschieden.

Einteilung nach Seiten:

gleichseitig | **gleichschenklig** | **allgemein**

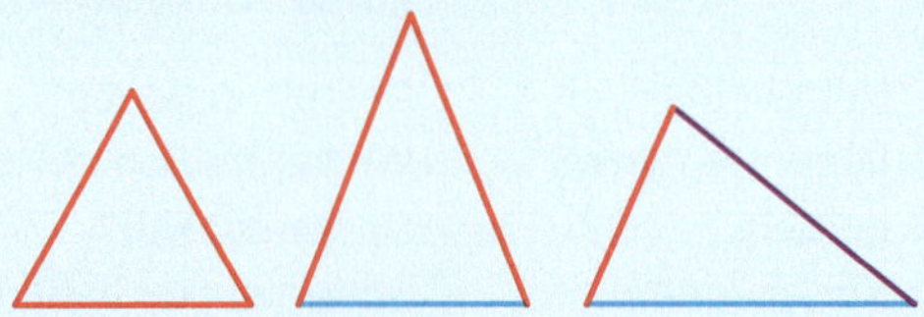

drei gleich lange Seiten | zwei gleich lange Seiten | drei verschieden lange Seiten

Einteilung nach Winkeln:

spitzwinklig | **rechtwinklig** | **stumpfwinklig**

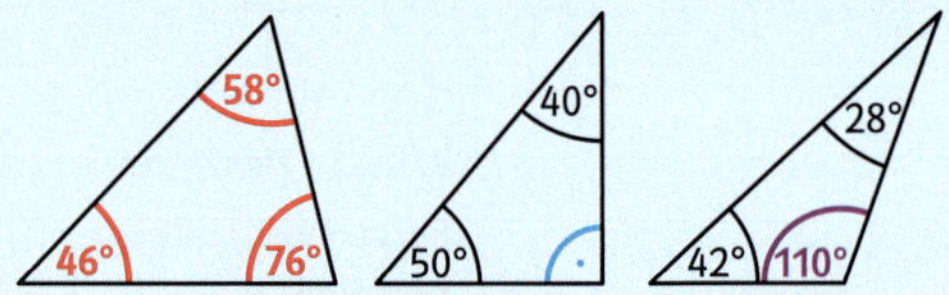

drei spitze Winkel | ein rechter Winkel | ein stumpfer Winkel

67 Hier sind verschiedene Dreiecke abgebildet.

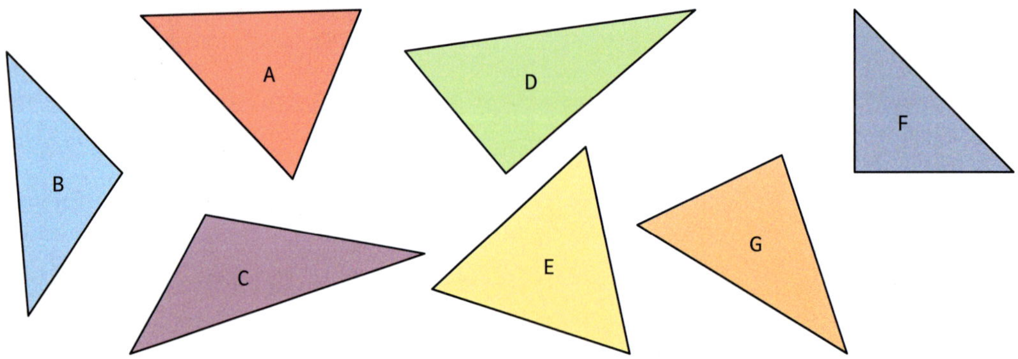

	gleichseitig	gleichschenklig	allgemein
spitzwinklig			
rechtwinklig			
stumpfwinklig			

a) Ordne jedem Dreieck seinen Platz in der Tabelle zu. Notiere im Heft.
b) SP Für welche Felder der Tabelle gibt es keine Dreiecke? Begründe.

68 (1) Quadrat (2) Rechteck (3) Trapez (4) regelmäßiges Sechseck

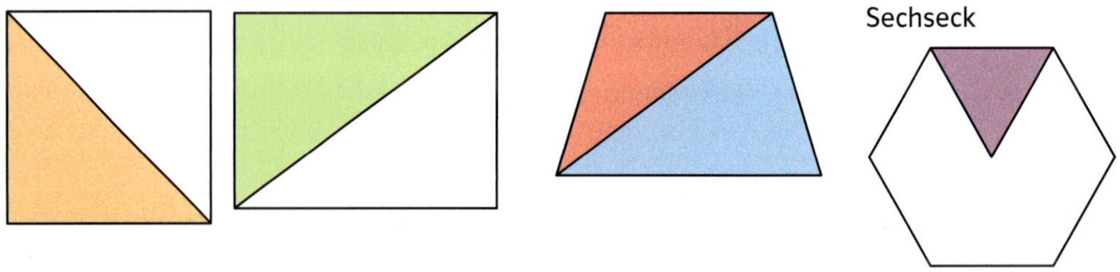

a) Entscheide nach Augenmaß, ob die farbigen Dreiecke gleichseitig, gleichschenklig oder allgemein sind.
b) Gib an, ob die farbigen Dreiecke spitzwinklig, rechtwinklig oder stumpfwinklig sind.

69 Zeichne ein Dreieck mit den angegebenen Vorgaben.
a) gleichschenklig, stumpfwinklig
b) gleichseitig, spitzwinklig
c) allgemein, rechtwinklig
d) allgemein, stumpfwinklig

→ Die Lösungen findest du auf Seite 228.

Kapitel 6
Aufgabe D

Figuren erkennen und beschreiben: Vierecke

Rechteck
- vier rechte Winkel
- Gegenüberliegende Seiten sind gleich lang und parallel.
- Diagonalen halbieren sich und sind gleich lang.

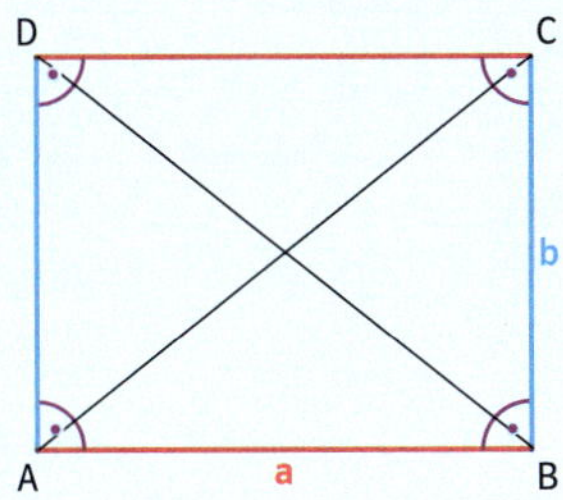

Quadrat
- besonderes Rechteck mit vier gleich langen Seiten
- Diagonalen stehen senkrecht aufeinander.

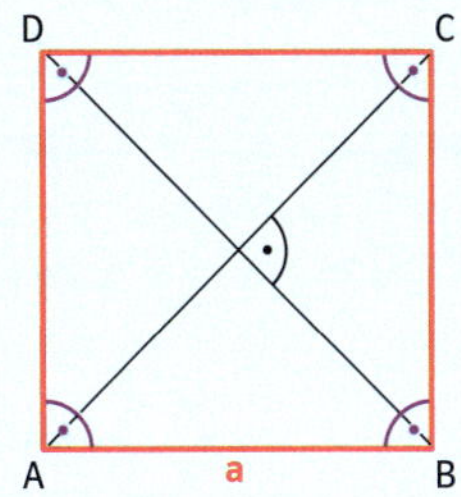

Symmetrisches Trapez
- zwei parallele Seiten
- Die beiden anderen Seiten sind gleich lang.
- Basiswinkel sind gleich groß.
- Diagonalen sind gleich lang.

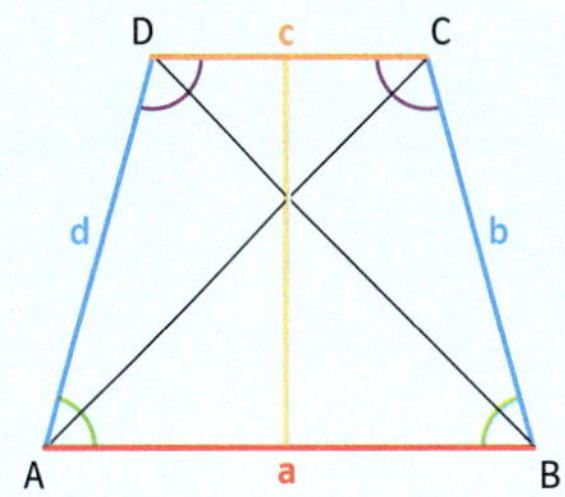

Parallelogramm
- Gegenüberliegende Seiten sind gleich lang und parallel.
- Gegenüberliegende Winkel sind gleich groß.
- Diagonalen halbieren sich.

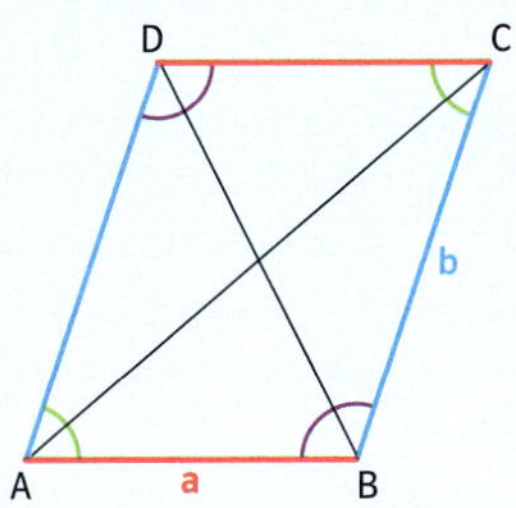

Raute
- besonderes Parallelogramm mit vier gleich langen Seiten
- Diagonalen stehen senkrecht aufeinander.

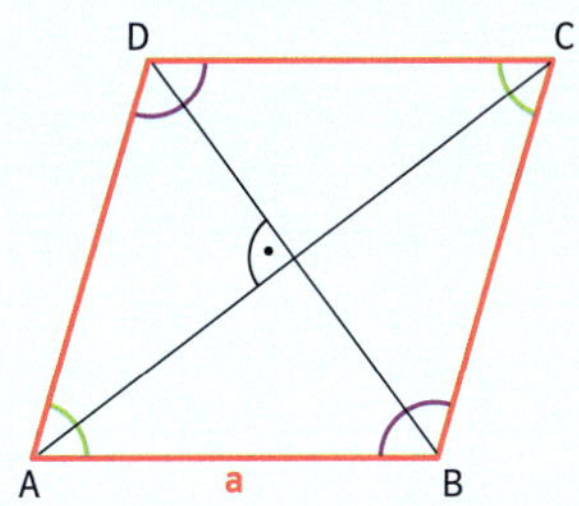

Drachen
- zwei Paar gleich lange Nachbarseiten
- ein Paar gleich großer Winkel
- Diagonalen stehen senkrecht aufeinander.

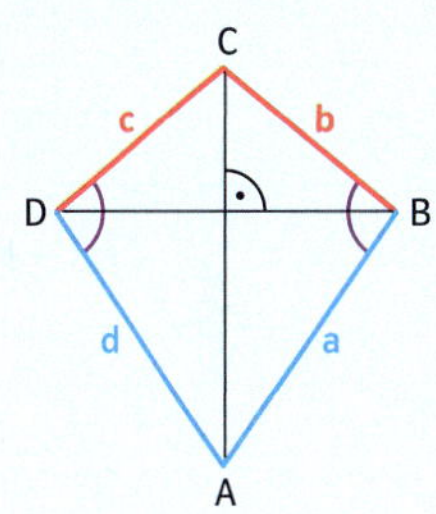

70 Die Punkte A bis H sind Eckpunkte besonderer Vierecke. Schreibe zu jeder Vierecksform, die du findest, zwei Beispiele auf.

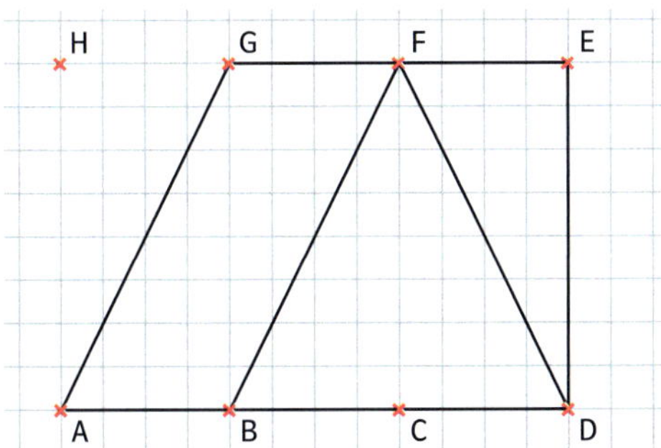

Beispiel: symmetrisches Trapez ADFG;
allgemeines Trapez BDEF

71 Übertrage die Punkte A(−3 | −2); B(9 | −2); C(6 | 4) und D(0 | 4) in ein Koordinatensystem.

a) Beschreibe das Viereck ABCD.

b) Zeichne die Diagonalen ein und gib die Koordinaten des Schnittpunkts an.

72 Übertrage die Punkte A(1 | −1); B(6 | 0) und D(2 | 4) in ein Koordinatensystem.

a) Trage den Punkt C so ein, dass ein Parallelogramm entsteht. Gib die Koordinaten von C an.

b) Timo behauptet, dass das Parallelogramm ABCD eine Raute ist. Prüfe.

→ Die Lösungen findest du auf Seite 229.

Kapitel 2
Aufgabe E

Kapitel 3
Aufgabe F

Kapitel 5
Aufgabe H

Umfang und Flächeninhalt berechnen

Quadrat

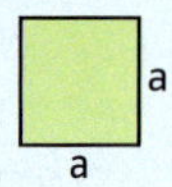

a = 3 cm

Umfang
$u = 4a$
$u = 4 \cdot 3$
$u = 12\,cm$

Flächeninhalt
$A = a \cdot a = a^2$
$A = 3 \cdot 3$
$A = 9\,cm^2$

Rechteck

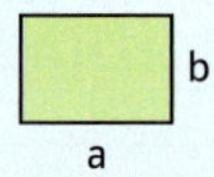

a = 6 cm
b = 4 cm

Umfang
$u = 2 \cdot (a + b)$
$u = 2 \cdot (6 + 4)$
$u = 20\,cm$

Flächeninhalt
$A = a \cdot b$
$A = 6 \cdot 4$
$A = 24\,cm^2$

Parallelogramm

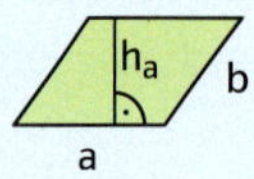

a = 6 cm
b = 5 cm
h_a = 4 cm

Umfang
$u = 2a + 2b$
$u = 2 \cdot 6 + 2 \cdot 5$
$u = 22\,cm$

Flächeninhalt
$A = a \cdot h_a$
$A = 6 \cdot 4$
$A = 24\,cm^2$

Trapez

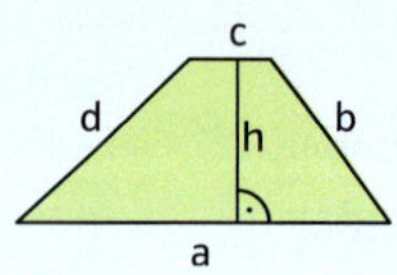

a = 9,5 cm
b = 5,0 cm
c = 2,0 cm
d = 6,0 cm
h = 4,0 cm

Umfang
$u = a + b + c + d$
$u = 9{,}5 + 5{,}0 + 2{,}0 + 6{,}0$
$u = 22{,}5\,cm$

Flächeninhalt
$A = \frac{1}{2}(a + c)h$
$A = \frac{1}{2} \cdot (9{,}5 + 2{,}0) \cdot 4{,}0$
$A = 23{,}0\,cm^2$

Dreieck

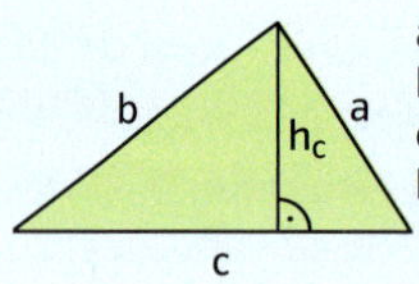

a = 3,6 cm
b = 5,0 cm
c = 6,0 cm
h_c = 3,0 cm

Umfang
$u = a + b + c$
$u = 3{,}6 + 5{,}0 + 6{,}0$
$u = 14{,}6\,cm$

Flächeninhalt
$A = \frac{1}{2} c \cdot h_c$
$A = \frac{1}{2} \cdot 6{,}0 \cdot 3{,}0$
$A = 9{,}0\,cm^2$

73 Berechne die fehlenden Größen des Quadrats.

	a	u	A
a)	8 cm	■	■
b)	■	■	81 cm²
c)	■	30 cm	■

74 Berechne die fehlenden Größen des Rechtecks.

	a	b	u	A
a)	9 cm	5 cm	■	■
b)	11 cm	■	■	66 cm²
c)	■	8 cm	36 cm	■

75 Berechne die fehlenden Größen des Parallelogramms. (Maße in cm, cm²)

	a	b	h_a	u	A
a)	12	7	5	■	■
b)	15	■	7	48	■
c)	■	6,0	4,5	■	36
d)	■	12		64	180

76 Berechne die fehlenden Größen des Trapezes (a ∥ c).

	a)	b)	c)	d)
a	4,0 cm	4,5 cm	5,0 cm	7,0 cm
b	2,6 cm	3,6 cm	3,6 cm	4,7 cm
c	2,0 cm	■	2,0 cm	3,0 cm
d	2,9 cm	3,0 cm	■	4,3 cm
h	2,4 cm	3,0 cm	3,0 cm	■
u	■	13,6 cm	13,8 cm	■
A	■	■	■	20,0 cm²

77 Berechne die fehlenden Größen des Dreiecks.

	a)	b)	c)	d)
a	3,6 cm	4,8 cm	4,5 cm	4,3 cm
b	5,0 cm	5,9 cm	3,8 cm	4,3 cm
c	6,0 cm	■	4,0 cm	■
h_c	3,0 cm	4,0 cm	■	3,5 cm
u	■	17,7 cm	■	■
A	■	■	7,2 cm²	8,75 cm²

→ Die Lösungen findest du auf Seite 229.

Kapitel 3
Aufgabe H

Körper erkennen und beschreiben

Ein Körper kann durch die Anzahl seiner Ecken, die Anzahl seiner Kanten und durch die Anzahl und Form seiner Flächen beschrieben werden.

Würfel
- 8 Ecken
- 12 gleichlange Kanten
- Die Seitenflächen sind 6 kongruente Quadrate.

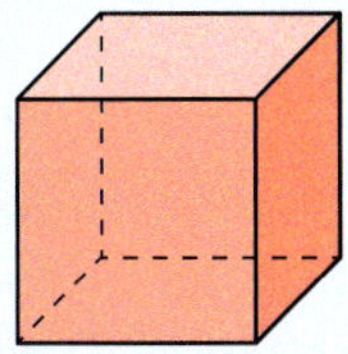

Quader
- 8 Ecken
- 12 Kanten, je vier davon sind gleich lang.
- Die Seitenflächen sind 6 Rechtecke, je zwei davon sind kongruent.

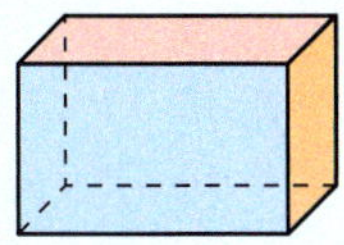

Prisma
- Ein Prisma ist begrenzt durch die Grundfläche, die Deckfläche und die Mantelfläche.
- Grund- und Deckfläche sind kongruente Vielecke.
- Die Mantelfläche besteht aus Rechtecken.
- Die Grundfläche gibt dem Prisma den Namen: Dreiecksprisma, Vierecksprisma, Fünfecksprisma, …

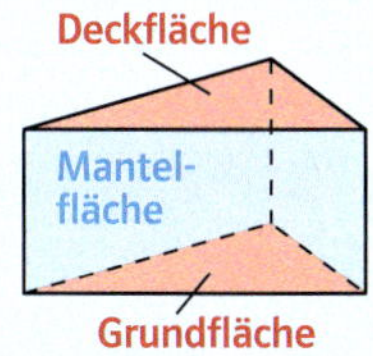

Pyramide
- Eine Pyramide ist begrenzt durch die Grundfläche und die Mantelfläche.
- Die Grundfläche ist ein Vieleck, es gibt der Pyramide den Namen: Dreieckspyramide, quadratische Pyramide, Sechseckspyramide, …

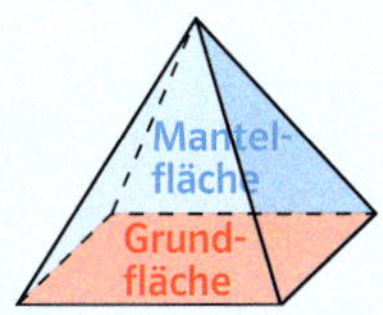

Zylinder
- Der Zylinder ist begrenzt durch die Grundfläche, die Deckfläche und die Mantelfläche.
- Grund- und Deckfläche sind Kreise.
- Die Mantelfläche ist ein aufgerolltes Rechteck.

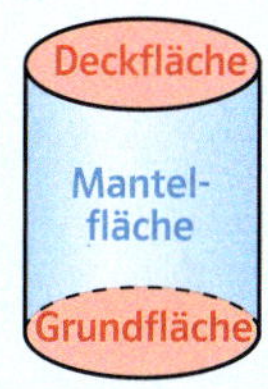

78 SP

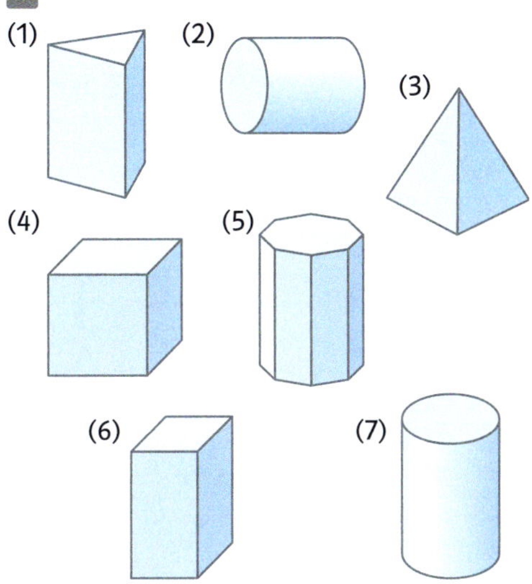

a) Benenne die Körper.
b) Wähle zwei Körper aus und beschreibe sie.

79 Die Abbildungen zeigen die Grundflächen von verschiedenen geometrischen Körpern. Welche Grundflächen können zu einem Prisma, welche zu einer Pyramide, welche zu einem Zylinder gehören?

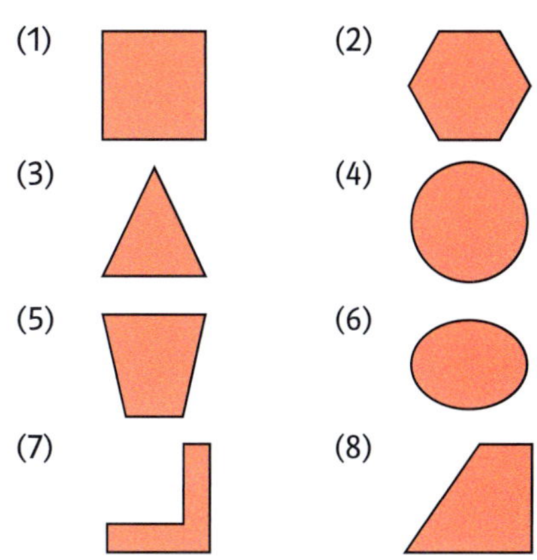

→ Die Lösungen findest du auf Seite 229.

Kapitel 2
Aufgabe F

Kapitel 5
Aufgabe I

Oberflächeninhalt und Volumen berechnen

Würfel

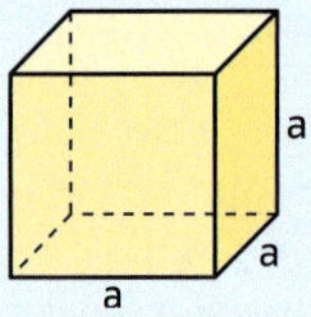

a = 4 cm

Oberflächeninhalt
$O = 6 \cdot a^2$
$O = 6 \cdot 4^2$
$O = 96\,cm^2$

Volumen
$V = a \cdot a \cdot a = a^3$
$V = 4 \cdot 4 \cdot 4$
$V = 64\,cm^3$

Quader

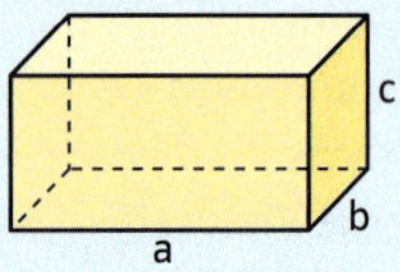

a = 6 cm
b = 4 cm
c = 3 cm

Oberflächeninhalt
$O = 2 \cdot a\,b + 2 \cdot a\,c + 2 \cdot b\,c$
$O = 2 \cdot 6 \cdot 4 + 2 \cdot 6 \cdot 3 + 2 \cdot 4 \cdot 3$
$O = 108\,cm^2$

Volumen
$V = a \cdot b \cdot c$
$V = 6 \cdot 4 \cdot 3$
$V = 72\,cm^3$

Prisma

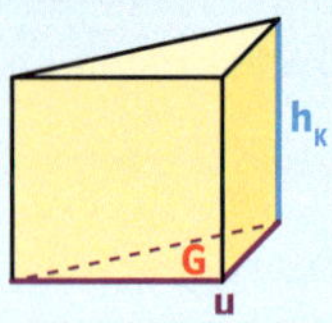

$h_K = 3\,cm$
$u = 12\,cm$
$G = 6\,cm^2$

Oberflächeninhalt
$M = u \cdot h_K$ $\quad O = 2 \cdot G + M$
$M = 12 \cdot 3$ $\quad O = 2 \cdot 6 + 36$
$M = 36\,cm^2$ $\quad O = 48\,cm^2$

Volumen
$V = G \cdot h_K$
$V = 6 \cdot 3$
$V = 18\,cm^3$

80 Berechne die fehlenden Größen des Würfels.

	a	O	V
a)	7 cm	■	■
b)	■	1734 cm²	■
c)	■	■	125 cm³
d)	9 cm	■	■

81 Berechne die fehlenden Größen des Quaders. (Maße in cm, cm², cm³)

	a	b	c	O	V
a)	8,0	5,0	2,5	■	■
b)	6,0	5,5	■	■	148,5
c)	■	3,3	3,4	■	35,9

82 Berechne die fehlende Größe des Prismas.

	G	h_K	V
a)	21,0 cm²	4,5 cm	■
b)	■	8,5 cm	391,0 cm³
c)	68,0 cm²	■	510,0 cm³

83 Berechne das Volumen des Prismas. (Maße in cm)

a)

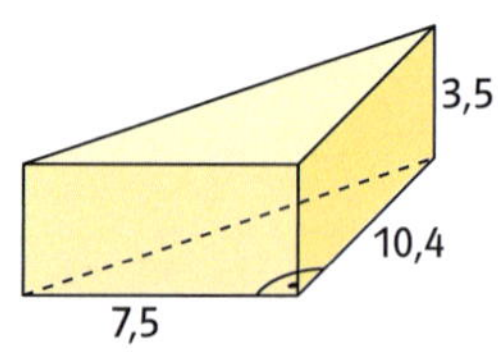

b)

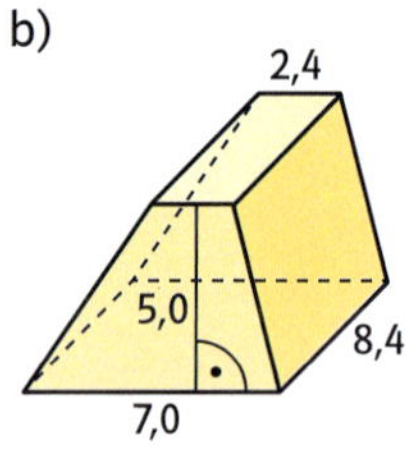

84 Berechne den Oberflächeninhalt des Prismas. (Maße in cm)

a)

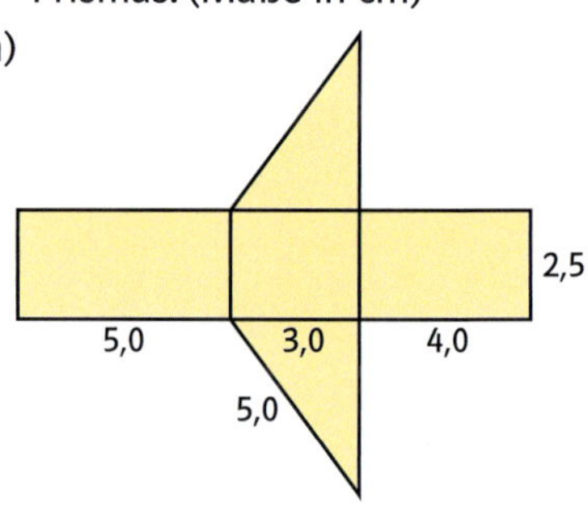

b)

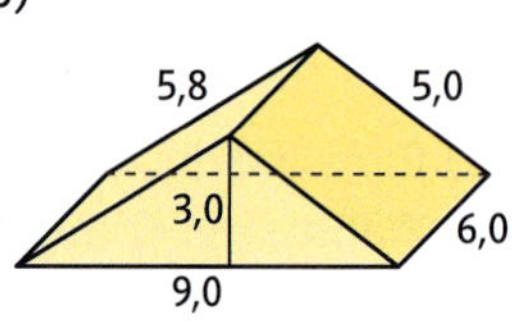

c)

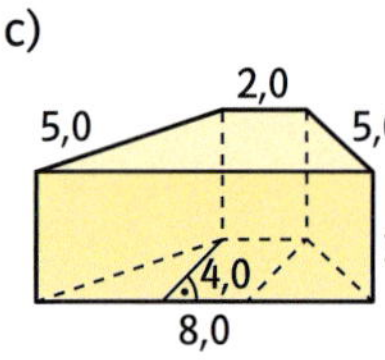

→ Die Lösungen findest du auf Seite 229.

Kapitel 1
Aufgabe E

Zufallsexperimente

Vier Merkmale kennzeichnen ein **Zufallsexperiment**:
- Es wird ein **Zufallsgerät** verwendet.
- Es können **verschiedene Ergebnisse** eintreffen.
- Das Ergebnis kann **nicht vorhergesagt** werden.
- Das gleiche Experiment kann **beliebig oft wiederholt** werden.

Das Drehen eines Glücksrads ist ein Zufallsexperiment:
- Das Glücksrad ist ein Zufallsgerät.
- Verschiedene Ergebnisse können eintreffen: Rot, Grün, Gelb, Lila, Blau.
- Niemand kann vorhersagen, welches Ergebnis eintreten wird.
- Das Glücksrad kann beliebig oft gedreht werden.

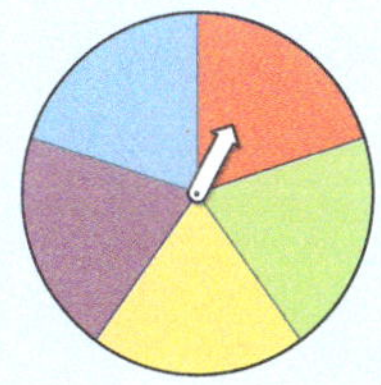

85 Handelt es sich um ein Zufallsexperiment?
a) Spielkarten werden ausgeteilt.
b) Ein 100-m-Rennen wird durchgeführt.
c) Aus einer Schale mit 4 blauen, 3 roten und 2 gelben Kugeln wird blind eine Kugel gezogen.

86 Gib alle möglichen Ergebnisse des Zufallsexperiments an.
a) Einmal ziehen

b) Einmal würfeln

c) Einmal gleichzeitig drehen.

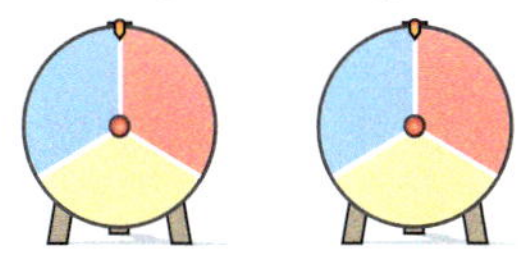

Kapitel 1
Aufgabe C

Eine Strichliste führen und eine Häufigkeitstabelle erstellen

Erstelle eine Tabelle mit drei Spalten.
Schreibe jede Kategorie (Urlaubsland) in eine neue Zeile.
Mache einen Strich für jede Nennung.
Setze den fünften Strich quer, damit ein Bündel entsteht.
Zähle die Striche.
Schreibe die Anzahlen in die Häufigkeitstabelle.

Lieblings-urlaubsland	Strichliste	Häufigkeitstabelle
Italien	卌 |	6
Spanien	卌	5
USA	||	2
Deutschland	|	1

→ Die Lösungen findest du auf Seite 230.

87 Einige Jugendliche wurden nach ihrer Lieblingsfarbe gefragt. Erstelle eine Strichliste und eine Häufigkeitstabelle.

88 Eine Schule führt eine Statistik zu den fehlenden Jugendlichen pro Klasse.

	Mo	Di	Mi	Do	Fr
9a	2	0	1	0	1
9b	4	3	2	1	3
9c	1	0	2	1	2

Erstelle eine Häufigkeitstabelle mit der Anzahl der fehlenden Jugendlichen der gesamten Jahrgangsstufe 9 an den verschiedenen Wochentagen.

Kapitel 1
Aufgabe D

Absolute und relative Häufigkeiten bestimmen

Die Anzahl, mit der ein bestimmtes Ereignis eintritt, heißt **absolute Häufigkeit**.

Lara spielt Fußball. Bei 21 von 30 Spielen hat sie von Beginn an gespielt. In 10 % der Spiele war Lara nicht dabei.

$10\,\% \cdot 30 = \frac{10}{100} \cdot 30 = 3$

Lara war bei 3 Spielen nicht dabei.

Der Anteil dieses Ereignisses an der Gesamtzahl aller Ereignisse heißt **relative Häufigkeit**.

$\text{relative Häufigkeit} = \frac{\text{absolute Häufigkeit}}{\text{Gesamtzahl}}$

$\frac{21}{30} = \frac{7}{10} = 0{,}7 = 70\,\%$

Lara spielte in 70 % aller Spiele von Beginn an.

89 Bestimme die relative Häufigkeit.

a) 11 von 15 Teller sind kaputt.

b) 32 von 53 Toren wurden durch Stürmer erzielt.

c) 4 von 28 Jugendlichen kommen zu spät zur Schule.

90 Beim Schulfest werden 400 Getränke verkauft. Bestimme die fehlenden Häufigkeiten.

Getränk	Limo	Wasser	Saft
absolute Häufigkeit	65	175	■
relative Häufigkeit	■	■	40 %

→ Die Lösungen findest du auf Seite 230.

Kapitel 1
Seite 23

Kapitel 2
Seite 38

Kapitel 4
Seite 99

Tabellenkalkulation. Wertetabellen

MK Mit einem Tabellenkalkulationsprogramm kann man schnell Wertetabellen erstellen. Das **Tabellenblatt** ist in **Spalten** (A; B; C; …) und **Zeilen** (1; 2; 3; …) eingeteilt. Aus dem Spaltenbuchstaben und der Zeilennummer wird für jede **Zelle** der Tabelle ein eindeutiger Name gebildet. Das Aussehen der Schrift und der Zellen kannst du verändern. Dies nennt man **formatieren**.

Inhalte aus einer Zelle auf eine andere übertragen:

Eine Zahl übertragen
Markierst du die Zelle B2 und bewegst dann den Mauszeiger auf die rechte untere Ecke der Zelle, verändert sich der Zeiger in ein schwarzes Kreuz. Drücke nun die linke Maustaste, halte sie gedrückt und bewege den Mauszeiger entlang der Zeile. So füllt das Programm die ganze Zeile mit der Zahl, die in B2 steht, hier die Eins.

	A	B
1	**Übertragen**	
2	Zahl	1

Eine Zahlenfolge erzeugen
Im Unterschied zum Übertragen einer einzelnen Zahl markiert man hier mehrere Zellen, z. B. B2 und C2, und überträgt die Inhalte mit der Maus die Zeile entlang. Man erhält die Zahlenfolge 1; 2; 3; 4; 5; …

	A	B	C
1	**Übertragen**		
2	Zahlenfolge	1	2

Wert eines Terms berechnen – eine Wertetabelle aufstellen:

Jede **Rechenanweisung** wird durch ein Gleichheitszeichen eingeleitet. Durch Drücken der Eingabetaste (Enter-Taste), berechnet das Programm den Wert des Terms und zeigt ihn in der Zelle an.

	A	B
1	**Addition**	
2	30+70	=30+70

Bei der Multiplikation musst du für das Malzeichen ein Sternchen * und bei der Division für das Geteiltzeichen einen Schrägstrich / eingeben.
Um **Werte von Termen mit Variablen** zu berechnen, schreibst du, wie hier in Zeile 2, alle Zahlen auf, die für die Variable x eingesetzt werden sollen.
Die Rechenanweisung lautet $2 \cdot x + 1$. In Zelle B3 schreibt man dann die Rechenanweisung als Term mit B2 statt x, also =2*B2+1.

	A	B	C	D
1	**Werte eines Terms mit Variablen**			
2	x	0	1	2
3	2*x+1	=2*B2+1		

Übertrage die Rechenanweisung mithilfe der Maus auf die anderen Zellen der Zeile 3. Das Programm passt die Rechenanweisung automatisch für alle Zellen aus Zeile 2 an.

	A	B	C	D
1	**Werte eines Terms mit Variablen**			
2	x	0	1	2
3	2*x+1	1		

Dadurch wird immer die richtige Zahl für x eingesetzt und der Wert des Terms berechnet. Du erhältst eine vollständige **Wertetabelle**.

	A	B	C	D
1	**Werte eines Terms mit Variablen**			
2	x	0	1	2
3	2*x+1	1	3	5

Soll beim Übertragen der Rechenanweisung vom Programm zum Beispiel B1 nicht verändert werden, dann setzt man $-Zeichen und schreibt statt B1 nun $B$1.
Dies nennt man **absolute Adressierung**.

	A	B	C	D
1	a	4		
2	x	0	1	2
3	a+x	=$B$1+B2	5	6

91 Erstelle eine Wertetabelle mit x von 0 bis 10 für folgende Terme.

a) $2x + 4$ b) $179x - 33$ c) $(2x + 10):2$

92 Fadi plant Urlaub mit drei Freunden. Mit einem Tabellenkalkulationsprogramm berechnet er die Kosten für das Hostel. Sie planen ein 4er-Zimmer zu buchen und rechnen den Preis für mehrere Nächte aus. Außerdem möchten die vier Freunde wissen, wie hoch der Betrag für jeden ist.

	A	B	C	D	E	F	G	H
1	**Kosten für das Hostel**							
2	Anzahl der Nächte	1	2	3	4	5	6	7
3	Preis 4er-Zimmer pro Nacht	134	268	402	536	670	804	938
4	Preis pro Person	▪	▪	▪	▪	167,5	▪	▪

a) Entscheide, welche Formel in diesem Zusammenhang geeignet ist, den Wert in Zelle D3 zu berechnen.

(1) $B$3*D2   (2) =B3*D2   (3) =134*D2   (4) =B3/D2

b) Betrachte die Zelle B4. Gib eine Formel an, mit der sich der Wert in dieser Zelle berechnen lässt.

c) Übertrage die Tabelle in dein Programm und vervollständige Zeile 4. Die Jugendlichen möchten pro Person nicht mehr als 200 € für das Hostel ausgeben. Bestimme die Anzahl der Nächte, die sie im Hostel übernachten können.

Kapitel 1
Seite 23
Kapitel 2
Seite 38
Kapitel 4
Seite 99

Tabellenkalkulation. Diagramme

Mit einem Tabellenkalkulationsprogramm kannst du schnell Diagramme erstellen.

- Als Erstes benötigst du die Daten für das Diagramm. Erstelle dazu eine Tabelle und markiere die Inhalte der Tabelle.
- Klicke auf die Registerkarte „Einfügen" und suche die Kategorie „Diagramme". Wähle einen Diagramm-Typ aus. Die markierten Inhalte werden dann automatisch als Diagramm dargestellt.
- Mit einem Rechtsklick auf die verschiedenen Stellen des Diagramms kannst du alle Layout-Einstellungen des Diagramms ändern.

	A	B	C	D	E
1	Name	Alba	Jano	Iris	Kian
2	Quote	82 %	88 %	89 %	76 %

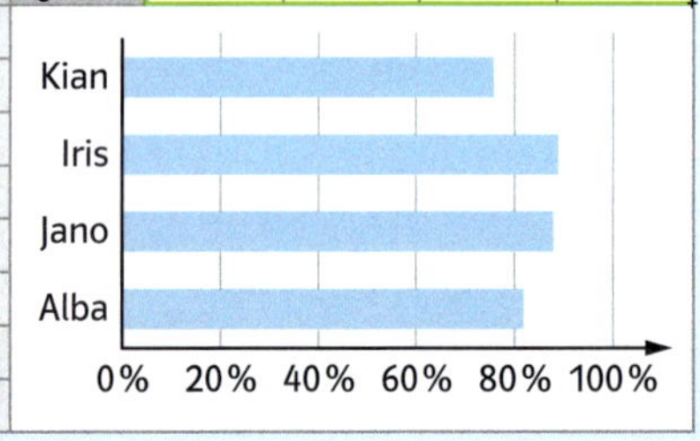

93 Acht Jugendliche mieten zusammen eine Bowlingbahn. Das Ausleihen der Schuhe kostet pro Person 2 €. Die Bahn kostet pro Stunde 32 €.

	A	B	C	D	E
1	Anzahl Stunden	1	2	3	4
2	Kosten in €	48	▪	▪	▪

a) Bestimme, welcher Term in der Zelle B2 steht.

b) Übertrage die Tabelle in dein Tabellenkalkulationsprogramm und vervollständige sie.

c) Füge ein Punkt-Diagramm bzw. XY-Diagramm ein. Das Bowling-Center stellt die Abrechnung um. Nun kann man eine Bahn auch für halbe Stunden mieten. Die Jugendlichen bowlen 3,5 Stunden. Lies ab, wie viel Euro die Jugendlichen bezahlen müssen.

→ Die Lösungen findest du auf Seite 231.

Kapitel 4
Seite 92

Kapitel 6
Seite 141

Kapitel 7
Seite 160 und 164

DGS. Zeichnen und Messen

MK Mithilfe einer Dynamischen Geometriesoftware (DGS) kannst du Objekte darstellen. Man kann verschiedene Einstellungen zum Einrichten des **Koordinatensystems** wählen, zum Beispiel:

Einblenden oder Ausblenden des Gitters 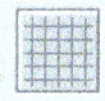

Einblenden oder Ausblenden der Achsen 

Mit weiteren Werkzeugen kannst du **geometrische Figuren zeichnen**.
Zum Beispiel kannst du mit dem Punkt-Werkzeug einen Punkt A im Koordinatensystem erzeugen. Mit dem Bewegen-Werkzeug verschiebst du diesen Punkt. Du kannst mit den verschiedenen Werkzeugen auch Strecken, Halbgeraden, Geraden, senkrechte und parallele Geraden sowie Figuren (Dreieck, Viereck, Kreis, ...) erzeugen und bearbeiten.

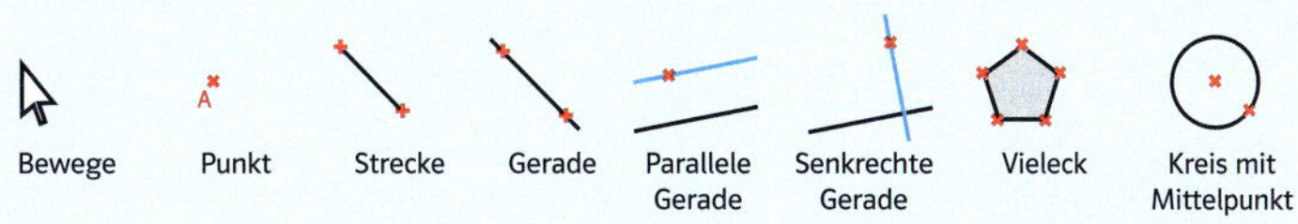

Mit einer DGS kann man auch **Messungen** durchführen. Man kann zum Beispiel Vielecke erstellen und deren Umfang oder Flächeninhalt sowie die Größe der Winkel bestimmen lassen. Vielecke lassen sich anpassen oder verändern, indem man einzelne Objekte (Punkte, Strecken, Geraden, ...) verschiebt. Hilfreiche Werkzeuge sind zum Beispiel:

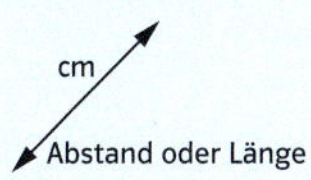

Mit dem Werkzeug „Abstand oder Länge" kann man sich nicht nur den Abstand zwischen zwei Objekten oder eine Streckenlänge anzeigen lassen, sondern auch den Umfang einer Figur.

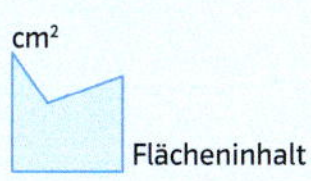

Das Werkzeug „Flächeninhalt" zeigt den Flächeninhalt einer Figur an. Häufig wird das Werkzeug auch nur „Fläche" genannt.

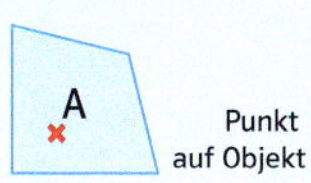

Dieses Werkzeug hängt den Punkt an ein Objekt an. Ist das Objekt zum Beispiel eine Gerade, dann kann der Punkt nur auf dieser Geraden verschoben werden.

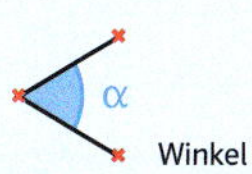

Mit dem Werkzeug „Winkel" kann man sich die Größe eines Winkels anzeigen lassen.

94 MK Benutze eine DGS und lass dir das Koordinatensystem anzeigen. Zeichne das Dreieck mit den Eckpunkten A(1|1); B(5|1) und C(5|4).

a) Lass dir die Seitenlängen, den Flächeninhalt und die Größe der Winkel anzeigen. Bestimme, um welche Dreiecksform es sich handelt.

b) SP Verschiebe den Punkt C auf (4|4). Welche Form hat das Dreieck nun? Notiere auch den Flächeninhalt. Verschiebe den Punkt C noch einmal, nun auf (3|4), und notiere die Form des Dreiecks sowie den Flächeninhalt. Erkläre, weshalb der Flächeninhalt des Dreiecks bei den beiden Verschiebungen von Punkt C gleich geblieben ist.

c) SP Erzeuge eine zur Strecke $\overline{AB}$ parallele Gerade durch den Punkt D(0|−1). Verbinde die Punkte A; D und B zu einem Dreieck und lass den Flächeninhalt anzeigen. Verschiebe nun D entlang der y-Achse nach unten. Erkläre, weshalb sich der Flächeninhalt des Dreiecks ändert.

→ Die Lösungen findest du auf Seite 231.

Kapitel 4
Seite 92

Kapitel 7
Seite 160 und 164

DGS. Zuordnungen und Schieberegler

Mithilfe einer dynamischen Geometriesoftware (DGS) lassen sich Zuordnungen grafisch darstellen.
Mithilfe einer Eingabezeile oder eines Buttons f(x) kannst du die Zuordnungsvorschrift eingeben. Achte darauf, dass man häufig bei Dezimalzahlen einen Punkt statt eines Kommas eingeben muss.
Eine DGS erstellt häufig automatisch ein Feld mit einem Schieberegler über der Zuordnungsvorschrift. Man kann diesen aber auch direkt erstellen und die Vorgaben wie Minimum, Maximum und Schrittweite für den Schieberegler ändern.

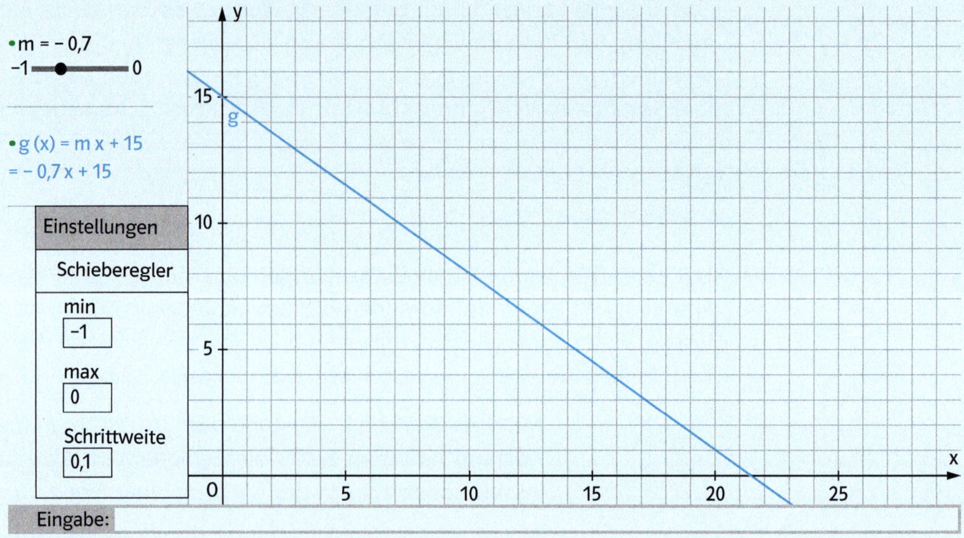

95 MK SP Benutze eine DGS und erstelle den Graphen der Zuordnungsvorschrift $x \mapsto m \cdot x + 3$.

a) Ändere den Wert von m, indem du den Schieberegler nutzt. **Beschreibe**, für welche Werte von m die Zuordnung linear zunehmend ist. Für welche Werte ist sie linear abnehmend?

b) Füge einen weiteren Graphen ein mit der Zuordnungsvorschrift $x \mapsto 2 \cdot x + b$. Ändere den Wert von b, indem du den Schieberegler nutzt. **Beschreibe**, wie sich die Lage des Graphen verändert. Bestimme, wie du die Schieberegler von m und b einstellen musst, damit die beiden Graphen parallel zueinander sind.

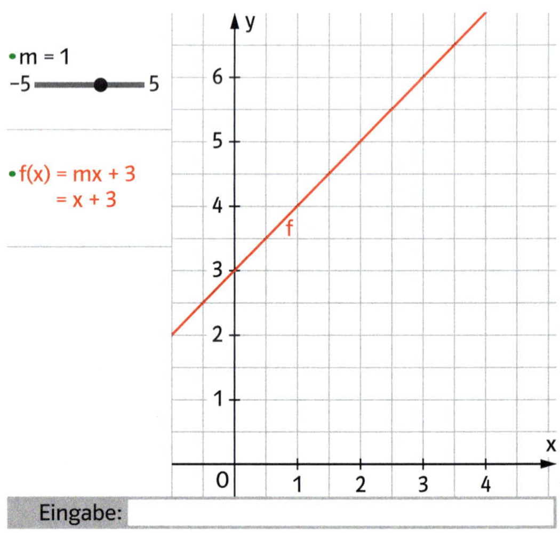

→ Die Lösungen findest du auf Seite 232.

Lösungen der Kapitel

1 Zufall und Wahrscheinlichkeit | Standpunkt, Seite 7

A a) $\frac{3}{20} = 0{,}15$ b) $\frac{3}{24} = \frac{1}{8} = 0{,}125$ c) $\frac{4}{8} = \frac{1}{2} = 0{,}5$

d) $\frac{2}{3} = 0{,}\overline{6}$ e) $\frac{4}{100} = 0{,}04$ f) $\frac{66}{1000} = 0{,}066$

B a) 17 % b) 25 % c) 60 % d) 35 % e) 37,5 % f) 4,5 %

C a)

	Marie	Joshua
(1) Kurs A	7	6
(2) Kurs B	6	8
(3) ganze Klasse	13	14

b)

	Samir	Jen
Kurs A	𝍸 IIII	𝍸
Kurs B	𝍸 𝍸 I	III

D a)

Augensumme	Anzahl	relative Häufigkeit
7	11	$\frac{11}{50}$
2	3	$\frac{3}{50}$
10	7	$\frac{7}{50}$
9	8	$\frac{8}{50}$

b) $50 \cdot \frac{8}{100} = 4$

Die Augensumme 3 wurde 4-mal geworfen.

E a) Mögliche Ergebnisse: 1; 2; 3; 4; 5; 6

b) Mögliche Ergebnisse: Grün; Gelb; Orange; Blau

c) Mögliche Ergebnisse: grünes Gummibärchen; weißes Gummibärchen; rotes Gummibärchen

d) Mögliche Ergebnisse: weiße Kugel; gelbe Kugel; schwarze Kugel.

1 Zufall und Wahrscheinlichkeit | Alles klar?, Seite 11

A a) $P(\text{Rot}) = \frac{10}{20} = \frac{1}{2} = 50\,\%$

b) P(Weiß oder Rot) = P(Weiß) + P(Rot)

$= \frac{4}{20} + \frac{10}{20} = \frac{14}{20} = \frac{7}{10} = 70\,\%$

c) P(nicht Blau) = 1 − P(Blau)

$= 1 - \frac{6}{20} = \frac{14}{20} = \frac{7}{10} = 70\,\%$

1 Zufall und Wahrscheinlichkeit | Alles klar?, Seite 13

A Grün unten:

Blau unten:

Rot unten:

Schwarz unten:

Es gibt 24 Möglichkeiten.

B Tabelle

	1	2	3	4
blau	b1	b2	b3	b4
grün	g1	g2	g3	g4
orange	o1	o2	o3	o4
rot	r1	r2	r3	r4
lila	l1	l2	l3	l4
schwarz	s1	s2	s3	s4

Baumdiagramm

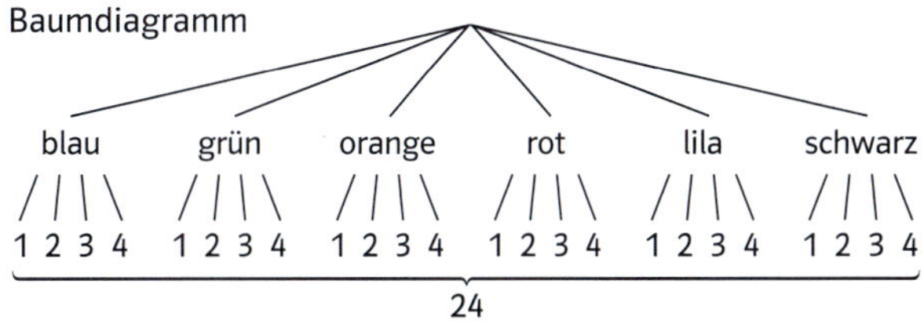

Es gibt 24 mögliche Ergebnisse.

1 Zufall und Wahrscheinlichkeit | Alles klar?, Seite 16

A a) $P(\text{zwei gelbe Kugeln}) = P(\text{Gelb, Gelb}) = \frac{1}{8} \cdot \frac{1}{8} = \frac{1}{64}$

b) P(zwei verschiedenfarbige Kugeln)

= 1 − P(zwei gleichfarbige Kugeln)

= 1 − (P(Rot, Rot) + P(Blau, Blau) + P(Gelb, Gelb))

$= 1 - \left(\frac{4}{8} \cdot \frac{4}{8} + \frac{3}{8} \cdot \frac{3}{8} + \frac{1}{8} \cdot \frac{1}{8}\right) = 1 - \frac{26}{64} = \frac{19}{32}$

c) P(genau eine rote Kugel)

= P(Rot, Blau) + P(Rot, Gelb) + P(Blau, Rot) + P(Gelb, Rot)

$= \frac{4}{8} \cdot \frac{3}{8} + \frac{4}{8} \cdot \frac{1}{8} + \frac{3}{8} \cdot \frac{4}{8} + \frac{1}{8} \cdot \frac{4}{8} = \frac{32}{64} = \frac{1}{2}$

d) P(eine rote und eine blaue Kugel)

$= P(\text{Rot, Blau}) + P(\text{Blau, Rot}) = \frac{4}{8} \cdot \frac{3}{8} + \frac{3}{8} \cdot \frac{4}{8} = \frac{24}{64} = \frac{3}{8}$

1 Zufall und Wahrscheinlichkeit | Alles klar?, Seite 19

A a) P(zwei verschiedenfarbige Stifte ziehen)
= 1 – P(zwei gleichfarbige Stifte ziehen)
= 1 – (P(Rot, Rot) + P(Grün, Grün) + P(Gelb, Gelb)
+ P(Schwarz, Schwarz))
$= 1 - \left(\frac{2}{15} \cdot \frac{1}{14} + \frac{4}{15} \cdot \frac{3}{14} + \frac{3}{15} \cdot \frac{2}{14} + \frac{6}{15} \cdot \frac{5}{14}\right) = 1 - \frac{50}{210} = \frac{16}{21}$

b) P(genau einen gelben Stift ziehen)
= P(Rot, Gelb) + P(Grün, Gelb) + P(Schwarz, Gelb)
+ P(Gelb, Rot) + P(Gelb, Grün) + P(Gelb, Schwarz)
$= \frac{2}{15} \cdot \frac{3}{14} + \frac{4}{15} \cdot \frac{3}{14} + \frac{6}{15} \cdot \frac{3}{14} + \frac{3}{15} \cdot \frac{2}{14} + \frac{3}{15} \cdot \frac{4}{14} + \frac{3}{15} \cdot \frac{6}{14} = \frac{72}{210} = \frac{12}{35}$

c) P(einen schwarzen Stift als Erstes ziehen) $= \frac{6}{15} = \frac{2}{5}$

1 Zufall und Wahrscheinlichkeit | Rückspiegel, Seite 28

1 a) P(Zahl ist ungerade) $= \frac{10}{20} = \frac{1}{2}$

b) P(Zahl ist zweistellig) $= \frac{11}{20}$

c) P(Zahl ist Vielfaches von 3) $= \frac{6}{20} = \frac{3}{10}$

d) P(Zahl ist Primzahl) $= \frac{8}{20} = \frac{2}{5}$

2 Es können 6 dreistellige Zahlen gebildet werden.

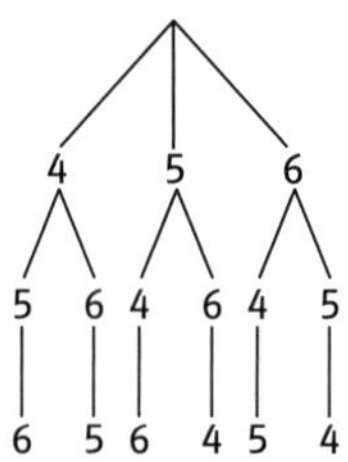

3 a) P(zweimal gleiche Farbe)
= P(Grün, Grün) +P(Gelb, Gelb) + P(Blau, Blau)
$= \frac{4}{9} \cdot \frac{4}{9} + \frac{3}{9} \cdot \frac{3}{9} + \frac{2}{9} \cdot \frac{2}{9} = \frac{29}{81}$

b) P(kein Blau)
= P(Grün, Grün) + P(Grün, Gelb) + P(Gelb, Grün)
+ P(Gelb, Gelb)
$= \frac{4}{9} \cdot \frac{4}{9} + \frac{4}{9} \cdot \frac{3}{9} + \frac{3}{9} \cdot \frac{4}{9} + \frac{3}{9} \cdot \frac{3}{9} = \frac{49}{81}$

c) P(höchstens einmal Grün)
= 1 – P(Grün, Grün) $= 1 - \frac{4}{9} \cdot \frac{4}{9} = \frac{65}{81}$

4 a) P(eine blaue und eine rote Kugel)
= P(Blau, Rot) + P(Rot, Blau) $= \frac{4}{10} \cdot \frac{4}{9} + \frac{4}{10} \cdot \frac{4}{9} = \frac{32}{90} = \frac{16}{45}$

b) P(zwei verschiedenfarbige Kugeln)
= 1 – P(zwei gleichfarbige Kugeln)
= 1 – (P(Blau, Blau)) + P(Rot, Rot) + P(Gelb, Gelb))
$= 1 - \left(\frac{4}{10} \cdot \frac{3}{9} + \frac{4}{10} \cdot \frac{3}{9} + \frac{2}{10} \cdot \frac{1}{9}\right) = 1 - \frac{26}{90} = \frac{32}{45}$

c) P(mit dem ersten Zug eine gelbe Kugel) $= \frac{2}{10} \cdot 1 = \frac{1}{5}$

d) P(mindestens eine rote Kugel)
= P(Blau, Rot) + P(Rot, Rot) + P(Gelb, Rot) + P(Rot, Blau)
+ P(Rot, Gelb)
$= \frac{4}{10} \cdot \frac{4}{9} + \frac{4}{10} \cdot \frac{3}{9} + \frac{2}{10} \cdot \frac{4}{9} + \frac{4}{10} \cdot \frac{4}{9} + \frac{4}{10} \cdot \frac{2}{9} = \frac{60}{90} = \frac{2}{3}$

1 Zufall und Wahrscheinlichkeit | Rückspiegel, Seite 28, links

5 a) P(4 und 1) = P(4, 1) + P(1, 4) $= 2 \cdot \frac{1}{4} \cdot \frac{2}{4} = \frac{4}{16} = \frac{1}{4}$

b) P(nicht Pasch) = 1 – P(Pasch) $= 1 - \left(\frac{1}{4} \cdot \frac{1}{4} + \frac{1}{4} \cdot \frac{1}{4} + \frac{2}{4} \cdot \frac{2}{4}\right)$
$= 1 - \frac{6}{16} = \frac{5}{8}$

c) P(Augensumme < 2) = 0 (unmögliches Ereignis)

d) P(Augenprodukt > 16) = P(5, 5) + P(5, 4) + P(4, 5)
$= \frac{1}{4} \cdot \frac{1}{4} + \frac{1}{4} \cdot \frac{1}{4} + \frac{1}{4} \cdot \frac{1}{4} = \frac{3}{16}$

6 a) (1) P(zwei verschiedene Tafeln)
= 1 – P(gleiche Tafeln)
= 1 – (P(N, N) + P(W, W) + P(Vm, Vm) + P(Zb, Zb))
$= 1 - \left(\frac{6}{18} \cdot \frac{5}{17} + \frac{6}{18} \cdot \frac{5}{17} + \frac{2}{18} \cdot \frac{1}{17} + \frac{4}{18} \cdot \frac{3}{17}\right) = 1 - \frac{74}{306} = \frac{116}{153} = 75{,}8\,\%$

(2) P(genau eine Nusstafel)
= P(N, Zb) + P(N, W) + P(N, Vm) + P(Zb, N) + P(W, N) + P(Vm, N)
$= \frac{6}{18} \cdot \frac{6}{17} + \frac{6}{18} \cdot \frac{2}{17} + \frac{6}{18} \cdot \frac{4}{17} + \frac{6}{18} \cdot \frac{6}{17} + \frac{2}{18} \cdot \frac{6}{17} + \frac{4}{18} \cdot \frac{6}{17} = \frac{144}{306} = \frac{8}{17}$
= 47,1 %

(3) P(mindestens eine weiße Tafel)
= P(N, W) + P(W, N) + P(W, Vm) + P(Vm, W) + P(W, Zb)
+ P(Zb, W) + P(W, W)
$= 2 \cdot \frac{6}{18} \cdot \frac{4}{17} + 2 \cdot \frac{6}{18} \cdot \frac{4}{17} + 2 \cdot \frac{2}{18} \cdot \frac{4}{17} + \frac{4}{18} \cdot \frac{3}{17} = \frac{62}{153} = 40{,}52\,\%$

(4) P(höchstens eine weiße Tafel)
= 1 – P(W, W)
$= 1 - \frac{4}{18} \cdot \frac{3}{17} = \frac{49}{51} = 96{,}1\,\%$

b) Am wahrscheinlichsten ist es, einmal Vollmilch und einmal Nuss zu ziehen. Die Reihenfolge spielt keine Rolle, daher gibt es zwei Ergebnisse mit dieser Wahrscheinlichkeit.
P(Vm, N) = P(N, Vm) $= \frac{6}{18} \cdot \frac{6}{17} = \frac{36}{306} = 11{,}8\,\%$

1 Zufall und Wahrscheinlichkeit | Rückspiegel, Seite 28, rechts

5 a)

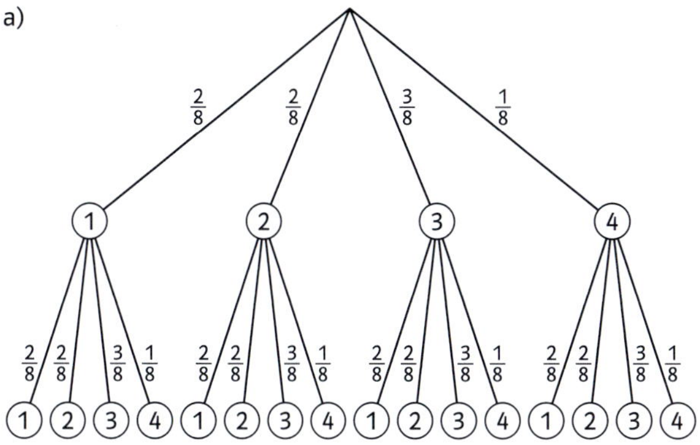

b) (1) $P(2, 1) = \frac{2}{8} \cdot \frac{2}{8} = \frac{4}{64} = 6{,}25\,\%$

(2) P(zwei gleiche Zahlen)
$= P(1, 1) + P(2, 2) + P(3, 3) + P(4, 4)$

$= \frac{2}{8} \cdot \frac{2}{8} + \frac{2}{8} \cdot \frac{2}{8} + \frac{3}{8} \cdot \frac{3}{8} + \frac{1}{8} \cdot \frac{1}{8} = \frac{18}{64} = \frac{9}{32} = 28{,}1\,\%$

(3) P(zwei unterschiedliche Zahlen)

= 1 − P(zwei gleiche Zahlen)

$= 1 - \frac{9}{32} = \frac{23}{32} = 71{,}9\,\%$

6 a) (1) P(genau einmal ♥) = P(♣, ♥) + P(♠, ♥) + P(♦, ♥) + P(♥, ♣) + P(♥, ♠) + P(♥, ♦)

$= \frac{3}{10} \cdot \frac{4}{9} + \frac{2}{10} \cdot \frac{4}{9} + \frac{1}{10} \cdot \frac{4}{9} + \frac{4}{10} \cdot \frac{3}{9} + \frac{4}{10} \cdot \frac{2}{9} + \frac{4}{10} \cdot \frac{1}{9} = \frac{48}{90} = \frac{8}{15}$

(2) P(zwei gleiche Karten) = P(♣, ♣) + P(♠, ♠) + P(♥, ♥) + P(♦, ♦)

$= \frac{3}{10} \cdot \frac{2}{9} + \frac{2}{10} \cdot \frac{1}{9} + \frac{4}{10} \cdot \frac{3}{9} + \frac{1}{10} \cdot \frac{0}{9} = \frac{20}{90} = \frac{2}{9}$

b) Mögliche Lösungen:
E_1: „Mit dem ersten Ziehen die Farben ♣ oder ♠“
E_2: „Mit dem ersten Ziehen die Farben ♥ oder ♦“

2 Potenzen. Wurzeln. Reelle Zahlen | Standpunkt, Seite 29

A a) −35 b) −35 c) 35
d) −4 e) −4 f) 4

B a) 6 b) $\frac{2}{9}$ c) $\frac{2}{27}$

C a) 6 b) 0,06 c) 0,006

D a) 9 b) 81 c) 49
d) 100 e) 169 f) 256
g) 400 h) 324 i) 225

E Für das Quadrat gilt $A = a^2$.
a) $121\,cm^2$ b) $225\,cm^2$ c) $169\,cm^2$
d) $64\,cm^2$ e) $196\,cm^2$ f) $25\,cm^2$

F Für den Würfel gilt $V = a^3$.
a) $8\,cm^3$ b) $125\,cm^3$ c) $216\,cm^3$

G a) $9 < 14 < 16$ b) $64 < 70 < 81$ c) $1 < 2{,}3 < 4$
d) $81 < 99 < 100$ e) $16 < 17{,}125 < 25$ f) $361 < 398 < 400$

H Natürliche Zahlen ℕ: +3, 6, 12

Ganze Zahlen ℤ: −5, −2, +3, 6, 12

Rationale Zahlen ℚ: $\frac{1}{2}$, 0,2, −1,2, $\frac{3}{5}$, $1\frac{1}{2}$, 4,2, −5, −2, +3, 6, 12

I a) $37 \approx 40$; $60{,}5 \approx 60$; $99 \approx 100$
b) $0{,}16 \approx 0{,}2$; $3{,}05 \approx 3{,}1$; $8{,}348 \approx 8{,}3$
c) $0{,}1111 \approx 0{,}11$; $0{,}4444 \approx 0{,}44$; $0{,}7777 \approx 0{,}78$

2 Potenzen. Wurzeln. Reelle Zahlen | Alles klar?, Seite 32

A

	a)	b)	c)
Potenz	4^3	8^4	$(-6)^3$
Produkt	$4 \cdot 4 \cdot 4$	$8 \cdot 8 \cdot 8 \cdot 8$	$(-6) \cdot (-6) \cdot (-6)$
Potenzwert	64	4096	−216

	d)	e)
Potenz	$0{,}9^3$	$(-2)^4$
Produkt	$0{,}9 \cdot 0{,}9 \cdot 0{,}9$	$(-2) \cdot (-2) \cdot (-2) \cdot (-2)$
Potenzwert	0,729	16

2 Potenzen. Wurzeln. Reelle Zahlen | Alles klar?, Seite 35

A $\sqrt{256} = 16$; denn $16 \cdot 16 = 256$
$\sqrt{169} = 13$; denn $13 \cdot 13 = 169$
$\sqrt{144} = 12$; denn $12 \cdot 12 = 144$
$\sqrt{225} = 15$; denn $15 \cdot 15 = 225$
$\sqrt{196} = 14$; denn $14 \cdot 14 = 196$
$\sqrt{121} = 11$; denn $11 \cdot 11 = 121$
$\sqrt{289} = 17$; denn $17 \cdot 17 = 289$

Die Kärtchen $\sqrt{264}$ und 18 bleiben übrig.

2 Potenzen. Wurzeln. Reelle Zahlen | Alles klar?, Seite 37

A

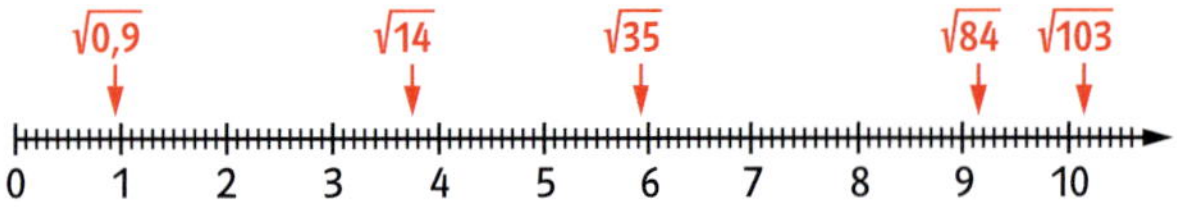

2 Potenzen. Wurzeln. Reelle Zahlen | Alles klar?, Seite 41

A

	a)	b)	c)	d)	e)
	-2	$\sqrt{2}$	$\sqrt{16}$	$-0{,}5$	$\frac{5}{11}$
ℕ			×		
ℤ	×		×		
ℚ	×		×	×	×
ℝ	×	×	×	×	×

	f)	g)	h)	i)	i)
	$0{,}333\ldots$	$\sqrt{\frac{1}{2}}$	$-\sqrt{2}$	$-\sqrt{16}$	$0{,}001$
ℕ					
ℤ				×	
ℚ	×			×	×
ℝ	×	×	×	×	×

2 Potenzen. Wurzeln. Reelle Zahlen | Alles klar?, Seite 43

A a) $\sqrt{8} \cdot \sqrt{2} = \sqrt{8 \cdot 2} = \sqrt{16} = 4$

b) $\sqrt{125} \cdot \sqrt{5} = \sqrt{125 \cdot 5} = \sqrt{25 \cdot 5 \cdot 5} = 5 \cdot 5 = 25$

c) $\sqrt{4 \cdot 64} = \sqrt{4} \cdot \sqrt{64} = 2 \cdot 8 = 16$

d) $\sqrt{9 \cdot 49} = \sqrt{9} \cdot \sqrt{49} = 3 \cdot 7 = 21$

e) $\sqrt{81 \cdot 100} = \sqrt{81} \cdot \sqrt{100} = 9 \cdot 10 = 90$

f) $\frac{\sqrt{72}}{\sqrt{8}} = \sqrt{\frac{72}{8}} = \sqrt{9} = 3$

g) $\frac{\sqrt{98}}{\sqrt{2}} = \sqrt{\frac{98}{2}} = \sqrt{49} = 7$

h) $\frac{\sqrt{250}}{\sqrt{10}} = \sqrt{\frac{250}{10}} = \sqrt{25} = 5$

i) $\frac{\sqrt{360}}{\sqrt{10}} = \sqrt{\frac{360}{10}} = \sqrt{36} = 6$

j) $\frac{\sqrt{0{,}56}}{\sqrt{0{,}14}} = \sqrt{\frac{0{,}56}{0{,}14}} = \sqrt{\frac{56}{14}} = \sqrt{4} = 2$

B a) $\sqrt{44} = \sqrt{4 \cdot 11} = 2 \cdot \sqrt{11}$ b) $\sqrt{52} = \sqrt{4 \cdot 13} = 2 \cdot \sqrt{13}$

c) $\sqrt{32} = \sqrt{16 \cdot 2} = 4 \cdot \sqrt{2}$ d) $\sqrt{128} = \sqrt{64 \cdot 2} = 8 \cdot \sqrt{2}$

e) $\sqrt{150} = \sqrt{25 \cdot 6} = 5 \cdot \sqrt{6}$

2 Potenzen. Wurzeln. Reelle Zahlen | Alles klar?, Seite 45

A a) $\sqrt[3]{8} = 2$; denn $2 \cdot 2 \cdot 2 = 8$

b) $\sqrt[3]{216} = 6$; denn $6 \cdot 6 \cdot 6 = 216$

c) $\sqrt[3]{343} = 7$; denn $7 \cdot 7 \cdot 7 = 343$

B a) $\sqrt[3]{64\,000} = 40$ b) $\sqrt[3]{5832} = 18$ c) $\sqrt[3]{35\,937} = 33$

C $11^3 = 1331$; $\sqrt[3]{1331} = 11$

$12^3 = 1728$; $\sqrt[3]{1728} = 12$

$16^3 = 4096$; $\sqrt[3]{4096} = 16$

Übrig bleibt: $\sqrt[3]{8000} = 20$;
zugehörige Gleichung: $20^3 = 8000$

2 Potenzen. Wurzeln. Reelle Zahlen | Rückspiegel, Seite 50

1 $3^5 = 3 \cdot 3 \cdot 3 \cdot 3 \cdot 3 = 243$
$5^3 = 5 \cdot 5 \cdot 5 = 125$

2 a) $9 = 3^2$ b) $10^3 = 1000$
c) $3^3 = 27$ d) $1^7 = 1$

3 a) $\sqrt{144} = 12$ b) $\sqrt{324} = 18$
c) $\sqrt{625} = 25$ d) $\sqrt[3]{64} = 4$

4 a) $2 < \sqrt{8} < 3$ b) $3 < \sqrt{12} < 4$
c) $8 < \sqrt{70} < 9$ d) $0 < \sqrt{0{,}02} < 1$

2 Potenzen. Wurzeln. Reelle Zahlen | Rückspiegel, Seite 50, links

5 a) $\sqrt{17} \approx 4{,}1$ b) $\sqrt{80} \approx 8{,}9$
c) $\sqrt{124} \approx 11{,}1$ d) $\sqrt{177} \approx 13{,}3$
e) $\sqrt{1{,}5} \approx 1{,}22$ f) $\sqrt{0{,}9} \approx 0{,}95$
g) $\sqrt{0{,}37} \approx 0{,}608$ h) $\sqrt{1{,}005} \approx 1{,}0025$
i) $\sqrt{121{,}006} \approx 11{,}0003$

6 a) $\sqrt{5 \cdot 20} = \sqrt{100} = 10$ b) $\sqrt{5 \cdot 45} = \sqrt{225} = 15$
c) $\sqrt{125 \cdot 20} = \sqrt{2500} = 50$ d) $\sqrt{32 \cdot 8} = \sqrt{256} = 16$
e) $\sqrt{\frac{200}{50}} = \sqrt{4} = 2$ f) $\sqrt{\frac{50}{200}} = \sqrt{\frac{1}{4}} = \frac{1}{2}$
g) $\sqrt{\frac{99}{11}} = \sqrt{9} = 3$ h) $\sqrt{\frac{125}{5}} = \sqrt{25} = 5$

7 a) $2 \cdot \sqrt{2}$ b) $5 \cdot \sqrt{5}$
c) $10 \cdot \sqrt{3}$ d) $\sqrt{4 \cdot 6} = 2 \cdot \sqrt{6}$
e) $\sqrt{25 \cdot 2} = 5 \cdot \sqrt{2}$ f) $\sqrt{100 \cdot 6} = 10 \cdot \sqrt{6}$

8 a) $\frac{1}{4} = 0{,}25$ ist eine rationale Zahl.
b) $\frac{1}{6} = 0{,}1666...$ ist eine rationale Zahl.
c) $\sqrt{81} = 9$ ist eine rationale Zahl.
d) $\sqrt{7} = 2{,}645751...$ ist eine irrationale Zahl.
e) $\sqrt{0{,}9} = 0{,}948683...$ ist eine irrationale Zahl.
f) $\sqrt{0{,}01} = 0{,}1$ ist eine rationale Zahl.

9 Ein Würfel hat ein Volumen von $108\,cm^3 : 4 = 27\,cm^3$.
Für die Kantenlänge a gilt: $a = \sqrt[3]{27} = 3$
Die Kantenlänge beträgt $a = 3\,cm$.

2 Potenzen. Wurzeln. Reelle Zahlen | Rückspiegel, Seite 50, rechts

5 a) $\sqrt{65} \approx 8{,}06$ b) $\sqrt{6{,}4} \approx 2{,}5$
c) $\sqrt{325} \approx 18{,}028$

6 a) $\sqrt{111 \cdot 999} = \sqrt{111 \cdot 9 \cdot 111} = 3 \cdot 111 = 333$
b) $\sqrt{13} \cdot \sqrt{52} = \sqrt{13 \cdot 13 \cdot 2 \cdot 2} = 13 \cdot 2 = 26$
c) $\sqrt{\frac{126}{14}} = \sqrt{9} = 3$
d) $\sqrt{\frac{14}{126}} = \sqrt{\frac{1}{9}} = \frac{1}{3}$
e) $\sqrt{\frac{1000}{40}} = \sqrt{25} = 5$
f) $\sqrt{\frac{999}{111}} = \sqrt{9} = 3$

7 a) $\sqrt{36 \cdot 2} = 6 \cdot \sqrt{2}$ b) $\sqrt{900 \cdot 2} = 30 \cdot \sqrt{2}$
c) $\sqrt{9 \cdot 0{,}1} = 3 \cdot \sqrt{0{,}1}$ d) $\sqrt{4900 \cdot 3} = 70 \cdot \sqrt{3}$

8 Individuelle Lösungen, z. B.:
a) $-0{,}5$ oder $-4{,}01$ b) $\frac{1}{3} = 0{,}\overline{3}$ oder $\frac{1}{9} = 0{,}\overline{1}$
c) $-\sqrt{2}$ oder $-\sqrt{7}$

9 So setzt sich die Oberfläche des Würfelgebäudes zusammen:
je 8 Quadrate vorne und hinten;
je 5 Quadrate oben und unten;
je 2 Quadrate links und rechts.
Das sind zusammen 30 Quadrate.
Für den Oberflächeninhalt gilt:
$30 \cdot a^2 = 187{,}5 \quad | :30$
$a^2 = 6{,}25 \quad | \sqrt{\ }$
$a = 2{,}5$
Die Kantenlänge beträgt $a = 2{,}5\,cm$.
Das Würfelgebäude besteht aus 8 Würfeln.
$V = 8 \cdot a^3$
$V = 8 \cdot 2{,}5^3$
$V = 125$
Das Volumen beträgt $125\,cm^3$.

3 Satz des Pythagoras | Standpunkt, Seite 51

A a) 28,8; 15,3; 6,9
b) 26,76; 34,50
c) 186; 20; 6

B a) 81; 144; 400 b) 0,64; 1,21; 2,25

C a) 9 b) 14 c) 11
d) 0,3 e) 1,7 f) e

D a) $8x - 3 = 29 \quad | +3$
$8x = 32 \quad | :8$
$x = 4$
b) $2x = 34a \quad | :2$
$x = 17a$
c) $x - 25 = b \quad | +25$
$x = b + 25$
d) $5x - 20 = 3x + 30 \quad | +20$
$5x = 3x + 50 \quad | -3x$
$2x = 50 \quad | :2$
$x = 25$

E (1) gleichseitig, spitzwinklig
(2) allgemein, stumpfwinklig
(3) gleichschenklig, rechtwinklig
(4) gleichschenklig, spitzwinklig
(5) allgemein, rechtwinklig

F a) symmetrisches Trapez
$u = a + 2b + c$ $A = \frac{1}{2}(a + c) \cdot h$
$u = 2 + 2 \cdot 3{,}4 + 5$ $A = \frac{1}{2}(2 + 5) \cdot 3$
$u = 13{,}8\,cm$ $A = 10{,}5\,cm^2$
b) rechtwinkliges Dreieck
$u = a + b + c$ $A = \frac{1}{2} \cdot c \cdot h_c$
$u = 3{,}6 + 4{,}8 + 6$ $A = \frac{1}{2} \cdot 4{,}8 \cdot 3{,}6$
$u = 14{,}4\,cm$ $A = 8{,}64\,cm^2$

G a) $\sqrt{18} = \sqrt{9 \cdot 2} = 3\sqrt{2}$
b) $\sqrt{147} = \sqrt{49 \cdot 3} = 7\sqrt{3}$
c) $\sqrt{45} = \sqrt{9 \cdot 5} = 3\sqrt{5}$
d) $\sqrt{16e} = 4\sqrt{e}$
e) $\sqrt{18f} = \sqrt{9 \cdot 2f} = 3\sqrt{2f}$
f) $\sqrt{169e^3} = \sqrt{169 \cdot e^2 \cdot e} = 13e\sqrt{e}$

H a) Dreiecksprisma: Grund- und Deckfläche sind parallele, kongruente Dreiecke; die Mantelfläche besteht aus Rechtecken.
b) Zylinder: Grund- und Deckfläche sind parallele, kongruente Kreise; die Mantelfläche ist ein Rechteck.
c) Netz eines Quaders: sechs Rechtecke bilden die Oberfläche, gegenüberliegende Rechtecke sind kongruent.
d) Trapezprisma: Grund- und Deckfläche sind parallele, kongruente Trapeze; die Mantelfläche besteht aus Rechtecken.

3 Satz des Pythagoras | Alles klar?, Seite 55

A (1) $e^2 + f^2 = d^2$ (2) $d^2 + f^2 = e^2$ (3) $d^2 + e^2 = f^2$

B a) $a^2 + b^2 = c^2$
$9 + b^2 = 25 \quad | -9$
$b^2 = 16\,cm^2$

b) $a^2 + b^2 = c^2$
$7^2 + 24^2 = c^2$
$c^2 = 625\,cm^2$

3 Satz des Pythagoras | Alles klar?, Seite 59

A a) $12{,}0^2 + 28{,}8^2 = c^2 \quad | \sqrt{\ }$
$\sqrt{12{,}0^2 + 28{,}8^2} = c$
$31{,}2 = c$
$c = 31{,}2\,cm$

b) $6{,}3^2 + a^2 = 8{,}7^2 \quad | -6{,}3^2$
$a^2 = 8{,}7^2 - 6{,}3^2 \quad | \sqrt{\ }$
$a = \sqrt{8{,}7^2 - 6{,}3^2}$
$a = 6{,}0\,cm$

c) $2{,}4^2 + 3{,}2^2 = x^2$
$\sqrt{2{,}4^2 + 3{,}2^2} = x \quad | \sqrt{\ }$
$4{,}0 = x$
$x = 4{,}0\,cm$

d) $x^2 + 4{,}0^2 = 8{,}5^2 \quad | -4{,}0^2$
$x^2 = 8{,}5^2 - 4{,}0^2 \quad | \sqrt{\ }$
$x = \sqrt{8{,}5^2 - 4{,}0^2}$
$x = 7{,}5\,cm$

3 Satz des Pythagoras | Alles klar?, Seite 62

A a) Skizze:

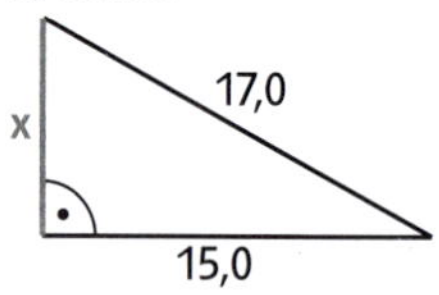

$x^2 + 15{,}0^2 = 17{,}0^2 \quad | -15{,}0^2$
$x^2 = 17{,}0^2 - 15{,}0^2 \quad | \sqrt{\ }$
$x = \sqrt{17{,}0^2 - 15{,}0^2}$
$x = 8{,}0\,cm$

b) y berechnen:
$y^2 + 10{,}0^2 = 12{,}5^2 \quad | -10{,}0^2$
$y^2 = 12{,}5^2 - 10{,}0^2 \quad | \sqrt{\ }$
$y = \sqrt{12{,}5^2 - 10{,}0^2}$
$y = 7{,}50\,cm$

x berechnen:
$7{,}50^2 + x^2 = 8{,}5^2 \quad | -7{,}50^2$
$x^2 = 8{,}5^2 - 7{,}50^2 \quad | \sqrt{\ }$
$x = \sqrt{8{,}5^2 - 7{,}50^2}$
$x = 4{,}0\,cm$

c) y berechnen:
$y^2 = 5{,}5^2 + 4{,}8^2 \quad | \sqrt{\ }$
$y = \sqrt{5{,}5^2 + 4{,}8^2}$
$y = 7{,}30\,cm$

x berechnen:
$x^2 + 3{,}0^2 = 7{,}30^2 \quad | -3{,}0^2$
$x^2 = 7{,}30^2 - 3{,}0^2 \quad | \sqrt{\ }$
$x = \sqrt{7{,}30^2 - 3{,}0^2}$
$x \approx 6{,}7\,cm$

d) Skizze 1:

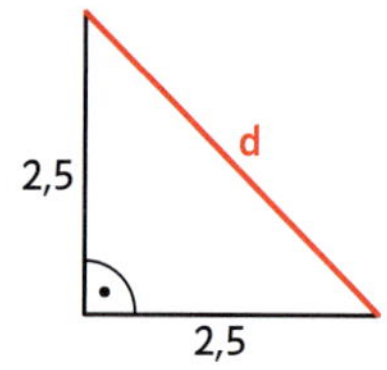

$d^2 = 2{,}5^2 + 2{,}5^2 \quad | \sqrt{\ }$
$d = \sqrt{2{,}5^2 + 2{,}5^2}$
$d \approx 3{,}54\,cm$

Skizze 2:

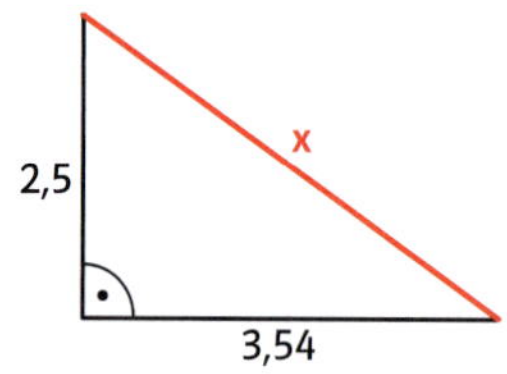

$x^2 \approx 2{,}5^2 + 3{,}54^2 \quad | \sqrt{\ }$
$x = \sqrt{2{,}5^2 + 3{,}54^2}$
$x \approx 4{,}3\,cm$

3 Satz des Pythagoras | Alles klar?, Seite 67

A Voraussetzung:
- Das Dreieck ABC ist gleichseitig mit der Seitenlänge a und der Höhe h.
- Im gleichseitigen Dreieck gilt $h_a = \frac{1}{2} a \sqrt{3}$.
- Für den Flächeninhalt eines Dreiecks gilt: $A = \frac{1}{2} \cdot a \cdot h_a$.

Behauptung: Für den Flächeninhalt im gleichseitigen Dreieck gilt $A = \frac{1}{4} \cdot a^2 \cdot \sqrt{3}$.

Beweis:

Für den Flächeninhalt gilt: $A = \frac{1}{2} \cdot a \cdot h_a$

Einsetzen von $h_a = \frac{1}{2} a \sqrt{3}$: $A = \frac{1}{2} \cdot a \cdot \frac{1}{2} \cdot a \cdot \sqrt{3}$

Es gilt: $A = \frac{1}{4} \cdot a^2 \cdot \sqrt{3}$

3 Satz des Pythagoras | Rückspiegel, Seite 74

1 a) $2{,}4^2 + 1^2 = 2{,}6^2$
$6{,}76 = 6{,}76$ ✓
Das Dreieck ist rechtwinklig.

b) $4^2 + 4{,}4^2 = 5{,}8^2$
$35{,}36 \neq 33{,}64$
Das Dreieck ist nicht rechtwinklig.

2 a) $x^2 = 0{,}8^2 + 1{,}5^2 \quad | \sqrt{\ }$
$x = \sqrt{0{,}8^2 + 1{,}5^2}$
$x = 1{,}7\,cm$

b) $x^2 + 9{,}2^2 = 11{,}5^2 \quad | -9$
$x^2 = 11{,}5^2 - 9{,}2^2 \quad | \sqrt{\ }$
$x = \sqrt{11{,}5^2 - 9{,}2^2}$
$x = 6{,}9\,cm$

c) y berechnen:
$y^2 + 5{,}5^2 = 7{,}3^2 \quad | -5{,}5^2$
$y = 7{,}3^2 - 5{,}5^2 \quad | \sqrt{\ }$
$y = \sqrt{7{,}3^2 - 5{,}5^2}$
$y = 4{,}80\,cm$

x berechnen:
$x^2 + 4{,}80^2 = 5{,}2^2 \quad | -4{,}8$
$x^2 = 5{,}2^2 - 4{,}80^2 \quad | \sqrt{\ }$
$x = \sqrt{5{,}2^2 - 4{,}80^2}$
$x = 2{,}0\,cm$

d) Skizze:

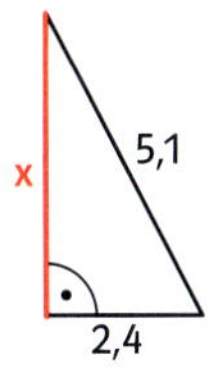

$x^2 + 2{,}4^2 = 5{,}1^2 \quad | -2{,}4^2$

$x^2 = 5{,}1^2 - 2{,}4^2 \quad | \sqrt{}$

$x = \sqrt{5{,}1^2 - 2{,}4^2}$

$x = 4{,}5\,\text{cm}$

3 Satz des Pythagoras | Rückspiegel, Seite 74, links

3 Mit der Pythagorasgleichung berechnet man die Seitenlängen des Dreiecks.

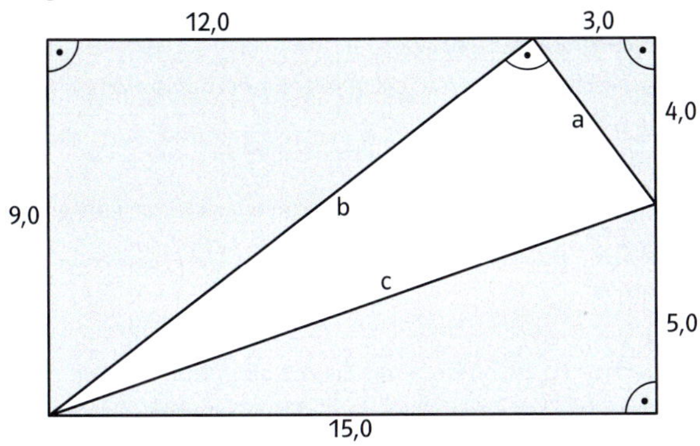

a berechnen:

$a^2 = 4{,}0^2 + 3{,}0^2 \quad | \sqrt{}$

$a = \sqrt{4{,}0^2 + 3{,}0^2}$

$a = 5{,}0\,\text{cm}$

b berechnen:

$b^2 = 12{,}0^2 + 9{,}0^2 \quad | \sqrt{}$

$b = \sqrt{12{,}0^2 + 9{,}0^2}$

$b = 15{,}0\,\text{cm}$

c berechnen:

$c^2 = 15{,}0^2 + 5{,}0^2 \quad | \sqrt{}$

$c = \sqrt{15{,}0^2 + 5{,}0^2}$

$c \approx 15{,}8\,\text{cm}$

Umfang berechnen:

$u = a + b + c$

$u \approx 5{,}0 + 15{,}0 + 15{,}8$

$u \approx 35{,}8\,\text{cm}$

Den Flächeninhalt des Dreiecks berechnet man mithilfe der Seitenlängen a und b:

$A = \frac{1}{2} \cdot a \cdot b$

$A = \frac{1}{2} \cdot 5{,}0 \cdot 15{,}0 = 37{,}5$

$A = 37{,}5\,\text{cm}^2$

Der Umfang beträgt etwa 35,8 cm und der Flächeninhalt des Dreiecks beträgt 37,5 cm².

4

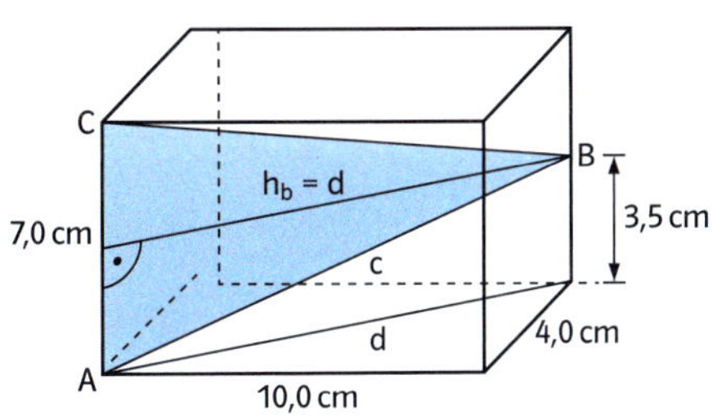

d berechnen:

$d^2 = 4{,}0^2 + 10{,}0^2 \quad | \sqrt{}$

$d = \sqrt{4{,}0^2 + 10{,}0^2}$

$d \approx 10{,}77\,\text{cm}$

Flächeninhalt berechnen:

$h_b = d \approx 10{,}77\,\text{cm}$

$A \approx 0{,}5 \cdot 7{,}0 \cdot 10{,}77$

$A \approx 37{,}70\,\text{cm}^2$

c berechnen:

$c^2 \approx 3{,}5^2 + 10{,}77^2 \quad | \sqrt{}$

$c = \sqrt{3{,}5^2 + 10{,}77^2}$

$c \approx 11{,}32\,\text{cm}$

Umfang berechnen:

$u \approx 2 \cdot 11{,}32 + 7{,}0$

$u \approx 29{,}64\,\text{cm}$

Der Flächeninhalt beträgt etwa 37,7 cm² und der Umfang beträgt etwa 29,6 cm.

5 $x^2 = 1{,}0^2 + 4{,}5^2 \quad | \sqrt{}$

$x = \sqrt{1{,}0^2 + 4{,}5^2}$

$x \approx 4{,}61\,\text{cm}$

Länge eines Dachbalkens:

$4{,}61 + 2 \cdot 0{,}3 = 5{,}21$

Die Dachbalken sind etwa 5,2 m lang.

Skizze:

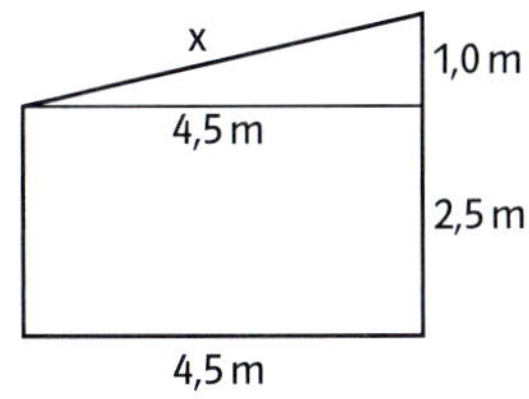

6 Voraussetzung:

1. Das Sechseck besteht aus sechs gleichseitigen Dreiecken.
2. Ein gleichseitiges Dreieck kann in zwei kongruente rechtwinklige Dreiecke geteilt werden.
3. Im rechtwinkligen Dreieck gilt die Pythagorasgleichung $a^2 + b^2 = c^2$.

Behauptung:

Für den Flächeninhalt A eines Sechsecks mit der Kantenlänge a gilt: $A = \frac{3}{2} \cdot a^2 \cdot \sqrt{3}$

Beweis:

Die Höhe h eines gleichseitigen Dreiecks bildet mit einer Seite des Dreiecks und einer halben Seite des Dreiecks ein rechtwinkliges Dreieck, in dem die Pythagorasgleichung gilt:

$h^2 = a^2 - \left(\frac{a}{2}\right)^2$

$h^2 = a^2 - \frac{a^2}{4}$

$h^2 = \frac{3}{4}a^2$

$h^2 = \frac{1}{4}a^2 \cdot 3 \quad | \sqrt{}$

$h = \frac{1}{2}a \cdot \sqrt{3}$

Für den Flächeninhalt gilt:

$A = 6 \cdot \frac{1}{2} \cdot a \cdot h$

Einsetzen von $h = \frac{1}{2}a \cdot \sqrt{3}$:

$A = 6 \cdot \frac{1}{2} \cdot a \cdot \frac{1}{2} \cdot a \cdot \sqrt{3}$

$A = 3 \cdot \frac{1}{2} \cdot a^2 \cdot \sqrt{3}$

$A = \frac{3}{2} \cdot a^2 \cdot \sqrt{3}$

Die Behauptung ist bewiesen.

3 Satz des Pythagoras | Rückspiegel, Seite 74, rechts

3 Skizze:

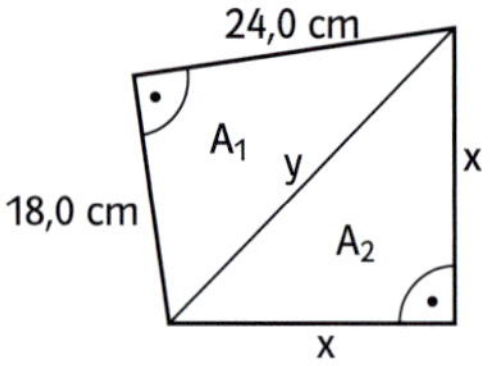

y berechnen:

$y^2 = 18{,}0^2 + 24{,}0^2 \quad |\sqrt{\ }$

$y = \sqrt{18{,}0^2 + 24{,}0^2}$

$y = 30{,}00\,\text{cm}$

x berechnen:

$x^2 + x^2 = 30{,}00^2$

$2x^2 = 30{,}00^2 \quad |:2$

$x^2 = 450{,}00 \quad |\sqrt{\ }$

$x = \sqrt{450{,}00}$

$x \approx 21{,}21\,\text{cm}$

Umfang berechnen:

$u \approx 24{,}0 + 18{,}0 + 2 \cdot 21{,}21$

$u \approx 84{,}42\,\text{cm}$

Flächeninhalt berechnen:

$A_1 = 0{,}5 \cdot 18{,}0 \cdot 24{,}0$

$A_1 = 216{,}0\,\text{cm}^2$

$A_2 \approx 0{,}5 \cdot 21{,}21 \cdot 21{,}21$

$A_2 \approx 224{,}93\,\text{cm}^2$

$A \approx 216{,}0 + 224{,}93$

$A \approx 440{,}93\,\text{cm}^2$

Der Umfang beträgt ungefähr 84,4 cm und der Flächeninhalt beträgt ungefähr 440,9 cm².

4 Skizze:

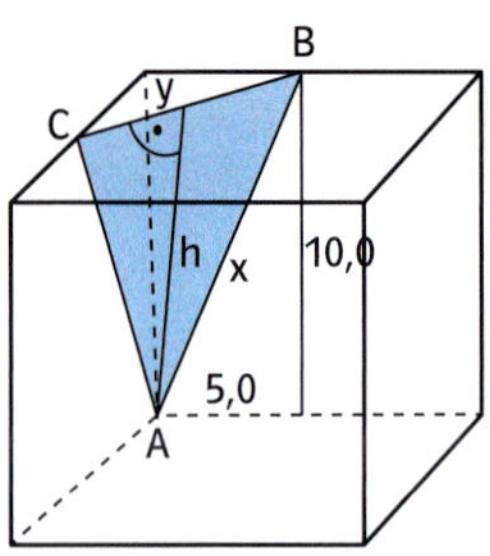

x berechnen:

$x^2 = 10{,}0^2 + 5{,}0^2 \quad |\sqrt{\ }$

$x = \sqrt{10{,}0^2 + 5{,}0^2}$

$x \approx 11{,}18\,\text{cm}$

y berechnen:

$y^2 = 5{,}0^2 + 5{,}0^2 \quad |\sqrt{\ }$

$y = \sqrt{5{,}0^2 + 5{,}0^2}$

$y \approx 7{,}07\,\text{cm}$

h berechnen:

$h^2 + \left(\frac{y}{2}\right)^2 = x^2$

$h^2 + 3{,}54^2 \approx 11{,}18^2 \quad |-3{,}54^2$

$h^2 = 11{,}18^2 - 3{,}54^2 \quad |\sqrt{\ }$

$h = \sqrt{11{,}18^2 - 3{,}54^2}$

$h \approx 10{,}60\,\text{cm}$

Flächeninhalt berechnen:

$A = \frac{1}{2} \cdot y \cdot h$

$A \approx \frac{1}{2} \cdot 7{,}07 \cdot 10{,}60$

$A \approx 37{,}47\,\text{cm}^2$

Umfang berechnen:

$u = 2 \cdot x + y$

$u \approx 2 \cdot 11{,}18 + 7{,}07$

$u \approx 29{,}43\,\text{cm}$

Der Flächeninhalt beträgt ungefähr 37,5 cm² und der Umfang beträgt ungefähr 29,4 cm.

5 Skizze:

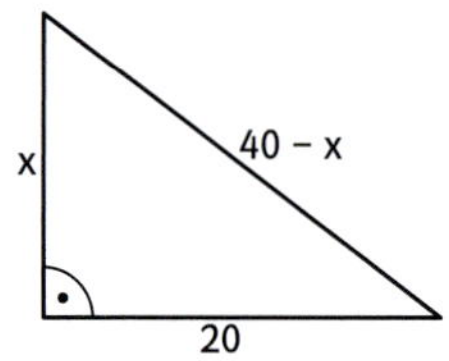

$x^2 + 20^2 = (40 - x)^2$

$x^2 + 400 = 1600 - 80x + x^2 \quad |-x^2$

$400 = 1600 - 80x \quad |-1600$

$-1200 = -80x \quad |:(-80)$

$15 = x$

$x = 15\,\text{m}$

Der Baumstumpf ist 15 m hoch.

6 Voraussetzung:

1. Die Eigenschaften des Würfels:
- Alle Flächen sind Quadrate.
- An jeder Ecke des Würfels treffen drei Kanten im jeweils 90°-Winkel aufeinander.

2. Im rechtwinkligen Dreieck gilt die Pythagorasgleichung $a^2 + b^2 = c^2$.

Behauptung:

Für die Raumdiagonale e eines Würfels mit der Kantenlänge a gilt: $e = a \cdot \sqrt{3}$

Beweis:

In jeder quadratischen Fläche des Würfels bildet die Diagonale d zusammen mit zwei anliegenden Seiten ein rechtwinkliges Dreieck, in dem die Pythagorasgleichung gilt: $d^2 = a^2 + a^2$, also $d = 2 \cdot a^2$

Die Raumdiagonale e bildet mit d und einer Kante des Würfels ein rechtwinkliges Dreieck, in dem die Pythagorasgleichung gilt:

$e^2 = a^2 + d^2$

Einsetzen von $d^2 = 2 \cdot a^2$ in diese Formel ergibt:

$e^2 = a^2 + 2a^2$

$e^2 = 3 \cdot a^2 \quad |\sqrt{\ }$

$e = a \cdot \sqrt{3}$

Die Behauptung ist bewiesen.

4 Lineare Funktionen | Standpunkt, Seite 75

A a) A(2 | 1,5); B(−1 | 2,5); C(−3 | −1,5); D(3 | −2)

b)

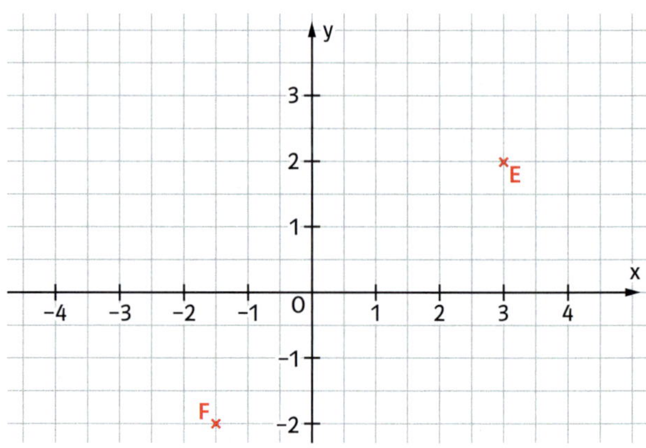

B a) Höchste Temperatur: 32 °C (gemessen am 11. Juli)
Tiefste Temperatur: 17 °C (gemessen am 14. Juli)
b) Vom 11. Juli auf den 12. Juli betrug die Temperaturänderung −11 °C.

C

x	−3	−2	−1	0	1	2	3	4
2x + 6	**0**	**2**	**4**	**6**	**8**	**10**	**12**	**14**

D a) Die Zuordnung ist proportional: Zum doppelten, dreifachen, … Gewicht gehört der doppelte, dreifache, … Preis.
b) Die Zuordnung ist nicht proportional. Wenn die Zuordnung proportional wäre, müsste man für 20 l mehr bezahlen:
0,45 € · 20 = 9,00 €.

E a)

Zeit in min	1	2	3	4	5	6
Preis in €	1,10	1,20	1,30	1,40	1,50	1,60

b)

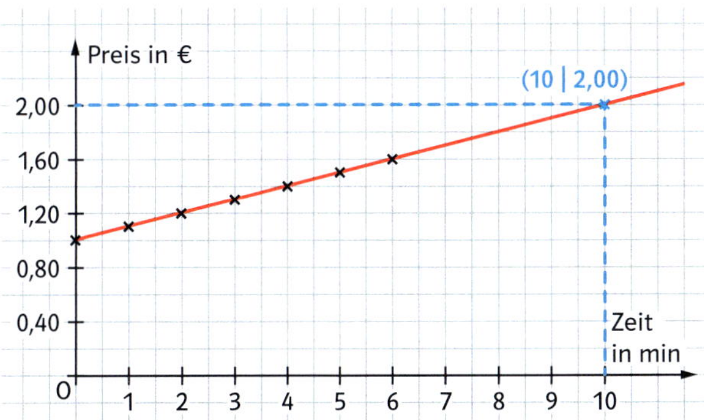

Eine Fahrt von 10 Minuten kostet 2,00 €.

F a) Anzahl der Fahrstunden: x
Gesamtkosten in €: 55 · x + 400
b) x = 12; also
55 · 12 + 400 = 1060
Josua muss mindestens 1060 € bezahlen.

G a) 3x − 11 = 28 | + 11
3x = 39 | : 3
x = 13
b) 25 − 2x = 16 − 5x | − 25
−2x = −9 − 5x | + 5x
3x = −9 | : 3
x = −3
c) 5x + 10 = 3x − 30 | − 10
5x = 3x − 40 | − 3x
2x = −40 | : 2
x = −20
d) 2,5 (x − 4) = 1,5x − 2 | Klammer auflösen
2,5x − 10 = 1,5x − 2 | + 10
2,5x = 1,5x + 8 | − 1,5x
x = 8

4 Lineare Funktionen | Alles klar?, Seite 79

A

Tag	25.11.	2.12.	9.12.	16.12.	23.12.	30.12.
Pegel in cm	**190**	**380**	**380**	285	**760**	**800**

b) Höchster Pegelstand: 800 cm am 30.12.2012
Niedrigster Pegelstand: 190 cm am 25.11.2012

B a)

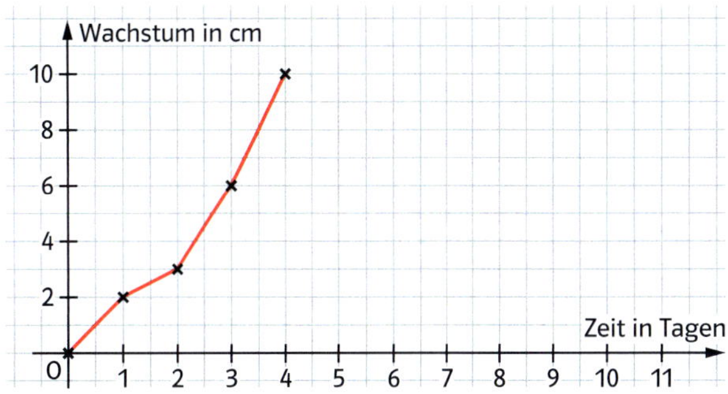

b)

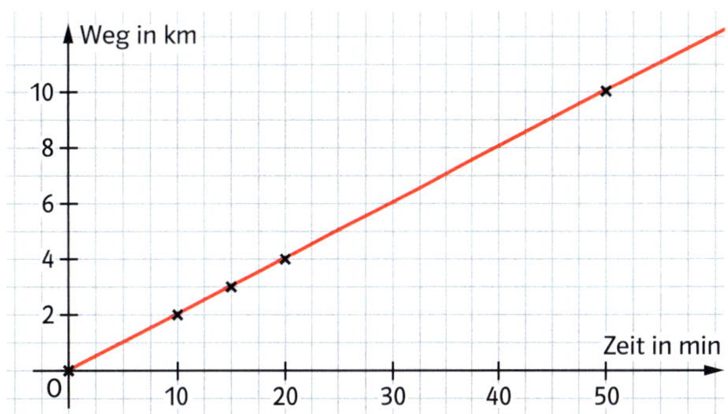

4 Lineare Funktionen | Alles klar?, Seite 82

A a) Es gehören zusammen:

Funktionsgleichung	$f(x) = 2x$	$f(x) = \frac{1}{2}x - 1$	$f(x) = -x + 1$
Wertetabelle	(3)	(2)	(1)
Schaubild	B	C	A

b) Übrig bleibt die Funktionsgleichung $f(x) = 3x + 2$.

x	−2	−1	0	1	2	3
f(x)	−4	−1	2	5	8	11

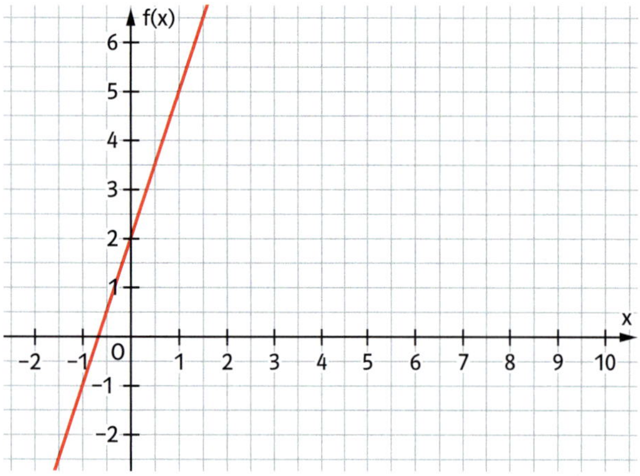

4 Lineare Funktionen | Alles klar?, Seite 85

A Es gehören zusammen:

Wertetabelle	(1)	(2)
Funktionsgleichung	$y = -2x$	$y = \frac{1}{2}x$
Schaubild	A	B

B

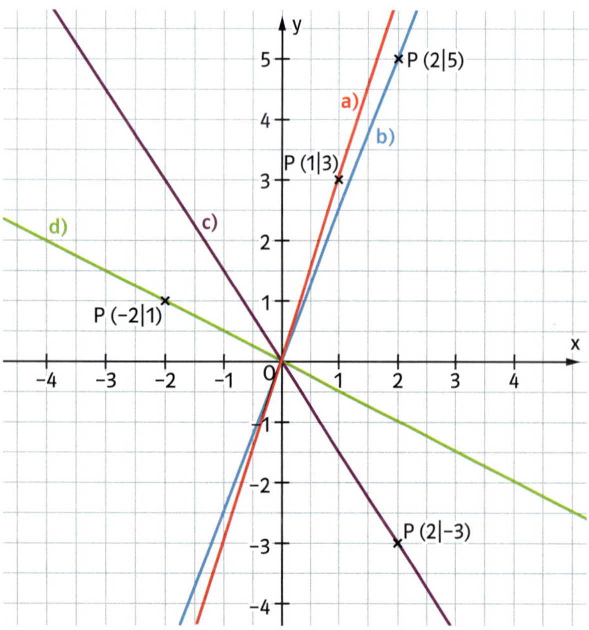

a) $m = 3$ b) $m = 2{,}5$ c) $m = -1{,}5$ d) $m = -\frac{1}{2}$

4 Lineare Funktionen | Alles klar?, Seite 89

A a) $c = -1$; $m = 2$; $x_N = 0{,}5$ b) $c = 1$; $m = \frac{1}{2}$; $x_N = -2$

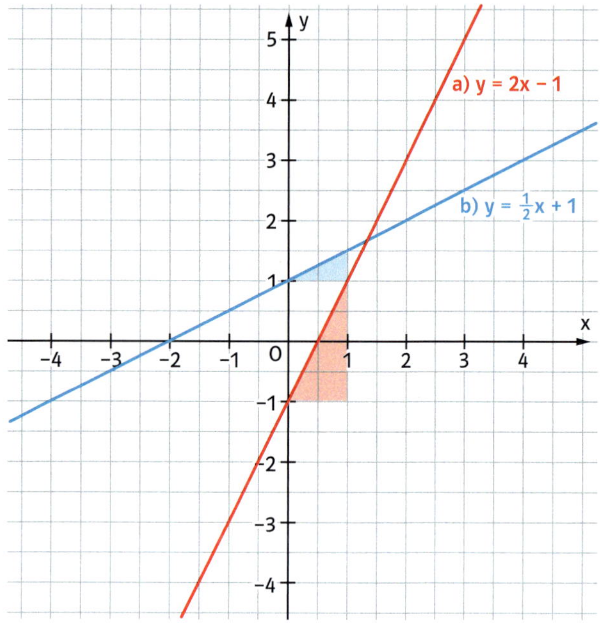

c) $c = 1$; $m = -2$; $x_N = 0{,}5$ d) $c = -2$; $m = -\frac{1}{2}$; $x_N = -4$

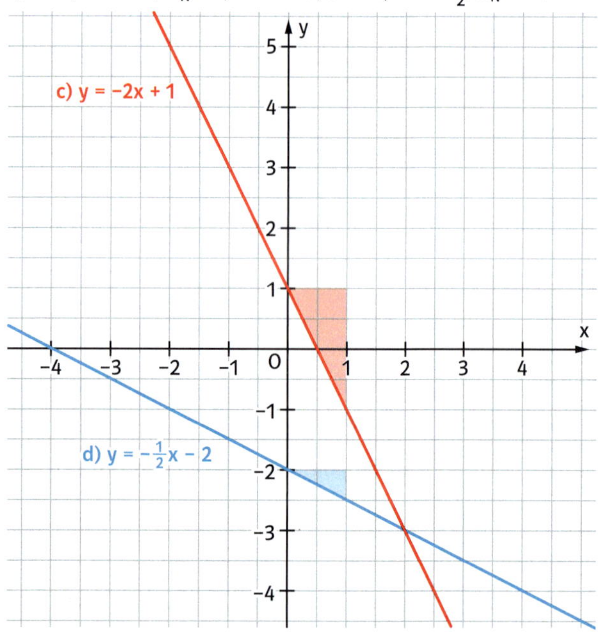

B a) $c = 2$; $m = \frac{1}{2}$ b) $c = -1$; $m = 2$ c) $c = -1$; $m = -1$

$f(x) = \frac{1}{2}x + 2$ $f(x) = 2x - 1$ $f(x) = -x - 1$

4 Lineare Funktionen | Alles klar?, Seite 95

A a) $m = 2;\ c = -2$

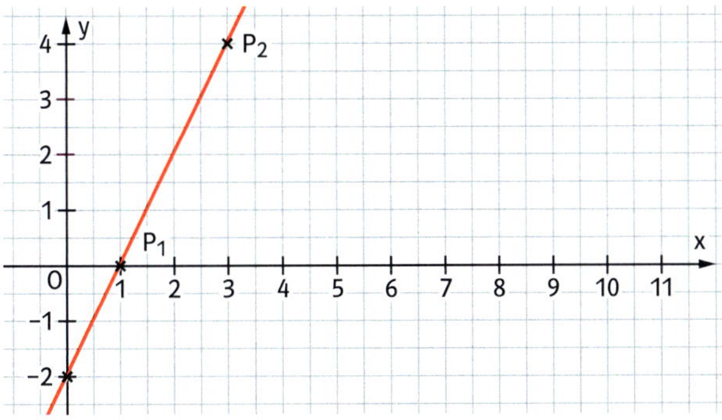

b) $m = \frac{1}{2};\ c = 1{,}5$

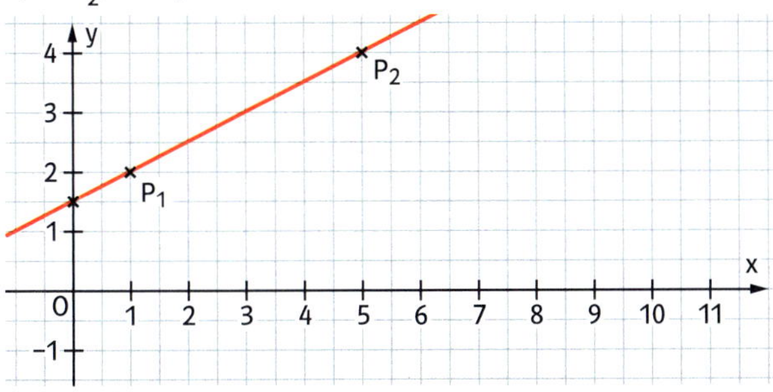

c) $m = -\frac{1}{2};\ c = -1$

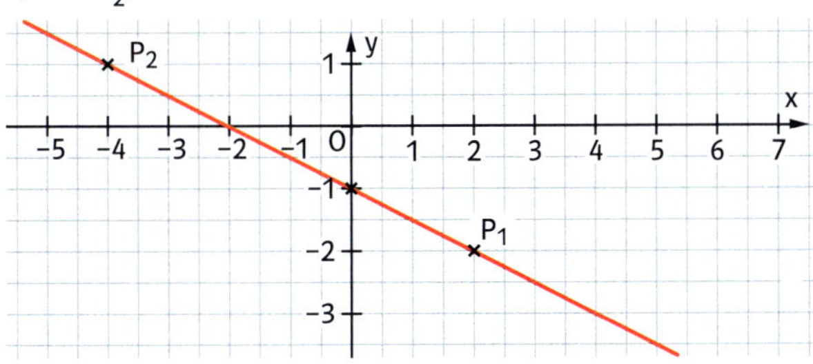

B a) Steigung m berechnen:

$m = \frac{5-3}{6-2} = \frac{2}{4} = \frac{1}{2}$

y-Achsenabschnitt c berechnen:
Einsetzen von m und P_2 in $y = mx + c$:

$5 = \frac{1}{2} \cdot 6 + c$

$5 = 3 + c \qquad | -3$

$2 = c$

$c = 2$

b) Steigung m berechnen:

$m = \frac{7-3}{3-1} = \frac{4}{2} = 2$

y-Achsenabschnitt c berechnen:
Einsetzen von m und P_2 in $y = mx + c$:

$7 = 2 \cdot 3 + c$

$7 = 6 + c \qquad | -6$

$1 = c$

$c = 1$

c) Steigung m berechnen:

$m = \frac{-3-4}{2-(-5)} = \frac{-7}{7} = -1$

y-Achsenabschnitt c berechnen:
Einsetzen von m und P_2 in $y = mx + c$:

$-3 = (-1) \cdot 2 + c$

$-3 = -2 + c \qquad | +2$

$-1 = c$

$c = -1$

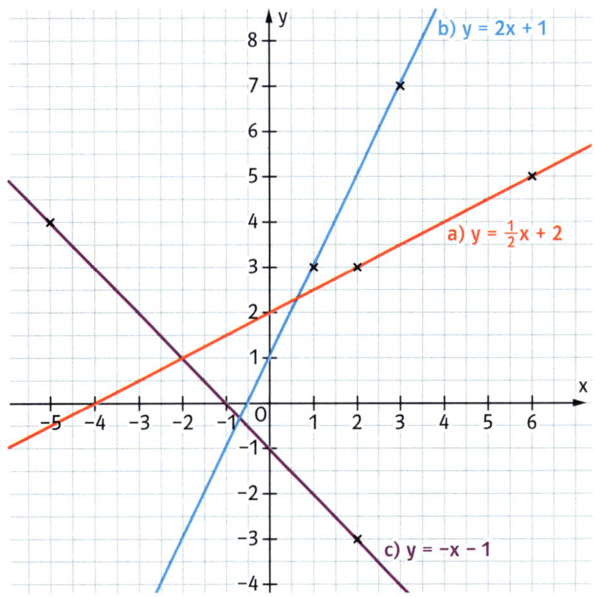

4 Lineare Funktionen | Alles klar?, Seite 97

A Anzahl der Trainerstunden: x
Funktionsgleichung für die Gesamtkosten aufstellen:

Tennis Pro:	GO-Tennis:
$y = (30 + 20) \cdot x$ oder $y = 50x$	$y = 25x + 260$

Kosten für 10 Stunden:

$y = 50 \cdot 10 = 500$	$y = 25 \cdot 10 + 260 = 510$

Das Angebot von Tennis Pro (500 €) ist etwas günstiger als das Angebot von GO-Tennis (510 €). Boris sollte sich dennoch überlegen, das Angebot von GO-Tennis anzunehmen:
Wenn er mehr als 10 Stunden Unterricht nimmt, ist GO-Tennis günstiger und der Tennisplatz steht ihm für die ganze Saison zur Verfügung.

4 Lineare Funktionen | Rückspiegel, Seite 106

1 a) größter Wert: 50 cm (im Juni);
kleinster Wert: 30 cm (im Juli)

b)

Monat	Mär.	Apr.	Mai	Jun.	Jul.	Aug.	Sep.
Höhe in cm	**32**	42	**38**	**50**	**30**	**38**	**36**

2 a)

x	−3	−2	−1	0	1	2	3
f(x)	−9	−6	−3	0	3	6	9

b)

x	−4	−3	−2	−1	0	1	2	3	4
f(x)	−1	−0,75	−0,5	−0,25	0	0,25	0,5	0,75	1

c)

x	−3	−2	−1	0	1	2	3
f(x)	−5	−3	−1	1	3	5	7

d)

x	−3	−2	−1	0	1	2	3
f(x)	−0,5	−1	−1,5	−2	−2,5	−3	−3,5

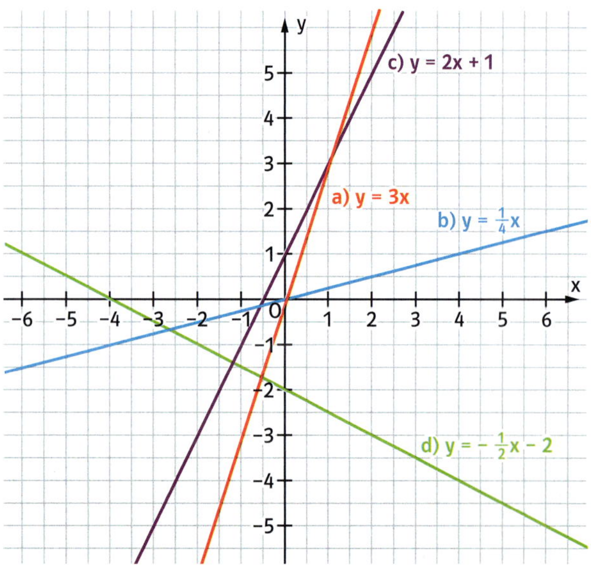

Ablesen der Nullstellen:

a) $x_N = 0$ b) $x_N = 0$ c) $x_N = -0,5$ d) $x_N = -4$

3 Man setzt die Koordinaten des Punkts in die Funktionsgleichung ein und prüft, ob die Gleichung erfüllt ist.

a) $21 = 5 \cdot 4$

$21 \neq 20$

P liegt nicht auf dem Graphen.

b) $17 = 3 \cdot 7 - 4$

$17 = 17$

P liegt auf dem Graphen.

c) $5 = -\frac{1}{2} \cdot (-2) - 6$

$5 \neq -5$

P liegt nicht auf dem Graphen.

4 Lineare Funktionen | Rückspiegel, Seite 106, links

4 g_1: $y = -x$ g_2: $y = 2x - 1$

g_3: $y = \frac{1}{2}x$ g_4: $y = -\frac{1}{2}x + 1,5$

5 $c = -1$; $m = 3$

$f(x) = 3x - 1$

6

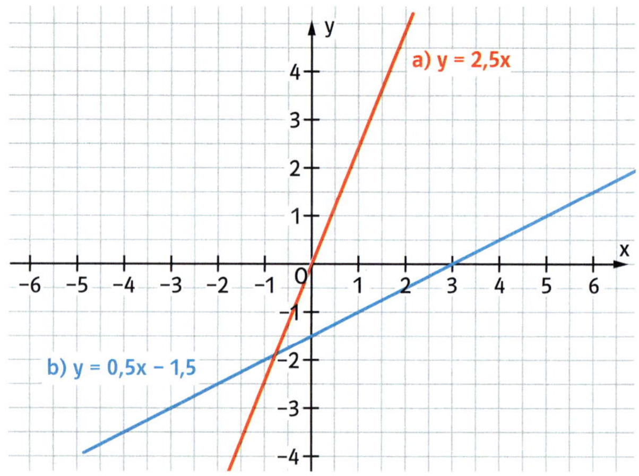

7 a) Anzahl der Fahrstunden: x

Gesamtkosten in €: y

$y = 60 \cdot x + 800$

b) $1900 = 60x + 800$ | − 800

$1100 = 60x$ | : 60

$18,33 \approx x$

Er darf maximal 18 Fahrstunden brauchen.

4 Lineare Funktionen | Rückspiegel, Seite 106, rechts

4 g_1: $y = \frac{1}{4}x$ g_2: $y = 2,5x - 2$

g_3: $y = -1,5x + 2$ g_4: $y = -\frac{2}{3}x$

5 a) $y = -2{,}5x - 1{,}5$
b)

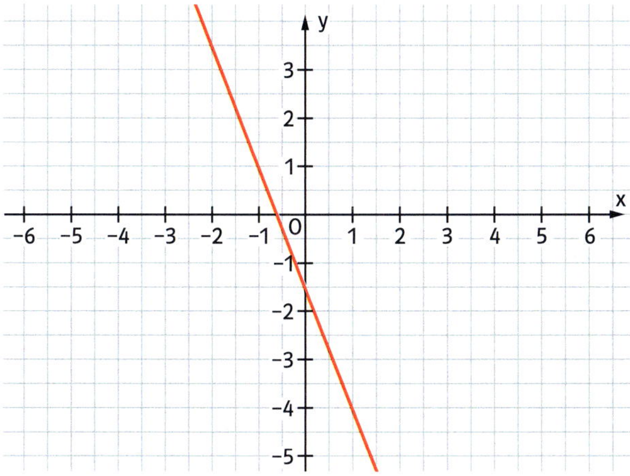

6 1. Steigung m berechnen:

$m = \frac{2-(-2)}{1-0} = \frac{4}{1} = 4$

2. y-Achsenabschnitt c berechnen:
Einsetzen von m und P in $y = mx + c$:
$-2 = 4 \cdot 0 + c$
$c = -2$
3. Funktionsgleichung aufstellen:
$y = 4x - 2$

7 Eine Skizze hilft, die Funktion zu erkennen:

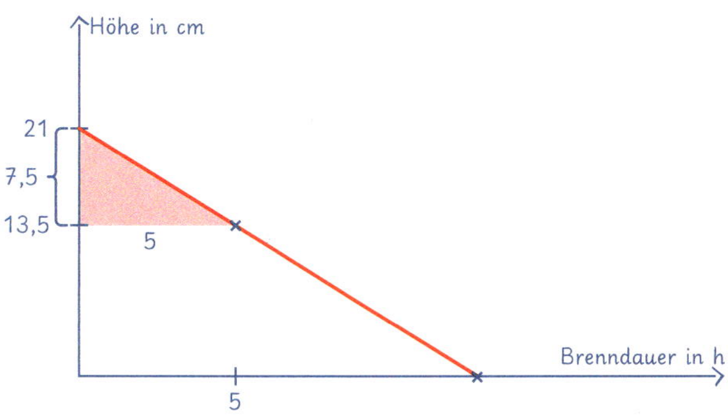

Steigung m berechnen:

$m = -\frac{7{,}5}{5} = -1{,}5$

Funktionsgleichung aufstellen:
$y = -1{,}5 \cdot x + 21$
Brenndauer insgesamt berechnen ($y = 0$):
$0 = -1{,}5x + 21 \quad | -21$
$-21 = -1{,}5x \quad | :(-1{,}5)$
$14 = x$
Nach 14 h ist die Kerze abgebrannt. Die restliche Brenndauer beträgt 14 h − 5 h = 9 h.

5 Kreis und Zylinder | Standpunkt, Seite 107

A a) 45,4; 4,7; 169,5
b) 5,57; 175,98; 6,40
c) 14; 62; 169

B a) 32 cm; 2540 m; 340 cm
b) 3,25 dm^2; 700 m^2; 1300 ha
c) 500 000 mm^3; 0,15 m^3; 3500 dm^3

C

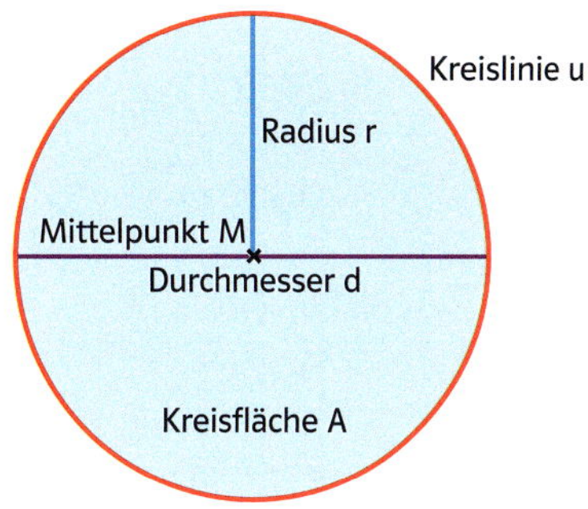

Mittelpunkt, Kreislinie, Radius: Jede Strecke vom Mittelpunkt M zu einem Punkt auf der Kreislinie u heißt Radius r.
Durchmesser: Der Durchmesser d ist doppelt so lang wie der Radius.
Kreisfläche: Die Kreisfläche A wird von der Kreislinie eingeschlossen.

D a) $\alpha = 360° : 4 = 90°$
b) $\alpha = 360° \cdot 0{,}20 = 72°$; $\beta = 360° \cdot 0{,}30 = 108°$; $\gamma = 180°$

E a) 7 b) 6 c) $\frac{1}{2}$ d) 3 a

F a) $5x + 13 = 38 \quad | -13$
$5x = 25 \quad | :5$
$x = 5$
b) $7x - 12 = 3x \quad | +12$
$7x = 3x + 12 \quad | -3x$
$4x = 12 \quad | :4$
$x = 3$

G a) $c^2 = 6{,}0^2 + 4{,}5^2 \quad | \sqrt{\ }$
$c = \sqrt{6{,}0^2 + 4{,}5^2}$
$c = 7{,}5$ cm
b) $6{,}4^2 + a^2 = 8{,}0^2 \quad | -6{,}4^2$
$a^2 = 8{,}0^2 - 6{,}4^2 \quad | \sqrt{\ }$
$a = \sqrt{8{,}0^2 - 6{,}4^2}$
$a = 4{,}8$ cm

H $u = 2 \cdot (7{,}0 + 5{,}5)$
$u = 25{,}0\,cm$

$A = 7{,}0 \cdot 4{,}2$
$A = 29{,}4\,cm^2$

I $V = \frac{4{,}0 \cdot 6{,}0}{2} \cdot 7{,}0$
$V = 12{,}0 \cdot 7{,}0$
$V = 84{,}0$
$V = 84{,}0\,cm^3$

5 Kreis und Zylinder | Alles klar?, Seite 111

A a) $u = 2\pi r$
$u = 2 \cdot \pi \cdot 3{,}5$
$u \approx 22{,}0\,cm$

b) $u = \pi d$
$u = \pi \cdot 9{,}0$
$u \approx 28{,}3\,cm$

B a) $u = \pi d$
$11{,}0 = \pi \cdot d \quad | :\pi$
$3{,}5 \approx d$
$d \approx 3{,}5\,cm$

b) $u = 2\pi r$
$47{,}2 = 2 \cdot \pi \cdot r \quad | :2 \quad | :\pi$
$7{,}5 \approx r$
$r \approx 7{,}5\,dm$

5 Kreis und Zylinder | Alles klar?, Seite 114

A a) $A = \pi r^2$
$A = \pi \cdot 9{,}0^2$
$A \approx 254{,}5\,cm^2$

b) $A = \pi r^2$; $r = \frac{d}{2}$
$A = \pi \cdot \left(\frac{4{,}6}{2}\right)^2$
$A \approx 16{,}6\,dm^2$

B a) $A = \pi r^2$
$27{,}0 = \pi \cdot r^2 \quad | :\pi \;|\; \sqrt{}$
$\sqrt{\frac{27{,}0}{\pi}} = r$
$2{,}9 \approx r$
$r \approx 2{,}9\,cm$

b) $A = \pi r^2$
$75{,}0 = \pi \cdot r^2 \quad | :\pi \;|\; \sqrt{}$
$\sqrt{\frac{75{,}0}{\pi}} = r$
$4{,}89 \approx r$
$r \approx 4{,}89\,m$;
also $d \approx 9{,}8\,m$

5 Kreis und Zylinder | Alles klar?, Seite 119

A a) $b = 2\pi r \cdot \frac{\alpha}{360°}$
$b = 2 \cdot \pi \cdot 2{,}5 \cdot \frac{75°}{360°}$
$b \approx 3{,}3\,cm$

$A_S = \pi r^2 \cdot \frac{\alpha}{360°}$
$A_S = \pi \cdot 2{,}5^2 \cdot \frac{75°}{360°}$
$A_S \approx 4{,}1\,cm^2$

b) $b = 2\pi r \cdot \frac{\alpha}{360°}$
$b = 2 \cdot \pi \cdot 3{,}5 \cdot \frac{50°}{360°}$
$b \approx 3{,}1\,cm$

$A_S = \frac{b\,r}{2}$
$A_S \approx \frac{3{,}1 \cdot 3{,}5}{2}$
$A_S \approx 5{,}4\,cm^2$

B a) $b = 2\pi r \cdot \frac{\alpha}{360°}$
$5{,}1 = 2 \cdot \pi \cdot 4{,}0 \cdot \frac{\alpha}{360°} \quad | :(2 \cdot \pi \cdot 4{,}0)$
$0{,}20 \approx \frac{\alpha}{360°} \quad | \cdot 360°$
$72° \approx \alpha$
$\alpha \approx 72°$

b) $A_S = \pi r^2 \cdot \frac{\alpha}{360°}$
$120{,}0 = \pi \cdot r^2 \cdot \frac{120°}{360°}$
$120{,}0 = \pi \cdot r^2 \cdot \frac{1}{3} \quad | :\pi \;|\; \cdot 3$
$114{,}6 \approx r^2 \quad | \sqrt{}$
$10{,}7 \approx r$
$r \approx 10{,}7\,cm$

5 Kreis und Zylinder | Alles klar?, Seite 124

A Nur Körper C ist ein echter Zylinder. Deck- und Grundfläche sind kongruente Kreise.
Körper A ist ein Quader.
Körper B ist ein Hohlzylinder. Das ist ein Zylinder, aus dem ein Zylinder herausgeschnitten wurde.
Körper D ist ein Kegel.

B a) $r = 6\,cm$; $h_K = 5\,cm$
$G = \pi \cdot r^2$
$G = \pi \cdot 6^2 \approx 113{,}1$
$u = 2 \cdot \pi \cdot r$
$u = 2 \cdot \pi \cdot 6 \approx 37{,}7$
$M = u \cdot h_K$
$M \approx 37{,}7 \cdot 5 = 188{,}5$
$O = 2 \cdot G + M$
$O \approx 2 \cdot 113{,}1 + 188{,}5 = 414{,}7$
Der Oberflächeninhalt beträgt etwa $415\,cm^2$.

b) $r = 3\,cm$; $h_K = 5\,cm$
$G = \pi \cdot r^2$
$G = \pi \cdot 3^2 \approx 28{,}3$
$u = 2 \cdot \pi \cdot r$
$u = 2 \cdot \pi \cdot 3 \approx 18{,}8$
$M = u \cdot h_K$
$M \approx 18{,}8 \cdot 5 = 94{,}0$
$O = 2 \cdot G + M$
$O \approx 2 \cdot 28{,}3 + 94{,}0 = 150{,}6$
Der Oberflächeninhalt beträgt etwa $151\,cm^2$.

5 Kreis und Zylinder | Alles klar?, Seite 127

A a) $V = \pi \cdot r^2 \cdot h_K$

$V = \pi \cdot 6^2 \cdot 13 \approx 1470{,}3$

Das Volumen beträgt etwa 1470,3 cm^3.

b) $r = 7{,}8\,cm : 2 = 3{,}9\,cm$

$V = \pi \cdot r^2 \cdot h_K$

$V = \pi \cdot 3{,}9^2 \cdot 8{,}4 \approx 401{,}4$

Das Volumen beträgt etwa 401,4 cm^3.

B a) $332{,}5 = \pi \cdot 4{,}2^2 \cdot h_K \quad | : \pi \quad | : 4{,}2^2$

$h_K \approx 6{,}0$

Die Körperhöhe h_K beträgt etwa 6,0 cm.

b) $307{,}9 = \pi \cdot \left(\frac{7{,}0}{2}\right)^2 \cdot h_K \quad | : \pi \quad | : \left(\frac{7{,}0}{2}\right)^2$

$h_K \approx 8{,}0$

Die Körperhöhe h_K beträgt etwa 8,0 cm.

5 Kreis und Zylinder | Rückspiegel, Seite 134

1 a) $u = 2\pi r$ $\quad A = \pi r^2$

$u = 2 \cdot \pi \cdot 6{,}0$ $\quad A = \pi \cdot 6{,}0^2$

$u \approx 37{,}7\,cm$ $\quad A \approx 113{,}1\,cm^2$

b) $u = 2\pi r$ $\quad A = \pi r^2$

$u = 2 \cdot \pi \cdot 8{,}4$ $\quad A = \pi \cdot 8{,}4^2$

$u \approx 52{,}8\,dm$ $\quad A \approx 221{,}7\,dm^2$

c) $u = \pi d$ $\quad A = \pi r^2;\ r = \frac{d}{2}$

$u = \pi \cdot 23{,}6$ $\quad A = \pi \cdot \left(\frac{23{,}6}{2}\right)^2$

$u \approx 74{,}1\,m$ $\quad A \approx 437{,}4\,m^2$

d) $u = \pi d$ $\quad A = \pi r^2$

$u = \pi \cdot 55{,}0$ $\quad A = \pi \cdot \left(\frac{55{,}0}{2}\right)^2$

$u \approx 172{,}8\,mm$ $\quad A \approx 2375{,}8\,mm^2$

2 a) $u = 2\pi r$

$12{,}6 = 2 \cdot \pi \cdot r \quad | : 2 \ | : \pi$

$r \approx 2{,}0\,cm$

$d = 4{,}0\,cm$

b) $u = 2\pi r$

$34{,}6 = 2 \cdot \pi \cdot r \quad | : 2 \ | : \pi$

$r \approx 5{,}5\,m$

$d = 11{,}0\,m$

c) $A = \pi r^2$

$6{,}2 = \pi \cdot r^2 \quad | : \pi \ | \sqrt{\ }$

$\sqrt{\frac{6{,}2}{\pi}} = r$

$r \approx 1{,}4\,dm$

$d = 2{,}8\,dm$

d) $A = \pi r^2$

$78{,}5 = \pi \cdot r^2 \quad | : \pi \ | \sqrt{\ }$

$\sqrt{\frac{78{,}5}{\pi}} = r$

$r \approx 5{,}0\,m$

$d = 10{,}0\,m$

3 a) $b = 2\pi r \cdot \frac{\alpha}{360°}$ $\quad A_S = \pi r^2 \cdot \frac{\alpha}{360°}$

$b = 2 \cdot \pi \cdot 12{,}0 \cdot \frac{74°}{360°}$ $\quad A_S = \pi \cdot 12{,}0^2 \cdot \frac{74°}{360°}$

$b \approx 15{,}5\,cm$ $\quad A_S \approx 93{,}0\,cm^2$

b) $A_S = \pi r^2 \cdot \frac{\alpha}{360°}$

$85{,}0 = \pi \cdot 9{,}4^2 \cdot \frac{\alpha}{360°} \quad | : (\pi \cdot 9{,}4^2) \ | \cdot 360°$

$110° \approx \alpha$

$\alpha \approx 110°$

$b = 2\pi r \cdot \frac{\alpha}{360°}$

$b = 2 \cdot \pi \cdot 9{,}4 \cdot \frac{110°}{360°}$

$b \approx 18{,}0\,dm$

4 a) $O = 2 \cdot \pi \cdot r^2 + 2 \cdot \pi \cdot r \cdot h_K$

$O = 2 \cdot \pi \cdot 2{,}5^2 + 2 \cdot \pi \cdot 2{,}5 \cdot 8{,}0$

$O \approx 164{,}9\,cm^2$

$V = \pi \cdot r^2 \cdot h_K$

$V = \pi \cdot 2{,}5^2 \cdot 8{,}0$

$V \approx 157{,}1\,cm^3$

b) $r = \frac{d}{2}$

$O = 2 \cdot \pi \cdot r^2 + 2 \cdot \pi \cdot r \cdot h_K$

$O = 2 \cdot \pi \cdot \left(\frac{8{,}0}{2}\right)^2 + 2 \cdot \pi \cdot \left(\frac{8{,}0}{2}\right) \cdot 9{,}2$

$O \approx 331{,}8\,cm^2$

$V = \pi \cdot r^2 \cdot h_K$

$V = \pi \cdot \left(\frac{8{,}0}{2}\right)^2 \cdot 9{,}2$

$V \approx 462{,}4\,cm^3$

5 Kreis und Zylinder | Rückspiegel, Seite 134, links

5 $u = \pi d$

$2{,}04 = \pi \cdot d \quad | : \pi$

$0{,}65 \approx d$

$d \approx 0{,}65\,m = 65\,cm$

Der Ball passt nicht durch den Reifen.

6 $A = \pi r^2$ $\quad u = 2\pi r$

$15 = \pi \cdot r^2 \quad | : \pi \ | \sqrt{\ }$ $\quad u = 2 \cdot \pi \cdot 2{,}2$

$2{,}2 \approx r$ $\quad u \approx 13{,}8\,m$

$r \approx 2{,}2\,m$

Es werden für ca. 14 m Steine benötigt.

7 a) $r = a = 3{,}0\,cm$

$u = 2 \cdot 2\pi r \cdot \frac{\alpha}{360°}$

$u = 2 \cdot 2 \cdot \pi \cdot 3{,}0 \cdot \frac{270°}{360°}$

$u \approx 28{,}3\,cm$

b) $r_{Kreis} = a = 3{,}0\,cm;\ \alpha = 90°$
$r_b = 2a\sqrt{2}$
$r_b = 2 \cdot 3{,}0 \cdot \sqrt{2}$
$r_b \approx 8{,}49\,cm$

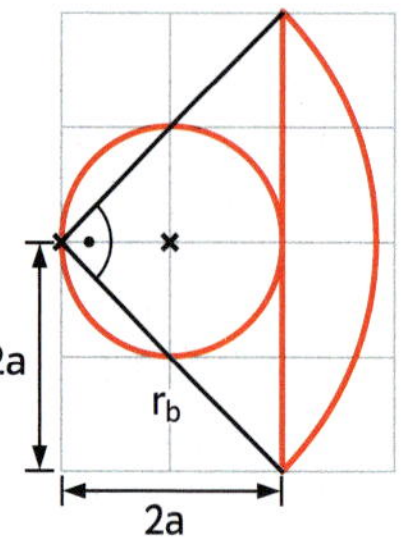

$u = u_{Kreis} + b + l$

$u = 2\pi r_{Kreis} + 2\pi r_b \cdot \frac{\alpha}{360°} + 4a$

$u = 2 \cdot \pi \cdot 3{,}0 + 2 \cdot \pi \cdot 8{,}49 \cdot \frac{90°}{360°} + 4 \cdot 3{,}0$

$u \approx 44{,}2\,cm$

8 $r = \frac{d}{2}$
$O = 2 \cdot \pi \cdot r^2 + 2 \cdot \pi \cdot r \cdot h_K$
$O = 2 \cdot \pi \cdot \left(\frac{6}{2}\right)^2 + 2 \cdot \pi \cdot \left(\frac{6}{2}\right) \cdot 12$
$O \approx 282{,}7$

$V = \pi \cdot r^2 \cdot h_K$
$V = \pi \cdot \left(\frac{6}{2}\right)^2 \cdot 12$
$V \approx 339{,}3$

Die Dose hat einen Oberflächeninhalt von etwa 283 cm² und ein Volumen von etwa 339 cm³.

5 Kreis und Zylinder | Rückspiegel, Seite 134, rechts

5 $A_{Kreis} = \pi r^2$
$A_{Kreis} = \pi \cdot 0{,}55^2$
$A_{Kreis} \approx 0{,}950$

$A_{Kreis} = A_{Rechteck}$
$A_{Kreis} = a \cdot d$
$0{,}950 \approx a \cdot 1{,}10 \quad |:1{,}10$
$0{,}864 \approx a$
$a \approx 0{,}864\,m$

Die rechteckige Einlegeplatte ist ca. 0,864 m lang.
Für die Gesamtlänge des Tisches gilt:
$0{,}864 + 1{,}10 = 1{,}964$
Der vergrößerte Tisch hat eine Länge von ca. 1,96 m.

6 $A_{Label} = A_{Kreis\,1} - A_{Kreis\,2}$
$A_{Label} = \pi r_1^2 - \pi r_2^2$
$A_{Label} = \pi \cdot 6{,}0^2 - \pi \cdot 1{,}8^2$
$A_{Label} \approx 102{,}92$

$p\,\% = \frac{A_{Label}}{A_{Kreis\,1}} \approx \frac{102{,}92}{\pi \cdot 6{,}0^2} \approx 0{,}91 = 91\,\%$

Das Label bedeckt die DVD-Fläche mit ca. 91 %.
(Anmerkung: Das Loch in der Mitte wurde nicht berücksichtigt.)

7 a) $r_{Kreis} = a = 2{,}0\,cm;\ \alpha = 90°$
$r_b^2 = 2{,}0^2 + 2{,}0^2 \quad |\sqrt{\ }$
$r_b \approx 2{,}83\,cm$
$u = u_{Kreis} + 2b$

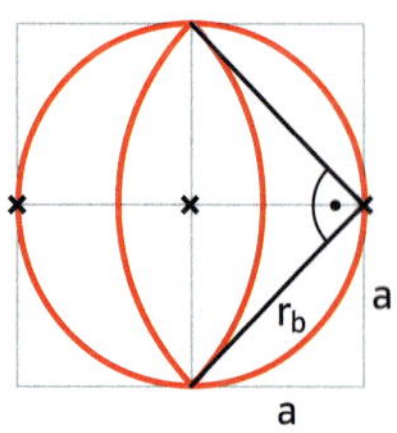

$u = 2\pi r_{Kreis} + 2 \cdot 2\pi r_b \cdot \frac{\alpha}{360°}$

$u \approx 2 \cdot \pi \cdot 2{,}0 + 2 \cdot 2 \cdot \pi \cdot 2{,}83 \cdot \frac{90°}{360°}$

$u \approx 21{,}5\,cm$

b) $r_{Kreis} = a = 2{,}0\,cm;\ \alpha = 45°$
$r_b^2 = 2{,}0^2 + 2{,}0^2 \quad |\sqrt{\ }$
$r_b \approx 2{,}83\,cm$
$x = 2a - r_b$
$x \approx 2 \cdot 2{,}0 - 2{,}83$
$x \approx 1{,}17\,cm$

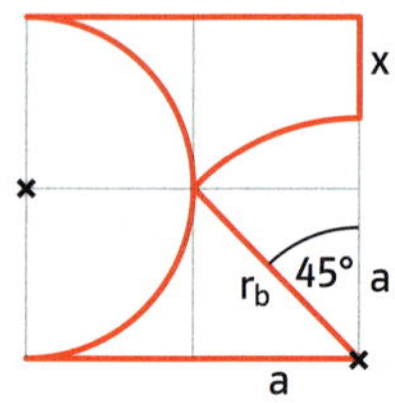

$u = u_{Halbkreis} + 4a + r_b + b + x$

$u \approx \pi \cdot 2{,}0 + 4 \cdot 2{,}0 + 2{,}83 + 2 \cdot \pi \cdot 2{,}83 \cdot \frac{45°}{360°} + 1{,}17$

$u \approx 20{,}5\,cm$

8 Das Gewächshaus ist ein liegender Halbzylinder mit $d = 4\,m$ und $h_K = 8\,m$.

$r = \frac{d}{2}$
a) $V = (\pi \cdot r^2 \cdot h_K):2$

$V = \left(\pi \cdot \left(\frac{4}{2}\right)^2 \cdot 8\right):2$

$V \approx 50{,}3$

Das Volumen des Gewächshauses beträgt etwa 50 m³.

b) $O = (2 \cdot \pi \cdot r^2 + 2 \cdot \pi \cdot r \cdot h_K):2$

$O = \left(2 \cdot \pi \cdot \left(\frac{4}{2}\right)^2 + 2 \cdot \pi \cdot \frac{4}{2} \cdot 8\right):2$

$O \approx 62{,}8$

Es werden etwa 63 m² Glas benötigt.

6 Ähnlichkeit | Standpunkt, Seite 135

A $g \parallel l;\ j \parallel k$

B a) $\beta = \delta$ (Stufenwinkel); $\gamma = \varepsilon$ (Stufenwinkel);
$\beta = \mu$ (Scheitelwinkel)
b) Winkelsummensatz (Innenwinkelsatz) im Dreieck:
$\alpha + \beta + \gamma = 180°$; daraus folgt $\alpha = 180° - \beta - \gamma = 35°$.

C
- $\alpha_4 = \alpha_5 = \alpha_7$
  Bei diesen drei Winkeln liegt ein Schenkel auf der Karogitterlinie, der jeweils andere geht durch die Kästchendiagonale des Gitters.
- $\alpha_2 = \alpha_8$
  Dies sieht man durch das Abzählen von Kästchen.

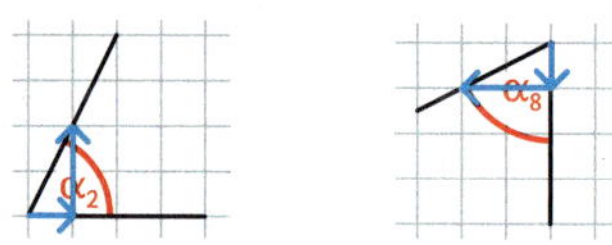

- $\alpha_1 = \alpha_3 = \alpha_6$
  Dies sieht man durch das Abzählen von Kästchen.

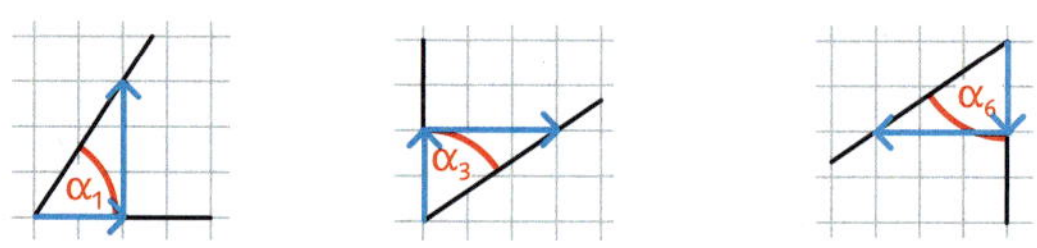

D Im Parallelogramm sind gegenüberliegende Winkel gleich groß. Es gilt also $\gamma = 60°$.
Die Winkelsumme im Viereck beträgt 360°. Also gilt
$\beta + \delta = 360° - 2 \cdot 60° = 240°$.
Wegen $\beta = \delta$ folgt $\beta = \delta = 240° : 2 = 120°$.

E a) Die Länge im Bild beträgt 4 cm.
Die wirkliche Länge ist
4 cm : 400 = 0,01 cm = 0,1 mm.
Das Pantoffeltierchen ist etwa 0,1 mm lang.
b) Die Länge im Bild beträgt 5 cm.
Die wirkliche Länge ist
5 · 1 300 000 = 6 500 000
6 500 000 cm = 65 000 m = 65 km.
Der Bodensee ist etwa 65 km lang.

F a) $5x - 15 = 5 \quad | +15$
$5x = 20 \quad | :5$
$x = 4$
b) $2x + 3 = 5x - 9 \quad | +9 \quad | -2x$
$12 = 3x \quad | :3$
$4 = x$
$x = 4$

6 Ähnlichkeit | Alles klar?, Seite 139

A a)

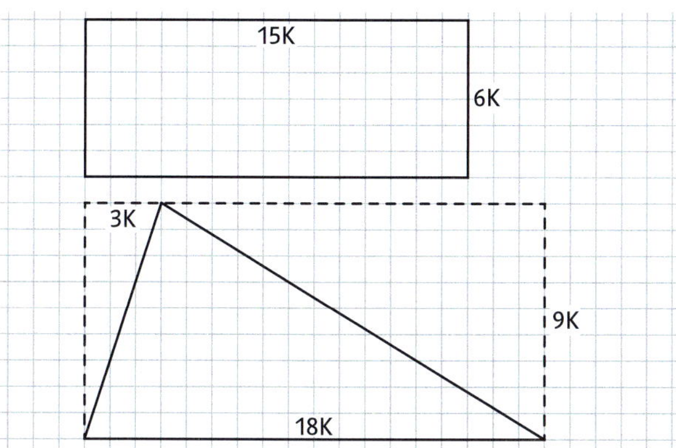

b)

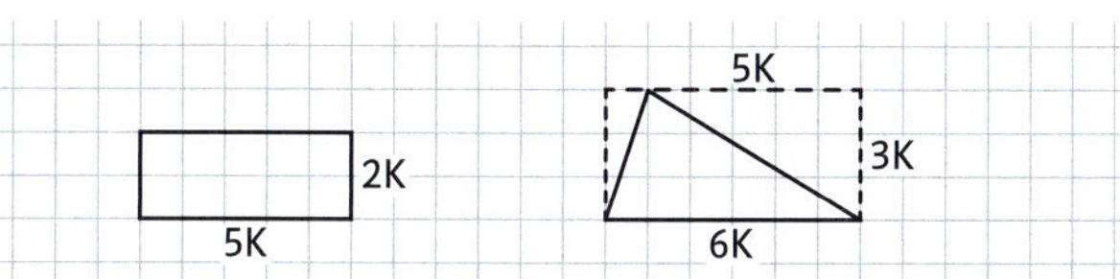

6 Ähnlichkeit | Alles klar?, Seite 143

A R: a = 6 cm; b = 4 cm
R′: a′ = 7,5 cm; b′ = 5 cm
R″: a″ = 9 cm; b″ = 6 cm
R‴: a‴ = 4 cm; b‴ = 3 cm
R und R′:

$\frac{a'}{a} = \frac{7,5}{6} = 1,25$

$\frac{b'}{b} = \frac{5}{4} = 1,25$

Das Rechteck R′ ist zum Rechteck R ähnlich.
R und R″:

$\frac{a''}{a} = \frac{9}{6} = 1,5$

$\frac{b''}{b} = \frac{6}{4} = 1,5$

Das Rechteck R″ ist zum Rechteck R ähnlich.
R und R‴:

$\frac{a'''}{a} = \frac{4}{6} = \frac{2}{3} = 0,\overline{6}$

$\frac{b'''}{b} = \frac{3}{4} = 0,75$

Das Rechteck R‴ ist zum Rechteck R nicht ähnlich.

B a)

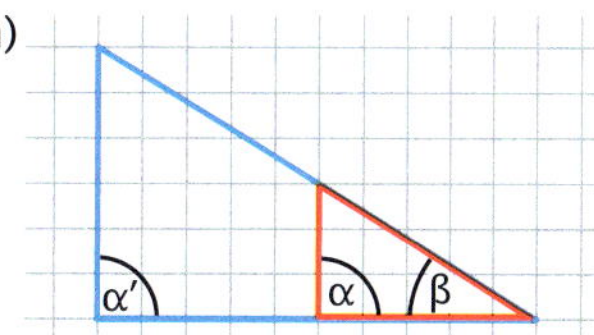

Die Dreiecke haben einen gemeinsamen Winkel, daher gilt $\beta = \beta'$. Außerdem sind α und α' Stufenwinkel, also gleich groß. Damit sind zwei Winkel gleich groß, die Dreiecke sind ähnlich.

b)

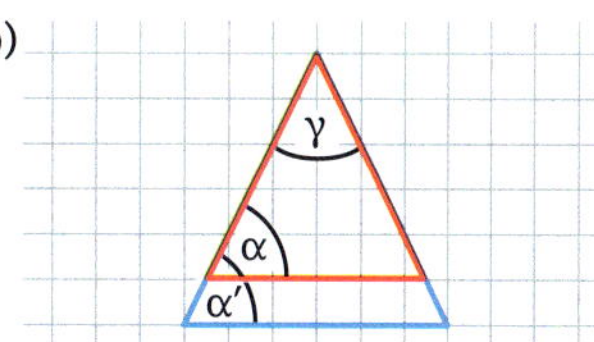

Die Dreiecke haben einen gemeinsamen Winkel, es gilt daher $\gamma = \gamma'$. α und α' sind Stufenwinkel, also gleich groß. Damit sind zwei Winkel gleich groß, die Dreiecke sind ähnlich.

c)

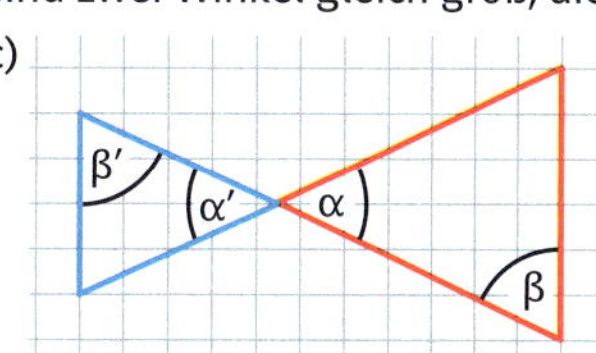

α und α' sind Scheitelwinkel, also gleich groß.
β und β' sind Wechselwinkel, also gleich groß.
Damit sind zwei Winkel gleich groß, die Dreiecke sind ähnlich.

6 Ähnlichkeit | Alles klar?, Seite 146

A a) $\frac{x}{4} = \frac{10}{8}$ $\quad |\cdot 4$

$x = \frac{10}{8} \cdot 4$

$x = 5$ Die Länge der Strecke x beträgt 5 cm.

b) $\frac{x}{12} = \frac{4}{10}$ $\quad |\cdot 12$

$x = \frac{4}{10} \cdot 12$

$x = 4{,}8$ Die Länge der Strecke x beträgt 4,8 cm.

6 Ähnlichkeit | Rückspiegel, Seite 152

1 Rechteck (1) ist ähnlich zu Rechteck C; $k = \frac{4}{8} = \frac{3}{6} = \frac{1}{2}$.

Rechteck (2) ist ähnlich zu Rechteck A; $k = \frac{9}{6} = \frac{6}{4} = 1{,}5$.

Rechteck (3) ist ähnlich zu Rechteck B; $k = \frac{8}{12} = \frac{5}{7{,}5} = \frac{2}{3}$.

2 a)

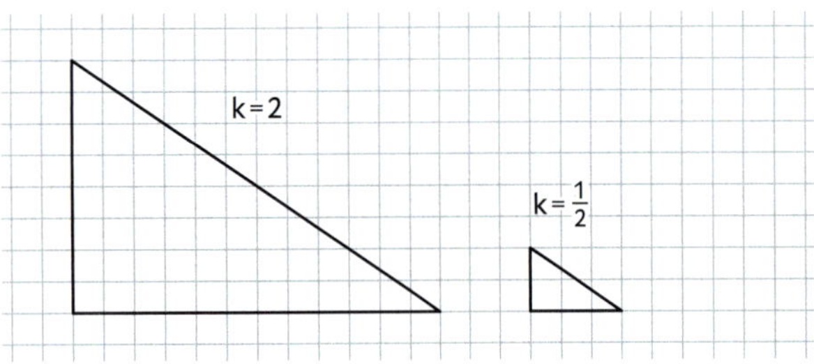

b)

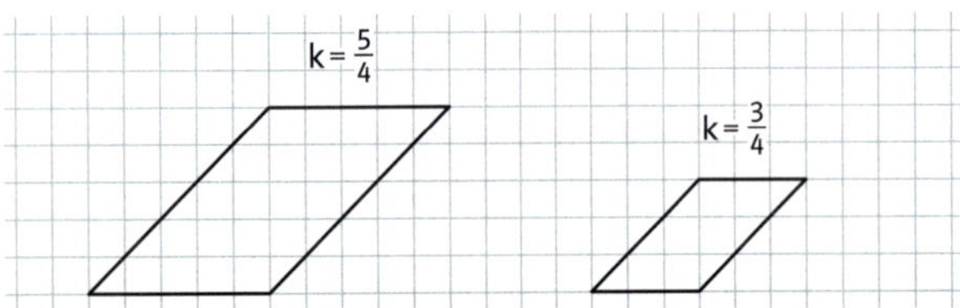

3 Für das Dreieck D′ gilt nach dem Winkelsummensatz (Innenwinkelsatz) für Dreiecke $\beta' = 180° - 40° - 110° = 30°$.
Es gilt also $\alpha' = \alpha$ und $\beta' = \beta$. Die Dreiecke stimmen in zwei Winkeln überein und sind somit ähnlich.

4 D′ und D:

$\frac{a'}{a} = \frac{12}{8} = \frac{3}{2}$; $\frac{b'}{b} = \frac{22{,}5}{15} = \frac{3}{2}$; $\frac{c'}{c} = \frac{27}{18} = \frac{3}{2}$

Die Längenverhältnisse zusammengehöriger Seiten sind gleich. Die Dreiecke D′ und D sind ähnlich.
D″ und D:

$\frac{a''}{a} = \frac{4}{8} = \frac{1}{2}$; $\frac{b''}{b} = \frac{7{,}5}{15} = \frac{1}{2}$; $\frac{c''}{c} = \frac{10}{18} = \frac{5}{9}$

Die Längenverhältnisse zusammengehöriger Seiten stimmen nicht überein. Die Dreiecke D″ und D sind nicht ähnlich.

6 Ähnlichkeit | Rückspiegel, Seite 152, links

5 a) $\frac{x}{6} = \frac{9}{7{,}5}$ $\quad |\cdot 6$

$x = \frac{9}{7{,}5} \cdot 6$

$x = 7{,}2$ cm

b) $\frac{x}{24} = \frac{22}{33}$ $\quad |\cdot 24$

$x = \frac{22}{33} \cdot 24$

$x = 16$ cm

6 a) Skizze (Maße in m):

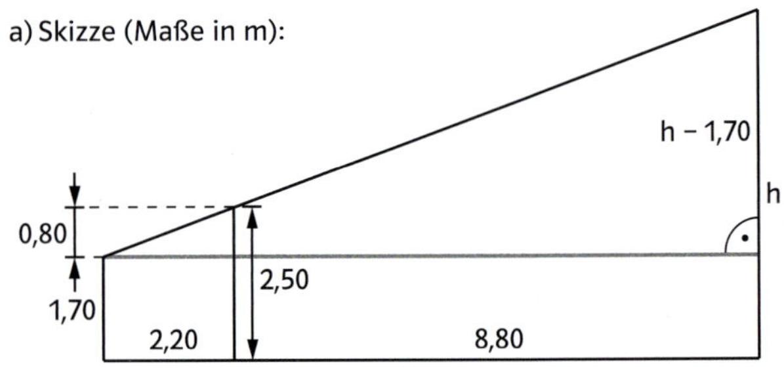

b) $\frac{h - 1{,}70}{0{,}80} = \frac{2{,}20 + 8{,}80}{2{,}20}$ $\quad |\cdot 0{,}80$

$h - 1{,}70 = \frac{11{,}00}{2{,}20} \cdot 0{,}80$ $\quad |+1{,}70$

$h = 5 \cdot 0{,}80 + 1{,}70 = 5{,}70$

Die Höhe der Mauer beträgt 5,70 m.

6 Ähnlichkeit | Rückspiegel, Seite 152, rechts

5 $\frac{x}{47} = \frac{36}{67}$ $\quad |\cdot 47$

$x = \frac{36}{67} \cdot 47$

$x = 25{,}3$ mm

6 a)

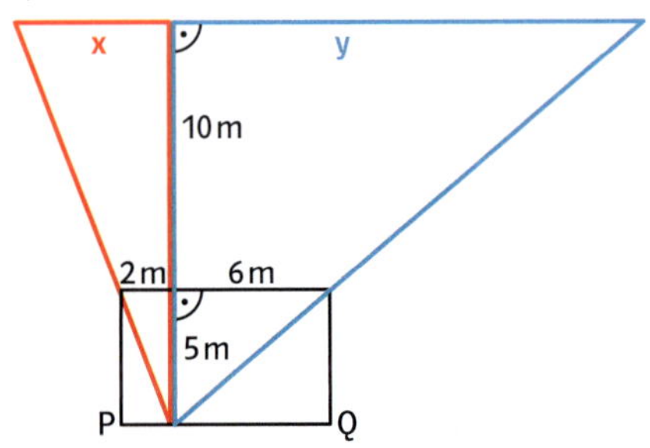

Die Teilstrecken x und y werden mithilfe ähnlicher Dreiecke berechnet.

x berechnen:

$\frac{x}{2} = \frac{10+5}{5}$

$\frac{x}{2} = \frac{15}{5}$

$\frac{x}{2} = 3$ $\quad |\cdot 2$

$x = 6$

y berechnen:

$\frac{y}{6} = \frac{10+5}{5}$

$\frac{y}{6} = \frac{15}{5}$

$\frac{y}{6} = 3$ $\quad |\cdot 6$

$y = 18$

Die gesamte Breite ist 6 m + 18 m = 24 m.

b) Figur mit zwei ähnlichen Dreiecken

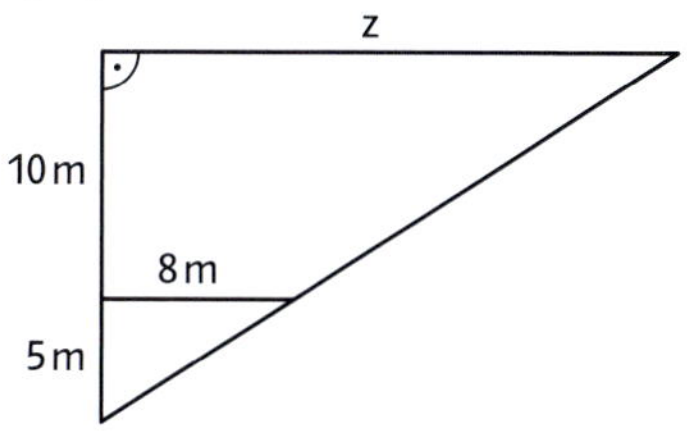

$\frac{z}{8} = \frac{15}{5}$

$\frac{z}{8} = 3 \quad | \cdot 8$

$z = 24$

Die Breite beträgt wie in Teilaufgabe a) 24 m.

c) Auch von Q aus gesehen ist die Breite 24 m (vgl. Zeichnung).

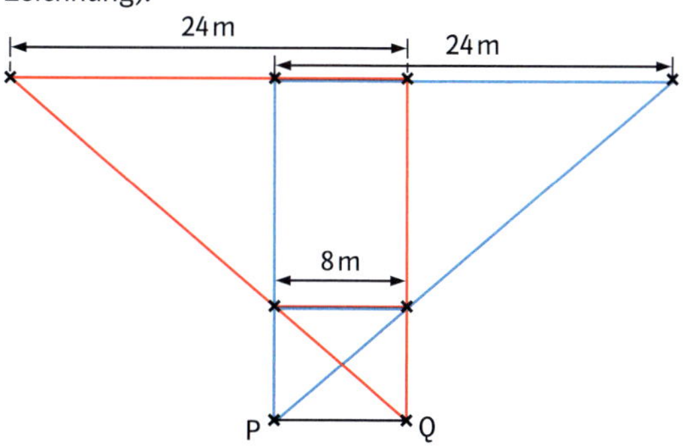

Zur Berechnung der gesamten Breite muss man die Breite der Einfahrt subtrahieren.

24 m + 24 m − 8 m = 40 m

Wenn die Person zwischen P und Q hin- und hergeht, überblickt sie auf der gegenüberliegenden Straßenseite eine Breite von 40 m.

7 Quadratische Funktionen | Standpunkt, Seite 153

A a)

x	−3	−2	−1	0	1	2	3
y	−6	−4	−2	0	2	4	6

b)

x	−3	−2	−1	0	1	2	3
y	−3,5	−3	−2,5	−2	−1,5	−1	−0,5

c)

x	−3	−2	−1	0	1	2	3
y	5	4	3	2	1	0	−1

d)

x	−3	−2	−1	0	1	2	3
y	12	9	6	3	0	−3	−6

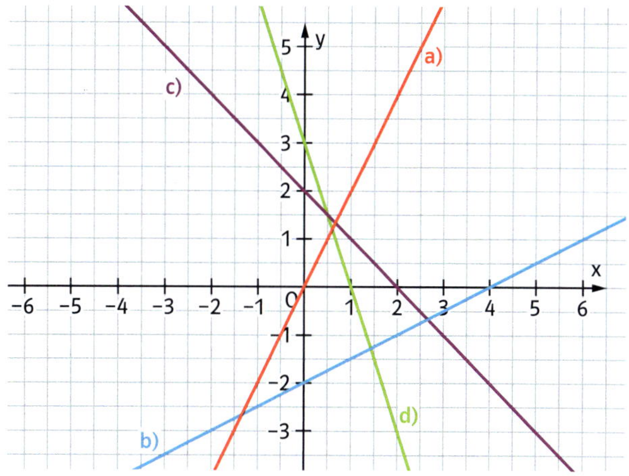

B g: $y = -x + 1$ h: $y = 2x - 2$ i: $y = \frac{1}{2}x + 2$

C a) $y = x + 4$

$y = 3 + 4$

$y = 7$

P(3 | **7**)

b) $y = -2x + 1$

$7 = (-2) \cdot x + 1 \quad | -1$

$6 = (-2) \cdot x \quad | :(-2)$

$-3 = x$

P(**−3** | 7)

D Man setzt die Koordinaten ein und prüft, ob die Gleichung erfüllt ist (Punktprobe).

a) $1 = 2 \cdot 3 - 5$

$1 = 1$ ✓ P(3 | 1) liegt auf dem Graphen.

b) $1 = \frac{1}{2} \cdot (-6) + 4$

$1 = 1$ ✓ P(−6 | 1) liegt auf dem Graphen.

c) $-0{,}5 = -(-2) + 0{,}5$

$-0{,}5 \neq 2{,}5$ P(−2 | −0,5) liegt nicht auf dem Graphen.

E a) $y = \frac{1}{2}x + 1{,}5$ b) $y = -\frac{1}{2}x - 1$

F a) $x^2 + 2x + 1 = \mathbf{(x + 1)}^2$ b) $x^2 - 6x + 9 = \mathbf{(x - 3)}^2$

c) $x^2 - 10x + \mathbf{25} = \mathbf{(x - 5)}^2$ d) $\mathbf{x^2} + 5x + 6{,}25 = \mathbf{(x + 2{,}5)}^2$

7 Quadratische Funktionen | Alles klar?, Seite 157

A a)

x	−3	**−2**	−1,5	**−1**	−0,5
y	**9**	4	**2,25**	1	**0,25**

x	0	+0,5	**+1**	+1,5	**+3**
y	**0**	**0,25**	1	**2,25**	9

b)

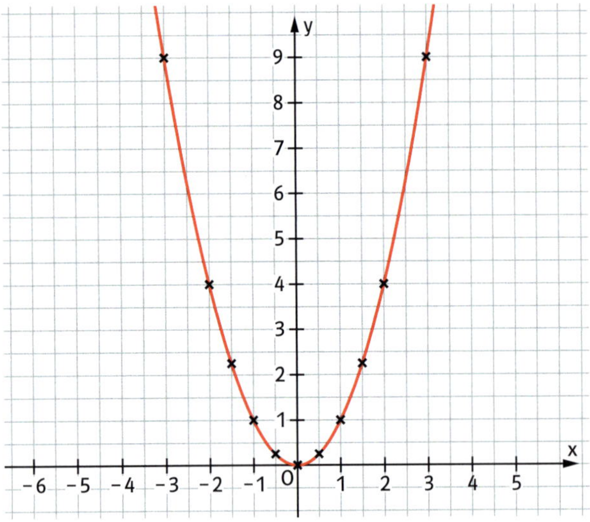

B a) Die Parabel mit der Funktionsgleichung $y = 3x^2 - 1$ ist gestreckt, also schlanker als die Normalparabel.
Die Parabel mit der Funktionsgleichung $y = \frac{1}{2}x^2 - 2$ ist gestaucht, also breiter als die Normalparabel.
Die Parabel mit der Funktionsgleichung $x = -\frac{1}{4}x^2 + 1$ ist gestaucht, also breiter als die Normalparabel.
b) Wertetabelle für $y = -\frac{1}{4}x^2 + 1$

x	−4	−3	−2	−1	0	1	2	3	4
y	−3	−1,25	0	0,75	1	0,75	0	−1,25	−3

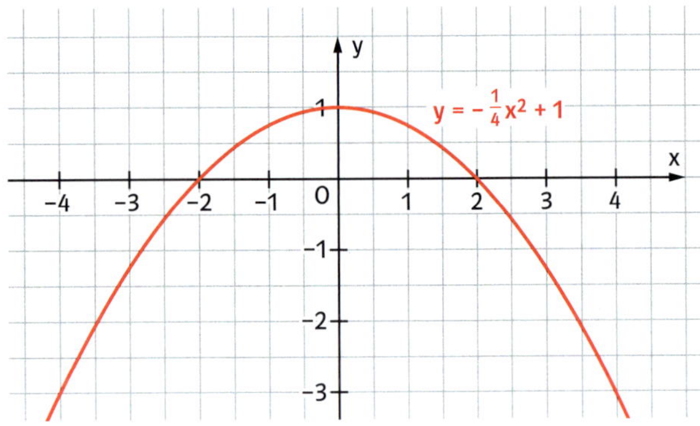

7 Quadratische Funktionen | Alles klar?, Seite 159

A a) S(0 | 1) b) S(0 | −3) c) S(0 | 2,5) d) S(0 | −4,5)

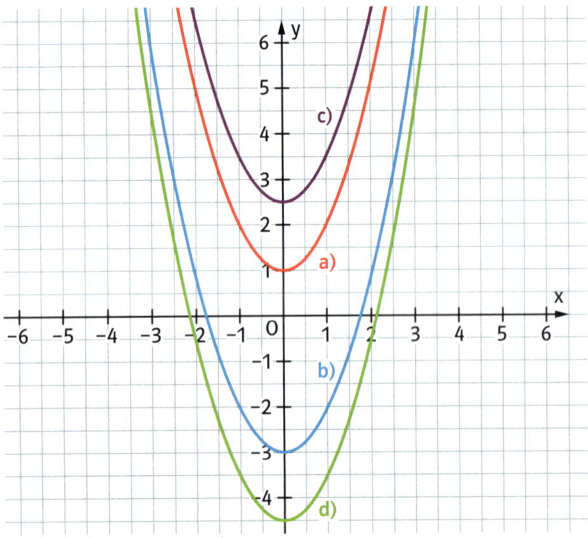

7 Quadratische Funktionen | Alles klar?, Seite 162

A p_1: $a = \frac{1}{2}$; $c = 2$; $y = \frac{1}{2}x^2 + 2$

p_2: $a = -2$; $c = 1$; $y = -2x^2 + 1$

7 Quadratische Funktionen | Alles klar?, Seite 166

A a) S(−4 | 2) b) S(−5 | −1)
c) S(4 | 1,5) d) S(6 | −2)

B a) S(−2 | 0); $y = (x + 2)^2$ b) S(1 | 1); $y = (x - 1)^2 + 1$
c) S(−1 | 2); $y = (x + 1)^2 + 2$

7 Quadratische Funktionen | Alles klar?, Seite 169

A a) $y = (x - 3)^2 + 1$
$y = x^2 - 6x + 10$
b) $y = (x + 2)^2 + 3$
$y = x^2 + 4x + 7$
c) $y = (x - 5)^2 - 3$
$y = x^2 - 10x + 22$
d) $y = (x + 1)^2 - 4$
$y = x^2 + 2x - 3$

B a) $y = x^2 - 2x + 1$
$y = x^2 - 2 \cdot x \cdot 1 + 1^2 + 1 - 1^2$
$y = (x - 1)^2$
b) $y = x^2 - 8x + 16$
$y = x^2 - 2 \cdot x \cdot 4 + 4^2 + 16 - 4^2$
$y = (x - 4)^2$
c) $y = x^2 + 4x + 4$
$y = x^2 + 2 \cdot x \cdot 2 + 2^2 + 4 - 2^2$
$y = (x + 2)^2$
d) $y = x^2 - 5x + 6,25$
$y = x^2 - 2 \cdot x \cdot 2,5 + 2,5^2 + 6,25 - 2,5^2$
$y = (x - 2,5)^2$

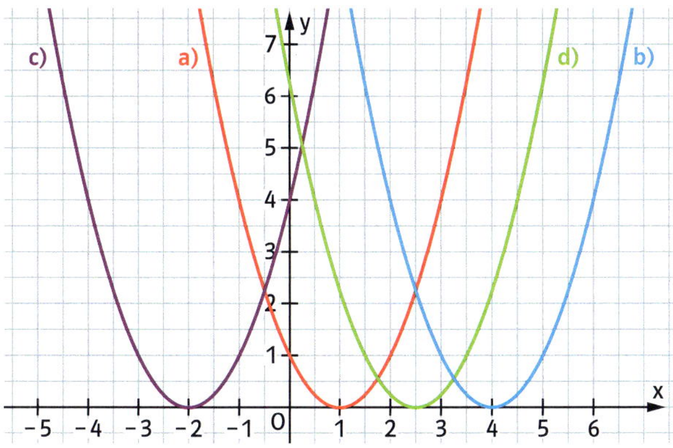

7 Quadratische Funktionen | Rückspiegel, Seite 174

1 a) und b) kann man mit der Parabel-Schablone zeichnen.

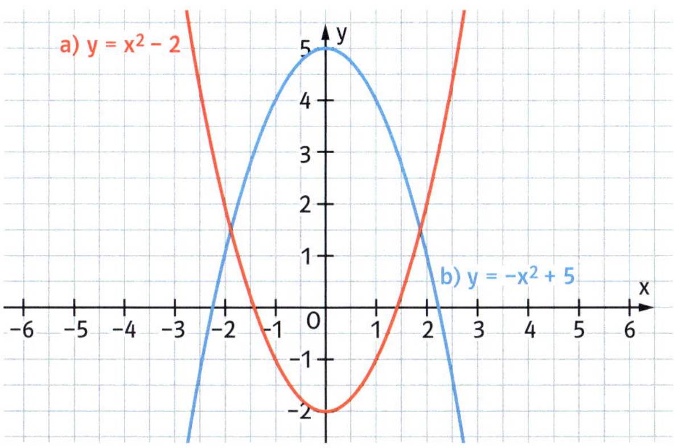

Die Parabel von a) ist eine nach oben geöffnete und um zwei Längeneinheiten nach unten verschobene Normalparabel.
Die Parabel von b) ist eine nach unten geöffnete und um fünf Längeneinheiten nach oben verschobene Normalparabel.
Für c) und d) erstellt man eine Wertetabelle.

c)

x	−3	−2	−1	0	1	2	3
y	5,5	3	1,5	1	1,5	3	5,5

d)

x	−1,5	−1	−0,5	0	0,5	1	1,5
y	−1,5	1	2,5	3	2,5	1	−1,5

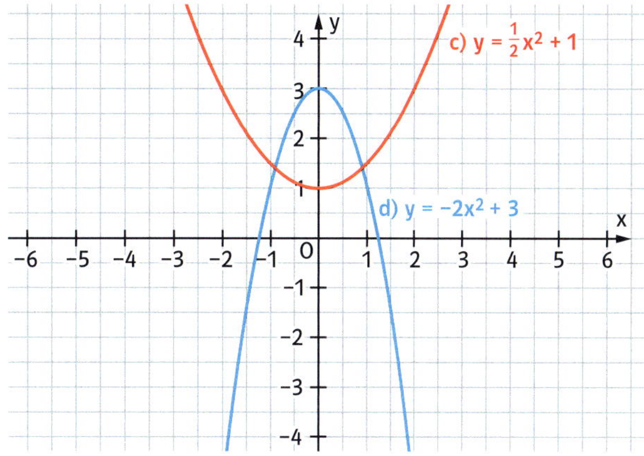

Die Parabel von c) ist nach oben geöffnet. Im Vergleich zur Normalparabel ist sie gestaucht, also breiter und um eine Längeneinheit nach oben verschoben.
Die Parabel von d) ist nach unten geöffnet. Im Vergleich zur Normalparabel ist sie gestreckt, also schmaler und um drei Längeneinheiten nach oben verschoben.

2 a) S(0 | −4) b) S(0 | 3,5)
c) S(3 | 0) d) S(−2 | −1)

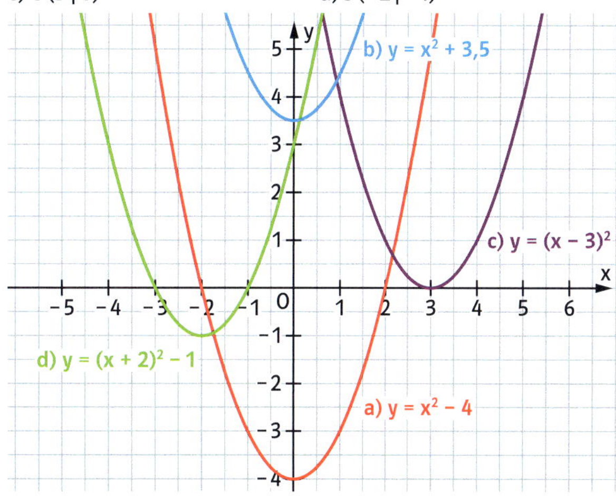

3 a) $h(x) = 2x^2 - 1$ b) $f(x) = (x - 1,5)^2$ c) $i(x) = (x + 1)^2 + 1$

4 a) $7 = 2^2 + 3$
$7 = 7$ ✓
P liegt auf dem Graphen.
b) $30 = 5 \cdot 3^2 - 6$
$30 \neq 39$
P liegt nicht auf dem Graphen.
c) $0 = (2 - 2)^2 - 4$
$0 \neq -4$
P liegt nicht auf dem Graphen.

7 Quadratische Funktionen | Rückspiegel, Seite 174, links

5 p_1: $y = x^2 + 2$
p_2: $y = (x - 3)^2 + 1$ bzw. $y = x^2 - 6x + 10$
p_3: $y = (x + 2)^2 - 1$ bzw. $y = x^2 + 4x + 3$
p_4: $y = (x - 1)^2 - 2$ bzw. $y = x^2 - 2x - 1$

6 $y = (x - 1)^2 - 3$

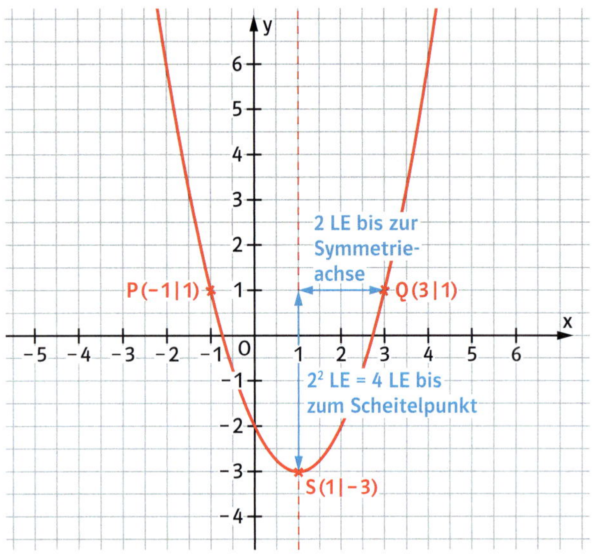

7 Quadratische Funktionen | Rückspiegel, Seite 174, rechts

5 p_1: $y = (x - 2{,}5)^2 + 1{,}5$ bzw. $y = x^2 - 5x + 7{,}75$

p_2: $y = -\frac{1}{2}x^2 + 2$

p_3: $y = (x + 2{,}5)^2 - 2{,}5$ bzw. $y = x^2 + 5x + 3{,}75$
p_4: $y = 2x^2 - 2{,}5$

6 a) p_1: $y = (x - 3)^2$ p_2: $y = (x - 1{,}5)^2$
p_3: $y = (x + 2{,}5)^2$ p_4: $y = (x + 9)^2$
b) Für den Schnittpunkt P mit der y-Achse gilt $x = 0$.
p_1: P(0|9) p_2: P(0|2,25)
p_3: P(0|6,25) p_4: P(0|81)

7 a) $y = x^2 + 4x + 5$
$y = x^2 + 4x + \left(\frac{4}{2}\right)^2 + 5 - \left(\frac{4}{2}\right)^2$
$y = (x + 2)^2 + 1$
b) $y = x^2 - 8x + 10$
$y = x^2 - 8x + \left(\frac{8}{2}\right)^2 + 10 - \left(\frac{8}{2}\right)^2$
$y = (x - 4)^2 - 6$

Lösungen des Grundwissens

Grundwissen | Seite 175

1 a) 80 b) 12 c) 56
d) 5,3 e) 2,6 f) 10
g) 3,05 h) 0 i) 5,05
j) 20 k) 10,0 l) 0,0

2 a) 28; 3; 1; 108
b) 37,6; 0,8; 4,7; 1,1
c) 0,38; 11,96; 88,79; 4,00

3

	$-2{,}7$	8	-7	$\frac{4}{6}$	$-1\frac{1}{2}$
$\mathbb{N}$		×			
$\mathbb{Z}$		×	×		
$\mathbb{Q}$	×	×	×	×	×

	0,002	$-3{,}04$	$0{,}\overline{3}$	0	-299
$\mathbb{N}$				×	
$\mathbb{Z}$				×	×
$\mathbb{Q}$	×	×	×	×	×

4 a) Mögliche Lösung: -1; -2; -3; -10; -999
b) Mögliche Lösung: $-0{,}1$; 0,1; 2,2; $\frac{1}{2}$; 777,7

Grundwissen | Seite 176

5 a) 1234^2 b) 38^3 c) 9^6
d) 14^7 e) $0{,}5^5$ f) 1^9

6 a) $7 \cdot 7 = 49$; $11 \cdot 11 = 121$; $12 \cdot 12 = 144$; $20 \cdot 20 = 400$
b) $2 \cdot 2 \cdot 2 \cdot 2 \cdot 2 = 32$; $5 \cdot 5 = 25$; $2 \cdot 2 \cdot 2 = 8$; $3 \cdot 3 = 9$
c) $3 \cdot 3 \cdot 3 = 27$; $4 \cdot 4 \cdot 4 = 64$; $5 \cdot 5 \cdot 5 = 125$; $6 \cdot 6 \cdot 6 = 216$

7 a) $2^2 < 5 < 3^2$ b) $6^2 < 40 < 7^2$
c) $7^2 < 52 < 8^2$ d) $8^2 < 80 < 9^2$
e) $10^2 < 105 < 11^2$ f) $11^2 < 131 < 12^2$

8 a) $50 = 2 \cdot 25 = 2 \cdot 5^2$ b) $125 = 5 \cdot 25 = 5 \cdot 5^2 = 5^3$
c) $200 = 2 \cdot 100 = 2 \cdot 10^2$ d) $45 = 5 \cdot 9 = 5 \cdot 3^2$
e) $63 = 7 \cdot 9 = 7 \cdot 3^2$ f) $18 = 2 \cdot 9 = 2 \cdot 3^2$

9 a) $\frac{1}{2} = \frac{3}{6}$ b) $\frac{3}{4} = \frac{6}{8}$ c) $\frac{5}{8} = \frac{20}{32}$ d) $\frac{2}{3} = \frac{8}{12}$
e) $\frac{6}{9} = \frac{2}{3}$ f) $\frac{2}{4} = \frac{1}{2}$ g) $\frac{5}{50} = \frac{1}{10}$ h) $\frac{8}{12} = \frac{2}{3}$

10 a) $\frac{1}{4} + \frac{1}{4} = \frac{2}{4} = \frac{1}{2}$ b) $\frac{3}{5} + \frac{3}{10} = \frac{6}{10} + \frac{3}{10} = \frac{9}{10}$
c) $\frac{1}{6} + \frac{1}{5} = \frac{5}{30} + \frac{6}{30} = \frac{11}{30}$ d) $\frac{5}{4} - \frac{3}{4} = \frac{2}{4} = \frac{1}{2}$
e) $\frac{1}{2} - \frac{1}{4} = \frac{1}{4}$ f) $\frac{9}{5} - \frac{4}{10} = \frac{14}{10} = \frac{7}{5}$
g) $\frac{1}{3} \cdot \frac{4}{5} = \frac{4}{15}$ h) $\frac{1}{4} \cdot \frac{3}{8} = \frac{3}{32}$

Grundwissen | Seite 177

11 a) $\frac{1}{2} + \frac{1}{4} = \frac{3}{4} = 0{,}75$ b) $\frac{3}{8} + \frac{3}{8} = \frac{6}{8} = \frac{3}{4} = 0{,}75$
c) $\frac{4}{5} + \frac{1}{10} = \frac{9}{10} = 0{,}9$ d) $\frac{3}{5} - \frac{1}{10} = \frac{5}{10} = \frac{1}{2} = 0{,}5$
e) $\frac{1}{4} \cdot \frac{1}{2} = \frac{1}{8} = 0{,}125$ f) $\frac{2}{3} \cdot \frac{3}{4} = \frac{2}{4} = \frac{1}{2} = 0{,}5$
g) $\frac{3}{2} \cdot \frac{1}{5} = \frac{3}{10} = 0{,}3$ h) $\frac{5}{6} \cdot \frac{9}{10} = \frac{45}{60} = \frac{3}{4} = 0{,}75$

12 a) $1{,}5 + 3{,}2 = 4{,}7$ b) $4{,}64 - 3{,}2 = 1{,}44$
c) $5{,}03 + 4{,}1 = 9{,}13$ d) $1{,}5 \cdot 2{,}2 = 3{,}3$
e) $3{,}2 \cdot 4 = 12{,}8$ f) $0{,}32 \cdot 0{,}2 = 0{,}064$
g) $\frac{1}{10} \cdot 3 = 0{,}3$ h) $\frac{1}{4} \cdot 1{,}6 = 0{,}4$
i) $\frac{7}{10} \cdot 0{,}1 = 0{,}07$

13 a) 25 % b) 3 % c) 10 %
d) 40 % e) 62,5 % f) 66,7 %

14 a) 45 % b) 30 %
c) 7 % d) 37,5 %
e) 33,3 % f) 49,9 %
g) 125 % h) 1 %

15

	(1)	(2)	(3)
Dezimalzahl	0,25	0,45	0,6
Bruch	$\frac{25}{100} = \frac{1}{4}$	$\frac{45}{100} = \frac{9}{20}$	$\frac{60}{100} = \frac{3}{5}$

	(4)	(5)	(6)
Dezimalzahl	0,33	0,1	0,175
Bruch	$\frac{33}{100}$	$\frac{10}{100} = \frac{1}{10}$	$\frac{175}{1000} = \frac{7}{40}$

	(7)	(8)	(9)
Dezimalzahl	0,99	0,015	1,2
Bruch	$\frac{99}{100}$	$\frac{15}{1000} = \frac{3}{200}$	$\frac{120}{100} = \frac{6}{5}$

16 a) $+45$ b) -32 c) -42 d) $+33$
e) -60 f) -48 g) $+18$ h) -27

Grundwissen | Seite 178

17 a) 500 g Paprika kosten 2,00 €.
b) 650 g Zucchini kosten 2,00 €
c) 600 g Kartoffeln kosten 1,50 €.
d) Für 1,00 € kann man 400 g Kartoffeln kaufen.

18 a)

Anzahl der Brezeln	1	2	5	10	20
Preis in €	0,90	**1,80**	**4,50**	**9,00**	**18,00**

b)

Tomaten in kg	1	3	5	8	12
Preis in €	**2,00**	6,00	**10,00**	**16,00**	**24,00**

19 Folgende Etiketten gehören zusammen:

250 g 3,00 € und 150 g 1,80 €

300 g 3,30 € und 200 g 2,20 €

Grundwissen | Seite 179

20 a) Strecke in km → Preis in €

Strecke in km	0	50	100	150	200
Preis in €	**40**	**60**	80	**100**	**120**

b)

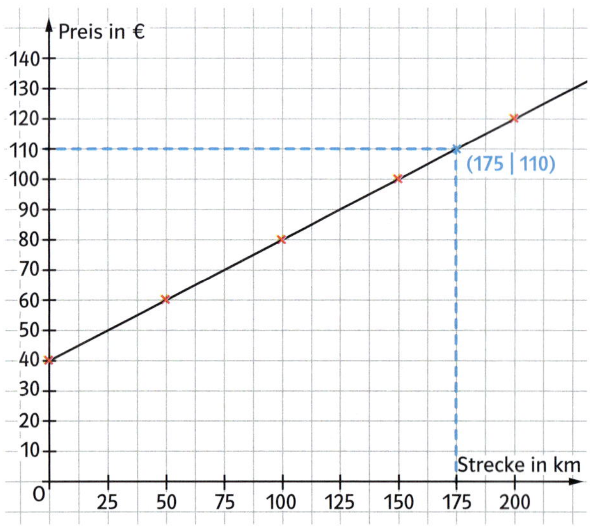

Eine Strecke von 175 km kostet 110 €.

21

Summe	6 + x	addieren
Produkt	x · 6	multiplizieren
Differenz	6 − x	subtrahieren
Quotient	x : 6	dividieren

Grundwissen | Seite 180

22 a)

x	1	2	3	4	5
x + 12	**13**	**14**	**15**	**16**	**17**

b)

x	−2	−1	0	1	2
12 · x	**−24**	**−12**	**0**	**12**	**24**

23

	x	−1	0	1	2	4	10
a)	4x + 2	**−2**	**2**	**6**	**10**	**18**	**42**
b)	3x − 1	**−4**	**−1**	**2**	**5**	**11**	**29**
c)	20 − 2x	**22**	**20**	**18**	**16**	**12**	**0**
d)	(x + 4) : 2	**1,5**	**2**	**2,5**	**3**	**4**	**7**

24 a) $4x + 4y + 4z$
b) $4 \cdot 2a + 4a + 4b = 12a + 4b$

25 a) $a + 33$ b) $a - 33$
c) $a \cdot 33$ d) $a : 33$
e) $a + 33$ f) $5 \cdot a + 33$

26 Anzahl der Monate: x
Term für die Gesamtkosten: $13 \cdot x + 15$

Grundwissen | Seite 181

27 a) $4x + 2y$ b) $29x$
c) $8x + 13y$ d) $7z$
e) $2y + 16z$ f) $-8x - 7y$

28 a) $32a$ b) $32ab$
c) $32a^2$ d) $32ab$
e) $2a$ f) $-2a$

Grundwissen | Seite 182

29 a) $4 + (5 + x)$
$= 4 + 5 + x$
$= 9 + x$

b) $4 + (-5 + x)$
$= 4 - 5 + x$
$= -1 + x$

c) $4 + (-5 - x)$
$= 4 - 5 - x$
$= -1 - x$

d) $4 + (5 - x)$
$= 4 + 5 - x$
$= 9 - x$

e) $4x + (5x - x) + 1$
$= 4x + 5x - x + 1$
$= 8x + 1$

f) $4x + (-5x + 1)$
$= 4x - 5x + 1$
$= -x + 1$

30 a) $6 - (2 + x)$
$= 6 - 2 - x$
$= 4 - x$

b) $6 - (-2 + x)$
$= 6 + 2 - x$
$= 8 - x$

c) $6 - (-2 - x)$
$= 6 + 2 + x$
$= 8 + x$

d) $6 - (2 - x)$
$= 6 - 2 + x$
$= 4 + x$

e) $6x - (2x - 1)$
$= 6x - 2x + 1$
$= 4x + 1$

f) $6x - (-2x + 1)$
$= 6x + 2x - 1$
$= 8x - 1$

31 a) $7 \cdot (2a + 9)$
$= 7 \cdot 2a + 7 \cdot 9$
$= 14a + 63$

b) $7 \cdot (2a - 9)$
$= 7 \cdot 2a + 7 \cdot (-9)$
$= 14a - 63$

c) $7 \cdot (-2a + 9)$
$= 7 \cdot (-2a) + 7 \cdot 9$
$= -14a + 63$

d) $-7 \cdot (2a + 9)$
$= (-7) \cdot 2a - 7 \cdot 9$
$= -14a - 63$

e) $-7 \cdot (2a - 9)$
$= (-7) \cdot 2a - 7 \cdot (-9)$
$= -14a + 63$

f) $-7 \cdot (-2a + 9)$
$= (-7) \cdot (-2a) - 7 \cdot 9$
$= 14a - 63$

32 a) $11(3s + 4t)$
$= 11 \cdot 3s + 11 \cdot 4t$
$= 33s + 44t$

b) $2s + 5(7s - t)$
$= 2s + 35s - 5t$
$= 37s - 5t$

c) $6(3s - 2t) + 14t$
$= 18s - 12t + 14t$
$= 18s + 2t$

d) $4(-6s - 5t) + 3s$
$= -24s - 20t + 3s$
$= -21s - 20t$

33 a) $24x + 32y = \mathbf{8}(3x + 4y)$
b) $15x^2 - 40x = \mathbf{5x}(3x - 8)$
c) $26 + 39x = \mathbf{13}(2 + 3x)$
d) $28xy + 4y = \mathbf{4y}(7x + 1)$

34 a) $7 \cdot 18 + 13 \cdot 18$
$= 18 \cdot (7 + 13)$
$= 18 \cdot 20$
$= 360$

b) $14 \cdot 9 + 26 \cdot 9$
$= 9 \cdot (14 + 26)$
$= 9 \cdot 40$
$= 360$

c) $3{,}5 \cdot 7 + 7 \cdot 6{,}5$
$= 7 \cdot (3{,}5 + 6{,}5)$
$= 7 \cdot 10$
$= 70$

d) $7 \cdot 16 + 28 \cdot 16 - 5 \cdot 16$
$= 16 \cdot (7 + 28 - 5)$
$= 16 \cdot 30$
$= 480$

e) $8 \cdot 13 - 13 \cdot 5 + 27 \cdot 13$
$= 13 \cdot (8 - 5 + 27)$
$= 13 \cdot 30$
$= 390$

f) $17 \cdot 0{,}5 + 0{,}5 \cdot 25 + 8 \cdot 0{,}5$
$= 0{,}5 \cdot (17 + 25 + 8)$
$= 0{,}5 \cdot 50$
$= 25$

35 a) $16(a + 2)$
b) $7(3x - 5)$
c) $18(x + 3y)$
d) $x(24x - 7)$
e) $3b(5a + 6b)$
f) $9(3b^2 - 8)$
g) $6x(9 + 2x)$
h) $7b(8a^2 + 9b)$

36 a) $28 - 32x = 4(\mathbf{7} - 8x)$
b) $\mathbf{42x} + 28 = (6x + \mathbf{4}) \cdot 7$
c) $\mathbf{-15x - 60} = -5(3x + 12)$
d) $4a - \mathbf{16a^2b} = 4a(\mathbf{1} - 4ab)$
e) $6y + \mathbf{15xy} = -3y(\mathbf{-2} - 5x)$
f) $18x + \mathbf{30xy} = \mathbf{6x}(3 + 5y)$
g) $\mathbf{-24b^2} + 8ab = (6b - 2a) \cdot \mathbf{(-4b)}$

Grundwissen | Seite 183

37 a) $x^2 + 2x + 1$
b) $9 + 6x + x^2$
c) $16 + 8y + y^2$
d) $4y^2 + 36y + 81$

38 a) $x^2 - 6x + 9$
b) $25 - 10y + y^2$
c) $25x^2 - 20x + 4$
d) $4y^2 - 4y + 1$

39 a) $x^2 - 4$
b) $36 - x^2$
c) $25y^2 - 16$
d) $49 - 9y^2$

40 a) 3. binomische Formel
$4x^2 - 9$

b) 1. binomische Formel
$100 + 100x + 25x^2$

c) 1. binomische Formel
$(4x + 11)^2 = 16x^2 + 88x + 121$

d) 2. binomische Formel
$36x^2 - 96x + 64$

e) 2. binomische Formel
$(7 - 2x)^2 = 49 - 28x + 4x^2$

f) 3. binomische Formel
$(5y + 3x)(5y - 3x)$
$= 25y^2 - 9x^2$

41 a) $x^2 + 10x + 25 = (x + 5)^2$
b) $x^2 + 18x + 81 = (x + 9)^2$
c) $x^2 - 24x + 144 = (x - 12)^2$
d) $x^2 - 22x + 121 = (x - 11)^2$

42 a) $5x + 7 = 17 \quad |-7$
$5x = 10 \quad |:5$
$x = 2$

b) $x + 12 = 2x + 8y \quad |-x$
$12 = x + 8y \quad |-8y$
$x = 12 - 8y$

c) $6x - 8 = 9x - 2 \quad |-6x$
$-8 = 3x - 2 \quad |+2$
$-6 = 3x \quad |:3$
$x = -2$

d) $12y = 3x - 27y \quad |+27y$
$39y = 3x \quad |:3$
$x = 13y$

e) $5 - 3x = 3x + 11 \quad |+3x$
$5 = 6x + 11 \quad |-11$
$-6 = 6x \quad |:6$
$x = -1$

f) $3 = 5x + 15 - 8x \quad |$ zusammenfassen
$3 = -3x + 15 \quad |-15$
$-12 = -3x \quad |:(-3)$
$x = 4$

43 a) $5 - 2(x - 3) = 19 \quad |$ Klammer auflösen
$5 - 2x + 6 = 19 \quad |$ zusammenfassen
$11 - 2x = 19 \quad |-11$
$-2x = 8 \quad |:(-2)$
$x = -4$

b) $3x - (5x + 4) = x + (2 - 5x) \quad |$ Klammer auflösen
$3x - 5x - 4 = x + 2 - 5x \quad |$ zusammenfassen
$-2x - 4 = -4x + 2 \quad |+4x$
$2x - 4 = 2 \quad |+4$
$2x = 6 \quad |:2$
$x = 3$

c) $(x + 7)(7 - x) = 5x + 4 - x^2 \quad |$ Klammer auflösen
$-x^2 + 49 = 5x + 4 - x^2 \quad |+x^2$
$49 = 5x + 4 \quad |-4$
$45 = 5x \quad |:5$
$x = 9$

d) $x^2 + 5x = (x - 3)(x + 2) \quad |$ Klammer auflösen
$x^2 + 5x = x^2 + 2x - 3x - 6 \quad |-x^2$
$5x = -x - 6 \quad |+x$
$6x = -6 \quad |:6$
$x = -1$

e) $(x - 3)^2 = (x - 4)(x + 1) + 1 \quad |$ Klammer auflösen
$x^2 - 6x + 9 = x^2 + x - 4x - 4 + 1 \quad |-x^2$
$-6x + 9 = -3x - 3 \quad |+6x$
$9 = 3x - 3 \quad |+3$
$12 = 3x \quad |:3$
$x = 4$

f) $126 - (9 + x)^2 = (x + 15)(15 - x) \quad |$ Klammer auflösen
$126 - (81 + 18x + x^2) = -x^2 + 225 \quad |$ Klammer auflösen
$126 - 81 - 18x - x^2 = -x^2 + 225 \quad |$ zusammenfassen
$45 - 18x - x^2 = -x^2 + 225 \quad |+x^2$
$45 - 18x = 225 \quad |-45$
$-18x = 180 \quad |:(-18)$
$x = -10$

44 a) $3x + 7 = 1 \quad |-7$
$3x = -6 \quad |:3$
$x = -2$
Die gesuchte Zahl heißt -2.

b) Svenja: x
Ronja: $2x$
Tim: $2x + 3$
$x + 2x + 2x + 3 = 38 \quad |$ zusammenfassen
$5x + 3 = 38 \quad |-3$
$5x = 35 \quad |:5$
$x = 7$
Probe: $7 + 14 + 17 = 38$ ✓
Svenja ist 7 Jahre alt, Ronja ist 14 Jahre alt und Tim ist 17 Jahre alt.

c) Skizze:

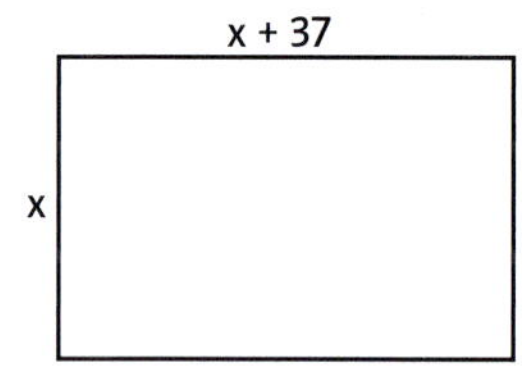

Gleichung für den Umfang aufstellen und lösen:
$346 = 2x + 2(x + 37) \quad |$ Klammer auflösen
$346 = 2x + 2x + 74 \quad |$ zusammenfassen
$346 = 4x + 74 \quad |-74$
$272 = 4x \quad |:4$
$68 = x$
$x = 68\,m$
Flächeninhalt berechnen:
$A = 68 \cdot 105 = 7140$
$A = 7140\,m^2$
Die Größe des Spielfelds beträgt $7140\,m^2$.

Grundwissen | Seite 184

45 a) $A(-3\,|\,-3)$; $B(2\,|\,-3)$; $C(2\,|\,3)$
b) $D(-3\,|\,3)$
c) Der Punkt $S(-0{,}5\,|\,0)$ ist Schnittpunkt der Diagonalen.

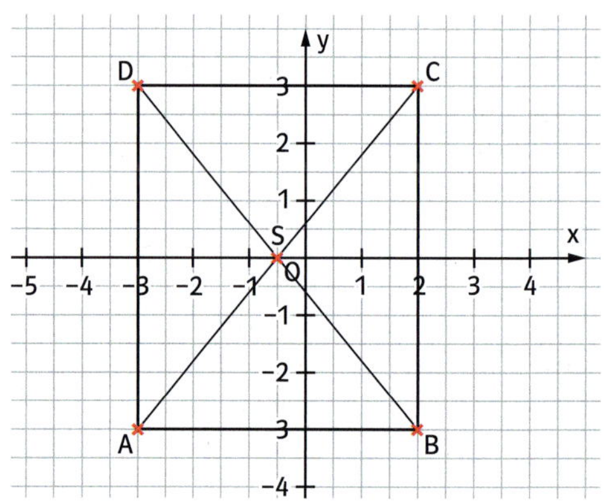

46 a) Es entsteht ein Parallelogramm.

b) Der Schnittpunkt S (1 | 1) liegt im 1. Quadranten.

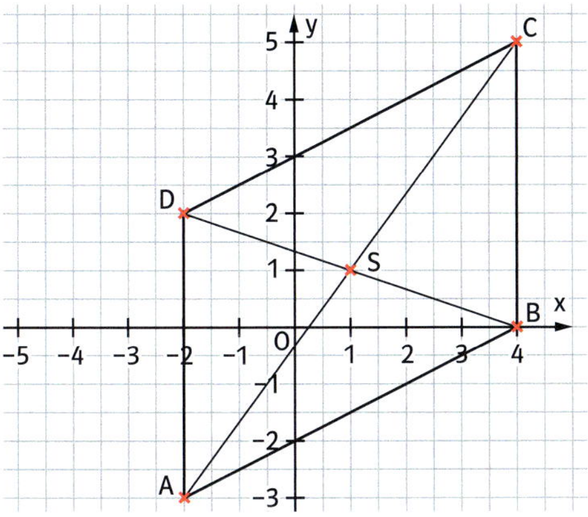

47 a) B (3 | 0)

b) Schaubild mit beiden Figuren

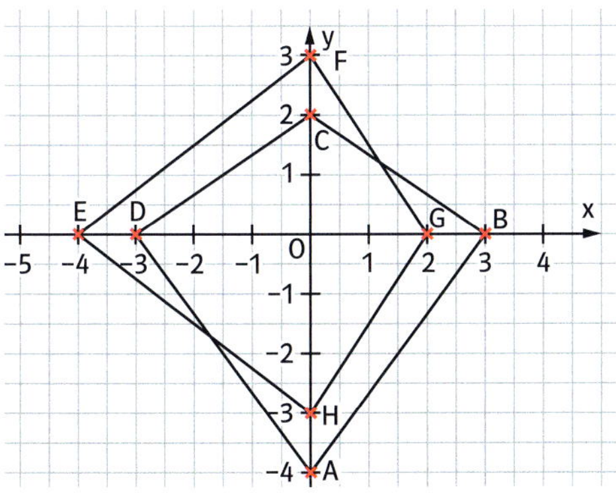

c) Die Figur EFGH ist ebenfalls ein Drachen. Ihre Symmetrieachse ist die x-Achse.

Grundwissen | Seite 185

48 a) 4 cm = **40** mm
b) 6 m = **60** dm
c) 82 dm = **8,2** m
d) 3,5 km = **3500** m
e) 250 mm = **25** cm
f) 59 cm = **5,9** dm
g) 1,79 dm = 179 **mm**
h) 6472 mm = 6,472 **m**

49 a) $3\,m^2$ = **300** dm^2
b) 2,54 a = **254** m^2
c) $400\,cm^2$ = **4** dm^2
d) 7,5 ha = **750** a
e) $320\,000\,m^2$ = **32** ha
f) $2500\,dm^2$ = **25** m^2
g) $9,5\,km^2$ = 950 **ha**
h) $816\,000\,cm^2$ = 81,6 $\mathbf{m^2}$

50 a) $70\,m^3$ = **70 000** dm^3
b) $6\,cm^3$ = **6000** mm^3
c) 3,5 l = **3500** ml
d) $40\,000\,dm^3$ = **40** m^3
e) $45\,000\,mm^3$ = **45** cm^3
f) $2\,m^3$ = **2000** l
g) $0,125\,dm^3$ = 125 $\mathbf{cm^3}$
h) $9400\,mm^3$ = 9,4 $\mathbf{cm^3}$

Grundwissen | Seite 186

51

	Maßstab	Abbildung	Wirklichkeit
a)	1 : 2	8 cm	**16 cm**
b)	1 : 2	**7 cm**	14 cm
c)	1 : 10	3 cm	**30 cm**
d)	1 : 10	**12 cm**	120 cm
e)	1 : 100	2,5 cm	**250 cm**
f)	1 : 100	**5 cm**	500 cm

52 a) $30 \cdot 25\,000 = 750\,000$

750 000 cm = 7500 m = 7,5 km

Die Strecke ist in Wirklichkeit 7,5 km lang.

b) 62 km = 6 200 000 cm

6 200 000 : 500 000 = 12,4

Die Entfernung auf der Karte beträgt ca. 12,4 cm.

53 a) $11 \cdot 87 = 957$

957 cm = 9,57 m

Die Lokomotive hat in Wirklichkeit eine Länge von 9,57 m.

b) 11,20 m = 1120 cm

1120 : 32 = 35

Das Modell der Elektrolokomotive hat eine Länge von 35 cm.

54 a) und b)

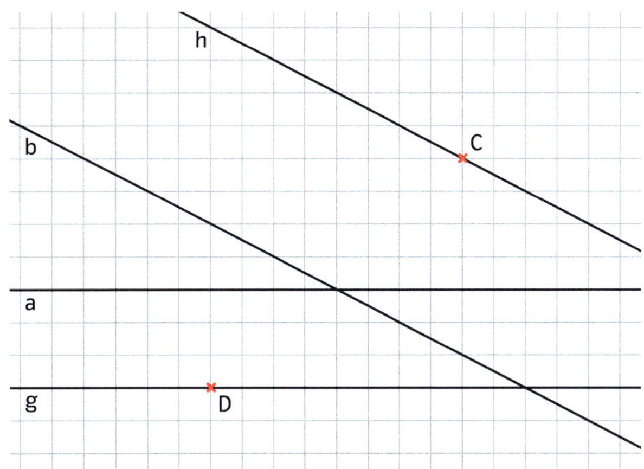

55 a) g ∥ l; j ∥ k

b) $\overline{AC} \parallel \overline{DF}$; $\overline{BD} \parallel \overline{EF}$; $\overline{AB} \parallel \overline{EF}$; ; $\overline{AD} \parallel \overline{EF}$

c) zum Beispiel: $g \nparallel j$; $g \nparallel i$; $g \nparallel h$

Grundwissen | Seite 187

56 r = 1,4 cm; d = 2,8 cm

57 Kreis mit $r = 4{,}5\,cm$
Zeichnung im Maßstab 1 : 2

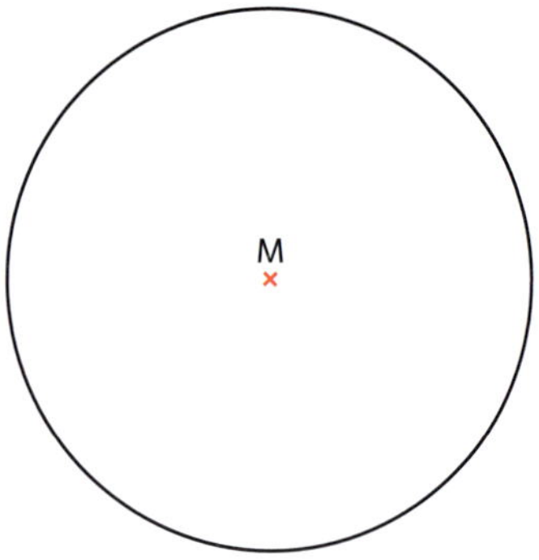

58 $r = 4$ LE; $A(7\,|\,1)$; $B(7\,|\,9)$; $C(3\,|\,5)$

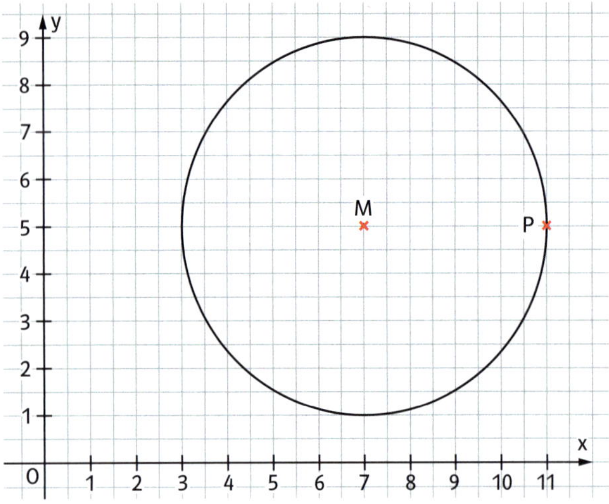

Grundwissen | Seite 188

59 a) $\alpha = 360° : 4 = 90°$
b) $\alpha = 360° : 6 = 60°$
c) $\alpha = 360° : 8 \cdot 3 = 135°$
d) $\alpha = 360° : 10 \cdot 4 = 144°$

60 a) $360° : 12 \cdot 4 = 120°$ b) $360° : 12 \cdot 7 = 210°$

61 Das regelmäßige Vieleck hat neun Ecken.
Skizze:

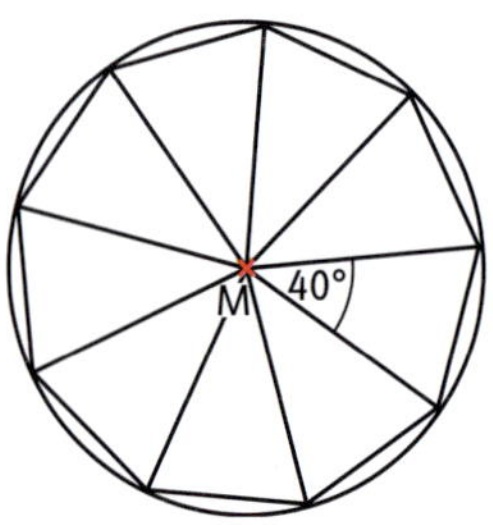

62 a) $\alpha < \beta$ b) $\alpha < \beta$
c) $\alpha > \beta$ d) $\alpha = \beta$

Grundwissen | Seite 189

63 $\alpha = 150°$; $\beta = 30°$; $\gamma = 30°$; $\delta = 150°$; $\varepsilon = 30°$

64 $\beta = 180° - 70° = 110°$; $\gamma = \alpha = 70°$; $\delta = \beta = 110°$

65 a) $\gamma = 180° - 65° - 40° = 75°$
b) $\alpha = 180° - 90° - 57° = 33°$

66 a) $\beta = \delta = (360° - 2 \cdot 65°) : 2 = 115°$
b) $\beta = 360° - 2 \cdot 90° - 129° = 51°$

Grundwissen | Seite 190

67 a)

	gleich-seitig	gleich-schenklig	allgemein
spitzwinklig	E	A	G
rechtwinklig	–	F	D
stumpfwinklig	–	B	C

b) In gleichseitigen Dreiecken sind alle Winkel gleich groß: $\alpha = \beta = \gamma = 60°$. Gleichseitige Dreiecke sind daher immer spitzwinklig. Es gibt keine gleichseitigen Dreiecke, die rechtwinklig oder stumpfwinklig sind.

68 a) (1) gleichschenklig
(2) allgemein
(3) Beide Dreiecke sind gleichschenklig.
(4) gleichseitig
b) (1) rechtwinklig
(2) rechtwinklig
(3) Das rote Dreieck ist stumpfwinklig und das blaue Dreieck spitzwinklig.
(4) spitzwinklig

69 Mögliche Lösungen:

a)
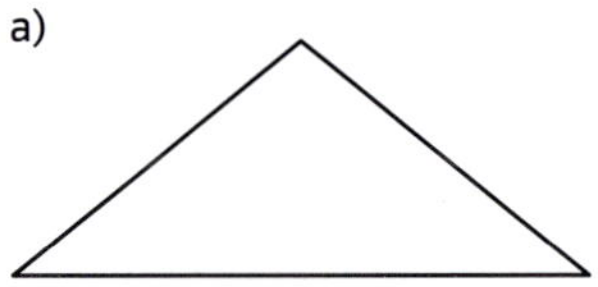

b)
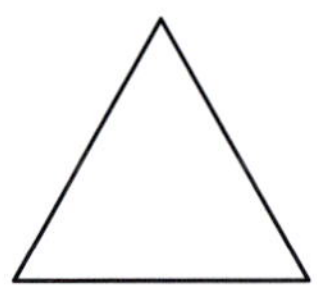

c)
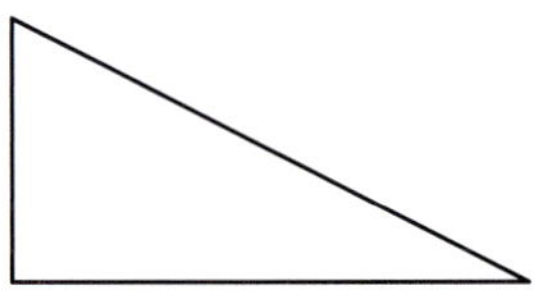

d)
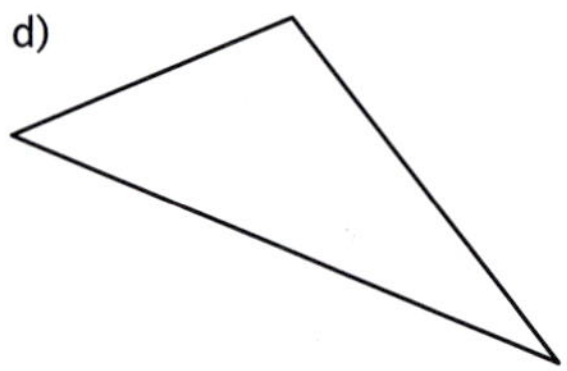

Grundwissen | Seite 191

70 Rechteck: ABGH; ADEH
Quadrat: ACFH; BDEG
symmetrisches Trapez: ADFG; BCEH
allgemeines Trapez: BDEF; CDEH
Parallelogramm: ABFG; BDFH
Rauten und Drachen findet man nicht.

71 a) Die Figur ist ein gleichschenkliges Trapez.
b) S(3 | 2)

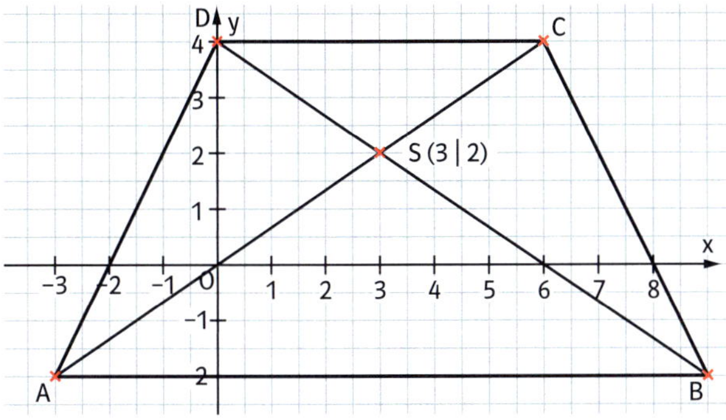

72 a) C(7 | 5)
b) Zum Beispiel durch Zählen von Kästchen sieht man, dass $\overline{AB} = \overline{BC} = \overline{CD} = \overline{AD}$ ist. Das Parallelogramm ABCD hat daher vier gleich lange Seiten und ist somit eine Raute.

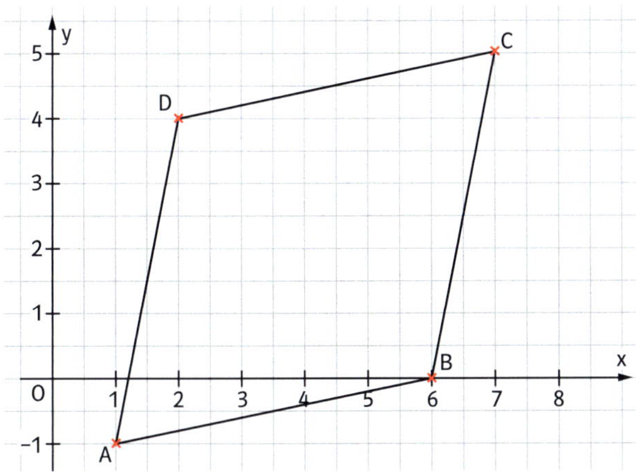

Grundwissen | Seite 192

73

	a	u	A
a)	8 cm	**32 cm**	**64 cm²**
b)	**9 cm**	**36 cm**	81 cm²
c)	**7,5 cm**	30 cm	**56,25 cm²**

74

	a	b	u	A
a)	9 cm	5 cm	**28 cm**	**45 cm²**
b)	11 cm	**6 cm**	**34 cm**	66 cm²
c)	**10 cm**	8 cm	36 cm	**80 cm²**

75

	a	b	h_a	u	A
a)	12 cm	7 cm	5 cm	**38 cm**	**60 cm²**
b)	15 cm	**9 cm**	7 cm	48 cm	**105 cm²**
c)	**8,0 cm**	6,0 cm	4,5 cm	**28,0 cm**	36,0 cm²
d)	**20 cm**	12 cm	**9 cm**	64 cm	180 cm²

76

	a)	b)	c)	d)
a	4,0 cm	4,5 cm	5,0 cm	7,0 cm
b	2,6 cm	3,6 cm	3,6 cm	4,7 cm
c	2,0 cm	**2,5 cm**	2,0 cm	3,0 cm
d	2,9 cm	3,0 cm	**3,2 cm**	4,3 cm
h	2,4 cm	3,0 cm	3,0 cm	**4,0 cm**
u	**11,5 cm**	13,6 cm	13,8 cm	**19,0 cm**
A	**7,2 cm²**	**10,5 cm²**	**10,5 cm²**	20,0 cm²

77

	a)	b)	c)	d)
a	3,6 cm	4,8 cm	4,5 cm	4,3 cm
b	5,0 cm	5,9 cm	3,8 cm	4,3 cm
c	6,0 cm	**7,0 cm**	4,0 cm	**5,0 cm**
h_c	3,0 cm	4,0 cm	**3,6 cm**	3,5 cm
u	**14,6 cm**	17,7 cm	**12,3 cm**	**13,6 cm**
A	**9,0 cm²**	**14,0 cm²**	7,2 cm²	8,75 cm²

Grundwissen | Seite 193

78 a) (1) Prisma; (2) Zylinder; (3) Pyramide; (4) Würfel; (5) Prisma; (6) Quader; (7) Zylinder
b) Individuelle Lösungen

79 Prisma: (1); (2); (3); (5); (7); (8)
Pyramide: (1); (2); (3)
Zylinder: (4)

Grundwissen | Seite 194

80

	a	O	V
a)	7 cm	**294 cm²**	**343 cm³**
b)	**17 cm**	1734 cm²	**4913 cm³**
c)	**5 cm**	**150 cm²**	125 cm³
d)	9 cm	**486 cm²**	**729 cm³**

81

	a	b	c	O	V
a)	8,0 cm	5,0 cm	2,5 cm	**145,0 cm²**	**100,0 cm³**
b)	6,0 cm	5,5 cm	**4,5 cm**	**169,5 cm²**	148,5 cm³
c)	**3,2 cm**	3,3 cm	3,4 cm	**65,3 cm²**	35,9 cm³

82

	G	h_k	V
a)	21,0 cm²	4,5 cm	**94,5 cm³**
b)	**46,0 cm²**	8,5 cm	391,0 cm³
c)	68,0 cm²	**7,5 cm**	510,0 cm³

83 a) $G = \frac{1}{2} \cdot 7{,}5 \cdot 10{,}4$

$G = 39\ \text{cm}^2$

$V = 39 \cdot 3{,}5$

$V = 136{,}5\ \text{cm}^3$

b) $G = \frac{1}{2} \cdot (7 + 2{,}4) \cdot 5$

$G = 23{,}5\ \text{cm}^2$

$V = 23{,}5 \cdot 8{,}4$

$V = 197{,}4\ \text{cm}^3$

84 a) Grundflächeninhalt

$G = \frac{1}{2} \cdot 3 \cdot 4$

$G = 6\ \text{cm}^2$

Umfang der Grundfläche

$u = 5 + 3 + 4$

$u = 12\ \text{cm}$

Mantelflächeninhalt

$M = 12 \cdot 2{,}5$

$M = 30\ \text{cm}^2$

Oberflächeninhalt

$O = 2 \cdot 6 + 30$

$O = 42\ \text{cm}^2$

b) Grundflächeninhalt

$G = \frac{1}{2} \cdot 9 \cdot 3$

$G = 13{,}5\ \text{cm}^2$

Umfang der Grundfläche

$u = 9 + 5{,}8 + 5$

$u = 19{,}8\ \text{cm}$

Mantelflächeninhalt

$M = 19{,}8 \cdot 6$

$M = 118{,}8\ \text{cm}^2$

Oberflächeninhalt

$O = 2 \cdot 13{,}5 + 118{,}8$

$O = 145{,}8\ \text{cm}^2$

c) Grundflächeninhalt

$G = \frac{1}{2} \cdot (8 + 2) \cdot 4$

$G = 20\ \text{cm}^2$

Umfang der Grundfläche

$u = 8 + 2 \cdot 5 + 2$

$u = 20\ \text{cm}$

Mantelflächeninhalt

$M = 20 \cdot 3$

$M = 60\ \text{cm}^2$

Oberflächeninhalt

$O = 2 \cdot 20 + 60$

$O = 100\ \text{cm}^2$

Grundwissen | Seite 195

85 a) Zufallsexperiment

b) kein Zufallsexperiment

c) Zufallsexperiment

86 a) Ergebnisse: rote Kugel, gelbe Kugel, blaue Kugel

b) Ergebnisse: 1; 2; 3; 4; 5; 6, 7; 8; 9; 10; 11; 12

c) Ergebnisse: (Blau; Blau); (Blau; Rot); (Blau; Gelb); (Gelb; Gelb); (Gelb; Blau); (Gelb; Rot); (Rot; Rot); (Rot; Blau); (Rot; Gelb)

Grundwissen | Seite 196

87

Farbe	Strichliste	Häufigkeitstabelle
Rot	卌 卌 I	11
Grün	卌 卌	10
Blau	卌 卌 卌	15
Gelb	卌 IIII	9

88

Tag	Häufigkeitstabelle
Montag	2 + 4 + 1 = 7
Dienstag	0 + 3 + 0 = 3
Mittwoch	1 + 2 + 2 = 5
Donnerstag	0 + 1 + 1 = 2
Freitag	1 + 3 + 2 = 6

89 a) $\frac{11}{15} \approx 0{,}733 = 73{,}3\,\%$

b) $\frac{32}{53} \approx 0{,}604 = 60{,}4\,\%$

c) $\frac{4}{28} \approx 0{,}143 = 14{,}3\,\%$

90

Getränk	Limo	Wasser	Saft
absolute Häufigkeit	65	175	**160**
relative Häufigkeit	**16,25 %**	**43,75 %**	40 %

Grundwissen | Seite 198

91 a) bis c) siehe Abb. 1 unten.

92 a) (2) und (3)
b) =B3/4
c) Tabelle siehe Abb. 2 unten.
Die Jugendlichen können für maximal 200 € pro Person höchstens 5 Nächte im Hostel übernachten.

93 a) =32*B1+8*2 oder =32*B1+16

b)

	A	B	C	D	E
1	Anzahl Stunden	1	2	3	4
2	Kosten in €	48	80	112	144

c)

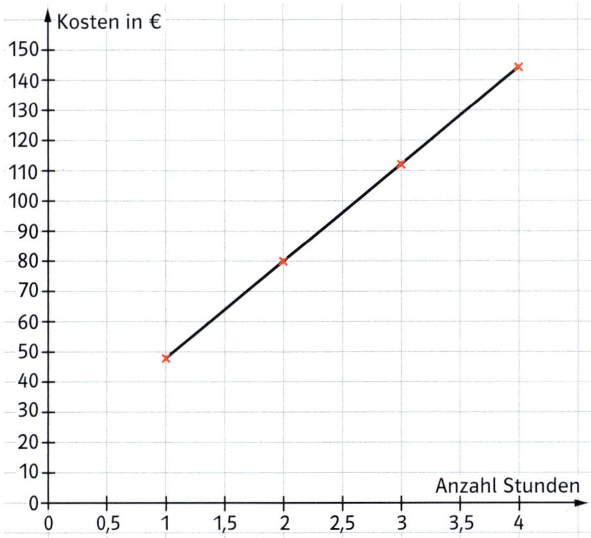

Die Jugendlichen müssten für 3,5 Stunden insgesamt 128 € bezahlen.

Grundwissen | Seite 199

94 a)

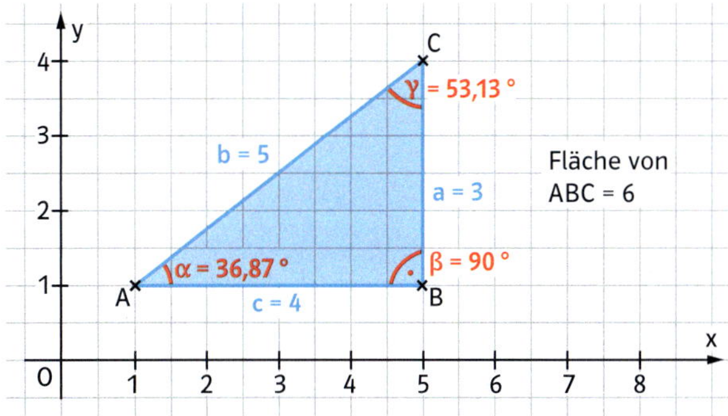

Es handelt sich beim Dreieck ABC um ein allgemeines, rechtwinkliges Dreieck.

b) Verschiebung von C auf (4 | 4):

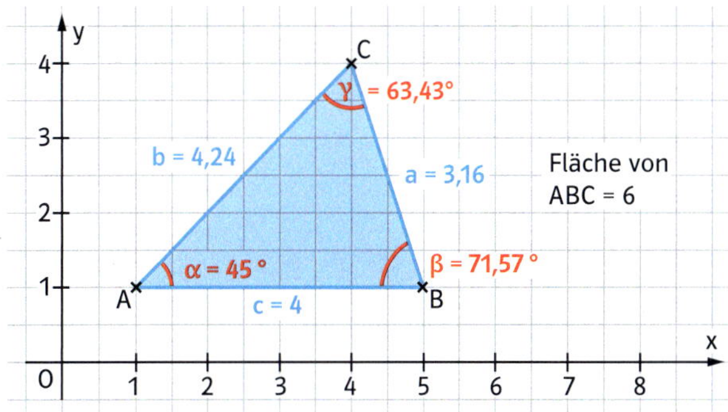

Das Dreieck ist nun allgemein und spitzwinklig. Der Flächeninhalt beträgt 6 Flächeneinheiten (FE).

Abb. 1

		A	B	C	D	E	F	G	H	I	J	K	L
	1	x	0	1	2	3	4	5	6	7	8	9	10
a)	2	2*x+4	4	6	8	10	12	14	16	18	20	22	24
b)	3	179*x-33	−33	146	325	504	683	862	1041	1220	1399	1578	1757
c)	4	(2*x+10)/2	5	6	7	8	9	10	11	12	13	14	15

Abb. 2

	A	B	C	D	E	F	G	H
1	**Kosten für das Hostel**							
2	Anzahl der Nächte	1	2	3	4	5	6	7
3	Preis 4er-Zimmer pro Nacht	134	268	402	536	670	804	938
4	Preis pro Person	33,5	67	100,5	134	167,5	201	234,5

Verschiebung von C auf (3 | 4):

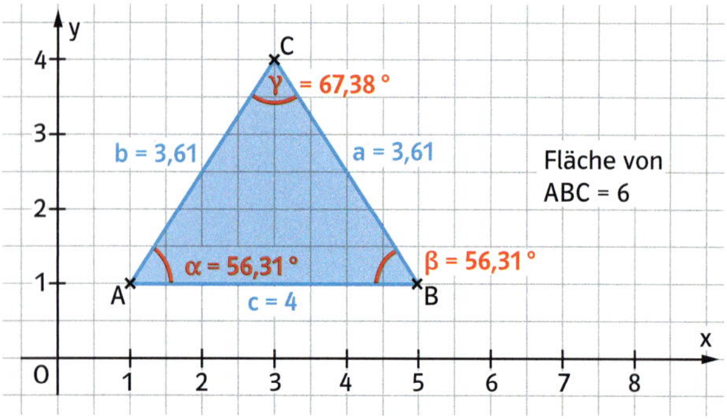

Das Dreieck ist nun ein gleichschenkliges, spitzwinkliges Dreieck. Der Flächeninhalt beträgt 6 Flächeneinheiten (FE). Der Flächeninhalt kann mit $A = \frac{1}{2} \cdot c \cdot h_c$ berechnet werden. Da die Seite c und die Höhe h_c gleich groß geblieben sind, hat sich auch der Flächeninhalt nicht verändert.

c)

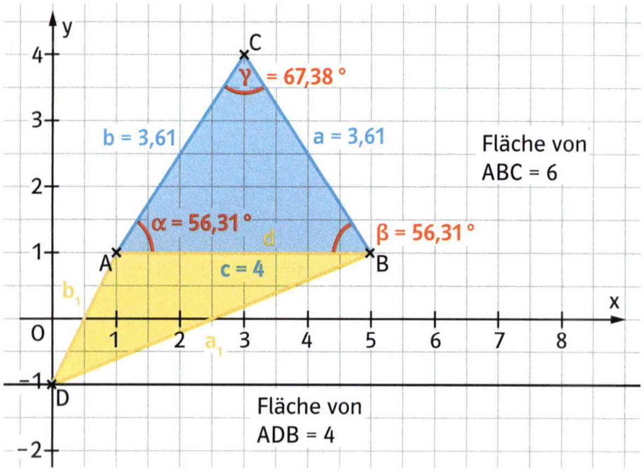

Der Flächeninhalt ändert sich, da zwar $\overline{AB}$ gleich bleibt, sich aber die zugehörige Höhe ändert, wenn man den Punkt D verschiebt.

Grundwissen | Seite 200

95 a) Für m > 0 ist die Zuordnung linear zunehmend, für m < 0 ist die Zuordnung linear abnehmend.

b) Der Graph verläuft gleich steil, jedoch ändert sich der Schnittpunkt mit der y-Achse. Dieser entspricht dem Wert von b.

Wenn man m auf 2 stellt, sind die beiden Geraden parallel, egal welchen Wert b hat. Bei b = 3 sind die beiden Geraden identisch.

Arbeitshilfen

Auf diesen Seiten findest du Hinweise und Tipps, die dir beim Verstehen und Bearbeiten von Aufgaben helfen.

Welche Hilfen kann ich nutzen, um die Aufgabenstellung besser zu verstehen?

Operatoren

Bestimmte Wörter in Aufgabenstellungen zeigen dir, was du machen sollst.
Diese Wörter nennt man Operatoren.
Die wichtigsten Operatoren sind in den Aufgabenstellungen blau hervorgehoben.

Eine Liste mit Operatoren findest du auf Seite 236–237.

Operatoren

Operator		Das musst du tun
angeben → nennen → notieren → (auf)schreiben → sammeln	*Gib … an* *Nenne …* *Notiere …* *Schreibe … (auf)* *Sammle …*	Du bearbeitest die Aufgabe ohne Lösungsweg und Erklärung. Die Lösung kannst du hintereinander, in einer Liste oder als Satz aufschreiben.
auswerten	*Werte … aus*	Du schreibst auf, was dargestellt ist und liest die gefragten Werte ab. Formuliere dann Aussagen in ganzen Sätzen.
begründen	*Begründe …*	Du schreibst in ganzen Sätzen auf, wieso eine Lösung, eine Aussage oder ein Beweis richtig ist. Dazu kannst du

Merke-Kasten und Zusammenfassung

Wenn du einen mathematischen Begriff in der Aufgabenstellung nicht verstehst, schaue zuerst in den Merke-Kasten auf der ersten Seite der Lerneinheit.
Hier werden alle wichtigen Begriffe zum Thema erklärt.
Außerdem findest du Beispiele zu möglichen Aufgaben.
In der Zusammenfassung findest du alle Merke-Kästen nochmal als Übersicht.

Merke

Die **Potenz** a^n ist ein Produkt aus n gleichen Faktoren a.

$a^n = \underbrace{a \cdot a \cdot a \cdot a \cdot \ldots \cdot a}_{n \text{ Faktoren}}$

Basis: a
Exponent: n
Potenz: a^n Man liest: „a hoch n"

Beispiele

a) $7^4 = 7 \cdot 7 \cdot 7 \cdot 7 = 2401$
b) $0{,}5^3 = 0{,}5 \cdot 0{,}5 \cdot 0{,}5 = 0{,}125$
c) $\left(\frac{2}{3}\right)^3 = \frac{2}{3} \cdot \frac{2}{3} \cdot \frac{2}{3} = \frac{2 \cdot 2 \cdot 2}{3 \cdot 3 \cdot 3} = \frac{8}{27}$
d) $(-2)^5 = (-2) \cdot (-2) \cdot (-2) \cdot (-2) \cdot (-2) = -32$
e) $(-3)^2 = (-3) \cdot (-3) = 9$
f) $-3^2 = -(3 \cdot 3) = -9$

Zusammenfassung

Potenzen

Die **Potenz** a^n ist ein Produkt aus n gleichen Faktoren a.

$a^n = \underbrace{a \cdot a \cdot a \cdot a \cdot \ldots \cdot a}_{n \text{ Faktoren}}$

Basis: a
Exponent: n
Man liest: „a hoch n"

$7^4 = 7 \cdot 7 \cdot 7 \cdot 7 = 2401$

Potenzen mit der Basis 10 heißen **Zehnerpotenzen**.

$10^3 = 10 \cdot 10 \cdot 10 = 1000$

Reelle Zahlen

Zahlen, die man nicht als Bruch darstellen kann, nennt man **irrationale Zahlen**. Als Dezimalzahl haben sie unendlich viele Nachkommastellen, ohne jemals periodisch zu werden.
Zusammen mit den rationalen Zahlen bilden die irrationalen Zahlen die Menge ℝ der **reellen Zahlen**.

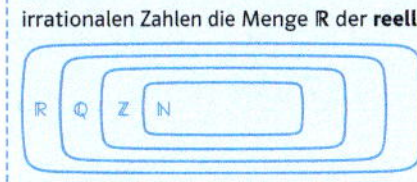

Quadratwurzeln

Das **Wurzelziehen** ist die Umkehrung des Quadrierens.

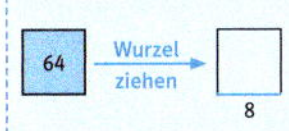

Die **Quadratwurzel** einer positiven Zahl b ist die positive Zahl a, für die $a^2 = b$ gilt.
Man schreibt sie in der Form
$a = \sqrt{b}$; denn $a \cdot a = b$.

Quadratwurzeln multiplizieren und dividieren

Quadratwurzeln multiplizieren
Man multipliziert die Radikanden und zieht die Quadratwurzel aus dem Produkt.
$\sqrt{a} \cdot \sqrt{b} = \sqrt{a \cdot b}$ mit $a \geq 0$ und $b \geq 0$
$\sqrt{3} \cdot \sqrt{5} = \sqrt{3 \cdot 5} = \sqrt{15}$

Quadratwurzeln dividieren
Man dividiert die Radikanden und zieht die Quadratwurzel aus dem Quotienten.
$\frac{\sqrt{a}}{\sqrt{b}} = \sqrt{\frac{a}{b}}$ mit $a \geq 0$ und $b > 0$

Stichwortverzeichnis

Du kannst alle wichtigen Begriffe im Stichwortverzeichnis finden. Sie sind alphabetisch aufgelistet.
Die angegebenen Seitenzahlen führen dich zu Erklärungen des Begriffs in den Lerneinheiten oder im Grundwissen.

Das Stichwort-Verzeichnis findest du auf Seite 238–241.

Stichwortverzeichnis

Symbole und Maßeinheiten

Für Symbole oder Abkürzungen gibt es ebenfalls eine Liste zum Nachschlagen am Ende des Buchs.

Eine Übersicht mit den wichtigsten Symbolen und Maßeinheiten findest du auf Seite 235.

Mathematische Symbole

=	gleich	g, h, …	Buchstaben für Geraden
≠	ungleich	$g \perp h$	die Geraden g und h sind zueinander senkrecht
≈	ungefähr gleich; gerundet		
≙	entspricht	$g \parallel h$	die Geraden g und h sind zueinander parallel
<	kleiner als		
>	größer als	A, B, …, P, Q, …	Buchstaben für Punkte
ℕ	Menge der natürlichen Zahlen	A′, B′, …, P′, Q′, …	Beschriftung von Bildpunkten
ℤ	Menge der ganzen Zahlen	$\overline{AB}$	Strecke mit den Endpunkten A und B

Welche Hilfen kann ich nutzen, um die Aufgaben zu bearbeiten?

Hinweise in Aufgabenstellungen
In vielen Aufgaben gibt es Hinweise und Beispiele, die dir bei der Bearbeitung weiterhelfen.

○4 Lies die Koordinaten der Punkte auf der Normalparabel ab und notiere sie.
Achte auf die Achseneinteilung.

○4 Vereinfache wie im Beispiel.

Beispiel: $5 \cdot \sqrt{18} = 5 \cdot \sqrt{9 \cdot 2}$
$= 5 \cdot 3 \cdot \sqrt{2}$
$= 15 \cdot \sqrt{2}$

Tipp!
Die Tipps auf dem Rand helfen dir, Aufgabenstellungen zu verstehen oder bieten Hinweise zur Bearbeitung von Aufgaben.

Tipp!
Nimm dein Geodreieck zu Hilfe.

Tipp!
zu Aufgabe 6

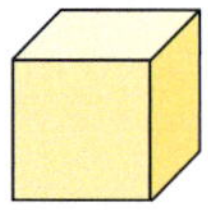

$V = a^3 \quad | \sqrt[3]{}$
$\sqrt[3]{V} = a$

Tipp!
Faktor · Faktor = Produkt

Was tue ich, wenn ich ein Wort nicht verstehe, welches nicht zur Fachsprache gehört?

Worterklärungen auf dem Rand
Einige Begriffe sind direkt in der Aufgabenstellung grau hervorgehoben und werden auf dem Rand erklärt.

ein Grundriss
ein gezeichneter Plan einer Wohnung oder eines Hauses von oben

◒6 Ein Haus hat einen quadratischen Grundriss mit einem Flächeninhalt von 120 m². Bestimme die ungefähre Länge und Breite des Grundrisses.

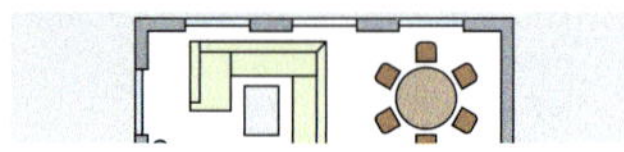

Wörter herleiten
Manchmal kannst du dir die Bedeutung eines Begriffs aus dem Zusammenhang oder mithilfe ähnlicher Wörter selbst überlegen.
Achte auch auf Abbildungen im Buch, die dir weiterhelfen.

Tipp:
Manchmal musst du zur Bearbeitung der Aufgabe nicht jedes Wort verstehen. Vielleicht kannst du die Aufgabe auch so lösen.

Recherchieren
Du kannst auch ein Wörterbuch zu Hilfe nehmen oder im Internet recherchieren.

Tipp zum Wörterbuch:
Übe den Umgang mit einem Wörterbuch. In vielen Prüfungen darfst du eins benutzen.

Tipp zum Internet:
Verwende eine Suchmaschine. Häufig ist es sinnvoll, unterschiedliche oder mehrere Suchbegriffe einzugeben. Prüfe mithilfe mehrerer Quellen, ob dein Suchergebnis richtig ist.

Mathematische Symbole

=	gleich
≠	ungleich
≈	ungefähr gleich; gerundet
≙	entspricht
<	kleiner als
>	größer als
ℕ	Menge der natürlichen Zahlen
ℤ	Menge der ganzen Zahlen
ℚ	Menge der rationalen Zahlen
ℝ	Menge der reellen Zahlen
{...}	Menge bestehend aus ...
$\lvert x \rvert$	Betrag von x
$0,\overline{3}$	periodische Dezimalzahl
→, ↦	Zuordnungspfeile
⊾	rechter Winkel
g, h, ...	Buchstaben für Geraden
$g \perp h$	die Geraden g und h sind zueinander senkrecht
$g \parallel h$	die Geraden g und h sind zueinander parallel
A, B, ..., P, Q, ...	Buchstaben für Punkte
A′, B′, ..., P′, Q′, ...	Beschriftung von Bildpunkten
$\overline{AB}$	Strecke mit den Endpunkten A und B
A(−2 | 4)	Punkt im Koordinatensystem mit dem x-Wert −2 und y-Wert 4
α, β, γ, δ, ...	griechische Buchstaben für Winkel
π	Kreiszahl
$\sqrt{\ }$; $\sqrt[2]{\ }$; $\sqrt[3]{\ }$	Wurzel; Quadratwurzel; Kubikwurzel
[a; b]	Intervall von a bis b
P(A)	Wahrscheinlichkeit von A
$\overline{A}$	Gegenereignis zum Ereignis A

Maßeinheiten und Umrechnungen

Zeiteinheiten

Jahr		Tag		Stunde		Minute		Sekunde
1 a	=	365 d						
		1 d	=	24 h				
				1 h	=	60 min		
						1 min	=	60 s

Masseneinheiten

Tonne		Kilogramm		Gramm		Milligramm
1 t	=	1000 kg				
		1 kg	=	1000 g		
				1 g	=	1000 mg

Längeneinheiten

Kilometer		Meter		Dezimeter		Zentimeter		Millimeter
1 km	=	1000 m						
		1 m	=	10 dm				
				1 dm	=	10 cm		
						1 cm	=	10 mm

Flächeneinheiten

Quadratkilometer		Hektar		Ar		Quadratmeter		Quadratdezimeter		Quadratzentimeter		Quadratmillimeter
1 km^2	=	100 ha										
		1 ha	=	100 a								
				1 a	=	100 m^2						
						1 m^2	=	100 dm^2				
								1 dm^2	=	100 cm^2		
										1 cm^2	=	100 mm^2

Raumeinheiten

Kubikmeter		Kubikdezimeter		Kubikzentimeter		Kubikmillimeter
1 m^3	=	1000 dm^3				
		1 dm^3	=	1000 cm^3		
		1 l		1000 ml		
				1 cm^3	=	1000 mm^3

Operatoren

Operator		Das musst du tun
angeben → nennen → notieren → (auf)schreiben → sammeln	*Gib … an* *Nenne …* *Notiere …* *Schreibe … (auf)* *Sammle …*	Du bearbeitest die Aufgabe ohne Lösungsweg und Erklärung. Die Lösung kannst du hintereinander, in einer Liste oder als Satz aufschreiben.
auswerten	*Werte … aus*	Du schreibst auf, was dargestellt ist und liest die gefragten Werte ab. Formuliere dann Aussagen in ganzen Sätzen.
begründen	*Begründe …*	Du schreibst in ganzen Sätzen auf, wieso eine Lösung, eine Aussage oder ein Beweis richtig ist. Dazu kannst du Beispiele, Rechnungen oder Zeichnungen zur Hilfe nehmen.
berechnen → rechnen	*Berechne …* *Rechne …*	Du überlegst dir, wie du die Aufgabe lösen kannst. Dann schreibst du das Ergebnis auf.
beschreiben	*Beschreibe das Diagramm …* *Beschreibe dein Vorgehen …*	Du schreibst in ganzen Sätzen auf, was du siehst oder tust. Benutze Fachbegriffe.
bestimmen → ermitteln	*Bestimme …* *Ermittle …*	Du löst die Aufgabe rechnerisch, zeichnerisch oder auf einem anderen Weg. Notiere Zwischenschritte und schreibe das Ergebnis auf.
beurteilen → bewerten → Stellung nehmen	*Beurteile …* *Bewerte …* *Nimm Stellung …*	Du schätzt mithilfe deines Fachwissens ein, ob eine Aussage zutrifft.
beweisen	*Beweise …*	Du belegst eindeutig, dass eine Aussage wahr ist, indem du bekannte mathematische Sätze, begründetes Folgern und Äquivalenzumformungen verwendest.
darstellen (grafisch) → veranschaulichen → zeichnen	*Stelle … dar* *Veranschauliche …* *Zeichne …*	Du fertigst eine Abbildung an, in der alle wichtigen Informationen zu sehen sind. Achte auf Genauigkeit.
diskutieren → (sich) austauschen → (sich) unterhalten → besprechen	*Diskutiert …* *Tauscht euch (über) … aus* *Unterhaltet euch …* *Besprecht euch …*	Ihr sprecht über eure Meinungen und vergleicht diese. Dann kommt ihr zu einem gemeinsamen Ergebnis.
entscheiden → (aus)wählen	*Entscheide …* *Wähle … (aus)*	Du denkst über alle Möglichkeiten nach und legst dich auf eine fest.
erfinden	*Erfinde …*	Du denkst dir etwas Neues aus.
ergänzen → vervollständigen → fortsetzen → fortführen	*Ergänze …* *Vervollständige …* *Setze … fort* *Führe … fort*	Du fügst fehlende Informationen fachlich richtig hinzu, zum Beispiel in Abbildungen, Tabellen, Listen und Reihen.
erklären	*Erkläre …*	Du sagst oder schreibst nachvollziehbar und verständlich auf, worum es geht. Achte darauf, Fachsprache zu verwenden.
erkunden → (aus)probieren → versuchen	*Erkunde …* *Probiere aus …* *Versuche …*	Du beschäftigst dich aktiv mit etwas und findest dabei heraus, wie es funktioniert.

Operator		Das musst du tun
ersetzen → einsetzen	*Ersetze ...* *Setze ... ein*	Du setzt die passende Information an die Stelle eines Platzhalters, einer Lücke oder einer Variable.
erstellen → aufstellen → anfertigen → anlegen → darstellen	*Erstelle ...* *Stelle ... auf* *Fertige ... an* *Lege ... an* *Stelle ... dar*	Du schreibst etwas übersichtlich auf. Häufig ist vorgegeben, ob es eine Tabelle, ein Diagramm oder eine Skizze sein soll.
formulieren	*Formuliere ...*	Du schreibst etwas möglichst genau auf. Bringe dazu die wichtigsten Punkte in eine sinnvolle Reihenfolge.
interpretieren	*Interpretiere ...*	Du formulierst die Zusammenhänge zwischen deinem Ergebnis und der Fragestellung in Bezug auf die Sachsituation.
nutzen → anwenden → umgehen mit → verwenden	*Nutze ...* *Wende ... an* *Gehe mit ... um* *Verwende ...*	Du bearbeitest eine Aufgabe mithilfe deines mathematischen Vorwissens oder mit Hilfsmitteln, wie z.B. einem Geodreieck.
ordnen	*Ordne ...*	Du bringst etwas in eine richtige Reihenfolge.
präsentieren → vorstellen	*Präsentiere ...* *Stelle ... vor*	Du bereitest ein Thema vor, zu dem du einen Vortrag hältst.
prüfen → überlegen → überprüfen → untersuchen	*Prüfe ...* *Überlege ...* *Überprüfe ...* *Untersuche ...*	Du kontrollierst mithilfe deines Fachwissens, ob etwas stimmt oder nicht.
recherchieren → sich informieren	*Recherchiere ...* *Informiere dich ...*	Du suchst nach geeigneten Informationen zu einem bestimmten Thema.
skizzieren	*Skizziere ...*	Du fertigst eine grobe Abbildung (Skizze) an, um dir einen Überblick zu verschaffen. Du musst nicht genau zeichnen.
vergleichen	*Vergleiche ...*	Du schreibst auf, ob etwas gleich, ähnlich oder unterschiedlich ist.
vermuten	*Vermute ...*	Du überlegst aufgrund von vorhandenen Informationen, wie etwas zusammenhängen könnte.
zeigen → bestätigen	*Zeige ...* *Bestätige ...*	Du machst deutlich, warum etwas zutrifft. Du kannst die Lösung darstellen oder in ganzen Sätzen begründen.
zuordnen → sortieren	*Ordne ... zu* *Sortiere ...*	Du schreibst auf, was zusammengehört.

A

B

D

E

F

G

Z

action press international gmbh, Hamburg (Michael Panckow), **59.7**; akg-images, Berlin (Science Photo Library), **39.1**; Alamy stock photo, Abingdon (Jochen Tack), **60.4**; Arnold & Domnick GbR, Leipzig, **20.2; 20.4; 32.2; 44.2; 44.3; 44.4; 44.5; 44.6; 44.7; 46.2; 51.1; 51.3; 51.4; 54.1; 54.2; 54.3; 54.4; 54.5; 55.1; 55.2; 55.3; 55.4; 55.5; 56.1; 56.2; 56.3; 56.4; 56.5; 57.1; 57.2; 58.2; 58.3; 58.4; 58.5; 58.6; 59.1; 59.2; 59.3; 59.4; 59.5; 59.6; 60.2; 61.3; 61.4; 61.5; 61.6; 62.1; 62.2; 62.3; 62.7; 62.8; 62.9; 62.10; 63.1; 63.2; 63.4; 63.5; 63.7; 63.8; 64.2; 65.1; 65.2; 65.3; 65.4; 65.5; 68.1; 68.2; 68.3; 68.4; 68.5; 68.6; 68.7; 68.8; 68.9; 69.1; 69.2; 69.3; 69.4; 69.6; 69.7; 70.1; 70.2; 70.3; 70.4; 70.5; 70.6; 70.7; 70.8; 71.5; 72.2; 72.3; 72.5; 72.6; 74.1; 74.2; 74.3; 74.4; 74.5; 74.8; 74.9; 78.3; 78.4; 78.5; 79.3; 80.5; 81.2; 84.2; 88.3; 90.3; 91.5; 91.6; 92.1; 93.1; 93.2; 94.2; 94.3; 99.2; 100.3; 101.3; 106.1; 107.1; 107.2; 107.3; 107.4; 107.5; 110.2; 110.3; 111.4; 111.5; 111.6; 113.1; 113.2; 113.3; 114.4; 114.6; 114.7; 115.3; 115.5; 116.2; 116.3; 118.4; 118.5; 119.1; 120.2; 121.1; 121.2; 121.3; 121.4; 121.5; 121.6; 121.7; 122.1; 122.2; 122.3; 122.5; 123.2; 124.3; 126.5; 126.6; 128.1; 129.1; 130.1; 130.2; 132.3; 134.1; 134.4; 134.5; 135.3; 135.6; 140.4; 140.5; 141.2; 141.6; 142.3; 142.4; 142.5; 143.3; 143.6; 144.5; 145.2; 145.5; 145.6; 146.1; 146.2; 146.3; 146.4; 146.5; 146.6; 146.7; 146.8; 146.10; 146.12; 147.2; 147.4; 147.5; 149.2; 149.3; 149.6; 151.2; 151.4; 152.3; 152.4; 153.2; 156.1; 156.2; 158.3; 159.1; 160.2; 160.3; 160.4; 161.2; 162.1; 162.2; 162.3; 162.4; 163.1; 163.2; 164.2; 164.3; 164.5; 165.4; 169.1; 170.1; 170.2; 170.3; 170.4; 171.1; 172.2; 173.2; 174.4; 174.5; 178.1; 178.2; 179.1; 180.2; 180.3; 184.2; 187.1; 187.5; 187.6; 188.1; 188.2; 188.3; 188.4; 188.5; 188.6; 188.7; 188.8; 188.9; 188.10; 188.11; 189.5; 189.6; 190.1; 190.2; 194.1; 194.2; 194.3; 194.4; 194.5; 198.1; 199.1; 199.2; 199.3; 199.4; 199.5; 199.7; 199.8; 199.9; 199.10; 200.1; 200.2; 206.1; 206.2; 206.3; 207.1; 207.2; 207.3; 207.4; 208.1; 208.2; 208.3; 209.1; 209.2; 209.3; 212.1; 213.1; 213.2; 216.1; 216.2; 216.3; 216.4; 217.1; 217.2; 217.3; 217.4; 217.5; 219.2; 220.2; 220.3; 221.1; 221.4; 224.1; 226.1; 226.2; 227.1; 227.2; 228.1; 228.2; 228.4; 229.1; 229.2; 231.1; 231.2; 231.3; 232.1; 232.2**; Avenue Images GmbH, Hamburg (Corbis RF), **27.1**; Avenue Images GmbH, Hamburg (image 100), **113.5**; Blühdorn GmbH, Fellbach, **10.2; 11.2; 11.4; 13.2; 17.2; 18.1; 25.6; 26.1; 30.2; 30.3; 36.1; 36.2; 52.2; 56.6; 58.1; 110.1; 117.3; 126.1; 150.4**; ddp media GmbH, Hamburg (Thomas Lohnes), **116.1**; Ernst Klett Verlag GmbH, Stuttgart, **138.1; 165.3**; Getty Images Plus, München (Digital Vision/ Justin Paget), **115.1**; Getty Images Plus, München (E+/ miodrag ignjatovic), **25.8**; Getty Images Plus, München (E+/ myrrha), **130.3**; Getty Images Plus, München (E+/Pekic), **22.2**; Getty Images Plus, München (E+/Satoshi-K), **114.2**; Getty Images Plus, München (E+/ SimplyCreativePhotography), **40.1**; Getty Images Plus, München (E+/SolStock), **20.1**; Getty Images Plus, München (iStock/BDoty), **172.1**; Getty Images Plus, München (iStock/ Bogdanhoda), **73.2**; Getty Images Plus, München (iStock/ Eduard Figueres), **160.1**; Getty Images Plus, München (iStock/Fotonen), **27.4**; Getty Images Plus, München (iStock/MEDITERRANEAN), **114.1**; Getty Images Plus, München (iStock/schulzie), **73.4**; Getty Images Plus, München (iStock/SerrNovik), **99.1**; Getty Images Plus, München (iStock/snyferok), **126.2**; Getty Images Plus, München (iStock/Tinpixels), **97.3**; Getty Images Plus, München (iStock/tupungato), **73.1**; Getty Images Plus, München (iStock/vicm), **5.1; 5.1**; Getty Images Plus, München (iStock/Zakharova_Natalia), **86.4**; Getty Images Plus, München (OJO Images), **15.1**; Getty Images Plus, München (SzymonBartosz), **125.10**; Getty Images Plus, München (:iStock/Serenko Nata), **25.7**; Getty Images, München, **136.6**; Getty Images, München (Cultura), **123.1**; Getty Images, München (Tetra images/Jamie Grill), **16.2**; Holtermann, Helmut, Dannenberg, **7.1; 10.3; 11.1; 11.3; 11.5; 12.3; 12.4; 12.5; 13.3; 14.2; 15.2; 16.1; 16.3; 17.3; 17.4; 17.5; 17.6; 17.7; 17.8; 18.2; 19.1; 19.2; 19.3; 19.4; 21.1; 23.1; 23.2; 23.3; 23.4; 24.1; 24.2; 24.3; 24.4; 25.1; 25.2; 25.3; 25.4; 25.5; 26.2; 26.3; 26.4; 28.2; 28.3; 28.4; 33.1; 34.1; 35.1; 35.2; 35.3; 35.4; 35.5; 35.7; 35.9; 36.3; 36.4; 37.1; 37.2; 39.2; 39.3; 39.4; 42.1; 44.1; 45.2; 45.3; 49.1; 49.2; 49.3; 49.4; 50.1; 50.2; 60.1; 60.5; 61.2; 62.11; 62.12; 64.1; 64.3; 64.4; 64.6; 64.8; 64.9; 66.1; 66.2; 66.3; 66.4; 66.5; 67.1; 67.2; 67.3; 67.4; 67.5; 69.5; 71.3; 72.1; 72.4; 74.6; 74.7; 80.2; 82.1; 82.2; 82.3; 89.3; 90.1; 90.2; 91.3; 91.4; 98.1; 98.2; 105.1; 109.1; 109.2; 109.3; 109.4; 115.2; 117.2; 120.1; 120.5; 123.3; 124.1; 124.2; 124.7; 124.8; 125.1; 125.11; 127.1; 127.2; 128.2; 128.3; 128.7; 131.1; 131.2; 131.4; 131.5; 132.1; 134.2; 134.3; 135.1; 135.2; 135.5; 138.5; 138.6; 139.1; 139.2; 139.3; 139.4; 139.5; 140.1; 140.2; 140.3; 140.6; 141.1; 141.3; 141.4; 141.5; 141.7; 141.8; 143.1; 143.2; 143.4; 144.1; 144.2; 144.3; 144.4; 145.1; 146.9; 146.11; 147.1; 147.3; 148.1; 148.2; 148.3; 148.4; 148.5; 149.1; 149.4; 149.5; 149.7; 150.5; 151.1; 151.3; 151.5; 151.6; 151.7; 151.8; 152.1; 152.2; 152.6; 161.3; 161.4; 163.3; 163.4; 180.1; 184.1; 186.2; 186.3; 186.4; 186.5; 189.7; 189.8; 189.9; 190.4; 190.5; 190.6; 190.7; 191.1; 191.2; 191.3; 191.4; 191.5; 191.6; 191.7; 192.1; 192.2; 192.3; 192.4; 192.5; 193.1; 193.2; 193.3; 193.4; 193.5; 193.6; 193.7; 195.2; 195.5; 204.1; 210.1; 218.2; 218.3; 218.4; 219.1; 219.3; 227.3**; Hungreder, Rudolf, Leinfelden-Echterdingen, **29.1; 29.2; 40.2; 41.1; 41.2; 45.1; 46.1; 47.2; 47.3; 153.1; 153.3; 157.1; 157.2; 157.3; 157.4; 157.5; 158.1; 158.2; 161.1; 169.2; 171.2; 174.1; 174.2; 174.3; 174.6**; IMAGO, Berlin (Ralph Lueger), **133.4**; IMAGO, Berlin (/Mary Evans), **88.1**; imprint, Zusmarshausen, **218.1**; iStockphoto, Calgary, Alberta (AMR Image), **113.4**; iStockphoto, Calgary, Alberta (AzmanL), **3.2; 3.2; 76.1**; iStockphoto, Calgary, Alberta (BlackJack3D), **112.3**; iStockphoto, Calgary, Alberta (Christopher Futcher), **96.1**; iStockphoto, Calgary, Alberta (holgs), **117.1**; iStockphoto, Calgary, Alberta (lissart), **106.4**; iStockphoto, Calgary, Alberta (MissPassionPhotography), **60.3**; iStockphoto, Calgary, Alberta (Neniya), **12.1**; iStockphoto, Calgary, Alberta (Pirotehnik), **33.2**; iStockphoto, Calgary, Alberta (RF/Louis Aguinaldo), **126.3**; iStockphoto, Calgary, Alberta (RF), **27.2**; iStockphoto, Calgary, Alberta (tostphoto), **64.5**; Malz, Anja, Taunusstein, **10.1**; Mauritius Images, Mittenwald (Stefano Ravera / Alamy), **3.1; 3.1; 3.1**; Menzel, Tom, Scharbeutz/Klingberg, **75.1; 75.2; 78.2; 79.1; 79.2; 79.4; 80.1; 80.3; 80.4; 83.1; 83.2; 84.3; 84.4; 84.5; 84.6; 85.1; 85.2; 85.3; 85.4; 85.5; 85.6; 86.1; 86.2; 86.3; 86.5; 87.1; 87.2; 87.3; 88.2; 88.4; 88.5; 89.1; 89.2; 91.1; 91.2; 93.3; 94.1; 94.4; 95.1; 96.2; 97.1; 100.1; 100.2; 101.1; 101.2; 102.1; 102.2; 103.1; 103.2; 103.3; 103.4; 103.5; 104.2; 104.3; 105.2; 105.3; 106.2; 106.3; 189.1; 189.2; 189.3; 189.4; 195.1; 208.4; 210.2; 210.3; 210.4; 211.1; 211.2; 211.3; 211.4; 212.2; 213.3**; MEV Verlag GmbH, Augsburg, **111.2**; MEV Verlag GmbH, Augsburg (Viscom Fotostudio), **113.6**; OPITEC Handel GmbH, Giebelstadt, **125.8**; Picture-Alliance,

Frankfurt/M., **132.5**; Picture-Alliance, Frankfurt/M. (Angelika Warm), **87.4**; Picture-Alliance, Frankfurt/M. (Blickwinkel), **130.4**; Picture-Alliance, Frankfurt/M. (Britta Pedersen/dpa), **111.7**; Picture-Alliance, Frankfurt/M. (dpa / SAUDI PRESS AGENCY SPA), **120.3**; Picture-Alliance, Frankfurt/M. (Ronald Wittek), **108.2**; Realschule Schloß Neuhaus, Paderborn (Steffen Mügge), **125.7**; ShutterStock.com RF, New York (Africa Studio), **95.2**; ShutterStock.com RF, New York (Aleksey Dushutin), **127.4**; ShutterStock.com RF, New York (AnnaMM), **71.6**; ShutterStock.com RF, New York (antoniodiaz), **83.3**; ShutterStock.com RF, New York (Brian A Jackson), **14.1**; ShutterStock.com RF, New York (Giulio_ Fornasar), **14.4**; ShutterStock.com RF, New York (Jacob Lund), **12.2**; ShutterStock.com RF, New York (Macrovector), **173.3**; ShutterStock.com RF, New York (Mariusz S. Jurgielewicz), **125.2**; ShutterStock.com RF, New York (Nejron Photo), **32.1**; ShutterStock.com RF, New York (oasisamuel), **164.1**; ShutterStock.com RF, New York (rodho), **125.9**; ShutterStock.com RF, New York (Roman Zaiets), **27.5**; ShutterStock.com RF, New York (Sonia Sorbi), **17.1; 17.1**; ShutterStock.com RF, New York (superbank stock), **122.6**; ShutterStock.com RF, New York (tarapong srichaiyos), **125.3**; ShutterStock.com RF, New York (Villiers Steyn), **142.1**; ShutterStock.com RF, New York (Vladimir Vasiltvich), **122.7**; ShutterStock.com RF, New York (Vorm in Beeld), **128.6**; ShutterStock.com RF, New York (worledit), **163.5**; ShutterStock.com RF, New York (Zastolskiy Victor), **131.6**; ShutterStock.com RF, New York (607496534), **84.1**; Siemens AG, **125.5**; stock.adobe.com, Dublin (aldarinho), **45.4**; stock. adobe.com, Dublin (allocricetulus), **133.3**; stock.adobe.com, Dublin (Ansichtssache), **47.1**; stock.adobe.com, Dublin (arianarama), **126.4**; stock.adobe.com, Dublin (BillionPhotos.com), **97.2**; stock.adobe.com, Dublin (chrissgrey), **104.1**; stock.adobe.com, Dublin (Christian Camus), **64.7**; stock.adobe.com, Dublin (contrastwerkstatt), **14.3**; stock.adobe.com, Dublin (costadelsol), **120.4**; stock. adobe.com, Dublin (cpauschert), **133.1**; stock.adobe.com, Dublin (DisobeyArt), **8.3**; stock.adobe.com, Dublin (Elke Hötzel), **125.4**; stock.adobe.com, Dublin (eugenesergeev), **111.3**; stock.adobe.com, Dublin (goldpix), **186.1**; stock. adobe.com, Dublin (grafikplusfoto), **136.2; 136.3; 136.4; 136.5**; stock.adobe.com, Dublin (Halfpoint), **114.5**; stock. adobe.com, Dublin (HandmadePictures), **108.3**; stock. adobe.com, Dublin (Henry Czauderna), **133.6**; stock.adobe. com, Dublin (Jürgen Fälchle), **2.1; 2.1**; stock.adobe.com, Dublin (leungchopan), **133.5**; stock.adobe.com, Dublin (Markus Mainka), **118.3**; stock.adobe.com, Dublin (Mark), **154.2**; stock.adobe.com, Dublin (melnikofd), **2.2; 2.2**; stock. adobe.com, Dublin (micro_photo), **135.4**; stock.adobe.com, Dublin (New Africa), **63.3**; stock.adobe.com, Dublin (oliver-marc steffen), **98.4**; stock.adobe.com, Dublin (photo 5000), **132.4**; stock.adobe.com, Dublin (photopixel), **78.1**; stock.adobe.com, Dublin (Printemps), **133.2**; stock.adobe. com, Dublin (raats), **138.2; 138.3; 138.4**; stock.adobe.com, Dublin (railwayfx), **27.3**; stock.adobe.com, Dublin (sara_ winter), **137.1; 137.2**; stock.adobe.com, Dublin (sergantstar), **8.1**; stock.adobe.com, Dublin (Shisu_ka), **102.3**; stock. adobe.com, Dublin (sriba3), **114.3**; stock.adobe.com, Dublin (Stihl024), **125.6**; stock.adobe.com, Dublin (Stillkost), **4.2; 4.2**; stock.adobe.com, Dublin (Tobias Bräuning), **28.1**; stock. adobe.com, Dublin (travelview), **131.3**; stock.adobe.com, Dublin (vladstar), **4.1; 4.1**; stock.adobe.com, Dublin (v74), **20.3**; stock.adobe.com, Dublin (william87), **13.4**; stock. adobe.com, Dublin (Wolfgang), **150.1; 150.2; 150.3**; stock. adobe.com, Dublin (Yoshinori Okada), **164.4**; Süddeutsche Zeitung Photo, München (euroluftbild.de), **37.3**; Thinkstock, München (BirgitKorber), **127.3**; Thinkstock, München (DragonImages), **98.3**; Thinkstock, München (iStockphoto), **81.1**; Thinkstock, München (iStock/IJzendoorn), **118.1**; Thinkstock, München (iStock/nilky), **132.2**; Thinkstock, München (iStock/stevanovicigor), **118.2**; Thinkstock, München (og-vision), **128.5**; Thinkstock, München (onepony), **112.1**; Thinkstock, München (unpict), **128.4**; Thomas Weccard Fotodesign BFF, Ludwigsburg, **61.1; U6.1**; tiff.any GmbH & Co. KG, Berlin, **22.1; 30.4; 73.3; 73.5; 165.1; 165.2; 166.1; 166.2; 166.3; 166.4; 166.5; 166.6; 166.7; 167.1; 167.2; 173.1; 175.1; 190.3; 195.4; 203.1; 220.1; 221.2; 221.3; 222.1; 228.3**; ullstein bild, Berlin (Firo / Intime), **115.4**; Uwe Alfer, Kråksmåla, Alsterbro, **48.1; 71.1; 71.2; 112.4; 152.7; 159.2; 187.2; 187.3; 187.4; 187.7**; Wiemers, Sabine, Düsseldorf, **13.1; 71.4; 122.4**; Zuckerfabrik Fotodesign, Stuttgart, **111.1**; 123rf Germany, c/o Inmagine GmbH, Nidderau (belikova)

Die Reihenfolge und Nummerierung der Bild- und Textquellen im Quellennachweis erfolgt automatisch und entspricht u. U. nicht der Nummerierung der Bild- und Textquellen im Werk. Die automatische Vergabe der Positionsnummern erfolgt in der Regel von links oben nach rechts unten, ausgehend von der linken oberen Ecke der Abbildung.

Schnittpunkt 9 – Differenzierende Ausgabe, Nordrhein-Westfalen

1. Auflage 1 5 4 3 2 1 | 29 28 27 26 25

Alle Drucke dieser Auflage sind unverändert und können im Unterricht nebeneinander verwendet werden.
Die letzte Zahl bezeichnet das Jahr des Druckes.
Das Werk und seine Teile sind urheberrechtlich geschützt. Das Gleiche gilt für die Software und das Begleitmaterial. Jede Nutzung in anderen als den gesetzlich zugelassenen Fällen bedarf der vorherigen schriftlichen Einwilligung des Verlages. Hinweis § 60 a UrhG: Weder das Werk noch seine Teile dürfen ohne eine solche Einwilligung eingescannt und/oder in ein Netzwerk eingestellt werden. Dies gilt auch für Intranets von Schulen und sonstigen Bildungseinrichtungen. Fotomechanische, digitale oder andere Wiedergabeverfahren nur mit Genehmigung des Verlages.
Jede öffentliche Vorführung, Sendung oder sonstige gewerbliche Nutzung oder deren Duldung sowie Vervielfältigung (z. B. Kopieren, Herunterladen oder Streamen) und Verleih und Vermietung ist nur mit ausdrücklicher Genehmigung des Ernst Klett Verlages erlaubt.
Nutzungsvorbehalt: Alle Rechte, auch für Text- und Data-Mining (TDM), Training für künstliche Intelligenz (KI) und ähnliche Technologien, sind vorbehalten.
An verschiedenen Stellen dieses Werkes befinden sich Verweise (Links) auf Internet-Adressen. Haftungshinweis: Trotz sorgfältiger inhaltlicher Kontrolle wird die Haftung für die Inhalte der externen Seiten ausgeschlossen. Für den Inhalt dieser externen Seiten sind ausschließlich die Betreiber verantwortlich. Sollten Sie daher auf kostenpflichtige, illegale oder anstößige Inhalte treffen, so bedauern wir dies ausdrücklich und bitten Sie, uns umgehend per E-Mail an info@klett.support davon in Kenntnis zu setzen, damit bei der Nachproduktion der Verweis gelöscht wird.
Lehrmedien/Lehrprogramm nach § 14 JuSchG

© Ernst Klett Verlag GmbH, Stuttgart 2025. Alle Rechte vorbehalten. www.klett.de
Das vorliegende Material dient ausschließlich gemäß § 60b UrhG dem Einsatz im Unterricht an Schulen.

Autoren: Karl Charon, Marie Diekgerdes, Sarah Macha, Peter Rausche, Matthias Römer, Ingrid Wald-Schillings, Ronja Wienewski,
Martina Backhaus, Ilona Bernhard, Günther Fechner, Tina Heger, Wolfgang Malzacher, Nicole Müller, Achim Olpp, Thorsten Schatz, Emilie Scholl-Molter, Colette Simon, Claus Stöckle, Thomas Straub, Dagmar Tatarczyk-Naderhoff, Dr. Hartmut Wellstein
Beratung: Tanja Sawatzki-Müller

Entstanden in Zusammenarbeit mit dem Projektteam des Verlages.

Gestaltung: know idea, Freiburg
Umschlaggestaltung: know idea, Freiburg
Titelbild: Thomas Weccard Fotodesign BFF, Ludwigsburg
Satz: Arnold & Domnick, Leipzig
Druck: Industriedruck Brandenburg GmbH, Wustermark

Printed in Germany
ISBN 978-3-12-744491-9

9 783127 444919